XIANDAI FEIJI JIEGOU YU XITONG

# 现代飞机结构与系统

龙 江 刘 峰 张中波 主编

西北工业大学出版社

【内容简介】 本书共分 10 章,主要介绍现代飞机结构、液压系统、飞行操纵系统、起落架系统、气源系统、座舱环境控制系统、飞机燃油系统、防冰排雨系统、防火系统以及机舱设备/设施和水系统的基础知识。

本书可作为高等院校航空器维修工程专业方向的教材,也可为其他相关专业方向的学生和飞机地面维护人员提供参考。

图书在版编目(CIP)数据

现代飞机结构与系统/龙江,刘峰,张中波主编. —西安 : 西北工业大学出版社,2016.8
(2024.8 重印)
ISBN 978 - 7 - 5612 - 4980 - 2

Ⅰ.①现… Ⅱ.①龙… ②刘… ③张… Ⅲ.①飞机—结构—高等学校—教材 ②飞机系统—高等学校—教材 Ⅳ.①V22

中国版本图书馆 CIP 数据核字(2016)第 182461 号

出版发行:西北工业大学出版社
通信地址:西安市友谊西路 127 号　　邮编:710072
电　　话:(029)88493844　88491757
网　　址:www.nwpup.com
印　刷　者:兴平市博闻印务有限公司
开　　本:787 mm×1 092 mm　　1/16
印　　张:31.125
字　　数:764 千字
版　　次:2016 年 8 月第 1 版　　2024 年 8 月第 9 次印刷
定　　价:79.00 元

# 前　言

　　根据民用航空器维修工程技术岗位的工作性质以及相关行业法规的要求，"现代飞机结构与系统"是民航机务工程类专业知识体系中的重要组成部分。本书以 B737 和 A320 等典型民航运输机为主，兼顾中小型通用飞机，介绍现代民航飞机的机体结构特点以及飞机液压系统、飞行操纵系统、起落架系统、气源系统、座舱环境控制系统、飞机燃油系统、防冰排雨系统、防火系统及机舱设备/设施和水系统的组成、功能及工作原理，介绍各系统的主要维护工作及常见故障的分析处理方法。

　　在本书编写过程中，笔者依据民航机务工程类本、专科专业的培养目标以及"现代飞机结构与系统"课程教学大纲，参考中国民航规章《民用航空器维修基础培训大纲》和《民用航空器维修人员执照基础部分考试大纲》，结合航空器维修工程技术岗位工作的知识需要确定编写内容，同时强调内容编排的逻辑性，以方便读者理解。考虑到民航机务工程类专业特点，本书注重知识应用性，尽量避免复杂的数学推导和理论分析，力求做到知识多而不繁、宽而不深。

　　本书可作为高等院校航空器维修工程专业方向的教材，为学生掌握现代飞机结构与机械系统专业知识，取得民用航空器维修基础执照，从事航空器维修等相关专业技术工作和科学研究提供重要的知识基础。本书也可为其他相关专业方向的学生和飞机地面维护人员提供参考。

　　本书共分 10 章。其中，第 1 章由刘峰编写，第 2 章由庞杰编写，第 3 章由周蜜编写，第 4 章 4.1～4.3,4.6～4.7 节由张中波编写，4.4～4.5 节由周斌编写，第 5 章、第 6 章 6.1～6.4 节由龙江编写，第 7,8 章由丰世林编写，第 9 章以及 6.5 节由孙鹏编写，第 10 章由秦文峰编写。全书由龙江、刘峰、张中波主编和统稿。

　　在本书编写过程中，参考了许多专家的著作，并得到中国民用航空飞行学院教务处、科研处、航空工程学院等部门的大力支持，飞行器制造工程教研室的全体教师对本书的编写也提出了宝贵意见，在此表示诚挚谢意。

　　由于水平有限，资料搜集不够全面，书中难免存在一些错误和不足之处，恳请各位专家、读者给予批评指正，以便再版时进行修改完善，在此深表感谢。

编　者

2016 年 3 月

# 目　　录

# 第1章 飞机结构

## 1.1 概　　述

　　固定翼飞机是一种应用最广泛的航空器,机体由机身、机翼、安定面、飞行操纵面和起落架五个主要部件组成,民用飞机与军用飞机的结构外形有很大的不同,如图1-1所示。民用运输机机身的主要作用是装载乘客、货物,安装系统设备,同时连接其他各个大部件。传统构型的机翼为飞机提供了几乎全部升力,机翼主翼盒作为整体油箱使用,油箱在飞行中可以对机翼进行卸载。安定面能够保持飞机的俯仰和偏航稳定性,与飞行操纵面一起为飞机提供操纵力矩,改变飞机姿态。起落架能够为飞机地面滑行提供良好的机动性,起飞时与方向舵协同保持飞机对准跑道中线。着陆时起落架的油液式或油气式减震器可以降低跑道对飞机的冲击力,同时与地面扰流板一起工作,防止飞机反跳,帮助飞机平稳着陆。现代民用运输机通常采用涡扇或涡桨发动机作为动力装置,飞机结构必须能够使飞机在高亚音速状态长航时飞行时保持足够的安全性和可靠性。

　　直升机的机体由机身、旋翼及其相关的桨毂和控制机构、减速器、尾桨(某些单旋翼直升机才有)和起落架等组成,如图1-2所示。直升机的突出特点是可以做低空(离地面数米)、低速和机头方向不变的机动飞行,特别是可在小面积场地垂直起降。旋翼一般由涡轮轴发动机或活塞式发动机通过由传动轴及减速器等组成的机械传动系统来驱动。通过倾斜器控制桨盘向前、后、左、右四个方向倾斜,可以实现直升机的前进、后退和向左、向右飞行。尾桨的主要作用是平衡机体的扭矩,保持或改变航向。

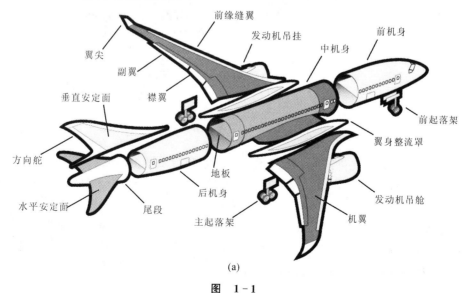

(a)

**图　1-1**

(a)民用运输机结构

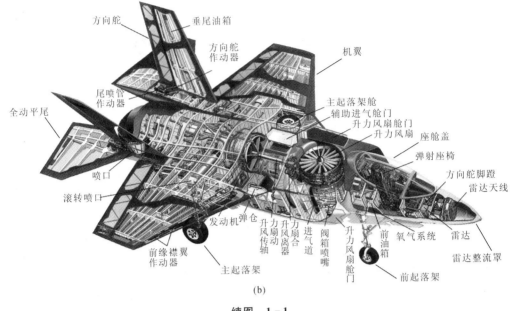

续图 1-1

(b)战斗机结构

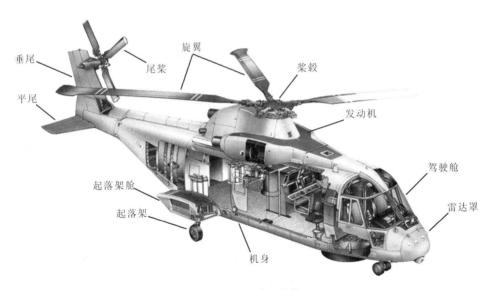

图 1-2 直升机结构

　　航空技术发展初期,飞机结构主要采用木质骨架和布质蒙皮。随着飞机飞行速度、高度、机动性、有效载荷的提高和各基础学科的发展,现代飞机的机体部件逐渐采用了铝合金、钛合金、镁铝合金、碳纤维/玻璃纤维增强树脂等更先进的材料。复合材料在飞机结构中的应用大大提高了结构的承载效率,有效地降低了飞机的结构质量。飞机的零件、构件通过铆接、螺接、焊接或胶接等连接形式组合起来形成飞机的机翼、机身、尾段等大部件。飞机各构件用来承受和传递飞机在地面或不同飞行状态的载荷。某些单个构件可承受组合应力。

对机体的某些结构,强度是主要的要求,比如机翼大梁、机身龙骨梁等;而另一些结构,则刚度、稳定性或气动弹性问题可能是主要要求,如机翼外段翼盒。飞机上用于包裹设备或不规则结构用于形成机身流线外形的整流罩一般只承受飞机飞行过程中的局部空气动力,而不作为主要结构受力件。

# 1.2　飞机结构设计思想的演变

飞机结构设计思想是保证飞机结构安全的指导思想,它来源于自然科学相关理论和飞机的使用实践,同时也会受到所处时代的科技水平和生产力水平的制约。飞机结构设计思想的演变过程一般可以分为以下五个阶段。

## 1.2.1　静强度设计

从飞机设计之初至今,飞机结构设计都应满足最基本的静强度要求。20 世纪 30 年代之前,飞机结构设计则只需满足静强度要求,即结构的强度 $P_u$ 应大于飞机的设计载荷 $P_d$,设计载荷则等于飞机的实际使用载荷 $P_e$ 乘以一个大于 1 的安全系数 $f$。此设计准则的表达式为

$$P_u \geqslant P_d, \quad P_d = f P_e$$

对于传统的金属结构,安全系数一般取 1.5;对于先进复合材料结构,安全系数需要在 1.5 的基础上再乘以 1.3,由此来覆盖复合材料在材料制备、结构制造中的分散性。应注意的是,飞机结构的不同零件、构件和部件,其安全系数的值可能是不同的。

## 1.2.2　静强度和刚度设计

随着飞机飞行速度和技术性能要求的提高,飞机机翼开始采用薄翼型和后掠构型,结构刚度相对有所降低,使气动弹性问题日益突出。飞机飞行过程中出现的副翼反效和机翼颤振等问题使飞机设计师们意识到飞机结构不仅要有足够的强度,还应该具有足够的刚度,也就是说结构不仅不能破坏,而且也不能发生超过限制的弹性变形。同时还要避免结构固有频率接近激励载荷频率,防止出现振动发散。结构刚度设计准则表达式为

$$\delta \leqslant [\delta]$$

式中,$\delta$ 为结构在设计载荷下的变形量;$[\delta]$ 为允许的结构变形量。针对气动弹性问题提出的刚度要求表达式为

$$f v_{max} \leqslant v_{cr}$$

式中,$v_{max}$ 为飞机的最大飞行速度;$v_{cr}$ 为飞机结构的颤振临界速度;$f$ 为安全系数。采用静强度刚度设计准则的典型飞机有美国野马(MUSTANG)战斗机、C47 运输机和英国的彗星(COMET)喷气式客机(见图 1-3)等。

图 1 - 3 彗星客机

## 1.2.3 静强度、刚度和安全寿命设计

在第二次世界大战后的十多年中,世界各国的军用和民用飞机相继出现了因结构疲劳破坏造成的灾难性事故。1953—1954 年期间,"彗星"1 型客机接连发生了 3 次坠毁事故,导致彗星客机停飞。后来调查研究表明,由于对增压座舱的结构设计经验不足,长时间飞行以及频繁起降使机体反复承受增压和减压载荷。这种变化的载荷引发金属结构疲劳是"彗星"1 型客机解体坠毁事故的原因。这是民航历史上首次发生因金属结构疲劳导致的空难事件。彗星客机共有 13 架发生事故而损坏,其中大多数是因金属结构疲劳以及设计方面缺陷造成的。显然,仅考虑飞机结构的静强度和刚度无法保证飞机的安全。

随着飞机飞行速度和高度的增加、高强度和超高强度金属材料的使用,结构疲劳问题日益突出。为防止飞机结构疲劳引起灾难性事故,采用疲劳统计学的高可靠度、大分散系数限制飞机使用寿命,控制危及飞行安全的损伤发生,形成了安全寿命设计思想,其设计准则表达式为

$$N_e \leqslant N_s = N_{ex}/n_f$$

式中,$N_e$ 为飞机实际使用寿命;$N_s$ 为飞机结构的安全寿命;$N_{ex}$ 为结构的疲劳试验寿命;$n_f$ 为疲劳分散系数,一般取 4～6。安全寿命设计思想基本的思路是,用结构疲劳试验寿命除以安全系数后作为结构的安全寿命,实际使用寿命小于安全寿命,本质上是通过提高疲劳寿命裕度来保证结构的安全的。

波音 707(B707) 客机是这个时期的典型飞机,该机是美国波音公司研制的四发远程喷气运输机。原型机于 1954 年 7 月 15 日首飞,最初的型号是为美国空军研制的 KC-135 空中加油机。经美国空军同意,波音公司于 1957 年在 KC-135 基础上研制成功 B707 民用客机,1958 年交付使用。我国曾购买 10 架 B707 客机用于民航运输。该机的结构形式如图 1 - 4 所示。

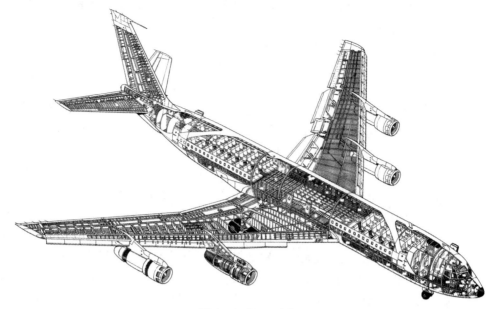

图 1-4 B707 客机

## 1.2.4 静强度、刚度和损伤容限与经济寿命设计

随着航空事业的长足发展,特别是飞机的广泛使用,安全寿命已无法满足用户对飞机长寿命、高可靠性和低维修成本的使用要求。在 20 世纪 60 年代末到 70 年代初的几年中,按照疲劳安全寿命设计的多种美国空军飞机出现了意外的断裂事故,见表 1-1。

表 1-1 典型的飞机结构疲劳断裂事故

| 年 份 | 机 型 | 疲劳破坏情况 | 试验寿命 /h | 实际破坏寿命 /h |
|---|---|---|---|---|
| 1969 | F-111 | 机翼枢轴接头板断裂 | >40 000 | 约 100 |
| 1970 | F-5A | 机翼中部切面断裂 | 约 16 000 | 约 1 000 |
| 1972 | KC-135 | 机翼蒙皮壁板断裂 | — | — |
| 1973 | F-4 | 机翼机身接头下耳片断裂 | >11 800 | 1 200 |

事实表明,按照安全寿命设计准则设计的飞机结构并不能保证其在安全寿命周期内安全运行。主要原因是这一准则没有考虑结构在使用之前实际上就已经存在初始缺陷。这些缺陷是在材料冶炼、生产制造、运输和装配过程中不可避免地存在或产生的,比如冶炼过程中的气泡在材料冷却固化后成为孔洞,加工过程中留在工件表面的刀痕,运输装配中意外的低能量碰撞等。尽管这些缺陷十分微小,但大大降低了高强度和超高强度合金的断裂韧性。在疲劳载荷作用下,这些缺陷不断扩展,直至最终发生不可控快速扩展,从而造成构件断裂。为了解决这个问题,美国空军于 1971 年在军用规范中提出了安全寿命/破损安全结构设计思想作为过渡措施,并于 1975 年颁布了第一部损伤容限设计规范。

损伤容限设计思想承认结构在未使用前就存在一定程度的未被发现的初始缺陷、裂纹或其他损伤,通过损伤容限特性分析与试验,对于不可检查结构给出允许的最大初始缺陷,对于可检查结构给出检查周期。

可检查结构设计成破损安全结构,其设计准则为

$$\eta_{fa} \geqslant \eta_e = \eta_d / f$$
$$N_{ex,fa} / 4 \geqslant H$$

式中,$\eta_{fa}$ 为含损伤结构的剩余强度系数;$\eta_e$ 为使用剩余强度系数;$\eta_d$ 为设计剩余强度系数;$f$ 为强度安全系数;$N_{ex,fa}$ 为疲劳试验寿命;$H$ 为检查周期。

不可检查结构设计成缓慢裂纹扩展结构,其设计准则为

$$N_{a_0 \to a_{cr}} \geqslant N_e = N_{ex} / n$$

式中,$N_{a_0 \to a_{cr}}$ 为裂纹从 $a_0$ 扩展到 $a_{cr}$ 时的疲劳寿命,其中 $a_0$ 是初始裂纹长度,$a_{cr}$ 为临界裂纹长度;$N_{ex}$ 为疲劳损伤容限试验寿命;$n$ 为损伤容限疲劳分散系数,一般取 2。

20 世纪 80 年代末,美国的飞机结构设计放弃了安全寿命设计思想而采用经济寿命设计思想。经济寿命与安全寿命相比,其最大的差别是靠损伤容限设计技术保障飞行安全,从而可以充分发挥机体结构的潜力,使飞机获得更长的使用寿命。即在损伤容限设计制定的飞机结构检查措施保障飞行安全的前提下,经济寿命允许结构在使用寿命期间产生损伤裂纹,但通过经济修理可以继续使用。当结构出现的损伤(疲劳、断裂、磨损和腐蚀等)影响飞机的使用功能和飞行安全,而修理又不经济(修理费用超过飞机本身的使用价值)时,则认为机体结构已达到了经济寿命。该经济寿命定义用来判断用户的具体飞机是否到达经济使用的退役寿命是明确的,但为获得用户满意的经济使用寿命,在飞机研制阶段就必须制定飞机结构耐久性／损伤容限设计和评定的具体要求,对经济寿命进行可靠性设计。

## 1.2.5　可靠性设计

人们对客观世界中物质的认识,总是逐渐由确定性的值向不确定性的分布过渡的。结构工程中对于不确定性的研究,也随着概率与数理统计、随机过程理论的日益完善,以及数学领域中新兴学科的发展而日益深入和广泛。

随着现代科学技术的不断发展,大型工程结构系统(如飞机结构系统)越来越庞大,越来越复杂,各种不确定性的表现也随之越来越突出。实际结构可靠性工程中经常广泛存在随机、模糊、未知然而有界等多种不确定性信息。可靠性问题的提出,就是源于这些不确定性的存在。随着人们对产品质量要求的日益提高,可靠性逐步成为科学和工程中一个非常重要的概念。

飞机结构在规定的条件下,规定的时间内,完成规定功能的能力称为飞机结构的可靠性。结构可靠性设计思想将各种设计变量看作随机变量,将设计准则转换为随机设计准则。衡量结构可靠性水平的标准包括结构在任意时刻的可靠度 $R(t)$、可靠寿命 $CR(t_r)$、失效率 $\lambda(t)$、有效寿命、平均寿命 MTTF(Mean Time To Fail)、平均无故障工作时间 MTBF(Mean Time Between Fail) 等。若单纯以可靠度作为设计准则,其表达式为

$$R_S \geqslant R_S^*$$

式中,$R_S$ 为结构系统的可靠度;$R_S^*$ 为结构系统的可靠度指标。

目前可靠性设计思想已经应用于 B787、A380、A350 等飞机和我国的民机结构设计中,进

一步提高了飞机结构的安全性。

# 1.3　飞　机　载　荷

　　飞行中,作用于飞机上的载荷主要有飞机重力、升力、阻力和发动机推力(或拉力)。载荷的分类标准很多,按载荷的作用特性可分为静载荷和动载荷。按载荷的分布方式可分为集中载荷、线分布载荷、面分布载荷和体分布载荷。按载荷的性质则可将作用于飞机上的载荷分为两类:与飞机或机载设备的质量相关的质量载荷,即质量力(惯性力)和与质量无关的表面载荷。飞行状态改变或受到不稳定气流的影响时,飞机的升力会发生很大变化。飞机着陆接地时,飞机除了承受上述载荷外,还要承受地面撞击力。飞机承受的各种载荷中,以升力、座舱增压载荷、地面撞击力等对飞机结构的影响最大。

## 1.3.1　过载的概念

　　飞机在起飞、着陆和飞行等运行过程中,当姿态、速度、飞机构型发生变化或与地面发生冲击时,机体上所受载荷的变化比较大,为了分析飞机在某一工作状态下的姿态变化和受载情况,首先定义一个与机体固连在一起的正交参考坐标系,即如图 1-5 所示的机体坐标系。机体坐标系原点定义在飞机的重心上;$Ox$ 轴也称为纵轴,一般与飞机的机身轴线重合,从机尾向机头方向为正方向;$Oy$ 轴也被称为竖轴或立轴,与纵轴垂直并指向飞机水平投影面的正上方;$Oz$ 轴也称为横轴,垂直于 $xOy$ 平面并指向飞机的右侧。飞机绕纵轴转动时为滚转机动,绕竖轴转动时为偏航机动,绕横轴转动时为俯仰机动。

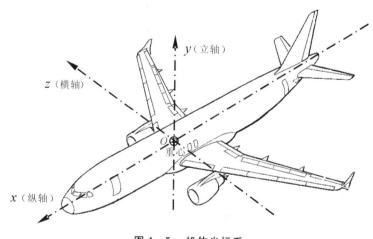

图 1-5　机体坐标系

　　在机体坐标系中,为了表示飞机受外载荷的严重程度,将过载(或称载荷系数)的概念定义为,作用于飞机某方向的除重力之外的其他外载荷与飞机重力的比值,一般称为该方向的飞机重心过载,也可简称为飞机过载,用 $n$ 表示。飞机在 $Oy$ 轴方向的过载,等于飞机升力($Y$)与飞机重力的比值,即

$$n_y = \frac{Y}{G}$$

飞机在 $x$ 轴方向的过载等于发动机推力 $P$ 与飞机阻力 $X$ 之差与飞机重力的比值,即

$$n_x = \frac{P - X}{G}$$

飞机在 $z$ 轴方向的过载等于飞机侧向力 $Z$ 与飞机重力的比值,即

$$n_Z = \frac{Z}{G}$$

飞机飞行时,$Oy$ 轴方向的过载 $n_y$ 往往较大,它是飞机结构设计中的主要参数之一,飞机的结构强度主要取决于 $y$ 方向的过载 $n_y$。而其他两个方向的过载($n_x$,$n_z$)较小,它们对飞机结构强度的影响也较小。在不同的飞行状态下,飞机重心过载的数值往往不一样。过载可能大于 1、小于 1、等于 1、等于零甚至是负值,这取决于曲线飞行时升力的大小和方向。飞机平飞时,升力等于飞机的重力,$n_y$ 等于 1;曲线飞行时,$n_y$ 常常不等于 1。驾驶员柔和推杆使飞机由平飞进入下滑的过程中,升力比飞机重力稍小一些,$n_y$ 就小于 1;当飞机平飞时遇到强大的垂直向下的突风或在垂直平面内作机动飞行时,驾驶员推杆过猛,升力就可能会变成负值,$n_y$ 也就变为负值;当飞机以无升力迎角垂直俯冲时,载荷系数就等于零。

$n_y$ 的正、负号与升力的正、负号一致,而升力的正、负号取决于升力与飞机 $y$ 轴(立轴)的关系。如果升力的方向与 $y$ 轴相同,则取正号;反之,则取负号。现代运输机结构设计时,谈到飞机过载时一般都默认是 $y$ 方向过载,简称为过载,它是结构总体设计时的重要参数。民航运输机结构设计时过载一般取 $-1$ 至 $+2.5$,这样既能保证结构的安全又能保证乘客的舒适性。

### 1.3.2　水平面内的匀速直线飞行

飞机在等速直线平飞时(见图 1-6),它所受的力有飞机重力 $G$、升力 $Y$、阻力 $X$ 和发动机推力 $P$。为了简便起见,假定这 4 个力都通过飞机的重心,而且推力与阻力的方向相反,则作用在飞机上的力的平衡条件为,升力等于飞机的重力,推力等于飞机的阻力,即

$$Y = G$$
$$P = X$$

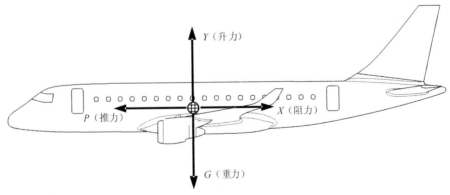

**图 1-6　匀速水平直线飞行**

飞机作平飞时若推力大于阻力,飞机就要加速;反之,则减速。由于在飞机加速或减速的同时,驾驶员减小或增大了飞机的迎角,使升力系数减小或增大,因而升力仍然与飞机重力相等。等速直线平飞中,飞机的升力虽然总是与飞机的重力相等,但是,飞行速度不同时,飞机上的气动载荷的分布状态(局部空气动力)是不相同的。飞机以小速度平飞时,迎角较大,机翼上表面受到吸力,下表面受到压力,这时的局部气动载荷并不很大;而当飞机以大速度平飞时,迎角较小,对采用双凸翼型的机翼来说,除了前缘要受到很大压力外,上、下表面都要受到很大的吸力。翼型越接近对称形状,机翼上、下表面的局部气动载荷就越大。因此,如果机翼蒙皮刚度不足,在高速飞行时,就会被显著地吸起或压下,产生明显的鼓胀或下陷现象,影响飞机的空气动力性能。

根据过载的定义,飞机等速直线平飞时的过载为

$$n_x = \frac{P-X}{G} = 0, \quad n_y = \frac{Y}{G} = 1, \quad n_z = 0$$

## 1.3.3　垂直平面内的曲线飞行

飞机在垂直平面内作曲线飞行的受载情况如图 1-7 所示,作用于飞机的外力仍是飞机的重力、升力、阻力和发动机的推力,但这些外力是不平衡的。飞机在垂直平面内作曲线飞行时,升力可能大大超过飞机重力。飞机在曲线飞行中所受的载荷可能比平飞时大得多。

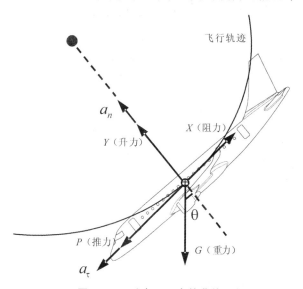

**图 1-7　垂直平面内的曲线飞行**

飞机飞行的动力学方程为

$$P + G\sin\theta - X = ma_\tau = m\frac{\mathrm{d}v}{\mathrm{d}t}$$

$$Y - G\cos\theta = m\frac{v^2}{r}$$

式中,$a_\tau$ 为飞机线加速度;$v$ 为飞机的线速度;$r$ 为曲线飞行的瞬时半径。根据过载的定义,飞机在垂直平面内作曲线飞行时的过载表达式为

$$n_x = \frac{P-X}{G} = \frac{1}{g}\frac{\mathrm{d}v}{\mathrm{d}t} - \sin\theta, \quad n_y = \frac{Y}{G} = \frac{v^2}{gr} + \cos\theta, \quad n_z = 0$$

由于飞机在飞行轨迹每一位置的$\theta$角不同,飞行速度$v$和曲率半径$r$也可能不一样,所以在垂直平面内作曲线飞行时,飞机的升力和过载都是随时变化的,这也是飞机载荷的复杂性所在。从上式中还可以发现,当$\theta = 0$时,$n_y$取得极值。其他参数不变的情况下,飞行线速度越大,瞬时转动半径越小,则飞机过载越大。

### 1.3.4　水平面内的曲线飞行

飞机水平转弯或在空中作水平盘旋时,具有一定的倾斜角(坡度)$\beta$,如图1-8所示。这时升力的水平分量$Y\sin\beta$为飞机提供向心力,使飞机作圆周运动;升力的垂直分量$Y\cos\beta$与飞机重力$G$平衡,保证飞机不掉高度。

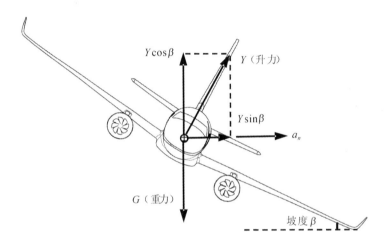

**图1-8　水平面内的曲线飞行**

此时飞机的动力学方程为

$$Y\cos\beta = G, \quad Y\sin\beta = ma_n = m\frac{v^2}{R}$$

飞机的$y$向过载和盘旋半径分别为

$$n_y = \frac{1}{\cos\beta}, \quad R = v^2 / (g\sqrt{n_y^2 - 1})$$

从以上分析可见,飞机水平转弯时,$\cos\beta$总是小于1,故升力总是大于飞机的重力;倾斜角越大,$\cos\beta$越小,因而升力越大。当飞机盘旋半径不变时,速度$v$越大,则飞机过载越大;当线速度$v$不变时,盘旋半径$R$越小,则过载越大,也就是说飞机的机动性越好。

### 1.3.5　飞机的局部过载

在研究飞机各部件的载荷时,只知道飞机的总体过载(重心过载)是不够的,还必须知道飞机上各部件的过载。部件过载是该部件在某一飞行状态中的质量力与其本身重力的比值。

当飞机相对于机体坐标系三根轴的角加速度为零时,机上各部件的过载等于飞机的过载;当飞机相对机体坐标系任意一根或三根轴的角加速度不为零时,未处于飞机重心位置的各部件过载等于飞机的过载加上或减去一个附加过载,如图 1-9 所示。

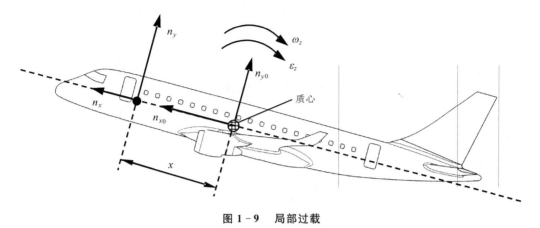

**图 1-9　局部过载**

飞机相对质心以角速度 $\omega_z$ 和角加速度 $\varepsilon_z$ 转动,则飞机上各点的线加速度不同,因而过载也将不同。设定飞机转动方向以抬头为正,低头为负。在距离飞机质心 $x$ 处(质心为原点,向前为正,向后为负),过载值等于质心的过载 $n_{x0}$,$n_{y0}$ 再加上由相对质心运动的加速度 $\Delta a_x$,$\Delta a_y$ 产生的附加过载 $\Delta n_x$,$\Delta n_y$。

$$\Delta a_x = \omega_z^2 x, \quad \Delta a_y = \varepsilon_z x$$
$$\Delta n_x = \Delta a_x / g, \quad \Delta n_y = \Delta a_y / g$$

则与质心相距 $x$ 处的过载为

$$n_y = n_{y0} + \frac{\varepsilon_z x}{g}, \quad n_x = n_{x0} + \frac{\omega_z^2 x}{g}$$

## 1.3.6　飞机的突风过载

前面所讲的过载,是在机动飞行中由飞行员操纵飞机产生的。飞行中,大气状态是变化的,比如气流会出现水平或垂直运动,即突风。突风的速度能达到 15～20 m/s(雷雨中可达 50 m/s),可能使飞机承受很大的过载。突风可以是一般的突风或某一频率的循环突风。当遇到突风时,飞机会发生颠簸,此时飞机所受的过载很大,称之为突风过载。从强度的角度来看,突风是很危险的,飞机载荷可能突然增大或减小,导致结构疲劳;同时飞机在突风影响下可能突然上升高度或往下掉高度,易增加与邻近高度层飞机的碰撞风险。

由于现代客机巡航时一般都处于高亚音速状态,水平突风的速度与飞机速度相比是很小的,因而引发的过载变化也很小。垂直突风则比较危险,因为它使飞机的迎角发生变化,可能导致升力发生较大的变化,在起飞和着陆阶段还可能导致飞机发生失速,如图 1-10 所示。

突风作用前

$$Y = c_y^\alpha \alpha_0 \frac{\rho v^2}{2} S$$

突风作用后

$$Y = Y_0 + \Delta Y = c_y^a (\alpha_0 + \Delta\alpha) \frac{\rho v^2}{2} S$$

式中，$\Delta\alpha \approx W/v$，若突风作用前飞机正在作匀速直线水平飞行，即突风作用前过载为1，则突风作用后的过载为

$$n_y = 1 \pm \frac{c_y^a \rho v W}{2G/S} \quad (\text{上突风取"} + \text{"号，下突风取"} - \text{"号})$$

实际上，突风的作用对飞机的影响不是突然发生的（迎角和升力不会发生突变），突风过载在计算时要乘以一个垂直突风衰减系数 $K(K < 1)$，则突风作用后的过载变为

$$n_y = 1 \pm \frac{c_y^a \rho v W}{2G/S} K = 1 \pm \frac{c_y^a \rho v U}{2p} K$$

式中，$p = \dfrac{G}{S}$ 定义为翼载荷。

若突风作用前飞机的过载为 $n_{y0}$，则突风作用后的过载为

$$n_y = n_{y0} \pm \frac{c_y^a \rho v W}{2G/S} K = n_{y0} \pm \frac{c_y^a \rho v W}{2p} K$$

突风会引起机翼随时间产生变形、加速度和惯性力等。在弹性力和惯性力的相互作用下，机翼会出现振动，当外载荷的频率与结构固有频率接近时，会出现严重的结构损伤甚至解体。

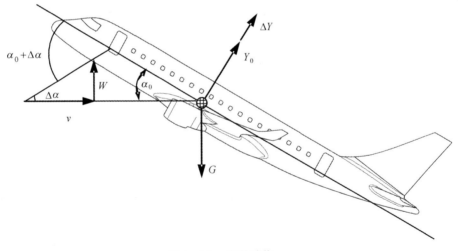

图 1-10　突风过载

### 1.3.7　飞机的着陆过载

飞机着陆接地时的速度可分解为水平分速和垂直分速。由于水平分速是在着陆滑跑过程中逐渐减小的，因此飞机受到的水平方向载荷不大；垂直分速是在飞机与地面撞击后很短的时间内减小为零的，故飞机受到的垂直方向撞击力较大。飞机着陆接地时承受的载荷，主要就是作用于起落架的垂直撞击力。飞机接地时垂直方向的着陆过载，定义为起落架的实际着陆载荷 $P_{ld}$ 与飞机静止停放于地面时起落架的停机载荷 $P_{st}$ 的比值，即

$$n_y = \frac{P_{ld}}{P_{st}} = \frac{G + N_y - Y_{ld}}{G}$$

式中，$N_y$ 为着陆时飞机的 $y$ 向惯性力；$Y_{ld}$ 为着陆时飞机上的升力，如图 1-11 所示。一般情况下，着陆过载最大可达到 $3 \sim 4$。飞机在地面的运动情况是多种多样的，因而飞机在地面机动时也可能出现 $n_x$（如起落架与地面撞击或机轮刹车时）和 $n_z$（如侧滑着陆）。

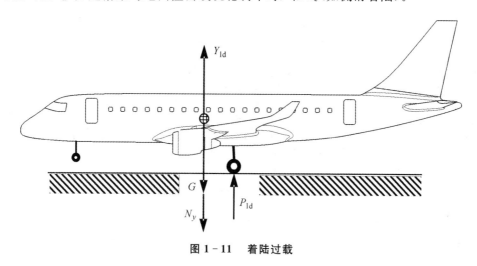

图 1-11　着陆过载

## 1.3.8　飞机的疲劳载荷

飞机结构在服役中受到的载荷是不规则的，飞机结构的疲劳载荷谱大多是通过分析或实测获得的。图 1-12 所示为飞机一次飞行所受到的载荷-时间历程示意图。

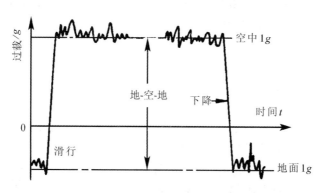

图 1-12　一次飞行所受到的载荷-时间历程示意图

飞机结构的疲劳载荷谱主要用于结构的疲劳裂纹形成和扩展寿命的分析或试验，以便确定飞机全机结构、部件或危险部位的疲劳裂纹形成和扩展寿命。一般而言，用于确定疲劳裂纹形成寿命的疲劳载荷谱和确定疲劳裂纹扩展寿命的疲劳载荷谱略有不同。用于疲劳寿命分析或试验的载荷谱是由飞行实测，并通过统计分析而编制的，它代表了飞机机群的"统计平均"载荷谱。载荷谱有三种类型，即常幅谱、块谱和随机谱。

常幅谱如图 1-13 所示，载荷谱的最大值 $S_{max}$ 和最小值 $S_{min}$ 不随时间发生变化。常幅谱常用于材料疲劳性能试验,也用于疲劳分析方法的研究,有时还用于比较两个结构的疲劳性能优劣。描述一个常幅疲劳载荷谱的应力幅值 $S_a$、平均应力 $S_m$、应力比 $R$ 定义如下:

$$\begin{cases} S_a = \dfrac{S_{max} - S_{min}}{2} \\[2mm] S_m = \dfrac{S_{max} + S_{min}}{2} \\[2mm] R = \dfrac{S_{min}}{S_{max}} \end{cases}$$

若应力比 $R = -1$,则称之为对称循环载荷;若 $R = 0$,则称之为脉动循环疲劳载荷。5 个参数中只要知道其中任意两个,就可以求出其他三个参数。

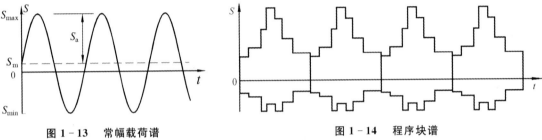

图 1-13　常幅载荷谱　　　　　　　　　　　图 1-14　程序块谱

块谱也称为程序块谱,如图 1-14 所示。试验结果表明,当整个寿命期内块谱的块数较少时,那么块的不同编排对疲劳寿命有较大的影响;而当块数较多时,则不管块谱如何编排,疲劳寿命基本相同。通常,程序块谱采用低-高-低的方式编排;飞机结构的块谱一般根据飞行任务剖面进行编排。

随机谱是将实测和分析得到的载荷按结构服役过程中的受载特点进行随机编排的。

按照载荷的来源分类,飞机结构的疲劳载荷主要由突风重复载荷、机动重复载荷、着陆撞击重复载荷、地面滑行重复载荷、地-空-地循环载荷等组成。运输类飞机的疲劳载荷以突风重复载荷和地-空-地循环载荷为主。

### 1.3.9　飞机的其他载荷

飞机的其他载荷主要包括热载荷、声振载荷、瞬时响应载荷和非正常载荷等。

飞行器飞行时,外部或内部热源会加热结构。外部热源有气动加热和太阳辐射,内部热源包括飞机上的各种会产生热量的设备,如动力装置、电子设备、电气设备等。一般来说飞机飞行高度小于 40 km 时可忽略太阳的辐射热,此时飞行器的温度状态主要由气动加热情况决定。当飞机以超音速飞行时,靠近流线体表面的气流由于摩擦和压缩被阻滞,特别是附面层区域的空气会受到强烈的阻滞,热量从此处通过对流的方式进入结构,使结构温度升高。图 1-15 所示为美国的 SR-71 高空侦察机,该机在设计试飞阶段就出现过由于气动加热导致超音速飞行时油箱破裂漏油的情况。最后工程师采用了具有开创性的油箱方案解决了这个问题,他们将飞机处于静止状态时的油箱壁板设计为具有间隙的结构,起飞进入超音速飞行状态后,气动加热使油箱壁板自动弥合。

气动加热对结构的影响表现在很多方面,结构温度的升高会导致材料机械性能衰退,引起材料发生蠕变、结构失稳、刚度和承载能力下降等问题。在热载荷频繁作用时,结构还可能发生热疲劳现象,导致结构刚度和强度下降。

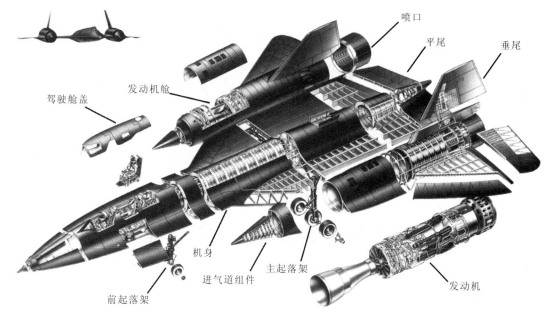

**图 1-15 美国 SR-71 高空侦察机**

飞机在整个飞行过程中,很多部位既处于高温环境中,同时又受到高声强噪声的激励。如喷气式发动机,其尾喷口及其邻近区域,机尾罩等结构,炽热的发动机喷气温度高达数百摄氏度,同时又受到强噪声激扰。据某型机实测结果表明,沿机尾罩外缘线成 $30°$ 角,距外缘线 $2\ \mathrm{m}$ 处测得全推力状态时的声压高达 $162.1\ \mathrm{dB}$。民航运输机在起飞和降落时,特别是进近着陆阶段,襟翼放下角度较大,易受到发动机喷气的影响,处于高噪声激励的振动状态。声疲劳载荷谱的确定,首先要实测得出状态-时间参数,其次要对各典型使用状态进行噪声测量,最后进行元件试验得出试件的声疲劳 $S-N$ 曲线。在设定的试验时间情况下,通过等效试验值得出声疲劳试验用载荷谱。图 1-16 所示为某型飞机起飞时由发动机噪声源在飞机结构上产生的典型声压场。从图中可以看到,发动机吊舱进气道和尾喷口附近区域的声压较大,机翼根部、中央翼盒结构和内侧襟翼区域也受到了较大的影响,在远离噪声源的机头、尾翼和外翼段声压值较小。在这样恶劣的高温、高声强环境下,结构经常出现铆钉松动、螺钉飞弹等现象,机翼整体油箱密封更易出现泄漏,严重影响飞机飞行安全和出勤率。机务人员在做结构检查时,应对类似的噪声源附近结构特别注意,检查是否有铆钉松脱或蒙皮褶皱情况。另外还应注意检查液压和防冰热空气管路、防火系统传感器等是否存在噪声振动导致管路与支架之间摩擦加剧,使管路出现破损或损坏现象。

除了上述的热载荷和声振载荷外,飞机在运行过程中还可能会遭遇迫降、地面刮蹭、冰雹、鸟撞、雷击等非正常载荷。飞机设计规范中对这些载荷都提出了相应的技术指标。比如飞机在遭受鸟撞时,要求机身蒙皮不能发生穿透性的损伤,防止客舱突然失压。

图 1-16　飞机起飞时的典型声压场

# 1.4　飞机结构分析的基本概念

## 1.4.1　载荷及其分类

任何结构和结构中的各个构件,在工作过程中都会受到其他物体对它的作用力,这种作用力通常叫作载荷(或外部载荷)。例如,飞行中机翼上的空气动力、起落架等部件的重力都是作用于机翼上的载荷。各种构件在载荷的作用下,它的支撑点都会对它产生约束力。构件承受的各种载荷和支撑点的约束力,统称为作用于该构件的外力。

按作用方式,载荷主要分为集中载荷和分布载荷。集中载荷是指其作用区域相对于构件的尺寸来说很小,可以简化为集中作用于一点的载荷。分布载荷是指作用区域相对于构件尺寸来说不可忽略,一般作用在一个体积、面积或长度上的载荷。如果分布载荷的作用面积相对较小,可以把它近似看作是集中载荷,这样在工程中可使问题简化。图 1-17 所示为典型的机翼流场和双凸翼型压力分布,双凸翼型上、下翼面为分布吸力,前缘为压力,可见作用于机翼上的空气动力载荷属于分布载荷。吊装在机翼下方的发动机重力对机翼来说则可认为是集中载荷。

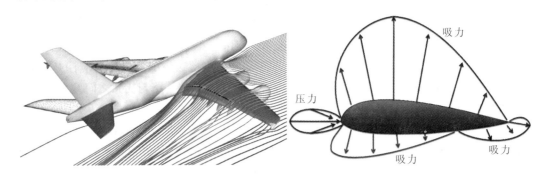

图 1-17　典型机翼流场和双凸翼型压力分布

根据载荷作用于构件的性质不同,载荷可分为静载荷和动载荷。如果载荷是从零逐渐加载到构件上去的,或者载荷加到构件上后,它的大小和方向不变或变化很小,则这种载荷被称为静载荷。如飞机停放时起落架所承受的载荷,就是一种静载荷;又如,机务人员使用千斤顶顶升飞机时,机体结构顶升点所承受的载荷是逐渐增大的,它也属于静载荷。

如果载荷是突然加到构件上去的,或者载荷加到构件上后,它的大小和方向(或其一)随时间有显著变化,这样的载荷称为动载荷。如飞机着陆时起落架所受到的地面冲击力;飞机增压座舱的余压,在飞行过程中会发生变化,这些都属于动载荷。

### 1.4.2 构件在载荷作用下的变形

构件在载荷作用下,其尺寸和形状都会有不同程度的改变,这种尺寸和形状的改变叫作变形。载荷去掉后即能消失的变形叫弹性变形;不能消失的变形叫永久变形(或残余变形)。

构件承受载荷的情况不同,它所产生的变形形式也不一样,基本的变形包括拉伸、压缩、剪切、扭转和弯曲五种。飞机结构受力时,各构件的变形往往是比较复杂的,常常是几种变形的组合,称为复合变形。从飞机安全运行的角度来说,飞机结构只允许发生弹性变形,并且弹性变形的数值不能超限。飞行中这种弹性变形主要是由气动力造成的,通常称为气动弹性变形。早期飞机曾经因为气动弹性变形太大而造成副翼反效。民航客机的机翼和机身在气动力作用下主要有弯曲、扭转和剪切三种弹性变形模式。飞机运行多年后,结构难免会发生微小的塑性变形,可以通过飞机水平测量等方法来对这种残余变形进行宏观评估,只要残余变形的数值在维护手册规定的范围内,则认为飞机的结构仍然能够安全承载。

### 1.4.3 内力和应力的概念

当构件受到外力作用而变形时,材料分子之间的距离发生变化,这时分子之间会产生一种反抗变形、力图使分子间的距离恢复原状的力,这种力叫内力。构件受力变形时所产生的内力,可利用截面法求得。

要判断构件受力的严重程度,仅知道内力的大小是不够的。构件在外力作用下,横截面上内力的集度称为应力。如果内力是均匀分布的,则构件任意截面上的应力等于截面上的总内力除以横截面积。截面上任意一点的应力为一空间矢量,将其分解后可分成正应力和剪应力两部分。正应力是指应力矢量在截面法向的分量,剪应力是指应力矢量在截面切向的分量。

### 1.4.4 强度、刚度和稳定性的概念

构件在传力过程中,横截面上的应力要随着载荷的增大而增大。在截面上的应力增大到一定限度后,构件就会损坏(产生显著的永久变形或断裂)。构件在外力作用下,抵抗破坏(或断裂)的能力称为构件的强度。构件的强度越大,表示它开始损坏时所受的载荷越大。为了使构件在规定的载荷作用下工作可靠,应保证它具有足够的强度。

具有足够强度的构件,若在载荷作用下发生较大的弹性变形而影响正常工作,也是不允许的。因此,构件还应具有足够的抵抗变形的能力。构件在外力作用下抵抗变形的能力称为构件的刚度。构件的刚度越大,在一定的载荷作用下产生的变形越小。图 1-18 所示为空气动

力作用下典型客机的弹性变形。由于客机采用具有静稳定性的传统气动布局,机翼向上发生弯曲的同时,水平尾翼在气动作用下向下弯曲,为飞机提供配平载荷。

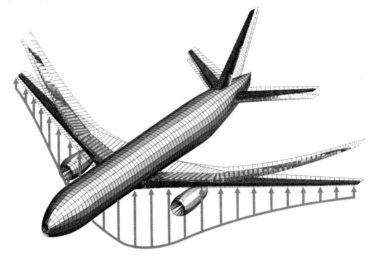

图 1-18 客机在气动力作用下的典型弹性变形

构件在外力作用下保持其原有平衡状态的能力称为构件的稳定性。细长杆和薄壁结构受压后易突然失去原有的平衡形式,这种现象叫作失去稳定性,简称失稳,有时也称为屈曲。飞机的机翼上壁板在设计时需要着重考虑受压失稳问题,壁板失稳时蒙皮会发生褶皱现象,桁条可能发生局部失稳或总体失稳。除了受压结构可能会出现失稳现象外,在扭矩或弯矩作用下的构件也可能发生失稳现象。图 1-19(a)所示为一个管件在扭转试验机上受扭失稳的情况,管件表面由于剪切发生了明显的褶皱,无法维持初始的剪切平衡状态。从应力分析角度来说,纯剪切状态的管件发生失稳的原因主要是由于某个压缩主应力在与管件轴线成 45° 的方向上使管壁受压失稳出现褶皱,进而导致管件无法维持稳定的剪切状态。飞机的机翼和机身在飞行中都可能受到扭矩的作用,增加蒙皮厚度可以有效提高结构的扭转刚度,进而提高抵抗扭转失稳的能力。利用应力分析的知识可以方便地判断机翼和机身壁板出现褶皱的载荷性质。图 1-19(b)所示为一根细长悬臂梁在自由端集中载荷作用下发生弯曲失稳的情况。在横向扰动作用下,悬臂梁对称面上的横向剪力对梁产生了扭矩,悬臂梁端部发生了扭转,若梁的刚度不足,则横向扰动消除后梁无法回到初始位置,弯曲平衡状态被破坏,结构失稳后处于弯扭组合变形状态。

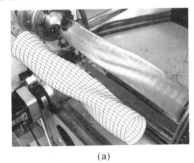
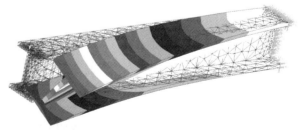

(a)                                        (b)

图 1-19 扭转失稳与弯曲失稳

(a)管件扭转失稳; (b)悬臂梁弯曲失稳

要保证构件正常工作,构件必须具有足够的强度、刚度和稳定性。构件的强度、刚度、稳定性与其材料的性质、截面尺寸和形状有关。另外构件的强度和刚度还与使用、维护的条件有关。例如,构件装配不当,受到划伤或腐蚀等,强度和刚度就会减弱。维护和使用过程中,应根据维护手册的要求和构件的性质、受力特点等,注意保持其强度和刚度。要避免酸性物质和汞接触金属结构。酸性物质与金属反应产生的氢原子会侵蚀金属的晶界,使金属变脆(氢脆现象)。汞一旦接触金属,将侵蚀到金属内部,严重降低金属的力学性能,并且这个侵蚀过程一旦开始便没有任何措施能将其停止和清除。因此维护工作中一般都禁止携带含有汞的设备登上飞机。

## 1.4.5　飞机承受的五种主要应力

飞机结构承受的应力主要可分为以下五种:

1)拉伸应力;

2)压缩应力;

3)扭转应力(扭矩);

4)剪切应力;

5)弯曲应力(弯矩)。

拉伸应力方向指向结构横截面的外法线方向,压缩应力方向指向结构横截面的内法线方向,这两种应力都属于正应力($\sigma$),使结构发生正应变($\varepsilon$)。正应变会改变结构的尺寸,但不会使结构的形状发生变化。扭矩使结构发生扭转变形,在结构的截面上产生扭转剪切应力($\tau$),使结构发生剪应变($\gamma$)。剪应变会使结构的形状发生变化。剪力会在结构截面导致剪切应力,是抵抗试图引起材料某一层与相邻一层产生相对错动之力的应力,该应力与扭矩造成的剪应力有相同的特征,但会造成不同的结构破坏形式。弯曲应力是由弯矩引起的应力,是压缩应力和拉伸应力的组合。当杆件发生如图 1-20 所示的上凸状弯曲时,中性层的材料既不受拉也不受压(即不产生正应变),中性层上方的材料被拉长,受拉应力;中性层下方的材料被压缩,产生压缩应力,在小变形假设条件下,可以认为这里的拉伸应力和压缩应力都是沿梁的轴线方向的。

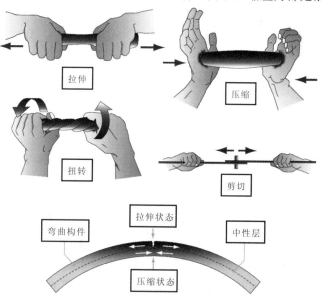

**图 1-20　作用于飞机结构的五种基本应力**

# 1.5 机 翼 结 构

## 1.5.1 机翼的功用

机翼是飞机的一个重要部件,其主要功用是产生升力。当它具有上反角时,可为飞机提供一定的横侧稳定性。典型民航机的机翼如图 1-21(a)所示,前缘通常安装有前缘襟翼、缝翼等增升装置,后缘安装有控制飞机横滚的副翼和作为增升装置的后缘襟翼,其中副翼分为安装在翼梢段的外侧副翼(又称为低速副翼)和安装在靠近翼根的内侧副翼(又称为高速副翼)。机翼上表面后缘襟翼上方安装有扰流板,主要功能包括空中减速、横滚操纵和着陆接地时卸除升力。翼尖小翼可以通过抑制翼尖涡流提高机翼升力。另外,很多飞机的发动机和主起落架安装于机翼结构上。机翼的内部空间常用来收藏主起落架和贮存燃油。民航客机一般都采用机翼结构油箱,增大燃油容量。小型通用飞机的机翼结构较简单,如图 1-21(b)所示,机翼后缘安装有副翼和襟翼,机翼前缘通常无增升装置。

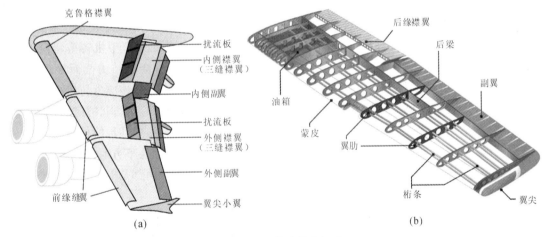

图 1-21 机翼的功能和组成

(a)民航运输机机翼组成; (b)通用飞机机翼结构

## 1.5.2 机翼的配置

目前,除了个别低速飞机仍是双翼机外,绝大多数飞机都是单翼机。单翼机在机身上的配置,可分为上单翼、中单翼、上反下单翼和下单翼四种形式,如图 1-22 所示。

从机翼与机身的干扰阻力来看,以中单翼为最小,上单翼次之,下单翼最大。从机身内部容积的利用来看,以上单翼最为优越。因为上单翼飞机机翼通过机身的部分骨架,位于机身上部,不影响机身内部容积的利用;中单翼的翼梁要横穿机身中部,对机身内部容积的利用有一定影响;下单翼飞机机身内的可用容积较大,但固定在机身下部的翼梁,会限制安装在机翼下部部件的尺寸。吊装在下单翼飞机下部的发动机维护比较方便,但会导致起落架支柱较高,质量有所增加。从起落架的配置来看,如果将起落架装在机翼上,上单翼飞机的起落架较长,这样不仅质量大,而且不易收放。在这方面,下单翼飞机比较有利。此外,上单翼飞机由于机翼位置较高,检修、拆装机翼上的发动机或其他附件,以及向机翼内的油箱添加燃油都不方便,这会给维护工作带来困难。

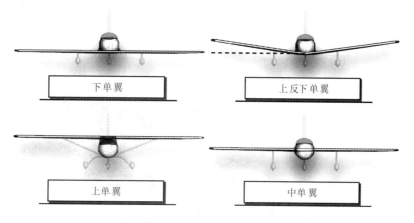

**图 1-22　机翼的配置**

## 1.5.3　机翼上的外载荷

飞机在空中飞行时,作用于机翼的外部载荷有空气动力、机翼结构质量力、部件的质量力和动力装置的推力或拉力。机翼结构质量力是机翼结构质量和它在飞行中产生的惯性力的总称,即机翼结构质量和变速运动惯性力。升力是当机翼以一定速度相对空气运动时,空气作用在机翼表面上的空气动力在垂直于来流方向上的分量。对于亚音速飞行时的飞机,其单位长度翼展上机翼弦向的气动载荷分布如图 1-23 所示。

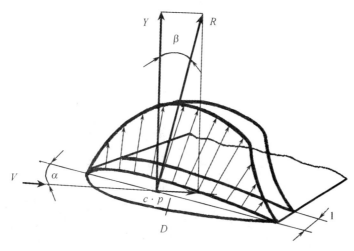

**图 1-23　单位翼展机翼剖面上的空气动力**

图 1-23 中,$R$ 为单位长度翼展上的总气动力,作用于机翼截面的压心($c \cdot p$),$Y$ 为 $R$ 在竖

直方向的分量(即升力),$D$ 为空气动力的阻力分量,$\alpha$ 为迎角。

$$Y = R\cos\beta, \quad 且 \beta = \arctan(c_x^a/c_y^a)$$

工程计算中由于 $\beta$ 角很小,因此可以取 $\cos\beta=1$,此时 $Y=R$。沿翼展方向的分布气动载荷 $q$ 如图 1-24 所示,图中标出了机翼截面的刚心($c\cdot g$)和压心($c\cdot p$),机翼各截面的刚心连线为机翼的刚心线,各截面的压心连线为压心线。截取阴影所示的外翼段部分研究其气动力特点。该段机翼的气动力合力为 $Q$,该力的作用线相对 $a-a$ 轴的距离为 $d$,相对于 $z-z$ 轴的距离为 $c$。合力 $Q$ 的作用使外翼段在 $a-a$ 截面上产生了剪力 $Q$、弯矩 $M$ 和扭矩 $M_t$。

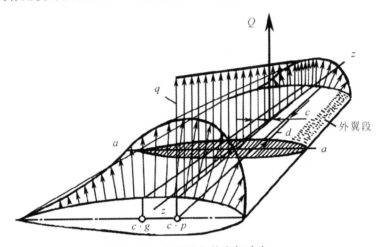

**图 1-24　机翼展向的空气动力**

从以上分析可知,机翼在外部载荷作用下,像一根固定在机身上的悬臂梁一样,要产生弯曲和扭转弹性变形。在这些外载荷作用下,机翼各截面要承受剪力、弯矩和扭矩。由于机翼结构沿水平方向尺寸较大,因而水平剪力和水平弯矩对结构受力影响较小,在受力分析时主要分析垂直剪力、扭矩和垂直弯矩,如图 1-25 所示。超音速飞行的飞机,其机翼气动力分布与亚音速飞行时不同,可以近似认为气动载荷沿机翼弦向均匀分布。

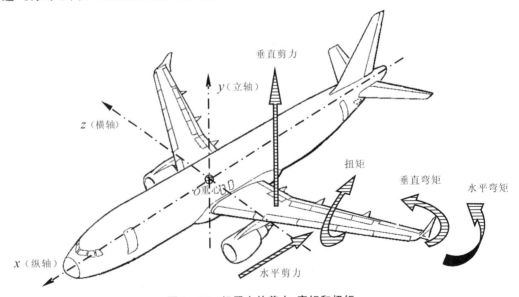

**图 1-25　机翼上的剪力、弯矩和扭矩**

### 1.5.4 机翼的剪力、弯矩和扭矩图

机翼主要受两种类型的外载荷:一种是以空气动力载荷为主,包括机翼结构质量力的分布载荷;另一种是由各连接点传来的集中载荷。这些外载荷在机身与机翼的连接处,与机身提供的支反力取得平衡。当机翼分成两半分别与机身相连时,可把左右两侧机翼看作是支持在机身上的悬臂梁;若整个机翼为一体时,则可把它看作是支持在机身上的双支点外伸梁。

作用于机翼各截面的剪力、弯矩和扭矩是不相等的。如图 1-26 所示,为平直机翼的剪力和弯矩图,它们描述了机翼截面剪力和弯矩沿机翼翼展方向的变化情况。其中 $R_f$ 为机身对机翼的约束力,$q_b$ 为空气动力载荷,$q_w$ 为结构质量力,$P_p$ 为发动机集中质量力。可以看出,①如果机翼上只有空气动力和机翼结构质量力,则越靠近机翼根部,横截面上的剪力、弯矩越大。②当机翼上同时作用有部件集中质量力时,上述内力图会在集中质量力作用处产生突变或转折。图 1-27 所示为典型后掠机翼的剪力、弯矩和扭矩图,它们也都在机翼根部取得最大值。

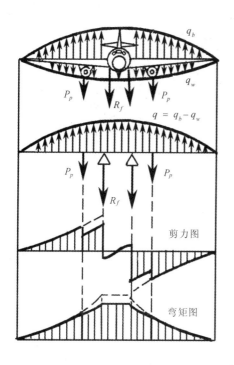

图 1-26 平直机翼上的剪力和弯矩

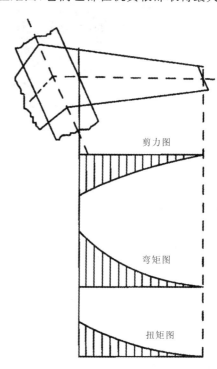

图 1-27 后掠机翼上的剪力、弯矩和扭矩

### 1.5.5 机翼的主要受力构件

机翼通常是由翼梁、翼墙、桁条、翼肋和蒙皮等构件组成的空间薄壁结构,承受并传递气动力、惯性力造成的总体剪力、总体弯矩和总体扭矩,如图 1-28 所示。

翼梁由缘条、腹板和腹板加强支柱等构成,翼墙主要由较弱的缘条和腹板组成,翼肋铆接在翼梁腹板上,桁条铆接在翼肋上,蒙皮则铆接在翼梁缘条、翼肋和桁条等构件上,铆接关系如

图 1-29 所示。按照受力特性不同,机翼的构件主要由杆件和板件构成,杆件主要承受轴向载荷,板件主要承受板平面内的拉伸、压缩和剪切载荷,这两种构件组合起来形成了机翼的空间结构。各种构件的基本作用有两个方面:一是形成和保持必需的机翼外形;二是承受外部载荷引起的剪力、弯矩和扭矩。

**图 1-28　机翼的主要构件**

形成机翼外形的基本构件是翼肋和蒙皮,翼肋的形状就是根据选定的翼型制成的,为了保证翼梁或翼墙的连续性,翼肋通常分为几段制造。蒙皮包在整个机翼骨架外面,可以保证机翼外表光滑和形成必要的翼型。为了使蒙皮在局部空气动力作用下不致产生过大的鼓胀和凹陷,现代飞机大部分采用了金属蒙皮。此外,桁条对保持机翼的外形也有一定作用,因为它能支持蒙皮,防止蒙皮产生过大的变形或压缩、剪切失稳。

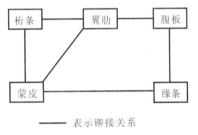

**图 1-29　机翼构件铆接关系**

剪力 $Q$ 会使截面外端垂直向上移动。由于机翼的蒙皮、翼梁缘条和桁条沿垂直方向很容易产生变形,而翼梁腹板抵抗垂直方向变形的能力却很大,它能有效地阻止机翼产生剪切变形,因此剪力主要是由翼梁腹板承受的。

弯矩使机翼产生弯曲变形。当机翼向上弯曲时,翼梁下缘条、机翼下表面的桁条和蒙皮都会产生拉伸的轴向内力,而翼梁上缘条、机翼上表面的蒙皮和桁条则产生压缩的轴向内力,它们组成内力偶与弯矩平衡。因此,弯矩引起的轴向力是由翼梁缘条、桁条和蒙皮共同承受的。

机翼受扭矩作用时,翼梁缘条和桁条都很容易变形,而金属蒙皮和翼梁腹板所组成的合围框,却能很好地反抗扭转变形,这时,蒙皮和腹板截面上会产生扭转剪应力并形成反力矩来与扭矩平衡。因此,金属蒙皮机翼的扭矩,是由蒙皮和腹板所组成的几个截面封闭区域承受并传递的。任何形式的机翼,横截面必须至少有一个封闭区域结构来承受扭矩,否则结构便基本失去扭转刚度。

对于双梁式机翼,其扭矩是由上、下翼面蒙皮和前、后梁组成的合围框(盒段)承受和传递的。如果机翼前缘没有安装前缘缝翼和前缘襟翼,则前缘蒙皮与前梁组成的盒段也承受和传递一小部分扭矩。

## 1.5.6 机翼结构形式

世界航空工业历经 100 多年的发展,机翼的结构形式也随着相关学科领域的进步而不断进化。机翼结构形式的划分标准较多,按蒙皮的材料可分为布质蒙皮机翼、金属蒙皮机翼。机翼横剖面的弯矩是机翼上的主要载荷,用于承受弯矩的结构质量约占机翼结构总质量的 50%。根据蒙皮、桁条和翼梁缘条参与承受弯矩能力的大小,机翼的结构形式可分为梁式机翼、单块式机翼和多腹板式机翼,这三种机翼上承担机翼弯矩的材料在机翼上的分布情况不同。按照机翼材料可分为金属机翼、全复合材料机翼和混合材料机翼。综合以往的分类方法,将机翼结构分为以下 5 种。

### 1.5.6.1 布质蒙皮机翼

这种机翼的结构特点是采用了布质蒙皮。布质蒙皮在机翼承受弯曲、扭转作用时,很容易变形,因此,它不能承受机翼的弯矩和扭矩,只能承受由于局部空气动力(吸力或压力)所产生的面内张力。图 1-30 所示为一种布质蒙皮机翼的结构图。在这种机翼结构中,弯矩引起的轴向力,全部由翼梁缘条承受;剪力由翼梁腹板承受;扭矩则由翼梁、加强翼肋和斜撑杆、张线等组成的桁架来承受。

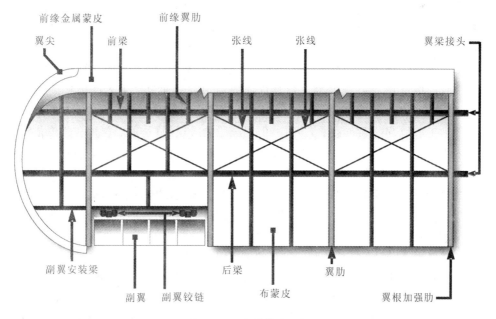

**图 1-30 布质蒙皮机翼**

由于机翼前缘的局部空气动力较大,布质蒙皮机翼的前缘常采用薄金属蒙皮制成。这种机翼的扭矩,一部分由加强翼肋、张线等组成的桁架承受,另一部分则由前缘蒙皮和前梁腹板组成的合围框承受。

布质蒙皮机翼的抗扭刚度较差,而且蒙皮容易产生局部变形(鼓胀和下陷),飞行速度较大时,会使机翼的空气动力性能受到很大影响,因此只适用于低速轻型飞机,比如运5飞机就采用了这种形式。

### 1.5.6.2 梁式机翼

现代飞机广泛采用了金属蒙皮机翼,金属蒙皮不仅能承受局部空气动力,而且能承受机翼的扭矩和小部分弯矩。如果机翼中的弯矩主要由翼梁缘条来承受和传递,则这种机翼称为梁式机翼。

梁式机翼装有一根、两根或多根强有力的翼梁,根据这个特点可分为单梁式、双梁式和多梁式三种结构形式。这三种梁式机翼的共同特点是翼梁缘条承受弯曲轴向力,翼梁腹板承受并传递机翼剪力。蒙皮较薄,桁条的数量不多而且较弱,有些机翼的桁条甚至是分段断开的。梁式机翼的桁条承受轴向力的能力较小,其主要作用是与蒙皮一起承受局部空气动力,并提高蒙皮的抗剪稳定性,使之能够更好地承受扭矩。这种机翼蒙皮的抗压稳定性很差,机翼弯曲时受压部分的蒙皮几乎不能参与受力;而受拉部分的蒙皮,由于截面积很小,分担的拉力也较小。普通翼肋主要用于维持机翼的截面形状,加强翼肋用于传递集中载荷。由于主要载荷通过大梁传递,因此梁式机翼上可以方便地布置大开口。

(1)单梁式机翼

典型单梁式机翼如图 1-31 所示,翼梁通常布置在机翼剖面上结构高度最大的地方,这可以提高梁的承载效率,减轻结构质量。翼梁根部接头的强度和刚度都很大,它可以将机翼的总体弯矩和扭矩传递到机身加强框的连接接头上。单梁式机翼上还会在翼梁前方或后方布置 1~2 个纵墙,从而形成由梁腹板、前缘蒙皮、翼墙和蒙皮组成的盒段,承受机翼的扭矩。纵墙的缘条很弱,承受弯矩的能力几乎可以忽略,但可以传递机翼的剪力,因此翼墙根部与机身加强框的接头采用铰接。悬挂襟翼和副翼的支座安装于翼墙后方,但其紧固件穿透了翼墙腹板与前方的加强翼肋固定在一起,从而将后缘操纵面的集中载荷通过加强翼肋传递到机翼空间薄壁结构中,将集中载荷分散成为机翼结构中板件承受的剪流和杆件承受的轴向分布载荷。图中机翼根部为了收放起落架布置了大开口,但翼根段的大梁腹板、前墙腹板和蒙皮依然能形成封闭盒段来抵抗扭矩,机翼的总体扭矩在加强翼肋处转化为由大梁腹板、前墙和后墙腹板的剪力形成的力偶,最终传递到翼梁和翼墙的接头上,与机身提供的约束反力平衡。

单梁式机翼早期广泛应用于军用和民用飞机,其总体刚度特性不佳,破损安全性和战斗生存性差,但与机身的连接关系简单,现在主要用于中等展弦比的轻小型通用航空飞机结构中。

(2)双梁式机翼

典型双梁式机翼如图 1-32 所示,通常前梁布置在 20%~30% 弦长处,后梁布置于 60%~70% 弦长处。大梁的根部都安装有固定接头。前梁的几何尺寸(腹板高度和厚度,缘条截面积)和强度、刚度通常比后梁大,由于超静定结构中载荷按照结构件的刚度来分配,因此前梁分担大部分的剪力和弯矩。其他构件的结构特点和受载特点与单梁式机翼类似。襟翼和副翼的挂点处均设置有加强翼肋传递悬挂支座的集中载荷。机翼内部设置有燃油箱,为了防止较薄的蒙皮受压或受剪切载荷发生失稳,可采用较粗的桁条加强对蒙皮的支撑,但这样会增大机翼的结构质量。

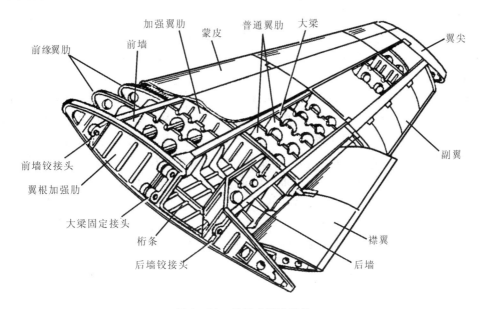

图 1 - 31　单梁式机翼结构

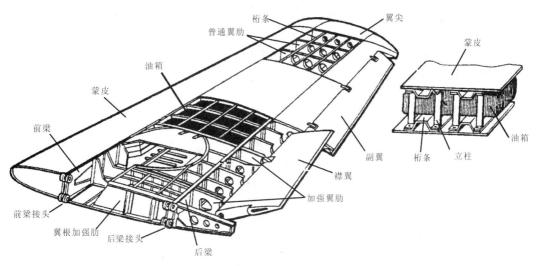

图 1 - 32　双梁式机翼结构

双梁式机翼早期常用于战斗机的机翼结构,结构内部采用橡胶油箱,可以防止弹片穿透机翼结构时油箱大量漏油,但由于其总体刚度、破损安全性和生存性差,应用于高过载机翼时结构质量偏大,目前主要应用于中、大展弦比的中小型通用航空飞机上。

(3)多梁(多墙)式机翼

在多梁(多墙)式机翼上,用于承受和传递机翼弯矩的结构质量约占机翼结构总质量的50%。为了降低结构质量,可以采用多根纵向翼梁来分担机翼的总弯矩,减少翼肋等不参与弯矩传力的构件数量。这种结构形式的机翼,结构总体和局部刚度均较大,机翼截面上封闭盒段的面积较大,有效提高了结构的抗扭刚度,可以降低发生颤振的风险。在适当提高蒙皮厚度的情况下,甚至可以不布置普通翼肋,只需在有集中载荷作用的地方布置少量加强肋,比如在翼吊发动机的部位和翼下挂有武器、副油箱等外挂物的地方布置加强翼肋。如果减小蒙皮的厚度,则可以通过增大纵向翼梁的密度来加大蒙皮的支撑刚度,防止其发生失稳。机翼的弯矩和剪力通过翼梁的固接接头传递到机身的加强框接头上,扭矩可转化为多对力偶,以剪力的形式传递到机身加强框接头。

多梁(多墙)式机翼由于结构的整体刚度和局部刚度都很大,结构破损安全性较好,战斗生存能力强,同等条件下相对于单梁和双梁式机翼质量更轻,因此被广泛应用于小展弦比、大根梢比的现代高速薄翼型战斗机机翼上。图 1-33 所示为典型的多梁式战斗机机翼结构,机翼中布置有 6 根纵向大梁。这种战斗机的机翼前端有时会采用大后掠角边条,其作用是,当飞机从亚音速飞行过渡到超音速飞行时,边条可以减小机翼焦点的后移量,提高飞机的跨音速静稳定性;另外,精心设计的边条(优化边条形状、后掠角等)可以抑制大迎角状态下翼面的气流分离,改善飞机的机动性能,提高大迎角时的飞行安全。从而减小机翼面积,使机翼结构质量下降 5%～7%。此外,在外翼段下方悬挂副油箱、功能吊舱和武器等可以为机翼进行卸载,在翼尖悬挂外挂物还可抑制翼尖涡流的强度。

### 1.5.6.3 多腹板式机翼

多腹板式机翼的腹板数量多,无桁条,蒙皮较厚,一般为按照等强度设计原则得到的变厚度蒙皮(翼根到翼梢蒙皮逐渐变薄),翼肋较少,一般只在翼根、翼梢和有集中载荷部位布置加强翼肋。机翼的翼型主要由腹板来保持,典型的多腹板式机翼结构如图 1-34 所示。多腹板式机翼与前述的多梁(多墙)式机翼的不同点在于承受弯矩轴向力的结构件不同,多梁(多墙)式机翼蒙皮较薄,弯矩轴向力主要由翼梁缘条承受,而多腹板式机翼采用变厚度厚蒙皮,弯矩造成的轴向力完全由上下蒙皮来承受。

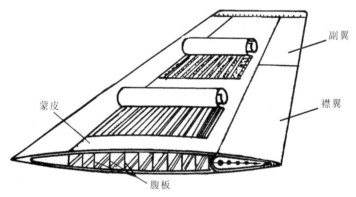

图 1-34 多腹板式机翼结构

多腹板式机翼的传力特点:气动载荷直接从蒙皮传递给腹板,每块腹板都受到沿展向的长条形蒙皮上的气动载荷作用,该蒙皮的宽度为左、右相邻腹板间距的二分之一。腹板上、下边缘通过弱缘条或角片与厚蒙皮铆接,腹板根部和梢部分别与翼根和翼梢的加强翼肋连接。腹板受气动剪力后发生剪切变形,其展向剪流全部传给蒙皮,上、下蒙皮分别发生压缩和拉伸来承受和传递机翼弯矩。所有腹板上的剪力传递给根肋,再由根肋与机身对接接头传递给机身的框。

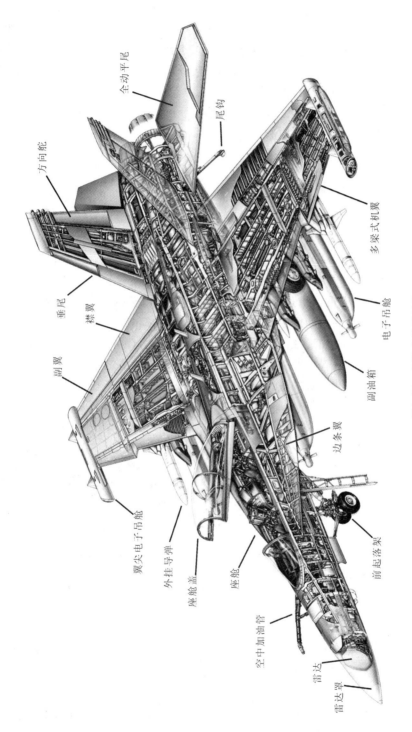

全动平尾

尾钩

方向舵

多梁式机翼

垂尾　襟翼

电子吊舱

副翼

副油箱

翼尖电子吊舱

外挂导弹

边条翼

座舱盖

座舱

前起落架

空中加油管

雷达

雷达罩

图1-33　多梁式机翼结构

弯矩的传递则分为两种情况:若机翼结构有中央翼盒连接左、右外翼,则当两侧的机翼载荷对称时,蒙皮上的轴力在中央翼盒的蒙皮上自平衡;若无中央翼盒,机翼分别与机身侧面的加强框接头连接,则蒙皮的根部会出现应力过渡区,该过渡区的长度约等于前、后腹板的间距。从结构分析角度来看,多腹板式机翼可以看作是由多个腹板高度不同的工字梁单元并联在一起形成的结构,由于每个单元的蒙皮厚度和腹板高度不同,其刚度也不同,受载荷作用后弯曲变形也不同,可能使机翼发生附加的扭转变形。

多腹板式机翼结构多用于高速飞机的小展弦比薄机翼和超音速飞机的薄翼型后掠翼上,也有部分商用运输机采用了这种结构形式。

### 1.5.6.4 单块式机翼

现代运输飞机多采用单块式机翼,如图 1 - 35 所示为去掉了蒙皮、部分翼肋和桁条的单块式机翼结构示意图。单块式机翼的构造特点:蒙皮较厚,桁条较多而且较强,翼梁的缘条较弱,有时缘条的横截面积和桁条差不多。有的单块式机翼还用波纹板来代替桁条支撑蒙皮。这种机翼的蒙皮,不仅具有良好的抗剪稳定性,而且有较好的抗压稳定性,因此,它不仅能更好地承受机翼的扭矩,而且能同桁条一起形成机翼的上、下壁板来承受机翼的大部分弯矩。由于这种机翼结构是由蒙皮、桁条和翼梁缘条组成一个整块构件来承受弯矩所引起的轴向力的,所以叫作单块式机翼。翼根部分的辅助梁和后梁上安装有主起落架收放转动枢轴,同时辅助梁也可以帮助后梁传递剪力和弯矩。现在简单的梁式机翼一般只用在低速或小型飞机上,很少应用在大型高速商用客机中。波音、空客等商用运输机的机翼通常都是布置有两根或三根梁的单块式翼盒结构或多腹板厚蒙皮式结构。

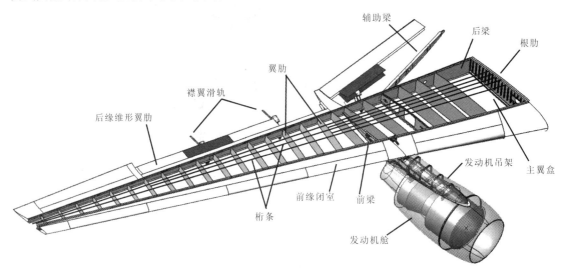

**图 1 - 35 单块式机翼结构**

单块式机翼的受力特点:总体弯矩引起的轴向力由蒙皮、桁条和翼梁缘条组成的机翼上、下壁板承受,平直飞行时上壁板受压,下壁板受拉;总体剪力由翼梁腹板承受和传递;扭矩由蒙皮与翼梁腹板构成的单闭室、双闭室或多闭室承受。

单块式机翼的优点:①蒙皮约束刚度高,高速状态不易出现鼓胀和下凹,能较好地保持翼型;②总体抗弯、抗扭和抗剪切的刚度较大,结构变形量较小;③采用破损安全设计思想和多路传力方式,受力构件分散,结构安全性高。缺点:①由于上、下壁板为传递弯曲轴向力的主承力部件,不便于开大舱口;②结构件壁厚较小,不便于承受集中载荷,需要专门的集中力扩散件配合传力;③受力构件分散,机翼对接接头和机翼与机身对接接头连接关系复杂,连接点多,装配协调难度较大。

图1-36所示为麦道11飞机(MD11)的机翼结构详图。从图中可见,机翼前、后大梁,翼肋和蒙皮与桁条构成的上、下壁板一起形成了单块式机翼的主翼盒,主翼盒是单块式机翼的主要受力部件,承担了机翼的几乎全部弯矩、剪力和扭矩。主翼盒前梁与前缘翼肋和前缘蒙皮还形成了一个小闭室,可以承受一小部分扭矩。一般主翼盒占机翼弦长的50%～60%,剩余部分为前、后缘的飞行操纵面和增升舵面。

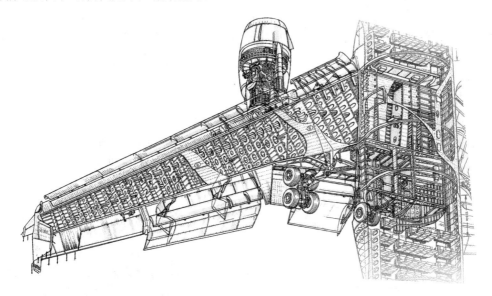

**图1-36 麦道11飞机机翼结构**

梁式机翼与单块式机翼比较见表1-2和表1-3。

**表1-2 梁式、单块式机翼的结构特点**

| 机翼形式 | 蒙 皮 | 桁 条 | 翼 梁 |
|---|---|---|---|
| 梁式 | 薄 | 弱,少,有时断开 | 强,承受剪力和弯矩 |
| 单块式 | 厚 | 多,强 | 较弱,承受剪力,小部分弯矩 |

**表1-3 梁式、单块式机翼的受力特点**

| 机翼形式 | 剪 力 | 弯 矩 | 扭 矩 |
|---|---|---|---|
| 梁式 | 翼梁腹板 | 翼梁缘条 | 蒙皮与翼梁腹板的盒段 |
| 单块式 | 翼梁腹板 | 翼梁缘条、桁条、蒙皮组成壁板 | 蒙皮与翼梁腹板的盒段 |

#### 1.5.6.5 夹芯结构机翼

夹芯结构机翼在较大的局部空气动力作用下,仍能精确地保持翼型;在翼型较薄的条件下,可以得到必要的强度和刚度。这种机翼采用了夹芯壁板来做蒙皮、翼肋、腹板等构件。夹芯壁板由内、外两层薄金属板(或复合材料层合板)和夹芯组成。夹芯层有的是用轻金属箔或聚合物制成的蜂窝状结构,有的是一层聚合物泡沫塑料(如 PVC,PMI)或轻质金属波形板。夹芯层与内外层面板胶接或焊接在一起。目前应用较广泛的是蜂窝夹层壁板,常见的夹芯材料为 NOMEX 蜂窝和铝蜂窝。

夹芯结构的最大优点是局部刚度很大,能够承受较大的局部空气动力而不致发生鼓胀、下陷现象;较大的壁板厚度能够更好地承受弯矩引起的轴向压力而不易失去稳定性。因此,蜂窝夹芯结构机翼能够在大速度飞行时很好地保持外形,同时结构质量也较轻。

蜂窝夹芯结构有一些缺点。例如,很难在蜂窝壁板上开舱口,不便于承受大的集中载荷,损坏后不容易修补,各部分连接比较复杂,对环境湿度和温度比较敏感等。飞机上使用蜂窝夹芯结构的部位主要是一些承受局部空气动力载荷的非承力构件,如操纵面、调整片、机翼前缘、整流罩等。现在常采用蜂窝夹心玻璃纤维/碳纤维层板结构,这些材料不导电或导电性较差,为了防雷击,在这些结构的面板表层敷设铜网或铜条,并通过搭铁与飞机金属结构相连,防止结构被雷击出现损伤。图 1-37(a)所示为普通蜂窝夹芯结构,图 1-37(b)所示为敷设了防雷击铜网的蜂窝夹芯结构。图 1-38 所示为蜂窝夹芯结构扰流板,铰链接头和作动器支座采用了金属结构。图 1-39 所示为蜂窝夹芯结构与金属结构的铆接关系,由于空心的蜂窝夹芯抗压能力有限,不能与金属结构直接进行螺接和铆接,在接近铆接区域时蜂窝高度逐渐减小,从而使蜂窝夹芯结构过渡为复合材料层合板结构,便于与金属结构进行机械连接。

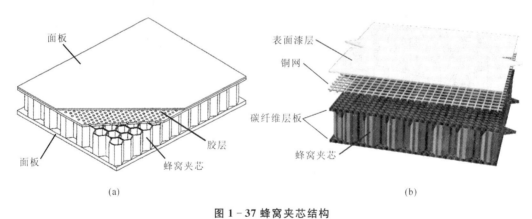

(a)　　　　　　　　　　　　　　　(b)

**图 1-37　蜂窝夹芯结构**

(a)普通蜂窝夹芯结构;　(b)防雷击蜂窝夹芯结构

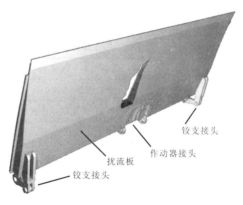

**图 1-38　蜂窝夹芯结构扰流板**

图 1-40 所示为机翼前、后缘的蜂窝夹芯结构。前缘蜂窝壁板与前梁铆接处采用了木夹芯结构来过渡,但现代商用客机的蜂窝夹芯前缘壁板通常会采用图 1-39 所示的方式与机翼前梁的上、下缘条连接。后缘蜂窝夹芯结构采用了变高度蜂窝结构,有时还会使用 U 形金属件以铆接的形式在后缘末端将上、下层合板压合在一起。

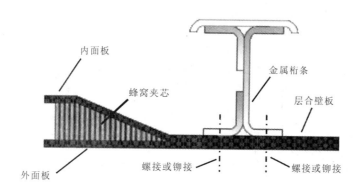

图 1-39 蜂窝夹芯结构的机械连接

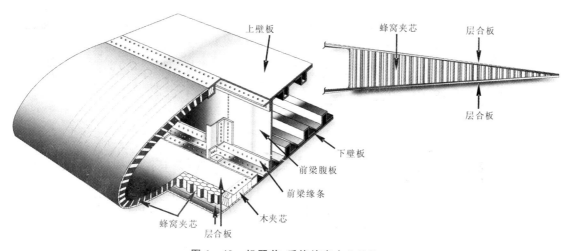

图 1-40 机翼前、后缘蜂窝夹芯结构

## 1.5.7 机翼构件的构造

### 1.5.7.1 翼梁

在各种形式的机翼结构中,翼梁的主要功用都是承受机翼的部分或全部弯矩和剪力。按结构形式分类,主要有三种形式的翼梁:腹板式、整体式和桁架式翼梁。

（1）腹板式翼梁

现代飞机机翼一般都采用腹板式金属翼梁,这种翼梁由缘条和腹板铆接而成,如图 1-41 (a)和(b)所示。缘条用铝合金或合金钢的厚壁型材或板弯型材制成,用于承受拉、压内力,常见的类型为 L 形或 T 形缘条,缘条和腹板的组合方式灵活多样,如图 1-41(c)所示。腹板用铝合金板制成,用于承受剪力。薄壁腹板上往往还铆接了许多铝合金支柱,以增强其抗剪切稳定性,同时也作为连接翼肋的角材,加强立柱的安装位置可以与缘条同侧,也可与缘条异侧。有时在安装了加强立柱的腹板上还会开减轻孔,如图 1-41(d)所示。载荷较大的机翼腹板可设计为双层结构,提高腹板剪切强度和刚度,并且形成能够抗扭的小闭室,如图 1-41(e)所示。复合材料机翼结构中有时会采用波纹型腹板大梁,如图 1-41(f)所示。

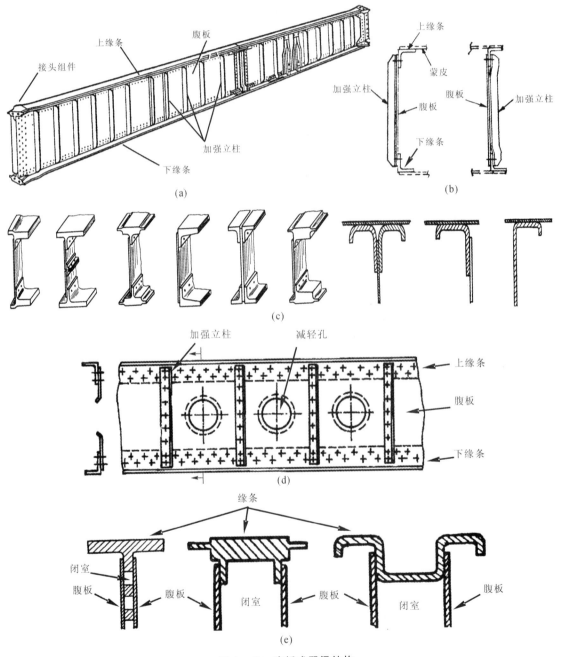

图 1-41　腹板式翼梁结构

(a)腹板式大梁；　(b)腹板梁横截面；　(c)拉挤型材缘条和板弯型材缘条的腹板式梁；

(d)开减轻孔的腹板；　(e)双层腹板与缘条的组合结构

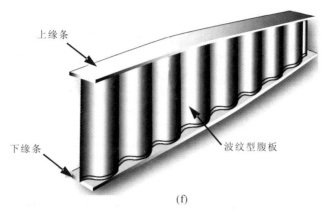

(f)

**续图 1 - 41  腹板式翼梁结构**

(f)波纹型腹板大梁

为了合理地利用材料和减轻机翼的结构质量,机翼通常按照等强度原则进行设计,腹板式翼梁缘条和腹板的截面积都是沿翼展方向变化的,即翼根部分的横截面积较大,翼尖部分的横截面积较小。腹板式翼梁的优点是能够较好地利用机翼结构高度来减轻质量,制造方便,破损安全性较好。现代商用运输机的机翼一般都采用这种腹板式大梁。

（2）整体式翼梁

整体式翼梁是用一整块高强度的合金钢毛坯料锻造成的翼梁,如图 1 - 42 所示。锻造工艺完成后往往还需要进行铣削等机械加工,在腹板上开减轻孔并加工出腹板加强筋,以获得准确的外形尺寸。整体式翼梁的优点是梁的刚度很大,截面尺寸可以连续变化,更好地符合等强度要求,紧固件孔较少,疲劳特性相对较优。但这种翼梁的制造成本相对较高,破损安全性较差。翼梁与邻近结构的刚度差异大,应力集中区较大,结构相对偏重。目前整体式翼梁主要应用在小型通用飞机或一些高性能战斗机上。

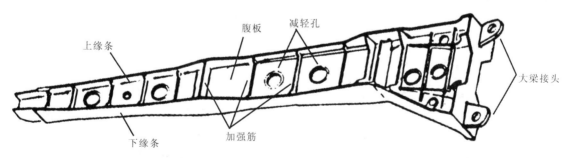

**图 1 - 42  整体式翼梁结构**

（3）桁架式翼梁

桁架式翼梁由上、下缘条和许多直支柱、斜支柱连接而成,是一种平面桁架结构,如图 1-43所示。翼梁受剪力时,上、下缘条之间的支柱承受拉力和压力。缘条和支柱,有的采用铝合金管或钢管制成,有的则用厚壁开口型材制成。桁架式翼梁的优点是结构刚度大,制造成本低,结构设计灵活,但由于多数桁架式翼梁均采用静定结构,这导致其可靠性有所下降。桁架式翼梁一般应用在翼型较厚的低速重型飞机上。

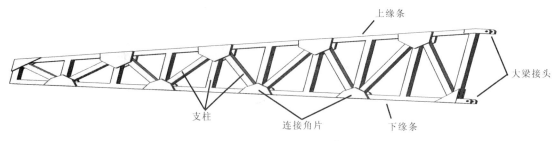

图 1 - 43　桁架式翼梁结构

### 1.5.7.2　纵墙

纵墙也是机翼的主要纵向受力构件，从构造上看，纵墙与翼梁相似，有时也可看作是一根弱化的翼梁，它的缘条很弱，缘条承受弯曲轴向力的能力与桁条相当，如图 1 - 44 所示。从受力状态来看，纵墙承受翼肋传来的剪力，总剪力通过纵墙根部的铰接头传递到机身上，铰接头不能传递机翼的弯矩。纵墙还与翼梁的腹板和机翼上、下壁板一起形成封闭盒段抗扭，同时可以将机翼前、后缘增升装置或飞行操纵面与机翼主翼盒分隔开。纵墙的腹板上一般无减轻孔，为了提高其失稳临界应力，腹板会采用型材支柱进行加强。与梁相同，纵墙横截面的面积从翼根向翼梢方向逐渐减小。

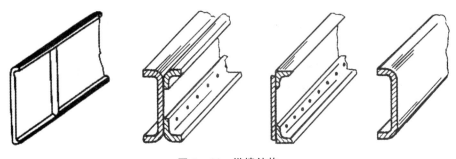

图 1 - 44　纵墙结构

### 1.5.7.3　桁条

桁条的主要功用：支持蒙皮，防止它在承受局部空气动力时产生过大的局部变形，并与蒙皮一起把局部空气动力传给翼肋；提高蒙皮的抗剪和抗压稳定性，使它能更好地承受机翼的扭矩和弯矩；与蒙皮一起承受由弯矩引起的轴向力。

梁式机翼的桁条，一般占机翼总质量的 4% ～ 8%，采用薄铝板在弯板机上制成，它有开口和闭口两种，如图 1 - 45 所示。开口截面桁条的稳定性很差，而且由于壁很薄，实际上不能参与承受机翼的弯矩。闭口截面的桁条稳定性较好，可以参与承受机翼的弯矩。但是这种桁条与蒙皮铆接时，有两道铆缝，对保持机翼表面光滑不利。单块式机翼的桁条，一般占机翼总质量的 25% ～ 30%，是用铝合金挤压成型的，壁较厚，稳定性很好，如图 1 - 46 所示。图 1 - 47 所示为各种桁条与蒙皮的铆接状态。

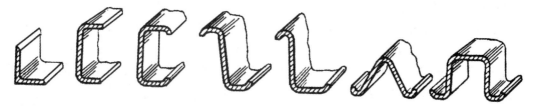

图 1 - 45 不同截面的板弯桁条

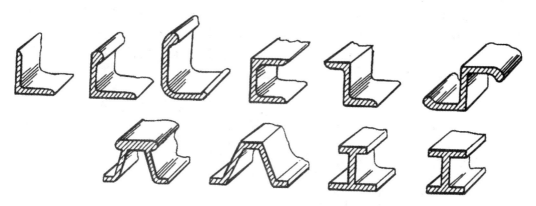

图 1 - 46 不同截面的挤压成型桁条

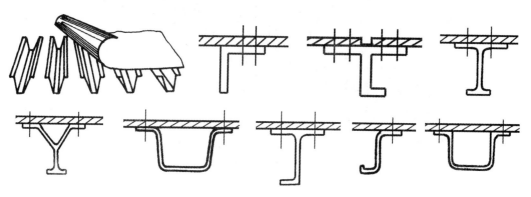

图 1 - 47 桁条与蒙皮的铆接状态

#### 1.5.7.4 翼肋

翼肋按其功用可分为普通翼肋和加强翼肋两种。普通翼肋的功用:构成并保持规定的翼型;把蒙皮和桁条传给它的局部空气动力传递给翼梁腹板,把局部空气动力形成的扭矩通过铆钉以剪流的形式传给蒙皮;支持蒙皮、桁条、翼梁腹板,提高它们的稳定性等。加强翼肋除了具有上述作用外,还要承受和传递较大的集中载荷;在开口边缘处的加强翼肋则要把扭矩集中起来传给翼梁。为了保证翼梁最大程度保持连续,翼肋一般分为前缘、中段、后缘三部分制造,防止与翼梁产生干涉。

按照结构形式可将翼肋分为腹板式翼肋、桁架式翼肋、整体式翼肋三种,其中腹板式翼肋又可分为冲压成型腹板式普通翼肋和组合式加强翼肋。

(1)冲压成型腹板式普通翼肋

冲压成型腹板式普通翼肋通常都用铝合金板制成,其弯边用来同蒙皮和翼梁腹板铆接,如图 1-48 所示。这种翼肋的弯边和与它铆接在一起的蒙皮,作为翼肋的缘条可以承受机翼弦向的局部弯矩。翼肋的腹板则承受剪力,这种受力状态与腹板式翼梁类似。这种翼肋的腹板强度裕度一般都较大,为了减轻质量,腹板上往往开有大孔,副翼、襟翼等部件的传动机构可以从孔中穿过。具有上反角的民航运输机机翼,其结构油箱中的燃油也可以从这些孔向翼根方向流动,同时翼肋也可作为油箱隔板防止飞机作机动飞行时,燃油在油箱中剧烈晃动。为了提高腹板的稳定性,开孔处往往还压成卷边,有时腹板上还铆着加强支柱,或者冲压成凹槽。当翼型较厚时,翼肋腹板高度太大容易发生失稳,此时冲压普通翼肋还可以分为上、下几个部分来制造,如图 1-49 所示,这个翼肋中段的 4 个部分各自都有自己的折边,能够独自承受气动力造成的局部弯矩。

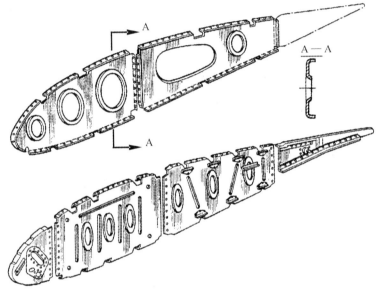

图 1-48 普通冲压成型腹板式翼肋

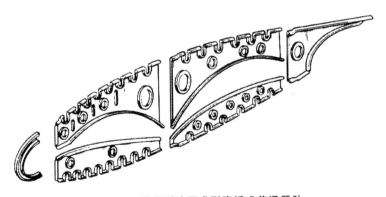

图 1-49 厚翼型冲压成型腹板式普通翼肋

(2)组合式加强翼肋

组合式加强翼肋的腹板较厚,缘条采用铝合金型材制成。为了承受较大的集中载荷,有时还采用双层腹板,或者在腹板上用支柱加强,如图 1-50 所示。这种翼肋主要布置在机翼开口的两侧,翼下有挂载物位置和前、后缘安装有增升翼面和飞行操纵面支座等位置。

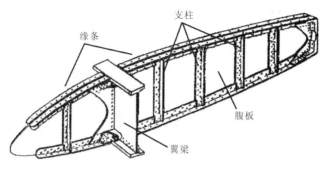

图 1-50　组合式加强翼肋

（3）桁架式翼肋

桁架式翼肋的构造和受力与桁架式翼梁相似,也由缘条、直支柱和斜支柱组成。有些翼型较厚的机翼用这种翼肋来承受较大的集中载荷,如图 1-51 所示。

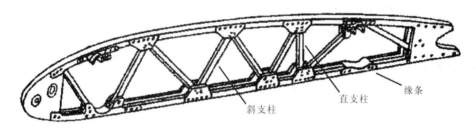

图 1-51　桁架式翼肋

（4）整体式翼肋

整体式翼肋由一整块铝合金毛坯料通过数控铣削等机械加工方式来制造,翼肋本身不需要紧固件进行连接,如图 1-52 所示。相同条件下,这种翼肋具有刚度大、质量轻、疲劳特性好等优点。但这种翼肋的加工量大,对加工设备的要求高,成本较高,商用运输机的根肋、加强肋和超音速、高性能战斗机的翼肋常采用这种形式。随着制造技术的发展,目前出现了基于金属粉末激光熔融三维打印技术的整体式翼肋快速成型技术,从传统做"减法"的金属切削工艺发展到了做"加法"的三维成型技术。

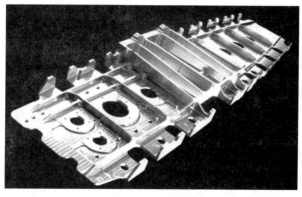

图 1-52　整体式翼肋

### 1.5.7.5 蒙皮

各种机翼的蒙皮都具有承受局部空气动力和形成机翼外形的作用。在金属蒙皮机翼结构中,蒙皮还要承受机翼的扭矩和弯矩。

现代飞机的机翼通常都采用铝合金蒙皮,它的厚度与机翼的结构形式和它在机翼上的部位有关。由于机翼前缘承受的局部空气动力较大,飞行中又要求它能够更准确地保持外形,而翼根部位承受的扭矩和弯矩通常较大,所以一般机翼的前缘和翼根部位蒙皮最厚,后缘和翼尖部位蒙皮较薄。为了避免由于各块蒙皮的厚度不同而影响机翼表面的光滑性,某些飞机还采用了变厚度的过渡蒙皮。图 1-53 所示为铆接前采用定位销固定到机翼结构上的蒙皮,以及蒙皮的各种连接形式。

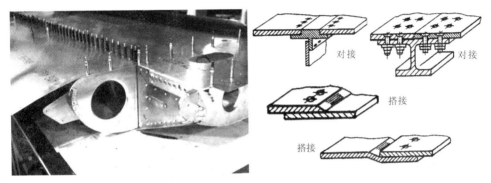

**图 1-53 蒙皮的铆接**

## 1.5.8 平直机翼的传力分析

机翼受到各种外力作用后,结构中互相连接的各构件就会产生作用力和反作用力,将外力传到机身上去,机身为机翼提供反作用力使之平衡。力在机翼结构中的传递过程就是建立在构件之间的作用和反作用关系上的。

### 1.5.8.1 空气动力的传递

(1)蒙皮的初始受力

蒙皮铆接在桁条和翼肋上,以吸力和压力的形式直接承受气动载荷。当它受到吸力作用时,就会通过铆钉把力传给桁条和翼肋,这时铆钉承受拉力;蒙皮受到压力作用时,局部空气动力直接由蒙皮作用在桁条和翼肋上,铆钉并不承受额外的拉力或压力。无论在吸力或压力作用下,蒙皮都要承受张力。一般可以认为薄蒙皮横截面上均为拉应力(厚蒙皮还存在弯曲正应力),此时铆钉主要承受剪力,如图 1-54 所示。图中 $P_{skin}$ 为作用在矩形区域蒙皮上的分布气动力,$R_{rib}$ 和 $R_{stringer}$ 依次为翼肋和桁条对蒙皮的约束反力,$\sigma_t$ 为蒙皮横截面的切向拉应力。

(2)桁条载荷传递到翼肋

通过铆钉(吸力作用时)或由蒙皮(压力作用时)直接传给桁条的力,由桁条在翼肋上的固定点产生反作用力来平衡。可见,桁条在局部空气动力作用下,像支撑在许多翼肋上的多支点梁一样,要受到弯曲作用。有些蒙皮较厚的机翼上,桁条并不与翼肋直接连接,蒙皮受吸力时传给桁条的力,由桁条两边蒙皮与翼肋相连的铆钉产生的反作用力来平衡。综上所述,作用在翼肋上的空气动力来自两方面：一方面是由直接与翼肋贴合的蒙皮传来的；另一方面，来自与翼肋相连的桁条。

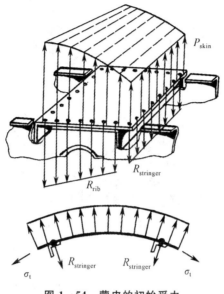

**图 1-54  蒙皮的初始受力**

图 1-55 所示为桁条的受力状态，其中 $q_{skin}$ 为蒙皮传给桁条的分布载荷，$P_{rib}$ 为翼肋提供给桁条的集中反力，$\sigma_{stringer}$ 为桁条截面上的正应力。图 1-56 所示为蒙皮（整体壁板）、桁条和翼肋之间的各种不同连接方式和载荷从桁条传递到翼肋的方式。其中主要分为两大类连接方式，一种是翼肋直接与蒙皮铆接，此时需要在翼肋边缘上开口，使翼肋缘条与桁条的缘条共面，这种连接方式对蒙皮的支撑刚度较大，如图 1-56(a)～(d)所示。另一种方式是蒙皮只与桁条直接铆接，随后蒙皮载荷通过桁条与翼肋的集中接头传递到翼肋上去。翼肋没有直接与蒙皮连接，这使蒙皮在机翼弦向没有得到支撑，相对来说这种形式对蒙皮的约束刚度较低，如图 1-56(e)～(h)所示。有时为了弥补这个缺点，会采用一些角片对蒙皮和翼肋进行补充连接。图 1-56(i)～(j)所示为整体壁板与翼肋和桁条的连接关系，整体壁板是采用一整块毛坯料经机械加工制成的，桁条与外蒙皮是一整块材料，不需像传统壁板那样需要铆接，大大减少了紧固件孔的数量和密封工作量，提高了壁板的疲劳性能。这种壁板常用在机翼结构油箱区域，可以降低燃油泄漏的风险。

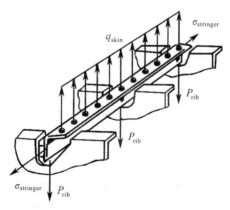

**图 1-55  桁条的传力状态**

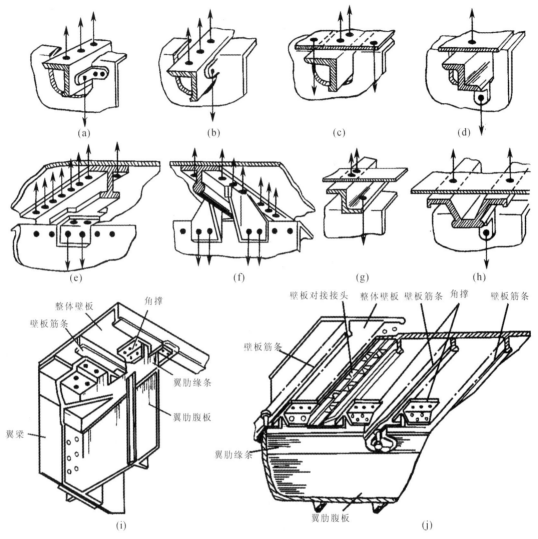

图 1－56　蒙皮、桁条和翼肋的连接形式

（3）翼肋载荷传递给蒙皮和翼梁腹板

翼肋承受从蒙皮传来的分布载荷 $q_{skin}$ 和从若干根桁条传来的集中载荷 $P_{stringer}$，如图 1－57 所示，这两部分载荷的合力 $Q$ 根据翼梁抗弯刚度的大小传到两个翼梁的腹板上。机翼的每个横截面上，都有一个特殊的点，当气动力合力 $Q$ 的作用线通过这一点时，机翼只会发生弯曲而不会发生扭转；如果合力 $Q$ 的作用线不通过这一点，则可将这个力的作用效果等效于经过这一点的合力 $Q$ 和一个附加扭矩，机翼除了发生弯曲变形外，横截面还会绕该点转动，这个特殊的点称为该横截面的刚心。机翼各横截面的刚心连线称为机翼的刚心轴或刚轴。若令合力 $Q$ 的作用线距离机翼截面刚心的距离为 $c$，则气动力的合力 $Q$ 形成对机翼横截面抗扭闭室的扭矩为 $T(T=Qc)$。此时翼肋与梁腹板、翼肋与蒙皮的环状连接处形成单向剪流 $q_T$，此剪流将由机翼的闭室传往翼根。在这个扭矩作用下，连接翼肋与梁腹板、翼肋与蒙皮的铆钉受剪切。

在正过载情况下，上、下翼面局部气动载荷的合力向上，在此载荷作用下，翼肋被蒙皮和翼梁腹板所约束,翼肋不会发生竖直方向和水平方向的位移,也不会绕机翼刚心转动或出现面外翘曲。翼肋的腹板承受剪切,翼肋的缘条及和它相连的蒙皮会承受弯曲造成的拉伸和压缩轴向力,这种受力状态与腹板式翼梁类似。

从结构力学知识可知,若机翼横截面上的封闭翼盒面积为 $S$,则闭室周缘的单向剪流数值为

$$q_T = \frac{T}{2S} = \frac{Qc}{2S}$$

机翼在剪力作用下发生弯曲变形,在小变形假设基础上如果机翼的横截面相对于刚轴不转动,则两根翼梁的挠度是相同的,此时它们所分担的剪切载荷与梁的抗弯刚度成正比,若令 $Q_1$,$Q_2$ 分别为前、后梁分担的剪力,$(EJ)_1$,$(EJ)_2$ 分别是前、后梁的抗弯刚度,则有

$$Q = Q_1 + Q_2$$

$$\frac{Q_1}{Q_2} = \frac{(EJ)_1}{(EJ)_2}$$

从以上两式可以得到

$$Q_1 = Q\frac{(EJ)_1}{(EJ)_1 + (EJ)_2}$$

$$Q_2 = Q\frac{(EJ)_2}{(EJ)_1 + (EJ)_2}$$

若机翼共有 $n$ 根梁,则第 $i$ 根梁上分担的剪力为

$$Q_i = Q\frac{(EJ)_i}{\sum_{i=1}^{n}(EJ)_i}$$

若令双梁式机翼前、后梁腹板的距离为 $B$,则截面刚心距离前梁腹板的距离 $x_g$ 可由下式求出

$$x_g = B\frac{(EJ)_2}{(EJ)_1 + (EJ)_2}$$

若已知机翼截面压心距离前梁腹板的距离为 $x_q$,则气动力造成的扭矩为

$$T = Qc = Q(x_g - x_q)$$

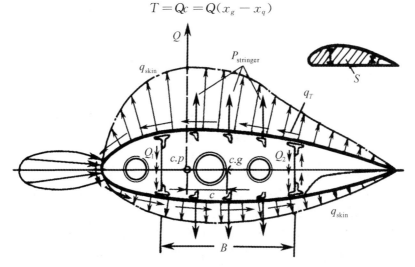

**图 1-57　翼肋的传力状态**

在传力的过程中,蒙皮和翼肋之间存在着相互支持、相互传力的关系:第一,蒙皮受到法向局部气动力时很容易变形(薄蒙皮几乎可认为没有弯曲刚度),即它受到空气的吸力和压力时,要依靠翼肋的支持,靠横截面的拉伸张力来平衡,并把空气动力传给翼肋;第二,蒙皮承受面内载荷的能力较强(拉伸、压缩和剪切刚度较大),当翼肋受到外力矩时,蒙皮能够通过面内剪流对翼肋起支持作用,因而翼肋就将外力矩传给蒙皮。

(4)翼梁的平衡和载荷传递

机翼的各翼肋通过铆钉传给翼梁腹板剪流 $q_i (i = 1, 2, \cdots, m, m$ 为翼肋的个数),会使腹板受到剪切作用,如图1-58(a)所示。腹板任意截面承受的剪力,等于该截面外端各个翼肋传给它的剪流的代数和,并由该截面内产生的剪切内力 $Q_{web}$ 来平衡。该剪力传递给机身的方式,要由机翼的结构形式和翼根部分的构造来决定。

翼肋传递给梁腹板的剪流,会使梁截面上产生弯矩,该弯矩通过腹板和缘条翼展方向的铆钉排传递到翼梁缘条上。如图1-58所示,翼肋传递给翼梁腹板的剪流 $q_i$ 均向上,则它们引起的弯矩使腹板发生逆时针方向的弯曲,此时腹板上、下边缘翼展方向的铆钉会对腹板产生反作用剪流 $q_c$,上边缘 $q_c$ 由翼根指向翼梢,下边缘 $q_c$ 由翼梢指向翼根,组成方向为顺时针的力偶来阻止腹板发生转动,翼梁缘条上也受到了展向剪流 $q'_c$。根据牛顿定律可知在展向任意一个截面上,剪流 $q'_c$ 与 $q_c$ 大小相等,方向相反,因此上缘条在 $q'_c$ 作用下产生压缩内力 $N_{compress}$,下缘条则产生拉伸内力 $N_{tensile}$。

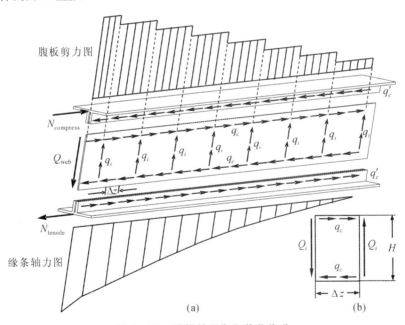

图 1-58 翼梁的平衡和载荷传递

(a)翼梁总体传力状态; (b)腹板微段的平衡

由于每经过一个翼肋,翼梁腹板上的剪力就会出现一个阶跃,因此剪流 $q_c$ 的大小沿翼展方向也是变化的。从翼梁任意截面处取一段宽度为小量 $\Delta z$ 的腹板,如图1-58(b)所示,这段腹板的左、右截面上作用着大小相等、方向相反的剪力 $Q_i$,形成力偶矩为逆时针方向的 $Q_i \Delta z$;类似的,这小段腹板上、下边缘上作用有大小相等、方向相反的展向剪流 $q_c$,形成的力偶矩为顺

时针的 $q_c \Delta z H$，其中 $H$ 为腹板的高度。由于这段腹板处于平衡状态，因此上述两个力矩是相等的，即

$$Q_i \Delta z = q_c \Delta z H$$

可得

$$q_c = \frac{Q_i}{H}$$

从上式可知，若腹板各截面的高度相同，则各处的展向剪流 $q_c$ 与腹板截面上的剪切内力 $Q_i$ 成正比，距离翼根越近的截面承受的剪力越大，因此越靠近翼根，翼梁缘条上的展向剪流也越大。根据飞机结构力学知识还可以知道，由于翼梁腹板上的剪流沿展向分段为常数（阶梯形分布），因此相邻翼肋之间的展向剪流 $q_c$ 也是相似的阶梯形分布，这会导致缘条展向的轴力表现分段线性分布，且直线的斜率从翼梢向翼根逐渐增大，上缘条承受压力，下缘条承受拉力。

（5）翼梁缘条与机翼壁板的载荷传递

翼梁上缘条受到腹板的展向剪流 $q_c'$ 方向由翼梢指向翼根，由于前、后梁上缘条均与机翼上壁板通过展向的铆钉排铆接在一起，因此上缘条的展向剪流 $q_c'$ 会导致上壁板具有向翼根运动的趋势，如图 1-59 所示。但由于上壁板实际处于平衡状态，其横截面上各构件会产生压缩展向内力来与上缘条传递来的展向剪流平衡，因此整个上壁板处于压缩状态，翼根处为展向压力 $N_c$。从结构连接的细节来分析，腹板传递到梁上缘条的展向剪流实际通过上缘条与上壁板蒙皮的展向铆接，传递到了上壁板蒙皮上，这个压缩载荷在上壁板中按照蒙皮和桁条的压缩刚度来进行自动分配，因此上壁板蒙皮和桁条均处于压缩状态，刚度越大的构件承担的压力也越大。梁的下缘条与下壁板的传力关系类似，只是正过载时组成下壁板的蒙皮和桁条受到的是展向拉力 $N_t$。在这个传力过程中，展向铆缝上的铆钉均承受剪切载荷。

壁板各截面受到的拉伸或压缩轴向力，等于该截面外端缘条上展向剪流的总和。距离翼根越近的壁板截面，其承受的外端展向剪流越大，其轴向拉力（下壁板）和压力（上壁板）也越大，因此机翼壁板的厚度都是从翼梢向翼根方向逐渐变厚的。

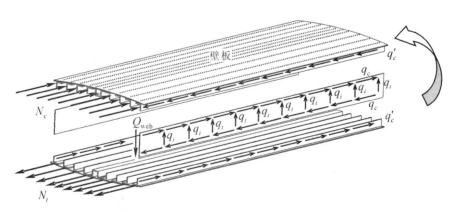

**图 1-59　翼梁缘条与机翼壁板的载荷传递**

不同结构形式的机翼，其壁板构件分担弯曲轴向力的方式不同，但均是按照压缩刚度来分配的。梁式机翼中，大梁缘条的刚度比蒙皮和桁条组成的壁板大很多，壁板在受到压力时易发生失稳现象，因此缘条承担了绝大部分弯曲轴向力，壁板只承受很小一部分弯曲轴向力。单块式机翼中，缘条的刚度较小，蒙皮和桁条的刚度较大，因此翼梁缘条分担的轴向力较小，壁板分

担了绝大部分轴向力。壁板上的载荷向机身的传力形式,则与机翼和机身的连接形式有关。

(6)蒙皮总体载荷的传递

翼肋以单向闭环剪流 $q_T$ 传递给蒙皮的扭矩会使机翼产生扭转变形。从翼梢向翼根每经过一个翼肋,则机翼横截面闭室上的单向闭环剪流数值就会增加,机翼任意截面上的扭矩就等于该截面外段所有翼肋传来的扭矩代数和,因此扭矩在翼展方向也是阶梯形分布的,在安装有翼肋处出现阶跃,如图 1-60 所示。翼肋则类似于一根薄壁梁,受到周围蒙皮和翼梁腹板的约束处于平衡状态,在自身面内发生弯曲。图 1-61 所示为典型的翼肋剪力和弯矩图,剪力在翼梁处出现突变,弯矩则在翼梁处取得极值。

扭矩会使蒙皮受到剪切应力 $\tau_T$ 作用,剪切应力过大时可能导致蒙皮受剪失稳,宏观上表现为蒙皮沿与机翼展向成 $45°$ 方向出现褶皱。蒙皮的总体力除了剪切载荷外,还有展向的拉伸(下蒙皮)或压缩(上蒙皮)载荷,该载荷对蒙皮造成展向的正应力 $\sigma_M^+$(下翼面)和 $\sigma_M^-$(上翼面)。此外还有前述的局部气动载荷引起的拉应力 $\sigma_t$(见图 1-54),因此蒙皮实际处于典型的拉伸(压缩)与剪切共同作用的平面应力状态,如图 1-62 所示。机翼的传扭闭室横截面必须是封闭的,周边不应有开口,若出于维护或使用要求需要开口时,开口处应进行结构补强。蒙皮应具有足够的厚度,防止飞行中由于机翼的扭转变形使迎角发生变化而影响飞机的稳定性和操纵性。

机翼根部总体扭矩传给机身的方式,与机翼根部的结构形式有关。机翼根部有大开口时,一般采用梁式结构,翼根剖面处的封闭单向剪流由加强根肋集中到一起,再通过加强根肋与翼梁接头的连接转化为翼梁接头上的一对(双梁)或几对(多梁)集中力偶传递到机身加强框的集中接头上。机翼根部无大开口时一般为单块式结构,翼根部与中央翼盒采用分布连接形式,通过受剪切螺栓连接对接板或直接通过壁板和腹板的铆接将闭室单向连续剪流传给中央翼盒,由中央翼盒与机身的分布接头传递到机身上。

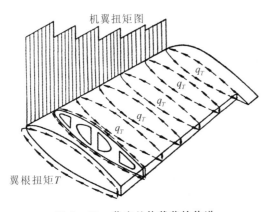

图 1-60 蒙皮总体载荷的传递

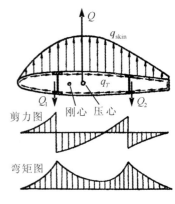

图 1-61 翼肋的内力图

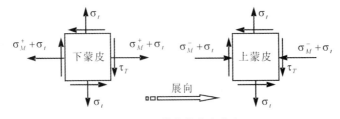

图 1-62 蒙皮的应力状态

### 1.5.8.2 典型平直机翼传力框图

综合以上分析过程,给出典型平直机翼空气动力传递过程框图,如图 1-63 所示。

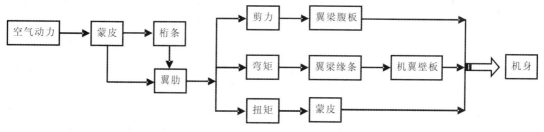

图 1-63 典型平直机翼传力分析框图

图 1-63 为一个定性的、典型的机翼传力分析图。不同结构形式的机翼,传力过程与图 1-63 可能不完全一样,需要结合具体机翼结构做具体分析。

### 1.5.8.3 集中载荷的传递

机翼上有各种不同的集中载荷,如部件的质量力、偏转副翼和放下襟翼时产生的空气动力、飞机接地时起落架受到的撞击力、武器投放和发射时的冲击力等,这些力通常都直接作用在某个加强翼肋上。翼肋受到集中载荷后,如前面所述的过程一样,把这个载荷按翼梁的抗弯刚度成比例地传给各个腹板,并把这个载荷引起的扭矩传给蒙皮。蒙皮和腹板受到加强翼肋传来的作用力以后,再把它们传给缘条和机翼壁板,最终传递给机身。图 1-64 所示为翼肋受到操纵面支座传来的集中载荷 $P$ 作用时的平衡状态。集中载荷作用线不过机翼横截面刚心,产生导致机翼扭转的扭矩 $T(T=Pc)$,截面闭室出现单向闭环剪流 $q_t$ 抵抗扭矩,集中载荷按照两根翼梁的刚度分配到翼梁腹板上($Q_1$ 和 $Q_2$)。

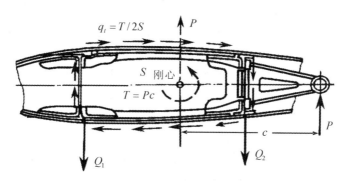

图 1-64 翼肋承受集中载荷时的平衡状态

翼梁腹板和蒙皮都是薄壁构件,如果载荷集中地作用在薄壁结构的某一部位,它就很容易损坏。翼肋能以分布剪流的形式将载荷分散地传给蒙皮和腹板。可见,分散并传递集中载荷是加强翼肋在机翼结构中的重要作用之一。加强翼肋的结构强度较大,同腹板、蒙皮的连接也比普通翼肋结实很多,一般是两排或三排直径较大的铆钉连接。尽管如此,当飞机作剧烈的机动飞行或粗猛着陆时,加强翼肋上的部件固定接头,以及加强翼肋与腹板、蒙皮连接的铆钉仍可能因受力过大而损坏。因此,对这些部位应当特别注意检查,修理这些部位时,也要特别注意恢复其强度。

有些飞机机翼上的集中载荷,是通过固定接头上的螺钉或铆钉直接作用在翼梁上的。这时,集中载荷由翼梁腹板和缘条直接传给机身。

通过载荷传递分析可以发现,在实际结构维护工作中需要注意以下几点:① 传递集中载荷的固定接头应加强检查,注意观察接头上的紧固件孔边和接头根部是否有微小裂纹出现。② 检查机翼时应当注意观察各部分的铆缝情况,因为机翼各构件都是通过铆钉来传力的。检查铆缝时,可以根据飞机的具体情况,确定必须着重检查的部位。例如,飞机粗猛着陆后,应当着重检查固定起落架部位的翼肋或翼梁上的铆钉;飞机作剧烈的飞行动作后,则应对固定大部件的加强翼肋上的铆缝、翼根部位的腹板和缘条相连的铆缝等进行仔细检查。根据铆缝的损伤现象,可以大致判断造成损伤的原因。例如,飞机粗猛着陆后,在过大的撞击力作用下,机翼各部分的铆钉可能受到过大的剪切作用而损坏,这时铆钉孔则会因一侧与铆钉头剧烈挤压而变成椭圆形;又如飞机的飞行速度过大,蒙皮要承受过大的吸力,结果由于蒙皮或铆钉的变形,在铆钉孔周围可能出现圆圈状的痕迹,严重的情况可能出现铆钉拉脱的现象。

现代飞机机翼结构中的蒙皮,不仅在传递扭矩时要受到剪切作用,而且在传递弯矩时还要承受压缩和拉伸轴向力。在维护和修理工作中,经常保持蒙皮具有良好的表面状况和承载能力(强度、刚度、稳定性)是十分重要的。飞行中,如果操纵动作过于剧烈,机翼蒙皮就可能因受剪或受压失去稳定性而出现褶皱,或因受力过大而产生裂纹。此外,还会使蒙皮与其他构件相连的铆钉松动或脱落。这些故障都会使蒙皮表面粗糙,承载能力变差,在维护、修理时必须注意及时发现和修复。

## 1.5.9 后掠机翼

### 1.5.9.1 后掠翼的优点和缺点

飞机在飞行中,当垂直于机翼前缘的气流流速接近音速时,机翼上表面局部地区的气流受凸起的翼面的影响,其速度将会超过音速,出现局部激波,从而使飞行阻力急剧增加。后掠翼由于可使垂直于机翼前缘的气流速度分量低于飞行速度,因而与平直机翼相比,只有在更高的飞行速度情况下才会出现激波(即提高了临界马赫数),推迟了机翼上激波的产生,出现激波时也可减弱激波强度,降低飞行阻力,节省燃油。

但后掠翼相对于平直翼在亚音速时升力效率较低,翼尖容易先失速,失去对飞机的横滚控制,一般会在翼尖安装前缘缝翼来防止翼尖过早失速。当自由流吹过后掠翼时由于存在展向分速,总速度被分解掉了一部分,实际有效的法向分速就降低了,升力也降低了。而且,后掠翼使整个机翼上的气流沿"S"形流过,在翼根处流管扩张,流速减慢,升力降低;在翼尖处流管收缩,升力增大。因此翼尖前缘处会有很大的吸力峰,气流迅速加速,随即又遇到很陡的逆压梯度区,立刻减速,边界层很容易分离,导致失速。另外,后掠翼还有扭转刚度差、亚音速时诱导阻力较大等缺点。

### 1.5.9.2 后掠翼的结构形式

尽管后掠翼有一些缺点,采用涡扇或涡喷发动机的现代中、大型运输机一般都采用中等后掠(后掠角约30°)、大展弦比机翼,这样的机翼既具有良好的高空高亚音速性能,又可以配合增升装置获得很好的低空低速性能。后掠机翼的结构形式与平直机翼相同,可以采用梁式、多腹板式、单块式、夹芯结构机翼或混合式结构。如图1-65所示为梁式后掠翼结构,单块式后掠机翼结构如图1-35所示。

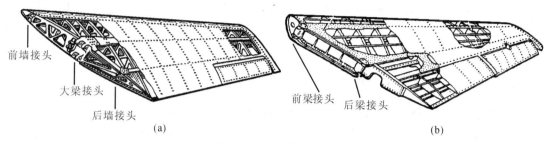

图 1-65 梁式后掠翼结构

(a) 单梁双墙式后掠翼;  (b) 双梁式后掠翼

### 1.5.9.3  后掠翼的传力分析

从传力分析角度来看,后掠机翼外翼段的传力方式与平直机翼完全相同,只有翼根的传力方式与平直机翼不同,主要原因是后掠翼的展向构件(翼梁、翼墙和桁条等)与机身的横向构件(机身隔框)并不平行。不同的后掠翼根部结构,导致其翼根部分的传力方式也不同,常见的后掠翼可分为以下三种(见图1-66):

1) 机翼展向构件在翼根部位(机翼机身结合部)发生了转折,翼根处大梁传来的弯矩 $M$ 可分解为横向分量 $M_z$ 和纵向分量 $M_x$。机翼根部需要布置具有很强抗弯能力的根肋,来承受弯矩分量 $M_z$,这个弯矩分量会使机翼根肋承受面内弯曲。另一个弯矩分量 $M_x$ 则传递到机身的加强框上,传递方式与平直机翼相同(见图1-66(a))。

2) 机翼根部布置有很强的斜撑梁,通常斜撑梁与机身横向构件平行或只有较小的夹角,常被称为斜撑梁后掠翼,这种机翼的弯矩绝大部分由斜撑梁接头传递给机身接头,前梁根部只传递剪力(见图1-66(b))。

3) 机翼展向构件在翼根处不转折,直接深入机身内部,这种后掠翼需要在中央翼盒中布置很强的中央翼肋来承受外翼传来的弯矩,剪力则通过中央翼盒与机身连接来传递(见图1-66(c))。

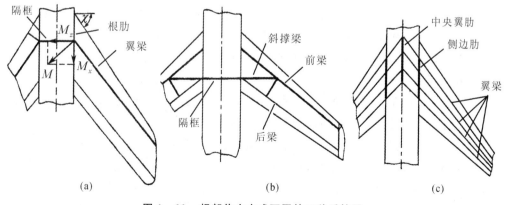

图 1-66  根部传力方式不同的三种后掠翼

## 1.5.10 机翼的对接形式

很多机翼沿展向都有分离面,机翼各部段之间通过对接组装在一起。机翼的各部段之间、机翼与中央翼、机翼与机身的对接形式取决于机翼本身的结构受力和传力形式,同时也与机翼的几何尺寸有关。综合起来,可以将机翼的对接形式分为 4 种,包括梁式机翼的集中接头连接、单块式机翼的对接板式连接、抗拉螺栓连接和对接板与抗拉螺栓组合式连接。

### 1.5.10.1 梁式机翼的对接形式

梁式机翼的大梁与机身的隔框或布置在机身内部的中央翼梁通过固定接头连接,传递剪力和弯矩,而翼墙则与布置于机身内部的壁板采用铰接头连接,只传递剪力。图 1-67 所示为典型的梁式机翼连接状态,翼梁接头通常采用锻造和机械加工方式制造,接头与大梁的连接区域有变截面过渡段,可以减轻连接区域的应力集中。为了提高接头的破损安全性,有些大梁接头采用金属片层叠结构,当外侧高应力区出现裂纹时,裂纹不会快速向内部扩散,保证结构具有足够的剩余强度。

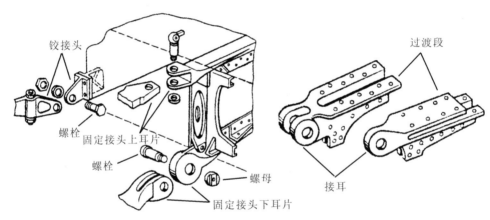

**图 1-67 梁式机翼的铰接头和固定接头**

当机身内部没有中央翼梁或中央腹板时,翼梁固定接头将弯矩 $M$ 和剪力 $Q$ 直接传递给机身的加强隔框,铰接头此时则只传递剪力给机身隔框。弯矩在隔框上自平衡,剪力则由机身蒙皮传递给隔框的对称分布剪流 $q$ 来平衡。由于此时隔框要承受弯矩,因此会导致隔框横截面尺寸较大,质量显著上升,如图 1-68(a) 所示。当机身内部布置有中央翼梁,或机翼大梁直接伸入机身内部进行对接时,左右两侧的机翼弯矩 $M$ 在机翼结构上自平衡,机翼传递到机身上的载荷主要是剪力 $Q$,机身隔框不会承受弯矩,因此隔框质量也会较轻,此时机身框受到的机翼剪力也由机身蒙皮提供的对称剪流 $q$ 来平衡,如图 1-68(b) 所示。

翼梁固定接头的基本形式通常有三种,它们的传力特点各不相同,如图 1-69 所示。图 1-69(a) 所示的接头上、下耳片共同承受展向载荷 $R_1$ 和 $R_2$,剪力 $S_1$ 和 $S_2$ 也由两个耳片分担。这种耳片强度、刚度大,机械加工成本低,但是上、下耳片之间的力臂 $h$ 较短,耳片上的展向载荷较大,对孔的配合精度要求高,安装较困难,剪力的分配情况较难预测。图 1-69(b) 所示的接头上、下耳片也共同承受展向载荷,但剪力只由上耳片承担。这种接头安装方便,耳片间的力臂较大,耳片载荷适中,但翼梁深度较小时下耳片的安装空间比较局促。图 1-69(c) 所示接头上、下耳片共同承受展向载荷,但剪力只由中间的耳片承担。这种接头安装方便,耳片之间力臂长,相对来说耳片载荷较小,但中间增加的耳片增加了质量,提高了机械加工成本,梁深度较小时中间耳片的空间不足。

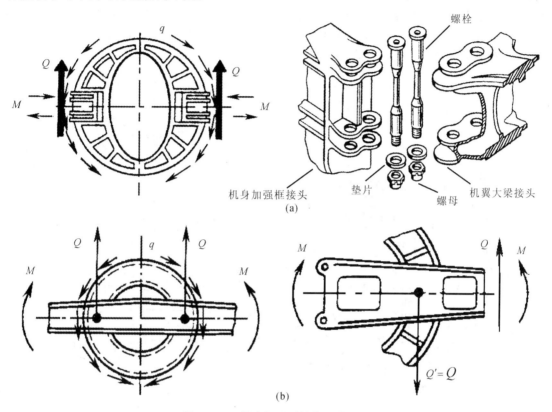

图 1-68　梁式机翼对接的两种形式

(a) 翼梁与机身隔框连接; (b) 翼梁与中央翼连接或对接

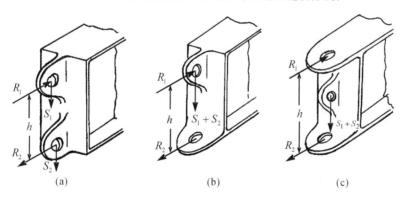

图 1-69　梁式机翼大梁的三种接头形式

### 1.5.10.2　单块式机翼的对接形式

从结构分析角度来说,最好的疲劳设计是没有任何连接和拼接的构件。现代运输机的机翼除了在翼根部分有外翼与中央翼的连接外,在整个机翼上其他地方一般没有弦向的连接。

（1）对接板式连接

采用对接板式连接时，蒙皮和桁条组合件的中性轴与对接板的中心轴重合。搭接件要短，较长的搭接件容易把邻近区域的载荷传递过来。连接时一般采用双排紧固件来分散集中载荷，减小单个连接件的载荷。图1-70(a)所示为L1011飞机的外翼与中央翼对接结构，上壁板采用了倒"土"字形对接板，下壁板采用了"T"字形对接板，连接件采用了双排螺栓。图1-70(b)和图1-70(c)所示依次为B727和C141运输机的翼根对接结构。在这种连接方式中，紧固件主要受剪切载荷，对接板主要受轴向载荷。

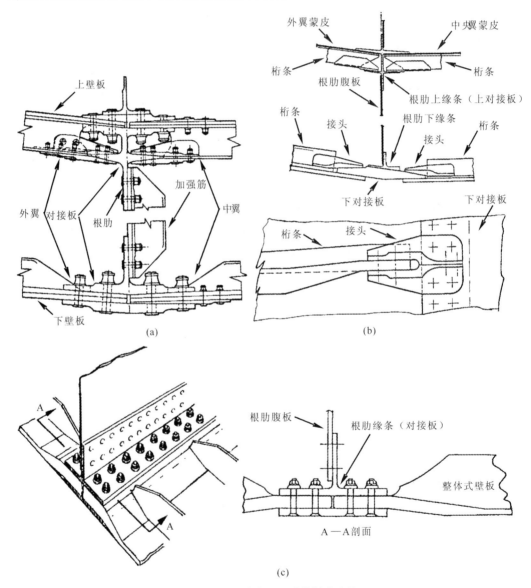

图1-70　单块式机翼对接板式连接

(a)L1011飞机翼根对接板式连接；　(b)B727飞机翼根对接板式连接；　(c)C141军用运输机翼根对接板式连接

（2）抗拉螺栓连接

图1-71(a)所示为典型的新舟60飞机内翼与中央翼、外翼采用的抗拉螺栓连接形式,机翼的上壁板和下壁板在分离面处分别安装有机加工成型的一段过渡整体壁板,这段整体壁板的展向宽度较小。整体壁板与机翼的上、下壁板铆接在一起,将外翼的载荷收集到整体壁板上。整体壁板的对接面上沿弦向分布了很多个螺栓槽,连接螺栓沿机翼展向安装,将外翼和中央翼上、下壁板的过渡整体壁板连接在一起,这些螺栓需要施加适当的预紧力。飞机处于正过载状态时,下壁板的连接螺栓受伸;上壁板的过渡整体壁板接触面相互挤压,连接螺栓拉应力会有所降低。从此分析可知,若抗拉螺栓的预紧力过大,有可能导致下壁板螺栓拉伸应力超限,出现裂纹甚至断裂;若预紧力过小,则上壁板螺栓有可能移位甚至松脱。若机翼采用的是整体壁板,则分离面处不再需要过渡壁板,螺栓槽直接在具有较大厚度的壁板边界上铣削成型,如图1-71(b)所示的协和飞机机翼抗拉螺栓连接。除了壁板用螺栓连接外,外翼和中央翼的翼梁腹板也通过连接角片用螺栓对接在一起,形成一个完整的封闭盒段。

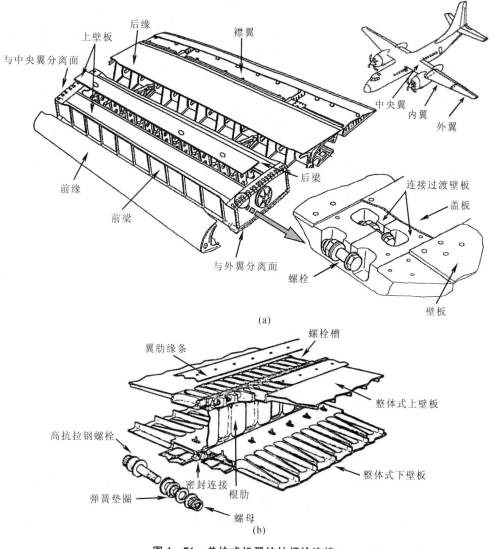

(a)

(b)

**图1-71 单块式机翼抗拉螺栓连接**

(a)新舟60运输机抗拉螺栓连接; (b)协和运输机抗拉螺栓连接

（3）对接板和抗拉螺栓组合式连接

图1－72所示为典型的对接板与抗拉螺栓组合式连接方式，中央翼与外翼的壁板采用对接板连接，对接板由根肋缘条和外连接板两部分组成。桁条在分离面处首先与一个机加工成型的接头连接，该接头的上缘条与桁条、对接板和蒙皮铆接，接头的腹板也与桁条连接。通过该接头将中央翼和外翼的桁条逐对通过抗拉螺栓连接，传递壁板上的轴向力。这种对接方式中，固定对接板的紧固件主要受剪切载荷，逐对连接桁条的螺栓受拉伸应力，该螺栓需要适当进行预紧，防止上壁板处的螺栓移位或松脱。

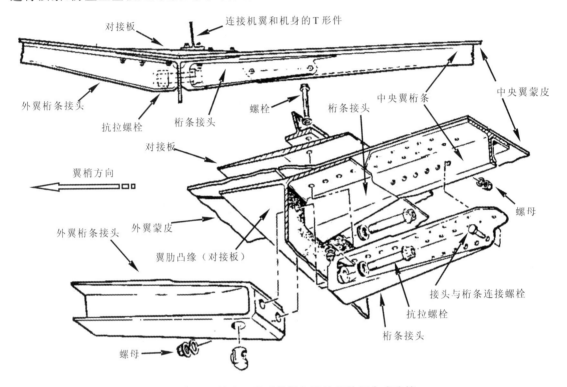

**图1－72 单块式机翼对接板与抗拉螺栓组合式连接**

## 1.5.11 机翼的前、后缘操纵面

机翼的前、后缘安装有增升装置、扰流板和副翼等操纵面。增升装置的功能是为了提高飞机在低速大迎角状态的气动性能，提高飞机的最大升力系数 $c_{Lmax}$，减小大迎角下的失速速度，在飞机起飞和着陆阶段保证飞行安全，缩短滑跑距离。常见的飞机前、后缘增升装置如图1－73所示。

机翼前缘增升装置通常布置在前缘 $8\%\sim15\%$ 的弦线位置，后缘增升装置布置于后缘 $65\%\sim75\%$ 弦线位置。前缘增升装置的类型主要包括固定缝翼、克鲁格襟翼、下偏前缘、前缘变弯度缝翼等。后缘增升装置的类型包括简单襟翼、开裂襟翼、富勒襟翼、单开缝襟翼、双开缝襟翼、多开缝襟翼、喷气襟翼等。襟翼偏转时导致气动力压心后移，会产生附加的低头力矩，该力矩由水平尾翼产生的配平气动力来平衡，保持放下襟翼时飞机的姿态不变。现代运输机常用的涡扇和涡桨发动机一般安装于翼下吊舱或机翼短舱上,发动机或螺旋桨的尾流会对襟翼形成冲击。因此这种飞机的襟翼结构在设计时要考虑声疲劳问题,根据气流声强度来校核。在襟翼和导流片上一般都装了可更换的防摩擦条,防止增升装置表面与翼面或其他操纵面可能摩擦的地方出现损伤,如襟翼上表面前缘与扰流板后缘接触区域就安装了防摩擦条。现代运输飞机通常在前、后缘都会布置增升装置,得到最优的增升效率。通用飞机为了使结构简单,通常只在机翼后缘布置增升装置。

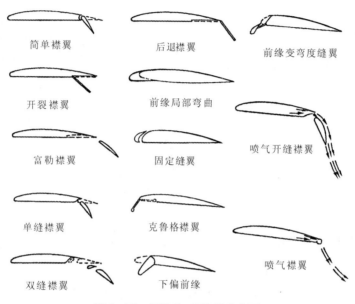

图 1 - 73  机翼前、后缘增升装置

机翼上表面襟翼前缘位置通常会安装扰流板,大型运输机的扰流板数量可以超过 10 个(5 对),它们中的一部分作为飞行扰流板使用,可以实现空中减速、横滚操纵、过载保护等功能。飞机着陆时,所有的扰流板都会作为地面扰流板使用。地面扰流板在主起落架接地后升起,卸除机翼的升力,防止飞机反跳和拉飘,增大机轮与地面正压力,帮助飞机刹车减速。

机翼的后缘会安装控制飞机滚转的副翼,现代运输机通常会安装两对副翼,一对靠近翼根的内侧副翼和靠近翼梢的外侧副翼。内侧副翼在飞机处于任何速度飞行时均可使用,也被称为全速副翼,可以防止高速飞行时横滚操纵不稳定。外侧副翼则一般只在飞机低速飞行时使用,也被称为低速副翼,可以保证低速情况下横滚操纵有足够的效率。低速副翼在飞机高速飞行时被锁定,防止由于机翼扭转变形导致副翼反效。有些飞机在起降阶段为了增大低速状态的升力,使副翼和襟翼一样同向下偏,这种副翼也被称为襟副翼。典型运输机和通用飞机的前、后缘如图 1 - 21 所示。

### 1.5.11.1  传动方式

机翼前、后缘增升装置和飞行操纵面的传动方式主要有液压传动、机械传动和钢索传动三种,如图 1 - 74 所示。液压传动的优点包括结构安装简单,构件较少,液压装置的效率随着液压用户的增多会有所提高,相对来说质量较轻。其主要缺点:液压油管可能会发生泄漏,导致舵面操纵失灵,有些可燃的液压油会增大失火的风险。机械传动是由电机通过齿轮箱、传动蜗杆来完成的。由于舵面是由单个的电机来驱动的,因此系统的操纵是相互独立的,火灾风险小。机械传动的缺点:电机、齿轮箱、传动杆等构件比较笨重,轴承、传动蜗杆、齿轮等易磨损件需要经常更换,润滑工作量大。钢索传动系统的质量轻、结构简单,但为了防止外载荷、环境温度变化和翼盒变形等因素导致钢索松弛,需要对钢索施加预紧力,防止操纵效率下降。

现代飞机的操纵系统为了提高冗余度,有时采用液压与机械传动相结合的方式,比如襟翼作动中就常采用液压马达作为主操纵动力,电机作为备份操纵动力源。

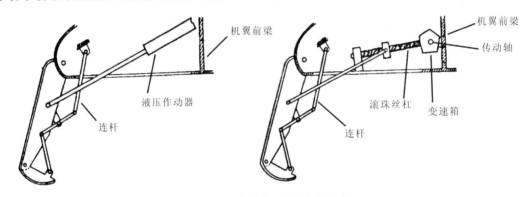

图 1-74 机翼前、后缘传动方式

### 1.5.11.2 机翼前缘增升装置

机翼前缘包括固定前缘结构、可收放缝翼或克鲁格襟翼等(通用飞机前缘通常无活动翼面)。缝翼收起时应与固定前缘结构一起形成机翼的前缘翼型,在其完全放下后,与固定前缘形成另一个完整的前缘剖面,如图 1-75 所示。缝翼中通常会布置气热防冰管道,热气体通常来自于涡轮发动机压气机引气。

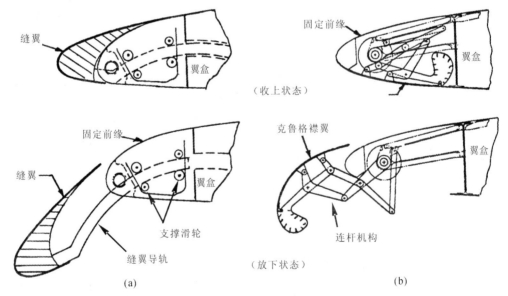

图 1-75 典型前缘翼面收放状态

（1）前缘缝翼

前缘缝翼的翼型弧度大,体积较小。工程经验表明当机翼前缘沿展向全部布置缝翼时,机翼的最大升力系数可以提高 0.5～0.9,而由此带来的阻力增量和俯仰力矩增量都很小。通过调整狭缝的宽度、缝翼的偏转角度和缝翼的相对弦长(缝翼弦长与机翼弦长的比值)可以优化缝翼的性能。飞行中缝翼单位面积上的负压很大,对于这种超大展弦比的缝翼结构,其后缘容易在吸力作用下翘起,破坏机翼的整体翼型。因此有的飞机会在每块缝翼的后缘设置两个限位器,保证缝翼后缘在收上状态时紧贴机翼的上表面,如图 1-76 所示。

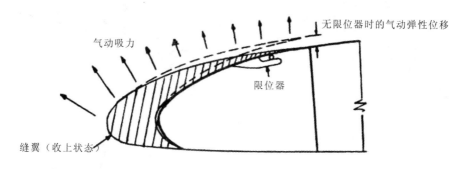

图 1-76　缝翼的限位器

缝翼的结构主要由前缘、中段和后缘三部分组成,可以看作是一个超大展弦比机翼,其主要构件与机翼相似,通常包括前梁、后梁、翼肋和内外蒙皮,从气动角度考虑一般不布置桁条。翼肋通常布置得很密,用于安装导轨和驱动器的翼肋会被加强,用于承受集中载荷。为了便于检查缝翼内部的结构和防冰管道等设备,缝翼内侧蒙皮和前梁腹板常设计成可拆卸结构,如图 1-77 所示。由于前缘最易遭雷击和冰雹冲击,其蒙皮厚度一般不小于 0.16 cm。防冰管道输出空气的温度可高达约 200℃,因此前缘结构的材料要选择耐高温的材料,比如常用的 2024-T3 铝合金。收放缝翼的弯曲导轨通常用高强度钢或钛合金制成,承受缝翼放下时导致的弯矩,导轨末端安装的 4 个滑轮位置装有间隙调节机构,可以调整缝翼与固定前缘之间的间隙,如图 1-78 所示。有些缝翼的导轨和液压作动器末端会穿过机翼前梁进入燃油箱内,此时需要在前梁腹板后方布置一个密封盒状结构,将导轨、作动器和燃油箱隔离开,防止漏油。这种密封盒结构需要承受高达 138 kPa 的压力,为了防止在油压作用下出现破裂,通常会将密封盒设计为圆筒状结构,有利于承受外部压力。

（2）克鲁格襟翼

克鲁格襟翼通过增加机翼的翼型弯度和机翼面积来增大机翼的最大升力系数,一般用镁合金、铝合金或复合材料制成,结构比缝翼更薄,适用于安装在各种厚度的机翼上。通常将克鲁格襟翼安装在机翼根部前缘,与机翼外侧前缘的缝翼联合使用。克鲁格襟翼处于收上位置时,贴合在机翼的下表面前缘,构成完整的翼型;克鲁格襟翼处于放下位置时,机翼下表面前梁前方的结构空腔将暴露在外。当飞机接近失速临界迎角时,暴露的结构空腔会使克鲁格襟翼区域产生局部紊流,飞机升力下降,飞机会自动低头,防止飞机进入深失速,保证飞机的纵向静稳定性。

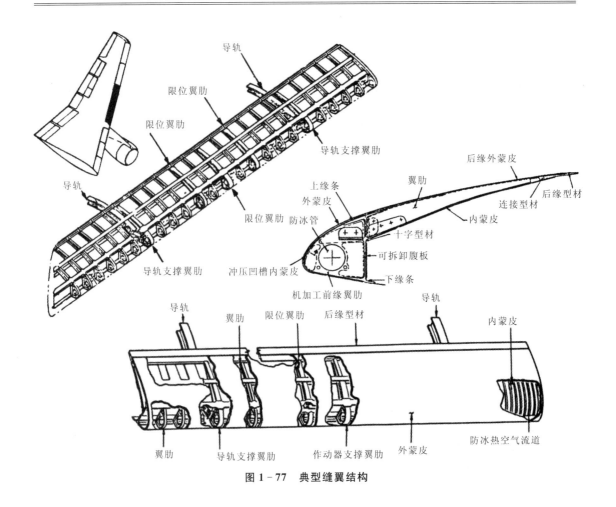

图 1-77　典型缝翼结构

图 1-78　油箱密封盒与导轨间隙调节机构

　　常见的克鲁格襟翼主要有两种，一种是普通克鲁格襟翼，一种是变弯度克鲁格襟翼，简称VCK(Variable Camber Kruger)。普通克鲁格襟翼在操纵上只有收上和放下两个位置，如图1-79所示的B727飞机克鲁格襟翼，它是一块镁合金铸造的板件。变弯度克鲁格襟翼可以通过多连杆机构由操纵系统实现多个放下角度,以配合飞机的速度、姿态等不同状态。典型的变弯度克鲁格襟翼如图 1 - 80 所示。B747 飞机就采用了玻璃纤维增强树脂材料的变弯度克鲁格襟翼。

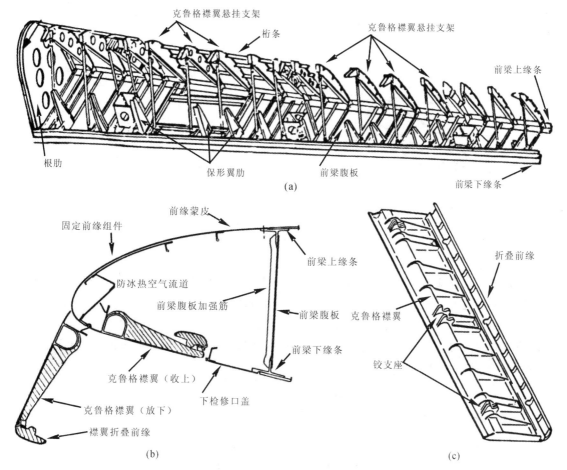

**图 1 - 79　B727 飞机的普通克鲁格襟翼**

(a)翼根固定结构与克鲁格襟翼挂架;　(b)普通克鲁格襟翼收放位置;　(c)普通克鲁格襟翼结构

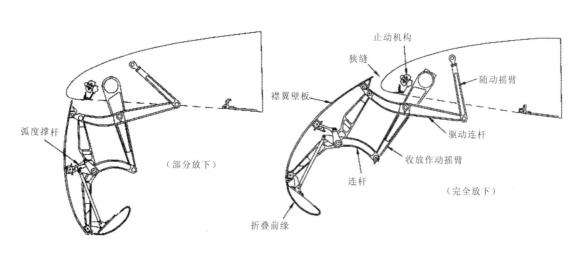

**图 1 - 80　变弯度克鲁格襟翼**

（3）下偏前缘

下偏前缘通常应用在具有尖锐前缘的薄翼型飞机上，具有结构简单、刚度好等特点，图1-81所示为F5和F104战斗机的下偏前缘结构。下偏前缘的驱动形式可以采用液压作动器、摇臂作动和滚珠蜗杆作动等。统计数据表明，这种前缘增升翼面一般应用在战斗机上，运输机上很少选用。

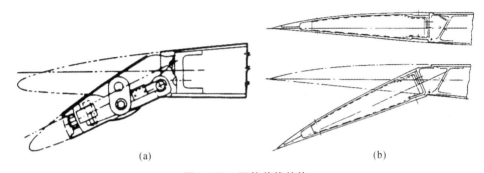

**图1-81 下偏前缘结构**
(a)F5战斗机下偏前缘结构； (b)F104战斗机下偏前缘结构

（4）固定缝翼

固定缝翼可以抑制大迎角时机翼前缘发生气流分离，但这种结构翼剖面阻力较大，一般用在通用低速飞机上。图1-82所示为普通固定缝翼和导流片式固定缝翼，普通固定缝翼会和机翼前缘结构形成一个几乎完整的翼型，导流片式固定缝翼则只起到引流的作用。为了减少巡航飞行时的阻力，有些固定缝翼会设计密封机构来封闭狭缝，如图1-83所示，但这种机构较为复杂，在通用飞机上较少采用。

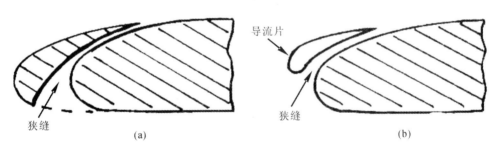

**图1-82 普通固定缝翼和导流片式固定缝翼构型**
(a)普通固定缝翼； (b)导流片式固定缝翼

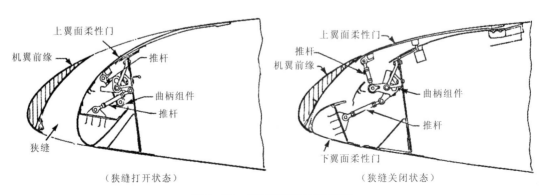

**图1-83 固定缝翼的密封机构**

### 1.5.11.3　机翼后缘增升装置

机翼的后缘增升装置主要是各种形式的襟翼。

(1)开裂式襟翼

开裂式襟翼是一块加筋壁板结构,其铰支座安装在机翼后梁下缘条附近,一般采用琴键式铰链来使襟翼收上时下翼面保持平滑状态。这种襟翼结构简单、质量轻,偏转时产生的阻力较大,但增升效率较低。早期的战斗机曾采用这种形式,但目前已经很少使用,其结构如图1-84所示。

(2)普通襟翼

普通襟翼的铰链支座安装在机翼后梁腹板上,并与弦向前方的加强翼肋连接在一起,是构成机翼翼型剖面的一部分。这种襟翼的前缘与机翼后梁之间的缝隙可以用柔性材料进行密封,偏转角度增大时,阻力会逐渐增大,当转角达到10°~15°时,气流在襟翼前缘上表面后方开始发生分离,此时阻力可能增大到与开缝襟翼相当的程度。由于这种襟翼驱动机构较为简单,在通用飞机上得到了广泛的应用,其结构如图1-85所示。

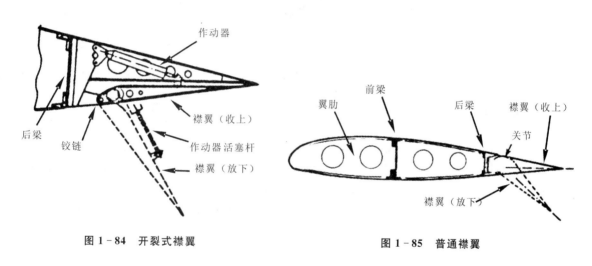

图 1-84　开裂式襟翼　　　　　　　　　图 1-85　普通襟翼

(3)单缝襟翼

单缝襟翼与普通襟翼最大的区别在于其前缘与机翼后缘结构之间形成了一个经过细致设计的狭缝。下翼面的高压气流通过该狭缝流向上翼面,流动过程中,由于流道收缩,空气逐渐加速,最后沿上翼面切线方向高速吹出,增大了襟翼上表面气流的动能,并形成负压区,将大迎角下分离的气流拉回翼面形成较为稳定的层流,防止失速,提高飞机的低速性能。单缝襟翼可以分为单缝富勒式襟翼、变轴式襟翼、固定铰链襟翼等。单缝襟翼的偏转角度可以达到40°,但仅靠简单的固定铰链无法得到高效率的襟翼构型,工程中常采用襟翼导轨和托架等组件来实现较为复杂的单缝襟翼放下构型,提高增升效率,如图1-86所示。固定铰链式的单缝襟翼常应用于通用飞机和少数运输机上。

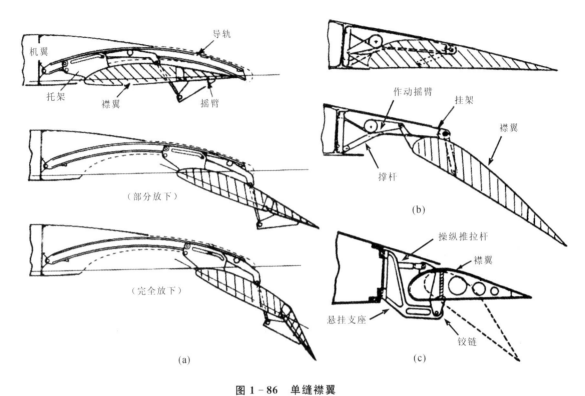

**图 1－86　单缝襟翼**

(a)单缝富勒式襟翼(HS748 飞机)；　(b)变轴式襟翼(B747SP 飞机)；　(c)固定转轴式襟翼

（4）双缝襟翼

双缝襟翼在大迎角下延缓机翼气流分离的效率高于单缝襟翼。在襟翼偏转角较大的情况下，这种优势尤为明显，因此在运输机上得到了广泛的应用。结构形式可分为固定铰链式双缝襟翼、连杆机构双缝襟翼和导轨式双缝襟翼。

固定铰链式双缝襟翼结构比较简单，一般在主襟翼前方有一片尺寸较小的导流片，导流片前缘与机翼后缘结构之间、导流片下表面与主襟翼前缘之间分别形成两道狭缝。这种襟翼起飞时阻力偏大，当襟翼下偏角度较小时(起飞构型)，导流片运动位移很小，此时襟翼相当于一个高效率的单缝襟翼，可以有效减小阻力，提高飞机爬升性能，但突出于飞机下表面的支撑结构依然会带来一定的阻力，如图 1－87(a)所示。

连杆机构式襟翼外形能够与最优理论外形吻合得很好，突出于机翼下表面的支撑结构依然会带来阻力，一般会设计专门的整流罩将其包裹起来，但依然会在狭缝处引起扰流，如图 1－87(b)所示。

导轨式双缝襟翼在运输机上的应用也很广泛，这种襟翼会沿导轨向机翼后下方运动，不但能增加机翼的面积，还能增加机翼的弯度，提高升力系数，因此增升效果很好。由于这种襟翼能够显著增加机翼面积，具有富勒式襟翼的特征，有时也称之为富勒式双缝襟翼，如图 1－87(c)所示。

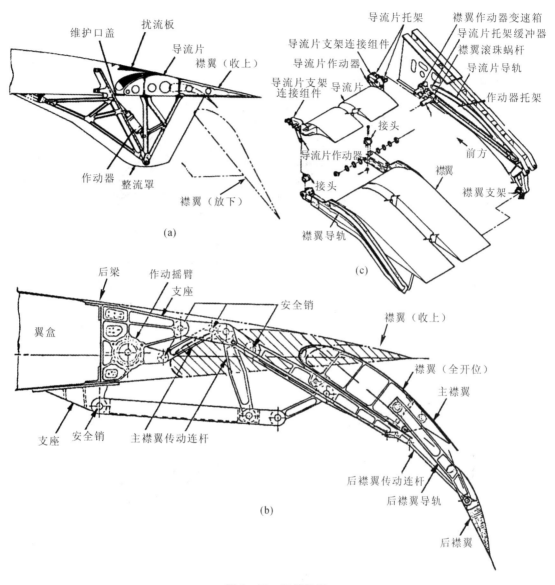

**图 1 - 87  双缝襟翼**

(a)DC10飞机固定铰链式双缝襟翼；  (b)B767连杆式双缝襟翼；  (c)L1011飞机导轨式双缝襟翼

（5）三缝襟翼

三缝襟翼通常应用在机翼载荷较大的飞机上，它与机翼前缘的缝翼、克鲁格襟翼等装置搭配使用，几乎可以达到增升技术的最高水平，但支撑结构和操纵机构比较复杂，并需要用整流罩将外露机构包裹起来。图 1 - 88 所示为典型的 B737 三缝襟翼构造。

（6）富勒式襟翼

富勒式襟翼可以沿导轨向机翼后方滑动自身弦长的距离，同时逐渐向下偏转到最大角度，如图 1 - 89 所示。前述的几种襟翼中有的就融合了富勒式襟翼的特点。富勒式襟翼打开后可以最大限度地增大机翼的面积，提高升力，而由此带来的阻力较小。

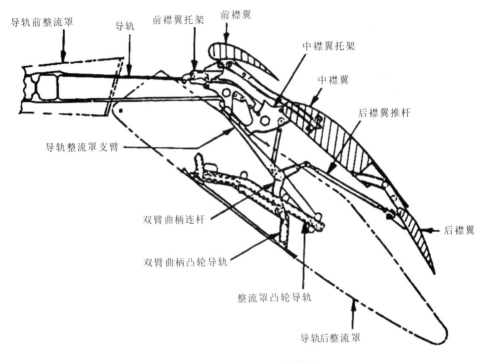

图 1-88  B737 飞机三缝襟翼

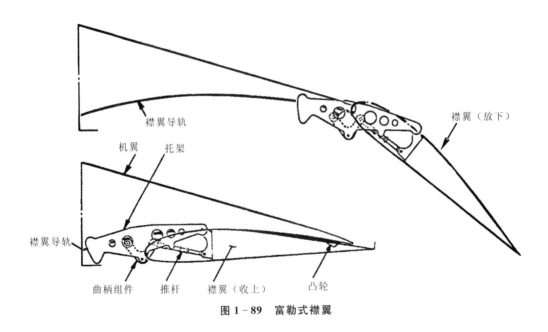

图 1-89  富勒式襟翼

（7）襟翼的构造

襟翼的构造与机翼相似,主要由蒙皮、梁、腹板和翼肋等构件组成,现代飞机的襟翼还常采用夹芯复合材料结构,图 1-90 所示为 L1011 飞机的金属襟翼结构,图 1-91 所示为 B747 飞机的蜂窝夹芯壁板襟翼。

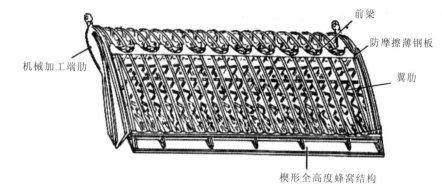

图 1-90　L1011 飞机襟翼结构

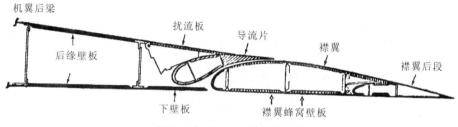

图 1-91　B747 飞机襟翼结构

#### 1.5.11.4　扰流板和副翼

（1）扰流板

扰流板一般都安装在机翼上表面后缘，其支座安装在机翼后梁上方，如图 1-92 所示。对于开缝襟翼，扰流板的内表面和襟翼前缘部分会形成一道狭缝。飞行中通常只使用外侧扰流板来减速或卸升，因为内侧扰流板此时升起，则机翼产生的扰动气流可能使尾翼发生颤振。为防止扰流板升起时自身发生颤振，扰流板结构、作动器及其支撑结构都要求有较大的刚度。现代运输机的扰流板通常采用全高度蜂窝夹芯、玻璃纤维/碳纤维面板结构来保证其刚度。

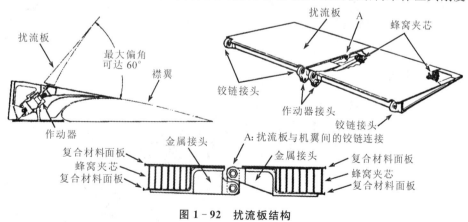

图 1-92　扰流板结构

（2）副翼

机翼后缘的副翼主要承担飞机横滚操纵的任务，在满足操纵要求的前提下，副翼的展向长度越小越好，这样可以为襟翼留出更大的空间。为了尽量减小副翼的展向宽度，常采用扰流板协同副翼进行横滚操纵。翼吊发动机的正后方不适合安装襟翼，原因是襟翼放下时发动机尾流的冲击会给襟翼带来很严重的声疲劳问题，因此这个区域一般用于安装高速副翼。为了防止副翼在气流冲击下发生颤振，需要通过操纵面平衡（适当安装配重）将副翼的重心调整到铰链上或铰链前方一点的位置。做操纵面平衡时要求操纵面与在翼时的状态要相同（相关紧固件、放电刷等均安装到位，喷漆已完成）。为了防止当个别铰链损坏时副翼发生颤振，副翼需要使用多个铰链（3个或3个以上）与机翼连接，这样也能减小气动弹性变形对副翼操纵效率的影响。图1-93(a)和(b)所示依次为L1011飞机的内侧副翼结构和外侧副翼结构。

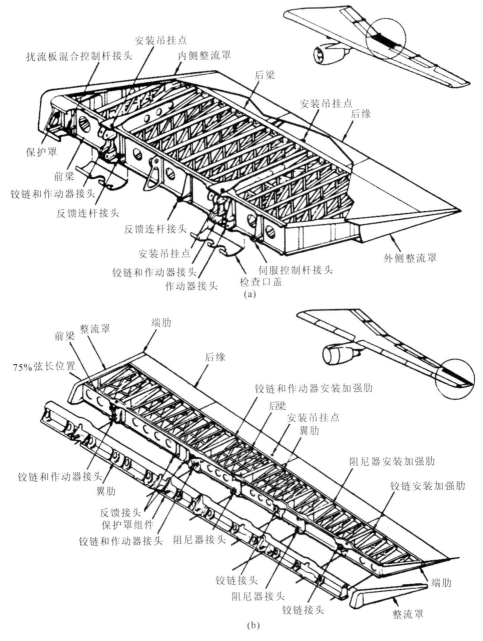

**图1-93　L1011飞机副翼结构**

(a)内侧副翼；　(b)外侧副翼

# 1.6 机 身 结 构

机身的主要功用是固定机翼、尾翼、起落架等部件,使之连成一个整体,并装载人员(机组人员、乘客)、货物、燃油及各种设备,通常机身质量占全机质量的 40%～50%。

飞行中,机身的阻力占全机阻力的比例较大,因此,要求机身具有良好的流线型、光滑的表面、合理的截面形状以及尽可能小的横截面积。机身结构在飞行中会受到不同方向的弯曲载荷、剪切载荷和扭转载荷。在着陆过程中,机身不仅要承受作用于其表面的局部空气动力,而且还要承受起落架和机身上其他部件传来的集中载荷,因此机身结构必须具有足够的强度和刚度。

## 1.6.1 机身外部载荷

### 1.6.1.1 机身与机翼的受力特点比较

在飞行和着陆过程中,机身要承受由机翼、尾翼、起落架等部件的固定接头传来的集中载荷,同时还要承受机身上的各部件和装载物的质量力,以及结构本身的分布质量力。

机身在上述载荷作用下,可以简化为支撑在机翼上的一根三维薄壁结构梁,与机翼一样,也要承受剪力、弯矩和扭矩。但机身的受载有它自己的特点,与机翼受载有所不同。

(1)机翼承受的载荷主要是在其上分布的空气动力,而机身承受的载荷主要是各个部件传来的集中载荷。这是因为,在飞行中机身表面虽然也要承受局部空气动力,但与机翼相比,机身的大部分表面承受的局部空气动力较小,并且局部空气动力是沿横截面周缘大致对称分布的,基本上能自相平衡而不再传给机身的其他部分。可认为局部空气动力只对结构中局部构件的受力有一定影响(如一些突出部分),而不会影响到整个机身结构的受力。此外,机身结构本身的质量力也相对较小,通常是把它附加到各个集中载荷上去考虑。因此分析机身的受力时,只考虑集中载荷的作用。

(2)机翼沿水平方向的抗弯刚度很大而载荷较小。在研究机翼的受力时,可以不考虑水平载荷的作用。但在研究机身的受力时,就必须考虑侧向水平载荷。因为,一方面机身的截面形状大多是圆形或接近圆形的,它沿水平方向和垂直方向的抗弯刚度相差不多;另一方面,机身承受的侧向水平载荷和垂直载荷相差不大,而且在承受侧向水平载荷时,往往还要受到扭转作用。

### 1.6.1.2 机身外部载荷

作用于机身上的载荷通常可以分为对称载荷和不对称载荷。

(1)对称载荷

沿机身纵向对称面对称的载荷称为对称载荷,飞机平飞和在垂直平面内作曲线飞行时,由机翼和水平尾翼的固定接头传给机身的载荷,以及当飞机以三点或两点(两主轮)接地时,传到机身上的地面撞击力等,都属于对称载荷。在对称载荷作用下,机身要受到对称面内的剪切和弯曲作用。一般在机身与机翼连接点处,机身承受的剪力和弯矩最大。另外装载物的质量

力 $P_c$ 也会通过与部件的接头以集中力形式传递给机身,若 $n_0$ 为飞机重心过载,$\Delta n$ 为飞机转动造成的装载物附加过载,$G_c$ 为装载物重力,则装载物质量力的数值为

$$P_c = (n_0 \pm \Delta n)G_c$$

如图 1-94 所示,机身由 $A$,$B$ 两个连接接头与机翼相连,机翼接头对机身支点的反作用力分别为 $R_A$ 和 $R_B$;水平尾翼的外载荷通过垂直尾翼与机身相连的接头 $C$ 和 $D$ 传给机身,它们分别是 $R_C$ 和 $R_D$;机身的分布质量力为 $q$,则可作出飞机在垂直平面内作机动飞行时的剪力图和弯矩图。

(2)不对称载荷

相对于机身对称面分布不对称的载荷称为不对称载荷。机身的不对称载荷主要有以下几种:①水平尾翼不对称载荷。如图 1-95、图 1-96 所示,当飞机作侧滑或横滚机动时,由于气流的影响,机身两侧水平尾翼的升力不对称,传递到机身上就形成了对机身的不对称载荷。②垂直尾翼侧向水平载荷。当方向舵偏转时,会形成横向力,对机身的作用效果为一个沿机身横向的剪力和扭矩。③单个主起落架接地时的撞击力经机翼或直接传递给机身形成不对称载荷。在不对称载荷作用下,机身不但要承受剪力和弯曲,同时也会承受扭矩,如图 1-97 所示。因此飞机飞行时,机身常处于弯扭和剪切组合变形状态,这与机翼的变形状态是相似的。

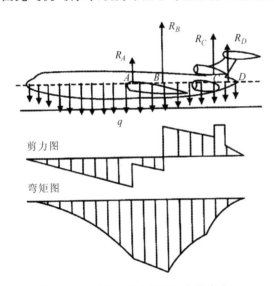

图 1-94　对称载荷作用下机身的内力

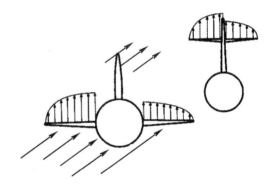

图 1-95　飞机侧滑时平尾上的不对称载荷

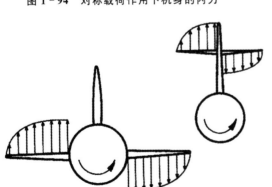

图 1-96　横滚时水平尾翼上的不对称载荷

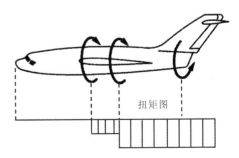

图 1-97　不对称载荷作用下机身的扭矩

## 1.6.2　机身的主要受力构件

现代飞机的机身可以简化为布置有各种加强件的壳体,通常称为"半硬壳式结构"。若没有内部加强构件的支撑,简单的薄蒙皮圆筒形结构被称为硬壳式结构,这种结构在受到压缩和扭转剪切载荷时很容易发生屈曲(失稳),承载能力较差,因此在民用运输机结构上基本不采用。半硬壳式结构机身中支撑蒙皮的加强构件主要包括纵向的桁条、桁梁和横向的普通隔框和加强隔框。

典型的现代运输机机身断面结构如图 1 - 98 所示,蒙皮铆接在纵向构件和横向构件组成的框架上。蒙皮形成了机身的外部流线外形,主要承受法向的局部空气动力和增压舱余压造成的切向拉应力。桁条与蒙皮铆接在一起,形成机身壁板,可以承受机身受到的弯曲载荷引起的轴向拉、压应力。桁条的支撑也提高了蒙皮的抗压和抗剪切稳定性。普通隔框主要用于维持机身的横截面形状,承受增压载荷造成的拉应力,提高隔框的密度可以增强蒙皮结构的稳定性。加强隔框除了具有普通隔框的功能外,其主要任务是承受并传递集中载荷。在机身与机翼、尾翼和起落架等部件连接的地方都需要布置加强隔框,在增压座舱尾部需要布置球面承压隔框,形成增压舱的密封末端。

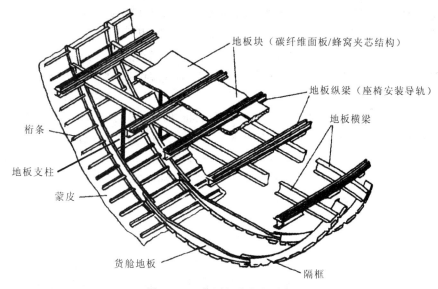

**图 1 - 98　典型机身断面结构**

从结构分析的角度,可以把机身看作是一个超大展弦比的机翼,机身与机翼的结构件之间既有相似之处,也有不同的地方,主要体现在以下四方面:

1)机身和机翼的蒙皮作用相似,但机身的蒙皮曲率较大,在压缩和剪切载荷作用下稳定性较高;机身表面的局部气动压力也比机翼表面压力小很多,因此机身蒙皮通常都比机翼蒙皮薄。

2)机身的桁条和桁梁与机翼大梁缘条和机翼桁条作用类似,都用于承受弯矩造成的轴向拉、压应力,机身也可以看作是一个圆形截面的空间薄壁梁。

3)机身的横向剪切载荷由蒙皮承受并传递,而机翼的剪力则由翼梁腹板或单块式机翼的翼盒承受。

4)机身隔框与机翼的翼肋功能相似,但翼肋的形状是由机翼的翼型决定的,对机翼的气动性能有很大的影响;机身的隔框形状则主要考虑设备、人员装载的要求,机身隔框形状沿机身纵向的变化情况要符合面积率要求。

对机身结构进行分析时,除了要校核强度外,还需要特别关注两种载荷造成的稳定性问题,一种是机身上承受弯矩的受压壁板稳定性,另一种是承受扭矩造成的剪切应力壁板的稳定性问题。很多时候为了满足稳定性要求,可能会导致受压区域的结构有较大的强度裕度。为了减轻结构质量,可以采用适当提高隔框和桁条密度的办法来提高受压区结构的稳定性。

## 1.6.3　机身的结构形式

现代飞机的机身结构形式主要取决于飞机的用途、尺寸、载荷等因素,总结起来大致可以分为四种结构:桁架式机身、硬壳式机身、桁梁式机身和桁条式机身。

### 1.6.3.1　桁架式机身

在早期和现代的低速、低成本飞机上,常采用桁架式机身,如图 1-99 所示。这种机身由长度不同的杆件首尾连接而成,是一种空间桁架结构。一般在机身横截面的约±45°位置都沿机身纵向布置有 4 根截面较大的杆件,这 4 根杆件主要承受机身在竖直平面和水平面内发生弯曲时引起的拉、压轴向载荷。机身的剪力和扭矩也全部由构架承受。垂直方向的剪力由构架两侧的支柱和斜支柱(或各对张线)承受;水平方向的剪力由上、下平面内的支柱、斜支柱(或张线)承受。机身的扭矩,则由 4 个平面构架组成的空间结构承受,此时上、下和左、右两对平面桁架会发生反向弯曲来抵抗扭矩。构架式机身的抗扭刚度差,空气动力性能不好。由于机身内部有斜撑杆和张线等构件,其内部容积也不易得到充分利用。只有一些小型低速飞机的机身采用桁架式机身。为了减小飞机的阻力,在承力构架外面,通常会固定有整形用的隔框、桁条和布质蒙皮(或木制蒙皮)。这些构件只承受局部空气动力,不参加整个结构的受力。PA18 和雅克-3 型飞机都采用了这种桁架式机身结构。

### 1.6.3.2　硬壳式机身

硬壳式机身主要由蒙皮、普通隔框和加强隔框构成,没有桁条、桁梁等纵向构件,如图 1-100所示。机身上的剪力、弯矩和扭矩完全由蒙皮承担,因此通常蒙皮会较厚,质量较大。为了提高蒙皮的稳定性,有时会采用夹芯结构蒙皮壁板。普通隔框作用主要是维持机身截面的形状,加强隔框除了维持机身截面形状外,还需要承受和传递从机翼、尾翼、起落架等部件传来的集中载荷,并将集中载荷变成分布剪流传递到蒙皮上。现代飞机从维护的角度出发,需要在机身上开较多的检查口盖,对于依靠蒙皮承力的硬壳式机身来说,开口区需要用更多的材料来加强,增加了机身的质量。硬壳式机身现在主要应用于小型飞机的后机身、大型飞机的机头前端和尾锥等部位。

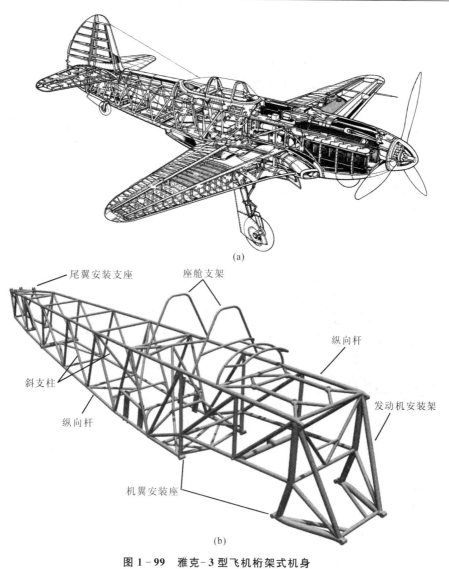

(a)

尾翼安装支座　　座舱支架

纵向杆

斜支柱

纵向杆

发动机安装架

机翼安装座

(b)

**图 1 - 99　雅克-3 型飞机桁架式机身**

(a)雅克-3 型飞机结构；　(b)雅克-3 型飞机机身桁架结构

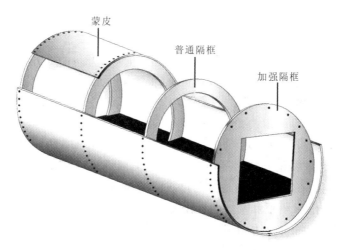

蒙皮

普通隔框

加强隔框

**图 1 - 100　硬壳式机身**

### 1.6.3.3 桁梁式机身

桁梁式机身由若干根沿机身纵向的桁梁(一般在机身横截面±45°位置至少布置4根),较薄的蒙皮,较弱的桁条,普通隔框和加强隔框构成,如图1-101所示。机身的绝大部分弯矩由桁梁承受,桁条与蒙皮组成的机身壁板只承受一小部分弯曲轴向力,且抗压稳定性较差。机身的剪力和扭矩导致的分布剪流主要由蒙皮承受。普通隔框和加强隔框的作用与前述其他机身形式相同。由于桁梁式机身的弯矩主要作用在桁梁上,因此可以很方便地在机身上布置座舱门、行李舱门、起落架舱门等大开口,仅需在开口的两侧布置适当增强的加强框,上、下边缘沿纵向布置少量加强构件即可。机身的桁梁,有时也被称为机身纵梁,它没有腹板,一般采用模压或锻造工艺制造,从几何形态看就像一根横截面很大的桁条。

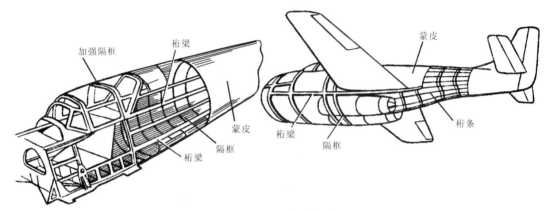

图 1-101 桁梁式机身

### 1.6.3.4 桁条式机身

随着飞机飞行速度和机身载荷水平(主要是弯矩)的提高,机身的结构形式逐渐从桁梁式结构发展成为桁条式结构,这种转化过程与梁式机翼结构向单块式机翼结构转化类似。机身的桁梁被弱化,材料被分散到桁条和蒙皮上。承受机身弯矩的主要构件由桁梁变成了桁条与蒙皮形成的机身壁板,同时蒙皮的增厚也提高了机身的抗扭刚度,使飞机更适合高速飞行。桁条式机身具有受力构件较分散、破损安全性好、质量轻等优点,但由于壁板是主承力构件,因此也存在不易开口和对接关系复杂等缺点。为了满足飞机使用要求和最小质量要求,出现了将前述几种机身应用于同一架飞机的混合式机身结构,在需要开口的地方设计为桁梁式结构,不开口或仅有小开口的部段设计为桁条式,在机头(雷达舱)和机尾(APU舱)等横截面尺寸较小的地方设计成硬壳式结构。

图1-102所示为典型的桁条式机身中段结构图,从图中可以看到,桁条式机身的桁条数量多且密,在机身应急舱门、货舱门等中、大型开口处都布置有加强隔框和短梁。图1-103(a)所示为机身桁条对接结构,桁条与对接接头铆接,隔框两侧的对接接头一一对应,连接螺栓穿过隔框腹板将接头连接在一起,蒙皮通过角撑与隔框连接,同时起到了连接两段桁条的作用。图1-103(b)所示为桁条、隔框和蒙皮的连接关系,具有燕尾形过渡段的垫板安装在隔框缘条与蒙皮之间,一方面起到止裂带的作用,另一方面可以使隔框附近区域刚度平缓过渡,防止刚

度变化过大引起应力集中。蒙皮通过角撑与隔框腹板铆接,桁条通过角片与隔框铆接。

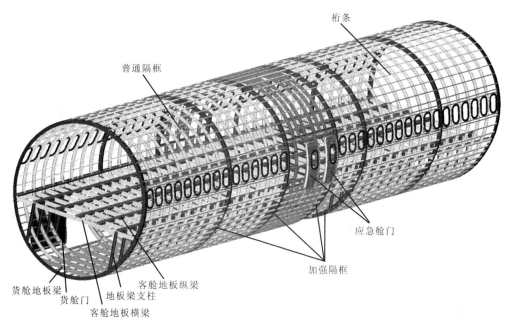

图 1 - 102  桁条式机身

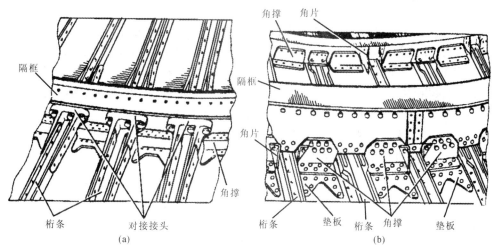

(a)                                            (b)

图 1 - 103  机身构件的连接
(a)桁条对接结构;  (b)桁条、蒙皮与隔框的连接

## 1.6.4  机身构件的构造

### 1.6.4.1  蒙皮

机身蒙皮的作用与机翼蒙皮类似,它和桁条一起形成机身壁板,承受机身弯矩引起的正应

力,同时也承受机身剪力和扭矩形成的剪应力,采用增压座舱的蒙皮还要承受较大的余压载荷。机身蒙皮可以用铝合金板材、金属整体壁板、蜂窝或泡沫夹芯结构壁板来制成。需要承受较大余压载荷的蒙皮在纵向和横向连接时都要采用搭接的形式,保证连接刚度和强度,轻型飞机上则更多地采用对接形式,如图1-104所示。

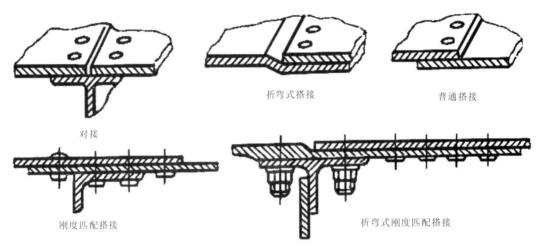

图 1 - 104 机身蒙皮的连接

### 1.6.4.2 桁条和桁梁

桁条和桁梁都是机身的纵向构件。除了支撑蒙皮的作用外,主要功能是承受机身弯矩造成的轴向拉伸、压缩载荷,一般可以分为简单式和组合式两种。简单式的桁条和桁梁一般都采用标准的挤压或板弯型材,截面形状与图1-46所示的机翼桁条类似。桁梁由于承受的轴向载荷较大,常采用组合式结构,由2~3个型材铆接而成,如图1-105所示。在桁条式机身上有时也会布置局部桁梁,对货舱、应急舱门、登机门等大开口进行加强,这些部位的加强桁梁结构更为复杂,需要考虑局部刚度的合理过渡,否则易造成应力集中。当发动机安装在后机身内部时,也需要布置局部桁梁传递集中载荷。

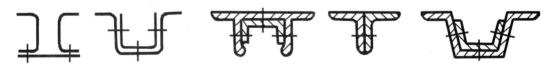

图 1 - 105 组合式桁梁

### 1.6.4.3 隔框

机身的隔框分为普通框和加强框两种,普通隔框的作用是形成和保持机身的外形、提高蒙皮的稳定性以及承受局部空气动力;加强隔框除了有上述作用外,主要是承受和传递机翼、尾翼、起落架、发动机等某些大部件传来的集中载荷。按照不同的结构形式,隔框还可分为腹板式组合隔框、腹板式整体隔框、组合式球面隔框、组合式环形隔框、整体式环形隔框等。

图1-106(a)所示为腹板式组合隔框结构,这是一个加强框,主要由腹板和水平、竖直两个方向的杆件铆接而成,中间留出了通过门的开口。上端带有接头的两根竖杆主要用于将垂

直尾翼大梁的集中载荷转化为剪流传递到加强框上,最终将集中载荷转化为杆件的轴向力和板件的剪切载荷。图 1－106(b)所示为腹板式整体隔框,这种隔框的腹板和加强筋是由一整块毛坯料经机械加工制成的,能够有效地减少连接件的数量,提高隔框的抗疲劳性能,减小结构质量。根据结构载荷的分布情况,这种形式的隔框设计较为灵活,既可作为普通隔框使用,也可通过增大腹板和加强筋的厚度作为加强框使用。图 1－106(c)所示为组合式球面承压隔框(bulkhead),这种隔框由球面形状的板件、环状和圆弧形曲杆铆接而成,属于加强隔框,一般用于隔离运输机的增压区域和机身尾段的非增压区域,承受较大的机舱余压(机身增压区与非增压区的压差,数值一般在 7～9 psi(1 psi＝6.895 kPa))。图 1－106(d)所示为组合式环形隔框,一般用于横截面尺寸较大的机身上,作为普通隔框使用,可以采用钣金加工方法由多块圆弧形构件铆接而成,其横截面形状如图 1－106(e)所示。整体式环形隔框应用于老式的军用飞机上,目前应用较少。

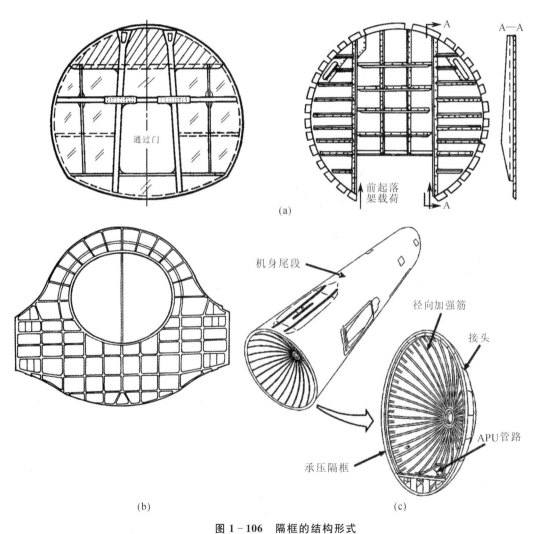

图 1－106　隔框的结构形式

(a)腹板式组合隔框;　(b)腹板式整体隔框;　(c)球面承压隔框

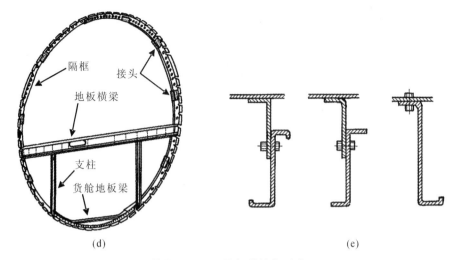

续图 1－106 隔框的结构形式

(d)组合式环形隔框；　(e)环形隔框典型截面

## 1.6.5　机身结构的传力分析

机身结构主要承受各部件和装载物传来的集中载荷,这些载荷一般都直接作用于加强隔框上。隔框受到蒙皮的约束,在承受集中载荷时保持自身的空间位置,同时通过铆接关系将载荷以剪流的形式传递给蒙皮。蒙皮承受并传递全部的剪力和扭矩,并将弯矩传递给机身纵梁和桁条。

### 1.6.5.1　加强隔框与蒙皮的传力

(1)垂直载荷的传递

加强框承受垂直方向的对称载荷时(如水平尾翼的配平载荷 $F_e$ ),若无蒙皮的支撑,它将沿垂直方向运动。机身的纵梁和桁条抵抗垂直方向变形的能力很小,并不能阻止隔框的垂直运动。因此加强框通过框边缘与蒙皮的铆接关系,将集中载荷以剪流的形式传递给蒙皮,蒙皮则产生反作用剪流 $q_F$ ,来平衡框上的集中载荷。加强框周边连接的蒙皮抵抗垂直方向载荷的能力不同,导致周缘剪流的分布是不均匀的。机身两侧的蒙皮抵抗垂直方向变形的能力比机身上、下位置的蒙皮强,因此两侧的剪流较大。在分析时可忽略机身上、下蒙皮承受垂直方向载荷的能力,而认为垂直方向的载荷只由机身两侧的蒙皮承担,此时机身两侧蒙皮的作用类似于机翼大梁的腹板,如图 1－107 所示。

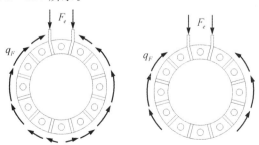

图 1－107　隔框与蒙皮间垂直载荷的传递

机身上的每个加强框都通过上述方式将垂直方向的载荷传递给蒙皮,每经过一个加强隔框,机身两侧蒙皮承受的剪力就会增大或减小一个数值(增量的正负与垂直载荷的方向有关),在连接机翼的接头处,机身截面的剪力最大,此处的机身蒙皮也最厚。

(2)水平载荷的传递

作用于加强隔框的集中水平载荷一般是不对称的,比如方向舵偏转时会通过垂尾大梁接头传递给加强框水平横向载荷 $F_r$。这个力的作用效果等效于作用于隔框中心处的剪力 $F_r$ 和对隔框的扭矩 $T_F$。作用于隔框中心处的剪力传递与垂直载荷类似,但此时主要由机身上、下蒙皮承受水平载荷。在扭矩作用下,加强框有在自身平面内发生转动的趋势,依赖于周缘蒙皮的约束来保持原有的位置。这样加强隔框就将扭矩以单向闭环剪流的形式通过铆接关系均匀地传递给蒙皮。

由以上分析可知当加强隔框承受水平载荷时,隔框周缘的实际剪流是平衡剪力的剪流 $q_{Fr}$ 与平衡扭矩的剪流 $q_T$ 之代数和,如图 1−108 所示。隔框上部两个剪流的方向相同,隔框下部的两个剪流方向相反,因此隔框上部承受的剪流较大,需要设计得较强,此处的蒙皮也较厚。类似的原因,当隔框下部受到水平横向载荷时(如前起落架转弯造成的侧向载荷),隔框下部结构承受的剪流比上部大,此时隔框下部结构应设计得较强。

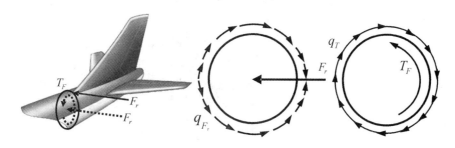

图 1−108　隔框与蒙皮间水平载荷的传递

### 1.6.5.2　蒙皮与纵梁和壁板的传力

对于桁梁式机身来说,蒙皮载荷传递到机身纵梁的方式,与机翼的翼梁腹板将弯矩传递给翼梁缘条的情况相似,下面以后机身段传递纵向对称面内的弯矩为例来说明。该弯矩一般是由升降舵或配平安定面偏转产生的沿机体坐标系 $y$ 方向的载荷。

假想地从机身结构中,截取出一块铆接在两个加强隔框和两根纵梁间的蒙皮,如图1−109所示。由于纵向对称面内的弯矩主要由机身左、右两侧的大梁和蒙皮来承担和传递,可以将尾翼传来的载荷 $P$ 分为两等份,分别作用在左、右两根大梁和蒙皮上,每侧承受 $P/2$。当加强框 $A$ 通过铆缝将载荷以剪流 $q_A$ 的形式传给蒙皮时,加强框 $B$ 会通过铆缝传递给这块蒙皮一个与剪流 $q_A$ 大小相等、方向相反的剪流 $q_B$,这两个剪流会导致这块蒙皮有顺时针方向转动的趋势。但由于蒙皮是与纵梁铆接在一起的,上、下两根纵梁会通过铆缝对蒙皮产生一对大小相等、方向相反的纵向反作用剪流 $q_{beam}$,来平衡 $q_A$ 和 $q_B$ 造成的转动力矩。当然蒙皮反过来也通过纵向铆缝以 $q_{beam}$ 的形式将弯矩载荷传递给纵梁,使得上部纵梁受拉伸,下部纵梁受压缩。由于整个纵梁都受到蒙皮传来的剪流,越靠近机身中段,大梁受到的剪流就越大,即轴向力越大,在机身与机翼的接头处,机身弯矩达到最大值,因此机身中段的纵梁、蒙皮等构件都比较强。

桁条式机身中,两侧蒙皮将弯矩传递给壁板的情况与桁梁式机身相似。上、下两块蒙皮与桁条组成机身壁板,这两块壁板距离机身弯曲中性轴较远,因此具有较强的承受弯矩的能力,上壁板受拉伸,下壁板受压缩。扭矩作用时机身的传力分析也与图 1-109 相似,扭矩会在机身的横截面产生切向剪流,使蒙皮受剪切作用。因此机身的蒙皮在机身弯曲和扭转载荷作用下处于单向拉伸和纯剪切组合变形状态,是典型的平面应力问题。

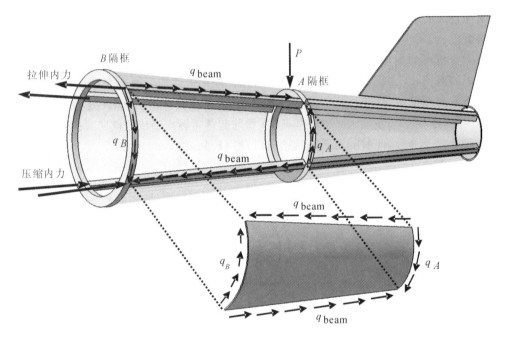

图 1-109 蒙皮与纵梁的载荷传递

## 1.6.6 机身与其他部件的连接

### 1.6.6.1 机身与机翼的连接

飞机采用上单翼或下单翼布局时(如运输机和部分通用飞机),整个机翼的翼盒可以连续贯穿飞机的机身,机翼的总体弯矩可以在中央翼盒自平衡,此时机翼传递给机身的载荷主要是升力。但是中单翼或准下单翼布局的飞机(大多为战斗机),由于装载物、发动机进气等因素的限制而不允许整个翼盒贯穿机身结构,这时通常在机身上布置一些质量较大的加强隔框来连接机翼的大梁,承受并传递机翼的载荷,如图 1-110 所示。此时由于机身的隔框要承受机翼的总体弯矩,因此隔框的质量将会急剧增大,目前常采用承载效率和刚度更高的腹板式整体隔框来传递机翼的总体弯矩。

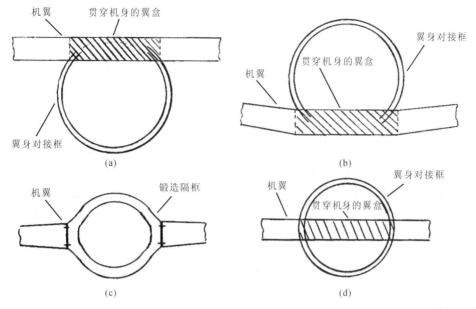

**图 1-110 机翼与机身对接的布局**

(a)上单翼; (b)下单翼; (c)中单翼; (d)中单翼

现代民航运输机多采用下单翼布局,将机身的加强隔框采用螺栓连接于中央翼盒的前、后翼梁上和辅助接头上,如图 1-111 所示。机翼的载荷主要通过这几个加强隔框传递到机身的空间薄壳结构上。应特别注意机身加强隔框与中央翼盒连接区域的疲劳问题,当机翼发生向下(地面)和向上(飞行时)弯曲时,加强隔框根部会受到较大的弯矩,这个区域是疲劳裂纹的敏感区,需要通过细节设计尽量降低该区域的应力水平,如图 1-112 所示。

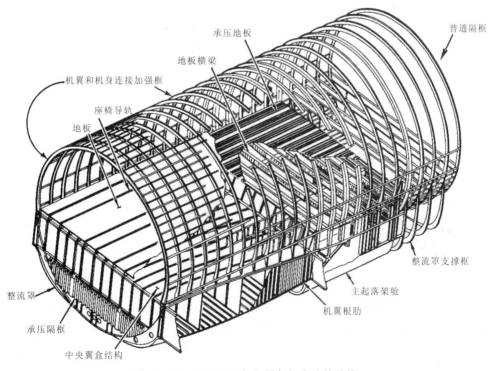

**图 1-111 L1011 飞机机翼与机身连接结构**

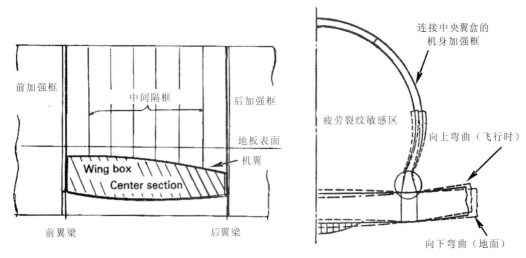

图 1-112　机翼弯曲时加强框疲劳敏感区

现代军用运输机和一部分民用运输机会采用上单翼结构形式,此时机身加强隔框与机翼中央翼盒的连接与下单翼布局类似,在中央翼盒与机身交界的楔形区域往往还会布置一些支柱来连接机身隔框与中央翼盒的大梁和展向腹板,帮助将机翼的升力传递给机身,如图1-113所示。当机翼发生弯曲时,机身加强框与机翼中央翼盒连接区域同样会受到很大的弯矩,需要通过抗疲劳设计提高这部分结构的疲劳强度和材料的承载效率。

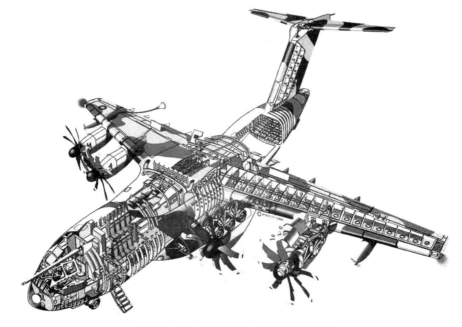

图 1-113　A400M上单翼军用运输机

小型公务机的机翼中央段为了方便与机身连接,往往设计成下凹的形状,机身与机翼分开独立组装。通过高强度钢连杆和固定插销来连接机身的加强隔框和机翼的中央段,连杆主要用于传递升力,插销主要用于传递水平方向的剪力,如图1-114所示。

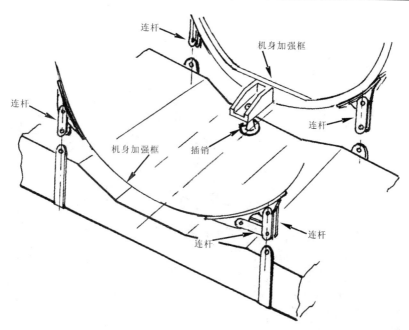

**图 1 - 114　公务机的机身与中央翼的连接**

　　机身的龙骨梁位于中央翼盒和机身的下部,中央翼盒和主起落架舱纵向中心线上,是机身上用于承受弯曲压缩应力的构件。飞行中,机身与中央翼盒交联的区域弯矩最大,而此段机身下部为了容纳中央翼盒结构出现了空腔。用于收纳主起落架的起落架舱也严重地削弱了这段机身的抗弯能力。因此现代运输机通常在这个部位机身的纵向中心线上布置龙骨梁,用以承受和传递机身弯曲时造成的巨大压缩应力,保证机身的局部抗弯和抗扭刚度,如图 1 - 115 所示。龙骨梁的横截面通常采用三角形或矩形的封闭结构,使其自身具有一定的抗扭能力,图 1 - 116 所示为一个典型的矩形截面龙骨梁结构,内部可以用于安装液压系统设备,底部开有检查口盖。

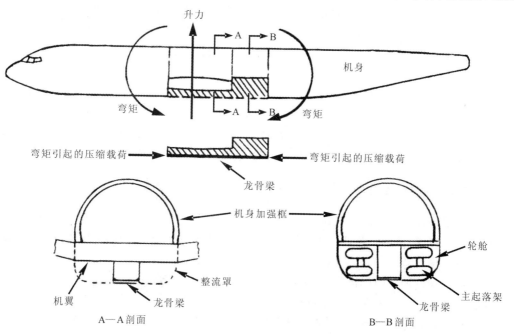

**图 1 - 115　机身龙骨梁的布置与载荷**

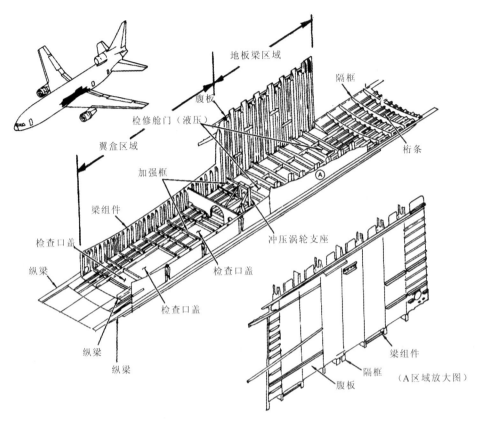

**图 1-116  L1011 飞机机身矩形截面龙骨梁结构**

### 1.6.6.2  机身与尾翼的连接

机身与尾翼的连接同机身与机翼的连接方式没有根本的区别,其接头受力状态也类似。连接形式取决于尾翼的结构形式、安装部位和机身的结构形式。现代运输机水平安定面中央翼段后缘通常与机身固定支座铰接,通过前缘液压马达驱动的丝杠作动来实现水平安定面的上、下偏转,这种水平安定面也称为配平水平安定面 THS(Trimmable Horizontal Stabilizer),主要为飞机提供俯仰配平气动力,如图 1-117 所示。与采用升降舵偏转进行俯仰配平相比,水平安定面提供配平气动力可以有效地降低配平阻力。运输机的垂直安定面则与机身固定连接,不能偏转。目前一般只有先进战斗机才会采用全动垂尾,历史上也出现过可变后掠角的垂直安定面,但由于其结构复杂、质量特性差,后来的飞机没有再采用。

### 1.6.6.3  机身与起落架的连接

起落架通常固定在机身的加强隔框或纵向梁上,来自起落架主减震支柱、侧撑杆、阻力撑杆、收放作动器等构件的载荷通过加强隔框和纵向梁传递到机身薄壁结构中,转化成为板件的剪流和杆件的轴向载荷。为了收纳起落架,通常在机腹会设计起落架舱,它由垂直腹板、水平加强隔板和两端的加强隔框构成。在垂直腹板和水平加强隔板上通常都布置有加强杆件,起落架构件传递来的竖直方向载荷通过接头支座传递给竖直方向布置的杆件,从而转化为剪流作用到腹板上,水平方向的载荷则通过侧壁板上沿机身纵向布置的短梁转化为分布剪流。

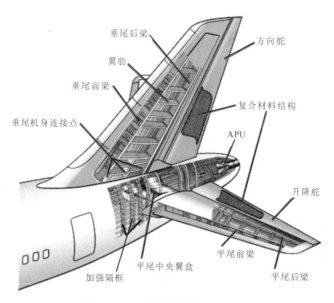

图 1 - 117　机身与尾翼的连接结构

现代运输机通常采用前三点式起落架,前起落架一般布置在前机身上,通常向前收起(便于在紧急情况下利用气动力辅助重力放下起落架)。中小型运输机的主起落架通常固定在机翼后梁与辅助梁上。大型客机则采用多组主起落架,其中部分主起落架固定在主翼盒后方的中机身中。在主起落架舱的前后舱壁和龙骨梁上方,通常会布置飞机液压系统的主要部、附件。图 1 - 118 所示为典型的大型运输机主起落架与机身的连接结构,从图中可以看到,该机有两组主起落架安装在机翼上,收上时起落架部分支柱结构收纳在机翼后梁与辅助梁之间的空间中,机轮部分则完全收入机腹的轮舱中,这样可以保持机翼主翼盒的结构完整性;另外两组主起落架则安装在中机身下方的主起落架舱中,收入时,整个起落架结构都收纳在机身中。

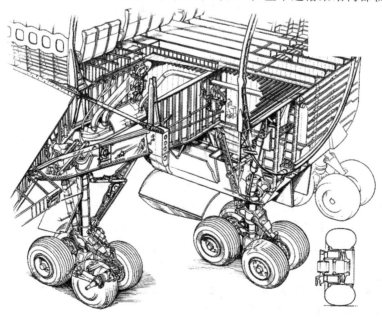

图 1 - 118　大型运输机机身与主起落架的连接结构

# 1.7 尾 翼 结 构

## 1.7.1 尾翼布局和结构形式

历史上出现过的航空器尾翼布局形式主要包括普通尾翼、十字交叉尾翼、T 形尾翼、V 形尾翼、双垂尾(多垂尾)尾翼等,如图 1-119 所示。从目前情况来看,战斗机常采用普通尾翼、双垂尾尾翼等形式(提高飞机的机动性),军用运输机常采用 T 形尾翼(防止上单翼尾流干扰平尾操纵),民用运输机常采用普通尾翼(下单翼布局)。

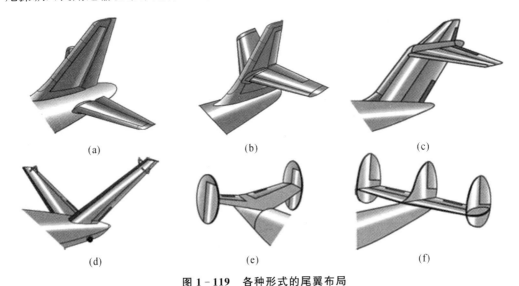

(a)                              (b)                              (c)

(d)                              (e)                              (f)

**图 1-119 各种形式的尾翼布局**

(a)普通尾翼; (b)交叉尾翼; (c)T 形尾翼; (d)V 形尾翼; (e)双垂尾尾翼; (f)多垂尾尾翼

尾翼主要由垂直安定面与方向舵、水平安定面与升降舵组成,其结构形式与机翼相似,也可分为单梁式、双梁式、多梁式等结构形式。安定面上需要考虑的集中载荷主要是支撑舵面的铰链载荷,除了进行强度校核外,舵面颤振问题也是需要考虑的重点。

## 1.7.2 水平安定面和升降舵

战斗机的平尾和小型通用飞机的水平尾翼有时会采用全动平尾设计方案,但军用战斗机的全动平尾左右部分通常是分离开的,分别通过枢轴与机身相连,通用飞机的全动平尾则常设计为一整块。运输机的水平安定面通常采用双梁式结构,包括一个中央翼盒和左、右两个外翼盒,外翼盒与中央翼盒连接。支撑翼盒枢轴的加强翼肋布置于中央翼盒与外翼盒的交界面上,两侧各布置一个。每个加强翼肋的后端安装有枢轴的轴承,中央翼盒的前端安装一个丝杠驱动器,调整水平安定面的迎角,典型民用运输机的水平安定面外翼盒结构如图 1-120 所示,外翼盒与中央翼盒的典型连接结构如图 1-121 所示。

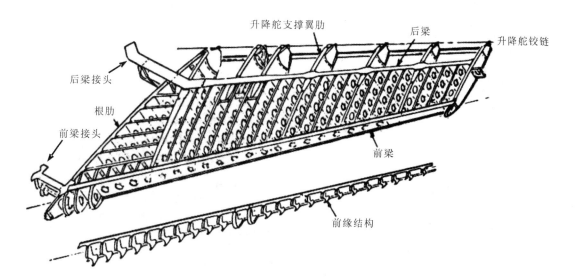

图 1 - 120  平尾外翼段典型结构

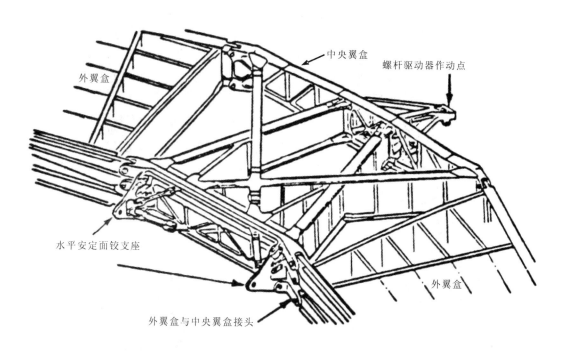

图 1 - 121  平尾外翼盒与中央翼盒连接结构

运输机升降舵结构与机翼结构相似,可看作一个超大展弦比的机翼结构,典型的运输机升降舵结构如图 1 - 122 所示。

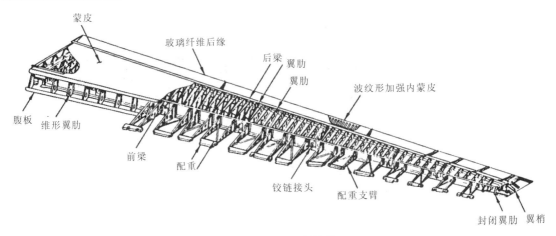

图 1－122　升降舵结构

### 1.7.3　垂直安定面和方向舵

垂直安定面的结构与水平安定面基本相同,方向舵的结构则与升降舵基本相同,如图 1－123所示。

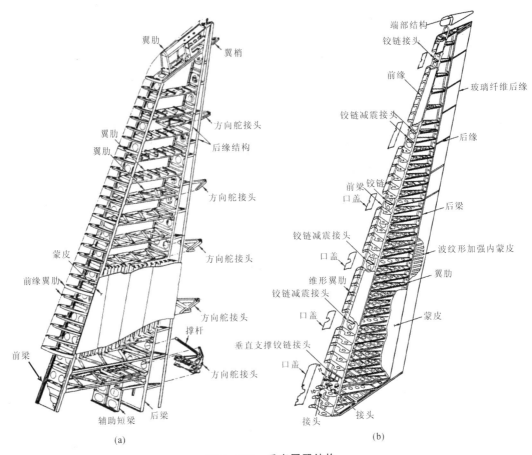

(a)

(b)

图 1－123　垂直尾翼结构

(a)垂直安定面；　(b)方向舵

# 1.8  机体开口部位的构造和受力分析

由于乘坐人员、安置设备等原因,往往需要在机体结构上开口。为了制造、维护和修理方便,机体各部分通常是分段制成后,再利用装在分离面上的接头将各段连成整体的。这种分离面通常称为工艺分离面。在开口部位和连接接头处,由于结构发生了变化,力的传递情况也随之发生改变。这就给这些部位的构件在受力上带来一些新的特点。

## 1.8.1  直接补偿开口

(1)在开口处安装受力舱盖

受力舱盖由盖板和一些加强型材铆接而成,它用来代替开口部位的蒙皮、桁条、翼肋或隔框。为了使这种舱盖能很好地参与受力,它的周缘要用很多铆钉、螺栓等紧固件与开口周缘连接。这种舱盖拆装不便,故多用在不需经常拆卸的部位。

(2)沿开口周缘安装加强构件

舱盖通常只用少量螺钉或锁扣来固定,开口部位原来由壁板传递的载荷,将由加强构件组成的框型结构来传递。舱盖不传递轴向力和剪流,仅承受局部空气动力,起到保持飞机外表流线型的作用。这种补偿方法多用在开口不大,而舱盖又需要经常拆卸的部位。

必须注意,修理这种补偿开口部位的构件时,不仅要保持其足够的强度,并且应使其刚度符合原来的要求,因为载荷是按构件的刚度来分配的。如果修理以后的框型结构刚度不足,结构受力时,经框型结构传递的力会减小,而沿开口段两边的壁板传递的力则会增大,开口段两边的壁板就容易因受力过大而损坏;反之,如果框型结构刚度过大,则经框型结构传递的力将比原设计情况的力大,这就会使与框型结构连接的构件受力过大,容易损坏。

## 1.8.2  间接补偿开口

机体结构中的某些大开口(如起落架舱口),采用直接补偿是不合适的,因为这些地方不可能设置受力舱盖,而沿大的开口周缘安装加强构件又会使结构质量过大,所以这些开口通常是间接补偿的。

下面以金属蒙皮机翼为例来说明在垂直载荷作用下,剪力、弯矩、扭矩在间接补偿开口部位的传递情况。为了使问题简化,假设该机翼在两个翼梁和翼肋 1,2 之间的上、下表面都是开口的(见图 1-124),且不考虑开口部位前、后缘蒙皮和桁条的传力作用。

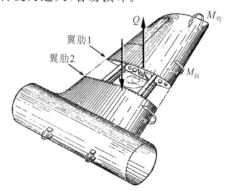

**图 1-124  机翼的间接补偿开口**

(1)剪力的传递

由于开口部位的翼梁是完整的,所以垂直平面内的剪力和未开口时一样,仍由翼梁腹板传递。

（2）弯矩的传递

在不同结构形式的机翼上，间接补偿开口对结构传递弯矩的影响是不同的。梁式机翼的弯矩主要由翼梁承受，开口区的上下蒙皮和桁条被去掉后，对结构传递弯矩的能力影响不大；单块式机翼中，弯矩引起的轴向力有很大一部分是由蒙皮和桁条传递的，开口区的蒙皮和桁条被去掉后，这部分轴向力就要由翼梁缘条传递，因此开口段翼梁缘条的受力会大大增加。

原来由蒙皮、桁条传递的轴向力，在开口部位是怎样加到翼梁缘条上去的呢？可以取开口部位外侧两翼梁间的一块带桁条的蒙皮 abcd（见图 1－125）来研究。这块蒙皮的内侧铆接在开口边缘翼肋上，两侧铆接在翼梁缘条上，外侧和外段蒙皮、桁条连接在一起，并受到外壁板传来的由弯矩引起的轴向力 P 的作用。在轴向力作用下，蒙皮 abcd 有向翼根移动的趋势。由于开口外侧边缘加强翼肋受到垂直于它本身平面的力时比较容易变形，不能可靠地支持 abcd 这块蒙皮，而翼梁缘条却能对这块蒙皮起到支持作用。因而由外段壁板传来的轴向力便经过蒙皮侧边铆缝，以剪流的形式逐渐传给两根翼梁缘条，使缘条承受的轴向力逐渐增大。

在开口部位的内侧，翼梁缘条内由于开口增加的那部分轴向力，又以剪流形式逐渐传给蒙皮和桁条，使它们重新与缘条一起受力。

从开口部位结构传递弯矩的分析中可以看出，单块式机翼的翼梁缘条在开口部位及其附近受力要显著增大。因此，在这个区域内，翼梁缘条的截面积都是加大的（见图 1－126）。

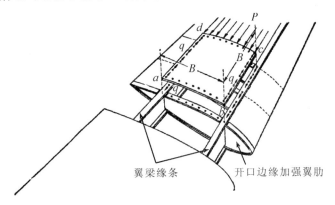

图 1－125　开口部位外侧轴向力的传递

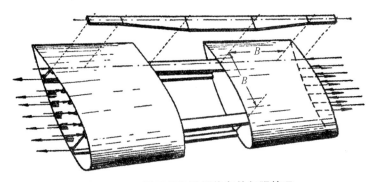

图 1－126　开口部位翼梁缘条的加强情况

（3）扭矩的传递

开口部位外侧机翼的扭矩通过蒙皮和梁腹板以单向闭合剪流的形式传递给外侧边缘翼

肋,并与翼梁剪力形成的力偶平衡。当组成这个力偶的两个力分别经翼梁传到内侧边缘翼肋时,由于蒙皮的支持作用,内侧边缘翼肋又要通过铆缝将这个力偶转变成剪流传给内侧机翼蒙皮。可见开口部位的两个边缘翼肋传递扭矩时,它们与蒙皮和翼梁腹板相连的铆钉承受的剪力较大,维护工作中应注意检查。

开口部位的翼梁传递扭矩引起的力偶时要承受附加的剪力和弯矩。由于附加剪力的作用,腹板各截面承受的总剪力可能增大,所以,开口部位翼梁腹板通常也是加强的。开口部位的翼梁承受的附加弯矩,可通过图 1-127、图 1-128 来说明。图中表示开口部位的一段翼梁,它在两端的附加剪力作用下,有沿垂直平面旋转的趋势,这时,开口部位两侧的翼梁段会产生反力矩来阻止它旋转。

开口段翼梁两端受到的附加弯矩最大,附加弯矩的最大值与开口部位沿展向的长度有关;开口部位越长,附加弯矩的最大值就越大。

总之,开口部位的翼梁不仅要承受机翼的总体弯矩,而且要承受由于机翼扭转而引起的附加弯矩。因此,开口段翼梁截面上的总弯矩是这两个弯矩的代数和。

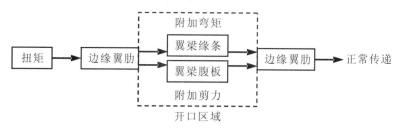

图 1-127　扭矩在开口部位的传递路线框图

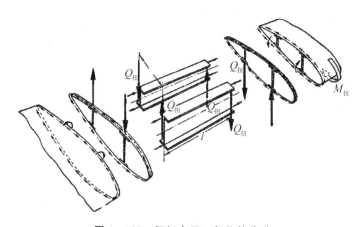

图 1-128　扭矩在开口部位的传递

# 1.9　定位编码系统和机体区域划分

飞机定位编码系统用于定位机身上或某些部件上的部、附件或零、构件位置。其中机身站位 FS(Fuselage Station)用于飞机纵轴方向定位;机翼站位 WS(Wing Station)用于沿机翼展向的定位；纵剖线站位 BL(Buttock Line)用于沿飞机纵向对称面的左、右方向（横向）定位；水线站位 WL(Water Line)用于上、下（垂直）方向的定位，如图 1－132 所示。除此之外，还有襟翼站位、副翼站位等。

（1）机身站位

机身站位用距离参考基准面的英寸(1 in＝2.54 cm)数来编码，参考基准面是一个假想的垂直平面。不同飞机制造商对基准面的定义有所不同，如图 1－129 所示。

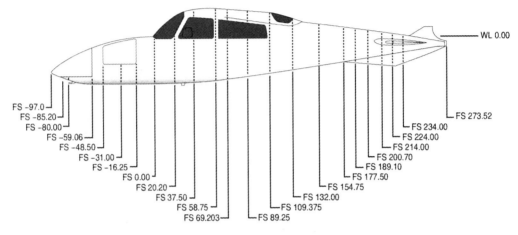

图 1－129 机身站位

（2）机翼站位

机翼站位用距离左右机翼对称面的英寸数来编码，向左或向右的距离均定义为正数，主要用于定位机翼上的结构和系统部、附件，如图 1－130 所示。

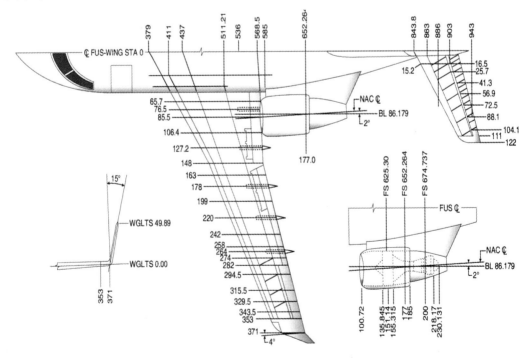

图 1－130 机翼站位

（3）水线站位（水线）

水线站位以距水平基准平面的垂直高度英寸数来编码，该水平基准面被定位在飞机机身底部下面若干英寸数，不同的飞机制造商对基准面的定义有所不同，如图 1－131 所示。

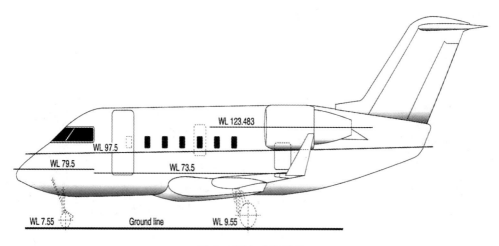

图 1－131　水线站位

（4）纵剖线站位

纵剖线站位用距离机身对称面的英寸数进行编码，向左或向右的距离均定义为正数，如图 1－132 所示。

（5）襟翼站位

从垂直于机翼后梁的襟翼内侧面起，向外侧面以英寸为单位测量距离，规定某些距离值为襟翼站位号。

（6）副翼站位

从垂直于机翼后梁的内侧面起，向外侧面以英寸为单位测量距离，规定某些距离值为副翼站位号。

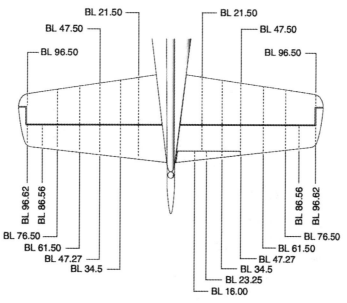

图 1－132　纵剖线站位

除了采用站位编码系统对飞机的结构和系统部、附件进行定位外,ATA100 中还对机体的区域进行了明确的划分。飞机区域划分使得机务人员可以容易地找到相关的部件位置。区域使用三位数字代码表示,每个数字代表一个区域类型:第一位数字表示主区编号、第二位数字表示分区编号,第三位数字表示区域编号。主区编号规则:100 表示机身下半部分,200 表示机身上半部分,300 表示飞机尾段,400 表示发动机吊舱,500 表示左翼,600 表示右翼,700 表示起落架和其舱门,800 表示机身舱门。图 1 - 133 为飞机维护手册中常见的飞机区域示意图,如 321 表示机身尾段垂直安定面前缘。

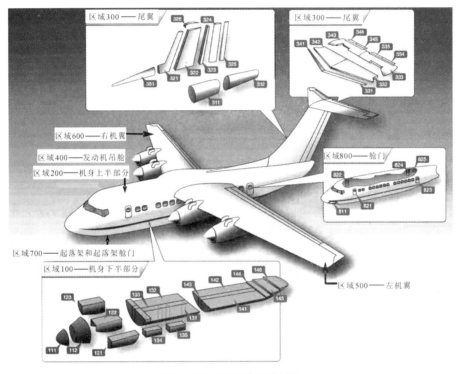

**图 1 - 133   飞机的区域划分**

# 思  考  题

1. 飞机结构设计思想的发展经历了哪几个阶段?每个设计思想的核心内容是什么?

2. 什么是过载?飞机重心过载如何计算?

3. 过载的物理意义是什么?

4. 什么是局部过载?局部过载怎样计算?

5. 什么是突风过载?突风过载怎样计算?

6. 疲劳载荷的概念如何阐述?飞机上的主要疲劳载荷有哪些?

7. 疲劳破坏的特征是什么?

8. 载荷的分类标准有哪些?结构变形可以分为几种类型?

9.内力和应力的概念是什么？

10.强度、刚度、稳定性的概念是什么？

11.机翼的构件有哪些？构件的结构特点是什么？

12.机翼的结构形式有哪几种？每种结构形式的结构特点和受力特点是什么？

13.平直机翼上的气动载荷是怎样传递到内部构件去的？

14.后掠机翼有哪些缺点和优点？

15.后掠机翼的结构类型有哪几种？

16.机翼的对接形式有哪几种？每种对接形式的结构和传力特点是什么？

17.机翼前、后缘操纵面的作动方式有哪几种？分别有什么特点？

18.机翼前、后缘增升装置的类型有哪几种？每种增升装置的原理和结构特点是什么？

19.扰流板和副翼的功能有哪些？结构特点是什么？

20.机身的受力构件有哪些？分别承受哪种类型的载荷？

21.机身的结构形式有哪几种？每种结构形式的结构特点和受力特点是什么？

22.怎样对机身结构进行传力分析？

23.机身与机翼、尾翼、起落架等飞机其他部件是怎样连接的？

24.尾翼的布局形式有哪几种？每种布局形式的气动特点和结构特点是什么？

25.直接补偿开口和间接补偿开口的结构形式有什么不同？

26.常用的飞机站位包括哪些？

27.飞机共有几个主区编号？每个编号代表飞机的哪个部分？

# 第2章 液压系统

## 2.1 概　　述

随着飞机的飞行速度和质量不断增大,仅靠人力来操纵飞机的某些部件(如起落架收放、发动机反推等)日益困难。因此,飞机上需要助力操纵的部件日益增多,传统的电力、气动以及液压均能实现飞机的助力操纵。电力传动的动作比较灵敏,但需要质量很大的电机才能提供较大的功率,并且电动机与传动部件之间的连接也比较复杂,目前多用于传动功率较小或者工作较灵敏的部件;气压传动的能量损失较小,但气动装置的总输出力不会很大,而且工作速度的稳定性稍差,目前多用来传动功率较小的部件或者其他应急设备;液压传动操纵飞机部件具有许多优点,如比功率大、自润滑、自冷却、安装方便等,因此现代飞机通常采用液压系统收放起落架、襟翼、扰流板和操作舵面偏转以及发动机反推等。

### 2.1.1 液压传动原理

液压传动是以液体作为工作介质来传递能量和进行控制的传动方式。基于帕斯卡原理,施加在密闭容器内液体任一部分的压力(压强),必然按其原来的大小向各个方向传递,并垂直作用于封闭容器的内壁。利用这个原理,可以实现飞机部件的助力传动。图 2-1 所示为液压千斤顶工作原理图,大缸体 8 和大活塞 9 组成举升液压缸,手柄 1、小缸体 2、小活塞 3、单向阀 4 和 7 组成手动液压泵。假设活塞在缸体内可自由滑动(无摩擦力)又不使液体泄漏,液压缸的工作腔与油管都充满油液并与大气隔绝(即液体充满密封容积腔)。当提起手柄 1 使小活塞 3 向上移动时,小活塞下端油腔 A 容积增大,形成局部真空,油箱 12 中的油液在大气压力作用下,打开单向阀 4,通过吸油管 5 进入油腔 A;当压下手柄时,小活塞下移,油腔 A 压力升高,单向阀 4 关闭,迫使单向阀 7 打开,油腔 A 的油液经管道 6 流入油腔 B,使大活塞 9 向上移动,顶起重物。再次提起手柄吸油时,单向阀 7 可以防止油腔 B 的压力油液逆向流回油腔 A,以保证重物不会自行下落。往复扳动手柄,就能不断地将油液压入油腔 B,使重物逐步升起;当打开截止阀 11,油腔 B 的油液通过管道 10、阀 11 流回油箱,大活塞在重物和自重作用下回到原始位置。

由此可以得出结论:密封容积中的液体既能传递力,又能传递运动,因此液压传动又称容积式液压传动。液压传动是以液体作为传递能量的介质的,而且必须在密封的容积腔内进行。

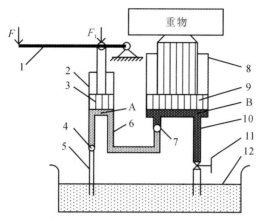

图 2-1 液压千斤顶工作原理图

## 2.1.2 液压传动主要性能参数

### 2.1.2.1 压力(压强)

如图 2-1 所示液压千斤顶简化模型,设小、大活塞的面积分别为 $A_1$,$A_2$,作用在小活塞上的作用力为 $F_1$,作用在大活塞上的负载力为 $G$,根据帕斯卡原理,设液压缸内压力为 $p$,若忽略运动摩擦力,则有

$$p = \frac{F_1}{A_1} = \frac{G}{A_2} \tag{2-1}$$

因此可以得出,当活塞面积 $A_1$ 和 $A_2$ 一定时,负载力 $G$ 越大,则液压缸油腔中所需的压力 $p$ 也越大,即传动压力取决于负载。这说明液压系统中的压力大小是由负载决定的(负载包括传动所需外力及液阻),并不取决于液压泵,液压泵只是按负载大小提供压力而已。考虑安全因素,液压系统中的压力不允许任意提高,但理论上只要任意改变负载液压缸工作面积 $A_2$,便可以驱动不同的负载 $G$。因此,利用液压传动有利于实现飞机上不同负载的液压工作系统。

英美飞机油液压力采用英制单位 psi(pounds per square inch)。目前小型飞机液压系统工作压力一般为 2 000 psi,大型运输机液压系统工作压力一般为 3 000 psi 或者 5 000 psi 左右。由于飞机液压系统工作压力比较大,通常采用发动机驱动泵、电动泵等外部动力源供压,在紧急情况下可以采用手摇泵供压。

### 2.1.2.2 流量

要完成一定的传动动作,仅靠油液传力是不够的,还必须使油液不断地向执行机构运动方向流动,单位时间内流入执行元件的油液体积称为流量 $Q$。

如图 2-1 所示液压千斤顶简化模型,设小活塞的位移为 $L_1$,大活塞的位移为 $L_2$,若不考虑液体的可压缩性、泄漏损失和缸体、管件的变形,则小缸体减少的油液体积 $V_1$ 应等于大缸体增加的油液体积 $V_2$,即

$$A_1 L_1 = A_2 L_2 \tag{2-2}$$

将式(2-2)两端同除以活塞运动的时间 $t$,得

$$A_1 \frac{L_1}{t} = A_2 \frac{L_2}{t} \qquad (2-3)$$

$A\frac{L}{t}$ 的物理意义是单位时间内,液体流过截面面积为 $A$ 的体积,即流量 $Q$,则有

$$v = \frac{L}{t} = \frac{Q}{A} \qquad (2-4)$$

因此可以得出,当活塞面积 $A$ 一定时,活塞的运动速度 $v$ 取决于输入液压缸的流量 $Q$,流量越大活塞运动速度越快,即传动速度取决于流量。只要连续调节输入液压缸的流量 $Q$,就可以连续调节活塞的运动速率,从而实现传动部件液压无级调速。

### 2.1.2.3 功率

液压泵输出的油液进入作动筒推动活塞运动时,即对活塞做了功。如果传动过程中油液压力不变,且不考虑油液在管路中流动时的能量损失和渗漏等,则油液对活塞所做的功 $W$ 可由下式给出:

$$W = GL_2 = pA_2L_2 = pV_2 \qquad (2-5)$$

油液在时间 $t$ 内对活塞所做的功,即液压传动功率 $P$ 为

$$P = \frac{W}{t} = p\frac{V_2}{t} = pQ_2 \qquad (2-6)$$

因此可以得出,液压传动功率的大小,取决于系统的工作压力(即油液压力)和流量。目前,随着飞机的质量和飞行速度的不断提高,液压系统传动部分的负载也相应增大,同时液压传动的速度也要求加快,因此液压系统的传动功率在日益增大。

提高系统的工作压力或增大油液流量均可以提高传动功率,但从减轻质量的角度来看,提高系统的工作压力比较有利,因为工作压力提高后,尽管作动筒和导管壁的厚度必须增加,但作动筒等附件的尺寸可以减小,所以与增大流量相比,系统总的质量较轻。因此现代飞机液压系统的工作压力越来越高。另一方面系统的工作压力又受限于现有的密封技术,目前飞机液压系统最大工作压力不超过 8 000 psi。

## 2.1.3 液压系统的组成与分类

如图 2-2 所示,飞机基本液压系统回路由各种液压元件组成,为了区别液压元件的功用,因此有必要对液压系统进行分类。目前对液压系统的分类方法主要有两种,一种是按组成系统的液压元件的功能类型划分;另一种是按组成整个系统的分系统功能划分。

### 2.1.3.1 按液压元件的功能划分

液压系统必须由一些主要液压元件组成,一般都包括 4 种元件:

1)动力元件。其作用是将电动机或发动机产生的机械能转换为液体的压力能,动力元件主要指各种液压泵。

2)执行元件。其功能是将液体的压力能转换为机械能,执行元件主要包括液压作动筒和液压马达。

3)控制调节元件。即各种控制阀,用以调节各部分液体的压力、流量和方向,以满足工作要求。

4)辅助元件。除上述三项组成元件之外的其他元件都称为辅助元件,包括油箱、油滤、蓄压器、散热器、管件、密封材料和密封装置等。

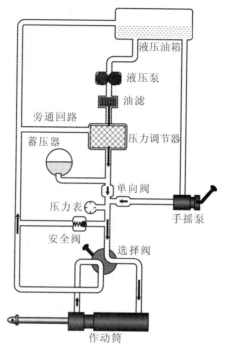

图 2-2 基本液压系统回路

### 2.1.3.2 按组成系统的分系统功能划分

从系统的功能观点来看,液压系统可分为液压源系统和工作系统两大部分。

1)液压源系统。液压源包括油箱、液压泵、油滤、冷却系统、压力调节系统及蓄压器等。在结构上有分离式与柜式两种,飞机液压源系统多为分离式,而柜式液压源系统多用于地面设备,且已形成系列化产品,在标准机械设计中可对液压源系统进行整体选用。

2)工作系统(或用压系统、液压操作系统)。它是用液压源系统提供的液压能实现工作任务的系统,利用执行元件和控制调节元件进行适当地组合,即可产生各种形式的传动或不同顺序的传动,如飞机起落架收放系统、飞行操纵系统等。

## 2.1.4 液压系统图形符号

为了简化液压原理图的绘制和识别,国家标准(GB/T786.1—1993)规定了"液压气动图形符号",这些符号只表示元件的职能,不表示元件的结构和参数。一般液压传动系统图均应按标准规定的图形符号绘制,若某些元件无法用图形符号表示,或需着重说明系统中某一重要元件的结构和工作原理时,允许采用结构原理图表示。

　　在航空工程与技术中,不同的制造商也使用不同的形式和符号来表示液压元件和系统,用于飞机维修手册等技术出版物。图2-3所示为空客飞机常用液压系统图形和符号。

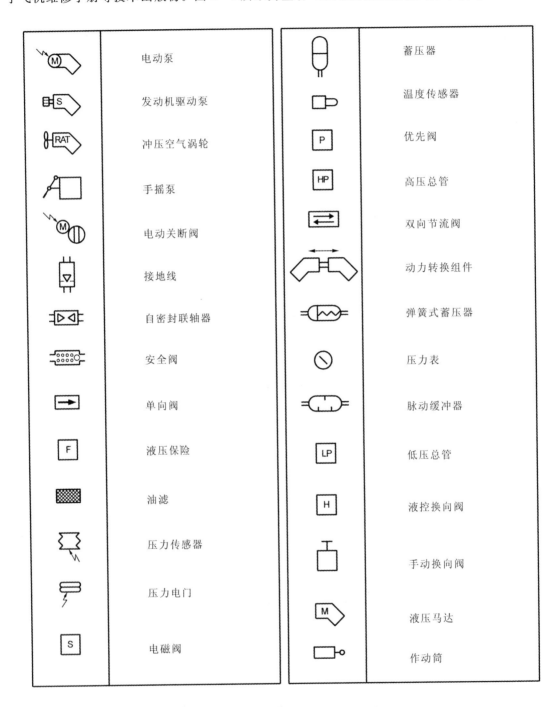

| 图形 | 名称 | 图形 | 名称 |
|---|---|---|---|
| | 电动泵 | | 蓄压器 |
| | 发动机驱动泵 | | 温度传感器 |
| | 冲压空气涡轮 | | 优先阀 |
| | 手摇泵 | | 高压总管 |
| | 电动关断阀 | | 双向节流阀 |
| | 接地线 | | 动力转换组件 |
| | 自密封联轴器 | | 弹簧式蓄压器 |
| | 安全阀 | | 压力表 |
| | 单向阀 | | 脉动缓冲器 |
| | 液压保险 | | 低压总管 |
| | 油滤 | | 液控换向阀 |
| | 压力传感器 | | 手动换向阀 |
| | 压力电门 | | 液压马达 |
| | 电磁阀 | | 作动筒 |

**图2-3　空客飞机常用液压系统图形和符号**

# 2.2　液　压　油

液压系统使用的工作介质简称液压油。液压油主要用于传递和分配油液压力去传动各种部件,因此液压油应该具备可压缩性小、合适的黏性、较好的稳定性、抗燃性好以及较好的流动特性。为了确保系统的正常工作,制造厂商明确规定了最合适的液压油种类。

## 2.2.1　液压油的主要物理化学特性

### 2.2.1.1　压缩性

液体受压力作用而体积缩小的性质称为液体的可压缩性。单位体积的液体在相同压力作用下,其体积改变量越大,则说明其压缩性越大。实验表明,任何流体都是可压缩的,液体相对于气体的可压缩程度一般很小,因此一般都认为液体是不可压缩的。为了迅速传递压力,确保传动的灵活性,液压油的压缩性应尽可能小。航空液压油本身的压缩性能够满足系统正常工作的要求。但液压油中含有气泡,其可压缩性将显著增大,这样会造成传动迟缓,甚至会造成液压系统故障,因此必须确保液压油中不含气泡。

### 2.2.1.2　黏性

液体在管道内流动时,液体分子间的内聚力以及液体与管壁之间的附着力阻碍其分子间的相对运动而产生一种内摩擦力的现象称为液体的黏性。当液体流动时,由于液体与固体壁面的附着力及流体本身的黏性使流体在流通截面上的速度分布不均。如图 2-4 所示为平行平板间液体黏性示意图,设上平板以速度 $u_0$ 向右运动,下平板固定,紧贴在上平板的油液黏附于上平板,以速度 $u_0$ 运动,紧贴于下平板的油液黏附于下平板,其速度为零,中间油液的速度按线性分布。由于相邻流体层之间的速度差,运动较快的液体层带动运动较慢的液体层,运动较慢的液体层阻滞运动较快的液体层,相邻流层间由于黏性就产生内摩擦力的作用。黏性是液体流动时内部产生摩擦力的一种性质。任何液体流动时,内部都会产生摩擦力,这种内摩擦力的大小用黏度来表示。

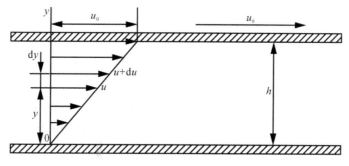

**图 2-4　平行平板间液体黏性示意图**

黏度大小可以用多种方式表示,工程上常用一些简便方法测定液体的相对黏度。相对黏度根据测量条件的不同,各国采用的单位也不相同。美国一般采用赛波特(Saybolt)通用黏度计测定油液的相对黏度,如图 2-5 所示,赛氏黏度是在某一特定温度下,测定一定量($60~cm^3$)的油液通过一个标准长度和直径的小孔所需的时间,此时间以秒为单位,其黏度可表示为 SSU(秒,通用赛波特)。我国采用恩氏黏度计测定油液的相对黏度,恩氏黏度是在某一特定温度下,测定 $200~cm^3$ 被测油液在自重作用下流经 $\phi2.8mm$ 的小孔所需的时间 $t_1$ 与同体积蒸馏水流过该小孔所需时间 $t_2$ 之比,此比值即为该油液的恩氏黏度(°E)。

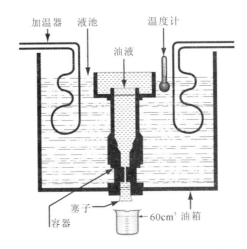

**图 2-5　赛波特(Saybolt)通用黏度计**

液体黏度的大小除了与液体的种类有关以外,主要还与其温度和压力有关。

**1.黏度与压力的关系**

压力增加时,液体分子间距离缩小,内聚力增大,黏度增大。在低压情况下,压力对黏度的影响较小,可不加考虑,只有在高压(3 000 psi)时需考虑压力对黏度的影响。一般认为液体的黏度不随压力变化。

**2.黏度与温度的关系**

温度对液体黏度的影响很大,液体黏度随着温度的升高而降低。温度升高,分子间距离增大,内聚力减小,液体黏度减小;温度降低,分子间距离缩小,内聚力增大,液体黏度增大。液体的黏度随温度变化的特性为黏-温特性,液压油的黏度变化直接影响液压系统的工作性能,因此黏度随温度变化越小越好。

**3.黏度对液压系统的影响**

液压油黏度的大小,直接影响着液压系统的传动效率。飞机液压系统使用的液压油必须具有合适的黏度。如果黏度过小,会使液压系统密封效果差,泄漏增加,容积效率(即液压泵的实际输出流量与其理论流量之比)降低,功率损失增加,同时会使系统润滑效果变差,导致运动部件的磨损加剧和负荷加重;如果黏度过大,会造成过大的流动阻力,液体流动迟缓,传动动作慢,功率损失大,液压泵吸油困难。总之,油液黏度过大和过小都会影响液压系统的传动效率。因此液压油的黏度应适中,并且其黏度随温度的变化量应尽量小,油液黏度大小对系统损失的影响如图 2-6 所示。液压系统中,泵转速最高,压力较大,温度较高,因此一般根据液压泵的要求来确定工作介质的黏度。此外,为发挥液压装置的最佳运转效率,应根据周围环境温度、工作压力和工作循环等具体情况,考虑设置冷却器和加温器以控制油温,使工作介质能保持在最佳黏度范围内。

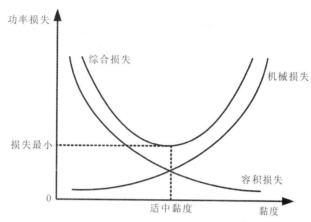

图 2-6　油液黏度与系统功率损失的对应关系

### 2.2.1.3　机械稳定性

油液的机械稳定性,是指液体在长时间的高压挤压作用下,保持其原有物理性质(如黏性、润滑性等)的能力。油液的机械稳定性越好,在受到长时间的高压作用后,其物理性质的变化越小。

液压油应具有良好的机械稳定性。因为液压油经常在高压作用下通过一些附件的小孔和缝隙,如果它的机械稳定性不好,其分子结构会遭到破坏,黏度会很快减小,以致影响系统的工作。

### 2.2.1.4　化学稳定性

油液的化学稳定性主要是指液体抗氧化和变质的能力。液压油内不可避免地含有一些空气,在使用过程中必然会发生氧化反应,液压系统的运转又会导致油液温度升高,油液的温度越高,氧化反应就越剧烈,油液受到扰动时,它与空气的接触面积增大,氧化反应也会加剧。油液氧化后,会产生一些黏稠的沉淀物,使油液的流动阻力增大,并使附件内的活动零件黏滞或堵塞油孔;油液氧化后还会产生一些酸性物质,腐蚀金属导管和附件,且腐蚀物又会使油液更快地变质。因此,液压油应具有良好的化学稳定性,并且不含杂质。另外,液压油应是中性的,既不带酸性也不带碱性,以免腐蚀系统的金属导管和附件,液压油对密封材料也不应有腐蚀作用。

### 2.2.1.5　抗燃性

衡量抗燃性的一般指标为闪点和燃点。油液的闪点是指在此温度下,液体能产生足够的蒸汽,在特定条件下以一个微小的火焰接近它们时,在油液表面上的任何一点都会出现火焰闪光的现象,但不能持续燃烧。燃点就是油液所达到的某一温度,在有火焰点燃的情况下油液能连续燃烧 5 s。航空液压油必须有良好的防火性能,要求具有高闪点和高燃点。

#### 2.2.1.6　润滑性

液体的润滑性,是指液体在摩擦面之间形成一层"油膜"的特性。这层"油膜"覆盖着摩擦面,使摩擦面不能直接接触,因而可减小摩擦力,并减少摩擦面的磨损。

液体润滑性的好坏主要体现在"油膜"的厚度和牢固程度。"油膜"越厚,则遮盖摩擦面上的不平滑部分越多,因此附件表面的磨损和附件之间的摩擦力就越小,即液体的润滑性越好。"油膜"越牢固,在工作载荷作用下,"油膜"就越不容易破裂,液体的润滑性也越好。液压系统是利用液压油来润滑的,因此液压油必须具有良好的润滑性。在液压油中加入适量的添加剂,可以改善它的润滑性。

### 2.2.2　液压油的主要流动特性

#### 2.2.2.1　压力损失

由于油液具有一定的黏度,在管道内流动时必然存在阻力,为了克服阻力就要消耗一部分能量,这样就有能量损失。在液压传动中,能量损失主要表现为压力损失。液压系统中的压力损失分为两类:一类是油液沿等直径管件流动时,由于油液内、外摩擦力所引起的压力损失,称之为沿程压力损失,如图 2-7(a)所示。液体在管道内流动时,在流通截面上的速度分别呈抛物线分布,在中心处速度最大,两边靠近管壁速度为零,相邻流层间及流层与管壁之间由于液体黏性产生内外摩擦力,致使出口压力 $p_2$ 小于进口压力 $p_1$;另一类是油液流经局部障碍(如弯头、接头、管道截面突然扩大或收缩)时,由于液流的方向和速度的突然变化,在局部形成旋涡引起油液质点间、质点与固体壁面间相互碰撞和剧烈摩擦而产生的压力损失称之为局部压力损失,如图 2-7(b)所示。压力损失过大会造成液压系统中功率损耗的增加,这将导致油液发热加剧,泄漏量增加,效率下降和液压系统性能恶化。

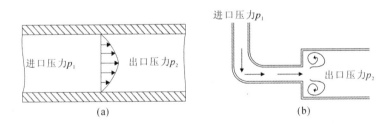

**图 2-7　压力损失示意图**

(a)沿程压力损失;　(b)局部压力损失

#### 2.2.2.2　气穴

液压油溶解空气的能力与液压油的压力成正比,在液压系统低压管路中,如果某处压力低于空气分离压时,原来溶解于液体中的空气将分离出来形成大量气泡,若压力继续降到相应温度的饱和蒸汽压时,油液将沸腾汽化而产生大量气泡,这两种因油液压力降低而产生气泡的现象统称为气穴。

产生气穴现象后,一方面油液中含有大量气泡,造成油泵供油量减少,甚至油泵瞬间吸入的全是气泡,造成油泵供油中断,这种因气穴而使油泵供油量减少甚至中断的现象称为气塞;另一方面油液的流动特性变坏,造成流量不稳定,噪声增加。特别是当带有气泡的液压油液流到下游高压管路时,在高压作用下气泡迅速破裂,局部可达到非常高的温度和冲击压力,这样的局部高温和冲击压力,一方面使那里的金属疲劳,另一方面又使液压油液变质,对金属产生化学腐蚀作用,因而使元件表面受到侵蚀、剥落,出现海绵状的小洞穴,这种因气穴而对金属表面产生腐蚀的现象称为气蚀。

### 2.2.2.3　液压冲击

液压系统在突然打开、关闭、变速或换向时,由于流动液体和运动部件惯性的作用,导致其动能向压力能的瞬间转变,使系统内瞬时形成很高的峰值压力,这种现象就称之为液压冲击。如图 2-8 所示,液压冲击会引起系统压力高频剧烈波动,可能对液压系统造成较大的损伤,在高压、高速及大流量的系统中其后果更严重。

一般来说液压冲击产生的峰值压力,可高达正常工作压力的 3～4 倍,液压系统中的很多部件如管道、仪表等会因受到过高的液压冲击力而遭到破坏;压力继电器会因液压冲击而发出错误信号,干扰液压系统的正常工作;液压系统在受到液压冲击时,还能引起液压系统升温,产生振动和噪声以及接头松动漏油,使压力阀的调整压力(设定值)发生改变。因此在操作时要尽力避免造成液压冲击现象。

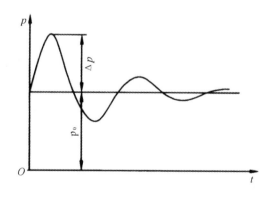

**图 2-8　液压冲击压力波动现象**

减小液压冲击的措施:

1)减慢阀门关闭速度或减小冲击波传播距离;

2)限制管道中油液流速;

3)用橡胶软管或在冲击源处设置蓄能器;

4)在易发生液压冲击的地方,安装限制压力升高的安全阀等。

## 2.2.3 液压油种类

为了避免液压系统中非金属元件的损坏以及确保系统的正常工作,必须使用正确牌号的液压油,当向液压系统加油时,应使用飞机维护手册(AMM)中规定的液压油牌号,或者使用油箱或附件的标牌上所规定的液压油牌号,常用航空液压油的种类和特性见表2-1。

表2-1　民用飞机上使用的三种液压油

| 液压油 | 组　成 | 毒性 | 吸水性 | 颜　色 | 抗燃性 | 适用密封圈 | 应　用 |
|---|---|---|---|---|---|---|---|
| 植物基液压油 | 蓖麻油和酒精 | 无毒 | 小 | 蓝 | 易燃 | 天然橡胶 | 老式飞机 |
| 矿物基液压油 | 石油中提炼 | 无毒 | 小 | 红 | 易燃 | 氯丁橡胶 | 小型飞机、油气式减震支柱 |
| 磷酸酯基液压油 | 合成液压油 | 低毒 | 大 | 紫 | 阻燃 | 异丁橡胶 | 大型客机 |

### 2.2.3.1 植物基液压油

植物基液压油(MIL-H-7644)由蓖麻油和酒精组成,有强烈的酒精气味,它与汽车刹车油液相似,但它们不能互换,这种油液用在早期的老式飞机上。植物基液压油通常染成蓝色,以便识别。植物基液压油适用于天然橡胶密封件和软管,假如这些密封件上沾染有石油基液压油或磷酸酯基液压油,则密封件将发生膨胀、损坏,以致密封失效。使用植物基液压油的系统可用酒精冲洗。植物基液压油易燃,防火性能不好。

### 2.2.3.2 矿物基液压油

矿物基液压油(如MIL-H-5606)是经过特殊加工而成的石油型精制矿物油,矿物基液压油基本上是煤油类型的石油产品,通过加入不同添加剂制成不同牌号的矿物基液压油,具有润滑性能好、无腐蚀、不导电、成本低等特点。矿物基液压油的化学性质稳定,随着温度变化,黏度变化很小。矿物基液压油主要用于起落架减震支柱和小型飞机液压系统。矿物基液压油通常被染成红色,以便识别,因而又俗称"红油"。矿物基液压油适用于氯丁橡胶密封件和软管,使用中注意不能与植物基和磷酸酯基液压油混合。使用矿物基液压油的系统可用矿物油、溶剂油来清洗。MIL-H-5606牌号的矿物基液压油易燃,防火性能不好。

聚α烯烃基液压油(MIL-H-83282)是经过加氢处理的烃类液压油,这种液压油同样适用于氯丁橡胶密封件和软管,可以与MIL-H-5606牌号的矿物基液压油互换,相比于MIL-H-5606牌号的矿物基液压油,聚α烯烃基液压油具有更好的防火性能,但其低温性能较差,低温时黏性较大,为了确保系统正常工作,通常其环境温度不能低于-40℃。在满足环境温度要求的条件下,小型飞机可以选择防火性能更好的聚α烯烃基液压油。

### 2.2.3.3 磷酸酯基液压油

磷酸酯基合成液压油是一种性能优良的抗燃液压油,这种非石油基的合成液压油具有防火特性,它于二战后才开始用于飞机液压系统。将磷酸酯基液压油喷向超高温的焊接火焰进行耐火试验,它不会持续燃烧,偶尔会出现闪燃。试验证明,磷酸酯基合成液压油不助燃,仅在超高温的情况下出现闪燃。这种液压油之所以不会传播火焰是因为它的燃烧被限定在热源附近,一旦除去热源或油液流动离开热源,就不会发生闪燃或持续燃烧。

目前常用的是 IV 型和 V 型磷酸酯基液压油(美国空军将液压油分为 6 种类型),两种液压油都是以基础油＋磷酸酯＋各种添加剂(包括改善黏度、酸接受体、抑制氧化、抑制腐蚀、消除泡沫、抗氧化等)所组成的。IV 型航空液压油密度低,具有较好的低温工作特性和低腐蚀性,主要用于现代大型民用运输机上;V 型航空液压油热稳定好,在高温下具有较好的水解稳定性和氧化降解作用。

磷酸酯基液压油为浅紫色,具有毒性,在维护过程中要做好防护措施,且容易从大气中吸收水分而被污染,因此必须要良好密封。磷酸酯基液压油适用于异丁橡胶密封件和软管。使用磷酸酯基液压油的系统可以用三氯乙烯来冲洗。磷酸酯基液压油广泛用于现代飞机的液压系统。

## 2.2.4 液压油防护

### 2.2.4.1 油液混合

由于不同种类液压油的成分不同,且不同的液压油适用于不同的密封件,因此不能混用。混用液压油会造成密封件失效,甚至造成系统失效。如果飞机液压系统加错了液压油,应立即放净并清洗系统,然后依照制造厂商的说明书对密封件进行处理。

### 2.2.4.2 液压油腐蚀性

液压油会对某些飞机材料产生腐蚀作用。采用 Skydrol 磷酸酯基液压油的飞机液压系统,只要油液不受到污染,一般不会明显影响飞机上的普通材料,如铝、镁、不锈钢其他材料;但合成液压油的磷酸酯基会侵蚀橡胶、塑性树脂、聚氯乙烯等高分子材料。然而 Skydrol 液压油化学腐蚀需要较长的时间,如果能及时用肥皂水冲洗溢出来的油液就不会损坏上述高分子材料。Skydrol 与天然纤维和许多人工合成物(如尼龙和聚酯)相容,并且在许多飞机上被广泛应用。

### 2.2.4.3 液压油污染与检测

油液污染是造成液压系统故障的主要原因。液压油污染严重时,直接影响液压系统的工作性能,使液压元件寿命缩短,甚至造成整个液压系统失效。污染物颗粒进入元件里,会使元件的滑动部分磨损加剧,并可能堵塞液压元件里的节流孔、阻尼孔,或使阀芯卡死,从而造成液压系统的故障;水分和空气的混入使液压油的润滑能力降低并使它加速氧化变质,产生气蚀,使液压元件腐蚀加剧,使液压系统出现振动、爬行等现象。因此应严格控制液压油中的污染物。

#### 1. 液压油污染物来源

1)内部残留物污染。液压系统的管道及液压元件内的切屑、磨料、锈片、灰尘等污垢在系统使用前未被冲洗干净,当液压系统工作时,这些污垢就进入液压油里。

2)外部污染物侵入。外界的灰尘、砂粒等,在液压系统工作过程中通过往复伸缩的活塞杆进入液压油里。另外在检修时,稍不注意也会使灰尘、棉绒等进入液压油。

3)内部生成物污染。运行过程中液压系统内部不断地产生污染物。如金属和密封材料的磨损颗粒,过滤材料脱落的颗粒或纤维及油液因油温升高氧化变质而生成的胶状物等。

**2. 液压油污染物检测**

当系统工作温度超过规定的最大温度或者怀疑系统出现油液污染时,应进行油液污染检测。通过清洗油滤可以清除系统中大部分目视可见的固体污染物。即使目视检查无固体污染物的油液也不能说明系统油液无污染,因为目视检查不能确定整个系统的污染物数量。较大的固体污染物表明系统某些部件磨损严重,通过系统排除法可以隔离故障部件。液压油箱中的油液来自于各个部件的回油,通过油箱及其他部位取样可以隔离出故障部件,油液取样工作通过专门的取样阀进行,或者通过拆开系统管路进行油液取样,油液取样程序应该依照厂商手册执行。常见的取样工作为日常取样、非预定取样和换油前后取样三种,每一年(3 000 飞行小时),或者依照厂商建议的时间间隔进行日常取样检查;油液引起系统故障时应进行非预定取样检查;当确定油液被污染时,应更换系统油液,并在维护工作前后进行取样检查。

目视检查只能判定油液污染与否,为了定量地描述油液的污染程度,以便及时地采取控制措施,减少油液对系统的危害和故障的发生,需要采用专用设备进行检测。目前国际上常采用油液中固体颗粒含量的多少来划分油液的污染等级。

目前主要采用的标准有 NAS1638(美国国家航空和宇航标准)和 ISO4406(国际标准),下面对 NAS1638 标准作简要介绍。

NAS1638 是美国航天标准,它根据 100 mL 油液中 5 个尺寸范围的颗粒数上限值划分为 14 个等级(见表 2 - 2)。污染程度每增加一级,颗粒浓度增加 1 倍。因此,当油液污染等级超过 12 级时,可用外推法确定其污染等级。根据油样分析得出的各个尺寸范围的颗粒数,可确定相应的污染度等级,然后取其中最高的一级作为油液的污染度等级。一旦油液的污染度超过规定值,就应该采用油液过滤装置把油液过滤干净或更换新油。

**3. 防止液压油污染措施**

造成液压油污染的原因多而复杂,液压油自身也在不断地产生污物,因此要彻底解决液压油的污染问题是很困难的。为了延长液压元件的寿命,保证液压系统可靠地工作,将液压油的污染度控制在某一限度以内是较为切实可行的办法。对液压油的污染控制工作主要是从三个方面着手:一是防止污染物侵入液压系统;二是把已经侵入的污染物从系统中清除出去;三是定期更换油液。污染控制要贯穿于整个液压系统的设计、制造、安装、使用、维护和修理等各个阶段。

表 2 - 2  NAS1638 污染等级(100 mL 油液中的颗粒数)

| 污染等级 | 颗粒尺寸范围/$\mu m$ | | | | |
| --- | --- | --- | --- | --- | --- |
| | 5～15 | 15～25 | 25～50 | 50～100 | ＞100 |
| 00 | 125 | 22 | 4 | 1 | 0 |
| 0 | 250 | 44 | 8 | 2 | 0 |
| 1 | 500 | 88 | 16 | 3 | 1 |

续 表

| 污染等级 | 颗粒尺寸范围/μm | | | | |
|---|---|---|---|---|---|
| | 5～15 | 15～25 | 25～50 | 50～100 | >100 |
| 2 | 1 000 | 176 | 32 | 6 | 1 |
| 3 | 2 000 | 356 | 63 | 11 | 2 |
| 4 | 4 000 | 712 | 126 | 22 | 4 |
| 5 | 8 000 | 1 425 | 253 | 45 | 8 |
| 6 | 16 000 | 2 850 | 506 | 90 | 16 |
| 7 | 32 000 | 5 700 | 1 012 | 180 | 32 |
| 8 | 64 000 | 11 400 | 2 025 | 360 | 64 |
| 9 | 128 000 | 22 800 | 4 050 | 720 | 128 |
| 10 | 256 000 | 45 600 | 8 100 | 1 440 | 256 |
| 11 | 512 000 | 91 200 | 16 200 | 2 880 | 512 |
| 12 | 1 024 000 | 182 400 | 32 400 | 5 760 | 1 024 |

#### 2.2.4.4　液压系统冲洗

当检测出油液污染时,必须按照厂商说明进行液压系统冲洗。典型冲洗操作程序如下:
1)正确地连接地面液压试验台到系统的进、出油口,确保测试台油液清洁,且与系统油液相同。
2)更换系统油滤。
3)清洁油泵,过滤系统油液,并操作所有子系统直到油滤没有明显的可见污染物。
4)断开地面液压试验台并盖好口盖。
5)确保液压油箱装有合适的液压油。
注意:在冲洗之前,确保地面液压试验台液压油的种类和清洁度,错误的液压油种类或者不干净的液压油会污染飞机液压系统。

#### 2.2.4.5　对人体健康的影响和处置

正常使用和操作时,液压油不会对人体的健康带来损害。但如果液压油接触到人的皮肤,会产生腐蚀作用。一旦液压油接触到皮肤或沾到眼睛里,必须迅速用大量清水冲洗,根据情况进行医治。在进行液压系统的维护时,应穿戴橡皮手套等防护设备,以防止液压油接触到人体。

# 2.3　液压动力元件

液压泵作为液压系统的动力元件,将外部能源(发动机、电动机、空气动力、人力等)输出的机械能转换为工作介质的压力能,向系统提供一定流量和压力的液压油,是一种能量转换装置。液压泵都是依靠密封工作油腔的容积变化进行吸油和排油的,故一般称为容积式液压泵。图2-9所示为单柱塞液压泵的工作原理图,图中柱塞2装在缸体3中形成一个密封容积$a$,柱塞在弹簧4的作用下始终压紧在偏心轮1上。原动机驱动偏心轮1旋转使柱塞2作往复运动,使密封容积 $a$ 的大小发生周期性的交替变化。当容积腔 $a$ 由小变大时,$a$ 腔内部压力减小,油箱中油液在大气压作用下,顶开单向阀 6 进入容积腔 $a$ 实现吸油;反之,当容积腔 $a$ 由大变小时,$a$ 腔中吸满的油液将顶开单向阀 5 流入系统实现排油。原动机驱动偏心轮不断旋转,液压泵就不断地吸油和排油,将原动机输入的机械能转换成液体的压力能。

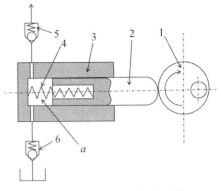

**图 2 - 9   液压泵工作原理图**

液压泵种类繁多,可根据液压系统种类和动力源的情况选用。根据液压泵结构形式的不同,液压泵可分为齿轮泵、柱塞泵和叶片泵等;根据泵驱动动力的不同,可分为电动泵、发动机驱动泵和手摇泵等;根据液压泵输出流量是否可调,又可将液压泵划分为定量泵和变量泵两大类。齿轮泵一般为定量泵,适用于中低压系统;柱塞泵一般为变量泵,适用于高压系统,现代大中型民航客机液压系统中大多采用斜盘式轴向柱塞泵。

## 2.3.1   齿轮泵

齿轮泵是中低压液压系统广泛采用的一种液压泵,它一般做成定量泵,具有结构简单、体积小、质量轻、工作可靠、造价低廉以及对油液污染不太敏感等优点。按结构不同,齿轮泵分为外啮合齿轮泵和内啮合齿轮泵,其中外啮合齿轮泵应用最广。

### 2.3.1.1   外啮合齿轮泵

如图 2 - 10 所示,外啮合齿轮泵由壳体和一对齿轮(主动齿轮和从动齿轮)两个部分组成,此外还有轴承和密封装置等。两个齿轮封装于壳体内,其中主动齿轮由发动机通过花键轴驱动,顺时针转动,并通过啮合带动从动齿轮逆时针转动。随着两齿轮转动,吸油腔因轮齿连续脱开啮合,容积增大,形成局部真空,从油箱中将油液吸入,并随着齿轮的转动,吸油腔油液由齿腔(两齿轮轮齿之间的容积腔)带到排油腔,排油腔因轮齿连续进入啮合,容积减小,将油液从出口挤出。齿轮每转一圈,每个齿腔完成一次吸油和排油。

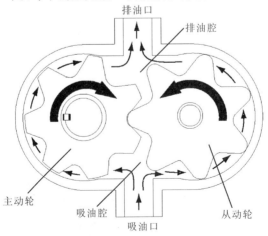

**图 2 - 10   外啮合齿轮泵工作原理图**

### 2.3.1.2　内啮合齿轮泵

图 2-11 所示为内啮合齿轮泵的工作原理图。内啮合齿轮泵由内转子、配油盘、外转子等组成,偏心安置在泵体内的内转子作为主动轮,外转子作为从动轮,内转子为六齿,外转子为七齿,内、外转子相差 1 齿,形成了若干密封容积腔。当内转子围绕自身中心旋转时(见图 2-11(a)),带动外转子绕外转子中心作同向旋转,内转子齿顶和外转子齿根间形成的密封容积腔(见图 2-11(b)),随着转子的转动,密封容积腔逐渐扩大,形成局部真空,油液通过吸油窗口进入密封容积腔,当内转子转动到 180°位置时(见图 2-11(c)),封闭容积腔达到最大,此时吸油完毕。当转子继续旋转时(见图 2-11(d)),充满油液的密封容积腔便逐渐减小,油液受挤压,油液通过排油窗口排出,当内转子的另一齿和外转子的齿根全部啮合时(见图 2-11(e)),排油完毕。内转子每转一周,由内转子齿顶和外转子齿根所构成的每个密封容积腔完成吸、排油各一次,当内转子连续转动时,即完成了液压泵的吸油、排油工作。

内啮合齿轮泵的外转子齿形是圆弧,内转子齿形为短幅外摆线的等距线,故又称为内啮合摆线齿轮泵,也叫转子泵。

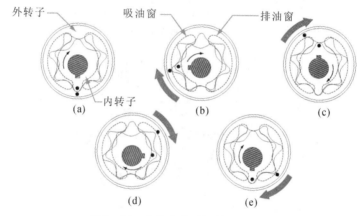

图 2-11　内啮合齿轮泵的工作原理图

## 2.3.2　柱塞泵

与齿轮泵相比,柱塞泵有许多优点:构成密封容积腔的零件为圆柱形的柱塞和缸孔,加工方便,可得到较高的配合精度,密封性能好,在高压工作仍有较高的容积效率;只需改变柱塞的工作行程就能改变流量,易于实现变量控制;柱塞泵中的主要零件均受压应力作用,材料强度性能可得到充分利用。鉴于柱塞泵工作压力高、结构紧凑、效率高、流量调节方便等优点,因此被广泛应用于现代飞机液压系统中。柱塞泵按柱塞的排列和运动方向不同,可分为轴向柱塞泵和径向柱塞泵两大类。轴向柱塞泵是将多个柱塞配置在缸体的圆周上,并使柱塞中心线和缸体中心线平行的一种泵。轴向柱塞泵有两种形式,直轴式(斜盘式)和斜轴式(摆缸式)。径向柱塞泵是柱塞的往复运动方向与驱动轴垂直的柱塞泵。

### 2.3.2.1　斜盘式轴向柱塞泵

如图 2-12 所示,斜盘式轴向柱塞泵由缸体、斜盘、柱塞和配油盘等组成。驱动轴带动缸体旋转,缸体是个圆柱体,其上均匀地开有柱塞孔(一般有 7 个或 9 个),柱塞放在柱塞孔中,柱塞随缸体转动,并能在柱塞孔中滑动。柱塞和滑靴的球铰加工后组成一个整体,滑靴可围绕柱塞的球头自由运动,滑靴的端面可由弹簧力、液压力或压紧环的作用而紧贴斜盘。当外部能源通过驱动轴驱动缸体转动时,由于斜盘和配油盘不能旋转,迫使柱塞随缸体转动的同时也在缸体内作往复运动,并通过配油盘的配油窗口进行吸油和压油。柱塞从最低处向最高处转动范围内,柱塞逐渐向外伸出,使柱塞与柱塞孔之间的密封容积腔增大,通过配油盘的吸油窗口吸油;柱塞从最高处向最低处转动范围内,柱塞被斜盘推入柱塞孔,使柱塞与柱塞孔之间的密封容积腔减小,通过配油盘的排油窗口排油。缸体每转动一周,每个柱塞各完成一次吸油和排油。斜盘与缸体轴线倾斜一定角度,此夹角称为斜盘倾角。变量活塞通过改变斜盘倾角大小,就能改变柱塞行程的长度,从而改变液压泵的排量,通过改变斜盘倾角方向,还能改变吸油和排油的方向,即成为双向变量泵。柱塞轴线和缸体轴线平行,且带动缸体运动的驱动轴是个直轴,故又称直轴式轴向柱塞泵。

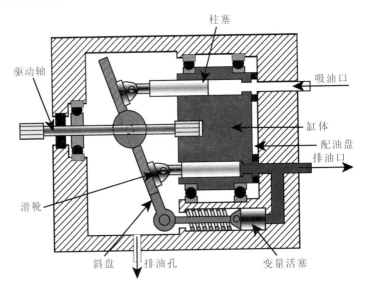

**图 2－12　斜盘式轴向柱塞泵工作原理图**

#### 2.3.2.2　摆缸式轴向柱塞泵

如图 2－13 所示,摆缸式轴向式柱塞泵由缸体、联轴器、万向连杆、柱塞和配油盘等组成。驱动轴端部通过万向连杆和联轴器与缸体及每个柱塞连接。当驱动轴转动时,驱动轴带动缸筒体和柱塞一起旋转,并迫使柱塞在缸体中作往复运动,在柱塞从最低处向最高处转动过程中,其工作腔容积逐渐增大,完成吸油行程;在柱塞从最高处向最低处转动过程中,其工作腔容积逐渐减小,完成排油行程。柱塞在缸筒作相对的往复运动,借助配油盘进行吸油和排油。缸体每转动一周,每个柱塞各完成一次吸油和排油。摆缸式轴向式柱塞泵的转子轴线与驱动轴线之间倾斜一个角度,柱塞的行程取决于该倾斜角的大小,改变转子轴线的倾斜角,就可以调节泵的流量。摆缸式轴向式柱塞泵的优点是变量范围大,泵的强度较高,但与直轴式相比,其结构较复杂,尺寸和质量较大。

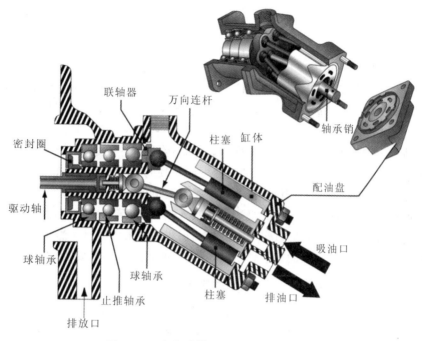

**图 2 - 13　摆缸式轴向柱塞泵工作原理图**

### 2.3.2.3　径向柱塞泵

　　径向柱塞泵的工作原理如图 2 - 14 所示,径向式柱塞泵由壳体、缸体、配油轴、柱塞和弹簧等组成,柱塞径向排列装在缸体中,缸体偏心安置于壳体内,配油轴固定在壳体上,它的左腔与排油口相通,右腔与吸油口相通。由于壳体和配油轴之间有偏心距,驱动轴在带动缸体和柱塞一起旋转的同时,柱塞在缸体内作径向的往复运动。在柱塞从最低处向最高处转动过程中,其工作腔的容积逐渐增大,经过配油轴上的吸油室吸油;在柱塞从最高处向最低处转动的过程中,其工作腔的容积逐渐减小,经过配油轴上的排油室排油。缸体每转一圈,每个柱塞完成一次吸油和排油。径向式柱塞泵每转一圈的排油量等于各柱塞在一圈运动中注油量的总和。在柱塞的直径和数目一定的情况下,径向式柱塞泵的流量除了与它的转速有关外,还与偏心距有关。改变油缸主体的偏心距,就可以调节泵的流量。

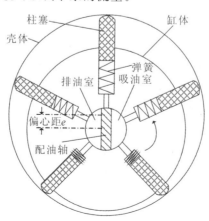

**图 2 - 14　径向柱塞泵工作原理图**

## 2.3.3　叶片泵

叶片泵一般适用于低压大流量的液压系统,一般为定量泵,具有流量均匀、噪声低、质量轻等优点。如图 2-15 所示,叶片泵主要由转子、定子、叶片、旋转轴、配油盘及壳体等零件组成,定子具有圆柱形的内表面,转子上开有均布槽,转子槽内安放叶片,叶片可在槽内做径向滑动。转子中心与定子中心不重合,有一个偏心距。当旋转轴带动转子旋转时,叶片靠自身的离心力使其外侧边贴紧定子的内表面,并在转子槽内做往复运动。定子、转子、相邻两叶片和配油盘之间形成了一个密封工作腔。当转子以顺时针方向转动时,每个密封工作腔依次经过容积最小处和最大处。转子转第一个半圈时,密封工作腔由最小逐渐增加到最大,通过定子上的吸油窗与进油口连通,油液则通过定子上的吸油窗被吸入;转子转第二个半圈时,工作容积由最大逐渐减至到最小,油液被挤出并通过定子上的排油窗和油泵出口流出。当转子不断地旋转时,泵就不断地吸油和排油,叶片泵的转子转一周,各叶片间密封工作腔吸油、排油一次。

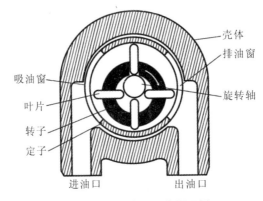

吸油窗　　　　　　　　　　　　　　　　　壳体
叶片　　　　　　　　　　　　　　　　　　排油窗
转子　　　　　　　　　　　　　　　　　　旋转轴
定子
进油口　　　　出油口

**图 2-15　叶片泵工作原理图**

## 2.3.4　液压泵性能参数

### 2.3.4.1　压力

1)工作压力。液压泵实际工作时的输出压力称为工作压力,即油液克服阻力而建立起来的压力。工作压力的大小取决于外负载的大小和排油管路上的压力损失,如果液压系统中没有负载,相当于泵输出的油液直接流回油箱,系统压力就不能建立。若有负载作用,系统液体必然会产生一定的压力,这样才能推动部件运动。外负载增大,油压随之增大,泵的工作压力也升高。液压泵的工作压力与流量无关。

2)额定压力。液压泵在正常工作条件下,按试验标准规定连续运转的最高压力称为液压泵的额定压力,工作中压力超过额定值就称为过载。

3)最高允许压力。在超过额定压力的条件下,根据试验标准规定,允许液压泵短暂运行的最高压力值,称为液压泵的最高允许压力。

### 2.3.4.2 排量和流量

1）排量 $V$。在没有泄漏的情况下，液压泵每转一周，由其密封容积几何尺寸变化计算而得的排出液体的体积叫液压泵的排量。排量可调节的液压泵称为变量泵；排量恒定的液压泵则称为定量泵。

2）理论流量 $q_i$。理论流量是指在不考虑液压泵的泄漏流量的情况下，在单位时间内所排出的油液体积。液压泵的理论流量与压力无关，工作压力为 0 时，实际测得的流量可近似作为其理论流量。显然，如果液压泵的排量为 $V$，其主轴转速为 $n$，则该液压泵的理论流量 $q_i$ 为

$$q_i = nV \tag{2-7}$$

3）实际流量 $q$。液压泵在某一具体工况下，单位时间内实际排出的油液体积称为实际流量。液压泵在运转过程中，泵出口压力不等于 0，因而存在部分油液的泄漏，使实际流量小于理论流量。因此，实际流量 $q$ 等于理论流量 $q_i$ 减去泄漏流量 $\Delta q$，即

$$q = q_i - \Delta q \tag{2-8}$$

4）额定流量 $q_n$。额定流量是指液压泵在额定转速和额定压力下输出的流量。

### 2.3.4.3 功率和效率

**1. 液压泵的功率损失**

液压泵在进行能量转换时总有功率损失，因此输出功率小于输入功率。两者之差值即为功率损失，液压泵的功率损失包括容积损失和机械损失两部分。

（1）容积损失

容积损失是指液压泵流量上的损失，由于液压泵内部高压腔的泄漏、油液的压缩以及在吸油过程中由于吸油阻力太大、油液黏度大以及液压泵转速高等原因而导致油液不能全部充满密封工作腔，液压泵的实际输出流量总是小于其理论流量，因此当泵的压力增大时，输出的实际流量就会减小。液压泵的容积损失用容积效率来表示，它等于液压泵的实际输出流量 $q$ 与其理论流量 $q_i$ 之比

$$\eta_i = \frac{q}{q_i} = \frac{q_i - \Delta q}{q_i} = 1 - \frac{\Delta q}{q_i} \tag{2-9}$$

式中，$\Delta q$ 为某一工作压力下液压泵的流量损失，即泄漏量。

液压泵的容积效率随着液压泵工作压力的增大而减小，且随液压泵的结构类型不同而异，但恒小于 1。

（2）机械损失

机械损失是指液压泵在转矩上的损失。液压泵的实际输入转矩 $T_0$ 总是大于理论上所需要的转矩 $T_i$，其主要原因是由于液压泵内部相对运动部件之间因机械摩擦而引起的摩擦转矩损失以及液体的黏性而引起的摩擦损失。液压泵的机械损失用机械效率表示，它等于液压泵的理论转矩 $T_i$ 与实际输入转矩 $T_0$ 之比，设转矩损失为 $\Delta T$，则液压泵的机械效率为

$$\eta_m = \frac{T_i}{T_0} = \frac{1}{1 + \dfrac{\Delta T}{T_i}} \tag{2-10}$$

**2. 液压泵的功率**

（1）输入功率 $P_i$。液压泵的输入功率是指作用在液压泵主轴上的机械功率，当输入转矩

为 $T_0$,角速度为 $\omega$ 时,有

$$P_i = T_0 \omega \qquad (2-11)$$

（2）输出功率 $P$。液压泵的输出功率是指液压泵在工作过程中的实际吸、压油口间的压差 $p$ 和输出流量 $q$ 的乘积,即

$$P = pq \qquad (2-12)$$

式中,$p$ 为液压泵吸、压油口之间的压力差（N/m²）。在实际的计算中,若油箱通大气,液压泵吸、压油的压力差往往用液压泵出口压力代替;$q$ 为液压泵的实际输出流量（m³/s）。

**3. 液压泵的总效率**

液压泵的总效率是指液压泵的实际输出功率与其输入功率的比值,即

$$\eta = \frac{P}{P_i} = \frac{pq}{T_0\omega} = \frac{pq_i\eta_i}{\dfrac{T_i\omega}{\eta_m}} = \eta_i \eta_m \qquad (2-13)$$

式中,理论输入功率 $T_i\omega$ 等于理论输出功率 $pq_i$。由式（2-13）可知,液压泵的总效率等于其容积效率与机械效率的乘积。

## 2.3.5    压力控制

液压泵通常由飞机上的发动机驱动,只要发动机工作,液压泵也就不停地工作,然而液压系统各传动部分并不是不停地工作（如起落架收放系统只是在起飞着陆阶段间歇工作）,因此必须对液压泵的输出压力进行控制,防止系统压力过高。系统压力虽然可以由专门的调压装置（如安全阀）来控制,但油液流过安全阀时会因摩擦而升温,油液黏度变小甚至分解变质,造成液压泵磨损加剧,此外还无益地消耗了发动机的功率。因此,在传动部分不工作时,液压泵的输出功率应尽可能地小;而传动部分工作时,要求液压泵的输出功率尽可能地大,两者之间是有矛盾的,解决上述矛盾的基本方法是,在传动部分不工作时,把液压泵的输出流量或出口压力减小到最低限度,这种方法叫作液压泵卸荷。

### 2.3.5.1    定量泵压力控制

**1. 定量泵卸荷**

定量泵在传动部分不工作时,流量不会自动降低,因此只有通过使液压泵出口压力降低到最小限度来实现定量泵卸荷。定量泵有两种卸荷方式:一种是通过中位开口换向阀实现定量泵卸荷,另一种是通过卸荷阀实现定量泵卸荷。

（1）中位开口换向阀卸荷回路

中位开口换向阀卸荷是指传动部件不工作时,油泵出口油液经换向阀中立位通道直接返回液压油箱,系统压力近似为零,油泵消耗功率最小。如图 2-16 所示,系统工作时,把换向阀扳到某一工作位置,来油路便与作动筒的一端相通,油液经换向阀进入作动筒,推动活塞,并通过活塞杆带动部件,在传动过程中,活塞另一边的油液被挤出,经过换向阀流回油箱,当活塞运动到左极限位置时,即完成传动之后,油泵还在不停地输送油液,人工或自动方式操作对应的换向阀回到中立位,油泵出口油液经换向阀中立位返回油箱,油泵出口压力近似为零,使油泵处于最小功率消耗的卸荷状态。为确保换向阀失效时系统的安全性,在输油管路上装有安全

阀。中位开口换向阀卸荷回路主要应用于某些小型飞机的起落架系统收放和大型飞机舱门应急操作。

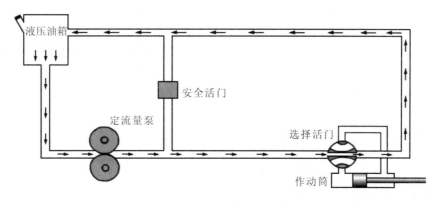

**图 2-16　中位开口换向阀卸荷回路**

（2）卸荷阀卸荷回路

如图 2-17 所示，卸荷阀卸荷回路的基本组成部件有定量泵、安全阀、卸荷阀、单向阀和蓄压器等。当系统压力较低时，卸荷活塞下腔室的压力较低，在弹簧力作用下，卸荷阀活塞向下移动，球阀关闭。此时，泵出口油液经打开的单向阀通向蓄压器、卸荷活塞下腔及工作系统；当传动部分不工作时，系统压力将迅速增加，当增大到系统的最大压力时，卸荷活塞下腔油液作用力即可克服弹簧的初始张力和油液压力对球阀的作用力，顶开球阀，这时液压泵的出口与油箱连通，液压泵的供油直接流回油箱，液压泵形成空转。同时单向阀在前后压差作用下关闭，供压总管油液不能反流，系统压力保持不变；当传动部分工作时，系统压力迅速下降，卸荷阀弹簧向下推动卸荷活塞，球阀关闭，而单向阀打开，液压泵又开始向系统供压。

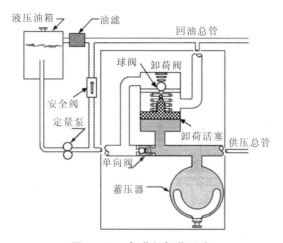

**图 2-17　卸荷阀卸荷回路**

通过定量泵与卸荷阀的配合工作，当传动部分工作时，液压泵向系统供压，输出较大的功率；而传动部分不工作时，液压泵卸荷。此时，液压泵输出流量较大，而出口液压较低，液压泵处于空转状态。为保证卸荷阀失效时系统的安全性，卸荷回路中必须设置安全阀。卸荷阀卸荷回路广泛应用于现代飞机液压系统。

在液压泵卸荷期间,系统压力由蓄压器维持。当系统压力降低到卸荷阀切换压力时,油泵重新向系统供油。在工作系统不工作的情况下,液压泵两次启动供压的间隔时间称为系统的卸荷保持时间,简称卸荷时间。卸荷时间的长短取决于蓄压器的可用油量以及系统的泄漏量。

液压系统卸荷时间过短或者频繁卸荷的主要原因是蓄压器初始充气压力不足和系统的内漏、外漏严重。当蓄压器初始充气压力较小时,其工作储油量及卸荷压力范围内的储油量较少,因此容易引起液压系统的频繁卸荷。而如果系统的内漏和外漏使卸荷时间过短,同样会导致系统频繁卸荷。

发生频繁卸荷后,要对液压系统的有关部分进行检查。一般的检查顺序是:

1)检查系统的外漏。

外漏最容易检查,可观察液压管路及接头部件有无泄漏的痕迹。

2)检查蓄压器初始充气压力。

3)检查系统的内漏。

**2.定量泵限压**

定量泵一般都采用安全阀来限制系统的最高压力。当系统压力达到某一预定值时,安全阀打开,将多余的油液排回油箱,限制系统压力的继续上升。安全阀调定的压力通常高于液压系统正常工作压力 $10\% \sim 20\%$。

当工作系统不工作或者卸荷阀故障时,系统压力会达到安全阀的打开压力,安全阀打开,此时系统压力很高,液压泵输出功率最大。油液流经安全阀,将液压功率转换成热量,导致油温升高,系统性能下降,会严重影响油泵的使用寿命。

**3.齿轮泵的压力-流量特性**

齿轮泵是飞机中低压液压系统中广泛采用的一种定量泵,齿轮泵压力-流量特性如图 2-18 所示。由于油泵的泄流损失和填充损失是随着出口液压压力增大而增大的,所以系统压力增大时,泵的流量仍稍有降低。当系统压力位于额定压力 $p_1$ 附近时,液压泵处于向工作系统供油状态,当系统压力达到卸荷阀打开压力 $p_2$ 时,液压泵出口压力开始显著降低,直到压力下降到零,油泵处于功率消耗最小的卸荷状态。如果卸荷阀故障,当系统

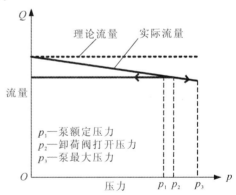

图 2-18 齿轮泵压力-流量特性曲线

压力达到安全阀打开压力 $p_3$ 时,油泵出口油液直接流回油箱,液压泵出口压力等于安全阀打开压力,油泵处于功率消耗最大状态。

**2.3.5.2 变量泵压力控制**

**1.斜盘式轴向柱塞泵变量控制原理**

如果在轴向式柱塞泵上设置某种改变柱塞行程的装置,则其输出流量就可以进行控制,即成为变量泵。变量泵按其对流量和压力特性曲线的控制情况分为恒功率变量泵、恒流量变量泵和恒压变量泵。恒压变量泵是将泵输出压力与给定值相比较,根据其差值改变供油量,从而

保持泵的输出压力为给定值。飞机液压系统中使用的变量泵多为恒压变量泵。

图 2-19 所示为斜盘式轴向柱塞泵的变量机构工作原理图。斜盘式轴向柱塞泵变量控制是通过改变斜盘倾角来实现的,当斜盘位于最大倾角位置时,油泵输出流量最大;当斜盘位于最小倾角位置时,油泵输出流量最小,根据油泵出口压力来改变斜盘倾角,从而改变油泵的输出流量。

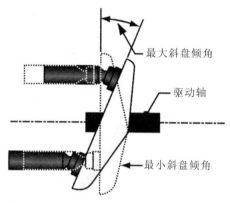

最大斜盘倾角

驱动轴

最小斜盘倾角

**图 2-19　斜盘式轴向柱塞泵变量控制原理**

### 2. 斜盘式轴向柱塞泵卸荷

如图 2-20 所示发动机驱动的斜盘式轴向柱塞泵。卸荷机构主要由电磁阀、补偿阀、卸荷活塞、变量活塞、斜盘弹簧、隔离阀等组成。油泵壳体腔与油泵壳体回油管路相通,用于油泵的润滑和冷却。变量泵回路中需要安装安全阀(图中未标出),这是为了防止在泵自动卸荷失效时系统超压。

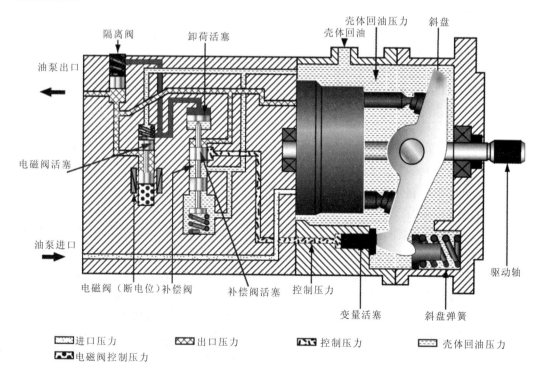

隔离阀　卸荷活塞　壳体回油压力　斜盘　壳体回油

油泵出口

电磁阀活塞

油泵进口

电磁阀(断电位)补偿阀　补偿阀活塞　控制压力　变量活塞　斜盘弹簧　驱动轴

▨进口压力　▨出口压力　▨控制压力　▨壳体回油压力

▨电磁阀控制压力

**图 2-20　发动机驱动斜盘式轴向柱塞泵卸荷原理**

补偿阀的作用是根据油泵出口压力或电磁卸荷阀的位置调节油泵出口高压管路、控制油路和油泵壳体管路的连通。控制油路连接到变量活塞的左腔,用于改变斜盘倾角。当控制油路连通到油泵壳体管路时,在弹簧力作用下,斜盘倾角最大,供油量最大;当控制油路和油泵出口高压管路完全接通时,控制压力通到变量柱塞的左腔,克服斜盘弹簧力,斜盘倾角最小,供油量最小。

电磁阀的作用是根据电磁阀电门位置控制卸荷活塞上腔接通油泵出口高压管路或者接通油泵壳体回油管路。正常情况下,当发动机驱动泵开关放在 ON 位置时,电磁阀电磁线圈断电,电磁阀控制压力减小,电磁阀活塞位于下位,卸荷活塞的上腔接通壳体回油管路。如果将发动机驱动泵的开关放在 OFF 位置,卸荷阀电磁线圈通电,电磁阀控制压力增大,电磁阀活塞位于上位,泵出口压力引到卸荷活塞的上腔,使补偿阀向下运动,泵出口压力通到控制油路,变量活塞推动斜盘倾角减小。此时泵出口压力也通到隔离阀上腔,使隔离阀关闭。

(1)自动卸荷

当发动机驱动泵的控制开关在 ON 位置而发动机未工作时,电磁线圈断电,电磁阀活塞位于下位,将油泵出口高压管路与卸荷活塞上部的管路隔断,此时卸荷活塞上腔通壳体回油管路,卸荷活塞在弹簧力作用下向上移动,使斜盘变量活塞左侧的控制管路与油泵壳体管路相通,在斜盘弹簧的作用下,斜盘处于最大倾角位置。

发动机工作时,驱动轴带着缸筒体及柱塞旋转,连接在柱塞端头的滑块,一方面在斜盘平面上滑动,一方面带着柱塞在缸筒内作往复运动。当柱塞转到配油盘上的吸油窗区域时,该柱塞处于吸油行程;当柱塞转到配油盘的排油窗区域时,该柱塞在排油行程。驱动轴每转一圈,每个柱塞完成一个工作循环,向系统连续地供给液压油。随着油泵转动,油泵出口压力逐渐升高,补偿阀逐渐向下移动,首先使控制管路和壳体回油管路隔断,当出口压力升高到额定压力(如 2 850 psi)时,又使高压管路和控制管路逐渐接通,进入控制管路的油压逐渐增大,开始推动斜盘变量活塞使斜盘倾角逐渐减小,以减小供油量。当系统压力继续升高达到油泵最大压力(如 3 000 psi)时,高压管路和控制管路完全接通,控制压力等于油泵出口压力,斜盘角度减到最小,油泵停止向用压系统输出。但此时油泵仍有少量油液输出,满足供油泵内部组件润滑和冷却的需要。这部分油液最后由油泵壳体上的油泵壳体回油管路回到油箱。油泵的这种大压力、小流量的工作状态称为自动卸荷工作状态,此时油泵的负荷很小。

当操纵某些传动部分工作而使系统压力下降时,补偿阀在弹簧的作用下逐渐上移,高压管路和控制管路逐渐断开,控制压力逐渐减小,斜盘角度在控制弹簧的作用下逐渐加大,油泵又开始向系统输出流量。当控制管路与油箱壳体管路接通时,在斜盘弹簧的作用下,斜盘处于最大倾角位置,此时供油量最大。

(2)人工卸荷

如果将发动机驱动泵的控制开关放在 OFF 位置,电磁阀电磁线圈通电,电磁阀控制压力增大,电磁阀活塞位于上位,卸荷阀将系统压力引导到补偿阀卸荷活塞的上部,使补偿阀向下移动,使高压管路和控制管路接通,斜盘变量活塞使斜盘的角度减小到最小,油泵将停止向用压系统输出,此时油泵仍有少量油液输出,满足供油泵内部组件润滑和冷却的需要。同时油泵出口压力通到隔离阀上腔,使隔离阀关闭,系统压力维持不变。由于卸荷活塞的作用面积大于补偿阀活塞的作用面积,因此补偿阀打开的压力可大大下降。油泵的这种小压力、小流量工作状态称为人工卸荷工作状态。此时,油泵的负荷比自动卸荷工作状态还要小。

注意:如果发动机驱动泵开关长时间处于 OFF 位置,卸荷阀的电磁线圈将持续导通发热,影响其使用寿命。因此,正常情况下发动机驱动泵的开关应保持在 ON 位置。

**3. 斜盘式轴向柱塞泵的压力-流量特性**

斜盘式轴向柱塞泵是飞机中高压液压系统中广泛采用的一种变量泵,变量泵压力-流量特性如图 2 - 21 所示。由于油泵的泄流损失和

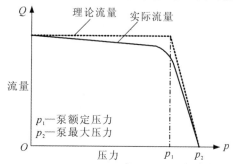

填充损失是随着出口压力增大而增大的,所以系统压力增大时,泵的流量稍有降低,实际流量小于理论流量。当系统压力尚未超过额定压力 $p_1$(即泵内压力补偿活门调定压力)时,液压泵始终处于最大供油状态(斜盘角度不变段);当系统压力大于 $p_1$ 时,流量开始显著降低(斜盘角度变化段),直到压力增大到 $p_2$,流量即下降到零,油泵处于功率消耗最小的卸荷状态。

**图 2 - 21　斜盘式柱塞泵压力-流量特性曲线**

在液压系统工作时,柱塞泵的工作压力在 $p_1$ 至 $p_2$ 间变化。由于 $p_1$ 与 $p_2$ 非常接近,即柱塞泵工作时压力近似恒定,而流量则随着工作系统工作状态的变化而改变。此种变量控制方式被称为恒压变量控制。对于 3 000 psi 液压源系统的柱塞泵,通常额定压力 $p_1$ 为 2 850 psi,最大压力 $p_2$ 为 3 000 psi。

# 2.4　液压执行元件

液压执行元件在液压系统中是对外界做功的一种液压元件,它直接将液压能转换成为机械能。液压执行元件分成两大类:一类为往复运动型,往复运动型中又分为往复直线运动型(如作动筒),它是将液压能转换成直线往复运动机械能的液压元件,以及往复摇摆运动型(摆动缸)两类;另一类为旋转运动型(如液压马达),它是将液压能转换成旋转形式机械能的液压元件。液压马达与液压泵结构相同,可看作液压泵反接,即输入压力油,而输出转速和扭矩,把液压能转换为旋转形式机械能,本节仅作简单介绍,本节主要介绍液压作动筒。

## 2.4.1　作动筒

### 2.4.1.1　作动筒典型结构及工作原理

图 2 - 22 所示是液压作动筒的典型结构。它由缸体 1、活塞 2、活塞杆 3、端盖 4、密封圈 5 和通油口 6 等组成,活塞杆(或外筒顶端)的接头与被传动部件相连。工作过程为,若缸体固定,压力油液通往缸体的左腔,液体压力升高到足以克服外界负载时,活塞就开始向右运动,若连续不断地供给液体,则活塞以一定速度连续运动。可见作动筒工作的原理在于:利用液体压力来克服负载(包括摩擦力),利用液体流量维持运动速度。因此作动筒的输入参数包括压力和流量;作动筒的输出参数包括输出力和速度(或位移)。作动筒有两种基本形式:单作用式和

双作用式。

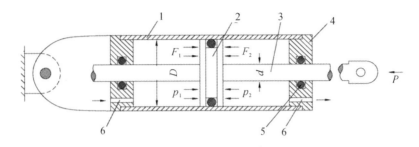

**图 2－22　液压作动筒结构及工作原理**

1—缸体；　2—活塞；　3—活塞杆；　4—端盖；　5—密封；　6—通油口

**1. 单作用式作动筒**

如图 2－23 所示,单作用式作动筒的活塞在液压作用下只能向一个方向运动,另一个方向运动依靠弹簧恢复力实现。压力油液从左边通油口进入,油压作用在活塞的端面上,迫使活塞向右运动;当活塞移动时,右边弹簧腔室的空气通过通气小孔排出,弹簧受压;当作用在活塞上的油液压力释压并小于压缩弹簧的张力时,弹簧伸张并推动活塞向左移动,因为活塞的左移,左边腔室油液被挤出通油口,同时,空气通过通气孔进入弹簧腔室。

单作用式作动筒常用做刹车作动筒。当刹车时,液压油迫使活塞伸出将刹车盘紧压在一起实施刹车;当松开刹车时,弹簧恢复力将刹车作动筒复位,从而解除刹车。

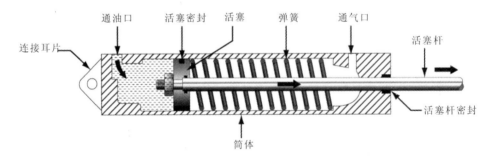

**图 2－23　单作用式作动筒**

**2. 双作用式作动筒**

双作用式作动筒的活塞在液压作用下能推动部件作往复运动。当高压油液从左边通油口进入作动筒时,活塞在液压作用下向右移动,作动筒右腔内的油液则从右边通油口流回油箱;若高压油液从右边通油口进入作动筒,则活塞的运动方向与上述方向相反。双作用式作动筒主要有两种形式:双向单杆式和双向双杆式。

（1）双向单杆式

双向单杆式作动筒（见图 2－24）也称双向非平衡式作动筒,活塞左右两边受液压作用的有效面积（即有效工作面积）不相等,右腔（带杆活塞腔）有效面积小于左腔。当油液压力相等时,作动筒沿两个方向所产生的传动力并不相等,活塞杆伸出所产生的传动力大于其缩入所产生的传动力。同样由于该作动筒活塞两端的有效面积不同,当作动筒两端输入流量相同时,活塞往返运动速度不同,活塞杆伸出速度小于其缩入速度。

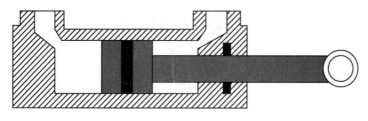

图 2-24　双向单杆式作动筒

双向单杆式作动筒常用于在两个行程需要不同传动力的地方。如在起落架收放系统,常采用此种形式的作动筒。在放下起落架过程中,自身重力帮助放下起落架,因此不需要太大的传动力;而在起落架收上过程中,由于自身重力和气动阻力的作用,使收上时需要较大的传动力。所以起落架收放作动筒常采用双向单杆式作动筒。当起落架放下时,让压力油通到作动筒活塞有效面积小的一边,而且有限流单向活门限制压力油流入,以防止起落架放下速度过猛和速度过大而产生刚性撞击。当起落架收上时,让压力油通到作动筒活塞有效面积大的一边,以获得较大的传动力保证迅速收上起落架。

(2)双向双杆式

双向双杆式作动筒(见图 2-25)在活塞两边装有同样粗细的活塞杆,使作动筒左右腔的有效工作面积相同,当分别向作动筒左右两腔通入压力和流量均相同的液压油时,其活塞在两个方向上所产生的传动力和传动速度均相同。在操纵系统和前轮转弯操纵中的液压作动筒常采用双向双杆式作动筒,以保证作动筒活塞往返传动力和速度均相同。

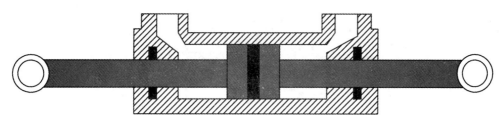

图 2-25　双向双杆式作动筒

### 2.4.1.2　作动筒在飞机液压系统中的特殊应用

**1. 齿条作动筒**

齿条作动筒由柱塞缸和一套齿条传动装置组成,利用齿条传动装置可将活塞的往复运动转换成齿轮的转动,用于实现工作部件的往复摆动或间歇进给运动。如图 2-26 所示,活塞内部带有齿条,当活塞运动时,活塞通过齿条带动齿轮转动。当左腔通压力油,右腔通回油时,齿条活塞向右运动,带动齿轮顺时针方向转动;当右腔通压力油,左腔通回油时,齿条活塞向左运动,带动齿轮逆时针方向转动。A320 飞机的前轮转弯机构就采用了齿条作动筒,其齿轮固定于前起落架缓冲支柱的内筒上,当液压驱动活塞运动时,即可使前轮转弯。

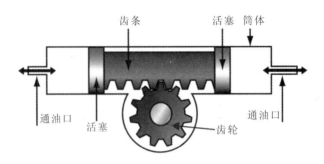

图 2 - 26  齿条作动筒

### 2. 伸缩作动筒

伸缩作动筒由多层缸筒套接形成，前一级活塞缸的活塞杆内孔是后一级活塞缸的缸筒，可以增加活塞的行程，缩回时长度较短，结构较为紧凑，可保持很小的结构尺寸，也可使其活塞有多个确定的位置，即作为多位置作动筒。如图 2 - 27 所示为 B737 - 300 飞机前缘缝翼作动筒，由外筒、外活塞、内活塞及 A，B，C 三个通油口组成，它可以使前缘缝翼停留在"收进""部分放出"和"完全放出"三个位置。

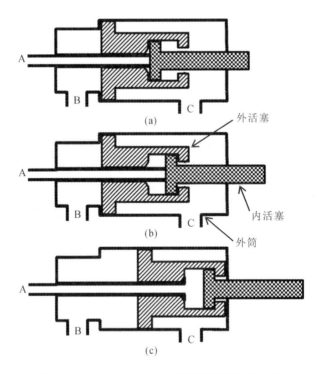

图 2 - 27  B737 - 300 飞机前缘缝翼伸缩作动筒

如图 2 - 27(a)所示，当 C 口接通压力油时，A 和 B 口通回油，作动筒内外活塞处于完全缩入位置。如图 2 - 27(b)所示，当 A 和 C 口接通压力油时，B 口通回油，由于内活塞左、右腔的油液有效工作面积不同，作动筒内活塞伸出，而外活塞保持在缩入位置；如图 2 - 27(c)所示，当 A,B,C 口都通压力油时,由于内活塞和外活塞左腔的有效工作面积大于右腔的有效工作面积,因此内活塞和外活塞都伸出。

**3. 缓冲作动筒**

一般的液压作动筒可不配置缓冲装置,但传动某些部件时(如向后放下起落架),在液压、气动力和部件本身重力的共同作用下,部件的传动速度较快,当活塞运动到终点时,如果速度还是很大,它就会与外筒产生较严重的刚性撞击,尤其是重型飞机的起落架,这种刚性撞击会更严重,甚至造成设备损坏。因此,传动这些部件的作动筒必须设置缓冲装置,避免造成行程末端的刚性撞击。缓冲作动筒的基本工作原理就是限制作动筒内压力油或回油的流动,从而减缓部件的传动速度。缓冲作动筒可分为在行程终点缓冲和全行程缓冲两种。

(1)行程终点缓冲作动筒

1)节流阀缓冲作动筒。节流阀缓冲装置就是在作动筒行程末端安装节流阀,限制回油流量,产生回油阻力,从而减缓部件的运动速度。图 2-28 所示为某种起落架收放作动筒,外筒一端的内壁上有四个小孔与通油口相通,通油口内有单向节流阀。

放起落架时,活塞杆缩入。当活塞还没有盖住外筒上的节流小孔时,回油流量较大,阻力较小,起落架的放下速度较快;当活塞向左移至开始盖住第一个小孔时,回油阻力开始增大,起落架放下速度开始减小;随着活塞的继续向左移动,其余各小孔相继被盖住,回油阻力越来越大,起落架的放下速度便越来越小;4 个小孔全被盖住后,活塞左边的油液只能通过单向节流阀中间的小孔流出,起落架的放下速度大大减小。因此,活塞到达终点时,不会与外筒产生较严重的刚性撞击。

收起落架时,活塞杆伸出。气动阻力和起落架本身的重力阻碍起落架收上,并且压力油液有效面积较大,带杆活塞的运动速度较慢,不需要缓冲。此时,高压油液从左边的通油口进入,顶开单向节流阀,油液流动阻力较小,因此无论小孔是否被盖住,它都不起缓冲作用。

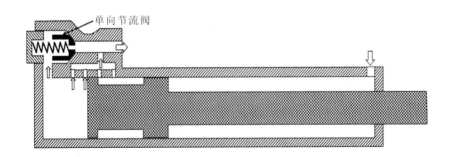

**图 2-28　节流阀缓冲作动筒**

2)缝隙节流缓冲作动筒。缝隙节流法的原理如图 2-29 所示。在作动筒主活塞前、后各有一个直径比主活塞略小的缓冲凸台,当作动筒到达行程末端时,凸台将一部分油液封闭,被封闭的油液通过凸台与缸壁间的环形间隙流出,产生液压阻力,减缓作动筒的传动速度,起到缓冲的作用。

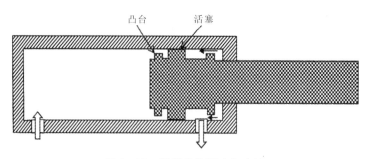

图 2 - 29　缝隙节流缓冲作动筒

　　3)补偿阀缓冲作动筒。图 2 - 30 所示为 B737 飞机前起落架收放缓冲作动筒,此缓冲作动筒由外筒、活塞杆、补偿阀、补偿阀套筒和弹簧等组成。在起落架收上锁定后,活塞杆完全伸出;在起落架放下锁定后,作动筒活塞杆完全缩入。

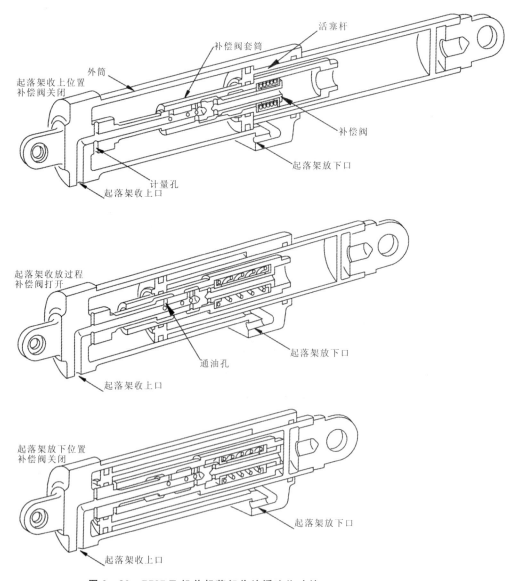

图 2 - 30　B737 飞机前起落架收放缓冲作动筒

在放起落架过程中,放下口通压力油,收上口通回油。初始状态下补偿阀上的通油孔完全关闭,活塞左腔的油液只能通过计量孔回油,因此活塞杆缓慢缩入,起落架缓慢放下。随着活塞杆的缩入,补偿阀套筒在弹簧力作用下逐渐向左运动,打开补偿阀上的通油孔,此时活塞左腔的油液经通油孔和计量孔同时回油,因此回油流量增大,活塞杆快速缩入,起落架快速放下。当起落架接近完全放下位置时,收放作动筒活塞杆也接近完全缩入位置,此时活塞杆带动补偿阀套筒到达极左位置,补偿阀上的通油孔又完全关闭,活塞左腔的油液又只能通过计量孔回油,减小了回油流量,活塞杆减速缩入,起落架缓慢运动到完全放下位置。补偿阀缓冲作动筒可以实现缓慢启动、全速传动和终点缓冲的传动过程。

（2）全行程缓冲作动筒

全行程缓冲作动筒,其工作原理与节流阀缓冲作动筒相似,但它的缓冲装置只有一个单向节流阀,而没有 4 个小孔。在放起落架(活塞向左)的全行程内,作动筒左腔内的油液只能经过单向节流阀中间的小孔流出,起落架的放下速度一直比较缓慢。收起落架时,单向阀打开,不起缓冲作用。

**4. 带锁作动筒**

有些部件(如舱门)在收上和放下位置没有设置单独的定位锁,而是依靠附属于作动筒的定位锁来保持其位置。这种定位锁一般可分为机械锁和液压锁两类。

（1）机械锁作动筒

机械锁通常安装在作动筒内,成为作动筒的一个组成部分。常见的机械锁是钢珠锁、锁销锁等类型。

1）钢珠锁作动筒。图 2－31 所示为钢珠锁作动筒,它由钢珠、锁槽、锥形活塞和弹簧等组成。钢珠安装在活塞上,随活塞一起运动,锁槽则在外筒上。高压油从 A 口进入作动筒的左腔后,向右推动活塞,钢珠就随着活塞一起向右移动。当钢珠与锥形活塞接触时,把液压作用力传给锥形活塞,克服弹簧张力,使锥形活塞也向右移动。当钢球移到锁槽处时,锥形活塞在弹簧恢复力作用下,利用其顶端的斜面把钢珠推入锁槽,并依靠锥形活塞的侧壁挡住钢珠,使之不能脱离锁槽,这样带杆活塞通过钢珠锁定在外筒上。上锁后,带杆活塞所受到的外力或液压作用力直接通过钢珠传到外筒上,因此钢珠要受到挤压作用。打开钢珠锁的过程与上述过程相反,高压油从 B 口进入,向右推锥形活塞(解锁),带杆活塞在高压油液作用下,即可使钢珠滑出锁槽,并向左移动。

以上所述的是单面钢珠锁,它只能把被传动部件锁在一个极限位置,此实例中只能把活塞杆锁定在伸出位置。如果被传动部件在收上和放下时都要利用作动筒来固定其位置,则往往采用带双面钢珠锁的作动筒。

2）锁销锁作动筒。如图 2－32 所示为 B737 飞机地面扰流板收放作动筒。它由外筒、活塞及活塞杆、锁销、衬套、锁定活塞、弹簧、升起通油口和放下通油口组成。此作动筒有一个内部锁机构,可将作动筒活塞杆锁定在缩入位置。作动筒活塞杆初始在缩入位置,内部机械锁将作动筒活塞杆锁定在此位置。当升起口通压力油,放下口通回油时,压力油克服锁定活塞弹簧力,推动锁定活塞右移,锁销可以向内缩入,在左右两腔压力差作用下,首先打开机械锁,活塞开始伸出,直到到达完全伸出位置。

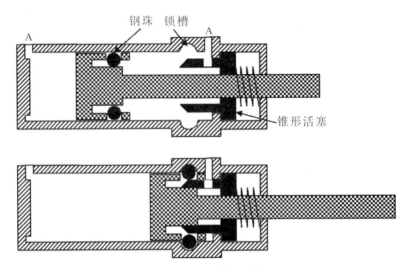

图 2 - 31   钢珠锁作动筒

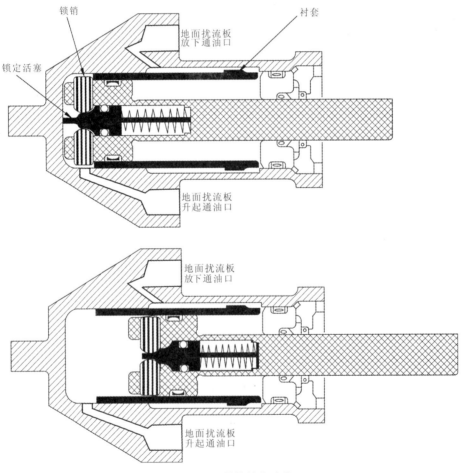

图 2 - 32   锁销锁作动筒

当放下口通压力油,升起口通回油时,在压力差作用下,活塞向左运动。当运动到极左位置时,锁簧将锁定活塞推出,锁销向外伸出,将作动筒活塞杆锁定在缩入位置。此时即使放下口无液压油,锁簧也会将活塞锁定在完全缩入位置。

(2)液压锁作动筒

液压锁是作动筒的一个外部附件,其功用是将活塞杆锁定在要求的位置。图2-33所示为一种双面液压锁作动筒,能将作动筒活塞杆锁定在完全伸出和完全缩入位置。双面液压锁由筒体、活塞杆、单向阀、开锁活塞杆等组成。

高压油液从通油口A进入时,能打开单向阀1进入作动筒左腔,同时开锁活塞杆向右移动打开单向阀2,使作动筒右腔的油液能流回油箱,活塞杆向右移动。当活塞杆移动到右边极限位置时,油液停止流动,单向阀1在弹簧力作用下随即关闭,使作动筒左腔油液不能回流,由于油液的压缩性很小,带杆活塞就被锁定在右边的极限位置。

高压油液从通油口B进入时,能打开单向阀2进入作动筒右腔,同时开锁活塞杆向左移动打开单向阀1,使作动筒左腔的油液能流回油箱,活塞杆向左移动。当活塞杆移动到左边极限位置时,油液停止流动,单向阀2在弹簧力作用下随即关闭,使作动筒右腔油液不能回流,由于油液的压缩性很小,带杆活塞就被锁定在左边的极限位置。双面液压锁能封闭作动筒左右腔的回油路,因此能把带杆活塞锁在左右极限位置。

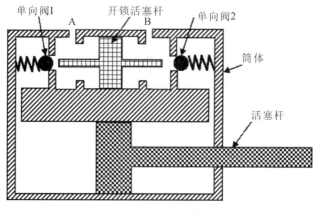

图 2-33　双面液压锁作动筒

## 2.4.2　液压马达

液压马达是将液压能转换成旋转形式机械能的液压元件,即输入一定压力和流量的油液,转换成一定扭矩和转速的旋转运动。液压马达的扭矩和转速取决于它的工作容积、输入压力和流量。即工作容积越大,输入压力越高,它的扭矩就越大;工作容积越小,输入流量越多,它的转速就越高。液压马达的分类和结构与液压泵基本上相同,按结构分有柱塞式、叶片式和齿轮式等形式;按工作特性可分为高速马达和低速马达两大类;根据马达的排量是否可以改变分为定量马达和变量马达。现代民航飞机的后缘襟翼、前缘装置和水平安定面等操纵舵面一般由液压马达驱动。

图2-34所示为一种斜轴柱塞式液压马达。在压力作用下,压力油液通过配油盘压力油

窗进入柱塞孔,柱塞在油液压力作用下向外伸出,由于缸体轴线与马达轴线成一定角度,柱塞伸出时压力作用的切向分力,产生了绕万向连杆转动的扭转力矩,带动马达轴逆时针旋转,液压马达产生的扭转力矩应是处于压力油区柱塞产生转矩的总和,马达轴通过万向连杆带动柱塞缸体转动,并依次使柱塞孔和与压力油路相通的配油盘压力油窗接通,而缸体另一侧的柱塞孔与配油盘回油窗相通,随着液压马达的旋转,退出的柱塞转动到另半圈时进入柱塞孔,将油液从回油窗排出。当改变压力油液的方向时,马达的转动方向也随之反向。

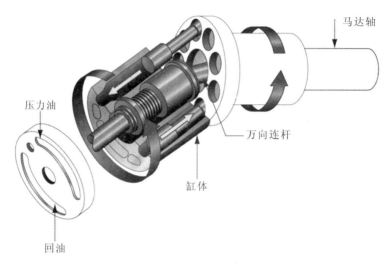

图 2-34 液压马达工作原理

# 2.5 液压控制元件

飞机液压系统中油液流动的方向、压力和流量需要控制和调节。液压控制元件是飞机液压系统最基本的控制元件,主要用于控制液压油的方向、压力和流量。尽管液压控制阀分类方法很多,但所有阀结构上都是由阀体、阀芯和操纵机构组成,原理上都是通过改变通道面积或改变通道阻力实现控制和调节。根据被控量的不同,液压控制元件分为流量控制阀、方向控制阀和压力控制阀。

## 2.5.1 流量控制阀

流量控制阀简称流量阀,主要用来调节和控制流量,以满足对执行元件不同运动速度的要求。从原理上讲,流量阀以节流阀为基础,通过改变阀口流通面积,以达到控制流量的目的。常用的流量阀有节流阀、液压保险、流量放大器等。

### 2.5.1.1 小孔节流原理

如图 2-35 所示,节流孔的流通面积为 $A$,流量系数为 $C_A$,油液密度为 $\rho$,当油液流经节流小孔时,在收缩和扩张过程中引起的能量损失导致节流孔前后产生压差,如进口压力为 $p_1$,则

出口压力降为 $p_2$。压差越大,则表明流经节流孔的流量越大。节流孔的流量公式为:

$$Q = C_A A \sqrt{\frac{2(p_1 - p_2)}{\rho}} \qquad (2-14)$$

根据流量公式,可以得出流经节流孔的流量与节流面积成正比,即节流孔面积越小,流量越小,节流效应越明显。

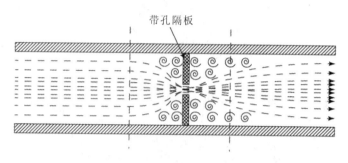

图 2-35　小孔节流原理

### 2.5.1.2　节流阀

**1. 普通节流阀**

普通节流阀是指油液从两个方向流经该阀时,均受到节流作用,在系统中主要起双向缓冲作用,如图 2-36 所示。飞机液压系统中,将普通节流阀装在压力表传感器之前,以消除压力脉动对压力表指示的影响。

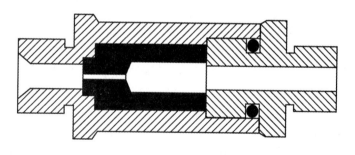

图 2-36　普通节流阀

**2. 单向节流阀**

单向节流阀是指油液在一个方向上流动时受节流作用,而在另一个方向上可以自由流过,只起单向节流作用,在系统中主要起单向缓冲作用,如图 2-37 所示。液压油由右向左流动,迫使锥阀离开阀座压缩弹簧,锥阀打开,油液自由流动;液压油由左向右流动,弹簧恢复力使锥阀回到阀座上,锥阀关闭,油液只能经节流孔流动。飞机液压系统中,将单向节流阀装在起落架收放管路中,放起落架时起节流作用,保证起落架缓慢放下,收起落架时不起节流作用,不影响收上速度。

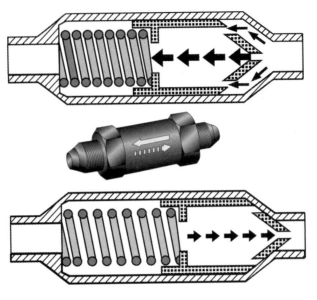

图 2-37　单向节流阀

### 2.5.1.3　液压保险

液压系统中某些传动部分的管路或附件损坏时,系统的油液可能大量泄漏,致使整个系统不能工作。为了避免这种现象,可在某些传动部分的供油管路上设置液压保险。当通往传动部分的油液流量或流入传动部分的油液量超过规定值时,液压保险自动将管路供油切断,以防止系统内的油液大量泄漏。常用的液压保险有定量器和定流量器(或称流量限制器)两种。

**1. 定量器**

在使用作动筒作为执行元件的传动部分中,作动筒工作腔的容积是一定的,因此在正常传动情况下,传动部分工作一次所需的油液量也是一定的。如果传动部分的导管或附件损坏,则流经损坏处的油液不断地泄漏。当通往传动部分的油液量超过规定值时,定量器自动将管路供油切断,以防止系统内的油液经损坏处大量泄漏。定量器基本工作原理如图 2-38 所示,当下游执行元件不工作时,油液不流动,定量器左室和右室通过节流孔 a 相通,控制活塞两边的油压相等,控制活塞停在左端位置。当执行元件工作时,一定流量的油液经节流孔 a 流入执行元件,由于节流孔 a 的节流作用,因此定量器左、右室形成一定的压力差,在这个压力差的作用下,油液经节流孔 b 以一定的流量进入控制活塞的左室,推动控制活塞向右移动。如果下游传动部分工作正常,则控制活塞尚未右移到关闭位置,传动工作即可完成,油液停止流动,压力差消失,活塞不再移动;如果下游传动部分漏油,则油液不断流入下游传动部分,活塞也就不断向右移动,当通过定量器的油液量达到某一规定值时,控制活塞恰好移动到关闭位置,定量器上游的油液不能继续流入下游传动部分。因而,当流经定量器的油液量超过规定值时,定量器自动切断油路,防止系统油液大量漏失。油液反向流动时,控制活塞被推回到左端初始位置。

**2. 定流量器**

定流量器常装在通往传动部分的供油管路上。当管路中的油液流量不超过额定流量时,阀门保持在打开位置;当管路中的油液流量超过额定流量时,依靠节流孔前后的压差克服弹簧力使阀门关闭,切断供油管路,以防止系统内的油液大量泄漏。

如图 2-39 所示,定流量器的构造和定量器类似,只是在控制活塞的后面增加了一个有一定初始张力的弹簧。下游传动部分工作正常时,即流经定流量器的油液流量不超过额定流量时,定流量器左室和右室的压力差不足以克服弹簧的初始张力,控制活塞不动,阀门保持在打开位置。如果定流量器下游的管路损坏,则油液的流量会超过规定值,节流孔前后的压力差就能克服弹簧张力,将活塞推向右端,阀门关闭,防止油液外漏。

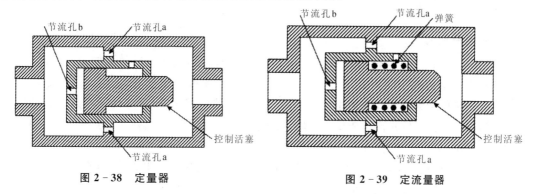

图 2-38　定量器　　　　　　　　　图 2-39　定流量器

### 2.5.1.4　流量放大器

流量放大器用于工作系统所需的流量比供压系统输出流量大的情况,如某些飞机的刹车系统。图 2-40 所示为流量放大器结构原理图,一定流量的油液经进油口进入小活塞上腔,推动活塞向下移动;大活塞将下腔油液供向工作系统。由于大活塞面积较大,所以输出流量大于输入流量,放大倍数为大活塞面积与小活塞面积的比值。

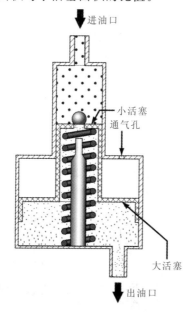

图 2-40　流量放大器

## 2.5.2 方向控制阀

方向控制阀主要用于控制油路通断和切换油液流动方向,从而对执行元件的启停和运动方向进行控制,按其用途可分为单向阀和换向阀。

### 2.5.2.1 单向阀

#### 1.普通单向阀

普通单向阀的功用是使油液只能沿一个方向自由流通,而在相反的方向上则不允许流通。因而要求在流通方向上阻力要小,而在反方向上将油液阻断得很彻底(即密封性要好)。

图 2-41 所示为球阀式普通单向阀。液压油进入单向阀的进口,迫使球阀离开阀座压缩弹簧,球阀打开;油液若停止流动或反向流动,弹簧恢复力使球阀回到阀座上,球阀关闭。钢球式单向阀结构简单、制造方便,但在长期使用中钢球表面与阀座接触处易于磨损而出现凹痕,在钢球发生转动后,该处最容易出现渗漏而失去密封性。而锥阀式单向阀阻力较小,密封性好。

图 2-41 普通单向阀

在飞机液压系统中,单向阀常用于:

1)液压泵出口,防止系统反向压力突然增高造成油泵损坏,在液压泵不工作时防止油液倒流回油箱;

2)定量泵卸荷活门的下游,在泵卸荷时保持系统的压力;

3)在系统的回油管路中,保持一定的回油压力,增加执行机构运动的平稳性。

#### 2.机控单向阀

机控单向阀是指带有机械触发顶杆的单向阀,其构造如图 2-42 所示。在顶杆没有将阀芯顶开之前,其作用与普通单向阀一样,仅允许油液由 B 口向 A 口单向流动;在顶杆克服弹簧预紧力将阀芯顶开以后,允许油液双向流动。机控单向阀可用于控制液压系统部件的工作顺序,保证某些部件的工作优先于其他部件工作,因此又称为机控顺序阀。

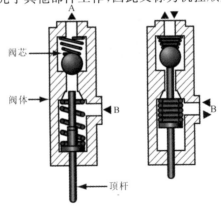

图 2-42 机控单向阀

图 2-43 所示为机控顺序阀在起落架收放液压系统中的应用。系统回路由收放手柄、机控顺序阀、作动筒、收上锁、放下锁等组成。初始状态为起落架放下锁好,此时起落架收放作动筒的活塞杆在完全缩入的位置,且起落架放下锁好时舱门保持在打开位,舱门作动筒的活塞杆在完全伸出的位置。前起落架舱门由前起落架机械联动装置单独操纵,前起落架收上锁好后,前起落架舱门也相应关闭。

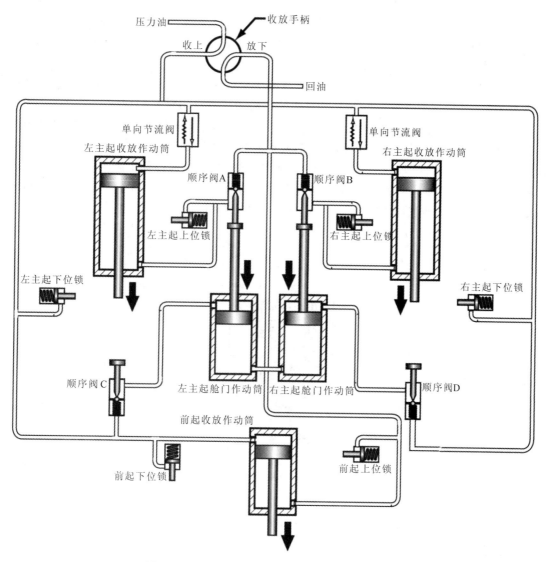

**图 2-43　机控单向阀在起落架收放系统中的应用**

当收起落架时,起落架收上管路通压力油,压力油液流入三个起落架作动筒、三个起落架下位锁、顺序阀 C 和顺序阀 D。压力油液首先打开 3 个起落架下位锁,然后通到起落架收放作动筒的上腔,而起落架收放作动筒的下腔通回油,因此起落架收放作动筒的活塞杆伸出,开始收起落架。此时顺序阀 C 和顺序阀 D 还未打开,液压油不能通到舱门作动筒,因此舱门还不能关闭。在起落架收上锁好后,收放作动筒的活塞杆触动顺序阀 C 和顺序阀 D 的顶杆,打开顺序阀 C 和顺序阀 D,使液压油通到轮舱门作动筒的上腔,而舱门作动筒的下腔通回油,使舱门作动筒活塞杆缩入,从而关闭舱门。传动过程结束后,顺序阀 C 和顺序阀 D 打开,顺序阀 A 和顺序阀 B 关闭,起落架收放作动筒活塞杆在完全伸出的位置,而舱门作动筒在完全缩入的位置,从而实现了先收起落架,后关舱门的顺序控制。

**3. 液控单向阀**

液控单向阀是指带有液压控制活塞的单向阀。如图 2-44 所示,当控制口处无压力油通入时,它的工作机制和普通单向阀一样,压力油只能从通口 A 流向通口 B,不能反向倒流。当控制口有控制压力油时,因控制活塞上腔通回油管路,活塞上移,通过顶杆顶开阀芯,使通口 A 和通口 B 接通,油液就可在两个方向自由流通。

飞机液压系统中常用液控单向阀原理制成液压锁,其功用是将作动筒活塞杆锁定在伸出或缩入位置上。锁定的方法是用液控单向阀使作动筒接通压力管路的油液只能流进不能流出,作动筒传动完成后,油液停止流动,进出口压差消失,液控单向阀关闭,油液封闭在油腔内而不能回流,活塞杆被锁定在相应位置;而当需要活塞杆反向运动时,交换作动筒供油和回油方向,进入作动筒的高压油同时进入液控单向阀的控制油路,反向打开单向阀,使作动筒可以回油,活塞杆便向相反方向运动。例如,飞机起落架收放作动筒的液压锁,在起落架收上后封闭作动筒收上腔(无杆腔)内的油液,制止起落架在外力作用下放下(而驾驶员仍可按操作条令规定把收放开关放回中立位置,使系统绝大部分管路附件只处在回油压力下)。

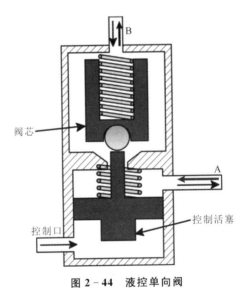

图 2-44 液控单向阀

**2.5.2.2 换向阀**

换向阀利用阀芯在阀体内的相对运动来改变通油口的连通状态,使油液连通、关闭或变换流动方向,从而使执行元件启动、停止或变换运动方向。换向阀通常用于控制执行元件(作动筒或液压马达)的运动方向,当压力油流入作动筒的一个腔室时,则作动筒的另一个腔室通回油。换向阀通过转换通油口的进油和回油,以改变作动筒的运动方向。

典型换向阀的一个通油口是与系统压力油路连通,作为液压的输入端,阀门的第二个通油口与系统的回油管路相连通,使油液回到油箱,换向阀另外的接头通过管路连接到作动筒的进油和出油口上。换向阀的通油口数目取决于其在系统中的需求,飞机液压系统中常用的换向阀有 4 个通油口。

换向阀按其运动形式分为转阀、滑阀和梭阀;按阀芯工作位置数分为二位、三位和多位等;按进出口通道数分为二通、三通、四通和五通等;按操纵和控制方式分为手动、机动、电动、液动和电液动等。

**1. 转阀**

图 2－45 所示为转阀式换向阀的换向原理图,它是利用阀芯相对阀体的转动来变换油液的流向的。此阀有三个工作位置(关断位、左位、右位),四个通油口(压力油口、回油口、左通油口、右通油口),故称作三位四通转阀式换向阀。当转阀位于关断位时(见图 2－45(a)),油泵出口油液经安全阀返回油箱;当转阀位于左位时(见图 2－45(b)),压力油口接通作动筒左通油口,回油口接通作动筒右通油口,作动筒活塞向右运动;当转阀位于右位时(见图 2－45(c)),压力油口接通作动筒右通油口,回油口接通作动筒左通油口,作动筒活塞向左运动。

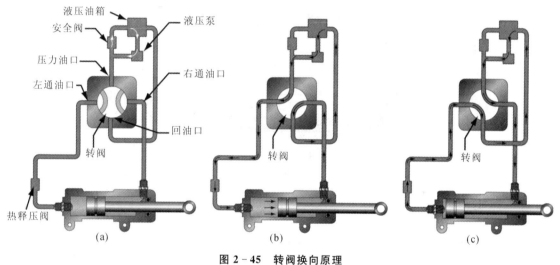

图 2－45  转阀换向原理

(a)关断;  (b)左位;  (c)右位

转阀的密封性能较差,径向力不平衡,一般用于低压、小流量的系统。在航空中,转阀多用于飞机液压系统的手动阀和供地面维护使用的阀,如油箱加油阀等,也可作为选择活门使用。

**2. 滑阀**

图 2－46 所示为滑阀式换向阀的换向原理图,它是利用阀芯相对阀体的轴向滑动来变换油液的流向的。此阀有三个工作位置,四个通口,且为电磁阀操作,故称作三位四通滑阀式电磁换向阀。阀芯是由其两端密封腔中油液的压差来移动的。如图 2－46 所示,当左、右两个电磁阀都断电时,左、右电磁活塞都在关闭位,滑阀位于中立位,作动筒两个腔都通回油管路,压力油液经电磁阀通向滑阀左、右腔;当右电磁阀通电时,右电磁活塞打开,滑阀右腔接通回油管路,而滑阀左腔还是接通压力管路,压差使滑阀开始向右移动,作动筒左腔接通压力管路,作动筒右腔接通回油管路,作动筒活塞向右运动。反之,作动筒活塞向左运动。

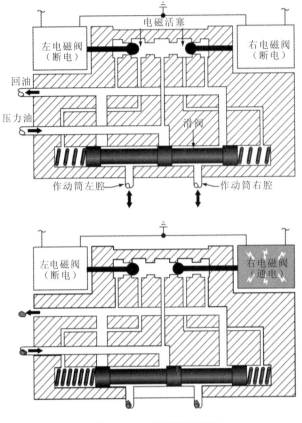

图 2 - 46　滑阀换向原理

## 3. 梭阀

梭阀多用于选择活门,如图 2 - 47 所示,它有两个进油口和一个出油口。正常情况下,梭阀内的阀芯被弹簧力控制在右端位置,正常进油口和出油口相通;当正常进油口处的压力消失或下降时,备用进油口处的压力克服弹簧力将阀芯推到左端位置,此时备用进油口和出油口相通。梭阀在液压系统中常用于正常供油系统与备用供油系统的自动切换。

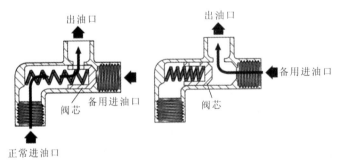

图 2 - 47　梭阀原理

## 2.5.3　压力控制阀

压力控制阀是指利用作用于阀芯上的液压力与弹簧力相平衡来控制系统的压力的。根据作用不同,压力控制阀可分为溢流阀、减压阀、优先阀、液压延时器和压力继电器等。

### 2.5.3.1　溢流阀

常用的溢流阀按其结构形式和工作原理可分为直动式溢流阀和先导式溢流阀两种。

#### 1. 直动式溢流阀

如图 2 - 48 所示,直动式溢流阀由壳体、阀芯、调压弹簧、调压螺钉和调校螺帽等组成。直动式溢流阀依靠作用在阀芯上油液作用力直接与调压弹簧初始张力相平衡,以控制阀芯的启闭动作。当系统压力小于一定值时,阀芯上的油液作用力小于调压弹簧预加张力,阀门处在关闭位置。当系统压力超过预定的最大压力值,球阀上的油液作用力足以克服弹簧张力时,油液即可顶开阀芯而流回油箱。通过拧动调节螺钉可以改变调压弹簧的预加张力,从而调校阀芯的打开压力。调校螺帽主要起保护调压螺钉的作用。

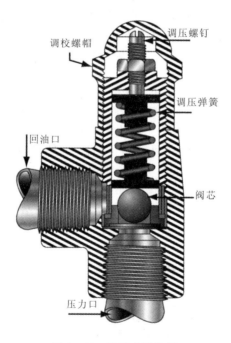

**图 2 - 48　直动式溢流阀**

直动式溢流阀具有结构简单、灵敏度高、成本低的优点。但压力受溢流量变化的影响较大、调压偏差大,不适于在高压、大流量情况下工作,因此常用于调压精度不高的场合或作为安全阀使用。

#### 2. 先导式溢流阀

图 2 - 49 所示为先导式溢流阀的结构示意图,油液通过进油口进入,通过节流孔后作用在

导阀阀芯上,当进油口压力较低时,导阀上的液压作用力不足以克服导阀弹簧力,导阀关闭,主阀芯上、下两腔压力相等,在主阀弹簧力作用下主阀芯处于最下端位置,进油口和回油口隔断,没有溢流。当进油口压力超过正常工作压力时,作用在导阀上的液压作用力大于导阀弹簧力,导阀打开,油液流过节流孔,经打开的导阀流回油箱,由于节流孔的作用,主阀芯上腔的压力小于下腔压力,当主阀上、下腔压差超过一定值时,主阀芯开启,进油口和回油口接通,油液从进油口流入,经主阀阀口由回油口流回油箱,实现溢流。

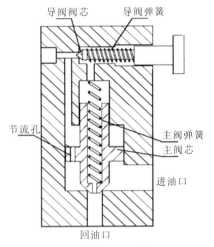

**图 2 - 49  先导式溢流阀**

由于油液通过节流孔而产生的压差值不太大,所以主阀芯只需一个小刚度的软弹簧即可;而导阀阀芯一般为锥阀,受压面积较小,所以用一个刚度不太大的弹簧即可调整较高的开启压力,用螺钉调节导阀弹簧的预紧力,就可调节溢流阀的溢流压力。

先导式溢流阀的主阀弹簧刚度很小,对系统的压力影响较小。先导阀刚开启其流量还较小,在主阀上、下腔产生的压力差不足以使主阀开启时,仅先导阀起作用,此时的特性与直动式溢流阀相似。当经过先导阀的流量增大到足以使主阀开启时,主阀开始打开,此时主阀与先导阀共同起作用。在主阀完全打开后,主阀起主要作用。

**3.溢流阀的应用**

溢流阀在液压系统主要有以下作用。

(1)过载保护

溢流阀用作安全阀。安全阀用来限制液压系统的最大压力值,以防止在过大的压力作用下液压附件损坏或液压管路的破裂。液压系统正常工作时,安全阀处于常闭状态;当系统工作压力超高最大允许压力时,安全阀打开,溢流多余油液,防止系统超压。

液压系统内在有些情况下会形成局部密闭管路(如换向阀与作动筒之间的管路),如果密闭管路内的油液受热膨胀,则管内压力就会显著增大,严重时会引起导管破裂。因此在这密闭管路内常采用热力释压阀,当油液由于热膨胀超压时进行释压。热力释压阀实质上是安全阀的一种形式,热力释压阀打开压力大于系统最大工作压力,阀门平时位于关闭位。当封闭腔内的油液受热膨胀时,压力超过最大工作压力某一数值后,就能克服弹簧的张力,顶开阀门,使一部分油液流回油箱,防止作动筒或导管受力过大。在液压系统中热力释压阀的释压压力是最高的,即热力释压阀的调节压力高于系统安全阀及其他压力调节阀,因为只有这样才能保证热力释压阀的工作不会对液压系统的正常工作产生影响。

(2)稳压溢流

溢流阀用作定压阀(一般称为溢流阀),用于保持系统压力恒定。常在定量泵液压系统中使用,调节进入用压系统的油量,将多余油液溢流回油箱,保持系统压力基本稳定。液压系统正常工作时,这种阀门处于常开状态。

**2.5.3.2  卸荷阀**

卸荷阀仅用于采用定流量泵的液压系统中,它在传动部件不工作时给泵提供一个空转回路,使油泵处于最小功率消耗状态,并保证系统工作压力始终处于一定范围内。卸荷活门由活门体、上端带锥形活门的活塞及弹簧构成,有"切入"和"切出"两种工作状态(见图 2 - 50)。当系统压力下降到规定工作压力范围的下限时,活门中的活塞在弹簧力作用下将上部锥形活门关闭,阻断泵与回油路的通道,使泵输出的油流向系统供压,系统压力升高,即为"切入"状态,如图 2 - 50(a)所示;当系统压力达到规定工作压力范围的上限时,活塞在系统压力作用下向上移动,克服弹簧力,顶开锥形活门,将泵输出油液接入回油路,同时单向活门将系统封闭保持压力,使泵处于卸荷状态,即"切出"状态,如图 2 - 50(b)所示,从而减小泵的功率消耗,并保证泵和管路系统的工作安全。一旦由于泄漏或传动部件运动,导致系统压力降低至工作压力范围的下限时,卸荷活门又进入"切入"状态。如此循环,使系统压力始终保持在规定的范围之内。

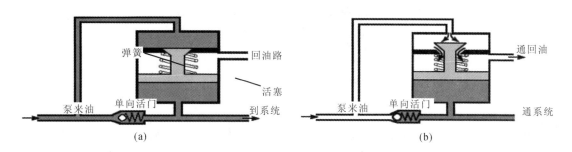

**图 2 - 50　卸荷阀**

(a)"切入"状态；　(b)"切出"状态

### 2.5.3.3　减压阀

减压阀是利用油液流经缝隙产生压力降低的原理,使得阀的出口压力低于进口压力,用于某一支路压力低于主油路的场合。例如,MD - 82 液压系统工作压力为 3 000 psi,而飞机上供扰流板操纵的液压压力为 1 500 psi,此时通过在主供压油路上安装减压阀来获得低压压力。常见的减压阀有两种:定值减压阀和定差减压阀。

**1. 定值减压阀**

定值减压阀与溢流阀结构相似,区别在于溢流阀控制进口压力恒定,而定值减压阀控制出口压力恒定,且溢流阀正常情况下阀口关闭,而定值减压阀的阀口为常开。定值减压阀按结构和工作原理可分为直动式和先导式两类。

(1)直动式定值减压阀

图 2 - 51 所示为直动式定值减压阀的结构示意图。减压阀不工作时,阀芯在弹簧作用下处于最下端位置,阀的进油口与出油口相通,亦即阀是常开的。若出口压力增大,当作用在阀芯下端的压力大于弹簧力时,阀芯上移,阀口关小,此时阀处于工作状态。若出口压力减小,阀芯就下移,开大阀口,阀口处阻力减小,压降减小,使出口压力回升到调定值;反之,若出口压力增大,则阀芯上移,关小阀口,阀口处阻力加大,压降增大,使出口压力下降到调定值。

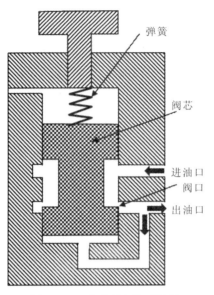

图 2-51　直动式定值减压阀

（2）先导式定值减压阀

图 2-52 所示为先导式定值减压阀的结构示意图。减压阀不工作时，主阀芯在弹簧作用下处于如图 2-52 所示位置，阀的进油口与出油口相通。出油口油液经节流孔进入主阀芯上腔，主阀芯上、下腔压差与主阀芯弹簧力平衡。导阀是一个小型的直动式溢流阀，调节导阀弹簧调定压力，便改变了主阀上腔的溢流压力，从而调节了出口压力，当导阀打开压力一定时，出油口油液压力也保持为定值。

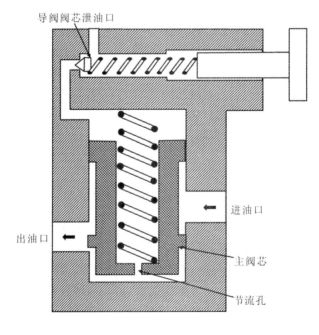

图 2-52　先导式定值减压阀

**2. 定差减压阀**

图 2-53 所示为定差减压阀的结构示意图。定差减压阀是使进、出油口之间的压力差近似于不变的减压阀。进口油液经阀口减压后从出油口流出,同时出油口油液经阀芯中心孔流入主阀芯上腔,则其进、出油液压力在阀芯有效作用面积上的压力差与弹簧力相平衡,从而使进、出口压差近似地保持为定值。

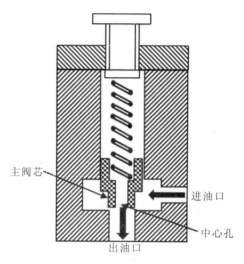

图 2-53  定差减压阀

**2.5.3.4  优先阀**

优先阀主要用于在系统压力偏低时优先确保向重要子系统供压。图 2-54 所示为优先阀工作原理图,当系统工作压力正常时,油液压力足以克服弹簧力,活塞向上移动,系统向所有子系统供压;当系统压力低于一定值时,活塞在弹簧力作用下向下移动,切断向次要子系统供压,以确保重要子系统能正常工作。

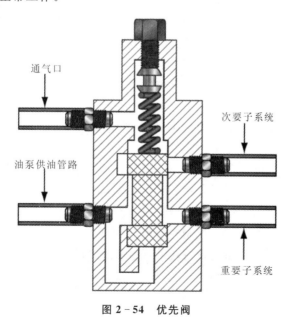

图 2-54  优先阀

### 2.5.3.5　液压延时器

液压延时器是控制工作顺序的部件。延时器与被延时的作动筒并联,在收放作动筒进油管路处接有单向节流阀,并在回油管路上接油流量限制器。图 2-55 所示为液压延时器在起落架收放系统中的应用,此液压延时器由缸筒体和浮动活塞组成。

如果起落架初始处于收上锁好状态,当起落架收放手柄放到放下位置时,压力油通到起落架的放下管路,收上管路通回油,压力油进入起落架收放作动筒的放下端、上位锁作动筒的开锁端、下位锁作动筒的锁定端。

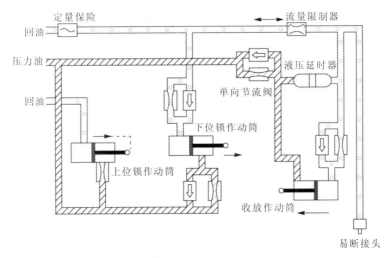

**图 2-55　液压延时器在起落架收放系统中的应用**

当压力油通到放下管路时,液压延时器的左腔通压力油,而其右腔通回油。在压力差的作用下,液压延时器的浮动活塞向右移动,此时放下管路通过浮动活塞向收上管路传压,由于收上管路流量限制器的作用,起落架收放作动筒收上端的压力升高,此时起落架不能放下,即起落架的放下动作被延迟。且因收放作动筒活塞面积差引起起落架被稍微抬起,有利于上位锁开锁。因此起落架放下管路的液压首先通到收上锁作动筒,先打开收上锁。当液压延时器的活塞运动到右端极限位置时,起落架放下管路不再向收上管路传压,收上管路的压力下降,起落架开始放下。当起落架到达放下位时,下位锁作动筒迫使下位锁支柱进入过中立位,将起落架锁定在放下位。

由此可以看出,通过液压延时器的工作,放下起落架的动作被延迟,实现先开锁后放起落架,从而实现工作顺序的控制。

### 2.5.3.6　压力继电器

压力继电器是一种将油液的压力信号转换成电信号的电液控制元件,当油液压力达到压力继电器的调定压力时发出电信号,控制对应电气元件的工作。图 2-56 所示为膜片式压力继电器的结构示意图,当从压力继电器左端液压接头通入的油液压力达到调定压力值时,膜片在液压活塞的作用下向右变形,使传动活塞、压板、蝶形弹簧、电门作动筒向右移动,推动微动电门闭合,发出电信号。

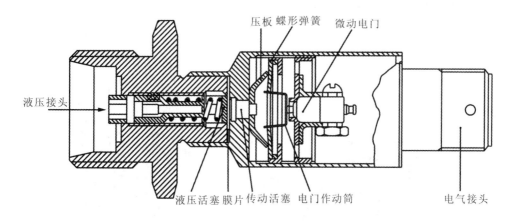

图 2 - 56 膜片式压力继电器

## 2.5.4 快卸阀

快卸阀主要用于在拆卸附件时防止液压油外漏,一般安装在需要拆装的附件(如油泵)的上游和下游的管路上,图 2 - 57 所示为快卸阀的原理图。当快卸阀互相连接时,连接螺帽将两部分连接在一起,活塞的伸出端顶开相对应的活塞,压缩各自的弹簧,打开两端阀芯,油液能连续不断地流过两端阀芯。当拆卸快卸阀时,在弹簧力的作用下两端阀芯均关闭,从而堵住油路,防止液压油外漏。

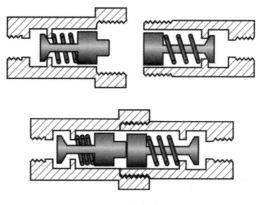

图 2 - 57 快卸阀

## 2.5.5 取样阀

在液压系统使用维护过程中,为了方便定期取样检查液压油的污染情况,系统回路中通常都设置了取样阀。如图 2 - 58 所示为取样阀结构原理图,结构上主要由阀体、针阀、端盖等组成。当需要取样时,取下端盖,针阀在弹簧恢复力作用下向下移动,取样阀进油口打开,油液经进油口进入针阀,然后经取样口流出,通常取样口设置了方便连接软管的接头;取样结束后,盖上端盖,取样阀进油口重新关闭。

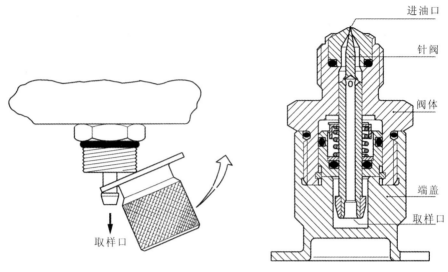

图 2-58  取样阀

# 2.6  液压辅助元件

液压系统中的辅助装置是指油箱、油滤、蓄压器、散热器、密封件、管件、压力表等液压元件,它们是保证液压系统正常工作不可缺少的部分。如果选择或使用不当,不但会直接影响系统的工作性能,甚至会使系统无法正常工作,因此必须给予足够重视。

## 2.6.1  液压油箱

液压油箱的主要作用是存储液压油,补充因泄漏或蒸发而损失的油液。油液的热胀冷缩效应以及工作系统油量需求的改变,会使液压油箱内的油量也随之改变,因此油箱内应有足够的气体空间,从而保证液压油有足够的膨胀空间。

为了防止在高空产生气穴现象,油箱液面上方应该保证具有一定压力。对于低空飞行的飞机,大多数采用非增压油箱,整个飞行过程中液压油箱与大气相通,由于飞行高度不高,周围大气通入油箱以达到增压的目的;对于高空飞行的飞机,如现代飞机的液压油箱都是增压密封的,通常增压油箱有引气增压式和自增压式两种形式。

### 2.6.1.1  引气增压油箱

**1.油箱结构**

如图 2-59 所示,现代飞机液压油箱通常为圆形或圆柱(胶囊)形,引气增压油箱外部安装有供油管路接头、回油管路接头和增压空气接头。供油管路接头连接油箱与液压泵;回油管路接头连接液压泵壳体及工作系统回油管路;增压空气接头用于连接油箱增压组件,实现油箱增压。油箱上有释压阀,用于释放过高的压力,保护油箱结构;在油箱的底部有放油阀,用于放空油箱油液,方便油箱维护;油箱内油量传感器的作用是将油箱内的油量信号输送到驾驶舱;在油箱上有目视指示器(有的飞机上是油量表),用于地面加油时指示油量;有些液压油箱还有低油量开关和温度传感器;隔板用于减弱油液晃动,保证连续可靠供油;散热片加快油液散热,防止油温过高;在有些飞机液压油箱上还有取样阀,用于提取液压油油样。

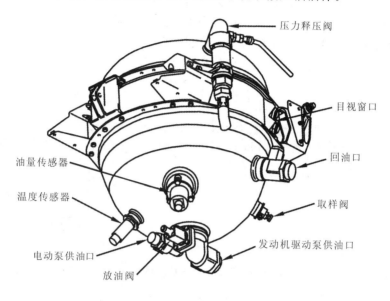

**图 2 - 59　典型引气增压油箱**

如图 2 - 60 所示,在双泵液压源系统中,发动机驱动泵作为主泵,通往发动机驱动泵的供油管路在油箱中通常有一根立管,使得发动机驱动泵吸油口位置高于电动泵吸油口位置,这种设计可确保当发动机驱动泵供压管路发生严重泄漏时,仍能保存一部分油供电动泵使用,从而提高了系统供油的可靠性。

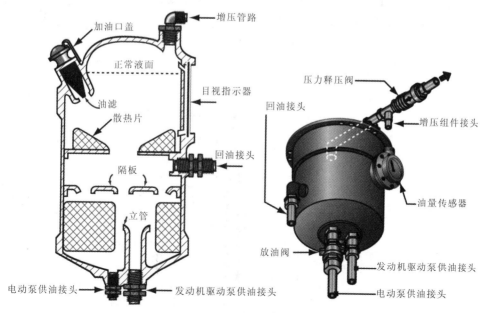

**图 2 - 60　引气增压油箱内部构造**

**2. 油箱增压系统**

如图 2 - 61 所示,引气增压油箱通过增压组件将飞机气源系统的增压空气引入油箱,保证液压泵的进口压力,防止液压泵进口的压力过低而导致气穴现象。现代飞机通常是通过发动机压气机的引气进行增压的,也可以从 APU 引气进行增压。油箱增压系统主要功能部件有单向阀、气滤、安全释压阀、人工释压阀、压力电门和地面增压接头等。人工释压阀用于在地面维护时人工释放油箱内的压力。地面增压接头用于使用地面气源对液压油箱进行增压。限流孔用于当下游管路破裂时,防止引气管路压力大量流失。通气孔的作用是将引气中的杂质排出油箱通气系统。压力电门用于点亮驾驶舱超压警告灯。

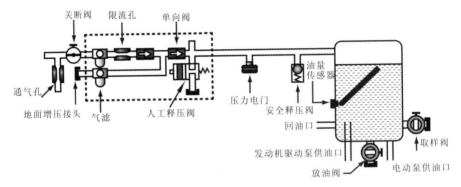

**图 2 - 61　典型飞机液压油箱增压系统**

### 2.6.1.2　自增压油箱

自增压油箱的工作原理是利用液压泵输出高压油液返回作用在油箱的增压活塞上,通过液体压力在活塞上施加压力,为油箱中的液压油增压的。如图 2 - 62 所示,当液压源工作时,压力组件输出的高压油液作用到动力活塞腔,产生向上的液压力,通过活塞连杆推动液压油箱增压活塞,增压活塞产生向上的作用力挤压油液,从而使油箱内的液压油增压。油箱增压压力的大小取决于增压活塞与动力活塞的有效工作面积的比值。如果两个活塞面积比为 50∶1,则当系统压力为 3 000 psi 时,油箱内油液压力为 60 psi。自增压油箱在加油时必须采用压力加油法,并且在加油后必须排气,因为混入油箱的气体会造成油量指示错误。

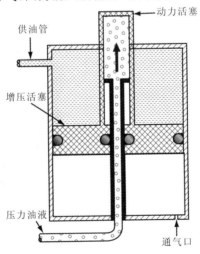

**图 2 - 62　飞机液压油箱自增压原理**

### 2.6.1.3　液压油箱的维护工作

**1. 液压油箱油量检查**

在进行液压油箱油量检查时,液压源可以是增压或不增压状态。必须按照手册规定确认相关部件处于正确位置时才能开始检查这些部件相对应的液压油箱油量。

**2. 液压油箱灌充**

如果通过检查确认液压油箱油量不足,则需要进行灌充。液压源增压或不增压状态都可以进行灌充。液压油箱灌充设备用于液压油箱的地面灌充,一般有两种灌充方式:人工灌充和压力灌充。人工灌充使用手摇泵,压力灌充使用地面液压车。必须按照手册规定确认相关部件处于正确位置时才能进行相对应的液压油箱灌充。

**3. 液压油箱放油**

如果液压油箱灌充的液压油过多,超过满油刻度,则通常需要将多余的液压油排放。通过液压油箱上的放油阀可以放出多余的油液。

## 2.6.2　液压油滤

在液压系统使用过程中,泵、阀门和其他附件在正常磨损中会产生细小的金属杂质,其次油液中难免会混入一些外来污染物,金属杂质和污染物不仅会加速液压元件的磨损,擦伤密封件,而且会堵塞节流孔,卡住阀类元件,使元件动作失灵以至损坏,甚至造成整个液压系统失效。一般认为液压系统故障有 75% 以上是由于油液污染引起的。因此,为了保证系统正常工作,提高其使用寿命,必须对油液中杂质和污物颗粒的大小及数量加以控制。在系统回路中一般采用油滤过滤油液,使油液的污染程度控制在所允许的范围之内。

### 2.6.2.1　液压油滤的组成

油滤主要由滤杯、滤芯和头部壳体组成,如图 2-63 所示。头部壳体用来连接机体结构和管路。滤杯用于安放滤芯,并将其固定到头部壳体上,拆卸滤杯后可更换滤芯。飞机液压系统油滤内部往往设有旁通阀和旁通指示销等特殊功能部件,以增强油滤工作可靠度并改善油滤的维护便利性。当油滤随着使用时间增长而逐渐被堵塞时,滤芯进口和出口压差增大,当压差增大到一定值时,旁通阀打开,确保下游油路的油液供应不中断,旁通指示销被旁通阀顶起,旁通指示销可指示油滤的堵塞情况,提醒维护人员及时清洗或更换滤芯。在维护实施后,应将此指示销按压复位。

常见的滤芯有三种类型:表面型滤芯、深度型滤芯和磁性滤芯。表面型滤芯的典型构造是金属丝编织的滤网,过滤能力较低,一般作为粗滤安装在油箱加油管路上。磁性油滤依靠自身的磁性吸附油液中的铁磁性杂质颗粒,应用在发动机滑油系统管路中。在液压系统中,广泛采用的油滤滤芯是深度型滤芯。

深度型油滤的特点是过滤介质的厚度较大,在整个厚度内到处都能吸收污物。深度型油滤的滤芯多为多孔可透性材料,其过滤介质有缠绕的金属丝网、烧结金属、纤维纺织物、压制纸等,但使用最广泛的是纸质滤芯。

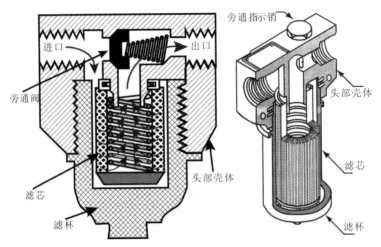

**图 2 - 63　液压油滤的结构与工作示意图**

### 2.6.2.2　液压油滤的安装部位

在飞机液压系统中,油滤通常安装在以下三个主要部位:

1)油泵出口。即压力油滤,用于保护工作系统,滤掉油泵工作时产生的金属屑,保持下游的工作系统畅通。

2)系统回油管路。即回油滤,在进入油箱前的管路上,用于过滤掉工作系统中产生的杂质,保护液压泵。

3)油泵壳体回油管路。即壳体回油滤,用于过滤液压泵润滑和冷却的壳体回油,滤除泵磨损等产生的金属屑。如果此油滤被堵塞,会影响液压泵的润滑和冷却,导致油温升高。从油泵壳体回油滤提取油样进行分析,可判断液压泵的早期故障。

在液压系统某些精密元件(如液压伺服阀)进口油路上也安装有油滤,用于确保进入该元件油滤的清洁度,提高元件工作的可靠性。

### 2.6.2.3　液压油滤的维护工作

按照手册要求定期更换和清洗,清洗注意自身保护,更换油滤后需进行系统压力测试,若发生主要部件(如泵)失效,需考虑更换油滤及其他受损部件。

## 2.6.3　蓄压器

蓄压器实质上是一种储存能量的附件,它是靠气体弹性变形以储存和释放能量的装置。大多数飞机的供压部分中,都设置了蓄压器。蓄压器在一定压力范围内的储油量对液压泵卸荷的稳定性、部件的传动速度等都有很大影响。

### 2.6.3.1　蓄压器构造

蓄压器都是由一个外筒和隔板(或隔膜)组成的,可运动的隔板(或隔膜)将外筒分为两个腔室。其中一个腔室为油液室,它与液压泵的供压管路相连;另一腔室为冷气室,其内部充有冷气(氮气)。液压泵向蓄压器供油时,油液挤入油液室,推动隔板,压缩冷气。随着冷气压力逐渐升高,油液压力也相应升高。当压力达到系统的最大工作压力时,液压泵便停止向蓄压器供油。此时,已充入蓄压器的油液,由于冷气作用仍可保持一定的压力。在上述过程中,液压泵提供的液压能储存在蓄压器内。传动部分工作时,冷气膨胀,将油液压力送至传动部分,推动部件做功。与此同时,冷气压力逐渐降低,油液压力也随之降低。

### 2.6.3.2　蓄压器功用

**1. 协助油泵供油,增大供压部分的输出功率**

传动部分工作时,蓄压器可在短时间内和液压泵一起向传动部分输送高压油,增大供油流量,因而加快了部件的传动速度。

**2. 补偿系统泄漏,维持系统压力**

在装有卸荷装置的供压部分中,油泵卸荷后蓄压器可向系统补充油液的泄漏,以延长油泵的卸荷时间,保证油泵卸荷的稳定性。

**3. 作为系统辅助压力源**

当液压泵发生故障或因断电停止供压时,蓄压器可作为辅助压力源,驱动某些部件工作。如刹车蓄压器可以在液压泵不工作时,为停留刹车提供压力,也可以在所有液压系统失效时,为刹车系统提供压力。

**4. 减弱压力脉动**

液压泵的流量脉动和传动部件的惯性将造成液压系统的压力脉动,以至影响执行机构的运动平稳性。若在液压系统中安装蓄压器,则可减弱压力脉动。当液压泵流量瞬时增加时,一部分油液充入蓄压器,压缩冷气,由于蓄压器内冷气容易压缩,而且体积较大、相对压缩量较小,所以这部分油液进入蓄压器所引起的压力变化很小;当液压泵流量瞬时变小时,蓄压器可输出一部分油液,同理,这时压力变化也很小。

### 2.6.3.3　蓄压器类型

**1. 活塞式蓄压器**

活塞式蓄压器构造如图 2-64(a)所示,活塞将蓄压器分为两个腔室,其中一个腔室为冷气室,气体由充气阀充入;另一个腔室为油液室,它与系统供压管路相连。液压泵向蓄压器供油时,油液挤入油液室,推动活塞,压缩气体。随着气体压力的升高,油液压力也相应升高,将液压泵提供的液压能储存在蓄压器内。当传动部分工作时,气体膨胀,将油液压力送至传动部分,推动部件做功。

活塞式蓄压器结构简单,但活塞惯性大,且存在一定的摩擦阻力,动态反应灵敏性差,不适于吸收系统的压力脉动;缸体内表面与活塞配合面的加工精度要求较高,密封困难。

**2. 薄膜式蓄压器**

薄膜式蓄压器构造如图 2-64(b)所示,薄膜式蓄压器由两个空心的半球形金属壳组成,在一个半球上有一个接头与液压系统连接,在另一个半球上安装有一个灌充气体的充气阀。

两个半球之间安装一个合成橡胶薄膜。在蓄压器的油液出口处盖有一个网屏,用以防止薄膜在气体压力作用下进入系统压力油口而损坏薄膜。有一些蓄压器在薄膜中间装有一个金属圆盘以代替网屏。

薄膜式蓄压器质量轻,惯性小,动态反应灵敏,适于作吸收系统的压力脉动;此外还具有安装维护方便等优点。

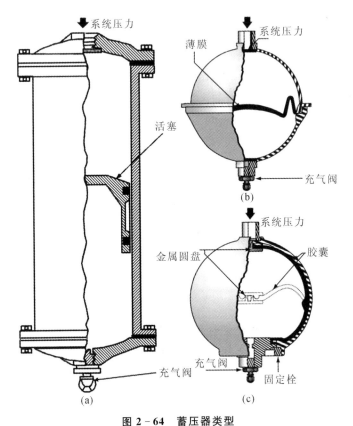

**图 2－64　蓄压器类型**
(a)活塞式蓄压器；　(b)薄膜式蓄压器；　(c)胶囊式蓄压器

### 3.胶囊式蓄压器

图 2－64(c)所示为胶囊式蓄压器,壳体由一个整体空心球体构成,胶囊由下端大开口装入,并用固定栓固定在壳体下部。气体和液体由胶囊隔开,胶囊内部为冷气室,气体由充气阀充入;气囊外部为油液室,与系统供压管路相连。在胶囊顶部的两面装有金属圆盘,防止胶囊在压力作用下被挤出压力油口。

胶囊式蓄压器特点与薄膜式蓄压器相似。

### 4.金属膜盒蓄压器

在 A380 飞机上采用了金属膜盒蓄压器,蓄压器安装于液压泵的出口管路,系统工作压力达到 5 000 psi。此种类型的蓄压器在制造工厂里已经预先充好氮气,因而不需要日常维护,其勤务工作只能在车间里进行。

### 2.6.3.4　蓄压器的维护工作

蓄压器的维护工作主要包括蓄压器初始充气压力的检查和灌充。

**1. 蓄压器初始充气压力检查**

蓄压器初始充气压力指冷气室容积最大时的气体压力,此时蓄压器油液室内的液压油完全排出,液压端无压力。因此在检查初始充气压力时,必须要确保蓄压器处于上述状态。初始充气压力是蓄压器的重要参数,其大小直接影响蓄压器的可用油量,可用油量是指蓄压器内可用来做功的那部分储油量。初始充气压力过低,部分油液无法排出,导致可用油量减小;初始充气压力过高,蓄压器内本身存储的油量减小,同样导致可用油量减小,并且容易使冷气渗漏到系统中去,影响系统工作。因此,使用过程中应确保蓄压器初始充气压力正常,可根据冷气室压力表和液压端压力表检查蓄压器初始充气压力。

(1)根据蓄压器充气端压力表检查初始充气压力

根据蓄压器充气端压力表检查初始充气压力,如图 2－65 所示。通过蓄压器充气端的压力表可检查其初始充气压力,方法是,当液压泵不工作(通常发动机处于停车状态)时,缓慢操作用压系统,使油液室油液逐渐排出,充气端压力表所指示的压力逐渐下降,当充气端压力表指示不再下降时的压力即为蓄压器初始充气压力。

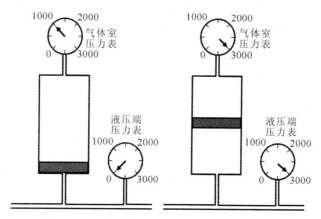

**图 2－65　蓄压器初始充气压力检查(单位:psi)**

(2)根据液压端压力表检查初始充气压力

根据液压端压力表检查预充气压力,如图 2－65 所示。液压端压力表一般安装在主供管路上。当液压泵不工作(通常发动机处于停车状态)时,缓慢操作用压系统,使油液室油液逐渐排出,这时液压端压力表所指示的压力逐渐下降,如果压力降低到某个数值后,指针突然掉到0,则这个数值就是蓄压器活塞运动到极限位置时的冷气室压力,因而也就是蓄压器的初始充气压力。或者当液压端压力表指示为 0 时,从蓄压器充气端压力表上直接读出。因为只有在没有液压压力时,蓄压器充气端压力表才表示蓄压器初始充气压力。

**2. 蓄压器的灌充程序**

A320 飞机蓄压器的灌充必须要参照灌充曲线,如图 2－66 所示,灌充曲线的横坐标是温度,纵坐标是蓄压器冷气室压力。不同的环境温度下,蓄压器的初始充气压力不同。

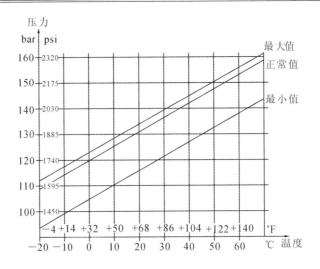

**图 2-66 A320 飞机蓄压器灌充曲线(1 bar＝10⁵ Pa)**

## 2.6.4 散热器

飞机液压系统在工作中,由于功率的损耗会使油液温度升高。当油温过高时,会对液压系统造成严重影响。因此,液压系统工作中要防止油温过高。飞机液压系统正常工作温度为30~70℃,一般控制其最高温度不超过80~120℃,当超温时会有"油温过高"警告信号。

### 2.6.4.1 油温过高及其危害

**1. 油温高的危害**

当油温过高时,会对液压系统造成如下影响。

1)油液黏度变小,导致系统损失增大,效率降低;

2)油液变质,形成胶状沉淀,造成系统堵塞,摩擦增大;

3)高温使密封圈橡胶变质、损坏,密封失效;

4)高温使零件间的配合间隙变化,导致额外的摩擦或泄漏。

**2. 油温过高的原因**

飞机液压系统油温过高,有两个方面的主要原因,即系统产热量增大和系统散热不良。

(1)导致系统产热量增大的故障

1)泵故障或泵壳体回油滤堵塞。当油泵壳体回油滤堵塞时,摩擦面的油膜被破坏,造成油泵摩擦增大,甚至出现干摩擦,导致液压泵发热量增大,造成油温上升,最终导致液压泵损坏。

当液压泵发生故障时,会导致泵内摩擦增大,磨损加剧,造成油温上升;泵内磨损的加剧会导致泵壳体回油滤的堵塞,从而使油泵由于冷却润滑的油液量减少而加速油泵的损坏。

2)压力油滤堵塞。如果油泵出口的压力油滤堵塞,在压差作用下油滤旁通阀打开,油液未经过滤直接供向下游工作系统,导致工作系统运动部件磨损加剧和摩擦增大,最终导致系统发热量增大,油温上升。

3)系统严重内漏。系统内漏时,损失的液压功率直接在内漏的部位通过油液阻尼的热耗作用变成热量,导致油液温度迅速升高。

4)卸荷系统故障,安全阀溢流。对于定量泵系统,若卸荷阀出现故障,安全阀将打开溢流限压。当安全阀打开时,系统压力最高,液压泵输出的功率为最大,油液流经安全阀,将全部液压功率转换成热量,导致油温迅速升高。

(2)导致系统散热效率下降原因的几种典型情况

1)油箱油量不足。当液压油箱中的油量不足时,油液在油箱中停留时间过短,油液来不及冷却,又被油泵吸入系统,导致油液温度慢慢升高。

2)散热器热交换不足。当液压系统散热器散热不良时,油液的热量不能通过散热器散失,导致油温不断上升。

3)环境温度过高。环境温度的升高,会导致整个系统散热效率的下降,成为油温过高的主要原因之一。

4)系统中混入空气。液压管路或液压元件中混入空气时,会降低油液的热传递性,导致散热效率下降,油温不断上升。

导致飞机液压系统油温过高原因有很多,实际使用过程中,油泵故障和油滤堵塞是油温过高的主要原因。一般维护手册中规定,在发现"油温过高"指示灯亮时,首先应当使泵停转,并对壳体回油滤和压力油滤进行检查,查找引起油温过高的原因。如果滤芯上有污染物,表明油泵有故障,应对油泵进行拆换维修,清洗或者更换滤芯,冲洗系统管路并更换油液。

### 2.6.4.2 散热器类型

在中低压液压系统中,系统产热量不大,且油箱和金属管件本身就是很好的散热器,一般不设置专门的散热器,而在高压液压系统中,系统产热量较大,一般需要设置专门的散热器。飞机液压系统散热器分为液冷式和气冷式两种。液冷式散热器利用燃油作为冷却介质,称为液压油-燃油热交换器;气冷式散热器利用空气作为冷却介质,称为液压油-空气热交换器。

**1. 液压油-燃油热交换器**

在高压液压源系统的油泵壳体回油管路上通常安装有散热器。现代飞机通常采用液压油-燃油热交换器作为液压源系统的散热器。如图 2-67 所示,散热器通常安装于燃油箱的底部,利用燃油作为冷却介质。

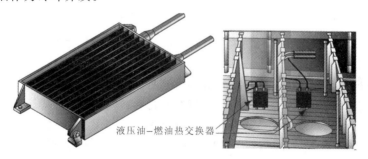

液压油-燃油热交换器

**图 2-67 液压系统液压油-燃油热交换器**

**2. 液压油-空气热交换器**

如图 2-68 所示,A380 飞机采用液压油-空气热交换器作为油泵壳体回油管路的主要冷却方式,而液压油-燃油热交换器仅作为备份方式。液压泵壳体回油经过热交换器流回液压油箱,空气式热交换器以外界冲压空气作为冷却介质。每个热交换器还配有液压马达驱动的冷却风扇,以保证飞机在地面和低速飞行时的冷却效率。经过空气式热交换器冷却后的液压油再经过液压油-燃油热交换器流回液压油箱,液压油-燃油热交换器以燃油作为冷却介质,由关断阀控制热交换器的工作。正常情况下,关断阀关闭,液压油-燃油热交换器不工作(无冷却效果)。只有当液压油箱内的温度超过85℃时,液压油-燃油热交换器才开始工作,此时关断阀打开,供油油箱的燃油流过热交换器,又流回燃油箱。

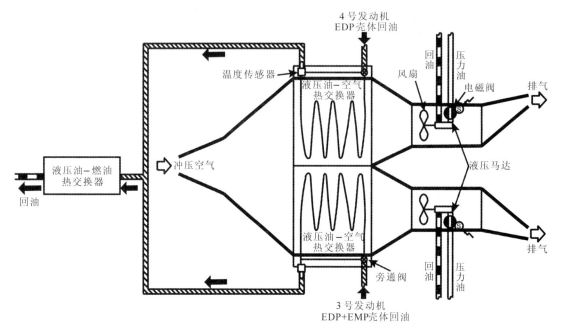

**图 2-68    液压系统液压油-空气热交换器**

## 2.6.5    密封材料和密封装置

在飞机液压系统的使用和维护中,最常见的故障就是漏油。漏油不但影响系统的工作效率,严重时可能会危及飞机的安全,而密封是解决液压系统漏油问题最有效的手段。因此,必须合理地选用密封装置。

所谓密封,就是阻挡油液从两个配合零件表面的间隙中流出。密封装置就是利用密封材料制成的密封件,飞机液压系统中常用的密封装置有密封圈、垫圈、防尘圈等。

### 2.6.5.1    密封材料

在维护过程中应根据液压油种类正确地选用密封材料,错误的选用会造成密封装置失效,甚至导致系统失效。密封材料分为弹性和塑性两种。弹性材料一般是合成橡胶,塑性材料一般为皮革,另外还有一些软金属材料也作为密封材料,而转动部件的端面(如轴向式柱塞泵)则常用碳作为表面材料。

合成橡胶是一种聚合材料,这种材料在室温下至少能伸长到原来的2倍,而当它一旦解除受力时,便会基本上恢复到原来的长度。某些合成橡胶的特性见表 2-3。

表 2-3　合成橡胶的特性

| 材料名称 | 可用温度范围/°F | 适用的油液 |
|---|---|---|
| 丁腈橡胶 | −65~275 | 油,冷却剂 |
| 聚丙烯酸酯橡胶 | 0~350 | 油,冷却剂 |
| 氟丁橡胶 | −40~220 | 油,水,冷却剂 |
| 海帕伦 | −40~250 | 油,水,酸类 |
| 氟塑料 | −40~450 | 油,燃料 |
| 富丙烷异丁橡胶 | −65~300 | 空气,磷酸盐酯 |
| 乙丙橡胶 | −65~300 | 空气,磷酸盐酯 |
| 尿脘橡胶 | −40~212 | 油 |
| 硅氧橡胶 | −150~500 | 油,磷酸盐酯 |

### 2.6.5.2　密封装置

密封装置都是通过两表面之间的挤压达到密封效果的。密封装置种类很多。按被密封部分的运动情况可分为静密封装置和动密封装置两类。密封垫是常见的静密封装置;而装在两滑动表面之间的动密封有许多不同的密封形式,飞机液压系统中常见的动密封有 O 形、U 形、Y 形三种密封圈,如图 2-69 所示。U 形和 V 形环密封仅仅对一个方向的密封有效,安装时唇形对着有压力的一边,背向安装 2 个密封圈也可以实现双向密封。O 形密封圈常常应用在两个方向都有压力作用的场合。

O 形　　　　U 形　　　　Y 形

图 2-69　密封圈

如图 2-70 所示,在高压处使用 O 形密封圈的地方,安装时应有合适的预压缩量,并安装刚性挡板,以保持密封件的形状和防止密封件在两运动表面之间被挤压。

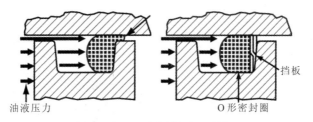

油液压力　　　　　　　　O 形密封圈　　挡板

图 2-70　O 形密封圈加用挡板

### 2.6.5.3　液压系统泄漏检查

液压系统泄漏是最常见的故障现象之一，可导致传动疲软和传动速度不稳定。泄漏分为"外漏"和"内漏"两种。所谓外漏，指液压油从液压附件或接头处向外部泄漏的现象，很容易通过目视检查确定泄漏地点。内漏指在液压系统内部，油液从液压泵、控制活门或传动装置等有相对运动的附件高压端向低压端渗漏的现象。

**1. 外漏检查**

当液压系统外漏发生时，可检查外漏速率以确定是否需要维修。外漏测试步骤如下：

1) 接近发生外漏的部件。

2) 清洁部件上已经外漏的液压油。

3) 给相应系统增压。

4) 检查泄漏速率，对比该机型的放行标准确定是否放行。

**2. 内漏检查**

在有相对运动的液压附件中，虽然采取了密封措施，也不能完全避免内漏。因此，允许内漏在一定限度内存在。但如果内漏严重，特别是当机件磨损严重或密封装置损坏时，将严重影响液压传动的正常工作，并大量消耗功率。因此，应在规定的时间间隔或系统工作失效时，对系统进行内漏试验检查。内漏检查有流量表法和电流表法两种方法。

（1）流量表法

流量表法检查内漏原理如图 2-71 所示。用地面液压车或飞机液压系统的电动泵为飞机液压系统增压，保持测试时压力恒定不变。检查程序如下：

1) 关闭所有隔离阀，保持规定压力，记录流量表读数 $Q_0$；

2) 按维护手册要求，依次打开各支路隔离活门，记录相应流量表读数 $Q_1, Q_2, Q_3, \cdots, Q_n$；

3) 计算各支路内漏量；

$$\left.\begin{aligned} \Delta Q_1 &= Q_1 - Q_0 \\ \Delta Q_2 &= Q_2 - Q_1 \\ \Delta Q_3 &= Q_3 - Q_2 \\ &\cdots\cdots \\ \Delta Q_i &= Q_i - Q_{i-1} \end{aligned}\right\} \tag{2-15}$$

4) 计算结果与维护手册规定的数值比较，判断内漏是否超标。

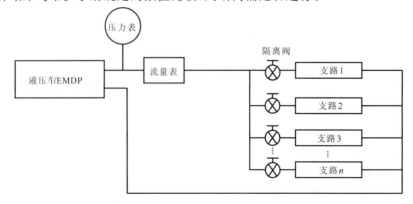

**图 2-71　流量表法检查内漏原理图**

（2）电流表法

根据液压油泵总效率公式,在保证电动泵供压压力和输入电压恒定条件下,系统流量与电流成正比,而内漏会造成系统的流量改变,因此内漏会引起电动泵的电流改变。

1）在电动泵供压电路上加装电流表,保持规定压力,记录电流表读数 $I_0$;

2）按维护手册要求,依次打开各支路隔离活门,记录相应流量表读数 $I_1,I_2,I_3,\cdots,I_n$;

3）对照电动泵电流-流量曲线,分别查出对应的流量 $Q_1,Q_2,Q_3,\cdots,Q_n$;

4）计算各支路内漏量;

$$
\left.
\begin{aligned}
\Delta Q_1 &= Q_1 - Q_0\\
\Delta Q_2 &= Q_2 - Q_1\\
\Delta Q_3 &= Q_3 - Q_2\\
&\cdots\cdots\\
\Delta Q_i &= Q_i - Q_{i-1}
\end{aligned}
\right\}
\tag{2-16}
$$

5）计算结果与维护手册规定的数值比较,判断内漏是否超标。

# 2.7 飞机液压源系统

## 2.7.1 概述

液压源的作用是向用压系统提供增压的液压油,以进行助力操纵。飞机液压系统根据独立的液压源系统的数量可划分为单液压源系统和多液压源系统,所谓独立的液压源系统是指每个液压源都有单独的液压元件,可以独立向工作系统供压。小型飞机一般采用单源系统,即飞机上只有一个单独的液压源系统,主要用于起落架收放、襟翼收放等。

为了确保液压系统供压安全可靠,现代大型飞机一般采用多源液压系统,即飞机上有几个独立的液压源系统。双发飞机一般有三个独立的液压源系统,例如 A320、A330、B737、B757、B767 和 B787 飞机。四发飞机一般有四个独立的液压源系统,例如 B747 飞机,而 A380 飞机虽然也有四台发动机,但只有两个独立的液压源系统。

不同机型上液压源系统的名称有所不同,如在 A320 和 A330 飞机上分为绿、黄和蓝液压系统;A380 飞机上分为绿和黄液压系统;在 B737 飞机上分为 A、B 及备用液压系统;而 B757、B767、B777 和 B787 飞机上都命名为左、中和右液压系统。

## 2.7.2 单源液压系统

图 2-72 所示为用于起落架收放的单液压源系统。当起落架收放手柄置于"放下"位置时,电动齿轮泵开始工作,压力油液经换向阀进入起落架收放作动筒放下管路,同时单向阀活塞右移顶开单向阀使收上管路回油,从而传动起落架放下。在起落架放下锁好后,放下管路压力逐渐升高,当压力达到低压单向阀打开压力时,电动泵出口油液直接经低压单向阀流回油箱。当起落架收放手柄置于"收上"位置时,电动齿轮泵开始反向工作,压力油液经单向阀进入

起落架收放作动筒收上管路,同时换向阀活塞右移使放下管路回油,从而传动起落架收上。在起落架收上锁好后,收上管路压力逐渐升高,当压力达到一定值时,压力电门断开电动泵停止供压,单向阀关闭而形成的液压锁将起落架锁在收上位,飞行过程中收上腔压力低于一定值时,压力电门重新接通电动泵供油。当压力电门故障不能断开电动泵导致收上管路压力达到高压单向阀打开压力时,高压单向阀打开使油泵出口油液直接流回油箱。热释压阀用于防止温度升高使系统管路压力过高。前起落架收放作动筒节流阀用于前起落架收放和舱门开关的顺序控制。当正常放起落架失效时,拉出应急放下手柄,打开应急放下活门,解除收上管路液压锁,起落架在重力作用下放下。

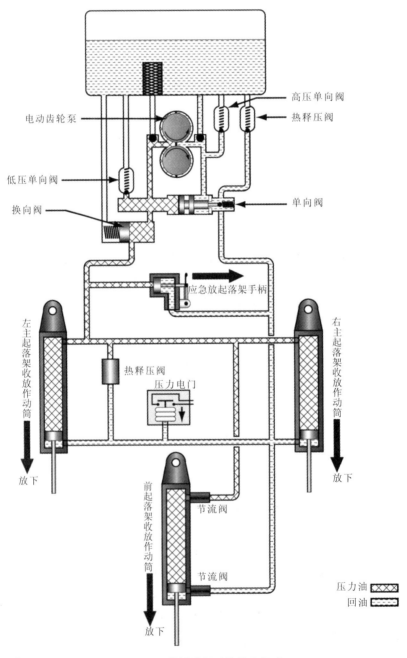

**图 2 - 72 单源液压系统基本组成**

## 2.7.3　多源液压系统

如图 2-73 所示为典型双泵液压源系统,一个发动机驱动泵和一个电动泵并联供压,主液压泵为发动机驱动泵。液压泵从油箱抽吸油液,增压之后输送到泵出口的压力组件,然后通过压力组件分配到各用压系统。基本组成部分主要包括液压油箱及油箱增压组件、液压泵、压力组件、回油组件、指示系统和地面勤务系统等。

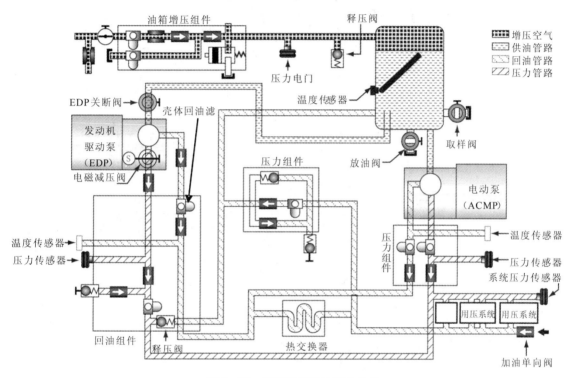

**图 2-73　双泵液压系统基本组成**

为了进一步提高液压源供油的可靠性,现代民航客机上通常有数个独立的液压源系统,且每个独立的液压源系统中有多个液压泵,如图 2-74 所示。

**1. 液压泵按不同动力源分类**

按照液压泵动力源的不同主要有 6 种形式的液压泵:发动机驱动泵(EDP)、电动泵(ACMP)、空气驱动泵(ADP)、冲压空气涡轮(RAT)、动力转换组件(PTU)和手摇泵。

(1)发动机驱动泵(EDP)

发动机驱动泵安装于发动机附件齿轮箱的安装座上,EDP 由发动机附件齿轮箱驱动。发动机启动,EDP 就会转动;发动机停车,则 EDP 停止工作。

在现代民航客机上一般每台发动机的附件齿轮箱上至少安装有一个发动机驱动泵。B787 飞机的液压源系统一旦出现发动机驱动泵因故障而突然停转,泵的转轴会断裂,从而防止损坏附件齿轮箱。空客系列飞机的某些机型,如 A330 和 A380 飞机,每台发动机上安装有两个发动机驱动泵,而且配有脱开机构。在地面时,维修人员可以手动将 EDP 脱开;在空中飞行时,驾驶员可根据需要操纵脱开开关将 EDP 脱开。

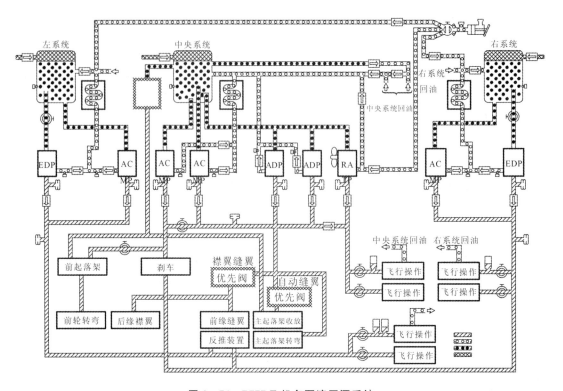

**图 2-74　B777 飞机多泵液压源系统**

（2）空气驱动泵（ADP）

空气驱动泵由气源系统的引气驱动,如图 2-75 所示。空气驱动泵组件包括调节关断阀、涡轮齿轮组件及空气驱动泵。当调节关断阀打开时,气源系统的引气驱动涡轮并带动泵转子转动。飞机上的 EDP 和 ADP 通常是完全相同、可以互换的。

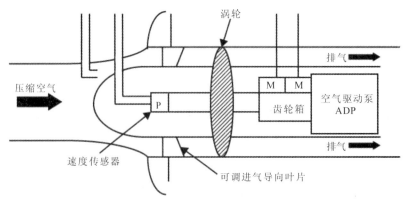

**图 2-75　空气驱动泵（ADP）**

（3）电动泵（ACMP）

电动泵通常由交流电机驱动,由控制开关控制其工作。对于双发飞机,为了确保单发停车时液压源供压的可靠性,电动泵通常采用对侧发动机的发电机供电。

(4)冲压空气涡轮(RAT)

冲压空气涡轮用于提供应急动力源以驱动飞行操纵系统,也可以作为应急电力源。如图 2-76 所示,正常情况下 RAT 位于收进状态,当飞行中当满足某些条件时,可以自动放出,RAT 也可以人工放出。冲压涡轮收放机构用于收放冲压涡轮组件,依靠弹簧力放出、液压力收进,其内部有一个机械锁,使其保持在收进位置。应急工作时,冲压涡轮作动筒内部的机械锁打开,在弹簧力的作用下放出冲压涡轮组件。在冲压涡轮组件放出后,飞机飞行中的冲压空气驱动冲压涡轮转动,从而带动泵转子转动。

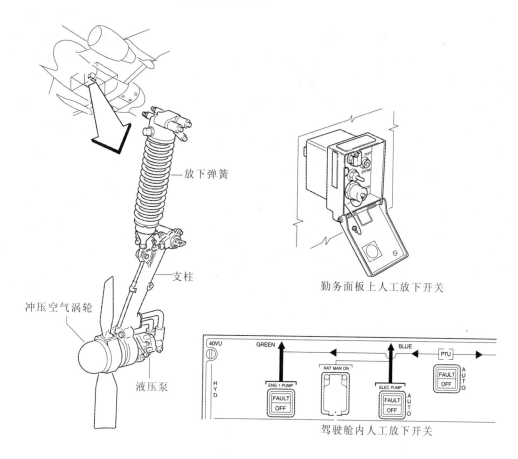

图 2-76 冲压空气涡轮和控制面板

(5)动力转换组件(PTU)

动力转换组件是一种特殊形式的液压泵,它实际上是一个液压马达和泵的组合件,即为液压马达驱动泵。在工作时,利用某一个液压源系统的液压驱动 PTU 中的液压马达转动,液压马达带动泵转子转动,从而为另一个液压系统的油液增压,如图 2-77 所示。大多数飞机上的 PTU 都是单向作用的,但也有双作用式 PTU,如 A320 飞机液压系统,它可以实现绿、黄液压系统的双向转换,也就是说可以用绿系统液压驱动液压马达转动,从而使黄液压系统的油液增压;也可以由黄系统的液压去驱动液压马达转动,从而使绿液压系统的油液增压。

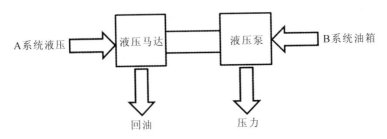

图 2-77 动力装换组件(PTU)工作原理

（6）手摇泵

手摇泵是一种由人力驱动的柱塞泵。在一些小型飞机上，它通常只在主液压泵损坏时作应急使用，或在主液压泵的供油量不能满足需要时作为辅助液压源。此外，当飞机在地面停放时，还可以利用手摇泵向系统供油用于地面操作，现代飞机通常仅在地面使用手摇泵供压，用于在发动机关车时施加刹车或货舱门操作。手摇泵可分为单作用式、双作用式和旋转式三种。单作用式手摇泵在两个行程中仅有一个行程供油，供油流量呈间隔脉动状态，效率较低；双作用式则在两个行程中都供油，供油流量较连续，效率较高；旋转式在整个旋转过程中都供油，供油流量连续，但操作时占用空间较大，效率最高。现代飞机上大多采用双作用式手摇泵。

使用最广泛的双作用式手摇泵是一种单柱塞泵，如图 2-78 所示，该手摇泵由缸筒、具有内部油路的活塞、进口单向阀、出口单向阀和上、下油腔构成。向上摇手柄时（见图 2-78(a)），活塞向上移动，上油腔体积减小，压力增大，出口单向阀在油压和弹簧力作用下关闭，油液从出油口排出；同时，下油腔体积增大，压力减小，形成局部真空，其压力小于油箱内油面压力，在压差作用下克服进口单向阀弹簧力，打开进口单向阀，将油箱油液抽入下油腔。向下摇手柄时（见图 2-78(b)），活塞向下移动，进口单向阀关闭，出口单向阀打开，下油腔油液进入上油腔，因为上油腔有活塞杆占据部分空间，下油腔体积略大于上油腔体积，所以多出的部分油液从出油口排出。连续上下摇动手柄，则不断重复上述循环，实现连续供压。

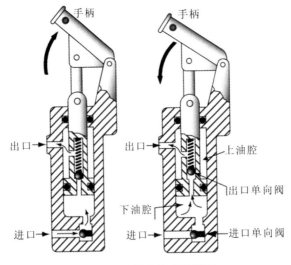

图 2-78 双作用式手摇泵

(a)吸油行程；　(b)排油行程

## 2. 指示系统

液压指示系统主要监控油箱内的油量、系统工作压力、油箱增压压力以及油液温度,如图2-79所示。

液压泵传感器包括压力传感器和温度传感器。压力传感器位于液压源压力管路,温度传感器位于液压泵壳体回油管路。电动泵内部有一个温度开关,用于过热指示。油箱传感器包括油量传感器、温度传感器和压力开关。油箱压力开关位于油箱增压气源管路。当任何一个泵过热或低压时,则相应泵的故障灯亮。

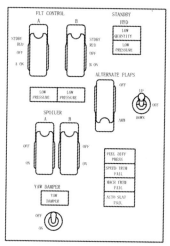

备用系统控制和警告灯

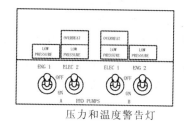

压力和温度警告灯

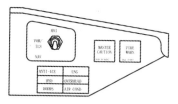

右侧故障警告灯

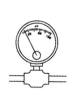

油箱增压压力表

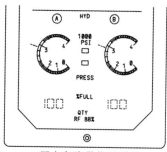

压力和流量指示系统

**图 2-79　B737 飞机液压源指示系统**

# 思　考　题

1. 简述液压传动的原理及主要性能参数。
2. 简述黏度对液压系统的影响。
3. 简述民机上常见液压油的种类及特性。

4. 简述液压油污染物的来源。

5. 简述外啮合齿轮泵、斜盘式轴向柱塞泵的工作原理。

6. 简述定量泵的压力控制方法。

7. 简述变量泵的压力控制方法。

8. 简述双向单杆式作动筒输出力与传动速度的特点。

9. 简述缓冲作动筒的功用及类型。

10. 简述带锁作动筒的类型。

11. 简述液压系统中普通单向阀的常用位置。

12. 简述机控单向阀控制起落架收放顺序的原理。

13. 简述液压油滤的安装部位。

14. 简述蓄压器的功用及常见蓄压器类型。

15. 简述蓄压器初始充气压力检查方法。

16. 简述液压油温度过高的原因及危害。

# 第3章　飞行操纵系统

## 3.1　飞行操纵系统的组成

    飞机飞行操纵系统是飞机上用来接收并传递驾驶员的操纵指令,驱动舵面运动的所有部件和装置的总和。其功用为操纵飞机绕机体坐标系纵轴、横轴和立轴转动;改变或保持飞机的飞行姿态,保证飞机的操纵性与稳定性;改善飞机的起飞着陆性能。飞行操纵系统是飞机的重要组成部分,对于民航飞机来说,飞行操纵系统的工作性能直接影响飞机的飞行安全和乘坐舒适性。

    根据定义,飞行操纵系统可分为三个环节,通常可认为操纵系统由操纵机构、传动机构或装置、操纵面三个部分组成,如图3-1所示。

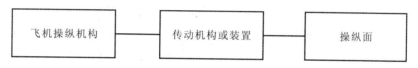

**图3-1　操纵系统的基本组成环节**

    其中,操纵机构位于驾驶舱中,用于接收驾驶员的操纵指令,包括主操纵机构和辅助操纵机构;传动机构或装置主要用于传递操纵指令,驱动舵面运动,将操纵机构与操纵面连接起来。在无助力机械式飞行主操纵系统中,传动是由一些机械机构来完成的,称为传动机构;而在液压助力机械式飞行主操纵系统、电传操纵系统和辅助操纵系统中,传动部分是由一些机构和装置组成的,习惯上称为传动装置或传动系统。比如舵面驱动装置中的液压助力器,操纵力感觉装置及电动机,电传操纵系统中的飞行控制计算机等。操纵面即舵面,包括主操纵面和辅助操纵面。

    根据操纵面类型的不同,飞行操纵系统可分为主操纵系统和辅助操纵系统。飞行操纵系统的主要功能及操纵面见表3-1。图3-2所示为现代民用运输机的操纵面及其在飞机上所处的位置。

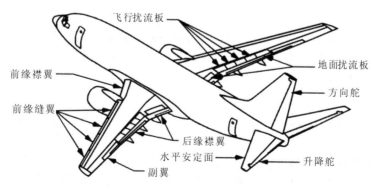

**图3-2　飞行操纵面**

表 3-1　飞行操纵系统的主要功能及操纵面

| 飞行操纵系统 | 主要功能 | 操纵面 |
| --- | --- | --- |
| 主操纵系统 | 横侧操纵 | 副翼 |
| | 偏航操纵 | 方向舵 |
| | 俯仰操纵 | 升降舵或全动平尾 |
| 辅助操纵系统 | 配平操纵 | 配平调整片、可调水平安定面 |
| | 增升操纵 | 襟翼、缝翼 |
| | 增阻和卸升操纵 | 飞行/地面扰流板 |

主操纵系统是指驱动副翼、升降舵和方向舵，使飞机产生围绕纵轴、横轴、立轴转动的系统。主操纵面包括副翼、方向舵、升降舵或全动平尾。大型民用运输机一般采用升降舵，而对于某些小型飞机因其飞行速度较低、升降舵尺寸较小，仅靠升降舵不能完全满足俯仰操纵的要求，故将水平安定面和升降舵设计成整体，称为"全动平尾"。副翼用于操纵飞机绕纵轴的滚转运动，实现横侧操纵；升降舵或全动平尾用于操纵飞机绕横轴的俯仰运动；方向舵用于操纵飞机绕立轴的偏航运动。

辅助操纵系统用来操纵襟翼、缝翼、扰流板、水平安定面等操纵面，以分别实现增升、减速、卸升、配平等作用。辅助操纵面主要包括增升装置、增阻装置和配平装置。

增升装置包括后缘襟翼、前缘襟翼和前缘缝翼。增升装置主要用于飞机在起飞、着陆、爬升和进近这些低速飞行过程中，产生足够的升力。当飞机进入正常巡航飞行时，增升装置不能使用，否则会造成机体结构的损坏，甚至导致飞行姿态难以控制，造成飞行事故。

增阻装置主要指扰流板，包括飞行扰流板和地面扰流板。飞行扰流板在空中起到减速，增加下降率，配合副翼进行横侧操纵等作用。飞行扰流板配合地面扰流板在着陆或中断起飞期间起到增加阻力、卸除升力、缩短飞机滑跑距离的作用。

配平操纵的主要作用是减小或消除主操纵力，减轻驾驶员的疲劳，修正飞机某些异常的飞行姿态。现代大型客机的俯仰配平操纵面为水平安定面，而在横侧及偏航方向上的配平是由改变主操纵面的中立位置来实现的。对于采用无助力操纵系统的小型飞机，配平操纵一般是由安装在主操纵面后缘的配平调整片完成的。

# 3.2　操纵机构及操纵力

飞机飞行操纵机构指驾驶员在驾驶舱中用于操纵飞行操纵面而直接作用的器件，包括主操纵机构和辅助操纵机构两部分。操纵机构在设计时应保证驾驶员手、脚操纵动作与人体生理本能反应一致，且各舵面的操纵应互不干扰。

## 3.2.1　主操纵机构

由驾驶员直接用于操纵主操纵面的机构，称为主操纵机构。主操纵机构由手操纵机构和脚操纵机构组成。民用飞机主操纵机构一般为并列式双操纵机构，即机长、副驾的驾驶盘、杆和脚蹬是联动的,正常情况下只允许一人操纵。

(1)手操纵机构

B737NG 飞机采用并列驾驶盘式手操纵机构,如图 3-3 所示,当左右转动驾驶盘时,通过内部的圆锥齿轮传动装置,将驾驶盘的转动运动转变为驾驶杆内扭力管的转动,扭力管通过万向接头带动副翼钢索鼓轮转动,提供操纵副翼的信号。由于此时驾驶杆没有前后运动,升降舵不偏转。当前推或后拉驾驶盘时,驾驶杆前后运动,可操纵升降舵偏转,而由于万向接头的作用,副翼钢索鼓轮不转动,副翼不偏转。这种驾驶盘式手操纵机构,能保证升降舵与副翼操纵互不干扰。

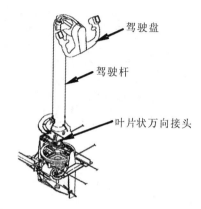

**图 3-3　B737NG 飞机驾驶盘式手操纵机构**

也有少数通用飞机采用驾驶杆式手操纵机构,如 SR20 采用驾驶杆式手操纵机构操纵副翼和升降舵,并保证两个方向上的操纵互不干扰,如图 3-4 所示。

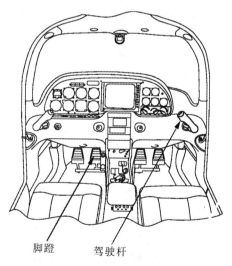

**图 3-4　SR20 主操纵机构**

上述两种手操纵机构中,驾驶杆式手操纵机构多用于机动性较好的小型飞机,而驾驶盘式手操纵机构多用于机动性要求较低的中型和大型飞机。

A320 飞机采用电传操纵系统,其手操纵机构采用"侧杆",打破了传统意义上的驾驶杆、驾驶盘式手操纵机构的概念。所谓"侧杆"是"侧杆操纵器"的简称,它将驾驶员的操纵信号转变成电信号输出到飞行控制计算机。

如图 3-5 所示,两侧杆分别位于机长、副驾驶座椅两侧的操作台上,侧杆上的优先权按钮可以控制自动驾驶仪的断开及侧杆优先权。两个侧杆未机械耦合,当一个侧杆运动时,另一个侧杆不会联动,机长和副驾驶可以同时操纵侧杆,舵面偏转角为机长和副驾驶操纵信号的代数和。前后推拉侧杆,操纵升降舵运动,左右压杆,操纵副翼运动,飞机纵向和横向的运动仍然是互不干扰的。

侧杆操纵器质量轻,尺寸小,便于操纵,不会遮挡驾驶员的视线,便于驾驶员观察仪表。

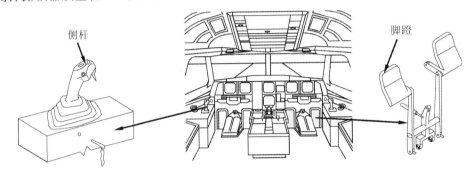

图 3-5　A320 飞机主操纵机构

(2)脚操纵机构

脚操纵机构主要用于操纵方向舵,现代飞机在地面还可用方向舵脚蹬操纵前轮转弯,踩下脚蹬可对主轮进行刹车。如图 3-6 所示,驾驶员蹬脚蹬时,是通过钢索、滑轮等构件的传动使方向舵偏转的,左、右脚蹬分别通过互联连杆连接,实现左、右脚蹬的联动。同时,驾驶员蹬脚蹬时动作是协调的,即一个脚蹬向前时,另一个脚蹬向后。对于图 3-7 所示的 A320 飞机脚蹬机构,左、右脚蹬也是联动的。驾驶员蹬舵时,通过钢索等构件控制液压助力器,从而驱动方向舵偏转。同时,RVDT(Rotary Variable Differential Transducer)传感器组件将驾驶员输入的脚蹬位置信号转变成电信号传递给飞控计算机。此外,驾驶员可以通过调节架组件,根据身材调节脚蹬的位置。

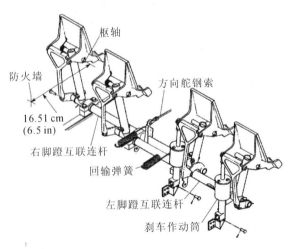

图 3-6　CESSNA172R 飞机方向舵脚蹬机构

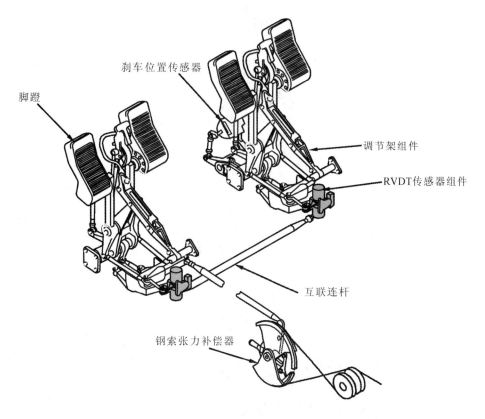

刹车位置传感器

脚蹬

调节架组件

RVDT传感器组件

互联连杆

钢索张力补偿器

**图 3－7　A320 飞机方向舵脚蹬机构**

## 3.2.2　辅助操纵机构

辅助操纵机构用于对配平装置、增升装置和扰流板进行操纵,使相应操纵面发生偏转。随飞机类型以及相应操纵面的传动动力不同,其操纵机构的位置和形式存在差异。在驾驶舱中,配平操纵机构为手轮、手柄、电门等;增升装置操纵机构为电门或手柄;扰流板操纵机构一般为手柄。

图 3－8 所示为 B737 客机辅助操纵机构,此种辅助操纵机构的布置形式是现代民用客机中较为典型的一种布置形式。扰流板控制手柄(减速板手柄)、襟翼控制手柄及配平手轮位于机长、副驾驶座椅之间的中央操纵台上,左侧的扰流板控制手柄用于操纵扰流板,右侧的襟翼控制手柄用于操纵后缘襟翼,前缘装置(前缘缝翼和襟翼)随动工作,配平手轮用于操纵水平安定面的偏转。

图 3－9 所示为小型通用飞机 SR20 的襟翼驱动电门,该电门位于驾驶舱中央操纵台上,此襟翼有三个位置,收上位、50％放出位和完全放出位,当襟翼到达相应位置时,襟翼驱动电门旁的襟翼位置指示灯亮。

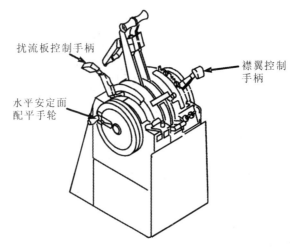

扰流板控制手柄

水平安定面
配平手轮

襟翼控制
手柄

图 3-8　B737 客机辅助操纵机构

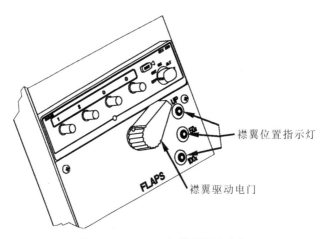

襟翼位置指示灯

襟翼驱动电门

FLAPS

图 3-9　SR20 飞机襟翼驱动电门

## 3.2.3　飞行操纵力

### 3.2.3.1　主操纵原理

如图 3-10 所示,主操纵的基本原理是操纵主操纵面偏转,产生附加气动力对飞机机体坐标系的纵轴、横轴和立轴形成转动力矩,改变飞机的横侧、俯仰和航向姿态。

1) 横侧操纵。转动驾驶盘可操纵副翼。向左转驾驶盘时,左侧副翼向上偏转,同时右侧副翼向下偏转,从而导致左侧机翼的升力减小,而右侧机翼的升力增大,这样就产生了绕飞机纵轴的滚转力矩,使飞机向左滚转。反之亦然。

2) 俯仰操纵。前推或后拉驾驶盘可操纵升降舵偏转。当前推驾驶盘时,升降舵向下偏转,飞机水平尾翼的升力增大,产生绕横轴的下俯力矩,使飞机低头。反之亦然。

3) 偏航操纵。方向舵用于操纵飞机绕立轴的转动。当向前蹬左脚蹬,右脚蹬向后运动时,方向舵向左偏转,作用于垂直尾翼上的空气动力使飞机机头向左偏转。反之亦然。

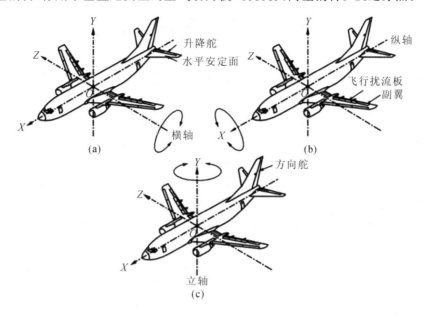

图 3 - 10  主操纵原理
(a)俯仰操纵;  (b)横侧操纵;  (c)偏航操纵

### 3.2.3.2  主操纵力

主操纵力即驾驶员进行主操纵时施加在主操纵机构上的力。如图 3 - 11 所示,舵面偏转时,舵面上的空气动力 $\Delta Y_{舵}$ 会对舵面枢轴(铰链)形成枢轴力矩($M_{枢轴}$),也称为铰链力矩。该力矩迫使舵面回到中立位置。驾驶员在操纵机构上施加的操纵力($P$)传递到舵面上,产生使舵面偏转的操纵力矩。在不计摩擦的情况下,为了保持舵面的偏转,要求该操纵力矩与枢轴力矩平衡。由空气动力学知识可知,作用于舵面上的气动力随舵面面积、飞行速度和舵偏角的增大而增大,而随飞行高度的增大而减小。因此,当其他条件一定时,主操纵力也随舵面面积、飞行速度和舵偏角的增大而增大,随飞行高度的增大而减小。

驾驶员是依靠自身感觉来操纵飞机的,对飞行操纵系统进行设计及维护时,不但应使主操纵力随飞行速度、飞行高度及舵偏角的改变而改变,还应使驾驶员感受到大小适当的主操纵力。主操纵力太小,则难于准确地控制操纵量,易造成操纵过量而导致飞机姿态失控;反之,主操纵力太大,会增加驾驶员的操纵负荷,甚至不能达到操纵要

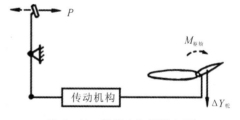

图 3 - 11  操纵力与枢轴力矩

求。因此,设计飞机时,一般都根据飞行姿态及舵面所受气动载荷的具体情况,采取相应措施将主操纵力限制在一定范围内。

驾驶员施加在辅助操纵机构上的力较小,该力不随舵面所受气动载荷的大小而变化,驾驶员也不需要通过该操纵力大小的感觉来驾驶飞机,因此一般不需要对辅助操纵力进行研究。

# 3.3 主操纵系统的类型

根据舵面的驱动方式,现代飞机飞行主操纵系统可分为无助力机械式飞行主操纵系统和助力式飞行主操纵系统。早期的助力式主操纵系统采用气动助力,之后出现了液压助力式主操纵系统。液压助力式主操纵系统又可分为液压助力机械式主操纵系统和电传操纵系统。现代飞机逐渐开始采用电气系统取代液压、气动和机械系统,出现了飞机上的主要功率为电功率的多电飞机。大量采用机电作动器(Electro-Mechanical Actuator,EMA)是多电飞机最重要的特征之一,广泛采用机电作动器和功率电传技术可显著减轻飞机的质量和寿命周期费用,大量的飞行试验也证实了机电作动器取代液压作动器对飞机整体性能有很大提高。今后飞机的发展趋势是发展多电飞机及在多电飞机的基础上发展全电飞机,即所有的次级功率均以电的形式传输、分配。

无助力机械传动式主操纵系统是靠人力驱动飞机主操纵面偏转的。驾驶员发出的操纵信号及施加在操纵机构上的操纵力由机械传动机构传递至舵面,舵面所承受的气动力也通过机械传动机构反传回主操纵机构,给驾驶员提供操纵感觉力,如图 3-12 所示。因此,这种主操纵系统的操纵灵敏性、准确性和安全性在很大程度上取决于传动机构工作性能的好坏。

小型低速飞机舵面尺寸较小,飞行速度较低(小于 500 km/h),舵面偏转时的气动力较小,驾驶员体力足以克服舵面气动载荷来操纵飞机。大多数的通用航空类飞机,包括用于飞行训练的飞机及某些支线客机,如 TB20,CESSNA172R,SR20 和运 5,运 7,新舟 60 飞机等,其主操纵系统均采用无助力机械式飞行主操纵系统。一些中型飞机的备用主操纵系统也采用这种形式。

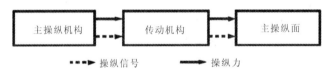

图 3-12 无助力机械式主操纵系统

随着飞机尺寸、质量的增大,飞机性能的提高以及飞行速度的增加,作用在舵面上的气动载荷急剧增加,单凭驾驶员体力难以操纵飞机。较早的助力式主操纵系统采用空气动力帮助驾驶员偏转舵面,即气动助力式,典型机型为 B707,DC-9,MD-82 飞机等。在气动助力式飞机上,驾驶员直接操纵铰接于主操纵面后缘的操纵片,通过产生的附加气动力带动主操纵面偏转,从而达到助力的效果。

20 世纪 40 年代末出现了液压助力机械式主操纵系统,现代民用运输机普遍采用此系统,它是在无助力机械式主操纵系统的基础上增加液压助力器而形成的。如图 3-13 所示,采用液压助力机械式主操纵系统后,主操纵信号通过机械传动机构传递至助力器的控制部分,由助力器的传动部分提供巨大的舵面操纵力驱动舵面偏转,使作用在舵面上的气动载荷部分或全部被克服。为使驾驶员能够在主操纵机构上获得适当的操纵感觉力,在系统中增加了操纵力感觉装置,为驾驶员提供人工模拟的操纵感觉力。液压助力机械式主操纵系统与无助力机械式主操纵系统相比,系统中除了含有主操纵机构、传动机构和主操纵面以外,还包含操纵力感觉装置和液压助力器等舵面驱动装置。目前多数民用大、中型运输机,如 B737,B757,B767,B747,DC－10,MD－11,A300 飞机等,均采用此种形式的主操纵系统。

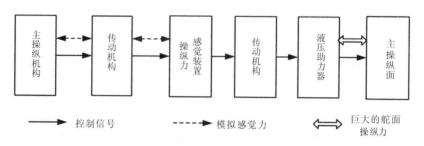

**图 3－13　液压助力机械式主操纵系统**

传统的机械操纵系统存在质量大、精微信号难以传递、系统易振动、控制增稳系统权限较小等缺点。20 世纪 70 年代初成功地研制和开发了"电传操纵系统"(Fly-By-Wire,FBW),较好地克服了机械操纵系统所存在的很多缺点。电传操纵系统主要由驾驶杆或侧杆(含指令传感器)、前置放大器(含指令模型)、传感器、飞行控制计算机和执行机构组成,如图 3－14 所示。

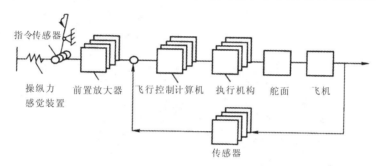

**图 3－14　飞机电传操纵系统示意图**

所谓电传操纵系统就是操纵信号采用电气传递方式,驾驶员的操纵指令由指令传感器转变成电信号,传递给飞行控制计算机。飞行控制计算机同时接收来自测量飞机运动参量(比如运动角速度、加速度等)的传感器反馈信号,并将这些电信号进行综合比较和运算处理,按照既定的控制规律,将控制指令输送到执行机构(舵回路),驱动舵面偏转,实现对飞机姿态的控制。采用电传操纵后,飞行的自动化程度大大提高,驾驶员从直接操纵者转变为监控者和管理者,显著降低了驾驶员的工作负荷,提高了飞行安全性。目前采用电传操纵的民用运输机有 A319,A320,A321,A330,A340 和 B777 飞机等。

# 3.4　无助力机械式飞行主操纵系统

## 3.4.1　传动机构

在无助力机械式主操纵系统中,主要利用传动机构将操纵信号传送到舵面;在液压助力机械式主操纵系统中也需要采用传动机构将操纵信号传送到助力器。飞行操纵系统传动机构的构件应具有足够的强度、刚度,并且应具备质量轻、维护方便、生存力强的特点。传动机构应保证操纵系统的灵敏性,防止因操纵系统的间隙和系统的弹性变形导致操纵延迟现象,使舵面能快速地随驾驶员的操纵而偏转。机械式传动机构包括软式传动机构和硬式传动机构。此外,某些飞机还会采用兼有软式和硬式传动机构的混合式传动机构。

### 3.4.1.1 软式传动机构

软式传动机构包括钢索、滑轮、扇形轮(扇形摇臂)、导向装置、松紧螺套或张力补偿器等。因为钢索具有挠性,只能承受拉力,所以必须构成钢索回路,以实现对操纵面的双向传动。软式传动具有构造简单,质量较轻,占用空间小,比较容易绕过机内设备等优点。其缺点是钢索受拉后容易伸长,使操纵灵敏度变差。钢索伸长后容易使舵面松弛,松弛的舵面在飞行中容易产生颤振。钢索经常与滑轮、扇形轮等接触,产生较大的摩擦力,容易磨损。如图 3 - 15 所示,CESSNA 172R 小型飞机的方向舵操纵系统就采用了软式传动机构。

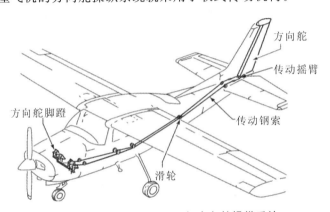

**图 3 - 15　CESSNA172R 飞机方向舵操纵系统**

#### 1. 钢索

(1)钢索构造和规格

飞机操纵钢索的单体结构是钢丝,通常采用不锈钢或碳素钢制成,碳素钢钢索表面通常包锌镀锡。不锈钢钢索的抗腐蚀性好,价格较贵,强度稍低于碳素钢,但其寿命较长,用于水上飞机和农用飞机。碳素钢钢索的抗拉强度好,主要用于民航客机。

飞行操纵系统使用的钢索通常以一束钢丝按螺旋形扭织成股,然后以一股为中心,其余各股汇合编织成为钢索。钢索的规格型号通常采用两位数编码,第一个数字表示股数,第二个数字是每股的钢丝数。应用最为广泛的航空钢索为 $7 \times 7$ 和 $7 \times 19$ 两类。

$7 \times 7$ 钢索由 7 股钢索构成,一股为中心股,其余 6 股缠绕在外面,每股有 7 根钢丝,如图 3 - 16所示。这种钢索具有中等柔曲度,一般用于配平调整片操纵和发动机操纵。

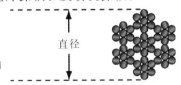

直径0.159~0.238 cm $\left(\dfrac{1}{16} \sim \dfrac{3}{32}\right.$ in $\left.\right)$　$7 \times 7$钢索　　　　7股,每股7根钢丝

**图 3 - 16　$7 \times 7$ 钢索**

同理,7×19 钢索由 7 股钢丝组成,但每股有 19 根钢丝,如图 3-17 所示。这种钢索柔曲度很好,因此通常用于主飞行操纵系统以及钢索与滑轮接触处。

不同规格的航空钢索直径也不同,钢索直径的范围一般为 $0.159 \sim 0.953$ cm($\frac{1}{16} \sim \frac{3}{8}$ in),如图 3-16 和图 3-17 所示,钢索直径应该从截面最大尺寸处测得。直径相同的钢索,股数越多,钢丝数越多,其柔曲度就越好。

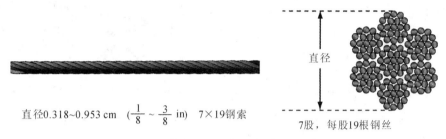

直径 $0.318 \sim 0.953$ cm　($\frac{1}{8} \sim \frac{3}{8}$ in)　7×19钢索

7股,每股19根钢丝

**图 3-17　7×19 钢索**

(2)弹性间隙和钢索预紧

由于操纵系统构件的弹性变形而产生的"间隙"通常称为弹性间隙。钢索的弹性间隙太大,就会使操纵的灵敏性变差。为了减小弹性间隙,操纵系统中的钢索在装配之前首先用相当于设计强度 50%～60% 的作用力进行预拉伸处理。装配时,钢索也必须预先拉紧,这个预先拉紧的力称为钢索的预加张力。

(3)钢索故障

钢索在使用中常见的故障是断丝、锈蚀、磨损等。如图 3-18 所示,钢索最容易发生磨损、断丝的部位是通过滑轮或导向器的位置,应重点检查。检查钢索断丝时,可手持抹布沿钢索擦拭,检查抹布被断丝钩住的地方。彻底检查钢索时,要把舵面运动到极限位置,暴露与滑轮、导向器接触处的钢索。出现断丝的钢索一般需要更换。

如果发现钢索表面锈蚀,要卸除钢索的张力,然后将钢索反向扭转,而使之张开,目视检查内部的钢索股是否锈蚀。如果内部钢索股锈蚀,表明钢索已经损坏,需要更换钢索。如果内部没有锈蚀,就用粗糙的抹布或纤维刷子,清除外部锈蚀。切勿用金属刷或溶剂对钢索除锈。金属刷混有其他金属颗粒,溶剂会除去钢索内部的润滑剂,这都能使钢索进一步锈蚀。对钢索进行彻底清洁之后,涂上防锈剂,能保护并润滑钢索。

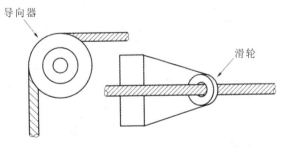

导向器

滑轮

**图 3-18　钢索常见的断丝位置**

(4)钢索接头

钢索接头主要用于将钢索连接到摇臂、松紧螺套、扇形轮等机构。钢索接头中的模压接头在飞行操纵系统中应用最广，且形式多样。将钢索插入接头中，经过模锻挤压，将钢索与接头连接。模压接头主要包括钢索球头、环眼接头、螺纹接头、叉形接头等（见图 3-19）。

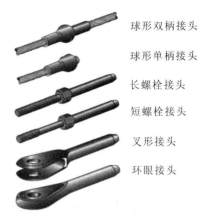

球形双柄接头

球形单柄接头

长螺栓接头

短螺栓接头

叉形接头

环眼接头

**图 3-19　钢索模压接头**

### 2. 滑轮、扇形轮及钢索鼓轮

滑轮（见图 3-20(a)）用来支持钢索和改变钢索的运动方向，通常由酚醛树脂（胶木）或铝合金制成。为了减小摩擦，在其支点处装有滚珠轴承。

扇形轮也叫扇形摇臂（见图 3-20(b)(c)），用铝合金制成，它除了具有滑轮的功用外，还可以改变传动力的大小，但不改变钢索的总长度，因而不会使钢索受到额外张力，钢索接头通常固定在扇形轮上，如图 3-21 所示。扇形轮支点处同样装有滚珠轴承。

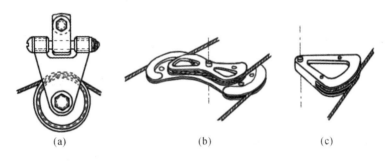

(a) (b) (c)

**图 3-20　滑轮和扇形轮**

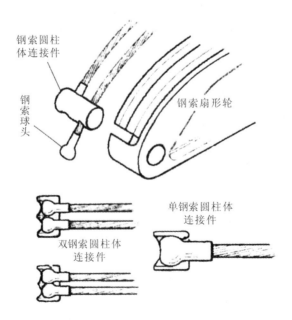

钢索圆柱体连接件

钢索球头

钢索扇形轮

双钢索圆柱体连接件

单钢索圆柱体连接件

**图 3-21　钢索与扇形轮的连接**

钢索鼓轮通常为圆形,除了具有滑轮的作用,还可驱动钢索运动,可用于主操纵系统或辅助操纵系统中。例如在某些配平调整片操纵系统中,鼓轮转动时,通过缠绕钢索,可作动调整片运动。钢索可以通过钢索球头或圆柱头与鼓轮连接。钢索可以驱动扇形轮或鼓轮,同样扇形轮、钢索鼓轮也可以带动钢索传递动力,而滑轮一般只作为从动件随同钢索转动。正常情况下,钢索不会相对于扇形轮、鼓轮、滑轮滑动。

### 3. 扭力管

扭力管广泛应用于飞行操纵系统中需要传递角位移和转动运动之处。扭力管可与扇形轮、钢索鼓轮固定在一起使用。钢索与扇形轮连接,扇形轮常固定在扭力管上,使得钢索可驱动扭力管转动。如图 3 - 22 所示,扇形轮带动扭力管转动,最终驱动传动杆实现往复直线运动。

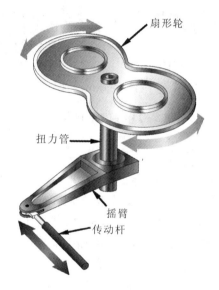

图 3 - 22　扭力管

### 4. 钢索导向装置

图 3 - 23 所示为几种常用的钢索导向装置。

导索环可以由非金属材料或金属材料制造。在钢索通过隔板或其他金属零件时,导索环将钢索完全包裹,起到导向的作用,并保证钢索成一条直线。一般要求导索环轴线与钢索轴线之间的偏斜角不能大于 3°。密封式导向器安装在钢索穿过承压隔框等需要密封的地方。密封式导索环要有足够的密闭性,既要防止增压舱空气的泄漏,又要不阻碍钢索的运动。必须定期检查密封导索环是否过度磨损,固定卡环是否脱出。导向滑轮用来给钢索导向,护挡装置把通过滑轮的钢索保持在应有的位置上,以防止钢索松脱、卡阻。

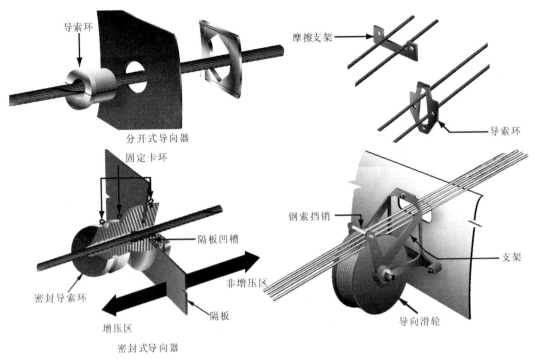

导索环

分开式导向器

摩擦支架

导索环

固定卡环

隔板凹槽

密封导索环

非增压区

增压区

隔板

密封式导向器

钢索挡销

支架

导向滑轮

图 3 - 23　钢索导向装置

### 5. 钢索张力补偿器

由于受到飞机机体结构变形、座舱压力变化和环境温度变化的影响,飞机机体结构和飞机飞行操纵系统之间会产生不同程度的相对变形,因而钢索可能会变松或变紧。钢索变松,其预加张力变小,将产生弹性间隙,降低操纵系统的灵敏性,还会使钢索与滑轮之间产生相对滑动,导致磨损。钢索过紧将使预加张力变大,会导致附加摩擦,使磨损加剧,操纵困难,且钢索容易断丝。钢索张力补偿器的作用是在一定范围内自动保持钢索的正确张力,特别是飞机在空中飞行时,其作用更为凸显。A320 飞机的钢索张力补偿器如图 3 - 24 所示,主要由滑管、滑架、摇臂、弹簧、扇形块等零件组成。钢索连接在扇形块上,两块扇形块可以绕 A 点转动。摇臂一端与滑架连接,另一端连接在扇形块上。滑架可以在弹簧或摇臂的作用下沿滑管上下滑动。例如,当环境温度降低时,机体金属结构的线膨胀系数一般比钢索大,因此机体结构的收缩率一般大于钢索,钢索反而是放松的。这时,在压缩的弹簧的推动下,滑架沿滑管向上运动,并且通过摇臂使扇形块前部闭合,从而使钢索重新张紧,达到调节张力的作用。有些张力补偿器上有刻度或指示孔指示钢索张力。

### 6. 松紧螺套

松紧螺套主要用于钢索张力变化时,特别是在环境温度变化较大的情况下,由机务人员在地面对钢索的预加张力进行调节。大型民用飞机在维护时可以按照需要调整钢索张力。小型通用飞机通常情况下是在季节变换时调整钢索张力,一年两次。

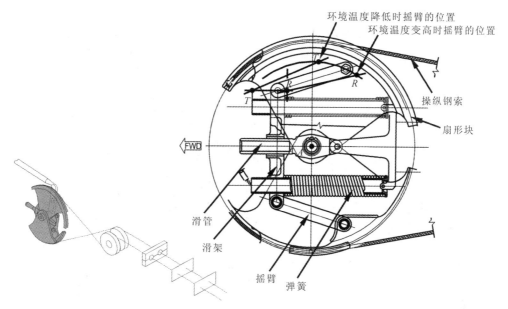

**图 3 - 24　钢索张力补偿器**

*T*—张力补偿器张紧时摇臂的极限位置；　*R*—张力补偿器放松时摇臂的极限位置

如图 3 - 25 所示,松紧螺套是由两个螺杆接头和一个螺套组成的。螺套的两端都有螺纹和螺杆接头配合使用,且一端构成左旋螺纹连接,另一端构成右旋螺纹连接。为了便于识别,一般带左旋螺纹的螺套一侧有凹槽或滚花。转动螺套可以使两端螺杆旋入或旋出相等距离,通过调节钢索长度来调整预加张力。松紧螺套装配时应注意在螺套内不能使用润滑油;调整后应检查螺纹拧入深度,露在螺套外的螺纹不得超过三牙;调节完成后,应按规定给松紧螺套打保险。

**图 3 - 25　松紧螺套**

### 3.4.1.2　硬式传动机构

硬式传动机构由刚性件组成,包括传动杆、摇臂和导向滑轮等,其特点是单条传动路线可实现推、拉两个方向的传动。硬式传动具有刚度大、操纵灵敏性好等优点,但其质量相对较大,所需空间大,不易绕过机内障碍。如图 3 - 26 所示为 TB200 飞机的副翼操纵系统,该操纵系统由传动杆、扭力管、摇臂等硬式传动机构组成。

#### 1. 传动杆

传动杆的杆身用铝合金或钢质管材制成,两端有接头,其一端或两端的接头通常是可以调整的。如图 3 - 27 所示,传动杆由管件、螺杆接头、锁紧螺母、可调杆接头等零件组成。传动杆的中部为管件,通过铆接(或焊接)的方式将管件与螺纹接头连接,两端的杆接头再与螺杆接头进行螺纹连接。此螺纹连接可用于调节传动杆的长度。对于某些类型的传动杆,在管件端部设计有检查小孔,以防止调整传动杆长度时,杆接头旋出过多,使螺纹的结合圈数过少,而发生螺纹连接松脱的现象。调节传动杆长度时,应该以通过检查小孔能观察到螺杆为宜。

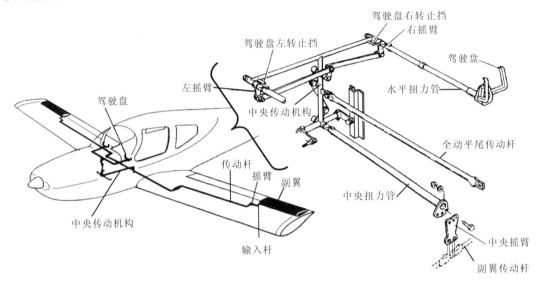

图 3-26　TB200 飞机的副翼操纵系统

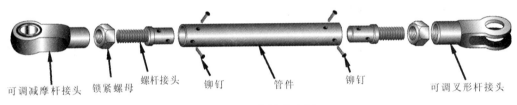

图 3-27　典型传动杆

　　传动杆的支撑件主要是摇臂,可通过环眼接头、叉形接头等与摇臂铰接,接头内通常装有轴承。对于要向两侧摆动或绕自身轴线转动的传动杆,必须装旋转接头或在接头上装球形轴承。传动杆长度一般不超过 2 m,以防止其失稳或与机体产生共振。如果必须使用长杆,则应在长杆中间加导向滑轮。

**2. 摇臂**

(1)摇臂的类型

　　摇臂通常由铝合金材料制成,按臂数可分为单摇臂、双摇臂和复合摇臂三类,如图 3-28 所示。有的单摇臂仅起支持传动杆的作用(见图 3-28(a)),有的还可改变力的大小及传动杆的位移和速度(见图 3-28(b));一端固定在舵面转轴上的单摇臂(见图 3-28(c)),用来使舵面偏转,习惯上叫作操纵摇臂。有些双摇臂两臂间的夹角恰好是 180°(见图 3-28(d)),有的则小于 180°(见图 3-28(e)),它们除了用来支持传动杆外,还可改变传动杆的运动方向和力的大小。复摇臂(见图 3-28(f))除了具有与双摇臂相同的作用外,还可用来同时传动几根传动杆。大部分摇臂传动中都要承受弯矩,承受弯矩的摇臂刚度都较大,维护、修理工作中不得任意更换。

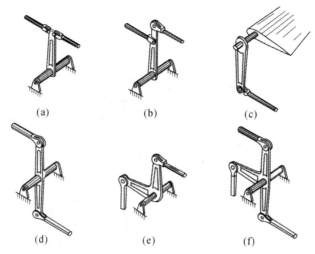

图 3 - 28　摇臂的类型

（2）差动摇臂

有些飞机的副翼是差动的。所谓差动，是指当驾驶杆左右偏转同一角度时，副翼上偏角度大于下偏角度，实现机翼两边的阻力平衡，防止不必要的偏航。实现差动操纵最简单的机构是差动摇臂。

差动摇臂是一种经过专门设计的双摇臂，如图 3 - 29 所示，当驾驶盘在中立位置时，双摇臂中的两个臂至少有一个臂与传动杆不成直角。当传动杆 $AC$ 从中立位置向左或向右移动同样的距离（$a_0 = b_0$）时，$OA$ 臂左右转动的转角是相等的（$\theta_1 = \theta_2$），因而 $OB$ 臂左右转动的转角也相等。但这时传动杆 $BD$ 向右移动的距离却大于向左移动的距离（$b > a$），因此舵面向上的偏转角 $\delta_1$ 大于向下的偏转角 $\delta_2$。

由此可见，差动摇臂的差动作用是靠摇臂与传动杆之间的角度保证的。如果当驾驶杆在中立位时，传动杆 $AC$ 与 $OA$ 臂也不成直角，则差动效果更大。因此，在维修工作中，尤其是在调整操纵系统时，必须注意保持摇臂与传动杆连接关系的准确性，以免改变舵面的差动角度，影响飞机的操纵性能。

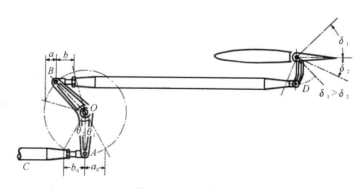

图 3 - 29　差动原理

如图 3 - 30 所示为新舟 60 飞机采用的副翼差动机构，通过传动杆驱动差动摇臂从而驱动副翼运动,用以消除副翼偏转造成的两机翼阻力差。

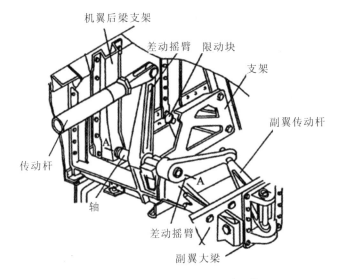

图 3 - 30　新舟 60 副翼差动机构

现代民用大型运输机的副翼操纵系统中并不设置差动机构,而安装一种特殊的副翼——弗利兹副翼。这种副翼向上和向下偏转的角度相同,但由于受到铰链位置的影响,使得副翼向下偏转时,前缘和上翼面平齐;而向上偏转时,依靠伸出下翼面的副翼前缘产生摩擦阻力和压差阻力来平衡两机翼的诱导阻力差,如图 3 - 31 所示。

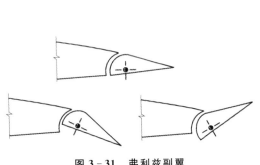

图 3 - 31　弗利兹副翼

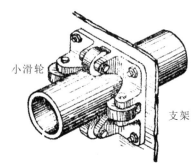

图 3 - 32　导向滑轮

### 3.导向滑轮

导向滑轮是由三个或四个小滑轮及其支架所组成的(见图 3 - 32)。它的功用是支持传动杆,提高传动杆的抗压稳定性,增大传动杆的固有频率,防止传动杆发生共振。在传动中,传动杆要与导向滑轮摩擦,故维护中应注意检查,防止磨损。

### 3.4.1.3　传动系数和传动比

**1.操纵系统的传动系数**

(1)传动系数的定义

驾驶杆(或脚蹬)移动的距离,可称为杆(脚蹬)位移。当驾驶杆(或脚蹬)移动一个很小的行程 $\Delta X$,舵面相应也会偏转一个角度 $\Delta \delta$。传动系数 $K$ 是指舵偏角 $\Delta \delta$ 与对应的杆位移 $\Delta X$ 的

比值(见图 3 - 33),即

$$K = \frac{\Delta \delta}{\Delta X} \tag{3-1}$$

驾驶杆杆力和舵面枢轴力矩之间也存在一定的关系,如果不计系统的摩擦力,驾驶杆输入的功等于克服枢轴力矩使舵面偏转所做的功,即

$$P \Delta X = M_j \Delta \delta \tag{3-2}$$

由此可得传动系数的另一个表达式:

$$K = \frac{P}{M_j} \tag{3-3}$$

根据公式(3-3)可知,传动系数的单位为 1/m。

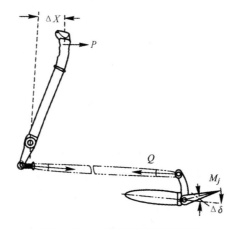

**图 3 - 33　操纵系统的传动系数**

(2) 传动系数的含义

据式(3-1),传动系数表示单位杆位移对应的舵偏角的大小。而根据式(3-3),传动系数又表示克服单位枢轴力矩所需杆力的大小。传动系数的大小应适当。传动系数过大,则杆力太大,操纵起来费力,而且杆行程有一个小的改变量时,舵偏角就很大,操纵太灵敏。传动系数过小,则杆力太小,操纵省力,但不便于根据力的感觉操纵飞机,而且由于对应相同的杆行程,舵偏角的改变量小,如果要让舵面偏转到极限位置,需要杆的全行程很大,需占用过多的驾驶舱空间,操纵灵敏性差。

由此可得出以下结论:操纵灵敏性较高的轻型飞机(如战斗机)的传动系数一般较大,而操纵灵敏性较低且舵面较大的运输机的传动系数一般较小。

**2. 传动比**

操纵系统的传动比 $n$ 是杆力 $P$ 与舵面操纵摇臂上的传动力 $Q$ 的比值,即

$$n = \frac{P}{Q} \tag{3-4}$$

因为当操纵系统处于平衡状态时,舵面枢轴力矩 $M$ 与传动力 $Q$ 之间有如下关系:

$$M = Qr \tag{3-5}$$

式中, $r$ 是传动力 $Q$ 对舵面铰链的力臂,其大小与操纵摇臂的臂长和舵面偏转角有关。因此

$$n = Kr \tag{3-6}$$

传动比是无量纲量,它和传动系数成正比,因此传动比和传动系数在描述操纵系统传动特性时,具有相同的意义。

**3.变传动系数机构 —— 非线性传动机构**

如图3-34所示,该坐标系横轴表示操纵行程$X$,纵轴表示舵偏角$\delta$,根据传动系数的定义可知,图上直线或曲线的斜率值即代表该传动机构的传动系数。直线1,2所代表的传动机构的传动系数为常数,即对应线性传动机构。显然,直线2所代表的传动机构的传动系数小于直线1所代表的传动机构的传动系数。曲线3代表的传动机构的传动系数为一变量,对应非线性传动机构。如图3-34所示,对于此非线性传动机构,当杆位移较小时,传动系数近似为常数;当杆位移增大到某个临界值时,传动系数随杆位移增大而增大,保证舵面能够达到足够大的偏转角。

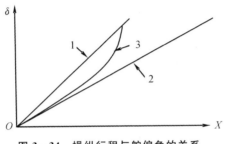

图3-34 操纵行程与舵偏角的关系

线性传动的操纵系统适用于低速飞机,但往往不能满足高速飞机的操纵性要求。因此对于高速飞机需要采用非线性传动机构。因为高速飞机的飞行速度范围很大,在小速度飞行时,由于动压较小,舵面效能比较低,需要较大的舵偏角才能操纵飞机,这时需要较大的传动系数;而在大速度飞行的情况下,由于动压较大,舵面效能比较高,不需要很大的舵偏角,所需的传动系数较小。

## 3.4.2 舵面锁定装置

采用无助力机械式主操纵系统的飞机停放或系留固定时,用锁定装置将舵面固定,可以防止阵风或持续大风损坏舵面和传动机构。有的飞机在大风中滑行时也锁住舵面,以保证滑行方向。常用的锁定装置有传动机构锁、操纵机构锁及外部舵面锁等形式。

### 3.4.2.1 传动机构锁

如图3-35所示,锁定装置的工作原理是利用弹簧加载锁销插入传动机构机件(摇臂或扭力管)上的销孔内使其不能移动。锁销由驾驶舱内的舵面锁手柄控制,当手柄置于"开锁"位置时,锁销在其加载弹簧的作用下回到开锁位。给舵面上锁时,扳动手柄,钢索传动使锁销插入销孔使传动机构固定,从而锁住舵面。副翼、方向舵一般锁在中立位,升降舵则锁在后缘下偏位。新舟60飞机就采用了传动机构锁,舵面锁系统还与发动机操纵油门杆联锁,以保证在开锁后才能起飞。

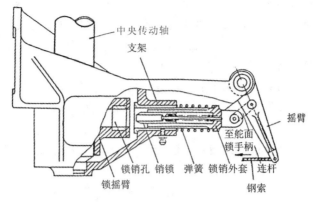

**图 3-35　传动机构锁构造**

### 3.4.2.2　操纵机构锁

操纵机构锁是通过一定方式将主操纵机构(驾驶盘、驾驶杆、脚蹬)固定的,使相连的传动机构不能来回运动,从而把舵面锁定在规定位置。图 3-36 表示一种典型的操纵机构锁。把驾驶盘水平扭力管上的锁孔与锁支架上的锁孔对准,将锁销插入锁孔,驾驶盘不能运动即对相应舵面上了锁。这时由于驾驶盘既不能转动,也不能前后移动,所以该锁定机构将副翼和升降舵锁定。而对方向舵而言,多数小型飞机的方向舵操纵系统与脚蹬相连,同时脚蹬又与前轮转弯机构机械连接或关联,因此当飞机在地面时,方向舵如果要在非操纵条件下偏转,前轮势必随之偏转。飞机停机后,地面对前轮的摩擦力正好阻止了方向舵意外偏摆,起到了方向舵锁的作用。

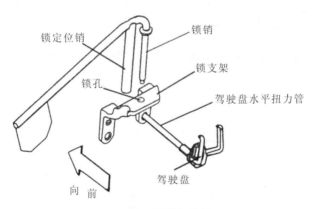

**图 3-36　操纵机构锁**

### 3.4.2.3　外部舵面锁

有些小型飞机采用更简单的外部舵面锁装置,如采用"人"字形钢索与舵夹的组合将方向舵与升降舵两边联锁成一体;用舵夹将副翼与相邻的电动襟翼后缘同时夹住而固定副翼;另一种方式是将专门开槽的木制挡块插入飞机固定结构与活动舵面之间的开缝处,从而将舵面固定在中立位置。

为了防止锁住舵面起飞危及飞行安全,在设计上采取了一些安全措施,如舵面锁手柄与油门杆联锁,舵面锁没有开锁之前,发动机油门杆不能前推加大功率起飞;有的飞机操纵机构被锁住时,发动机起动电门或磁电机钥匙孔被锁装置挡住而不能起动。如果使用的是外部舵面锁,在飞行前检查时必须将这些挡块取下。

虽然有以上防止舵面锁住情况下起飞的安全措施,但飞行前仍然需要加强检查,确保起飞前各舵面处于开锁位置。特别对于那些采用外部舵面锁的飞机,飞行前应重点检查舵夹、挡块是否取下。

采用液压助力式主操纵系统的飞机,液压助力器可吸收和减弱因阵风引起的舵面偏转振动,一般不设置舵面锁定装置。

## 3.4.3 舵面气动补偿装置

舵面枢轴力矩随着飞机舵面尺寸和飞行速度的增大而增大。当枢轴力矩较大时,可采用舵面空气动力补偿装置,减小枢轴力矩,从而减小操纵力。而对于某些飞机,有时也需要增大操纵力,防止操纵过量,或是提高舵面的操纵效能。舵面空气动力补偿装置的主要形式有轴式补偿、角式补偿、内封补偿和使用补偿片、配平调整片等。

### 3.4.3.1 轴式补偿

如图 3-37 所示,轴式补偿是将舵面的枢轴后移。舵面偏转时,作用于枢轴前、后的空气动力对枢轴形成方向相反的力矩,减小了舵面枢轴力矩。枢轴前的面积称为补偿面积。补偿面积越大,枢轴力矩越小,杆力越轻。但是,若补偿面积过大,就可能使驾驶杆力的方向与正常情况相反,这种现象叫过补偿。过补偿对于无助力操纵来说是不允许的。

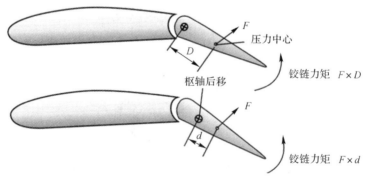

**图 3-37 轴式补偿装置**

### 3.4.3.2 角式补偿

角式补偿的原理和轴式补偿类似,只是它将补偿面积集中到舵面翼尖部分,如图 3-38 所示。角式补偿的主要缺点是气流容易在突角部位发生分离,高速飞行时还容易引起舵面抖振,常用于低速飞机。如图 3-38 所示,CESSNA172R 小型飞机升降舵尺寸较大,采用了角式补偿减小主操纵力。

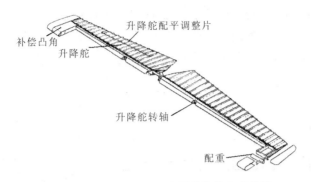

图 3 - 38 CESSNA172R 飞机升降舵角式补偿

### 3.4.3.3 内封补偿

内封补偿装置主要应用于大型飞机副翼和升降舵结构,也称为副翼平衡板和升降舵平衡板。如图 3 - 39 所示,飞机副翼平衡板位于副翼前部的机体结构内,副翼前缘与平衡板的一端铰接,平衡板的另一端与飞机结构铰接。在平衡板的两端,铰链组件进行密封连接,这就把舵面前缘的密闭空间分成上、下两部分,平衡板上的空气载荷取决于两部分空间的压力差。副翼平衡板上、下腔分别通过通气口与机翼上、下翼面相通。当没有横向输入时,平衡板两侧的压力保持副翼在中立位置。当副翼转动时,机翼上、下翼面的压力差产生变化,从而使与上、下翼面相通的平衡板上、下腔也产生压力差。例如,当舵面向上偏转时,导致平衡腔上腔的压力增大,同时下腔的压力减小,压力差作用于平衡板上,帮助舵面向上偏转。

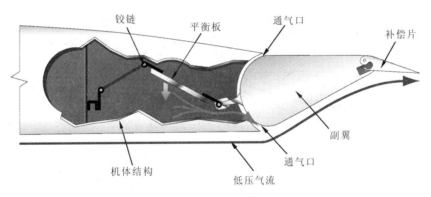

图 3 - 39 内封补偿装置

### 3.4.3.4 配平调整片与补偿片

(1)配平调整片

配平的功用是减小或消除主操纵力,以减轻驾驶员的操纵负荷。此外,当主操纵系统发生故障时,可通过操纵配平调整片对飞机进行应急操纵。对于采用无助力主操纵系统的小型飞机,配平操纵一般是由铰接在主操纵面后缘较小的可操纵翼面,即配平调整片完成的。

配平调整片是利用力矩平衡原理来减小主操纵力的。如图 3 - 40 所示,当舵面偏转时,舵

面气动力 $Y_{舵}$ 形成的枢轴力矩由驾驶员承受,若操纵配平调整片相对于舵面反向偏转,配平调整片产生的附加气动力 $Y_{调}$ 对舵面转轴形成与枢轴力矩相反的气动力矩,部分或全部抵消了枢轴力矩,从而减轻或消除了主操纵力 $P$。

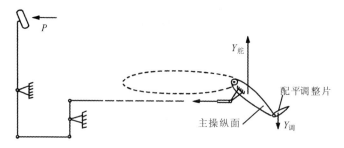

图 3-40  配平调整片原理

　　配平调整片一般是通过独立的操纵系统与驾驶舱相应的操纵机构相连,对配平调整片的操纵主要有机械式和电动式两种。如图 3-41 所示,机械式操纵一般直接转动配平手轮或摇柄,经钢索、螺旋作动器、传动杆等机构的传动使调整片偏转。手轮旁边一般有指位刻度盘,当刻度盘"0"位与"▶"标对齐时表示调整片处于中立位,如图 3-42 所示。电动式则按压相应的配平电门接通双向电动机,经螺旋作动器使调整片偏转,如图 3-43 所示。当调整片运动到极限位置时,相应的极限位置电门使电机断电,防止调整片过量偏转。配平操纵时,其配平手轮或电门的操纵方向应与主操纵动作方向一致。例如,进行俯仰配平时,向前转动配平手轮或向前按动电门则机头下俯,反之亦然。

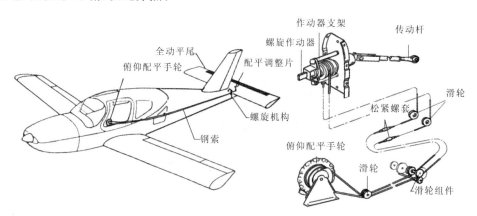

图 3-41  机械传动式俯仰配平操纵系统

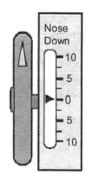

图 3-42  俯仰配平手轮及指示

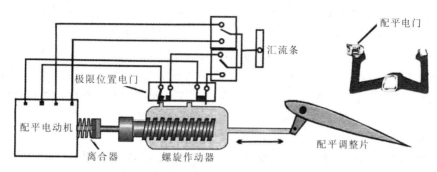

**图 3-43 电动式俯仰配平操纵系统**

某些小型通用飞机的配平调整片为固定在主操纵面后缘的金属片,通常为方向舵配平调整片,如图 3-44 所示。这种调整片在空中无法调节,维护人员可以在地面使其略微发生弯曲变形来达到配平飞机的目的。

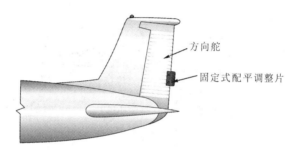

**图 3-44 固定式配平调整片**

应当注意的是,飞机起飞前,应根据飞机本次飞行的装载质量及重心等条件,将升降舵调整片预调到起飞性能所要求的位置,以便在抬头离地时操纵感力适当。某些小型单发活塞式飞机,为了克服螺旋桨滑流、进动和反作用力的综合影响产生的偏头力矩,起飞前还需将方向舵调整片预调一定角度。

(2)随动补偿片

如图 3-45 所示,随动补偿片在外形和作用上与配平调整片非常相似,所不同的是随动补偿片不需要驾驶员单独操纵。当主操纵面偏转时,通过摇臂、传动杆构成的铰链四杆机构自动驱动补偿片反向偏转,减小主操纵力。例如,新舟 60 飞机副翼后缘就采用了随动补偿片。

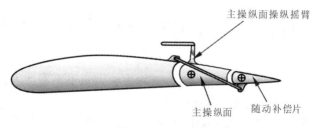

**图 3-45 随动补偿片**

(3)弹簧补偿片

如图 3-46 所示,弹簧补偿片与主操纵面操纵摇臂通过弹簧筒连接。当操纵力较小时,传给弹簧筒的力小于弹簧的初始张力,弹簧就不会伸张或压缩,补偿片也就不会相对于主操纵面偏转。当操纵力增大到足以克服弹簧的初始张力时,弹簧就会伸张或压缩,补偿片传动杆随之运动,使补偿片相对于主操纵面向反方向偏转,产生补偿力矩。

新舟 60 飞机的方向舵操纵系统中,采用了方向舵弹簧补偿片。当驾驶员蹬脚蹬的力超过一定值时,方向舵补偿片的弹簧补偿机构被拉伸或压缩从而使方向舵补偿片偏转,以减小驾驶员的主操纵力。

(4)反补偿片

某些小型飞机在俯仰操纵时,舵面枢轴力矩较小,造成主操纵力较小,驾驶员容易操纵过量,因此在升降舵或全动平尾后缘装有反补偿片,如图 3 - 47 所示。当主操纵面偏转时,反补偿片会同方向偏转,增大驾驶员的操纵感力。小型飞机 TB20 的全动平尾就采用了反补偿片。某些大型运输机也装有反补偿片,如 B777 飞机方向舵后缘下部装有反补偿片,随方向舵同向偏转,以提高操纵效能。

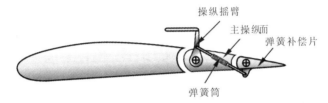

图 3 - 46　弹簧补偿片

图 3 - 47　反补偿片工作原理示意图

# 3.5　液压助力机械式飞行主操纵系统

随着飞机尺寸、质量及飞行速度的不断增大,舵面枢轴力矩也不断增大,大型高速飞机主操纵系统需要额外的动力来帮助驾驶员操纵舵面。

早期飞机采用气动助力,最典型的气动助力装置就是操纵片。操纵片(见图 3 - 48)直接和操纵系统的操纵摇臂连接,驾驶员通过操纵机构直接操纵的不是主操纵面,而是操纵片。操纵片偏转后,产生的空气动力对主操纵面枢轴形成操纵力矩,带动主操纵面反方向偏转,当主操纵面空气动力对枢轴形成的力矩和操纵片空气动力对枢轴形成的力矩相等时,就取得平衡,主操纵面稳定在一定的偏转角,而此时的枢轴力矩为零。在操纵过程中,驾驶员只需克服操纵片本身的枢轴力矩,比较省力。

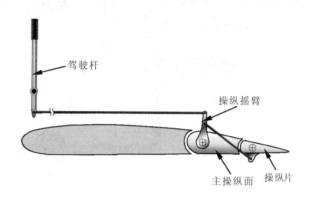

**图 3 - 48　操纵片**

随着飞行速度和高度的进一步提高,即使采用气动助力,驾驶员也难以操纵舵面。除了少数飞机采用气动助力式或电动助力式主操纵系统,目前绝大多数民用运输机都采用液压助力式主操纵系统。

### 3.5.1　液压驱动装置

#### 3.5.1.1　液压助力器

液压助力器(Power Control Unit,PCU)是一种以液压作为工作能源来驱动舵面运动的机械液压位置伺服功率放大装置,助力器输出的机械位移,与输入指令的机械位移量成正比。

液压助力器一般由分配机构(放大机构)、执行机构和反馈机构(比较机构)组成。分配机构起分配油路和改变控制活门开度的作用,同时还起到功率放大的作用。执行机构一般为液压作动筒,作用是将液压能转换为机械能带动负载运动。反馈机构则起到反馈输出信号的作用,它比较输入、输出信号,使负载的位移量能符合操纵指令的要求。现代运输机采用的液压助力器形式虽然多样,但组成及工作原理却基本相同。

(1)基本组成

图 3 - 49 为液压助力器组成示意图。它由控制活门组件和作动筒组件两个基本部分组成。配油柱塞与壳体构成控制活门组件,控制活门是一种典型的滑阀式液压放大器。作动筒组件则主要由活塞杆与壳体构成。

(2)基本工作原理

如图 3 - 50(a)所示,液压油从压力油口进入助力器,旁通活门在压力油作用下处于关闭位,将作动筒活塞左、右两边的油室隔开。无操纵输入时,控制活门配油柱塞在中立位,柱塞凸缘将通往作动筒活塞左、右两腔的油路封闭,作动筒活塞左、右两侧无压力差,壳体与活塞杆之间无相对运动,舵面被固定在确定位置。

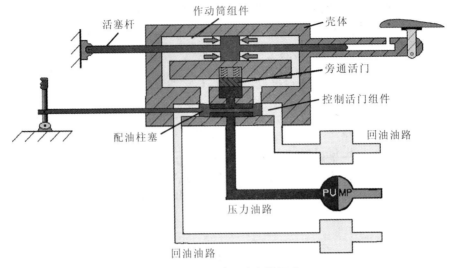

图 3 - 49　液压助力器组成

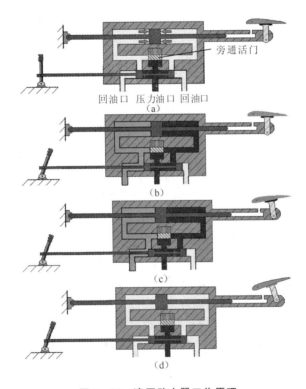

图 3 - 50　液压助力器工作原理

　　如图 3 - 50(b)所示,如果操纵驾驶杆使配油柱塞向右移动,作动筒右腔与压力油相通,左腔与回油路相通。如图 3 - 50(c)所示,助力器作动筒活塞杆与机体固连,作动筒壳体在油液压力差作用下相对活塞杆向右移动,驱动舵面后缘向上偏转。随着壳体的向右运动,控制活门内通往作动筒右腔的进油口逐渐减小,作动筒壳体仍不断向右运动,舵面后缘持续向上偏转。

如图 3-50(d) 所示,当舵面运动到与驾驶杆操纵量相对应的舵偏角时,柱塞凸缘恰好将作动筒左、右两腔油路封闭,两边油室内的油液被封闭在助力器内不能流出,壳体停止移动,因此舵面上的空气动力不能使传动活塞左右移动,舵面也就保持在相应偏转角位置上。

如果反方向(向左)操纵驾驶杆,则配油柱塞向左移动,助力器壳体就会相应向左移动,驱动舵面反方向(后缘向下)偏转。

当液压系统压力不足或液压助力器有故障时,配油柱塞内压力均为低压,旁通活门在自身弹簧作用下打开,作动筒左右两腔连通,解除液锁,助力工作状态自动切换成人工操纵,驾驶员可依靠自身体力推动壳体运动,进行应急操纵驱动舵面偏转。

由此可见,驾驶员实施液压助力操纵时,只要用很小的力通过驾驶杆控制配油柱塞,即可克服很大的舵面载荷,驱动舵面偏转。舵面偏转的方向、角度和角速度都随驾驶杆的运动而改变。

(3)B737NG 飞机副翼操纵系统液压助力器举例

如图 3-51 所示,B737NG 飞机副翼液压助力器由双重输入摇臂(主、次级输入摇臂)、控制活门、旁通活门、作动筒等组成。作动筒的活塞杆与飞机结构固定,作动筒壳体可相对活塞杆移动,产生输出位置信号。

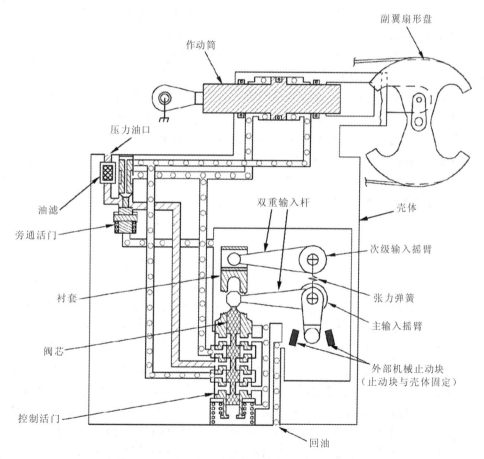

图 3-51　B737NG 副翼液压助力器(PCU)示意图

当液压系统压力正常时,压力油通过旁通活门的阀芯流入上腔,压缩弹簧使旁通活门下移并打开,则压力油可通到控制活门的阀芯和衬套。主输入摇臂和次级输入摇臂构成双重输入摇臂。液压助力器正常工作时,如果双重输入摇臂输入逆时针转动信号,控制活门阀芯及衬套离开中立位置下移,使通往作动筒的油路打开,右腔进油,而左腔通回油,作动筒外筒壳体右移,推动副翼偏转。随着外筒的右移,在反馈信号的作用下,推动控制活门阀芯及衬套上移。当副翼到达预定位置时,控制活门阀芯及衬套恰好回到中立位置,堵塞油路,控制过程结束。同理,如果双重输入摇臂输入顺时针转动信号时,外筒壳体将左移,副翼将反方向偏转。

当控制活门阀芯卡阻时,输入信号作动衬套相对于阀芯移动,打开油路,使作动筒移动,推动副翼偏转。

当液压助力器进口压力过低时,旁通活门在弹簧力作用下向上移动,使作动筒左、右两腔连通。人工输入信号可推动输入摇臂转动,接触止动块,直接推动作动筒外筒壳体移动,实现人工操纵。

### 3.5.1.2 操纵力感觉装置

采用液压助力操纵后,驾驶员通过操纵机构发出的仅仅是操纵信号,因此操纵力很小。为了在飞行中给驾驶员提供适当的感觉力,必须采取一定措施,使操纵感力随舵偏角及飞行速度等因素的改变而变化。

一种方法是将舵面气动载荷部分地通过传动机构反传给操纵机构,使驾驶员可以直接感受到舵面偏转产生的气动载荷,这种助力式主操纵系统称为可逆(有回力)助力操纵系统。

现代运输机的液压助力机械式主操纵系统一般为不可逆(无回力)式,即舵面的气动载荷全部由助力器承受,不能反传回操纵机构,因此驾驶员操纵舵面偏转时不能获得真实的感觉力。为了给驾驶员提供适当的操纵感觉力,以防止操纵过量和动作过于粗猛,在这类主操纵系统中装有操纵力感觉装置(又称载荷感觉器),提供模拟杆力。具有松杆时使驾驶杆自动回中立位功能的感力装置称为感力定中装置。在可逆助力主操纵系统中,为了在舵面枢轴力矩较小时,使操纵杆力不致过"轻",往往也装配有操纵力感觉装置。

常见的操纵力感觉装置有弹簧式感力定中装置、动压式感力装置、感力计算机等。

(1)弹簧式感力定中装置

弹簧式感力定中装置利用弹簧变形力随操纵量增大而增大的原理,提供随舵偏角改变的模拟感力。图3-52所示为B737飞机副翼操纵系统的感力定中凸轮机构。该机构主要由凸轮、滚轮、滚轮臂、弹簧、支架和连接臂等组成。支架空套在扭力轴上,一端与滚轮臂连接,另一端与连接臂连接。弹簧两端分别连接在滚轮臂和连接臂上。凸轮固定在扭力轴上,滚轮臂上的滚轮在弹簧作用下压紧在凸轮型面中心处(型面半径最小位置)。操纵副翼偏转时,扭力轴由传动机构驱动带动凸轮转动,从而推开滚轮使弹簧被拉长。随着操纵行程的增大,驾驶员在操纵过程中要克服的弹簧力也随之增大,这就提供了随操纵行程(舵偏角)变化的操纵感觉力。

当驾驶员松杆时,在弹簧力作用下凸轮反转使滚轮回到凸轮型面中心处,包括驾驶盘和舵面在内的整个副翼操纵系统都返回到中立位。这就为副翼操纵系统提供了定中功能。

在配平操纵期间,当操纵副翼配平电门时,副翼配平电作动器输出杆伸出或缩入,通过连接臂、支架、滚轮臂和拉紧的弹簧驱动凸轮转动,弹簧确保滚轮始终压在凸轮型面中心处,并带动凸轮一起转动。这就给副翼液压助力器一个输入信号,从而驱动副翼偏转,达到新的中立位,同时传动机构也带动驾驶盘偏转到新中立位,此时主操纵力为零,驾驶员能够松杆飞行。

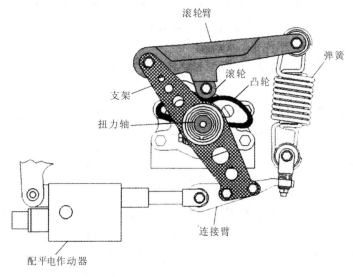

**图 3 - 52　副翼感力定中凸轮机构**

(2)动压式感力装置

如图 3 - 53 所示,少数飞机在传动系统中连接有动压(Q)罐,操纵信号通过一个三摇臂向助力器传递,同时拉动感觉作动筒的活塞克服气动压差而产生感觉力。感觉作动筒活塞左边接全压信号($p_0+\rho v^2/2$),右边接静压信号($p_0$),感力大小由全静压差,即动压($\rho v^2/2$)决定。飞行高度一定时,飞行速度增大则感力增大,反之减小;飞行速度一定时,飞行高度增大则感力随空气密度 $\rho$ 的减小而减小。由此提供随飞行速度和高度变化的操纵感力。

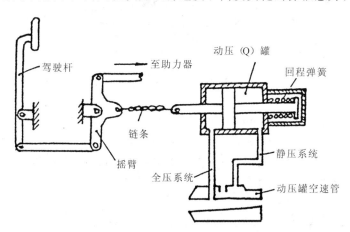

**图 3 - 53　动压(Q)罐式感力装置示意图**

(3)感力计算机

感力计算机是机械液压装置,常用于升降舵操纵系统中,与弹簧式感力定中机构配合使用。该装置感受全压信号、静压信号和可调水平安定面位置等信息,经该机械液压装置后,输出液压指令驱动感力作动筒,提供计量压力。这给感力定中弹簧增加了可调的附加感觉力,从而给驾驶杆提供一个与飞行速度、高度和安定面位置等因素相关的模拟感觉力。升降舵控制飞机的俯仰运动，一旦感觉力不准，就会导致操纵过猛，严重威胁飞行安全。感力计算机提供的模拟感力与舵面气动载荷成一定比例，较为真实。

## 3.5.2 典型液压助力式飞行主操纵系统

飞行操纵系统通常分为主操纵系统和辅助操纵系统。飞机主操纵系统与辅助操纵系统不同，前者必须给驾驶员提供操纵力和位移的感觉，而后者则没有。

### 3.5.2.1 副翼操纵系统

副翼位于机翼后缘，有些飞机有两块副翼，分别铰接在左右机翼后缘靠近翼尖区域。在翼展较大的大型民用运输机中，常常配置四块副翼，两块位于机翼后缘内侧的全速副翼和两块外侧的低速副翼，这样的副翼配置也称为混合副翼，如 B747 飞机等。低速飞行时，内、外副翼共同进行横向操纵；高速飞行时，外侧副翼被锁定不能偏转，仅由内副翼进行横向操纵，如图 3－54 所示。A320 飞机副翼为襟副翼，在飞机起飞、进近着陆过程中，随着襟缝翼的放出，位于两侧机翼后缘外侧的副翼也同时下偏，为没有后缘襟翼的机翼部分增加升力。

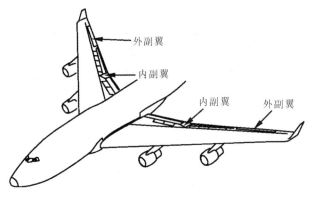

**图 3－54　混合副翼**

在安装有 EICAS(Engine Indication and Crew Alerting system)或 ECAM(Electronic Centralized Aircraft Monitoring)系统的飞机上，相应的显示屏会显示副翼、升降舵、方向舵这些主操纵面的位置。图 3－55 所示的显示页面指示舵面均处于中立位置，当舵面偏转时，相应的三角形指针将沿刻度移动，指示舵面位置。

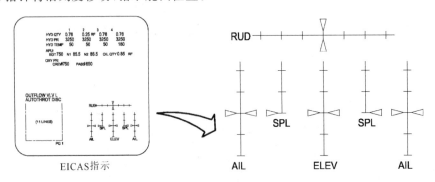

**图 3－55　主操纵面位置指示**

如图 3 - 56 所示为 B737NG 飞机副翼操纵系统,它是典型的液压助力机械式操纵系统,它采用并列驾驶盘式操纵机构。两驾驶盘通过互联鼓轮柔性相连,正常情况下实现联动。转动任何一个驾驶盘,副翼操纵信号都是通过左侧副翼操纵鼓轮、左侧副翼钢索回路传递。左侧钢索回路驱动副翼输入扇形轮转动,带动副翼输入扭力管转动,通过输入摇臂和输入杆向液压助力器提供较小的操纵信号,再由助力器依次通过输出摇臂和输出扭力轴、输出互联鼓轮、机翼展向的钢索回路、两侧机翼上的扇形轮及传动杆,提供较大的操纵力,最终驱动副翼一侧上偏,一侧下偏。右侧扰流板钢索回路正常操纵时没有操纵信号输出,当左侧副翼驾驶盘或其操纵系统卡阻时,可通过右侧扰流板钢索回路驱动单侧飞行扰流板上偏,进行应急横滚操纵。

由图 3 - 56 可见,驾驶盘转动的机械信号通过传动机构,输送到两个独立的液压助力器,两个液压助力器分别由液压系统 A 和 B 供压,这样做提高了系统的可靠性,即使只有单个助力器正常工作,也可保证两侧副翼的正常偏转。

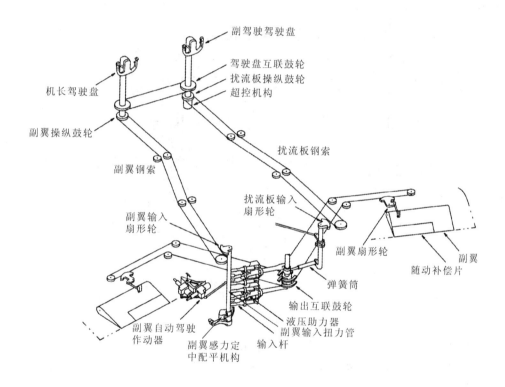

**图 3 - 56　B737NG 飞机副翼操纵系统**

(1)驾驶盘柔性互联机构

现代民航飞机采用的并列驾驶式操纵机构一般采用柔性连接。当一个驾驶盘卡阻时,另一个驾驶盘仍能转动,以保证飞机的横向操纵。

图 3 - 57 所示为 B737NG 飞机驾驶盘柔性互联机构,其左副翼互联鼓轮和副翼操纵鼓轮都与左驾驶盘扭力轴固定连接;而右副翼互联鼓轮空套在右驾驶盘扭力轴上,通过扭力弹簧与右驾驶盘扭力轴连接。

正常工作情况下,当转动左驾驶盘时,通过互联鼓轮和扭力弹簧,使右驾驶盘随动;当转动右驾驶盘时,右驾驶盘扭力轴通过扭力弹簧、互联鼓轮,使左驾驶盘同时转动。在此种情况下,扭力弹簧没有发生扭转变形,左、右驾驶盘相当于刚性连接。

如果右驾驶盘发生卡阻不能转动,机长可以操纵左驾驶盘转动,通过左副翼互联鼓轮、钢索及右副翼互联鼓轮,克服弹簧扭转变形的弹簧力,最终只能通过左钢索系统操纵副翼;如果左驾驶盘发生卡阻不能转动,副驾驶可克服扭力弹簧力,操纵右驾驶盘转动并超过一定角度,使安装于右驾驶盘扭力管底部的摇臂与空行程挡块接触,驱动扰流板控制鼓轮转动,从而操纵飞行扰流板,进行应急横侧操纵。

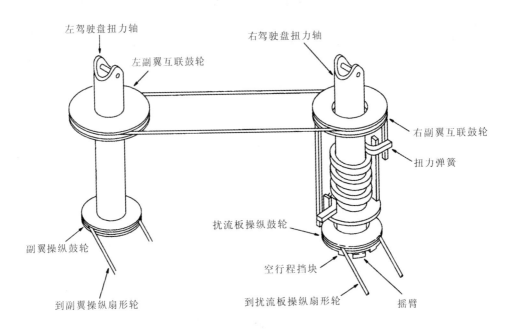

图 3 - 57　B737NG 飞机驾驶盘柔性互联机构

(2)飞行扰流板辅助副翼进行横滚操纵

转动驾驶盘超过一定角度时,副翼上偏一侧的飞行扰流板成比例升起,辅助副翼进行横滚操纵。这样可以增加副翼的操纵效能,防止副翼反效。同时使副翼上偏一侧机翼阻力增大,防止发生不必要的偏航。

(3)副翼内封补偿及随动补偿片

在 B737NG 飞机副翼前缘内部采用了内封补偿装置,而在副翼后缘配置了随动补偿片。这两种舵面补偿装置结合起来使用起到了更好的气动补偿效果。在正常操纵期间,副翼依靠液压助力器驱动偏转;液压助力器失效时,驾驶员只能依靠体力驱动副翼偏转,舵面补偿装置起到了减小主操纵力的作用,使驾驶员能够更加省力地在紧急情况下操纵飞机。

### 3.5.2.2　升降舵操纵系统

升降舵铰接于水平安定面的后缘,有些飞机有 2 块升降舵,如 B737(见图3-58 ),B757 和 B777 飞机,B737 飞机升降舵操纵系统也采用了随动补偿片和内封补偿这两种气动补偿装置。

B747(见图3-59),B767等飞机则有4块升降舵,2块内升降舵和2块外升降舵。采用多块升降舵,可以避免水平安定面弯曲变形导致升降舵转动轴线弯曲,进而引起卡阻。

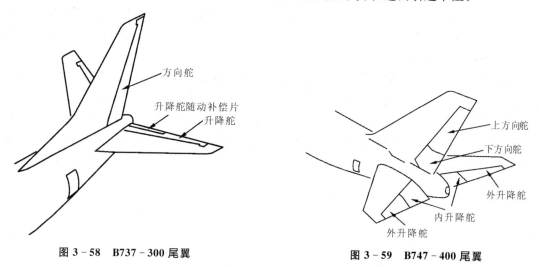

图 3-58　B737-300 尾翼　　　　　　　　　图 3-59　B747-400 尾翼

图3-60所示为B737NG飞机升降舵操纵系统。当操纵驾驶杆时,输入的机械信号通过升降舵操纵钢索驱动升降舵后扇形轮转动,从而驱动升降舵输入扭力管转动,通过升降舵PCU输入拉杆给升降舵液压助力器(PCU)提供输入信号,经液压助力器放大后,由助力器的输出端输出,最终通过升降舵输出扭力管作动升降舵偏转。此外,当水平安定面配平和马赫配平时,升降舵也要作相应的偏转。

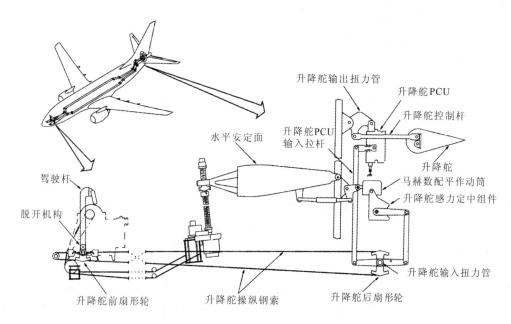

图 3-60　B737NG 升降舵操纵系统

(1)升降舵驾驶盘柔性互联机构

如图3-61所示,在操纵升降舵运动时,B737NG飞机的两个驾驶盘也是通过柔性互联机构柔性互联的。驾驶盘柔性互联机构安装于前输入扭力管,将左、右两段扭力管连接起来。此种设计允许在一侧驾驶盘卡阻的情况下,仍然可以操纵升降舵。

柔性互联机构通常采用凸轮滚轮型机构。凸轮连接于机长一侧扭力管,滚轮连接到副驾驶一侧扭力管的一个摇臂上。弹簧的一端固定在左侧扭力管上,而另一端固定于右侧扭力管上,两个弹簧保持滚轮在凸轮型面半径最小的位置。

正常情况下,推、拉任何一个驾驶盘,两段扭力管共同转动,此时相当于刚性连接。操纵机构的输入信号可通过左、右钢索实现远距离传递。如果右驾驶盘卡阻,前推或后拉左驾驶盘,左段扭力管可克服两个弹簧的弹簧力,使凸轮相对于滚轮运动,通过左侧钢索驱动升降舵偏转。同理,如果左驾驶盘卡阻,右段扭力管也可克服弹簧力,使滚轮相对于凸轮运动,通过右侧钢索驱动升降舵偏转。

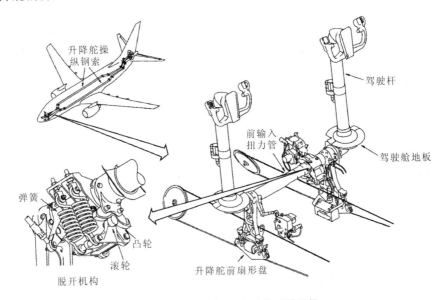

**图 3-61  B737NG 飞机驾驶盘柔性互联机构**

(2)升降舵感力定中装置

B737-300 飞机的升降舵感力定中装置如图 3-62 所示。该装置由感力定中凸轮机构、双重感觉作动筒和感力计算机组成。其感力定中凸轮机构为弹簧式感力定中机构,由壳体、定中凸轮、滚轮和滚轮臂、定中弹簧、定中连杆和摇臂等组成。定中弹簧将滚轮保持在凸轮中央,当驾驶盘移动时,扭力轴带动凸轮转动,将滚轮从凸轮近心点推开,使弹簧拉伸并给驾驶员提供感觉力。当驾驶员松开驾驶盘时,弹簧收缩,并使滚轮压紧凸轮,使凸轮回转;当滚轮回到凸轮近心点时,系统回到中立位置。双重感觉作动筒连接于感力定中凸轮机构下部,由外筒壳体和两个活塞杆组成,一个活塞杆端铰接于定中机构壳体上,另一个活塞杆端与一个摇臂铰接,此摇臂通过定中连杆铰接于定中凸轮。由感力计算机调节双重感觉作动筒内的液压压力,在高速时,当定中凸轮转动时,定中连杆上作用着由双重感觉作动筒提供的两个计量压力,为定中弹簧增加了可调的附加感觉力,使驾驶员感觉力增加。另外,当水平安定面移动,或马赫配平机构工作时,可改变感力定中机构的壳体位置,这使升降舵移动到一个新的中立位置。

双重感觉作动筒的液压油路与感力计算机相连,此压力与飞机飞行速度和水平安定面的位置有关。感力计算机内薄膜上、下腔可感觉大气总压和静压的压力差,此压力差即动压,与飞机的飞行速度有关。当飞机飞行速度增大时,薄膜向下鼓胀,推动力平衡活门向下移动,将通油口开大,使通往双重感觉作动筒的压力增大,从而使感觉力增大。反之,当飞机飞行速度减小时,感觉力减小。水平安定面偏转时,会作动凸轮转动,限制下垂弹簧的变形范围,从而影响薄膜移动的范围。当水平安定面从 0 单位(低头配平极限位置)向抬头配平极限位置运动时,凸轮逆时针方向转动,因而限制了感觉力随飞行速度增大的趋势。当水平安定面配平到 0 单位时,凸轮运动到最大感觉压力位置。

可以看出,操纵升降舵的感觉力不仅与驾驶盘操纵行程有关,还与飞机的飞行速度和水平安定面的位置有关。

(3)马赫数配平

对于某些现代飞机,当飞行速度增大到机翼上出现局部超音速区与局部激波时,由于超音速区大部分在机翼后段,机翼后段的升力增大,总升力作用点(压力中心)后移,飞机的低头力矩增大,使飞机出现自动下俯现象。马赫数配平装置是一套自动控制装置。当飞行马赫数达到产生自动下俯现象的数值时,马赫数配平装置自动操纵升降舵向上偏转一个角度,使飞机抬头,从而避免飞机出现自动下俯现象。

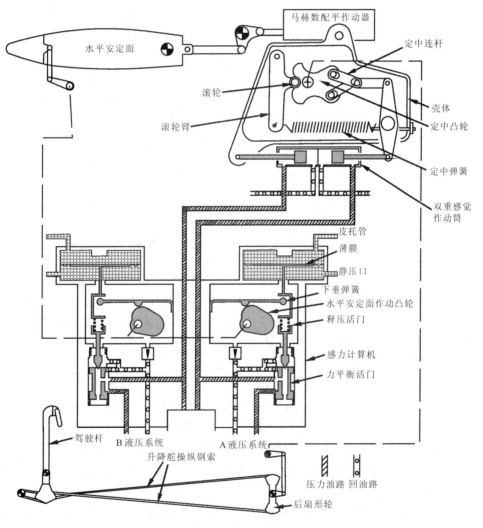

**图 3-62 B737-300 飞机升降舵操纵系统感力定中装置**

### 3.5.2.3 方向舵操纵系统

方向舵位于飞机垂直安定面的后缘,大部分飞机采用单块的方向舵舵面,如 B737(见图 3-58),B757,B767 和 B777 飞机。B747 采用两块方向舵,上、下两块方向舵舵面铰接于垂直安定面的后缘(见图 3-59)。上段方向舵偏转角度较小,下段偏转角度较大,它们分别由各自的助力器传动,并由不同的液压系统供压。

图 3-63 所示为 B737NG 飞机的方向舵操纵系统。当操纵方向舵脚蹬时,方向舵脚蹬带动方向舵前扇形盘,通过钢索带动方向舵后扇形盘,然后由后扇形盘给方向舵感力定中组件提供输入信号,并通过扭力管给主方向舵液压助力器和备用方向舵液压助力器(动力控制组件 PCU)的输入杆提供输入信号。主方向舵液压助力器由 A 和 B 液压系统供压,正常情况下由主方向舵液压助力器驱动方向舵偏转。当 A,B 液压系统失效时,方向舵备用液压助力器从备用液压系统获得液压压力,仍可驱动方向舵偏转。在 B737NG 飞机中,三个液压系统中只要有一个正常工作,就能提供方向舵的全程操纵。

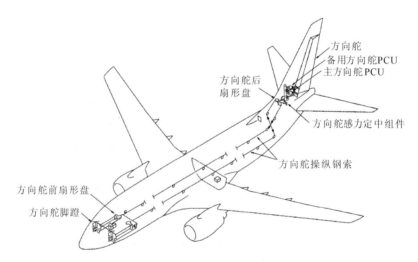

**图 3-63 B737NG 飞机方向舵操纵系统**

当操纵飞机水平转弯时,不能只操纵方向舵,需要靠副翼和升降舵协调转弯操纵。为了平衡飞机转弯时产生的离心侧滑力,应使飞机横向倾侧一定角度,利用机翼升力在水平方向的分量提供向心力,以平衡转弯离心力。而由于飞机侧倾,升力在垂直方向上的分量会减小,造成飞机高度下降。为了防止飞机的高度降低,在转弯时应向后轻拉驾驶盘,使飞机迎角增加。这就是飞机的协调转弯,即飞机转弯平稳且高度不变。

(1)偏航阻尼器

飞机以小速度大迎角飞行时,其方向静稳定性和横侧静稳定性发生变化,导致二者匹配失当,造成飞机侧向稳定性变差,可能发生滚转与偏航的合成振动,即飘摆振荡(荷兰滚)。飞机方向舵操纵系统中装有偏航阻尼器,根据空速信号和方向舵侧滑角加速度信号,经过偏航阻尼器处理,适时提供指令使方向舵相对飘摆振荡方向反向偏转,从而增大偏航运动阻尼,消除飘摆。

当驾驶员用方向舵脚蹬人工输入偏航指令时,偏航阻尼器自动进行小的偏航修正。偏航阻尼器工作时,对方向舵脚蹬无反馈。偏航阻尼器驱动方向舵的偏转角度要小于脚蹬操纵的方向舵偏转角。

（2）方向舵偏角限制器

为了改善高速条件下的偏航操纵性,大型运输机的方向舵控制一般还设置有方向舵偏角限制器。随着飞行速度的增加,方向舵的偏转角也随之被限制。例如,A320 方向舵最大偏转角的调节范围为 $\pm 25° \sim \pm 3.4°$。

# 3.6　辅助操纵系统

辅助操纵系统是飞行操纵系统的重要组成部分,驾驶员在操作时需要知道辅助操纵面的位置,因此系统中安装有位置指示器或指示灯。由于驱动装置本身的特点,当辅助操纵面被操纵到需要的位置时,不会在空气动力作用下返回到原来的位置。

## 3.6.1　增升装置

飞机低速飞行时,特别是在飞机起飞和着陆过程中,将增升装置放出,即可通过改变翼剖面的升力特性来增加升力,减小失速速度,从而改善飞机的起飞着陆性能。当增升装置放出时,虽然增大了升力,但同时也增大了阻力。对于后缘襟翼来说,一般起飞时放下角度较小,着陆时放下角度较大。在着陆进近阶段放出增升装置,可以实现较小的进场速度和较大的下滑角,从而缩短着陆滑跑距离。

### 3.6.1.1　增升装置的增升原理

飞机升力的公式为

$$Y = C_y \frac{1}{2} \rho v^2 S$$

式中,$Y$ 为升力;$C_y$ 为升力系数;$\rho$ 为空气密度;$v$ 为飞行速度;$S$ 为机翼面积。

由升力公式可以看出,通过增大升力系数、机翼面积和飞行速度,就可以提高升力。

增升装置的增升原理主要有以下四类。

（1）增加机翼弯度

改变翼剖面形状,增加翼型的弯度,使机翼的临界迎角增大,升力系数增加,从而提高升力。

（2）增大机翼面积

增大机翼面积可使机翼升力增大。

（3）控制机翼上的附面层

通过控制机翼上的附面层,使气流更好地附着在机翼上,并处于层流状态,延缓涡分离的发生。

（4）喷气加速

在环绕机翼的气流中,增加一股发动机的喷气气流,改变空气在机翼上的流动状态。

### 3.6.1.2 增升装置的驱动方式

现代民航客机增升装置的动力主要包括液压、气源或电力,驱动对应的液压马达、液压作动筒、气动马达、电动机等作动装置来作动增升装置。后缘襟翼和前缘襟翼、缝翼可采用一种或两种动力作动。例如,B737飞机增升装置在正常工作方式下通过液压马达作动,备用工作方式为电动机驱动。A320飞机的襟翼、缝翼正常情况下采用两个液压马达同时作动,备用方式下可由一个液压马达以半速作动襟、缝翼放出。B747-400飞机前缘襟翼正常采用气动马达驱动,备用方式为电动机驱动。小型通用飞机增升装置一般采用电动机作动。

增升装置的驱动方式主要有两种:旋转驱动和线性驱动。旋转驱动方式是将动力源的机械转动通过旋转作动器驱动后缘襟翼或前缘装置放出和收进,如图3-64所示。线性驱动是将动力源的机械转动通过丝杠机构转换成丝杠螺母的直线运动,驱动后缘襟翼收放。如图3-65所示,B757飞机将襟翼动力驱动组件的动力传递到扭力轴,扭力轴沿翼展方向传递扭矩,再通过齿轮箱和襟翼转换装置将运动沿飞机纵向传递,驱动螺母沿丝杠轴线运动,从而驱

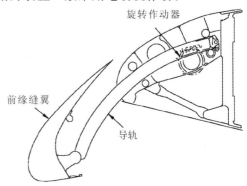

**图3-64 B757前缘缝翼旋转驱动**

动连接在丝杠螺母上的襟翼滑架运动,使连接在滑架上的后缘襟翼沿滑轨放出。有些飞机的前缘装置采用作动筒作动,也属于线性驱动。

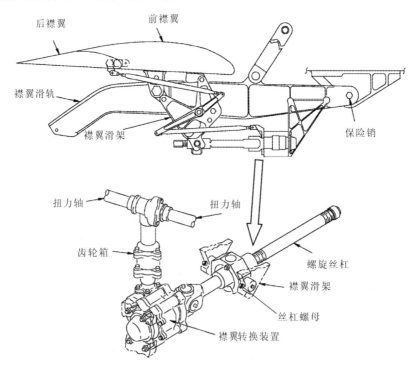

**图3-65 B757后缘襟翼线性驱动**

### 3.6.1.3　小型通用飞机的增升装置

小型通用飞机一般没有前缘襟翼,某些小型飞机装有前缘缝翼,一般采用固定式前缘缝翼,或气动可动式前缘缝翼。固定式前缘缝翼固定在机翼前缘,与机翼本体之间构成一条固定的狭缝,不能随迎角的改变而开闭。它的优点是构造简单,但在速度较大时,固定式前缘缝翼产生的阻力也急剧增大,因此目前在航空运输机上采用不多,只有个别低速通用飞机才使用,特别是需要大升力大迎角的飞机,如农用喷雾飞机多采用固定式前缘缝翼。

气动可动式前缘缝翼可以依靠空气动力的压力和吸力进行自动收放。当飞机在小迎角飞行时,机翼前缘的空气动力为压力,将前缘缝翼压在机翼上,使其处于闭合状态。如果迎角增大,则机翼前缘的空气吸力把它吸开,防止飞机在大迎角状态失速,如运 5 飞机即采用此类前缘缝翼。

小型飞机一般都装有后缘襟翼,它是铰接在两侧机翼后缘靠近翼根处的操纵面。小型飞机襟翼的作动方式一般为电动,少数飞机采用人工机械襟翼操纵系统,使用驾驶舱的襟翼控制手柄通过钢索或传动杆直接传动襟翼收放,如 PA44 飞机。在驾驶舱中央操纵台上或中央仪表板下部一般设置有襟翼控制手柄(少数为弹性电门),有多个卡位,供起飞、爬升、着陆及进近时选用。图 3 - 66 所示为某小型飞机电动襟翼操纵系统,当操纵襟翼控制手柄时,襟翼控制电路接通,襟翼收放操纵电门控制襟翼电机的工作。电机运转带动摇臂和传动杆运动,驱动襟翼放下或收上。当襟翼运动到全放下位、中间(起飞)位或全收上位时,相应的终点微动电门使驱动电机断电,从而使襟翼的位置与驾驶员选择的位置一致。

小型通用飞机可以采用襟翼位置指示灯、襟翼指位表或指针指示襟翼位置,如 CESSNA 172R 飞机采用襟翼控制手柄旁的襟翼位置指针指示襟翼位置。

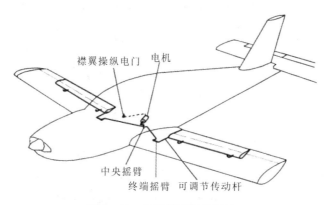

**图 3 - 66　电动襟翼操纵系统**

### 3.6.1.4　现代民航客机的增升装置

现代民航客机的增升装置一般包括后缘襟翼、前缘缝翼和前缘襟翼。后缘襟翼大多包括一对内襟翼和一对外襟翼,共有四块。后缘襟翼的形式主要有后退三开缝襟翼(也称为"三缝襟翼")、后退双开缝襟翼(也称为"双缝襟翼")和后退单开缝襟翼(也称为"单缝襟翼")。有些飞机的内、外襟翼类型相同,如 B737 - 300(见图 3 - 67),B737 - 800,B747 - 400 和 B757 飞机,而有些飞机的内、外襟翼采用不同的类型,如 B767(见图 3 - 68)和 B777。前缘缝翼一般为可动式缝翼,由液压作动;前缘襟翼通常为克鲁格襟翼。A320 飞机只有前缘缝翼而没有前缘襟翼。B747-400 飞机则只有前缘襟翼而没有前缘缝翼。对于既有前缘襟翼又有前缘缝翼的飞机,前缘襟翼一般位于大翼前缘、发动机内侧靠近翼根部位,而前缘缝翼一般位于大翼前缘,发动机外侧。后缘襟翼一般位于机翼后缘内侧。

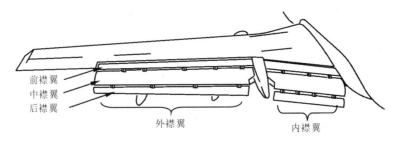

图 3-67　B737-300 后退三开缝式襟翼

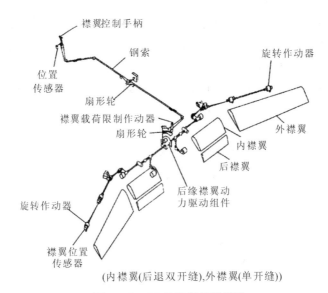

(内襟翼(后退双开缝),外襟翼(单开缝))

图 3-68　B767 飞机后缘襟翼

以 B737 飞机为例,其后缘襟翼有两种工作方式:正常及备用方式。

**1. 正常工作方式**

在后缘襟翼正常操纵期间,可使用襟翼控制手柄(见图 3-69)控制后缘襟翼和前缘装置的位置,当后缘襟翼运动时,前缘装置随后缘襟翼工作而作动。这样设计的好处是可以避免单独放出后缘襟翼时,因飞机迎角增大而导致的失速。此外,当襟翼和缝翼同时放出时,由后缘襟翼产生的使飞机低头的力矩与前缘装置产生的使飞机抬头的力矩相抵消,最终不会因放出增升装置而使飞机产生过大的俯仰力矩,产生不必要的俯仰姿态变化。

襟翼控制手柄有指示销,用以将襟翼控制手柄保持在卡槽盘的卡槽中。操纵襟翼控制手柄时,必须提起手柄,使指示销离开卡槽后才能移动手柄。在卡槽1和15处的限动卡口,可以让机组在单发复飞和正常复飞时快速将手柄扳动到这些位置。如图 3-70 所示,B737-300 飞机增升装置在起飞和着陆时放出的位置不同,在巡航时不能放出增升装置。前缘缝翼有三个位置:收进位、部分放出位和完全放出位,因而前缘缝翼采用三位置作动筒。前缘襟翼有两个位置:收进位和放出位。

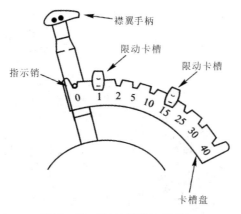

**图 3 - 69　B737 襟翼控制手柄**

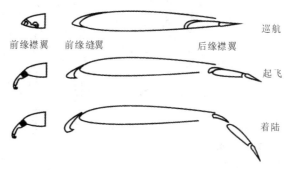

**图 3 - 70　B737 - 300 不同阶段增升装置的位置**

图 3 - 71 所示为 B737NG 飞机后缘襟翼操纵系统。当系统通液压油时,液压油首先通过优先活门。优先活门保证液压系统压力不足时,优先向前缘装置供油,而后才供给后缘襟翼。节流阀限制后缘襟翼的运动速度。襟翼控制组件由一个控制活门和襟翼卸载电磁线圈组成,当驾驶员驱动襟翼控制手柄时,通过传动钢索、扇形轮和传动杆等传动机构机械地带动襟翼控制活门阀芯离开中立位置,襟翼控制活门的移动将使液压马达通液压油,使液压马达输出扭矩。液压马达是一个可逆马达,既可使襟翼放下,也可使其收上。假设襟翼控制活门工作在放下位,则液压马达驱动扭力管向翼展方向传递扭矩,再由转换装置、丝杠螺母机构推动后缘襟翼放出,如图 3 - 72 所示。

当后缘襟翼移动时,输出扭力管带动反馈鼓轮转动,再由随动钢索带动随动鼓轮运动,该鼓轮带动多个凸轮运动,其中一个凸轮通过传动杆,作动襟翼控制活门向中立位置方向运动。当后缘襟翼到达预定位置时,襟翼控制活门返回到中立位置,供往液压马达的液压油中断,液压马达停止转动,后缘襟翼停在预定的位置。另一个凸轮转动,使前缘襟翼/缝翼控制活门连杆移动,从而带动前缘襟翼/缝翼控制活门。前缘襟翼/缝翼控制活门可将液压引到前缘装置作动筒,从而使前缘缝翼和前缘襟翼放出,实现随动运动。

在正常工作方式下,当襟翼受到过大的气动载荷时,襟翼卸载电磁线圈通电并带动控制活门中的套筒移动,使控制活门工作于收上位,给液压马达的收襟翼一侧提供液压动力,使襟翼收小一个角度,达到卸载的目的。在正常工作方式下,旁通活门位于"正常"位置,可让襟翼控制活门的液压动力供给到后缘襟翼液压马达,相当于没有旁通活门。

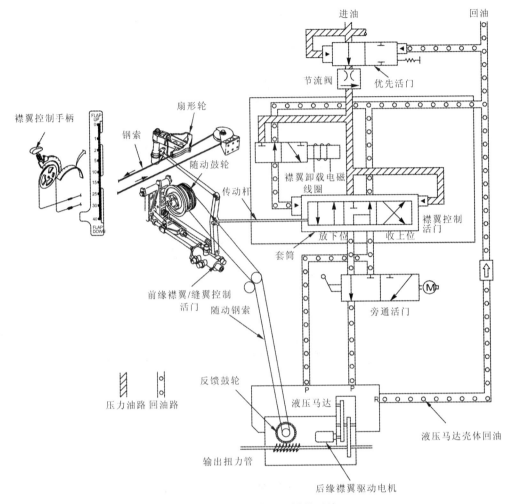

图 3-71 B737NG 后缘襟翼操纵系统

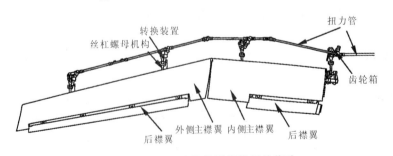

图 3-72 B737NG 飞机后缘襟翼的传动

### 2. 备用工作方式

如果正常工作方式故障,可采用备用方式。后缘襟翼的备用工作由备用襟翼电门控制(见图 3-73),一般由两个电门组成,一个是备用襟翼准备电门,另一个是备用襟翼电门。

当将备用襟翼准备电门扳到"ARM(预位)"位,旁通活门工作于旁通位,使液压马达两腔连通,解除液锁。此时将备用襟翼电门扳动到"DOWN(放出)"位,可使备用电机转动,驱动后缘襟翼放出。这时后缘襟翼可以收上或放下,但收放速度比正常工作方式下慢。在操纵襟翼电门的同时,电信号会传送到前缘装置备用关断活门,此活门打开后,可将备用液压源的液压动力引到前缘装置作动筒,使前缘缝翼和襟翼放出,此时前缘装置只能放下不能收上。

**3. 增升装置的位置指示**

图 3-74 所示为 B737 飞机后缘襟翼位置指示器,襟翼扭力管上的位置传感器将襟翼位置信号传输到驾驶舱内的指示器上。指示器上有襟翼的位置刻度,中间是襟翼位置指针。指针采用双指针形式,分别指示左、右侧后缘襟翼的位置。正常情况下,两指针重合,只能看见左指针,但襟翼发生不对称的故障时,两个指针分开。

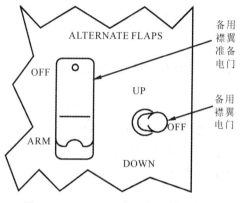

图 3-73　B737NG 备用襟翼控制电门

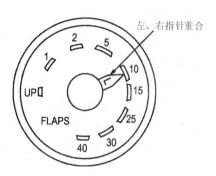

图 3-74　B737 后缘襟翼位置指示器

如图 3-75 所示为 B737 飞机前缘装置指示器,由前缘襟翼和缝翼位置灯构成。前缘襟翼有两个位置灯:过渡灯(表示襟翼处于运动状态)和伸出灯,而缝翼有三个位置灯:过渡灯、伸出灯和完全伸出灯。当前缘襟翼、缝翼在收上位时,所有灯熄灭;当前缘装置在移动的过程中,过渡灯亮;当前缘装置移动到伸出位或全伸出位时,相应的灯亮。在前缘装置指示器面板上有一个测试电门,当按压该电门时,所有指示灯亮。

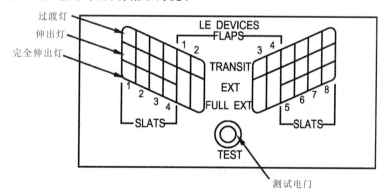

图 3-75　B737 前缘装置指示器

在有 EICAS 或 ECAM 系统的飞机上,襟缝翼位置在相应显示屏上显示。如图 3-76 所示,A320 飞机在 ECAM 系统显示屏上指示襟缝翼位置。

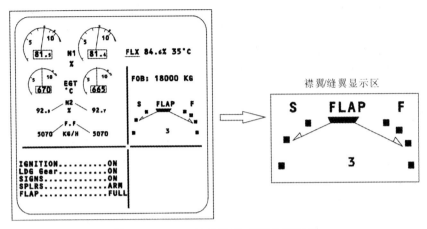

襟翼/缝翼显示区

**图 3 - 76　A320 飞机襟翼、缝翼位置指示**

### 4.襟翼保护

B737 飞机对后缘襟翼系统提供了以下保护功能,这些保护功能只能在正常工作方式下生效,在备用襟翼操纵期间,没有保护功能。

(1)不对称保护

由于后缘襟翼放出的角度大,如果放出时左、右两侧襟翼放出角度不同(两个内侧或两个外侧襟翼比较),且左、右侧襟翼角度差值超过系统设定的阈值时,相应控制系统会自动切断襟翼的工作,防止襟翼不对称状态的进一步扩大,如图 3 - 77 所示。

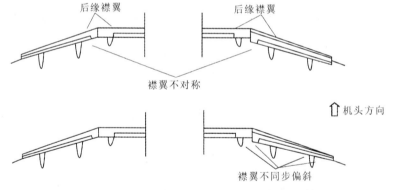

**图 3 - 77　后缘襟翼的不对称和不同步偏斜保护**

(2)不同步偏斜保护

如果同一块襟翼的内侧和外侧放出不一致,即为不同步偏斜,如图 3 - 77 所示。在不同步偏斜超过一定限度后,则相应控制系统会自动切断襟翼的工作,防止襟翼不同步偏斜的进一步扩大。

(3)非指令运动保护

如果襟翼系统存在故障,使襟翼在没有驾驶员指令的情况下移动,相应控制系统将探测并限制后缘襟翼行程。

(4)过载保护

在襟翼驱动机构中设置了襟翼载荷限制器,用于保护襟翼结构,防止过大的气动载荷损伤襟翼。当后缘襟翼处于完全放出位置时,如果某时刻的空速突然超某一预定值,后缘襟翼会自动收进到一个稍小的角度,防止襟翼结构承受过大的气动载荷。

如果缝翼不对称,则会产生很大的滚转力矩,因此有些飞机的前缘缝翼也设有不对称保护功能。A320 飞机在襟缝翼传动系统靠近翼尖处设有翼尖刹车(Wing Tip Brakes,WTBs),翼尖刹车在两侧襟缝翼出现放出不对称、超速、失控或非指令运动的情况下开始工作,使传动机构停止作动,并锁定在当前位置上。

**5.自动缝翼**

B737 飞机具有自动缝翼功能。自动缝翼是在飞机接近失速状态时,自动驱动前缘缝翼从"部分放出"位置,到"完全放出"位置,提高升力,防止发生失速。此外,A320 飞机缝翼还具有迎角锁定功能,此功能可在大迎角或低速时抑制缝翼收回,起到增升作用。此功能类似于B737 飞机的自动缝翼功能。

## 3.6.2 扰流板

扰流板一般安装在后缘襟翼之前,位于机翼上表面。如图 3-78 所示,当扰流板向上升起时,其前面的气流受到阻滞,速度降低,压力升高,减小了机翼上、下表面的压力差,而其后形成气流分离区,使机翼的升力减小。扰流板收进时,它紧贴在机翼上表面,不影响机翼表面气流的流动。

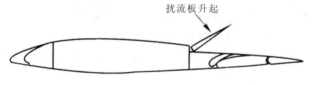

**图 3-78　飞机扰流板**

小型通用飞机一般不配备扰流板,而民航运输机在每侧机翼上表面对称布置多块扰流板,数量大多在 10~14 块之间,其中包括地面扰流板和飞行扰流板。如图 3-79 所示,B737NG 飞机每侧机翼有 6 块扰流板,在每个发动机吊架内侧有一块扰流板,外侧有五块扰流板。

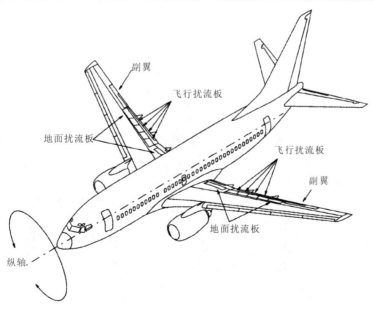

**图 3-79　B737NG 飞机扰流板**

扰流板控制手柄一般位于中央操纵台左侧,如图3-80所示。B737NG飞机扰流板控制手柄可人工作动,也可以自动作动。手柄主要有四个位置:DOWN(放下位),ARMED(预位位),FLIGHT DETENT(飞行卡位)和UP(升起位)。

### 3.6.2.1 地面扰流板

地面扰流板只能在地面工作,起卸升、减速作用。以B737NG飞机为例,扰流板具有地面自动减速功能,在着陆之前,提起扰流板控制手柄到"ARMED(预位)"位,当机轮接地开始滚动且两发动机油门杆在慢车位时,手柄自动移动到"UP(升起)"位置,所有的飞行扰流板和地面扰流板升起到最大角度。

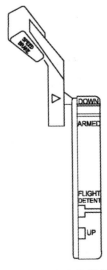

图3-80 B737NG飞机扰流板控制手柄

若扰流板自动减速功能没有生效,扰流板没有自动升起,则在地面可人工操纵扰流板控制手柄到"UP(升起)"位,所有扰流板就会放出到最大角度。此时机翼上表面的气流分离,机翼的升力被卸除,机轮与地面压力增大,提高了刹车效率,同时增大阻力,缩短飞机的着陆滑跑距离。

飞机着陆接地后,如任一油门杆前推,则所有扰流板自动放下,以便起飞加速,这时手柄自动移到"DOWN(放下)"位。在中断起飞过程中,驾驶员扳动至少一个反推手柄,扰流板控制手柄自动移动到"UP(升起)"位置,完全放出所有扰流板。

起飞前所有飞行和地面扰流板均应在"DOWN(放下)"位,否则加油门起飞时会出现起飞形态警告。

为了防止地面扰流板在空中升起,飞机在空中时,B737NG飞机空/地电门将地面扰流板内部锁活门置于空中位(见图3-81),切断使扰流板升起的供油油路,将扰流板锁定在放下位;在飞机落地后,空/地电门将扰流板内部锁活门切换到地面位,使地面扰流板可在地面完全放出。地面扰流板通常只有两个位置:升起位和放下位,因此作动装置为普通双向单杆液压作动筒。

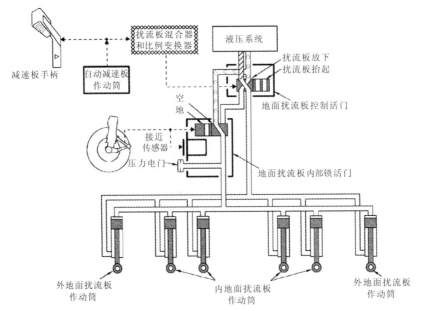

图3-81 B737NG飞机地面扰流板操纵原理图

### 3.6.2.2　飞行扰流板

飞行扰流板既可在地面使用,也可在空中使用。飞行扰流板可以在多个位置工作,因此一般采用液压系统控制。以 B737NG 飞机为例,飞行扰流板功能如下:

(1)辅助副翼进行横滚操纵

如图 3-82 所示,当驾驶员转动驾驶盘超过预定角度值时,飞行扰流板的操纵信号通过左侧副翼钢索回路传递到输出鼓轮,然后通过副翼弹簧筒、扭力轴、传动杆传递到扰流板混合器,最后通过沿机翼展向的钢索,驱动扰流板作动筒作动副翼上偏一侧的飞行扰流板成比例放出。在正常操纵时,副翼弹簧筒将副翼系统的输入传给飞行扰流板系统,使扰流板能够辅助副翼进行横滚操纵。如果副翼系统或飞行扰流板系统发生卡阻,弹簧筒急剧压缩,信号不能在两系统间传递,副翼弹簧筒将副翼系统和飞行扰流板系统相互隔离。

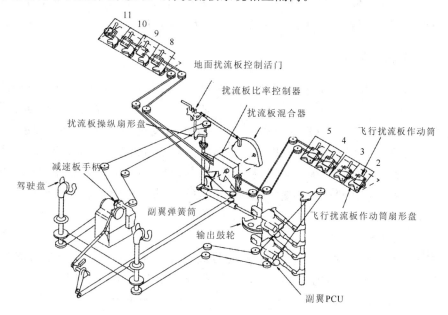

图 3-82　B737NG 飞机飞行扰流板操纵系统图

(2)飞机空中减速

飞机空中减速时,将扰流板控制手柄放到"FLIGHT DETENT(飞行卡位)",扰流板控制手柄的机械信号会输送到扰流板混合器,由混合器通过钢索再传送到飞行扰流板,左、右侧的飞行扰流板同时升起相同角度,进行空中减速。

在飞行扰流板进行空中减速的过程中,若此时驾驶盘转动角度超过预定值,飞行扰流板仍可以配合副翼进行横侧操纵。此时,扰流板控制手柄的信号和配合副翼横侧操纵的信号都输送到扰流板混合器(见图 3-83),混合器将两种信号叠加,然后输送到飞行扰流板,相当于两侧扰流板升起的角度差为左、右机翼提供了额外的升力差,来辅助副翼进行横滚操纵。

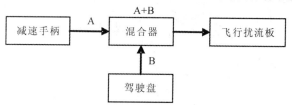

图 3-83　扰流板混合器框图

（3）应急横侧操纵

当左驾驶盘或副翼传动机构出现故障而卡阻时，飞行扰流板可以单独进行应急横侧操纵。此时转动驾驶盘时，一侧机翼的飞行扰流板打开，使这一侧机翼的升力减小，形成滚转力矩，操纵飞机围绕纵轴滚转。

（4）在地面起到卸除升力的作用

飞机着陆后，飞行扰流板配合地面扰流板，升起到最大角度，起到减速、卸除升力、缩短飞机滑跑距离的作用。

### 3.6.3　配平操纵

现代大型客机俯仰配平操纵的操纵面为水平安定面。在横侧及偏航方向上配平操纵的操纵面是主操纵面，配平是由改变主操纵面的中立位置来实现的。

#### 3.6.3.1　横滚和偏航配平

以 B737NG 飞机为例，当驾驶员需要进行横侧配平时，同时向左或向右扳动位于中央操纵台后电子板（P8 面板）上的两个副翼配平电门，如图 3-84 所示，此电门会作动副翼感力定中配平机构运动，达到消除操纵感觉力的目的。如向左扳动电门，副翼偏转，将使飞机向左滚转，反之同理，配平操纵始终与主操纵的方向一致。当驾驶员需要进行偏航配平时，可以旋转位于副翼配平电门旁的方向舵配平旋钮，从而作动方向舵感力定中配平机构运动，如向左转动旋钮时，方向舵偏转，使飞机向左偏航。如图 3-84 所示，方向舵配平指示器就位于副翼、方向舵配平电门上部，副翼配平指示器位于驾驶盘顶部，配平时，指针会指示向左或向右配平的单位，便于驾驶员观察。

横侧或偏航配平操纵主要在长时间保持盘旋或飞机出现较大不对称力矩的情况下使用。例如，当多发飞机的部分发动机失效时欲保持直线飞行，则需进行偏航配平。

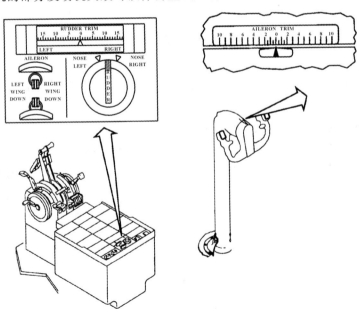

　　　　**图 3-84　副翼、方向舵配平电门及指示**

### 3.6.3.2　俯仰配平

现代大中型民航飞机由于纵向尺寸大,飞行中重心纵向位移量大,如果重心偏前或偏后量过大,单靠升降舵是不能完全实现纵向操纵的,需要配备可调水平安定面。

**1. 水平安定面配平输入**

以 B737NG 飞机为例,如图 3 - 85 所示,水平安定面可由驾驶盘上的配平电门控制。配平电门一般位于左驾驶盘左侧和右驾驶盘右侧,可由正、副驾驶员用拇指操纵。此电门有三个位置,"低头配平"位,"关断"位和"抬头配平"位。此电门为弹性开关,向前或向后作动开关后,水平安定面开始运动,在水平安定面运动到指定位置后,松开电门,电门会自动回中。除配平电门外,飞机上还有俯仰配平手轮可实现人工俯仰配平。

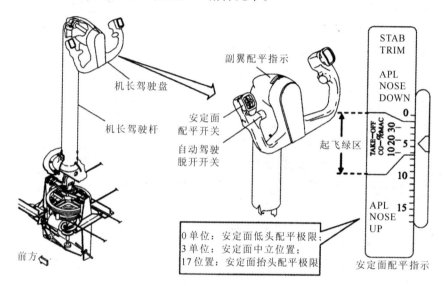

图 3 - 85　B737NG 水平安定面配平开关及配平指示器

B737NG 飞机水平安定面配平操纵系统包括三种输入形式:

（1）人工操纵

驾驶员使用安定面配平手轮进行人工俯仰配平操纵,手轮在中央操纵台两侧。人工配平手轮的转动也带动安定面配平指示器指针指示。如图 3 - 86 所示,安定面配平手轮转动时,通过链条驱动前钢索鼓轮,前钢索鼓轮通过钢索带动后钢索鼓轮运动,驱动齿轮箱、丝杠运动,当丝杠转动时,会带动丝杠螺母沿丝杠轴线上下移动,丝杠螺母安装在水平安定面前梁接头上,从而使水平安定面前缘相对于后缘偏转,调整安定面偏转角度。当水平安定面运动到指定位置时,升降舵随到中立位置。

（2）电动配平

驾驶员使用安定面配平电门进行俯仰配平操纵。当驾驶员操纵配平电门时,可给安定面配平作动器提供电力输入,配平作动器工作并驱动齿轮箱和安定面丝杠运动,从而驱动安定面偏转。

（3）自动驾驶操纵

自动驾驶仪给安定面配平作动器提供电气控制信号,按需自动驱动水平安定面偏转。安定面位置传感器给自动驾驶仪提供安定面实际位置信号。

在自动驾驶或主电动配平操纵期间,配平作动器将信号回传到安定面配平手轮,使手轮转动,从而对安定面配平进行指示。在电动配平操纵期间,如果驾驶员输入一个相反方向的升降舵操纵,驾驶杆电门组件使安定面电动配平停止,此功能称为"配平刹车"。

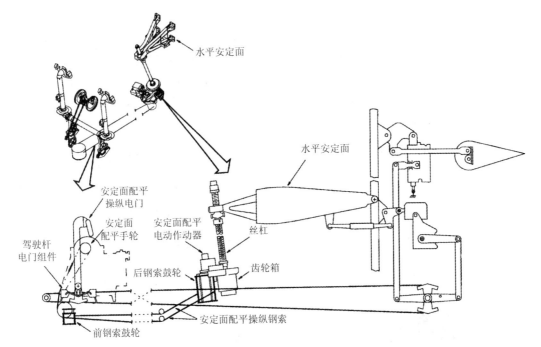

图3-86 B737NG飞机水平安定面配平操纵系统

以上三种输入的优先权是不同的:人工操纵的优先权最大,电动配平次之,自动驾驶仪输入的优先权最小。

总之,B737NG飞机水平安定面的作动动力可以是人力、电力。所有动力都要使用丝杠机构,通过鼓轮或电动作动器驱动丝杠转动,再将丝杠的转动转换成螺母的上下移动,驱动水平安定面上下偏转。

**2. 水平安定面指示及偏转角度**

B737NG飞机水平安定面配平指示器(见图3-85)位于配平手轮旁,用于指示水平安定面的位置。起飞前要将水平安定面配平到"起飞"(绿区)范围内,具体位置要根据飞机的装载确定。水平安定面位置指示器上的0单位并不是安定面中立位,而是飞机低头配平极限位。

水平安定面大多是单块式结构,负升力翼型。滚珠丝杠机构连接到前梁上,可驱动安定面前缘上、下偏转,其转轴靠近安定面后缘。水平安定面的中立位置是其水平位置,当前缘向上偏转时是飞机低头配平,向下偏转时是抬头配平,其最大的上偏角度(最大低头配平角度)一般为3°~4°,最大下偏角度(最大抬头配平角度)为11°~15°。图3-87所示为某一民航飞机水平安定面的偏转角度。现代民航客机水平安定面的偏转角度见表3-2。

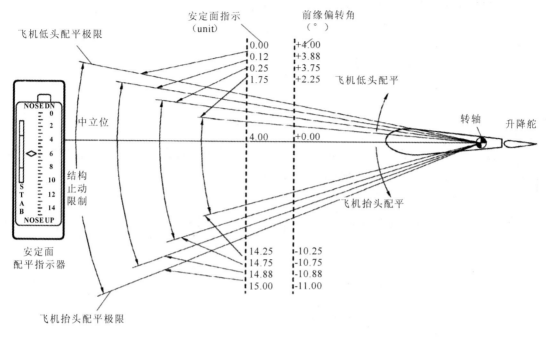

**图 3 - 87　某民航飞机水平安定面偏转角度**

**表 3 - 2　现代民航客机水平安定面的偏转角度**

| 安定面指示 | B737 - 300 | B737 - 800 | B747 - 400 | B777 | A320 | A330 |
|---|---|---|---|---|---|---|
| 0 单位 | +3° | +4.2° | +3° | +4° | +4° | +3° |
| 中立位 | 0°(水平) | 0°(水平) | 0°(水平) | 0°(水平) | 0°(水平) | 0°(水平) |
| 最大抬头 | −14° | −12.9° | −12° | −11° | −13.5° | −15° |

说明:安定面配平指示采用 units(单位)来表示,并不表示安定面的实际偏转角度

# 3.7　飞行操纵警告系统

飞机飞行操纵警告系统主要可分为起飞警告系统和失速警告系统两种。

## 3.7.1　起飞形态警告

飞机起飞前在地面上或在空中飞行时,若某些飞行操纵组件不在正确位置,起飞警告系统的音响警告组件会发出警告音提示驾驶员。

以 B737NG 飞机为例,当飞机在地面时,若油门杆位于起飞位,则发生下列任一情况都会触发起飞警告(见图 3 - 88):

1)减速板手柄未在"放下"位;

2)停留刹车没松开;

3)地面扰流板仍有液压压力;

4)前缘襟翼和缝翼没放下,或有非指令性运动;

5)后缘襟翼不在起飞位置,或有偏斜、不对称、非指令性运动;

6)水平安定面指针不在"起飞"(绿区)范围内。

当飞机在空中,且起落架起飞警告切断电路跳开关闭合时,如果下列两种情况发生,也会触发起飞警告:

1)前缘襟翼和缝翼没放下;

2)地面扰流板内部锁活门打开。

起飞警告为间歇性警告音,此时切断喇叭电门也不能关闭警告音,只有在飞行控制组件置于适当位置或油门杆均收回后才能使警告音关闭。

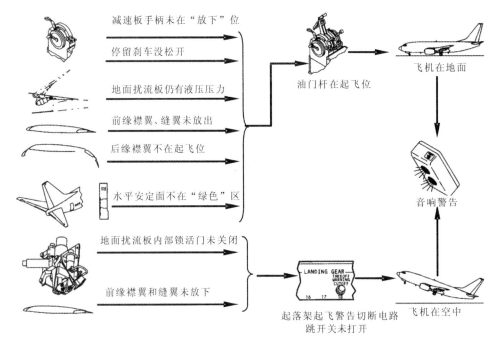

减速板手柄未在"放下"位

停留刹车没松开

地面扰流板仍有液压压力

前缘襟翼、缝翼未放出

后缘襟翼不在起飞位

水平安定面不在"绿色"区

油门杆在起飞位

飞机在地面

音响警告

地面扰流板内部锁活门未关闭

前缘襟翼和缝翼未放下

LANDING GEAR TAKEOFF WARNING CUTOFF

起落架起飞警告切断电路
跳开关未打开

飞机在空中

**图 3 - 88  起飞警告**

## 3.7.2  失速警告

失速警告是指临近或达到最大可用升力(即飞机接近失速状态)时飞机所发出的警告。飞机上一般装有音响警告和驾驶杆抖动器,通过视觉、听觉和触觉信息发出警告,提醒驾驶员。失速警告系统包括信号输入、信号处理和输出装置三部分(见图 3 - 89)。

**1. 输入信号**

迎角探测器用来探测安装部位处(装在机身外侧)的气流方向,并将该处气流角度的变化情况以电信号传输给失速管理计算机。迎角探测器的形式有几种,目前多采用叶片式迎角探测器。

飞机飞行时,由于飞机失速迎角与飞机姿态、气动外形的变化有关,所以除了迎角信号以外,还需把缝翼、襟翼位置信号、空/地转换信号及大气数据惯性基准系统的数据也输入到失速管理计算机进行迎角计算。

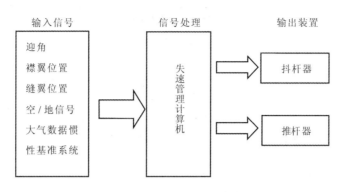

图 3-89　失速警告系统组成

**2. 信号处理**

失速管理计算机接收输入的信号后,进行综合和计算,将警告电信号输出到抖杆器或推杆器。

**3. 输出装置**

输出部分接收失速管理计算机的电信号,抖杆器使驾驶杆抖动,警告驾驶员飞机已接近失速状态。抖杆器通常安装于驾驶杆上,也有的飞机安装于驾驶杆前扭力管上(如 B767 飞机),每个驾驶杆各有一个抖杆器。B737NG 飞机在临近失速状态时,飞行控制计算机会向水平安定面发出指令,给飞机提供低头配平。失速识别系统保证驾驶员不能轻易克服飞机的自动低头配平,同时失速警告系统会增加驾驶杆感觉力。在飞机接近失速状态时,某些飞机上的推杆器会自动推杆,使升降舵感力定中机构重新定位,则飞机自动低头,防止失速。

有些飞机失速警告系统没有推杆器(如 B737-300,B757,B747 飞机),这些飞机发出失速警告时要靠人工推杆改变飞机失速状态。

(1)抖杆器

抖杆器接收来自失速管理计算机的信号,它由一个直流电动机和一个不平衡重块组成,该重块固定在驾驶杆上(见图 3-90)。工作时电动机驱动不平衡重块,使驾驶杆抖动。其频率和振幅应配合,如频率过低,即使振幅相当大也提供不了足够的刺激;如频率过高,会引起"嗡鸣",振幅不明显。最适当频率为 $10\sim30$ 次/s,并要有足够的振幅,能使杆抖动。

(2)推杆器

典型的推杆力大小约为 356 N(80 lbf)。当推杆器工作时,这样大的力量足以抵制驾驶员有意向后拉杆。在推杆器失控的条件下,此推杆力也不至于过大,驾驶员依然能稳住驾驶杆。

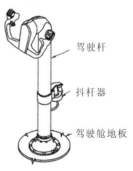

驾驶杆

抖杆器

驾驶舱地板

图 3-90　抖杆器

# 3.8 电传操纵系统

### 3.8.1 电传操纵系统的组成及工作原理

#### 3.8.1.1 电传操纵系统的组成

如图 3-14 所示,电传操纵系统主要由驾驶杆或侧杆、传感器、飞行控制计算机和执行机构组成。

(1)驾驶杆或侧杆

A320 飞机是典型的采用电传操纵系统的民用运输机,其手操纵机构采用的是侧杆。B777 飞机也采用了电传操纵系统,但手操纵机构仍采用驾驶盘式的传统配置。与驾驶盘或侧杆相连的操纵力感觉装置一般采用弹簧式的感力定中装置,驾驶员松开操纵杆时,驾驶杆在弹簧力作用下自动回中。此外,电传操纵系统需要将驾驶员的操纵指令(杆力、杆位移)转换为电信号,一般通过与驾驶杆或侧杆直接相连的指令传感器实现。

(2)传感器

传感器主要用于精确测量飞机的各类飞行参数,并反馈给飞行控制计算机。常用陀螺仪、迎角传感器、加速度计、高度传感器、皮托管等对飞机的姿态角、迎角、角速率、过载、飞行高度和速度等参数进行测量。

(3)飞行控制计算机

电传操纵系统中一般配置有多台飞控计算机,其中主飞行控制计算机是飞行操纵系统的核心部件,它们的主要功能包括,采集驾驶员的输入指令及飞机运动的反馈信息,并对其进行必要的计算和处理;对电传操纵系统的工作模式进行管理与控制;计算不同工作模式中的控制律,并生成必要的控制指令;对多种控制指令的输出进行控制与管理;对电传操纵系统中各种传感器实现余度管理;完成飞行前在地面及飞行中机内各子系统及部件的自动检测;完成与其他机载计算机及电子设备实现信息交换的管理等。

(4)执行机构

液压舵机是电传操纵系统的液压执行机构,而舵机的控制回路称为舵回路,它主要由变换放大器、液压舵机(由电液伺服阀和液压作动筒组成)和反馈装置三个部分组成,如图 3-91 所示。

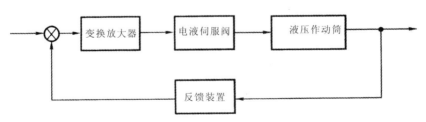

**图 3-91 舵回路原理图**

　　舵回路的变换放大器一般都是电气式的。它通常包括信号的综合和信号的放大等部分。信号综合部分将来自敏感元件的各个控制信号和来自反馈装置的反馈信号进行综合比较,并将两者的差值作为偏差信号,由信号放大部分进行放大,最后将放大了的控制信号输送到液压舵机,控制舵机工作。

　　液压舵机通常由电液伺服阀和液压作动筒组成。电液伺服阀按照变换放大器来的控制信号控制液压油的通断和流向,从而控制作动筒中活塞的运动(有时是活塞固定,筒体运动),最终驱动舵面偏转。

　　反馈装置的作用是将舵机的输出位移或速度变成电信号返回到放大器中去,以改善系统的动态品质和提高系统的精度。当反馈信号为舵机的位移信号时,称位置反馈(硬反馈);当反馈信号为舵机的速度信号时,称速度反馈(软反馈),通常情况下将位移传感器安装在液压舵机上,作为硬反馈装置。

　　比较有代表性的液压舵回路如图 3-92 所示,这是 A320 飞机副翼操纵系统舵回路。此舵回路中除了有电液伺服阀、作动筒、反馈装置外,还有用于舵机模式选择(主动伺服模式、阻尼模式)的电磁阀和模式选择阀。当飞控计算机使电磁阀通电时,模式选择阀在压力油的作用下左移(如图 3-92 所示位置),此时舵机处于主动伺服模式,电液伺服阀根据飞控计算机控制信号控制作动筒的运动。当电磁阀断电时,电磁阀左移,压力油不能推动模式选择阀,模式选择阀在弹簧的作用下右移,切断了电液伺服阀与作动筒的联系,并使作动筒两腔连通,解除液锁,此时舵机处于阻尼模式,作动器可随舵面偏转而运动。

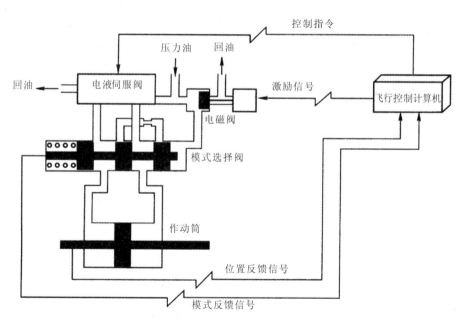

图 3-92　A320 舵回路原理

### 3.8.1.2　电传操纵系统的工作原理

电传操纵系统中单个通道的可靠性较低,为了保证电传系统的可靠性,需要采用余度

（redundancy）技术，即用多重可靠性较低的、相同或相似的元、部件组成可靠性较高的系统，一般称其为冗余系统。当系统中的一部分出现故障时，可以由冗余系统代替故障系统工作，以保证系统在规定时间内正常地完成规定的功能。因此，目前常采用三余度或四余度的电传操纵系统，以保证整个系统的故障率满足使用要求。

典型的四余度电传操纵系统工作原理如图 3-93 所示，四余度电传操纵系统实质上是由 A，B，C，D 四套完全相同的单通道电传操纵系统组合而成的，只是在每个传输信号的通道中增加了表决器/监控器电路等。

（1）故障监控＋信号表决

表决器/监控器用来监视、判别四个输入信号中有无故障信号，并从中选择正确的无故障信号输出，如果四个输入信号中任何一个被检测出是故障信号，系统自动隔离这个故障信号，不使它再输入到后面的舵回路中去。

（2）双故障安全（故障隔离＋系统重组）

当四套系统都工作正常时，驾驶员操纵驾驶杆经指令传感器 A，B，C，D 产生四个同样的电指令信号，分别输入到相应的综合器/补偿器、表决器/监控器中，通过四个表决器/监控器的作用，分别输出一个正确的无故障信号到相应的舵回路，四个舵回路的输出通过机械装置共同操纵一个助力器，使舵面偏转，以操纵飞机产生相应的运动。

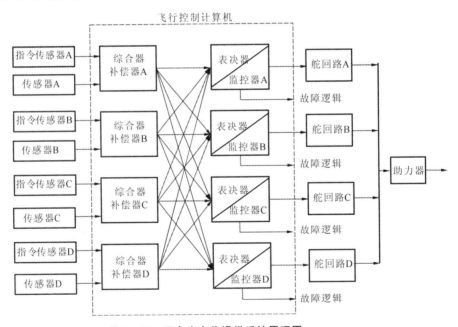

图 3-93　四余度电传操纵系统原理图

如果某一个通道中的指令传感器或其他部件出现故障，则输入到每个表决器/监控器的四个输入信号中有一个是故障信号，表决器/监控器将隔离这个故障信号，并按规定的表决方式选出工作信号，并将其输出至舵回路。此时，系统中剩下三个无故障信号，如果系统中某一通道再出现故障，表决器/监控器仍能选择正确信号输出，并隔离故障通道，电传操纵系统降级为二余度系统，但仍能正常工作，而且不会降低系统的性能。如果某一通道的舵回路出现故障，它本身能自动切断与助力器的联系，由剩余的舵回路向助力器输出正确无故障的信号；由此可见四余度电传操纵系统具有双故障工作等级,故它又称双故障/工作电传操纵系统。

## 3.8.2　A320 电传操纵系统

A320 飞机的飞行操纵面都是通过电传操纵系统电气控制,而由液压作动器作动的。此飞机的水平安定面和方向舵还配备了机械备份系统,紧急状态下飞机也可采用机械操纵。

在正常法则下,无论驾驶员的操纵量有多大,计算机都将保护飞机不出现过度机动,防止飞机在俯仰和横滚轴上出现超过安全飞行包线的飞行状态。但和传统飞机一样,方向舵的操纵系统没有此类保护功能。

### 3.8.2.1　飞行控制计算机

A320 飞机电传操纵系统采用多余度概念设计,配置多台飞行控制计算机,使用三套液压系统和三个三相电源。飞行控制计算机根据正常、备份或直接控制律处理驾驶员和自动驾驶仪的输入,控制和监控飞行操纵面,同时记录和存储飞行中存在的故障。其中,两台升降舵副翼计算机(Elevator Aileron Computer,ELAC)和三台扰流板升降舵计算机(Spoiler Elevator Computer,SEC)对飞机的滚转和俯仰运动进行控制。ELAC 主要提供对升降舵、安定面及副翼的正常控制。SEC 控制扰流板,并作为备份计算机控制升降舵和安定面。两台飞行增稳计算机(Fly Augmentation Computer,FAC)提供对方向舵的电气控制,从而对飞机的偏航运动进行控制。两台襟、缝翼计算机(Slat Flap Control Computer,SFCC)用于对襟、缝翼的控制,另外有 2 台飞行控制数据集中器(Flight Control Data Concentrator,FCDC)用于飞机的指示和维护。

如图 3 - 94 所示,自动驾驶模式下,指令由飞行管理指引计算机(Flight Management and Guidance Computer,FMGC)发出,并将指令送至用于人工模式下接收指令的飞行控制计算机(如 ELAC,SEC,FAC)。人工操纵模式下,侧杆接收驾驶员指令后,将其送到 ELAC,ELAC 再将指令送至 SEC 和 FAC。例如,飞行中向一边压侧杆时,ELAC 不仅向副翼和扰流板助力器发出操纵指令,还要向控制方向舵的 FAC 发出方向舵操纵指令,以实现协调转弯。若两个 ELAC 都出现故障,SEC 可以通过人工模式备份通道直接从侧杆接收指令信号。当计算机发生故障时,仅剩一个 ELAC 或一个 SEC 便可对飞机的俯仰和滚转运动进行控制。两台 FCDC 用于将飞控计算机(ELAC,SEC)与电子仪表系统(Electronic Instrument System, EIS),中央故障显示系统(Centralized Fault Display System,CFDS)等飞机其他系统进行连接。ELAC,SEC 和 FAC 生成飞行控制律,这些法则包括飞机的飞行包线保护功能,对飞机进行优化控制。

### 3.8.2.2　控制律及其重构

控制律设计是系统设计的一个核心环节,是系统性能设计的基本内容。它通常由飞机研制方开发飞行控制律,然后配合系统承制方开发工程控制律。不同飞机的电传操纵系统控制律和各种转换模式的应用方法虽然不同,但具有一定的相似性。

A320 飞机采用侧杆控制,包括正常控制律(Normal Law)、备用控制律(Alternative Law)和直接控制律(Direct Law)三种控制律。俯仰、偏航操纵还有机械备份控制系统。正常、备用、直接控制律具有自动重构能力,当主飞控计算机、传感器或电源发生单一故障时,正常控律依然有效。当发生多个故障时,正常控制律转换为备用还是直接控制律是由故障的数量和性质决定的。机械备份控制可以超控正常、备用和直接控制律,当正常、备用和直接控制律都失效时,机械备份系统能够保证飞机的安全飞行和着陆。

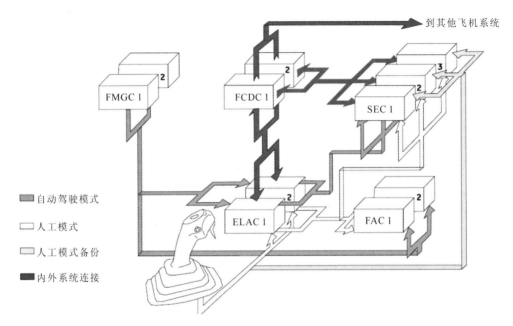

图 3 - 94　A320 飞机飞行控制计算机

典型的正常、备用和直接控制律及机械备份之间的自动重构与转换如图 3 - 95 所示。

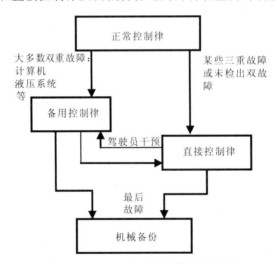

图 3 - 95　A320 电传控制律相互关系

（1）正常控制律

正常控制律提供基本控制律,保证飞机的操纵,为飞机提供在整个飞行包线内的保护,减轻机动飞行载荷。如图 3 - 96 所示,飞行控制计算机对飞机的控制有三种基本模式,即地面模式、飞行模式和拉平模式。在不同模式下,针对不同的控制律,系统给飞机提供的保护也不同。

在地面模式下,侧杆与升降舵及滚转舵面直接联系,方向舵由脚蹬机械控制,偏航阻尼功能可用。地面模式在拉平模式之后,主起落架减震支柱压缩且俯仰姿态确认无误时生效。

在飞行模式下,正常控制律提供五种保护,俯仰姿态保护、载荷系数保护(过载保护)、坡度角保护、高速保护和失速保护(大迎角保护)。俯仰姿态保护是指电传操纵系统依据飞机的速度和襟翼放下的角度对俯仰姿态进行保护,有效地防止飞机由于俯仰角过大而失控。载荷系数保护(过载保护)是指当驾驶员的操纵引起飞机过载变化时,计算机系统会对过载进行自动限制,防止飞机过载太大而导致结构损伤。坡度角保护是指在不同的飞行状态下,对飞机的坡度角进行限制,防止飞机失速。高速保护是指飞机的速度超过最大操纵速度(Maximum Operating Speed,VMO)或最大操纵马赫数(Maximum Operating Mach,MMO)时,侧杆操纵机头向下权限渐渐地减小,同时飞行控制计算机会给飞机一个抬头指令以协助飞机恢复至正常飞行状态。随着飞机迎角的增大,飞机速度逐渐减小,当飞机速度减至低于 VMO 或 MMO 时,高速保护功能不生效。失速保护(大迎角保护)指在正常法则下,即使侧杆柔和地一直向后拉到底,迎角都不会超越最大迎角值。

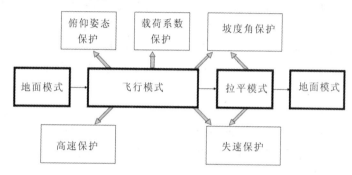

图 3 - 96 正常控制律

飞行模式在地面模式之后,主起落架减震支柱伸出,且俯仰姿态确认无误时生效。

在拉平模式下,正常控制律提供失速保护和坡度角保护。拉平模式在飞行模式之后,且飞机低于一定高度时生效。

(2)备用控制律

多个飞行控制、液压或电源系统的失效会导致飞行控制律的降级。备用控制律就是一种降级的飞行控制律,仅提供基本控制律,操纵性能降低,且比正常模式所提供的保护功能少。在此基础上,再发生故障,则可能导致向直接控制律或机械备份控制系统的转换。

如图 3 - 97 和图 3 - 98 所示,备用控制律分为有降级保护的备用控制律和无降级保护的备用控制律。有降级保护的备用控制律可为飞机提供载荷系数保护、高速保护和失速保护。而无降级保护的备用控制律只提供载荷系数保护。

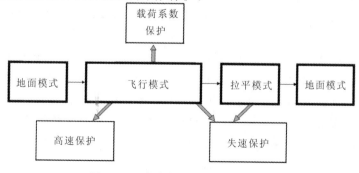

图 3 - 97 有降级保护的备用控制律

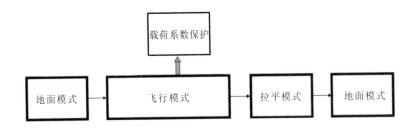

图 3 - 98　无降级保护的备用控制律

（3）直接控制律

飞机在地面时,飞机的控制律就是直接控制律。在飞行中,根据故障的数量和性质,可由正常控制律转换为直接控制律,也可由备用控制律转换为直接控制律。在直接控制律下,飞机在正常控制律下的所有保护功能都将失去,此时驾驶杆至操纵面之间保持直接的联系,而不经过计算机处理和判断,这和传统飞行操纵系统类似。直接控制律下,只可进行人工配平。在某些特定场合,可通过驾驶员干预再次接通备用模式。在此基础上,再发生一次故障将导致转换至机械备份控制系统。

（4）机械备份控制系统

当以上三种控制律都失效时,机械备份操纵允许应用俯仰配平手轮和方向舵脚蹬对飞机进行俯仰和偏航操纵,保证飞机基本的姿态控制。飞行员可通过机械备份操纵使飞机着陆,提高飞机在紧急情况下的安全性。

### 3.8.2.3　A320 电传操纵系统总体架构

在 A320 电传操纵系统中,除了方向舵配平作动器,方向舵行程限制作动器和水平安定面伺服马达是由电力驱动以外,其他作动器都是由液压系统提供动力的。

（1）总体架构

图 3 - 99 简要地标示出了 A320 飞机机翼和尾翼上所有舵面与作动器以及飞控计算机之间的对应关系,此外图中还表达了方向舵配平、方向舵行程限制器及偏航阻尼器所对应的作动器及飞控计算机。

副翼、扰流板、襟翼、缝翼、水平安定面、方向舵、升降舵位置如图 3 - 99 所示,舵面对应位置上的矩形框表示驱动舵面的作动器,矩形框的个数表示作动器的数量,矩形框中的字母 G,B,Y 分别表示此作动器是由绿、蓝、黄液压系统驱动的,若框中是数字,则表示此作动器是由电力驱动的。在矩形框的旁边标出了控制此作动器的飞控计算机及其编号,箭头表示当某计算机发生故障时,由其他计算机接管控制的优先顺序。

从图 3 - 99 中还可以看出,一般情况下,某一作动器是由一台计算机控制的,而对于左右升降舵作动器,每个作动器由一台 ELAC 控制的同时还有一台 SEC 在备份控制。由图 3 - 99 可见,有四台计算机（ELAC1,ELAC2,SEC1,SEC2）参与了飞机俯仰姿态的控制,这充分体现了电传操纵系统的多余度设计思想,同样的设计也体现在飞机的横侧姿态控制上。

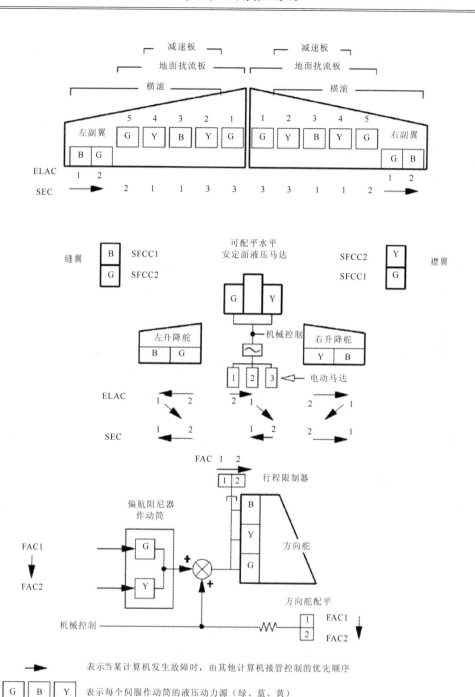

**图 3 - 99  A320 电传操纵系统总体架构**

由图 3 - 99 可见,每个副翼,每个升降舵以及偏航阻尼器都是由两个作动器作动的,每个作动器有两种控制方式:主动伺服模式和阻尼模式。在系统正常工作的情况下,舵面仅由一个作动器作动的,称这个作动器处于主动伺服模式,此时作动器由计算机电气控制。另一个作动器随舵面偏转而运动,称这个作动器处于阻尼模式。若正在工作的作动器失效,则处于阻尼模式的作动器变为主动伺服模式,而失效的作动器自动转换至阻尼模式。对于驱动升降舵的作动器,它们除了具有主动伺服模式和阻尼模式之外,还有第三种模式——定中模式。当仅能采用人工方式进行俯仰配平时,水平安定面后缘的升降舵则处于定中模式,升降舵作动器使其处于中立位。如果两个升降舵作动器都无电气控制,它们都将自动地转换至定中模式。如果两个作动器都无液压操纵,它们都将自动地转换至阻尼模式。

以左副翼为例,当系统正常工作时,由 ELAC1 控制蓝液压系统作动器驱动副翼偏转,此时该作动器处于主动伺服模式,绿液压系统作动器处于阻尼模式。若蓝液压系统失效,则绿液压系统作动器工作,并处于主动伺服模式,蓝系统作动器处于阻尼模式,在绿系统作动器带动下随动工作。若 ELAC1 失效,根据箭头方向,左副翼的控制将自动转换到 ELAC2。若两台 ELAC 都失效,两个副翼作动器都将处于阻尼模式。

(2)ECAM 飞行操纵页面

驾驶舱显示除有常规的目视指示、灯光指示、音响语音提示等外,操纵系统工作状态、操纵系统故障信息等用电子屏显示组件(Display Unit,DU)以自动或人工方式方便地提供给驾驶员,驾驶舱资源管理更科学化、智能化。飞行操纵系统的信息主要在电子集中飞机监控系统(ECAM)的发动机/警告显示(Engine and Warning Display,E/WD)页面及系统/状态显示(System or Status Display,S/D)页面显示。

飞行操纵系统有三个 ECAM 页面,包括 ECAM 飞行操纵系统页面、ECAM 机轮页面和发动机/警告显示(E/WD)页面。ECAM 飞行操纵页面如图 3-100 及图 3-101 所示。从 ECAM 的飞行操纵页面上可以看到飞机各操纵面的位置,与操纵面作动器所对应的液压系统压力指示及飞控计算机的状态指示等。当飞机受到较大突风载荷作用时,为了减小机翼载荷,A320 飞机的两块外侧扰流板和两块副翼将同时上偏,起到减载的作用。如图 3-100 所示,减载功能的性能下降或不能正常工作时,"LAF DEGRADED(Load Alleviation Function Degraded)"或"LAF INOP(Load Alleviation Function Inoperative)"会在 ECAM 飞行操纵系统页面显示。ECAM 机轮页面将显示扰流板放出情况,发动机/警告显示页面指示襟、缝翼放出状态。

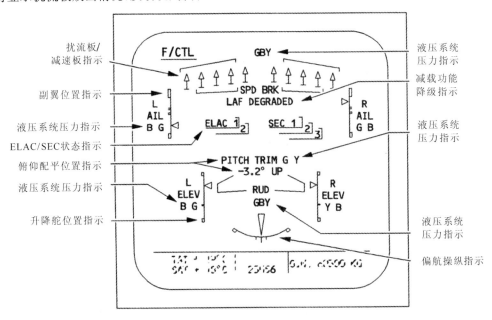

**图 3-100 ECAM 飞行操纵页面**

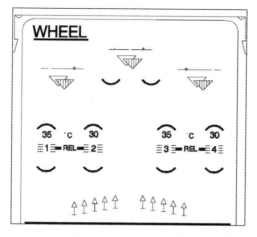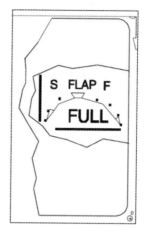

图 3 - 101　ECAM 机轮页面及 E/WD 页面襟缝翼指示

## 3.8.3　电传操纵系统的优点及存在的问题

采用电传操纵系统,除了可以克服机械操纵系统的缺点外,还具有许多优点:

1)减轻了操纵系统的质量、体积,节省操纵系统设计和安装时间,减少维护工作量。电传操纵系统用电缆替代了钢索、滑轮(传动杆、摇臂)等机械元件,操纵系统的质量、体积随之减小。另外,设计操纵系统的重点工作转向飞行控制计算机和飞行控制律的设计,不用考虑机体空间和相对位置(这是设计机械传动机构必须考虑的环节)的影响,节省了系统设计、安装和校装的时间。例如 A320 飞机采用带机械备份的电传操纵系统,因此减轻系统质量600 kg,降低操纵系统维护费用约 40%。

2)消除了机械操纵系统中的摩擦、间隙、非线性因素以及飞机结构变形的影响。电传信号克服了机械操纵系统中的摩擦、间隙和非线性因素,改善了精微操纵信号的传递。此外,飞机结构变形易造成机械操纵系统卡阻,采用电传操纵系统后,这种问题也不复存在。

3)简化了主操纵系统与自动驾驶仪的交联。因为控制信号均为电信号,所以电传操纵系统与自动飞行控制系统(自动驾驶仪)的交联很方便,而且易于实现。

4)可采用小侧杆操纵机构。采用小侧杆操纵机构可减轻驾驶员的工作负担,驾驶员观察仪表的视线不再受中央驾驶杆的影响,另外也消除了重力对驾驶员给驾驶杆输入量的影响。

5)飞机操纵性、稳定性不仅得到根本改善,且可以发生质的变化。电传操纵系统不仅能改善飞机的稳定性、操纵性,而且能改善机动性,这是这种系统最突出的优点。

尽管电传操纵系统具有许多优点,但也存在一些急需解决的问题:

1)单通道电传操纵系统的可靠性不够高。目前单套电传操纵系统的最小故障率只能达到约 $1 \times 10^{-3}$/飞行小时,与机械操纵系统相比要差上万倍。目前世界各国均以 $1 \times 10^{-7}$/飞行小时的故障率作为电传操纵系统的可靠性指标,因此电传操纵系统一般采用多余度系统。

2)电传操纵系统的成本较高。就单套系统来说,电传操纵系统的成本低于机械操纵系统,前者采用多余度系统虽然提高了系统的可靠性,但成本较高,需要进一步简化系统的余度结构,降低各部件的成本。

3）系统易受雷击和电磁脉冲波干扰。据统计，飞行中的平均雷击率为 $7 \times 10^{-7}$/飞行小时，应对防雷击问题予以充分的重视。现代飞机越来越多地使用复合材料，失去了金属蒙皮的保护，其电磁屏蔽能力急剧降低，导致对电磁干扰和雷击的防护性能降低。现代飞机电传操纵系统均采用新型的大规模集成微型电路，对电磁干扰更加敏感，遭受雷电干扰时所受到的破坏更为严重。设计电传操纵系统时，必须采取防雷击和抗电磁干扰的措施，还必须充分进行地面雷电干扰测试试验。

目前解决这一问题的另一种办法是采用光传操纵系统（Fly by Light，FBL），即应用光纤传输技术实现信号传输的飞行操纵系统。光纤传输的光信号可以有效地防御电磁干扰，以及由闪电或雷击引起的电磁冲击。光纤内传播的光能几乎不向外辐射能量，不会造成同一光缆各光纤之间的串扰及故障扩散。光纤系统传输速率高、传输容量大，还可以极大地减轻机载设备的质量。从 20 世纪 70 年代中期开始，美国空军就开始进行光传操纵系统的试验。首先在直升机上实现，然后逐步过渡到战斗机和其他飞机。从光传操纵系统的性能和发展趋势来看，全光传操纵系统必然会代替电传操纵系统，但目前研制的光传操纵系统并不是全光传操纵系统，仅仅是光电混合的控制系统。因为光计算机、光作动器及光传感器等关键技术还需要进一步的研发，完全的光传化飞控系统现阶段尚无法实现。

# 3.9　飞行操纵系统的维护

飞行操纵系统的工作是否符合要求，与维护工作的质量紧密相关。飞行操纵系统机械部分的维护工作主要包括正确调整系统的摩擦力，正确调整系统的间隙，保持钢索张力正常和操纵系统调整。

## 3.9.1　正确调整系统的摩擦力

操纵系统的摩擦力应尽可能小，并且在操纵过程中摩擦力要均匀。在维护时，应避免系统的摩擦力过大，摩擦力过大的原因大致有如下几点：

（1）活动连接接头表面不清洁或润滑不良而造成锈蚀

如果连接接头，特别是接头中的轴承，润滑不良、不清洁或者有水分进入，就会生锈，导致活动接头的摩擦力增大。在湿度大、风沙大、化工污染严重的地区或阴雨季节，应特别注重操纵系统的清洁、防锈和润滑工作。

（2）活动连接接头固定过紧

活动连接接头通常通过螺栓来连接，连接中的螺母拧得过紧会导致接头的摩擦力过大。因此，安装接头时，螺母不能拧得过紧，应以螺杆没有轴向间隙，而连接接头又可以灵活转动为宜。

（3）传动机构和飞机其他部分发生摩擦

传动机构中的传动杆、钢索等和飞机其他部分发生摩擦时，不仅影响操纵，而且摩擦部位还会磨损。因此，必须确保在任何工作情况下（如机体受力变形、附件在工作中膨胀或振动等）且在操纵系统的最大活动范围内，传动机构与飞机其他部分之间有一定的间隙，不发生摩擦。

（4）传动机构本身摩擦力过大

传动杆与导向滑轮之间的摩擦力过大，钢索与滑轮之间有相对滑动，传动杆、钢索穿过气密装置时的摩擦力过大等都会使系统的摩擦力过大。

不同类型飞机的操纵系统，允许的最大摩擦力都有具体规定。在进行飞行操纵系统维护时，一般都会对操纵力的大小进行测试。系统摩擦力检查，可以通过测量舵面刚开始偏转时所需操纵力的大小来表征。如果发现系统的摩擦力过大，应及时检查和排除相关故障。

## 3.9.2　正确调整系统的间隙

适当的间隙能保证整个操纵系统操纵灵活。如果间隙过大，驾驶杆和脚蹬会有一段空移行程。由于驾驶杆和脚蹬的行程是一定的，间隙过大还会使舵面达不到规定的最大偏转角。此外，系统间隙过大还容易引起舵面振动。造成操纵系统间隙过大的主要原因有，活动连接接头上的轴承与螺杆磨损，接头径向间隙增大；钢索张力不足；传动杆上固定接头用的铆钉松动等。为了防止系统间隙过大，应定期清洗轴承，保持其润滑良好，保持钢索张力正常，定期检查传动杆接头。

系统间隙的一般的测量方法为，将驾驶杆和脚蹬固定于中立位置，在舵面上规定的位置施加手册规定的力，推动舵面向上偏转，然后再推动舵面向下偏转，测量舵面上下偏转过程中的总行程，这个值不应超过手册规定的阈值。如果测量出的数据不符合规定，应及时找出间隙过大的部位，并进行维护。

## 3.9.3　保持钢索张力正常

气温变化时，钢索的预加张力会随之变化。飞机机体大多是铝合金材料制成的，它的线膨胀系数比钢索大。当温度变化时，它们的伸缩程度不同，钢索的预加张力也就随之变化。例如，当飞机飞到高空时，大气温度显著降低，由于机体比钢索收缩得多，钢索反而会变松，预加张力就要减小。反之，大气温度升高时，钢索会变紧，预加张力就要增大。

由于温度对钢索张力的影响很大，必须随气温变化对钢索的预加张力进行调节。表 3-3 为 B737NG 飞机副翼操纵系统中名称为 AA，AB，ABSA，ABSB，ACBA 和 ACBB 段钢索张力校装表的部分节选。当需要调节钢索张力时，首先要保证机身温度稳定，确保周围环境温度变化较小，并测量周围环境温度，根据温度调节相应段钢索张力在表中要求的最大、最小值之间。对于新更换的钢索，需要增大钢索的预加张力，手册要求应该使钢索张力达到装配载荷的两倍大小。

调整好了的钢索使用一段时间后，由于经常承受拉力，产生永久变形，其预加张力会逐渐变小。必须按照规定，定期地检查和调整张力。用钢索张力计可以测定一根钢索的张力值，在正确维护和使用情况下，张力计的精度可达到 98%。钢索的张力是通过测量使钢索产生特定位移所需的力来测定的：被测钢索放在两个铁砧之间，用一个顶块或柱塞顶压钢索以产生位移。

表3－3　B737NG飞机钢索张力校装表节选

| 温度/℃(℉) | 钢索装配载荷/N(lbf) | | | | | |
| --- | --- | --- | --- | --- | --- | --- |
| | AA&AB | | ABSA&ABSB | | ACBA&ACBB | |
| | 最大 | 最小 | 最大 | 最小 | 最大 | 最小 |
| 43.3(110) | 636(143) | 592(133) | 1 170(263) | 1 125(253) | 480(108) | 347(78) |
| 42.8(109) | 636(143) | 592(133) | 1 165(262) | 1 121(252) | 480(108) | 347(78) |
| 42.2(108) | 632(142) | 587(132) | 1 161(261) | 1 117(251) | 476(107) | 343(77) |
| 41.6(107) | 632(142) | 587(132) | 1 157(260) | 1 112(250) | 476(107) | 343(77) |

　　图3－102所示为一种典型的张力计。张力计主要由顶块(位于图示壳体下部)、砧座、钢索直径量规、作动手柄、手柄锁销与钢索张力指示表等组成。作动手柄由弹簧弹性作动,手柄未锁定时,张开于张力计的一侧。将手柄压紧,并将手柄锁销向上推动可以将手柄锁定。当将手柄再次压紧时,手柄将自动解锁释放。与张力计配套使用的校准片用于检查张力计的精确度,张力计需要定期校准,在校准时,需要使校准片与图3－102所示的对齐平面平齐。张力计校准无误后,将校准片拿出。

　　在测量钢索张力之前,首先需要测量钢索的直径。测量钢索直径时,需要将作动手柄用锁销锁定,并将钢索直径量规转动到左侧,紧贴于止挡销上。然后将钢索放于张力计两个砧座上,并使钢索成一条直线,压紧手柄,使手柄释放,钢索便夹紧在砧座与顶块之间。最后将手柄锁定,将钢索移除,固定于作动手柄上部的小片上有黑色指示线,查看黑色指示线与钢索直径量规上对齐的刻度,即可读出钢索直径。

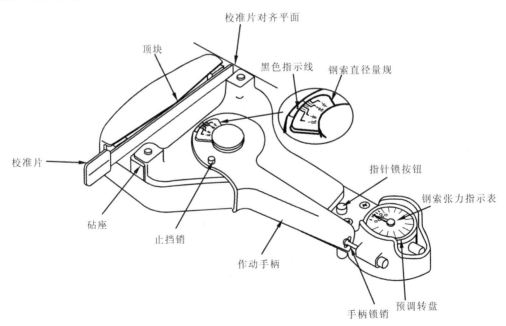

图3－102　钢索张力计

　　钢索直径测量完成,即可测量钢索张力。如图3－103所示,张力指示表中有指针、钢索张力指示刻度及代表钢索直径大小的方框。首先,在手柄锁定状态下,旋转张力指示表预调转盘,将指示表指针跨越所对应的钢索直径的方框,然后将钢索放于两个砧座上,释放手柄,用相同方法使张力计夹紧钢索,张力可直接从刻度盘指针指示的刻度上读出。最后,压紧张力计手柄,从钢索上移除张力计。当记录数据时,难以看到刻度盘,可以通过指针锁锁住指针,然后在取下张力计后读取数据,读数后解锁指针,则指针回零。

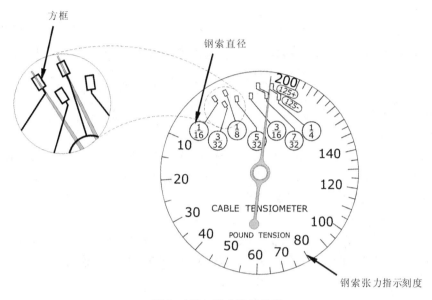

图 3 - 103　张力计指示表

## 3.9.4　操纵系统的调整

除了应该保证飞行操纵系统的摩擦力正常,间隙正常,钢索张力正常外,还应关注操纵机构和舵面的行程是否满足要求,运动是否平稳顺畅,舵面是否能同步于操纵机构而运动等问题。

调整操纵机构及舵面的行程时,要求驾驶杆、脚蹬在中立位置时,舵面也应在中立位置;驾驶杆、脚蹬到达最大行程时,舵面也应到达规定的最大偏转角。如果驾驶杆、脚蹬的中立位置与舵面的中立位置不对应,则它们的最大行程和最大偏转角也可能不一致。因此调整时,应先调整好中立位置,然后再调整最大活动范围。舵面行程检查的常用方法为将操纵机构操纵到规定位置并保持,使舵面偏转,通过测量舵面与相邻机体结构之间的距离,保证舵面行程在规定范围内。

测量舵面的行程时,常用的工具有量角器、校装夹具、外形模板和直尺。量角器类型多样,主要用于测量舵面的行程,测得的是角度值。校装夹具和外形模板是由制造厂家设计的专用量具,用于测量舵面行程,校装夹具和外形模板上有刻度指示舵面行程。如果飞机制造厂家以长度单位测量行程时,可选择用直尺测量。

此外,应对舵面与操纵机构的运动同步性进行检查,并检查操纵机构的行程、回中性能,操纵力的大小等是否正常。运动同步性检查的具体方法为驱动操纵机构,使舵面运动,确保舵面在整个行程范围内能够平稳顺畅地移动,检查操纵机构运动方向与对应舵面运动方向的一致性。不能直接扳动舵面进行检查。在对舵面进行检查过程中,要确保当操纵机构碰到止动装置时,传动链条、钢索等传动装置还未到达它们的极限位置。

### 3.9.5 操纵系统的校装检查

在更换了飞行操纵系统的操纵机构、传动机构、舵面或拆装机翼、尾翼等大部件以后,为了使系统能够正常、准确、灵敏地工作,必须对系统进行校装检查。经过校装后,舵面的偏转行程应正常,并且与驾驶舱中操纵机构的运动协调一致。

在进行飞行操纵系统的校装检查之前,首先应进行飞机主要结构的校装。

飞行操纵系统校装检查的步骤:

(1)检查并调节钢索张力

首先用校装销将操纵机构、摇臂和操纵面锁定在中立位;然后调节钢索张力保证主操纵面在中立位。用张力计测量钢索张力。调整钢索张力通过松紧螺套进行。钢索张力调节完成后,应能够轻松地取出校装销,否则说明钢索张力不正确,必须重新调整。

(2)检查并调整操纵面行程

调节操纵系统限位止挡,以便调整操纵系统舵面行程到校装所需的尺寸范围。检查并调整操纵机构,使其与操纵面动作协调一致。作动操纵机构,检查系统运动的全行程是否协调,操纵力是否适当,机构是否灵活。

(3)检查各构件连接是否可靠,并打好保险

检查所有松紧螺套、传动杆端头、连接螺栓组件是否都正确地打好保险,摇臂与传动杆铰接轴承以及钢索滑轮轴承等处是否上了润滑脂等。

对于补偿片、调整片和辅助操纵系统,检查校装方法和主操纵系统相似。有位置指示器时,还要检查其工作状况,确保指示精确。

### 3.9.6 操纵面的重新平衡

在修理操纵面后,或铰链中心的前部或后部增加质量后,都必须对操纵面进行重新平衡。不平衡的操纵面在飞行时,会产生颤振或抖振,甚至使飞机结构完全损坏。

#### 3.9.6.1 平衡的类型

(1)静平衡

静平衡是当舵面被支撑于枢轴处时,舵面能保持水平静止状态,舵面质量相对于枢轴的质量力矩平衡。操纵面失去静平衡有两种情况,分别是欠平衡和过平衡。假设将一个没有安装配重的操纵面支撑于转轴处安装到平衡架上时,则该操纵面后部的质量力矩通常会大于前部的质量力矩,即 $W_后 \times L_1 > W_前 \times L_2$,必然发生后缘向下偏转低于水平位置的现象(见图 3-104(a)),亦称欠平衡状态,用正号(+)表示;若后缘向上运动,高于水平位置,说明处于过平衡状态,用负号(-)表示。

欠平衡状态会导致不良的飞行性能,这通常是不允许的,过平衡状态可得到较好的飞行操纵性

能,大多数制造厂都提倡重前缘的舵面。因此,飞机操纵面的前缘内部、前缘上面或在内封补偿的平衡板上适当的位置均可安装配重块。配重块材料是密度很大的金属,早期常用铅,现在通常采用碳化钨。如 B757 飞机每个副翼本身质量为 32 kg(70 lb),而碳化钨配重就有 27 kg(60 lb)。

　　如果配重的位置和重量适当,就会使操纵面转轴后面部分的质量力矩与前面部分的质量力矩相等,即 $W_后 \times L_1 = W'_前 \times L'_2$,从而达到静平衡状态(见图 3 - 104(b))。

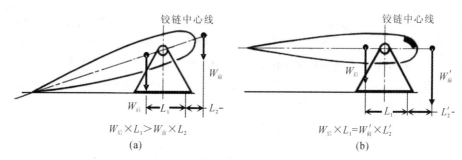

$$W_后 \times L_1 > W_前 \times L_2$$
(a)

$$W_后 \times L_1 = W'_前 \times L'_2$$
(b)

图 3 - 104　操纵面的静平衡原理示意图

(a)不平衡状态;　(b)平衡状态

(2)动平衡

动平衡是旋转物体的一种状态,当物体运动时,所有惯性力和力矩都是平衡的,既没有不平衡力,也没有不平衡力偶,因此不会产生振动。操纵面的动平衡与舵面上沿翼展方向放置配重位置的正确与否有关。

### 3.9.6.2　重新平衡方法

飞机上正常工作的操纵面都是完好的,既符合静平衡也符合动平衡要求。对操纵面或其补偿片、调整片进行修理时,通常会在铰链中心线后部增加质量,而破坏原有的平衡状态,此时操纵面就需要重新平衡。

当对操纵面进行重新平衡时,通常需要从飞机上拆下舵面,并利用其自身的转轴作为支点,安装在适当的支架、装配架或夹具上。在进行质量平衡工作期间,安装在操纵面上的所有调整片或部件都应保持在原位。如果在平衡前某些部件或零件应当拆卸下来,则必须拆下。

当操纵面安装在支架上时,支架应保持水平状态,并放在无风的场所。操纵面上的调整片应保持在中立位置。操纵面必须能够绕其转轴(铰接点)自由转动,不能有任何紧涩或摩擦现象,否则会使本来不平衡的操纵面产生虚假平衡。

如图 3 - 105 所示,当将操纵面安装在支架上时,操纵面的中立位置应以操纵面的弦线位于水平位置为准。在对操纵面进行重新平衡前,应用气泡量角器检查操纵面是否处于中立位置。

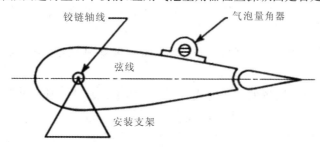

图 3 - 105　操纵面中立位置的确定

对操纵面重新平衡时,为了确定修理过程中质量的改变量,常用的方法有计算法和磅秤法等。计算法的优越性在于不从飞机上拆下舵面就能完成舵面的重新平衡。

(1)计算法

应用计算法,必须知道在修理区域内所拆除的质量和为完成修理而增添的质量。从增加的质量中减去拆除的质量,就得到舵面净增加的质量。净增加质量位置可认为在修理区域中心。

测量从铰链中心线到修理区域中心的距离(见图3-106)。将测得的距离与修理后净增加质量相乘,得到一个质量力矩增量数据。如果该数据在机型维护手册或修理手册规定的允许范围之内,则认为操纵面是平衡的,不需进一步作再平衡处理。如果该数据超过了允许值,则应根据手册规定,找到所需要的配重质量数据及其材料,以及配重应该安装的位置。

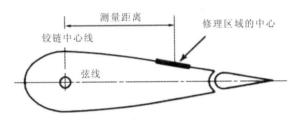

图3-106 计算法测量距离

(2)磅秤法

如果不能准确计算修理过程中舵面的净增加质量或准确确定净增加质量的位置,就不能使用计算法,可用磅秤法代替。应用磅秤法时,要求从飞机上拆下操纵面,并将操纵面按要求固定在支架上,采用精度符合要求的磅秤,称量使舵面达到中立位置时的质量,并测量称量点到铰链中心线的距离,然后计算配重的大小。

# 思　考　题

1.飞行操纵系统可分为哪三个环节?每个环节的功用是什么?

2.飞行操纵系统的主操纵系统和辅助操纵系统是如何定义的?分别能完成哪些功能?

3.操纵机构由哪两部分组成?不同的操纵面用什么操纵机构操纵?

4.什么是飞行主操纵原理?主操纵力的定义是什么?随哪些参数变化?

5.主操纵系统的类型有哪些?分别都有何特点?

6.软式传动机构和硬式传动机构的优、缺点是什么?分别包含哪些部件?简述每种部件的功用。

7.传动系数和传动比的定义是什么?分别代表何种物理意义?何为非线性传动机构?

8.简述舵面锁定装置的类型及功用。

9.舵面空气动力补偿装置的主要形式有哪些?简述每种气动补偿装置的工作原理。

10.描述液压助力器的组成及工作原理。

11.常见的操纵力感觉装置有哪些?分别叙述其功用。

12. 分别分析 B737NG 飞机副翼、升降舵及方向舵操纵系统的组成及操纵信号的传递路径。

13. 分析 B737NG 飞机驾驶盘柔性互联机构的工作原理。

14. 分析 B737NG 飞机升降舵感力定中装置的工作原理。

15. 何为马赫配平？偏航阻尼器的功用是什么？

16. 飞机如何协调转弯？

17. 增升装置的增升原理是什么？

18. 增升装置的驱动方式主要有哪两种？

19. 小型通用飞机和现代民航客机增升装置的作动动力有何不同？分别采用哪些类型的增升装置？

20. 分析 B737NG 飞机后缘襟翼操纵系统的工作原理。

21. 在驾驶舱中，增升装置的位置如何指示？

22. 襟翼保护分为哪几种？何为自动缝翼功能？

23. 地面扰流板和飞行扰流板的功用分别是什么？

24. B737NG 飞机如何防止地面扰流板在空中升起？

25. 简述小型通用飞机及大型民用运输机配平操纵面的工作原理及区别。

26. 大型民用运输机俯仰配平操纵的输入形式有哪三种？

27. 配平操纵面的位置如何指示？

28. 简述飞行操纵警告系统的分类和功用。

29. 简述电传操纵系统的优、缺点。

30. 简述电传操纵系统的组成及四余度系统的工作原理。

31. 电传操纵系统的典型控制律有哪些？系统如何重构？

32. 飞行操纵系统机械部分的维护工作主要包括哪些方面？

33. 简述飞行操纵系统校装检查的步骤。

34. 简述操纵面平衡的类型及重新平衡的方法。

# 第4章　起落架系统

## 4.1　概　　述

起落架系统是飞机的一个重要系统,其主要功用是保证飞机地面灵活运动,吸收飞机在滑行和着陆时的振动冲击载荷,着陆滑跑时刹车减速,停放、滑行和滑跑时支持飞机。起落架是飞机上受力较大的部件,其强度、刚度安全余量也不多,因此起落架系统既是平时维护量最大的系统,也是故障频繁、维修任务量较大的系统。起飞、着陆是飞行事故多发阶段,起落架系统的正常工作则是保证飞行安全的重要因素之一。

### 4.1.1　起落架配置形式

大多数飞机采用三点接地,起落架的配置形式主要有后三点式和前三点式两种。后三点式的两个主起落架对称安置在飞机重心前面,尾轮位于飞机尾部,如图4-1所示。后三点式除具有在螺旋桨飞机上容易配置和便于利用气动阻力使飞机减速等优点外,它的构造比较简单,质量也较轻。但是后三点式起落架飞机地面运动的稳定性较差。在滑跑过程中,如果某些干扰使飞机绕立轴转动一定角度,这时在主轮上形成的摩擦力将产生相对于飞机重心的力矩。该力矩使飞机转向更大的角度,从而进入"打地转"状态。并由于飞机纵轴与地面不平行,飞机在地面运动时,驾驶员视野不好。此外,如果飞机以较大的速度两点接地,因两主轮位于飞机重心前,因重心惯性下沉使飞机的迎角增大,升力增大,飞机就要向上飘起,即发生所谓的"跳跃"现象。因此着陆时需要轻三点接地,操纵难度大。另外,着陆时如刹车过早、过猛或未抱紧驾驶杆,可能导致飞机前倒立(拿大顶)。这些缺点对低速飞机来说,并不十分严重,因此后三点式起落架曾在20世纪30年代之前广泛使用。

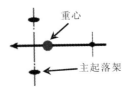

图4-1　后三点式起落架

随着飞机的起飞、着陆速度逐渐增大,后三点式起落架已无法满足飞机在地面运动的要求,前三点式起落架得到了应用。前三点式起落架的主轮对称安置在飞机重心后面,前轮位于机身前部,如图4-2所示。安装前三点式起落架的飞机,地面运动的稳定性好,滑行中不容易偏转;安装刹车装置的主轮位于重心后面,大力刹车也不会使飞机发生前倒立;着陆时先用两个主轮接地,比较容易操纵。此外,这种飞机在地面运动时,机身与地面接近平行,驾驶员的视野较好,也可避免发动机喷出的燃气损坏跑道。前三点式起落架的主要缺点是前起落架承受的载荷较大,前轮在滑行时容易摆振。总的看来,前三点式起落架比较适用于速度较大的飞机。因此,从 20 世纪 40 年代初开始,前三点式起落架得到了迅速的推广,目前已成为起落架在飞机上配置的主要形式。

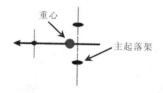

图 4 - 2　前三点式起落架

一些大型运输机如 B747,A340 和 A380 等,由于其着陆质量较大,为了减小起落架对跑道的冲击力和分散过大的结构集中载荷,同时便于起落架的收放,起落架的配置是在前三点式起落架的基础上,增加一个或多个机身主起落架,称为多点式起落架,如图 4 - 3 所示。

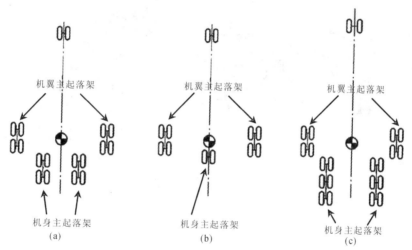

图 4 - 3　多点式起落架
(a)B747 起落架;　(b)A340 起落架;　(c)A380 起落架

除上述两种三点式起落架之外,部分高速飞机,由于机翼的厚弦比小,机翼非常薄,或者是布置了其他结构设备,机翼上难以安装尺寸较大的主起落架,因此这部分飞机采用了自行车式起落架,如图 4 - 4 所示。自行车式起落架的两个主轮分置机身下部飞机重心前后,用来承受载荷和滑行;翼尖附近的两个辅助轮,可以使飞机在停放和滑行时稳定,它们的尺寸也较小,比较容易收入较薄的机翼内。

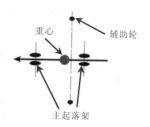

图 4 - 4　自行车式起落架

### 4.1.2　起落架结构形式

按起落架的结构和工作特点,其结构形式主要有构架式、摇臂式和支柱套筒式三种,民用运输机大多数采用的是支柱套筒式。

**1.构架式起落架**

构架式起落架常用于早期低速飞机和某些现代轻型飞机上,其结构特点是起落架固定,不可收放。典型的构架式起落架(见图4-5(a))由斜撑杆和减震支柱铰链连接而构成承力构架。当受到地面反作用力时,起落架各承力构件只承受拉伸或压缩的轴向力,而不受弯矩,故其结构简单,质量轻。但两撑杆下端的梳状接头及连接螺栓因承受交变载荷,易产生裂纹,应加强检查。

一些轻型飞机的构架式起落架结构更简单,主要由弹性钢管或钢板构成(见图4-5(b)),其上端用螺栓固定在机身加强隔框上,下端固定连接轮轴。弹簧钢具有弹性,可将地面垂直和水平方向的撞击载荷吸收后释放出去,并部分传递给机体结构。

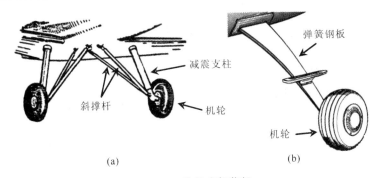

(a)　　　　　　　　　　　　(b)

**图4-5　构架式起落架**

**2.摇臂式起落架**

摇臂式起落架由承力支柱、减震器和摇臂等构成,如图4-6所示。摇臂(轮臂或轮叉)上部铰接在承力支柱的下端,下部安装机轮。在摇臂与飞机结构之间铰接安装减震器。这种起落架的最大优点是可以很好地承受垂直和水平两个方向的载荷,并同时具有很好的减震效果。不论机轮受到垂直方向或者水平方向的载荷,都可以转变为摇臂绕其铰接点的转动,并通过摇臂将载荷轴向传递给减震器。由于减震器始终只承受轴向力,不受弯矩,因此密封装置磨损均匀。

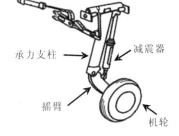

**图4-6　摇臂式起落架**

由于摇臂式起落架具备上述优点,所以它在某些中小型高速飞机上得到较广泛应用。但它的结构较复杂,减震器及其接头受力较大,且结构质量较大。因此,摇臂式起落架在现代民用运输机上应用较少。

**3.支柱套筒式起落架**

支柱套筒式起落架可分为张臂式和撑杆式两种。张臂式起落架的支柱就像一根一端固接在机体骨架上的张臂梁,如图 4-7 所示,某些小型飞机的前起落架常采用张臂式起落架。为了减小起落架支柱所受的弯矩,民用运输机大多采用撑杆式起落架。撑杆式起落架的基本组成包括减震支柱、扭力臂、轮轴、轮胎、侧撑杆、阻力撑杆、刹车装置(主轮)与转弯机构(前轮)等,如图 4-8 所示。减震支柱由内筒和外筒组成,既用于减震,又用于承力。外筒通过轴承与机体相连,内筒的下端固定安装机轮轮轴。扭力臂连接内筒和外筒,承受和传递扭矩,防止内、外筒相对转动。在前起落架上,扭力臂通常也用于传递转弯驱动力,驱动内筒和前轮转动。在主起落架的内侧安装可折叠的侧撑杆,用于承受并传递侧向载荷,减小减震支柱翼展方向受力,同时它也是放下锁的一部分。在主起落架上沿飞机纵向安装阻力撑杆和在前起落架上安装可折叠的纵向阻力撑杆,用于承受和传递纵向载荷,减少减震支柱前后方向的受力。大型运输机通常采用小车式起落架,除上述基本组成外,还包括稳定减震器、刹车平衡机构、轮架翻转机构等。

支柱套筒式起落架能够承受较大的垂直载荷,并且有很好的减震作用。但在受到纵向或侧向水平载荷时,支柱将承受较大的弯矩。同时垂直方向的地面反作用力通常与减震支柱轴线不重合,这也将使支柱承受较大弯矩,导致支柱内、外筒之间的接触面产生摩擦,易造成减震支柱密封装置不均匀磨损,减震性能也受到较大影响。在减震支柱的维护、修理工作中,要注意内筒上、下轴承的磨损情况和密封装置的状态。

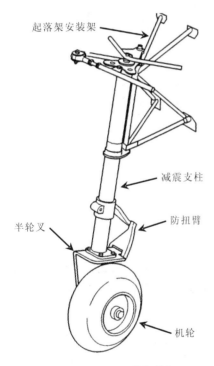

图 4-7　TB200 前起落架

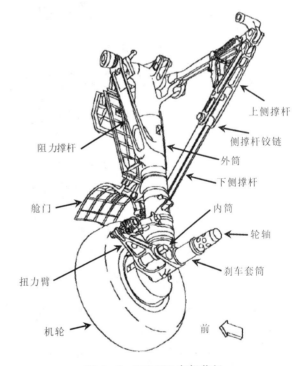

图 4-8　B737NG 主起落架

## 4.1.3　机轮

现代民用运输飞机普遍采用轮式滑行装置,它主要由轮毂和轮胎等组成。机轮支撑飞机质量,保证了飞机在地面灵活运动。在飞机起飞滑跑时,它为飞机提供较小的地面摩擦,保证飞机的加速性能。在飞机着陆及滑跑过程中时,通过轮胎变形可以实现部分减震功能,且可以通过刹车系统调节轮胎与地面之间的摩擦状态,形成较大的地面摩擦,保证飞机减速性能。

### 4.1.3.1 轮毂

轮毂为机轮的骨架部分,通常用轻质的铝合金制成。根据不同飞机的强度要求不同,可能采用锻造或铸造,并作阳极化处理后喷涂保护性涂料。它们与同质量的钢制轮毂相比,具有较大的刚度,在同样的受热情况下,温度升高也较少。后一特点对高速飞机来说极其重要,因为刹车时有大量的热传给轮毂,如果轮毂温度升高得很多,就容易使轮胎(特别是内胎)受高温影响而损坏。镁合金也曾用于轮毂制造,但是其抗腐蚀能力比较差,现在采用越来越少。

轮毂的构造主要有三种类型:固定轮缘式轮毂、可卸轮缘式轮毂和分离式轮毂。

固定轮缘式轮毂在早期飞机以及某些轻型飞机上使用,并且必须配有内胎轮胎,其构造如图 4-9 所示。由于轮缘固定,装配轮胎必须借助专用工具将弹性的轮胎伸张后装配上去。在飞机向大型化发展后,轮胎钢丝圈的强度和刚度都相应增大,使得轮胎装配比较困难,因此现代飞机的机轮为了方便轮胎安装通常采用可卸轮缘式轮毂或分离式轮毂。

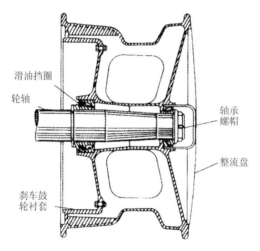

图 4-9　固定轮缘式轮毂

可卸轮缘式轮毂构造如图 4-10 所示。轮毂由铸造的轮毂本体、可拆卸式轮缘和轮缘固定卡环构成。可卸轮缘式轮毂一般配备低压轮胎。拆卸轮胎时,应将轮胎彻底放气,拆下固定卡环,将轮缘从轮毂本体上拉出,然后可将轮胎快速拆下。

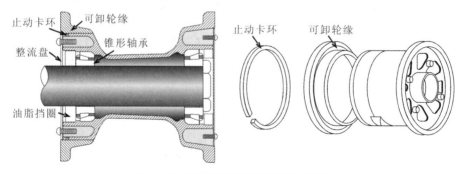

图 4-10　两种典型的可卸轮缘式轮毂

由于可卸轮缘式轮毂由固定卡环承受轮胎的压力，因此，一旦卡环出现缺陷，机轮容易爆胎，对设备和人员造成伤害。因此，维护采用可卸轮缘式轮毂的机轮应格外小心，将机轮从飞机上拆卸前必须彻底放气，充气时要做好保护措施。

现代民航飞机已用安全性更高、维护性能更好的分离式轮毂取代了可卸轮缘式轮毂。分离式轮毂构造如图 4-11 所示。整个轮毂由内侧和外侧半轮毂通过高强度连接螺栓和自锁螺帽连接在一起。

在内侧轮毂中安装有多个刹车动盘驱动键，用于安装刹车装置。同时装有减弱刹车装置向轮毂辐射热量的隔热护套。隔热护套一般采用不锈钢材料制成。

内侧半轮毂上通常还装有 3 到 4 个热熔塞。热熔塞由易熔金属或树脂材料制成。飞机猛烈刹车时，刹车装置产生大量的热，使轮胎内气体温度升高，压力增加。如果温度达到大约 180℃时，热熔塞软化并被气体推出，同时轮胎放气，防止由于高温损坏轮胎帘线层后爆胎。因热熔塞熔化而放气的轮胎应报废，轮毂应进行硬度检查以确定是否报废。同一轮轴上的另一个机轮也必须接受检查，以判断是否受损。

外侧半轮毂上安装有充气活门，用于灌充轮胎。如果采用有内胎式的轮胎，则其上有个小孔，用于内胎充气活门通过。为了防止轮胎内气体压力过高，外半轮毂上还装有释压活门。当轮胎内充气压力过高时，释压活门打开，释放掉过高的压力，确保轮胎安全。

分离式轮毂配合无内胎轮胎使用，靠轮胎的胎缘在内部气体压力作用下紧压在轮缘上，并在两个半轮毂的分离处加装"O"形密封圈以增加密封效果。分离式机轮的充气嘴直接装在轮毂上，这样即使机轮错线，充气嘴也不会受到破坏。

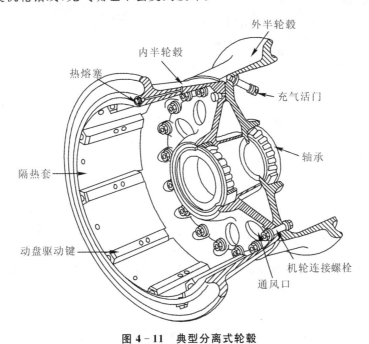

**图 4-11　典型分离式轮毂**

#### 4.1.3.2　轮胎

轮胎在飞机与地面之间构成了一个空气垫层，可减小飞机着陆时以及滑行中颠簸形成的冲击载荷。同时,轮胎与地面形成良好的接触,产生必要的摩擦力以便着陆或中断起飞时完成高效刹车。轮胎必须能承受较大的静载荷(飞机重力)、动载荷(着陆冲击)以及热载荷(地面摩擦热)。

**1. 轮胎分类**

轮胎分为有内胎和无内胎两种类型。有内胎轮胎的气密性由内胎保证,无内胎轮胎的气密性由轮胎内层气密橡胶层和轮毂及轮胎与轮毂接合面的压紧保证。现代民航客机普遍采用性能更好的无内胎轮胎来配合分离式轮毂使用。相对于有内胎轮胎,无内胎轮胎质量更轻,轮胎刺穿后渗漏损失小,机轮滑跑时轮胎温度可下降约10℃。这可使无内胎轮胎具有更长的使用寿命或更高的使用速度。并且轮胎相对轮毂发生滑动时,不会造成严重的轮胎撕裂等现象。

**2. 轮胎构造**

图4-12所示为飞机所用的斜交线轮胎与子午线轮胎的结构图。轮胎主要由胎面、帘线、胎体侧壁、胎缘和轮胎内层构成。

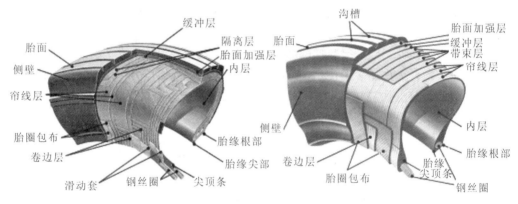

**图4-12　无内胎轮胎的构造**

(1)胎面层

胎面是轮胎与地面接触的部分,由耐磨的合成橡胶制成,可保护内部的帘线层。为了提高轮胎的耐久性和抗冲击特性,胎面下是缓冲层和尼龙制成的保护层和加强层。为了提高轮胎在各种使用条件下与跑道之间的结合力,胎面上开有一定深度的胎纹,如图4-13所示。现代飞机常采用沿圆周方向布置的胎纹,这种沟槽可以散热并能防止轮胎出现滑水现象。对于在非铺装跑道上使用的机轮,通常采用菱形花纹的胎纹。另有一种典型的全天候花纹轮胎,它结合了菱形花纹与环形花纹,可以适应不同的跑道情况。在早期的一些不带刹车的飞机上还采用不带花纹的轮胎。用于前起落架的部分轮胎还带有折流器,它将水流散向两侧,避免影响发动机工作。

(2)帘线层

帘线层是轮胎受力的主要部分,又称胎体层,由多层涂胶的尼龙帘线构成。根据帘线缠绕形式,轮胎可分为斜交线轮胎和子午线轮胎,如图4-12所示。斜交线轮胎的各层帘线相交(相邻的两层帘线的方向相交一定角度,一般约为90°),而子午线轮胎的帘线层相互平行,并沿轮胎横截面方向。斜交线轮胎的强度和抗割伤、穿刺能力较强,而子午线轮胎的速度特性较好。

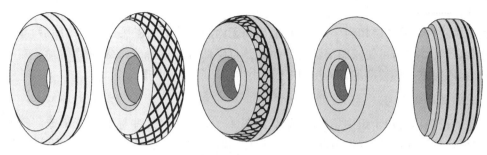

**图 4-13　飞机轮胎常见胎面花纹**

(从左开始依次为环形花纹、菱形花纹、全天候花纹、无花纹和带折流器的环形花纹轮胎)

（3）侧壁

轮胎侧壁是胎体侧壁帘线的主要保护层,它能防止帘线损坏和暴露,胎侧壁还可提高胎体的强度。对于某些安装在前轮上的轮胎,其侧壁上会有导流器,它能使跑道上的水折向侧边,避免水泼溅到安装在后面的喷气发动机上。

对于无内胎轮胎,在轮胎侧壁靠近胎缘区域留有轮胎通气孔,如图 4-14 所示。通气孔是在生产加工过程中使用直径约为 1.5 mm 的锥子刺穿胎侧壁橡胶层形成的,并用绿色或灰色作为标记。轮胎通气孔的作用是为胎体内的空气提供排出的通道,防止胎体分层。胎体内的空气可以是生产加工后存在胎体帘线中的残留空气,也可以是通过内衬层正常渗漏在胎体内积聚的空气。若没用通气孔作为空气排出的自由通道,胎体内的空气会导致轮胎胎面胶或侧壁橡胶的松弛或隆起。

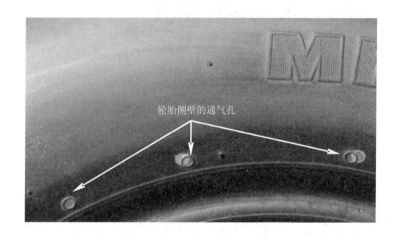

**图 4-14　轮胎侧壁通气孔**

（4）胎缘

胎缘区域位于轮胎与轮缘接触区域附近,主要包含钢丝圈和胎缘涂胶包布。钢丝圈是轮胎的骨架,有高的抗拉强度和刚度,通过它把载荷传递给轮毂。胎缘涂胶包边布形成胎口断面形状,防磨并与轮毂的轮缘紧密贴合,防止无内胎轮胎漏气。

（5）内层

优质橡胶构成的内层相当于内胎,它能确保无内胎轮胎的气密性。取消内胎后,减少了内胎和外胎之间的摩擦,可使轮胎滚动时产生的热量降低,提高轮胎性能和使用寿命。对于有内胎的轮胎,内层是一层较薄的橡胶层,用于减小内胎与轮胎的摩擦。

**3. 轮胎标识**

轮胎侧壁上印有用于识别轮胎的标识,如图 4 - 15 所示。这些标识随着制造厂家的不同而不同,但通常包括部件编号、尺寸标识、平衡标识、磨损标识、序号、生产日期、有/无内胎标识等。对于翻新的轮胎,还会存在轮胎翻新形式和次数标识。

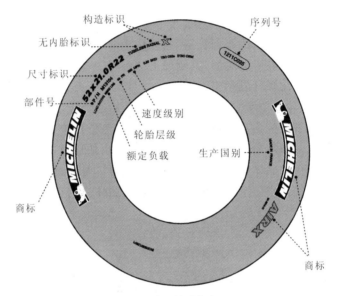

图 4 - 15 轮胎标识

部件编号是识别轮胎的唯一正确的标识,图 4 - 15 所示轮胎部件编号为 M13104。尺寸标识标明轮胎的尺寸规格,现代飞机的尺寸标识有多种方法,常用的是三参数标识法。三参数尺寸标识方法为:

斜交线轮胎:外径×宽度 - 内径;

子午线轮胎:外径×宽度 R 内径。

图 4 - 15 中尺寸标识为 52×21.0R22,其中 52 代表轮胎外径为 52 in(1 in＝2.54 cm),21.0 代表轮胎宽度为 21.0 in,R 代表子午线轮胎,22 代表轮胎内径为 22 in。

如图 4 - 16 所示,轮胎上常用红色点标明轮胎质量较轻的一边,安装时要对准气门嘴(内胎上或无内胎的轮毂上),或对准内胎有重点(黄色)标识处。

轮胎磨损标示用于观察胎面的磨损程度及更换轮胎的磨损标准。它是位于胎面纵向花纹底部的横隔橡胶条。一般外胎使用到表面与标识齐平时应更换(维护手册有另外规定除外)。此外,轮胎上还会标注生产序号、生产日期、翻修标识、生产厂家、允许最大压力和最高使用速度等。

**图 4 - 16　轮胎平衡标识**

#### 4. 轮胎的保护与储存

轮胎为橡胶制品,强烈的光线和热量将导致橡胶出现裂纹和整体性能退化,必须保护轮胎免受过热、潮湿和强光。在存放时应将轮胎和内胎存放在阴凉、干燥处,并使它们远离散热器、蒸汽管线、电动机或其他热源。

避免滑油、燃油、乙二醇或液压油对轮胎的侵蚀,因为所有这些对橡胶都是有害的。使用过程中应该立即擦掉无意中溅到或滴到轮胎上的任何液体。

轮胎存放时,尽可能使用轮胎架,避免过多的堆放,防止引起钢丝圈扭曲变形。内胎应保持原包装储存。

# 4.2　起落架减震装置

飞机在着陆接地时,将与地面发生剧烈碰撞;在地面滑行、滑跑过程中,也可能会因道面不平或有异物,使飞机受到撞击。为了减小飞机在着陆接地和地面运动时所受的撞击力,并减弱飞机因撞击而引起的颠簸跳动,飞机必须设置减震装置。飞机减震装置由轮胎和减震器两部分组成,其中轮胎(尤其是低压轮胎)可吸收大约 30% 的着陆撞击动能,而其余的能量必须由减震器吸收并消散掉。

减震装置与机身或机翼的承力结构连接,如果其减震性能不好或工作不正常,飞机机体结构就会受到很大的撞击载荷,并引起飞机强烈的颠簸跳动,这对飞机结构、飞行安全和乘坐品质都极为不利。因此,起落架减震装置的功用就是,吸收着陆撞击能量,减小撞击力,并减弱在滑行和滑跑时的颠簸跳动。

## 4.2.1　减震原理

当飞机以规定的接地速度和接地角着陆时,地面作用力(撞击力)使飞机的垂直分速度在一定时间内降低到零。

$$F = ma = m\frac{v_{垂直} - 0}{t} \tag{4-1}$$

由式(4-1)可知,当飞机质量、接地速度和接地角一定时,撞击力大小与撞击的时间成反比,撞击时间越长,撞击力越小。

基于上述动量定理,起落架减震装置的减震方法是,飞机着陆接地时,轮胎和减震支柱通过被压缩变形,吸收撞击动能,延长撞击时间,从而减小撞击力。然而,吸收的撞击动能如不能被及时消耗掉,飞机则会产生严重的颠簸跳动。严重的颠簸跳动会增加起落架与机身或机翼连接处等机体结构的疲劳载荷,会使驾驶舱的指针式仪表发生震动、读数失真,也会降低飞机的乘坐舒适性。因此,减震装置不但要减小着陆时的撞击力,还要设置专门的装置,来提高消耗能量的能力,将撞击动能耗散掉,减小撞击之后的颠簸跳动。

减震装置随着飞机的发展而不断发展,减震装置的性能不断提高。根据吸能缓冲方法和耗能方法的不同,飞机所用减震器有橡胶减震器、弹簧减震器、油液橡胶减震器、油液弹簧减震器、油气减震器和油液减震器等,见表4-1。

表4-1 飞机减震装置类型

| 减震装置类型＼工作原理 | 吸能缓冲方法 | 耗能方法 |
|---|---|---|
| 橡胶减震器 | 固体弹性变形 | 分子摩擦 |
| 弹簧减震器 | | 分子摩擦＋垫圈摩擦 |
| 油液橡胶减震器 | 固体弹性变形 | 液体阻尼 |
| 油液弹簧减震器 | | |
| 油气减震器 | 气体压缩变形 | 液体阻尼 |
| 油液减震器 | 液体压缩变形 | 液体阻尼 |

虽然起落架减震装置种类很多,构造上有很大差别,但是减震原理是一样的:通过产生尽可能大的弹性变形来吸收撞击动能,以减小飞机所受撞击力;利用摩擦热耗作用尽快地消散能量,使飞机接地后的颠簸跳动迅速停止。

起落架减震装置的型式主要取决于飞机的质量。某些轻型活塞发动机飞机采用弹簧钢支柱(见图4-5(b))或橡皮筋减震器,而现代民用运输机则普遍采用油气式减震支柱,下面主要讨论油气式减震器。

## 4.2.2 油气式减震器

### 4.2.2.1 油气式减震器工作原理

如图4-17所示,油气式减震器主要由外筒、内筒、隔板和密封装置等部分组成。外筒上接于机身或机翼承力结构,外筒内灌充油液(通常使用石油基液压油,高温下化学稳定性较好)和一定压力的氮气(或干燥空气),内筒(也称为活塞杆)下安装机轮。隔板固定在外筒内,将外筒内的空间分为上、下两部分,隔板上有一小孔。

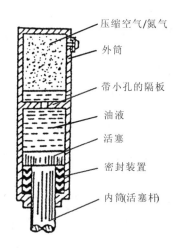

压缩空气/氮气

外筒

带小孔的隔板

油液

活塞

密封装置

内筒(活塞杆)

**图 4 - 17　油气式减震器的结构简图**

飞机着陆接地后,飞机继续下沉,减震支柱受到压缩,地面反作用力经机轮压动活塞杆(内筒),使其上移,迫使油液高速流过隔板小孔向上压缩气体,该过程称为"正行程"或"压缩行程",如图 4 - 18 所示。在第一次压缩行程中,接地动能大部分转变为气体内能,其余通过克服油液与孔壁的摩擦力,以及活塞与外筒的摩擦力转变为摩擦热而耗散掉。在压缩过程中,随着油液逐渐流入上腔,气体压力逐渐增大,飞机下沉速度开始降低。当气体被压缩到最小体积,活塞上升到顶点时,飞机便停止下沉。而此时气体的压力大于停机时气体的压力,气体膨胀使外筒上升顶起飞机,减震支柱伸张,该过程称为"反行程"或"伸张行程"。在伸张行程中,一部分气体内能转变为机体抬高的势能,其余的气体内能也由油液高速流过小孔时的摩擦以及密封装置等的摩擦,转变为热能耗散掉。随着减震支柱的伸张,气体压力逐渐降低,当气体压力小于停机时的气体压力时,飞机向上运动的速度逐渐减小。当飞机停止向上运动时,气体压力已小于停机时的压力,飞机便开始第二次下沉,减震器进入第二次压缩行程。

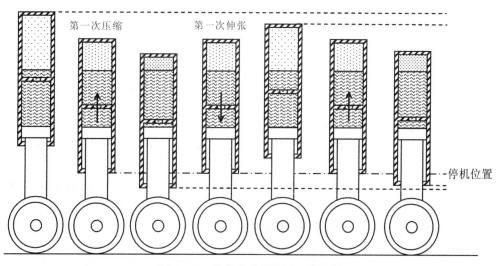

第一次压缩　　　　第一次伸张

停机位置

**图 4 - 18　油气式减震器的工作过程**

重复压缩和伸张,减震支柱围绕停机位置做上下振动。由于每次压缩行程或伸张行程,都有一部分能量转换为热量而耗散掉,所以振幅逐渐减小。如此重复若干次伸张和压缩,接地动能被消耗完后,减震支柱保持停机压缩量,使飞机平稳滑跑。

由此得出,油气式减震支柱的工作原理是利用气体压缩吸收接地动能减小撞击力,利用油液高速流过小孔的摩擦热耗散能量减弱飞机颠簸跳动。

### 4.2.2.2 油气式减震器的工作特性分析

在油气式减震器的工作过程中,气体的压力通过油液作用在活塞上,产生一个力,这个力叫气体作用力。同时油液高速流过小孔时产生剧烈摩擦,还要产生一个阻止活塞运动(压缩行程)或阻止气体膨胀(伸张行程)的力,这个力叫油液作用力。

油气式减震器的工作特性分析是研究它在工作过程中载荷的变化情况和吸收、消耗能量的情况,是理解和分析油气式减震器性能的基础。油气式减震器载荷的大小,由气体作用力、油液作用力和密封装置等的机械摩擦力决定;它吸收和消耗能量的多少,由气体、油液和机械摩擦所吸收和消耗的能量来决定。油气式减震器的工作特性就是上述各种力的变化和吸收、消耗能量情况的综合。

**1. 气体的工作特性**

气体作用力等于气体压力与活塞有效面积的乘积。在减震器工作过程中,活塞有效面积不变,气体压力随着减震器的压缩量而变化,因此气体作用力也是随减震器压缩量而变化的。

压缩行程中,气体体积变小,温度升高,它的一部分热要传给油液和减震器外壁,因此压缩过程不是绝热过程;虽然减震器的工作周期很短,但是这种传热作用不可能使气体保持开始受压缩时的温度,因此压缩行程也不可能是等温过程。这种既不完全等温,也不完全绝热的过程,称为多变压缩过程。减震器的压缩行程是介于等温和绝热过程之间的多变过程。伸张行程中,气体的膨胀过程也是一种多变过程。一般来说,在减震器压缩和伸张行程中,多变指数可以认为是相等的。因此,这两个行程的气体工作特性,可以用同一根曲线表示,如图 4 - 19 所示。

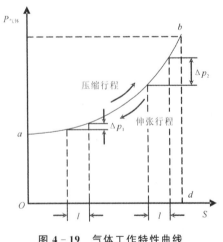

图 4 - 19　气体工作特性曲线

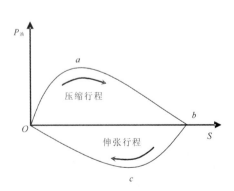

图 4 - 20　油液工作特性曲线

从图 4 - 19 中可以看出,压缩行程中,气体压力沿曲线 $ab$ 上升;伸张行程中,气体压力沿

曲线 $ba$ 下降。减震器压缩量增加时,不仅气体压力增加,而且单位压缩量内压力的增量也越来越大。其原因有二:一是压缩量较小时,气体体积较大,如果继续增大一小段压缩量,气体体积减小的百分比不大,压力增加不多。而压缩量较大时,气体体积已经很小,再增加同样一小段压缩量,气体体积减小的百分比就比较大,压力也增加得较多;二是在多变压缩过程中,压缩量越大,气体温度越高,因而越难压缩,即在单位压缩量内气体压力的增量越大。由于气体在压缩和膨胀过程中热耗作用很小,所以压缩行程中气体吸收的能量和伸张行程中气体放出的能量基本相等,它们都可以用曲线 $ab$ 以下所包含的面积 $OabdO$ 表示。

**2. 油液的工作特性**

在压缩和伸张行程中,油液作用力产生于减震器的不同工作状态。

1)减震器的活塞静止时,油液不流动,这时油液作用力为零,活塞上所受的力等于气体作用力。

2)减震器受压缩时,油液在活塞挤压下,经小孔高速向上流动,产生剧烈摩擦。这时隔板下面的油压大于隔板上面的油压,活塞上受到的作用力大于气体作用力。因隔板上、下产生油压差而增大的那部分作用力,就是压缩行程中的油液作用力。

3)减震器伸张时,产生油液作用力的原因与上述情况相似。但这时油液是从小孔高速向下流动的,因此,隔板下面的油压小于隔板上面的油压,活塞上受到的作用力小于气体作用力。因这一油压差而减小的那部分作用力,就是伸张行程中的油液作用力。

在减震器工作过程中,油液作用力的大小与活塞的运动速度和有效面积、通油孔的面积和形状,以及油液的黏度和密度等因素有关。分析表明,在活塞有效面积、阻力系数和油液密度不变的情况下,油液作用力与活塞运动速度的二次方成正比,与通油孔面积的二次方成反比。

活塞运动速度随着减震器压缩量变化的关系不是固定的,但是根据活塞运动速度变化的基本情况,可以近似地看出油液作用力和减震器压缩量之间的关系。飞机接地初期,飞机下沉速度很大,迫使活塞加速向上运动,油液作用力从零迅速上升;而后,由于减震器不断吸收和消耗能量,飞机的下沉速度略微减小,所以活塞速度增大到一定程度后,将随着飞机下沉速度的减慢而逐渐减慢下来,直到活塞停止运动。在这个过程中,油液作用力也逐渐降低到零。

油液作用力随压缩量变化的这种关系,可用曲线表示,这一曲线叫作油液工作特性曲线,如图 4-20 中 $Oab$ 所示。从上述内容还可以看出,活塞的加速过程比减速过程迅速,因此最大油液作用力产生在压缩行程的前半部。

伸张行程中,油液作用力的变化情况与压缩行程相同,但这时的油液作用力是抵消一部分气体作用力的,因此把伸张行程中的油液工作特性曲线画在横坐标之下,如图 4-20 中 $bcO$ 所示。

由于油液流过小孔产生摩擦,减震器在压缩行程和伸张行程中,都有一部分能量变成热能消散掉。图 4-20 中面积 $OabO$ 即表示压缩行程中油液消耗的能量,而面积 $ObcO$ 则表示伸张行程中油液消耗的能量。

**3. 减震器的工作特性**

在压缩行程中,气体作用力和油液作用力都是阻止活塞向上运动的,把各个压缩量上的气体作用力和油液作用力相加,即可得到压缩行程中减震器的工作特性曲线,如图 4-21 中 $adb$ 所示。

在伸张行程中,气体作用力推动减震器伸张,而油液作用力阻碍气体膨胀而抵消一部分气体作用力,因此把各个压缩量上的气体作用力和油液作用力相减,即可得到伸张行程中减震器的工作特性曲线,如图 4-21 中 bea 所示。

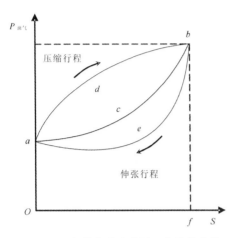

图 4-21　气体和油液共同工作特性曲线

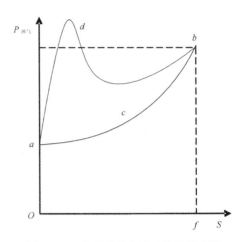

图 4-22　出现载荷高峰时的特性曲线

### 4.2.2.3　油气式减震器性能优化完善

如前所述,油气式减震器通过气体压缩吸收撞击动能来减小撞击力,利用油液通过小孔的摩擦生热来消耗能量而减弱颠簸跳动。如果减小通油孔的面积,可以提高摩擦生热量,使飞机尽快停稳下来。但是如果通油孔的面积太小,即使飞机以正常速度接地,在着陆初期,由于减震器的压缩速度较快,油液作用力就会突然增大,减震器所受的载荷也突然增大;而后,因气体及油液大量吸收和消耗撞击动能,减震器的压缩速度又要迅速减小。这样减震器所受的载荷,在压缩行程之初会出现一个起伏,如图 4-22 中曲线 adb 所示,这种现象称为"载荷高峰"。在这种情况下,减震器所受的载荷可能超过规定的最大值。

当飞机以较大的滑跑速度通过道面上的突起物(如小土墩等)时,通油孔面积较小的减震器也可能产生载荷高峰。因为这时飞机来不及向上运动,减震器的压缩速度很大,甚至还可能超过粗猛着陆时的压缩速度。

为了既满足减小撞击力,又提高热耗散能力,现代减震器广泛采用调节油针(见图 4-23(a)),其实质就是使通油孔的面积随压缩量变化而改变。在压缩行程的最初阶段,压缩量较小,油针未进入通油孔,通油孔面积很大,油液通过通油孔时基本上没有流动阻力,油液作用力很小,这段行程称为自由行程;随着压缩量的增大,油针进入通油孔,使通油孔面积逐渐减小,摩擦产热能力逐渐增大。虽然这时通油孔面积已经变小,但由于减震器的压缩速度已经降低,所以油液作用力也不会很大。这种减震器不仅能消除载荷高峰,而且还可以减小飞机在高速滑跑中受到的载荷。它的工作特性曲线如图 4-23(b)中曲线所示。

通过上面分析可知,当飞机重着陆时,具有调节油针的减震器,可在压缩行程中消除载荷高峰现象。但在伸张行程中,由于通油孔面积逐渐变大,飞机上升速度逐渐加快,会在伸张行程结束时,虽然减震器支柱已经完全伸张,但飞机仍具有较大的上升速度,飞机将从跑道上跳起,重新离地,从而发生再次撞击,此现象称为"反跳"现象。

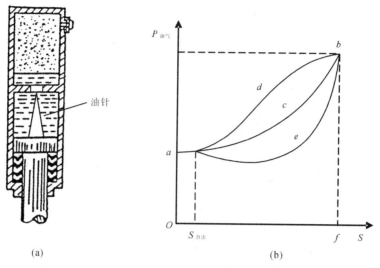

图 4-23　具有油针的减震器示意图及其工作特性曲线

为了减小伸张行程中飞机的伸张速度,消除反跳现象,有的减震器装有防反跳活门。防反跳活门是一种单向节流活门,它在伸张行程中堵住一部分通油孔(压缩行程中不影响油液的流动),从而使减震器在整个伸张行程中一直保持较低的伸张速度,这种活门也叫作反行程制动活门。装有防反跳活门的减震器的工作过程及其工作特性曲线如图 4-24 所示。

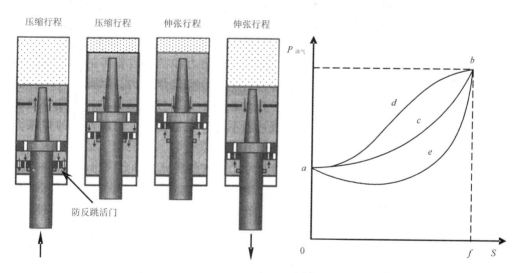

图 4-24　装有防反跳活门的减震器工作过程及其工作特性曲线

## 4.2.3　典型的油气式减震支柱结构

如图 4-25 所示,B737-300 主起落架减震支柱的锥形调节油针安装在内筒的顶端与节流孔支撑管底部的圆孔构成油液流通的环形通道。支撑管安装在外筒的顶部,其管壁上开有供油液流动的孔。随着减震支柱的压缩,油针和撑管底部环形节流孔的面积逐渐减小,调节减震器的工作特性。

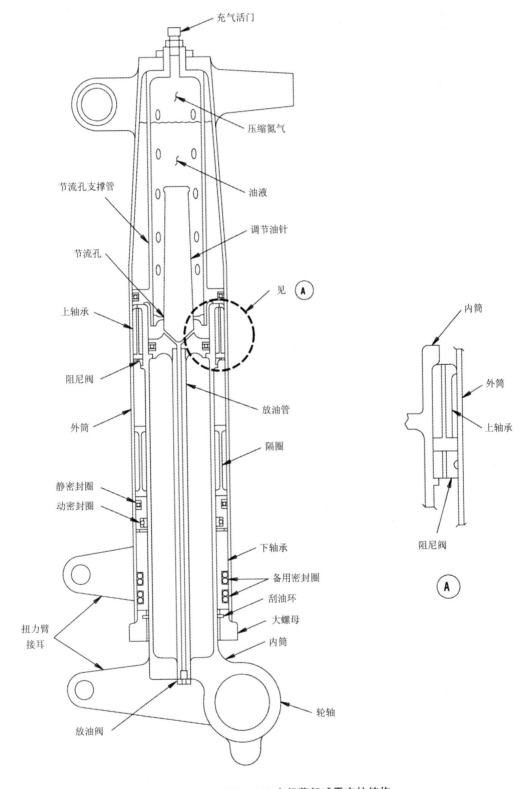

充气活门

压缩氮气

油液

节流孔支撑管

调节油针

节流孔

见 Ⓐ

上轴承

阻尼阀

放油管

外筒

隔圈

静密封圈

动密封圈

下轴承

备用密封圈

刮油环

大螺母

内筒

扭力臂
接耳

轮轴

放油阀

内筒

外筒

上轴承

阻尼阀

Ⓐ

**图 4 - 25　B737 - 300 主起落架减震支柱结构**

外筒和内筒之间的空间可容纳油液,并且在内筒上支撑下面装有浮动式阻尼阀。在减震器工作时,油液通过阻尼阀进出。阻尼阀的截面如图 4-25 所示,在外径开有面积较大的槽,在中间钻有小直径孔。当减震支柱伸张时,阻尼阀靠在上支撑上,堵住周边的槽,外筒和内筒间的油液只能通过阀上的小孔流出,限制了油液流动速度,从而减小减震支柱伸张速度,防止"反跳"出现。

在内筒中间有放油管,连接到支柱底部的放油阀,在维护时将减震支柱内的油液放掉,也可用于减震支柱油液的灌充。

为减小维护时工作量,支柱下端装有备用密封圈,备用密封槽的深度比工作密封槽的深度大,密封圈被完全容纳其中,不受挤压变形。当维护减震支柱时,如果工作密封圈损坏,则可将其剪断,然后将备用密封圈放入工作密封槽,这样,便不会因为更换密封圈而将减震支柱完全分解,大大减小了维护工作量。

如图 4-26 所示,A320 飞机主起落架减震支柱包括两级组件,共有 4 个腔室。

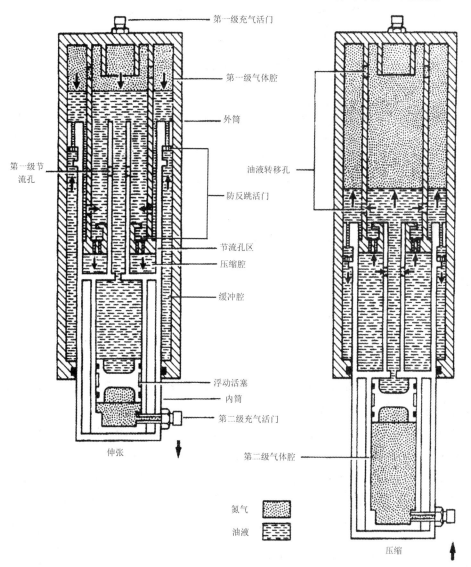

**图 4-26 A320 主起落架减震支柱**

1）第一级气体腔室：包括低压气体和液压油；

2）缓冲腔室：有液压油；

3）压缩腔室：有液压油；

4）第二级气体腔：包括高压气体。

当飞机接地时，减震支柱受到压缩的初期，油液从压缩腔通过第一级节流孔和节流孔区的节流孔同时流入第一级气体腔，进而再流入缓冲腔。由于有油液的流动作用，防反跳活门会离开对应的通油孔，不会阻止油液的自由流动，从而不会影响减震支柱的压缩。随着压缩的进行，飞机下沉速度降低，第一级节流孔上移，油液从压缩腔只能通过节流孔区的节流孔流入第一级气体腔，减小了通油孔面积，增加了热耗作用。

减震支柱伸张时，油液从缓冲腔流入第一级气体腔，再流入压缩腔。由于油液的流动作用，反跳活门会挡住对应的通油孔，减小通油孔的面积，从而减小油液的流量，一直限制减震支柱的伸张速度，使减震支柱保持较低的伸张速度，防止出现"反跳"。

# 4.3　起落架收放系统

收上起落架飞行可减小阻力，提高飞行速度和增加航程，并有利于飞行姿态控制，因此大多数民用运输机的起落架都是可收放的。

## 4.3.1　起落架收放概述

前起落架大多向前收入轮舱（见图 4-27(a)），主起落架收放形式按收放方向可分为沿翼展方向和翼弦方向两种。沿翼展方向有内收和外收两种形式。由于机翼根部厚度较大，起落架通常都向内收入机翼根部或机身内。为了便于将起落架收入空间相对有限的轮舱，有些小车式起落架上还装有转轮或转轮架机构。少数飞机为了在翼根处安装油箱或其他原因，起落架向外收入机翼。沿翼弦方向收起落架主要是将起落架向前收入机翼或发动机短舱内的起落架舱内，运 7、新舟 60 等机型的主起落架常采用这种收放形式。大部分民用运输机主起落架是沿翼展向内收入机翼根部或机身内（见图 4-27(b)）。

起落架的收放直接影响到飞机的起飞、着陆性能，因此要求起落架在收上和放下位都应可靠锁定，并给机组明确指示；收放机构应按一定顺序工作，防止相互干扰；系统应在不安全着陆时向机组发出警告；当正常收放系统发生故障时，应有应急放下系统；为了防止飞机在地面上时起落架被意外收起，应具备地面防收安全措施。

起落架收放动力通常为液压，收放系统主要由收放手柄、收放作动筒、收放位置锁、应急放下机构、位置信号系统和地面防意外收起装置等部分组成，图 4-28 所示的是典型民用运输机起落架收放系统组成原理。

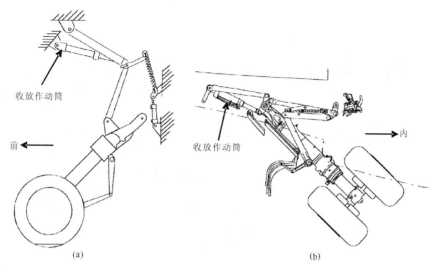

图 4 - 27　B737NG 起落架的收放过程

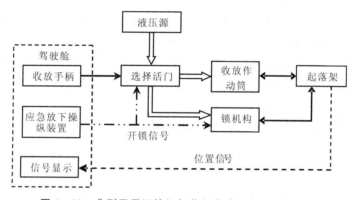

图 4 - 28　典型民用运输机起落架收放系统组成原理图

## 4.3.2　起落架收放位置锁

每个起落架分别有一个收上位置锁和一个放下位置锁,收上锁将起落架固定在收上位,防止飞行中自动掉下;放下锁将起落架固定在放下位,防止受地面撞击而收起。民用运输机的主起落架下位锁常采用撑杆锁,上位锁常采用挂钩锁,前起落架的上位锁和下位锁都采用撑杆锁。

### 4.3.2.1　挂钩锁

如图 4 - 29 所示,挂钩锁主要由锁作动筒、弹簧、锁钩和锁扣等组成,锁扣(也称为锁滚轮)位于主起落架减震支柱外筒上。在主起落架收上行程末端,锁扣接触锁钩,并推动锁钩克服弹簧力转过中心位,最后锁扣进入到锁钩内即为上锁状态。完成上锁后,弹簧克服主起落架的重力使其处于锁定状态。正常放起落架时,放下管路液压油进入锁作动筒,锁作动筒缩入,通过连杆克服弹簧力,驱动锁钩向下转过中心位,完成开锁。

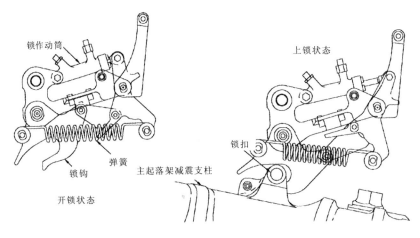

图 4-29　挂钩锁

### 4.3.2.2　撑杆锁

如图 4-30 所示，撑杆锁（又称过中心锁）由锁作动筒、上锁连杆、下锁连杆及锁簧组成。上锁连杆与下锁连杆相铰接，下锁连杆再与侧撑杆铰接。

当正常起落架放下时，锁作动筒在液压油作用下伸出，将上锁连杆和下锁连杆推过中心位，锁连杆的运动也驱动侧撑杆和减震支柱运动到锁定位置。在起落架运动到锁定位置后，由于锁簧使锁连杆保持在过中心位，从而限制侧撑杆的折叠，使起落架处于放下锁定状态。收起落架时，开锁作动筒在液压油作用下，拉动锁连杆，锁连杆克服锁簧的张力，将侧撑杆由过中心锁定位拉开，完成解锁。起落架在收放作动筒的推动下，将侧撑杆折叠起来，起落架收上。

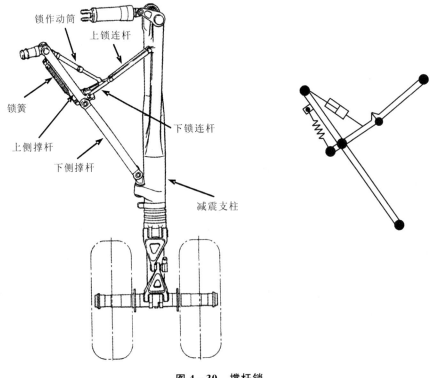

图 4-30　撑杆锁

### 4.3.2.3 液锁

一些通用飞机通过将液压油封闭在收上管路内形成液锁来将起落架锁定在收上位。如图 4-31 所示,当起落架收放手柄扳向"收上"位时,接通液压动力组件内的电动齿轮泵工作,液压油打开单向活门进入右边的收上管路,分别作动主起落架和前起落架收入轮舱内,作动筒另一端回油经左边管路及往复活门回油箱。起落架收上管路内压力达一定值时,压力电门断开油泵电机停止供压,单向活门关闭而液锁起落架于收上位,飞行中收上管路内压力低于一定值时,压力电门接通油泵电机工作而补油。

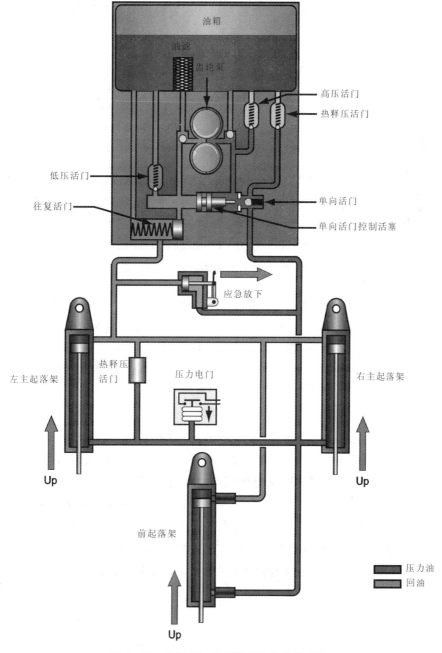

**图 4-31 某通用飞机起落架液压收放系统**

## 4.3.3　起落架收放系统工作原理

　　起落架收放系统控制起落架收放作动筒、舱门、起落架位置锁等部件的运动,使各部件间的运动顺序相互协调。收起落架时,一般动作顺序为,舱门开锁,舱门作动筒将舱门打开;起落架下位锁作动筒打开下位锁,起落架在收放作动筒作用下收起,并锁定在收上位;舱门作动筒将舱门关闭并锁定。放起落架时,顺序相反:先开舱门,然后开上位锁、放起落架并锁定,最后关上舱门。起落架收放顺序因机型差异而略有不同。

　　实现顺序控制的方法较多,A320依据控制组件内置程序来实现各部件的顺序控制,B737采用液压延时法。

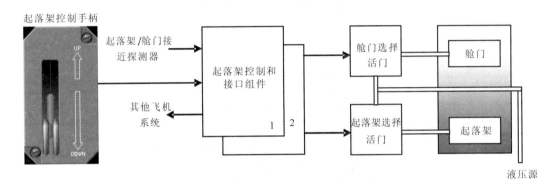

**图 4 - 32　A320 起落架收放系统原理图**

　　如图 4 - 32 所示,控制手柄不直接控制起落架舱门的选择活门位置,而是通过起落架控制和接口组件(LGCIU,Landing Gear Control Interface Unit)发出指令给选择活门,完成收放动作。LGCIU 共两部,同一时刻一部工作,一部备用,完成一个收上、放循环后,交换控制权。LGCIU 除了接收起落架控制手柄的指令外,同时还接收接近探测器的信号。综合这些输入信号后,根据计算机内已设置好的程序,先后向舱门选择活门、起落架选择活门发出指令,如液压系统压力正常,则进行正常收放。

　　B737 采用液压延时法来控制各部件的先后顺序,如图 4 - 33 所示。当起落架收放手柄扳到放下位置,液压油经过选择活门进入起落架收放作动筒的放下端、上位锁作动筒的开锁端、下位锁作动筒的锁定端。在传压筒(又称液压延时器)内活塞及其下游节流活门的共同作用下,起落架收放作动筒收上端的压力较高,并因收放作动筒活塞面积差引起起落架被抬起,有利于上位锁开锁;当上位锁完全打开,且传压筒运动到头时,收放作动筒收上端压力下降,起落架以正常方式放下。放下管路上的节流阀起到限制放下速度的目的。当起落架到达全伸展放下位时,下位锁作动筒强迫下位锁支柱进入过中立位,将起落架锁住。

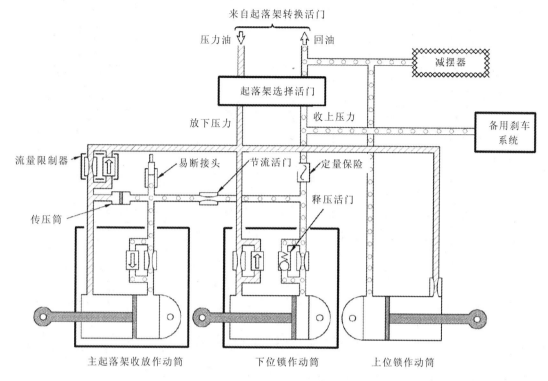

来自起落架转换活门

压力油 回油

减摆器

起落架选择活门

放下压力 收上压力 备用刹车系统

流量限制器 易断接头 节流活门 定量保险

传压筒 释压活门

主起落架收放作动筒 下位锁作动筒 上位锁作动筒

**图 4 - 33 B737 起落架液压延时收放系统原理图**

## 4.3.4 起落架位置信号与警告

起落架位置指示和警告系统在驾驶舱内显示起落架的位置,同时也在着陆未放下起落架时发出警告信号。

以 B737NG 为例,接近电门电子组件(PSEU,Proximity Switch Electronics Unit)处理所有输入信号,向起落架位置灯和音响警告组件发送信号,也向飞行数据获取组件(FDAU,Flight Data Acquisition Unit)发送关于起落架状态的信号,如图 4 - 34 所示。PSEU 输入信号包括起落架位置传感器信号、控制手柄位置信号、无线电高度信号、后缘襟翼位置信号、音响警告发送复位信号和油门杆位置信号等。

### 4.3.4.1 起落架位置传感器

飞机起落架位置传感器通常采用接近传感器。如图 4 - 35 所示,起落架上的接近传感器系统由三部分组成:接近传感器、传感器目标块和 LGCIU 内部信号处理逻辑卡。

LGCIU 内部的逻辑卡发送周期性的脉冲或正弦波励磁信号到传感器内部感应线圈,线圈产生感应磁场。当起落架收上或放下要完成时,通过机械结构驱动目标块接近传感器内部感应线圈,线圈的阻抗值增加,系统显示 Target near 信号;当目标块离开时,阻抗值减小,系统显示 Target far 信号。

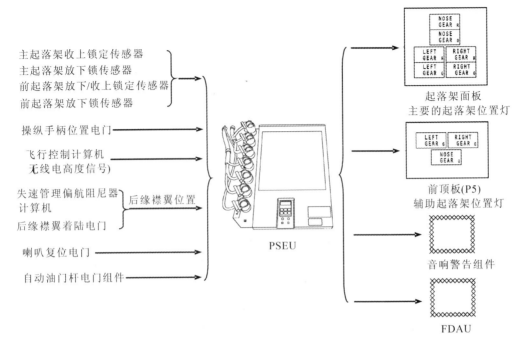

**图 4 - 34   起落架位置指示和警告系统**

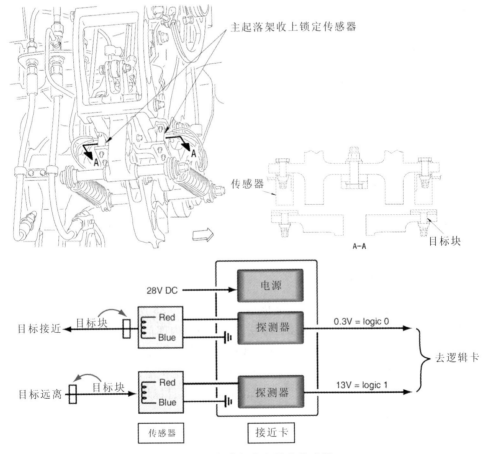

**图 4 - 35   起落架收上锁定传感器**

#### 4.3.4.2  起落架位置指示

起落架位置指示装置向驾驶员提供起落架的收放位置信号。指示装置按其工作分为电气信号指示和机械指示,电气信号指示包括指示灯指示和 EICAS(或 ECAM)指示。

**1. 灯光指示**

如图 4-34 所示,灯光指示通过红、绿灯显示起落架位置。绿灯亮表示起落架已放下锁好;红灯(或琥珀色灯)亮时,大多数飞机表示起落架正在收放过程中或起落架位置与起落架手柄位置不一致(苏制的部分飞机则表示收上锁好);红、绿灯熄灭表示起落架收上锁好。

**2. ECAM (或 EICAS)指示**

除了通过灯光指示起落架位置外,在空客系列飞机的电子中央监控(ECAM,Electronic Centralized Aircraft Monitoring)或波音飞机的发动机指示与机组警告系统(EICAS,Engine Indication and Crew Alerting System)上也显示起落架的位置。如图 4-36 所示,A320 飞机的 ECAM WHEEL 页有三组彩色指示,分别表示前起落架、左主起落架和右主起落架的位置。每组指示包括两个三角符号(显示起落架的位置)和移动的铰链条(显示起落架舱门位置)。绿色三角形亮表示起落架放下锁好,红色三角形亮表示起落架手柄位置与起落架位置不一致。三角形符号消失表示起落架收上锁好。

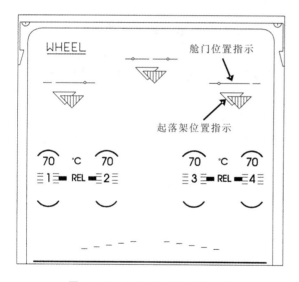

**图 4-36  A320 ECAM 机轮页面**

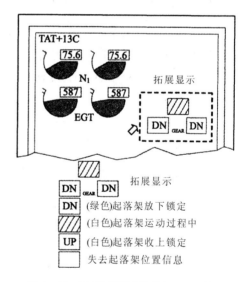

**图 4-37  B777 起落架位置 EICAS 显示**

图 4-37 所示为 B777 飞机起落架位置 EICAS 显示。它采用带方框的文字表示起落架收上和放下,当"DOWN"显示绿色时,表示起落架放下锁定;当"UP"显示白色时表示起落架收上锁定,当显示带白色剖面线的方框时,表示起落架处于收放过程中。方框内没有任何显示时表示失去相应的起落架位置信息。

**3. 机械指示**

当灯光信号失效时,有的飞机可由目视机械信号——杆、牌、线判定起落架是否放下锁好。机械指示的目视窗口的盖板一般位于驾驶舱和客舱底板上,打开盖板即可目视检查起落架下锁处的机械指示标志。如图 4-38 所示,在 B737 主起落架的下侧撑杆和下锁连杆上分别有一条红色标志线,如果三条标志线处于同一直线上,则表示该起落架放下锁好。

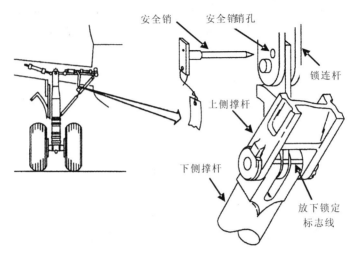

图 4-38　主起落架放下指示和放下锁地面锁销

### 4.3.4.3　警告信号

警告信号主要用于警告飞行员,飞机处于非安全的着陆状态。警告信号包括主警告灯和声响警告。如图 4-39 所示,警告信号一般与油门杆或襟翼的传动机构相关联,当油门收到慢车位或襟翼放下到一定角度时,起落架还在收上位,则接通红色警告灯亮和警告喇叭响。

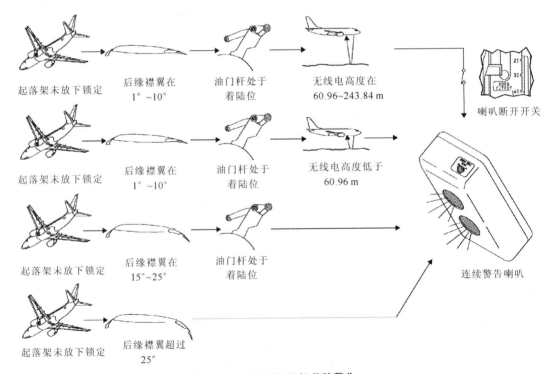

图 4-39　B737NG 飞机着陆警告

当飞机高度较高、襟翼放下角度较小时,若发生声响告警可人工停响;在下降到一定高度后,警告喇叭将会重新响起,且不可停响;当襟翼放下角度较大时,无论油门处于多大角度,警告喇叭都会响起,而且不能人工停响。

## 4.3.5　应急放起落架系统

如果正常收放系统动力失效,为保证飞机能够安全着陆,现代飞机均设有应急放下系统。应急放起落架系统独立于正常起落架收放系统。

根据适航审定规章的相关条款,对应急放下系统的要求:

1)当正常收放系统发生任何合理的失效时,应能放下起落架;

2)任何单个的液压源、电源或等效能源失效时,应能放下起落架。

依据起落架开锁和放起落架的动力不同,应急放起落架系统主要有三种类型:机械开锁,重力(气动力)放下;动力开锁,重力(气动力)放下;动力开锁,动力放下。现在大多数民用运输机采用机械方式开锁,靠重力(气动力)放下的应急放起落架系统类型。

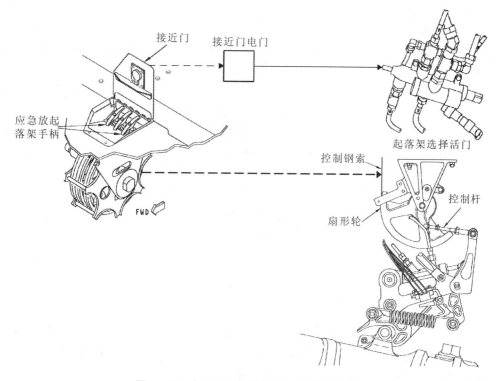

**图 4-40　人工机械开锁的应急放起落架系统**

如图 4-40 所示为 B737 飞机的人工机械开锁的应急放起落架系统。打开驾驶舱地面上的接近门,有 3 个应急放起落架手柄,分别控制前起落架及左、右主起落架。用力拉出手柄,此动作输送到操纵钢索、扇形盘、操纵杆、收上锁机构,打开收上锁。收上锁打开后,起落架可以在重力或气动力的作用下放下并锁好。此种形式的应急放起落架系统完全依靠人力,通过传动机构打开收上锁,因而在操纵时需要较大的力。在应急放起落架之前,必须将起落架正常收放控制手柄放在 OFF 位置,并且应急放起落架手柄接近门打开,接近门电门接通,使起落架收上管路和放下管路通回油,以防止在应急放起落架时产生液锁。

动力开锁、重力(气动力)放下的应急放起落架系统使用应急液压、压缩气体(冷气或氮气)或电动助力完成开锁,再由应急放下手柄放下起落架。如 B777 飞机应急放起落架时,使用独立的电动泵供压到应急开锁作动筒,应急打开舱门及起落架收上锁,再靠重力放下。有些飞机单靠重力或空气动力无法完成应急放下动作时,还备有一套强有力的应急放下机构。

## 4.3.6　起落架地面防误收措施

飞机在地面停放时,要有地面防误收装置,防止起落架意外地收起,造成人员伤亡和设备损坏。

**1. 地面机械锁**

波音系列飞机常采用安全销形式的机械锁,如图 4-38 所示。将安全销插入放下撑杆锁的折叠转动部位或支持结构的定位孔,使上、下锁连杆不能转动折叠,进而侧撑杆不能折叠,防止地面误收起起落架。

空客系列飞机常采用套筒式地面锁,如图 4-41 所示。套筒将起落架放下锁作动筒伸出的活塞杆夹住,并用锁销固定,防止活塞杆缩入,从而使锁连杆和侧撑杆不能折叠,防止地面误收起起落架。

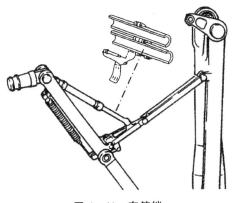

图 4-41　套筒锁

安全销或套筒上挂上红色标签,提醒人们注意。标签上有"REMOVE BEFORE FLIGHT"(起飞前拆下)文字标志。起飞前应将地面锁销拆下,并举示给机组人员验看。如果忘记解除地面机械锁,飞机离地后将因起落架不能收起而返航。

**2. 收放手柄电磁锁**

如图 4-42 所示,当飞机在地面时,通过空/地感应电门自动控制手柄锁电磁铁断电,弹簧通过手柄锁连杆驱动锁挡块顺时针转动一定角度,从而使收放手柄只能扳到"放下"和"关断"位,不能扳到"收起",使手柄被锁定在放下位置。

为了防止因手柄锁发生故障而不能在空中收起起落架,收放手柄上装有超控扳机,该装置可超控手柄电磁锁,使手柄扳到"收上"位。

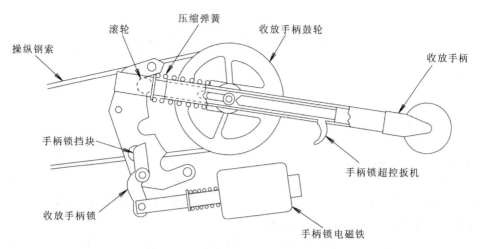

图 4 - 42　起落架收放手柄及电磁锁

### 3. 地面安全微动开关

有些通用飞机(如 TB20),在每一个起落架万向接头处安装有地面安全微动开关,如图 4 - 43所示。当飞机在地面时,地面安全微动开关感受减震器和摇臂梁的接触挤压,从而切断电动液压泵的电源,防止飞机在地面的误收。

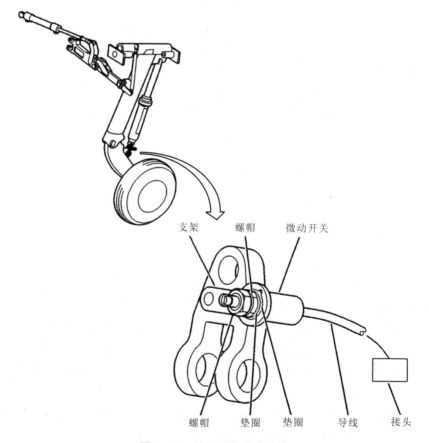

图 4 - 43　地面安全微动开关

# 4.4　起落架转弯系统

## 4.4.1　飞机地面转弯方式及原理

飞机在地面运行时,机组通常需要控制飞机在地面灵活地滑行,以到达目标位置。目前,民用飞机通常通过下面三种方式来实现飞机地面转弯:不对称刹车、双发飞机不对称推力及飞机前轮偏转控制。前两种转弯方式通常在飞机需要极小半径转弯时(例如飞机在跑道180°转弯)或者跑道有冰雪情况时协助完成转弯操纵。

正常情况下,采用前轮偏转来完成转弯是现代飞机地面方向控制的基本方法。不管是机组成员,还是由地面拖车都可以通过驱动前轮偏转来实现飞机转向。图4-44所示为某飞机在未使用不对称推力及刹车时,飞机在地面运行的最小转弯半径。该机翼尖处最小转弯半径为21.25 m(69.7 ft),飞机完成180°转弯所需的最小跑道宽度为22.27 m(66.5 ft),前轮最大偏转角度为78°,实际转弯时轮胎将发生3°的滑移,有效转弯角度为75°。

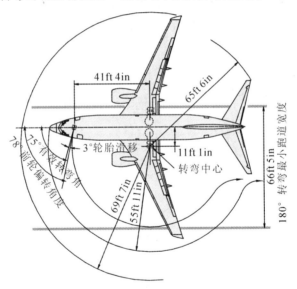

**图4-44　某飞机地面最小转弯半径图**

以不对称刹车和不对称推力来操纵飞机转弯时,仍然需要前轮偏转,以减少驱动力及前轮与地面的摩擦及磨损。因此,现代飞机前轮都设计成可以左右偏转的机构。

图4-45为飞机直线滑行(速度 $v$ 时)操纵飞机前轮向右偏转的受力情况。在前轮偏转瞬间产生一个侧向摩擦力 $F_a$,该力对重心形成一个向右转动的力矩,该力矩使机头向右偏转,则后轮也会形成向右侧的侧向摩擦力 $F_d$ 和 $F_f$。这些侧向摩擦力为飞机提供了向右转弯的向心力,则飞机滑行轨迹向右偏转。需要注意的是,前轮产生的摩擦力除了可以分解为侧向摩擦力 $F_a$ 外,还有一个分力 $F_b$。但 $F_b$ 通常较小,这是由于前轮可以绕轮轴自由旋转,$F_b$ 对轮轴形成力矩驱动前轮绕轮轴滚转,随着机轮滚转线速度增加,$F_b$ 迅速减小。

因此,当飞机前轮向右偏转时,机头右偏。同时,地面形成向右侧的摩擦力提供转弯向心力,飞机滑行轨迹向右偏转。

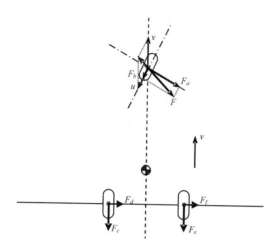

**图 4 - 45　飞机滑行时前轮偏转瞬间产生的侧向力**

## 4.4.2　前起落架结构特点

为了保证前轮在地面运行安全,实现可靠方向控制,现代飞机的前起落架还需要特殊的设计来解决滑跑过程中出现稳定性问题、摆振及空中定位问题。

### 4.4.2.1　稳定距

飞机在地面滑行可能遇到地面异物或地面不平的干扰,当前轮受干扰产生微小偏转时,飞机滑行方向可能发生改变。如果前轮在受到干扰而偏转后能够自动转回原来方向,则飞机方向就不易失控,稳定性较好,地面滑行安全性较高。为此,现代飞机前轮的接地点都位于前轮偏转轴线与地面交点的后面。如图 4 - 46 所示,前轮接地点(即地面对前轮的反作用力的作用点)与起落架转动轴线的距离,叫作前轮稳定距,常记为 $t$。稳定距使飞机前轮在滑跑时具有方向稳定性。

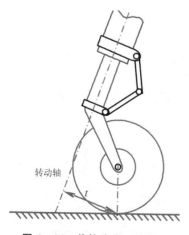

**图 4 - 46　前轮稳定距的定义**

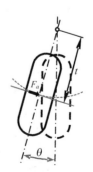

**图 4 - 47　稳定距保持前轮方向稳定性**

如图 4-47 所示,当前轮因干扰而偏转了一个微小的角度 θ 时,会在前轮上产生侧向摩擦力 $F_a$,而 $F_a$ 对前起落架转动轴线形成一个恢复力矩,该恢复力矩使前轮向原来的滑行方向转动,当前轮偏转回原有方向时,侧向摩擦力 $F_a$ 消失。

稳定距的存在其实保证了飞机前轮具有自动向飞机滑行方向偏转的能力。因此,前轮稳定距也使得飞机在地面滑行时通过不对称刹车或不对称推力转弯变得更为流畅。例如,当飞机在滑行中时,利用不对称刹车使两边主轮的地面阻力不等,从而形成转弯力矩,如果没有前轮稳定距(见图 4-48(a)),前轮的侧向摩擦力对支柱轴线的力矩等于零,前轮不能偏转,只能被飞机带着侧向滑动,此时前轮上的侧向摩擦力对飞机形成较大的反向力矩阻碍飞机转向,同时由于该力指向飞机转弯外侧,减小了飞机转弯向心力,飞机转弯半径相对较大。如果前轮有稳定距(见图 4-48(b)),则当飞机转弯时,作用在前轮上的侧向摩擦力对前轮转动轴线产生一个力矩,使前轮向转弯方向偏转,这样飞机转弯就较为流畅。

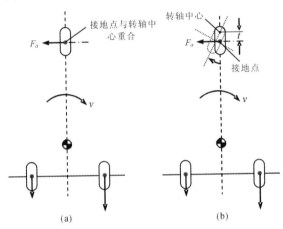

**图 4-48 非对称刹车实现地面转弯时稳定距的作用**
(a)无稳定距; (b)有稳定距

稳定距使飞机在地面上自由滑行时具有较好的方向稳定性。但是,地面摩擦力与稳定距形成的回复力矩阻碍前轮偏转操纵。因此,稳定距太小会使飞机滑跑稳定性变差,太大又会造成转弯操纵阻力过大,转弯操纵困难。现代飞机的前轮稳定距一般在 $0.1 \sim 0.4D$,其中 $D$ 为前轮直径。

现代飞机前轮要想获得合适的稳定距,通常采用如下方法:一是采用摇臂式起落架;二是将支柱套筒式起落架倾斜一个角度安装或将轮轴后移,有的飞机采用前两种方法的组合形式,如图 4-49 所示。A320 飞机的前起落架通过向前倾斜 9°,保证了飞机合适的前轮稳定距。

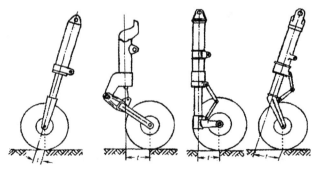

**图 4-49 前轮稳定距的实现方式**

### 4.4.2.2 前轮中立机构

飞机离地收起落架时,如果前轮处于偏转位置,则可能妨碍起落架收放。在着陆瞬间如果前起落架处于偏转位置,可能造成飞机接地时冲出跑道。为此,前起落架必须加装自动的中立机构,以保证前轮在离地状态下指向正前方。

现代民用运输机通常采用凸轮式中立机构。如图 4-50 所示为凸轮定中装置的基本原理,该装置由装在起落架减震装置内部的上、下凸轮组成。下凸轮固定在减震支柱外筒内下部;上凸轮则固定在活塞内筒上。当前轮离地时减震支柱伸张,在起落架支柱内气体压力的作用下,内筒向下运动,上凸轮与下凸轮相互接触,接触力 F 可以分解为一个周向分量和一个轴向分量。周向分量迫使内筒向下运动时产生转动,最后使上、下凸轮机构啮合在一起,前起落架内筒转动到中立位置,前轮指向正前方。着陆后,地面支反力压缩起落架支柱内筒,使上、下凸轮脱开,此时内筒及前轮可以在转弯作动筒驱动下偏转,不受凸轮约束。

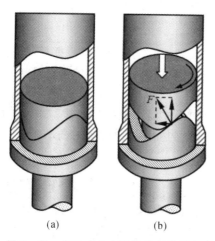

图 4-50 凸轮式中立机构的工作原理

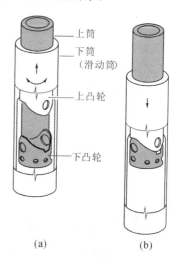

图 4-51 A320 飞机前轮中立机构

凸轮式中立机构形式简单可靠,但该机构位于减震支柱内部,减震支柱也可能会较长一些。现代民用运输机常采用支柱套筒式起落架,其减震支柱的长度较大,具有足够的空间安装凸轮式定中机构,因此该类中立机构普遍用于民用运输机。图 4-51 所示为 A320 飞机的前轮中立机构,由于该飞机起落架减震支柱的固定部分是内筒,而滑动部分(连接机轮)是外筒,因此下凸轮安装在上筒上,而上凸轮安装在下筒(滑动筒)上。

### 4.4.2.3 摆振及消除措施

轮胎、起落架支柱等结构具有一定的弹性。滑跑中的机轮受到微小扰动而发生偏转后,机轮及支柱的弹性恢复力会使机轮及支柱向平衡状态恢复,形成机轮偏转与支柱弯曲耦合在一起的振动现象,当飞机滑跑速度超过某一临界值时,该振动发散,机轮的运动路线形成一条 S 形的轨迹,这种剧烈的偏摆振动会引起机头强烈摇晃,甚至可能会造成轮胎撕裂、支柱折断、飞机方向失控,酿成严重事故,这种现象被称为前轮摆振。

消除前轮摆振的主要措施是加装减摆器消耗振动能量,从而抑制摆振的发生。现代飞机常使用液压减摆器。它们都是利用油液高速流过小孔产生阻尼力,把摆振能量转换成热量耗散掉来防止摆振的。常见液压减摆器有活塞式减摆器和旋板式减摆器,如图 4-52 所示。

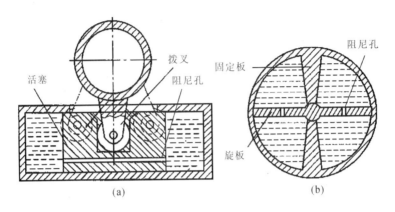

图 4-52 液压减摆器原理
(a)活塞式减摆器; (b)旋板式减摆器

活塞式减摆器由油缸和活塞组成,活塞的两侧充满油液。当前轮发生摆振时,前起落架的转动经传动机构传至拨叉,拨叉推动活塞移动,活塞在油缸内移动迫使油液经过活塞上的小孔高速流动摩擦,把摆振能量变为热能耗散掉。

旋板式减摆器内的固定板和旋板把油室分成四个充满油液的密封腔。当前轮发生摆振时,前起落架的转动经传动机构变为旋板的转动,油室间油液通过旋板上的小孔摩擦消耗摆振能量。

图 4-53 小型飞机前轮减摆器

在小型飞机前起落架上,通常需要安装适当的减摆器来防止飞机摆振,如图 4-53 所示。采用液压前轮转弯系统的民用飞机通常不设置单独的液压减摆器,而是利用液压转弯系统中的转弯计量活门实现能量耗散的,其原理将在后面的小节详细讲解。需要注意的是,主起落架结构弹性使主起落架可能发生振动现象,为避免振动发散,运输机主起落架扭力臂上安装有液压减摆器,如图 4-54 所示。

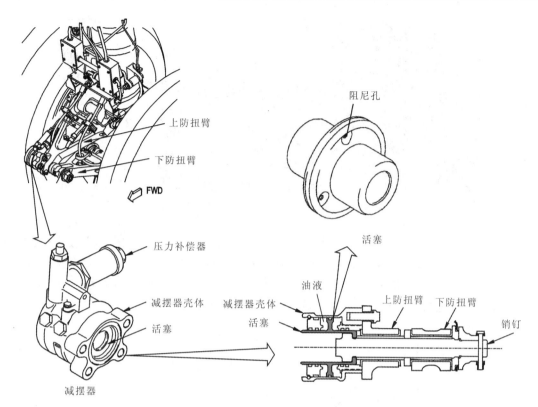

**图 4 - 54   B737NG 主起落架减摆器**

## 4.4.3   转弯机构

现代运输机的转弯操纵都是通过液压系统来作动的,不同飞机的转弯系统各不相同。根据操纵及反馈信号的差别,可以分为机械液压前轮转弯系统及电子液压前轮转弯系统。尽管两类转弯系统有部分差别,但是除了操纵信号传递及反馈之外,两类系统仍然有较大的相似性。转弯系统通常都具有转弯操纵机构、作动机构、液压控制及反馈等等。

### 4.4.3.1   转弯操纵机构

现代飞机通常采用如图 4-55 所示的转弯控制手轮或方向舵脚蹬实现飞机在地面的转弯操纵。有些飞机为机长及副驾驶提供转弯手轮,而有些飞机只为机长配备了转弯手轮。方向舵脚蹬用于飞机高速滑跑时小范围修正飞机方向,前轮偏转操纵范围为 ±7°。转弯控制手轮可以操纵前轮偏转范围为 ±70°,主要用于飞机在低速时转弯操作。表 4-2 列出了典型飞机方向舵脚蹬及转弯手轮操纵的前轮偏转范围。

**表 4 - 2   飞机前轮偏转最大角度**

|  | B737 | B747 | B757 | B777 | A320 | A330 | A380 |
|---|---|---|---|---|---|---|---|
| 方向舵脚蹬 | ±7° | ±7° | ±7° | ±7° | ±6° | ±6° | ±6° |
| 转弯手轮 | ±78° | ±70° | ±65° | ±70° | ±75° | ±72° | ±70° |

图 4 - 55　A320 和 B737 NG 飞机的转弯手轮

部分采用电液控制的前轮转弯系统中,操纵机构操纵前轮偏转的范围还受到飞机滑跑速度的限制。例如 A320 飞机的方向舵脚蹬在滑跑速度超过 66.9 m/s(130 kn)时不能操纵前轮偏转,而转弯手轮在滑行速度高于 36.0 m/s(70 kn)时不能操作前轮偏转。其方向舵脚蹬及转弯手轮操纵前轮偏转范围随滑行速度的变化规律如图 4 - 56 所示。

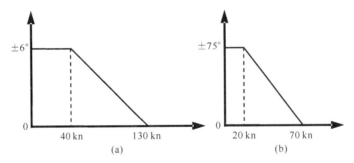

图 4 - 56　A320 飞机前轮偏转操纵范围与速度的关系
(a)脚蹬操纵范围；　(b)转弯手轮操纵范围

### 4.4.3.2　转弯作动机构

小型飞机通常不装备液压系统,因此在前轮转弯时,通常采用机械式前轮转弯系统。该系统完全由机械连杆、操纵摇臂等零、部件将转弯脚蹬与前起落架直接连接,其工作原理与自行车转弯类似。当踩下方向舵脚蹬时,通过连杆等将飞行员的操纵力直接传递到前起落架操纵摇臂上,驱动前轮偏转。

液压助力转弯系统采用转弯手轮(手柄)或方向舵脚蹬作为输入,输入信号用于控制转弯控制活门,转弯控制活门打开液压管路将液压油输送到转弯作动筒,驱动前轮转弯。前轮转动时,前起落架位置通过反馈机构反馈回控制活门或通过传感器反馈回转弯控制计算机,实时调整控制活门,实现对前轮的伺服控制。

典型前轮转弯系统作动机构的连接关系如图 4 - 57 所示。前起落架支柱外筒上安装有一个可以绕支柱轴线自由旋转的转弯环。上防扭臂安装在转弯环上,当转弯环转动时,它将带动上防扭臂、下防扭臂、支柱内筒、前轮一起偏转,完成转弯运动。转弯环由转弯作动筒来驱动,转弯作动筒的外筒通过安装板安装在支柱外筒上,而转弯作动筒的活塞杆铰接在转弯环的耳片上。

图 4-57　典型前起落架转弯作动机构

　　现代运输机常采用双作动筒驱动前轮偏转。而双作动筒驱动过程中会出现死点,这需要旋转阀来实现对应作动筒的液压调整。图 4-58 所示为双作动筒驱动前轮左转的详细过程。当前起落架作小角度偏转时,左作动筒伸长,右作动筒缩短,即为一推一拉形式。但是当转弯环旋转到某特定的角度时,右作动筒轴线将通过前起落架支柱的中心,此时该作动筒产生的驱动力不能产生转动力矩,即该作动筒失效,该位置称为死点位置,如图 4-58(b)所示。如果前起落架还要继续向更大的角度偏转,只能依靠左作动筒继续伸长。在转过死点位置之后,有两种工作方案:一是将原收缩作动筒两腔同时通回油管路,即该作动筒不做功,只是随动。例如 B737-300(死点角度 33°),B747-400(死点角度 54°)都用这种工作方式;二是原来收缩的作动筒改为伸张,即变成两个作动筒共同伸长,推动飞机前轮向前起落架极限位置偏转,例如 B737NG(死点位置 23°),A380(死点位置 21.25°)等飞机就采用这种工作方式。因此,不管采用何种工作方式,转弯时靠外侧的作动筒都需要在驱动过程中调整液压流向。因此需要在转弯作动筒上安装旋转阀,该活门能在作动筒转动到死点位置时自动完成液压方向调整。

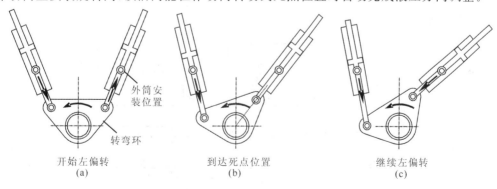

图 4-58　双作动筒驱动前轮左转弯的工作过程

部分现代飞机也有采用齿轮和齿条啮合驱动的方式来完成前轮偏转的。该作动筒活塞上布置有齿条,而前起落架的转动部分(如起落架内筒)上面安装有齿轮,齿轮和齿条啮合在一起。当作动筒活塞运动时,齿条将驱动内筒偏转。该类作动筒驱动过程中无死点位置,并且可以对称双向驱动,因此部分飞机可以采用单作动筒。A320飞机转弯系统就采用这种形式的作动筒,如图4-59所示。

转弯环将转弯作动筒的动力通过扭力臂传递到内筒,驱动前轮转动。转弯环上通常还有位置反馈机构或者位置传感器,用于向转弯控制反馈信息。其反馈方式与飞机采用机械液压转弯控制或电子液压转弯控制有关。

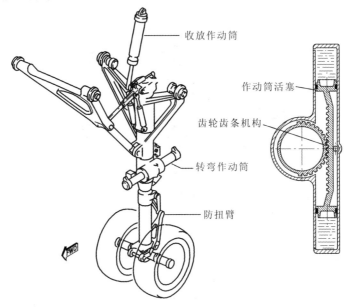

图4-59 A320转弯系统作动筒

## 4.4.4 机械液压转弯系统

机械液压转弯操纵系统将脚蹬或转弯手轮的操纵信号通过钢索、连杆等机械机构传递到转弯计量活门,转弯计量活门控制转弯作动筒的伸长/缩短,从而实现前轮的精确偏转。典型机械液压转弯操纵系统组成框图如图4-60所示。

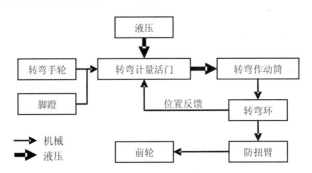

图4-60 机械液压转弯系统组成框图

图 4-61 为 B757-200 飞机前轮转弯系统组成图。从图中可见,该转弯系统通过转弯钢索(NWSA,NWSB)将转弯手轮(输入机构)的输入信号传递给转弯计量活门,通过转弯计量活门控制转弯作动筒运动,前起落架偏转位置信号通过连接在转弯环上的钢索反馈给计量活门。这就是典型的机械液压助力转弯系统,其中转弯信号和位置反馈信号通过钢索机械传递。

机械液压转弯系统中,方向舵脚蹬通常不固定连接在转弯钢索上。这是因为方向舵脚蹬主要用于操纵方向舵偏转,控制飞机的偏航姿态。如果转弯机构与方向舵脚蹬直接连接,则可能由于转弯系统故障而干扰飞机方向舵的操纵,造成飞行安全事故。因此,现代飞机的转弯系统的最直接输入机构是转弯手轮,而方向舵脚蹬通过一个互联机构(又称为空地离合或者空中脱开机构)与转弯控制钢索(如图 4-61 中所示的 NWSA,NWSB)连接。该互联机构由空/地感应机构(如图 4-61 中所示的空地感应钢索 NGPPA,NGPPB)或空/地电门控制,当前起落架放下并压缩时,该互联机构连接方向舵脚蹬与转弯控制钢索,脚蹬可以控制前轮偏转;当起落架伸张时,互联机构将方向舵脚蹬与转弯系统脱开。

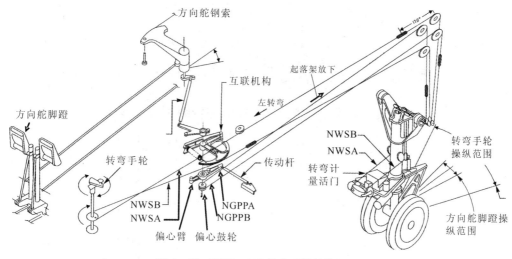

**图 4-61　B757-200 转弯系统结构图**

### 4.4.4.1　转弯计量活门

转弯计量活门是典型的机械液压伺服阀。计量活门通过比较机构接受控制钢索的操纵信号和反馈钢索的反馈信号,其差值使液压伺服活门开度产生变化,控制通往转弯作动筒的液压动力。

图 4-62 为典型的转弯计量活门原理图。它由活门阀体(外壳)、滑阀、定中弹簧、旁通阀、回油阀等组成。该活门需要旋转阀在转弯系统死点位置协助改变液压的流动方向。液压系统经起落架放下管路将液压供向转弯计量活门的压力油口。在压力油的作用下,旁通活门向左移动,处于关闭位(如图中位置)。当滑阀处于中立位置时(定中弹簧处于平衡状态,输入摇臂未偏转,如图中位置),液压油未流向转弯作动筒,前轮处于中立状态。

如果传动钢索带动转弯输入摇臂使滑阀左移动,压力油口与左转弯管路连通,最后经旋转阀进入两个转弯作动筒,使图中左侧作动筒伸长,右侧作动筒缩短,则前轮向左偏转。旋转阀也相应转动,当到达死点位置时,旋转阀会调整右侧作动筒的液压流向。作动筒伸长或缩短时,回油管路经过回油阀回到液压油箱。回油阀受计量活门中的补偿装置控制,补偿装置保证在回油压力超过一定数值时打开,可以对回油形成一定的阻尼,保证转弯操纵平稳。不同飞机的补偿装置的补偿压力不同,例如 B737－300 飞机为 70～130 psi,而 B747－400 为飞机 205～325 psi。

通常现代飞机的转弯计量活门还具有中立减摆、拖行释压、超压释压等相关功能。

转弯计量活门处于中立位置时,转弯作动筒的两腔通过两个"预开口"连通。补偿器将作动筒两腔压力维持在一定的范围内,同时关闭了回油活门。当发生前轮的偏转振动时,液压油反复流过这两个小孔而耗散能量,起到减摆的作用。因此,现代运输机的前起落架上不需要安装液压减摆装置。

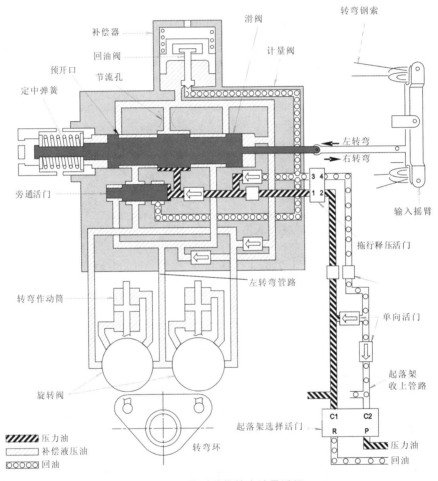

**图 4－62　典型前轮转弯计量活门**

用牵引车拖行飞机时,由于飞机驾驶舱内转弯手轮或者脚蹬并未驱动转弯计量活门中滑阀移动,因此该活门的滑阀处于中立位。当牵引车转弯时,牵引杆(俗称拖把)将偏转力矩传递给起落架内筒,内筒将通过下防扭臂、上防扭臂、转弯环来迫使转弯作动筒发生伸缩运动,液压油液必须能够在作动筒两腔之间流动,否则机轮不能转动。因此,在拖飞机时,需要解除转弯作动筒液锁状态,该过程称为拖行释压。设置拖行释压活门(见图 4－62)将计量活门压力油口通液压油箱。则计量活门中的旁通活门会在压差作用下打开并连通转弯作动筒的两腔,从而解除液锁状态。

　　地面拖机时,地面人员需要操纵前起落架上的一个拖机释压机构(不同的飞机可能不同,通常是手柄或者按钮),并用锁销将释压机构锁定在拖机位,保证飞机在拖动时转弯作动筒不会产生液锁。如图 4 - 63 所示为 A320 的拖机手柄。

　　另外,在拖飞机前,请参阅维护手册的具体规定,避免在前起落架伸出长度过大时拖动飞机。主要是基于三点考虑:首先,在飞机前起落架减震支柱伸出长度过大时,飞机重心通常靠后,拖行飞机可能造成飞机后倾;其次,由于上、下定中凸轮靠得很近,可能已经发生啮合,拖动飞机可能会损坏定中凸轮;最后,起落架伸长过大时拖动飞机,作用在前起落架上的弯矩可能损坏起落支柱。

**图 4 - 63　A320 飞机拖机手柄**

### 4.4.4.2　前起落架转弯位置反馈

　　转弯计量活门需要前起落架偏转位置反馈机构来配合工作,如果输入摇臂的位置在前轮偏转的过程中不发生改变,那么滑阀将一直偏离中立位,液压系统将一直推动前轮偏转到极限位置。位置反馈机构可以让前轮偏转到目标偏转角时停止继续偏转。采用机械液压转弯系统的飞机多采用转弯环、钢索、摇臂等组成反馈机构,如图 4 - 64 所示。转弯操纵钢索绕过转弯环连接在转弯计量活门的摇臂上,并且转弯控制钢索固定在转弯环上,不能与转弯环发生相对滑动。当作动筒驱动转弯环偏转时,转弯环会带动钢索运动,当转弯环偏转量角足够时,钢索将带动转弯输入摇臂回到中立位,转弯计量活门滑阀也回到中立位,液压被切断。

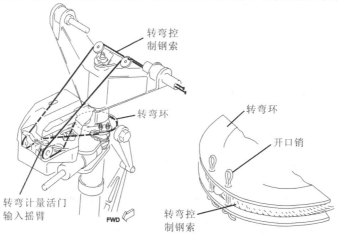

**图 4 - 64　典型钢索位置反馈机构连接图**

图 4 - 65 所示为左转弯时典型转弯计量机构的工作情况。

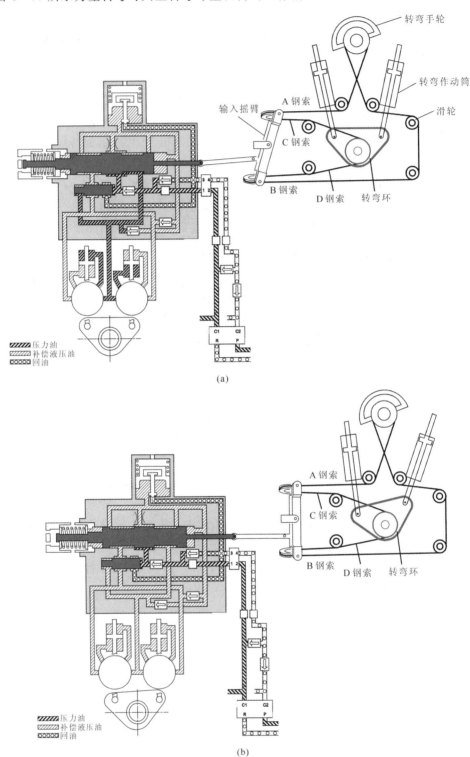

图 4 - 65　典型机械液压转弯系统钢索反馈工作原理

(a)转弯操作开始；　(b)转弯操作完成

未操纵时，前轮转弯计量阀在中立位置。当左转弯前轮转弯手轮时，A 钢索被拉紧，同时 B 钢索放松。注意，此时转弯环上的钢索不与转弯环发生相对滑动，如图 4-64 所示。转弯输入摇臂绕支点顺时针方向转动，滑阀左移动，压力油进入左转弯管路，驱动左侧作动筒伸长，右侧作动筒缩短，转弯环开始向左转动，前轮在转弯环带动下也开始向左偏转。

转弯环开始转动时，与转弯环相连接的钢索 C 被放松，钢索 D 被拉紧，转弯输入摇臂开始逆时针转动，滑阀开始向右移动，液压左转弯管路逐渐关闭。当转换环及前轮偏转到合适位置时，在钢索 D 的拉紧力作用下，转弯输入摇臂将滑阀置于中立位置时，前轮停止偏转。注意，此时前轮与转弯手轮都处于偏转位置，而滑阀处于中立位置。

## 4.4.5　电子液压转弯系统

电子液压前轮转弯系统中，转弯手轮或者转弯脚蹬产生的转弯操纵信号通过电缆传递到转弯控制组件，转弯控制组件采集并分析相关系统或电门的状态，经综合处理后产生转弯操纵命令，并传向转弯电液控制活门，如图 4-66 所示。转弯控制活门通常采用电磁控制方式调节通向转弯作动筒的液压，前轮在转弯作动筒的驱动下开始偏转。前轮偏转位置通过传感器采集并传递到转弯控制组件当中，转弯控制组件不断比较操纵信号与起落架位置信号，并根据两者差别实时控制转弯控制活门的通断。当起落架偏转位置与操纵信号对应时，转弯控制组件关闭通向作动筒的液压油，转弯操纵完成。

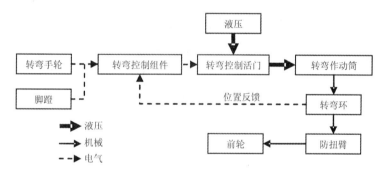

**图 4-66　电子液压转弯系统组成框图**

电子液压前轮转弯系统中，转弯控制活门的通断命令来自于转弯控制组件。因此该系统中不需要空中脱开机构，当飞机在空中时，转弯控制组件会根据飞机空地信号等自动抑制前轮转弯命令。

典型的电子液压前轮转弯系统中，前起落架的位置反馈不再采用前文中提及钢索反馈机构，而是通过转角传感器以电信号传递到转弯控制组件中。如图 4-67 所示为 A380 飞机的前轮转弯位置传感器，它通过齿轮机构将起落架的转动位置信号传递到反馈传感器中转化为电信号，再通过电缆传递到转弯控制组件中。

图 4-68 所示为 A320 飞机的转弯系统工作原理图，手轮或脚蹬的操纵指令被转换成电信号，经电缆传送到刹车转弯控制组件上（BSCU）。转弯控制组件通过比较操纵指令以及前轮位置传感器发送过来的位置信号，根据飞机运行状态，最终生成驱动命令并发送到电液伺服活门，该活门的开关及流向控制转弯作动筒驱动前轮的转动。

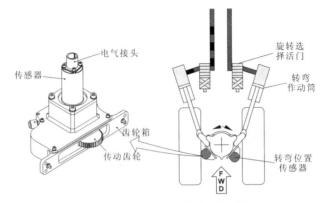

图 4 - 67　A380 前轮转弯位置反馈

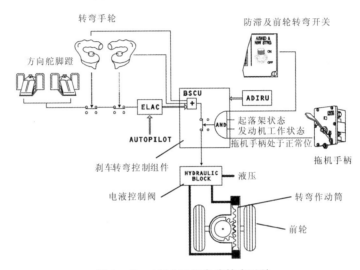

图 4 - 68　A320 飞机电液转弯系统

## 4.4.6　主起落架转弯系统

重型运输机通常用较多机轮来减小单个机轮承受的载荷,同时可以将刹车热分散到更多的刹车片上,有效防止刹车超温。目前这类飞机上通常采用多轮小车式起落架,有时甚至采用多点式起落架。这类飞机作小半径转弯时不能保证所有机轮的方向与滑行轨迹接近,部分轮胎具有较大横向滑动,非常容易造成轮胎刮擦,寿命降低,同时会增大转弯阻力,使转弯不灵活。

因此,通常重型飞机的部分主起落架或部分机轮也可以偏转以协助转弯。它主要是为了:减小飞机转弯时主起落架所受的侧向载荷;减小因主轮侧滑而造成的轮胎刮擦损伤;减小飞机转弯半径;减小操纵飞机转弯的力。主起落架转弯系统是跟随前轮转弯系统而工作的。当前轮向一个方向转弯时,主轮将跟随前轮向相反的方向偏转一个比前轮小的角度,一般主轮的最大偏转角度不超过 15°。只有在飞机地面滑行速度较低时(一般为 10.3~15.4 m/s(20~30 kn)以下)主轮才能配合前轮转弯。如果飞机速度超过这一值,主轮转弯功能将被锁定。

主起落架转弯实现有两种主要方式:一种是主起落架部分机轮偏转,另一种方式是主起落架整体偏转。

以 B777、A380 机身主起落架为典型代表的六轮小车式起落架常采用第一种方式。图4-69所示为 A380 飞机主起落架转弯的工作情况,该飞机机身主起落架最后面的轮轴(装有两个机轮)可以被作动筒驱动旋转。当该飞机前轮偏转超过 20°,且飞机速度低于 15.4 m/s(30 kn)时,机体起落架的后两轮将开始反向偏转。转弯时,该飞机外侧机身主起落架的机轮的偏转极限为 11°,内侧起落架机轮的偏转极限为 15°。

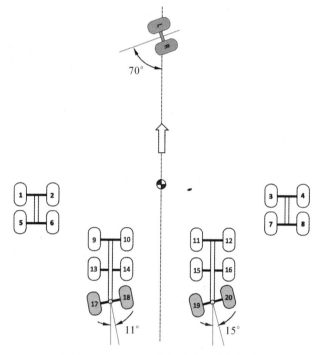

**图 4-69 A380 飞机机身主起落架转弯**

采用多点式起落架的飞机,B747 采用第二种方式实现主起落架转弯。图 4-70 所示为飞机右转时,B747 飞机的机体起落架整体转弯的情况。当前起落架偏转角度超过 21°时,机身主起落架转弯作动筒开始驱动轮架反向偏转。当前轮偏转到最大位置 70°时,外侧起落架最大偏转 11.5°,而内侧起落架最大偏转 13°。

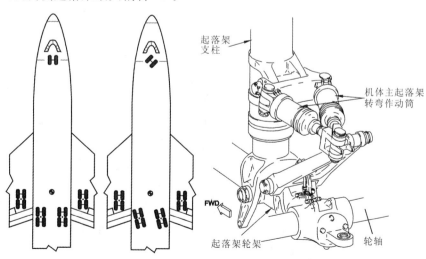

**图 4-70 B747-400 机身主起落架转弯系统**

# 4.5 起落架刹车系统

## 4.5.1 飞机减速及刹车原理

飞机着陆时具有较大的水平分速,如果没有特别的措施,飞机需要非常长的跑道用于飞机减速。因此,现代飞机需要设法增大飞机的阻力,使之迅速减速,从而减小减速滑跑距离。

现代民用运输飞机主要的减速措施有三种:

1)增大气动阻力,例如放出扰流板能增加飞机滑行的气动阻力;

2)使用发动机反推,使飞机产生向后推力;

3)机轮刹车装置能有效增大机轮与地面的摩擦力,消耗动能。

现代的民用运输机通常采用三种措施共同完成飞机减速任务。本节重点论述机轮刹车减速的原理及系统工作情况。

飞机在地面滑跑时,驱动机轮转动的外力(滚转力矩)与阻止机轮转动的外力(阻滚力矩)如图 4-71 所示。机轮在飞机向前平动的过程中,地面摩擦力 $F$ 使机轮向前滚转,滚转力矩为 $F \times R$(假定不考虑轮胎径向变形)。机轮受压变形,加之飞机向前滑跑,致使地面反作用力 $P$ 偏离中心 $e$ 而形成阻滚力矩 $P \times e$。除此之外,阻滚力矩还包括刹车力矩 $M_b$ 和轴承摩擦力矩 $M_z$。当阻滚力矩大于滚转力矩时,机轮减速滚转;反之,机轮加速滚转;当阻滚力矩等于滚转力矩时,机轮匀速滚转。地面摩擦力 $F$ 与飞机速度 $v$ 方向相反,是飞机减速力。

飞机着陆时,机轮的运动情况如图 4-72 所示。当飞机未接地时,起落架放出,但机轮没有开始转动。着陆瞬间,由于轮胎和地面间的相对滑动速度非常大,因此产生了巨大的摩擦力 $F$,同时由于未刹车,所以 $F \times R > P \times e + M_z$,机轮开始加速滚动。

如果地面摩擦力 $F$ 一直维持恒定,而机轮刹车也不工作,那么摩擦力 $F$ 将使机轮一直加速。实际上,机轮不可能一直加速,因为在机轮没有其他动力驱动的情况下,机轮的滚动速度不可能大于飞机滑跑速度(否则会产生向前的摩擦力,从而使飞机加速)。真实情况是,当机轮接地后没有施加刹车,随着机轮的加速转动,轮胎与地面之间

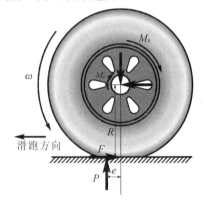

**图 4-71 滚动机轮受力图**

的摩擦力 $F$ 逐渐减小,当机轮滚动速度与飞机地速接近时,地面摩擦力 $F$ 减小到使 $F \times R = P \times e + M_z$,此时机轮不再加速滚转,而维持匀速滚转运动(不考虑气动阻力、发动机反推等因素)。由于 $P \times e + M_z$ 通常较小,所以此时地面与轮胎之间的摩擦力 $F$ 也较小,对飞机减速起不到明显的效果。

要想增大飞机减速力 $F$,必须使机轮滚动速度与飞机滑行速度之间维持一个足够的差值,刹车就是完成此项功能的部件。在一定范围内,当施加刹车时,刹车盘在机轮上通过摩擦形成阻滚力矩 $M_b$,从而使机轮转速降低,地面摩擦力 $F$ 开始增加。当机轮滚转力矩 $F \times R$ 与阻滚

力矩相等时,即 $F×R=P×e+M_z+M_b$ 时,机轮转速不再降低,此时 $F$ 不再增加。与未刹车相比,此时减速力 $F$ 较大。

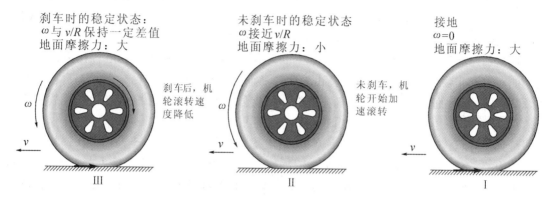

刹车时的稳定状态:
$ω$ 与 $v/R$ 保持一定差值
地面摩擦力:大

刹车后,机轮滚转速度降低

未刹车时的稳定状态
$ω$ 接近 $v/R$
地面摩擦力:小

未刹车,机轮开始加速滚转

接地
$ω=0$
地面摩擦力:大

Ⅲ　　Ⅱ　　Ⅰ

**图 4 - 72　飞机着陆刹车过程中地面摩擦力的变化**

可见,在一定范围内,驾驶员刹车越重,刹车阻滚力矩 $M_b$ 越大,因而作用在机轮上的地面摩擦力 $F$ 也会增大,飞机减速也就更快。在干跑道上使用机轮刹车装置,大约可使飞机着陆滑跑距离缩短一半。飞机的滑跑动能,主要通过地面摩擦力转化为机轮的转动动能,而机轮转动动能最终通过刹车装置的摩擦作用转变为热能而逐渐耗散掉。轮胎和地面之间的摩擦也耗散少部分能量。

必须指出,减速力 $F$ 是由轮胎与地面摩擦产生的,与正压力 $P$ 和摩擦系数 $μ$ 成正比,而不是由刹车直接产生的,只是受刹车状态影响。其中正压力 $P$ 主要与飞机质量、地面滑行速度、飞机构型等因素有关;而地面摩擦系数除了与跑道材质、表明粗糙度及干湿程度有关外,还与机轮运行状态有关。

飞机滑行时,飞机的速度与机轮的滚动速度并不相同,这一偏差代表飞机机轮与地面之间的相对滑动程度,可以用滑移率 $S$ 来描述:

$$S=(v-v_r)/v×100\%$$

(4 - 2)

式中,$v$ 表示飞机滑跑速度;$v_r$ 表示机轮的滚动线速度。当滑移率 $S$ 为 0 时,表示机轮和地面之间没有相对滑动。当滑移率为 1 时,$v_r$ 为 0,表示机轮锁死。研究发现轮胎与地面间摩擦系数与滑移率之间的典型关系如图 4 - 73 所示。通常机轮滑移率在 $15\%\sim25\%$ 时,摩擦系数达到最大值,减速效率最高。如果在飞机滑行时,能通过刹车很好地将机轮的滑移率控制在此范围内,将实现高效刹车目的。

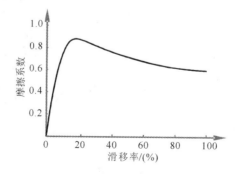

**图 4 - 73　摩擦系数与滑移率之间的典型关系**

机轮与地面之间的最大摩擦力称为机轮与地面的结合力 $F_{max}$，它是最大摩擦系数 $\mu_{max}$ 与正压力 $P$ 的乘积。当通过刹车增加摩擦力达到此极限值 $F_{max}$ 时，地面摩擦不会再随刹车力矩 $M_b$ 增大而继续增大。如果继续增大刹车压力，则 $F_{max} \times R < P \times e + M_z + M_b$，机轮将持续减速滚转，最终机轮停止转动，这就是常说的机轮锁死或抱死。

机轮锁死严重影响飞机运行安全，因为此时飞机的平动动能不能有效地转化为机轮的转动动能而被刹车装置耗散，大部分能量由轮胎与地面之间的摩擦来消耗，轮胎局部会被急剧磨损，同时产生巨大的热，且由于轮胎部分接触面一直处于接触状态，摩擦热不能有效散失而容易造成轮胎局部过热、灼伤等，甚至引起轮胎爆破。

可见，驾驶员需通过刹车调节地面摩擦力，但是刹车力矩又不能大于地面最大摩擦力形成的滚转力矩，否则机轮会被锁死。特别是当跑道有冰雪或水时，由于地面最大摩擦力很小，刹车力矩不能太大，否则极易造成轮胎抱死。这对刹车的操纵提出了非常高的要求。驾驶员可采用"点刹"的方法控制刹车压力。"点刹"的特点：在短时间内允许刹车压力略为超过临界刹车压力，比较容易控制，但机轮会与地面产生相对滑动，轮胎磨损比较严重。大中型现代运输机的刹车系统已经高度优化，并且配备了防滞刹车系统，降低了机组对人工刹车的精确操纵要求。防滞刹车系统的原理在后文中介绍。

## 4.5.2　刹车装置及其附件

刹车装置是现代民航飞机刹车系统的重要组件，通常要求刹车装置能产生足够的刹车力矩，以保证足够大的地面摩擦力，从而获得高效的刹车减速效果，并消耗掉飞机巨大动能。

目前飞机上采用的刹车装置主要有弯块式、胶囊式和圆盘式三种。

### 4.5.2.1　弯块式刹车

图 4-74 所示为一种弯块式刹车盘的构造。它的主体与轮轴固定，弯块一端用螺栓铰接在主体上，另一端与作动筒相连。不刹车时，弯块与刹车套之间，保持有一定的间隙（刹车间隙），它的大小可以通过调整螺钉进行调整。

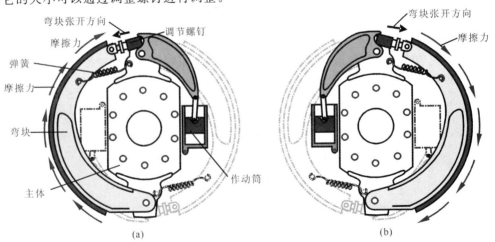

**图 4-74　弯块式刹车盘**

(a)直接作用式；　(b)助动式刹车盘

刹车时,高压油液推动作动筒内的带杆活塞,使弯块压住刹车套,利用弯块与刹车套之间的摩擦力,形成刹车力矩。解除刹车时,压力消失,弹簧将弯块拉回到原来位置。

从弯块式刹车盘的工作过程中可以看出,如果机轮旋转方向与弯块张开方向相反,摩擦力就要阻碍弯块张开(见图 4-74(a)),使刹车力矩减小,称为直接作用式刹车盘;反之,如果机轮旋转方向与弯块张开方向一致,作用在弯块上的摩擦力,是帮助弯块张开的(见图 4-74(b)),它使弯块与刹车套压得更紧,因而称为助动式刹车盘。安装弯块式刹车盘时,必须注意它的张开方向,不要装错,否则刹车工作状态与设计有较大偏差,造成刹车工作不正常。

维护中应注意保持适当的刹车间隙。间隙过小,弯块与刹车套可能因为振动而接触,对于助动式刹车,一旦接触,由于助动作用,机轮可能发生卡滞现象;间隙过大,刹车的灵敏度将降低。

#### 4.5.2.2　胶囊式刹车

图 4-75 所示为一种胶囊式刹车盘,它由主体、胶囊、刹车片及弹簧片等组成。主体固定安装在轮轴上,刹车主体两侧安装带卡槽的刹车支架,刹车片利用弹簧片置于刹车支架内的卡槽内,胶囊安装在主体与刹车片之间。

刹车时,高压油液进入胶囊,使胶囊鼓起,刹车片在膨胀胶囊的作用下沿刹车径向运动,最终紧压在刹车套上,产生摩擦力,形成刹车力矩。解除刹车时,胶囊收缩,刹车片靠弹簧片的弹力,恢复到原来位置。

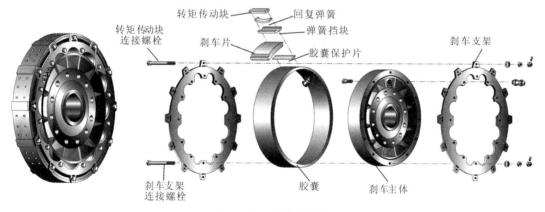

图 4-75　胶囊式刹车

从胶囊式刹车盘的工作原理与构造特点中可以看出,它与弯块式刹车盘相比,具有摩擦面积大、磨损均匀、刹车工作柔和并且不易产生卡滞等优点。它的主要缺点是,刹车时需要向胶囊内输送较多的油液,因而工作灵敏性较差。随着飞机尺寸的增大,飞机着陆水平动能越来越大,对刹车装置性能的要求越来越高,而上述刹车装置由于自身结构特点的限制,不能提供更大的摩擦面积以达到所需的刹车力矩,因此逐渐被圆盘式刹车装置取代。

#### 4.5.2.3　圆盘式刹车

圆盘式刹车是现代飞机常用的刹车装置,它通过刹车盘层间摩擦产生刹车力矩,可以在不增大结构径向尺寸的情况下提供更大的摩擦面积,以得到更高的刹车效率。根据刹车盘的数目,该类刹车分为单圆盘式刹车和多圆盘式刹车两大类。单圆盘式刹车通常用于小型飞机的刹车系统,而大型运输机通常采用多圆盘式刹车装置。部分飞机上还装有双圆盘式刹车,其结构与单圆盘式刹车类似。

**1. 单圆盘式刹车**

单圆盘式刹车由刹车盘和刹车钳组成,刹车作动筒安装于刹车钳内。根据刹车盘与刹车钳的位置协调关系,单圆盘式刹车可分为固定盘式和浮动盘式两种。

固定盘式刹车中,单刹车盘固定在轮毂上,而刹车钳可沿轮轴方向小范围移动,保证刹车钳中刹车片与刹车盘的接触关系。而浮动盘式刹车中,单刹车盘通过刹车盘上的键槽与轮毂上的轴向滑键匹配,随轮毂转动,但也可沿轮轴轴向运动,而刹车钳固定不动。

图4-76所示为典型的浮动盘式单圆盘刹车。刹车盘用滑键固定在轮毂上,它随着机轮的转动而转动,而且也可沿轮轴移动。刹车时,刹车钳内部的作动筒驱动刹车片A向右移动,挤压刹车盘B,而刹车钳内的刹车片C保持不动。由于刹车盘相对于转轴之间可以沿轴线运动,最终A,B,C压紧贴合在一起,刹车盘的轴向位移保证了作用在刹车圆盘两侧的刹车力相等。

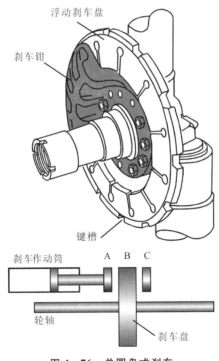

图4-76 单圆盘式刹车

**2. 多圆盘式刹车**

多圆盘式刹车装置采用多个刹车盘,从而增大了刹车面积,故能产生更大的刹车摩擦力。现代大中型飞机多采用此种形式的刹车装置。

多圆盘式刹车装置常把多个刹车零、部件组装在一起形成组件,因而也称为刹车组件。它主要由刹车作动筒壳体和刹车盘组件两大部分组成,典型刹车装置如图4-77所示。刹车作动筒壳体主要包括刹车作动筒及刹车间隙调节器、刹车磨损指示销、液压接头、排气阀等。而刹车盘组件主要包括动盘、静盘、扭力管、压力盘等。

当操纵刹车时,刹车压力进入刹车作动筒,使刹车作动筒活塞杆伸出,推动压力盘运动,由于动盘和静盘都可沿轴向运动,故所有动盘和静盘在压力盘及扭力管尾端的支撑盘之间被压紧。由于动盘随机轮转动,而静盘不能随机轮转动,因此当动、静盘压紧时会产生摩擦力矩,从而控制机轮与地面摩擦力,达到刹车的目的。

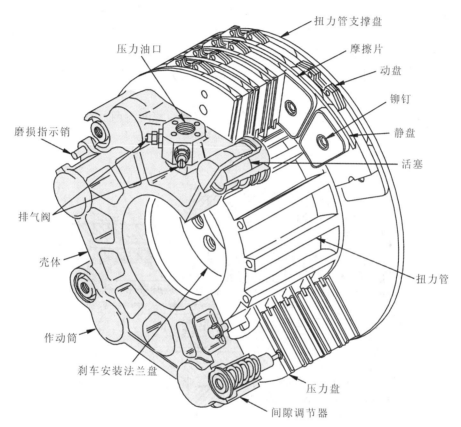

**图 4 - 77　多圆盘式刹车**

圆盘式刹车包含的零、部件:

(1)刹车作动筒壳体

刹车作动壳体作为基体将多个刹车作动筒、刹车间隙调节器、刹车磨损指示销、排气活门及刹车温度传感器组合在一起。通过螺栓等紧固件将刹车作动筒壳体与扭力管固定,形成刹车装置。

(2)刹车作动筒

刹车作动筒是刹车装置的执行机构,一般有 5~6 组作动筒均匀地固定在刹车作动筒壳体的圆周上,提供稳定的刹车操纵力。刹车作动筒为单作用式(即单向式)作动筒,在管路通压力油口时,作动筒在液压的作用下伸出,推动压力盘挤压刹车动/静盘。而在松刹车时管路通过刹车计量活门通回油箱,活塞及液压油靠复位弹簧拉(压)回,此时压力盘返回,动/静盘分离,刹车作动筒中的液压油回油箱。

（3）自动刹车间隙调节器

飞机刹车的间隙大小直接影响刹车性能：间隙过大，刹车不灵敏；间隙过小，松刹车不灵，严重时可导致刹车动盘、静盘咬合，防滞系统失效，损坏刹车装置。因此在刹车装置更换刹车片后需要校准刹车间隙，防止刹车间隙过小。另外，还需要有可靠的措施防止使用过程中刹车间隙逐渐增大。因为液压系统流量恒定的前提下，间隙增大需要作动筒运动更长的行程来完成刹车操作，使刹车系统的响应时间变长，刹车变得迟缓。自动刹车间隙调节器可以根据刹车片的磨损情况自动调节刹车间隙为恒定值，使得每一次刹车的作动筒行程一致，刹车响应不会随刹车使用时间而发生变化。根据刹车间隙调节器与刹车作动筒的安装关系，有两种形式的刹车间隙调节器。一种是整体式，该间隙调节器与刹车作动筒集成在一起，如图 4 - 78 所示。另一种是分离式，它与刹车作动筒分为两个独立的部件，如图 4 - 79 所示。间隙调节器内包含回程弹簧与调节机构。

图 4 - 78 所示为一种典型的整体式刹车间隙调节器。该间隙调节器集成于刹车作动筒活塞内部，由摩擦销、摩擦套、引导管、弹簧座、衬套等组成。

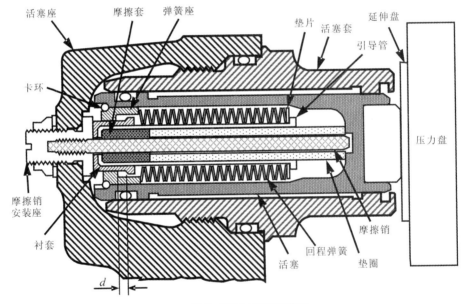

**图 4 - 78　整体式刹车间隙调节器**

刹车的正常间隙最大值由弹簧座和衬套之间的间距（图中用 $d$ 表示）决定。正常刹车时，压力油进入刹车作动筒的左腔，作动筒活塞克服弹簧作用力向右伸出，推动压力盘进行刹车。如果刹车片的总间隙未超过间距 $d$ 时，则动/静盘被压紧并开始刹车时，作动筒向右运动的距离也不会超过 $d$，弹簧座未接触到衬套，间隙调节器不工作。

如果刹车片发生磨损并使总间隙超过 $d$，刹车作动活塞杆伸出过程中，在弹簧座接触到衬套时，作动筒仍没有使刹车装置内的动、静盘压紧，此时作动筒活塞将在液压力的作用下继续伸出，而弹簧座将直接驱动衬套、引导管、摩擦套克服摩擦销的摩擦力右移，直到作动筒活塞将刹车装置内的动盘和静盘完全压紧。松开刹车时，作动筒活塞在回程弹簧的作用下向左运动，但是摩擦套和垫圈受到的载荷（来自弹簧）却仍然向右，因此衬套、引导管、摩擦套等保持不动，不能回复到刹车前的位置。由于回程弹簧的平衡长度恒定，且引导管（作用在回程弹簧右端）

向右移动了一段距离,所以作动筒活塞也不能回到原来位置,而是保留了一部分长度在作动筒外面,从而补偿了刹车片磨损导致的刹车间隙,使刹车的间隙保持为 $d$。对于这类依靠摩擦套与摩擦销来调节间隙的自动调节器,摩擦套的摩擦力应保持在合适的范围内,否则可能造成刹车无法松开等问题。

图 4-79 所示为一种典型的分离式刹车间隙调节器。通常刹车间隙调节器与刹车作动筒处于并列布置,它在刹车装置中的位置如图 4-77 所示。自动刹车间隙调节器由摩擦管、调节销、调节球、弹簧及壳体等部分组成。调节销插入在摩擦管内,在调节销的端头有一个调节球,该球头的直径略大于摩擦管的内径。在正常情况下摩擦管和摩擦销之间是一体,不会发生相对移动。如果刹车片的总间隙比较大,超过标准间隙 $d$(见图 4-79),则调节销将被压力盘(压力盘由刹车作动筒驱动)向外拉伸,由于该拉伸力由液压系统提供,相对较大,所以调节销的球头会被挤入摩擦管内,从而使调节销从摩擦管中向外伸长。当松刹车时,摩擦管在弹簧的作用下回到原位,但由于调节销被拉出,所以作动筒不能完全回位,而是向外伸出了一部分,补偿了刹车间隙。调整后,刹车间隙仍然为 $d$。

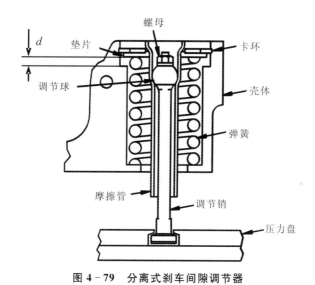

**图 4-79　分离式刹车间隙调节器**

(4)磨损指示销

随着刹车的使用,刹车片不断磨损,当刹车片磨损到不能满足飞机中断起飞时最大刹车力要求时,飞机便达不到适航的要求,必须更换刹车片。通常情况下,飞机需要按计划检查刹车片的磨损量,以保证飞机的适航性。现代飞机的刹车装置通常在刹车装置上安装有方便检查刹车片磨损量的磨损指示销,如图 4-80 所示。磨损指示销固定于压力盘上,其长度经过校准。压力盘的位置会随着刹车片的磨损而变化(由间隙调节器完成),则磨损指示销的伸出长度直接反映出刹车片的厚度。维护人员可以不拆卸刹车装置,通过检查磨损指示销,判断刹车片的磨损情况,从而决定是否更换刹车装置,保证飞机的运行安全。

(5)刹车盘组件

刹车盘组件由多个动盘和静盘组成,动盘和静盘是间隔排列的。静盘由花键固定在扭力管上,可沿轴向运动,但不能绕轮轴转动。扭力管通过法兰盘用螺栓与轮轴法兰盘相连,将刹车力矩传导到轮轴。动盘与静盘相互间隔装在扭力管上，多个键槽均匀分布在动盘外圆周，动盘通过这些键槽与轮毂内的滑键连接，随机轮转动，也可以在扭力管上沿轴线滑动(动盘驱动键参见图4-11)。扭力管为连接静盘、动盘、作动筒组件等的中间部件，它通过刹车安装法兰盘用螺栓固定于轮轴法兰盘上，不能转动及滑动。刹车时，地面摩擦力矩依次通过轮胎、轮毂、动盘、静盘、扭力管、螺栓，最后传到轮轴上。

刹车性能的高低直接影响因素是摩擦材料的选择。在刹车过程中飞机的水平动能转化为摩擦热，这些热量要由摩擦片直接吸收，因此也有人将刹车盘组件称为热库。对热库的要求是能吸收大量的摩擦热，而温升较低，即比热容大，并且在高温下有足够的强度等。

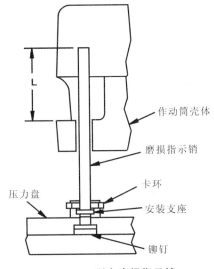

作动筒壳体

磨损指示销

卡环

安装支座

铆钉

压力盘

图 4-80 刹车磨损指示销

现代飞机常用的新型摩擦材料为碳/碳复合材料，即由碳纤维为骨架，经高温碳颗粒沉积加强处理的复合材料。碳/碳复合材料具有更高的热容量和高温摩擦性能，且质量轻，适合飞机刹车的工作要求，得到了广泛的应用。

(6)刹车温度传感器

刹车温度传感器用于探测刹车装置温度，刹车温度显示在驾驶舱，当刹车温度过高时，不能设置停留刹车，防止刹车片发生熔焊，损坏刹车装置，并使防滞刹车系统失效。

(7)排气阀

当刹车松开时，刹车作动筒在回程弹簧的作用下缩入作动筒内，液压油回油箱。但作动筒活塞腔内仍充满低压液压油，当刹车开始工作时，此部分液压油会立即被液压系统增压，而对作动筒活塞产生驱动力。当刹车系统混入空气时，刹车作动筒活塞腔内的压强增加缓慢，刹车迟缓，响应慢。另外，由于刹车计量活门反馈腔压强增加迟缓(请参见刹车计量活门部分)，因此脚蹬也会变得松软。解决刹车松软的方法是给刹车系统排气，刹车装置上的放气活门便是为此而设置的。

### 4.5.2.4 刹车平衡连杆

小车式起落架中，由于小车车架与起落架支柱之间采用铰接，如果刹车装置采用法兰盘固定于轮轴，则飞机刹车过程中由于前、后刹车力矩对轮轴会产生向前转动力矩，小车架将会向前倾斜。最终造成起落架前轮向地面紧压，而起落架后轮向上抬升。由于起落架后机轮与地面的正压力变小，后轮摩擦力也明显减小。图4-81(a)所示为未安装平衡连杆时刹车装置和车架的受力分析图，刹车力矩通过刹车安装法兰盘直接传递到车架上，而车架与起落架支柱铰连，则车架前倾力矩只能由不相等的前、后轮地面支持力平衡。这种情况下，由于地面摩擦力主要作用在小车靠前的机轮上，小车式起落架前机轮刹车将会出现超温或轮胎严重磨损，而靠后的机轮刹车几乎不起刹车作用。

现代飞机常在同一小车式起落架的前、后轮刹车之间安装平衡机构来避免上述问题。图4-81(b)所示为刹车装置、平衡连杆和车架的受力分析图。由于有平衡连杆的作用，刹车力矩转化为轴力经过起落架车架及平衡连杆传递到起落架支柱上，车架及平衡连杆只承受轴向拉伸压缩载荷。由于车架不再受力矩作用，因此不再前倾，也就不会出现刹车力不平衡的情况。

图 4 - 82 所示为 B747 飞机机身主起落架结构。该起落架的前、后刹车之间安装有两根平衡连杆，一根连接起落架左侧前、后刹车装置，另一根连接右侧前、后刹车装置。刹车平衡连杆的中部通过销钉铰接在主起落架支柱上。而平衡连杆与刹车装置的作动筒壳体上的传扭摇臂相连，刹车装置不再采用法兰盘与轮轴固定。

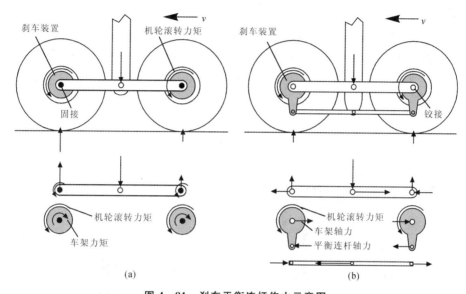

图 4 - 81　刹车平衡连杆传力示意图

(a)未安装刹车平衡连杆；　(b)安装刹车平衡连杆

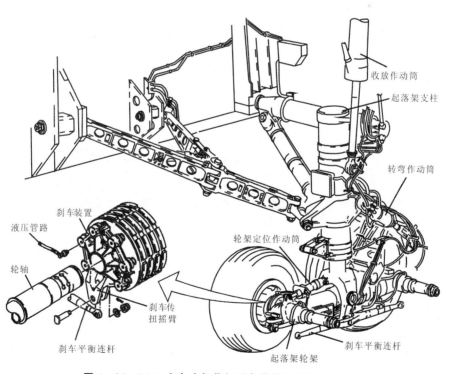

图 4 - 82　B747 小车式起落架刹车装置及刹车平衡连杆

### 4.5.3 独立刹车系统

刹车系统实现飞行员对刹车装置的控制,现代飞机常用的刹车系统有独立刹车系统、增压刹车系统、动力刹车系统。

未配置液压系统的小飞机通常采用独立刹车系统。独立刹车系统主要由主油缸供压,如图 4 - 83 所示,液压油经过主油缸增压后供向刹车作动筒,完成刹车。

独立刹车主油缸构造如图 4 - 84 所示。踩下刹车脚蹬时,主油缸中的活塞向右移动,活塞先关闭进油口及补偿口,脚蹬作用力作用于右侧封闭液压油,产生压力并通过管路传递到刹车作动筒。当松开刹车脚蹬时,主油缸活塞在回复弹簧作用下向左运动,补偿口及进油口打开,液压油连通油箱,刹车压力解除。

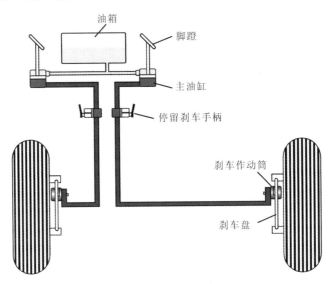

**图 4 - 83 独立刹车系统**

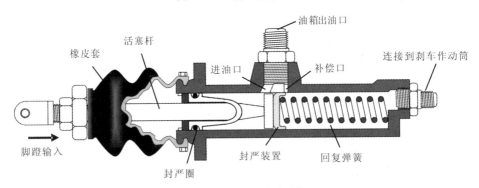

**图 4 - 84 独立刹车主油缸**

### 4.5.4 增压刹车系统

增压刹车系统与独立刹车系统相似,但独立刹车系统中刹车动力完全来自于飞行员脚蹬,而增压刹车系统可以利用主液压系统来增加主油缸的液压压强。通常增压刹车系统用于中小型飞机的重刹车情况。增压刹车系统中,主液压系统的液压油并不直接进入刹车装置。主液压系统仅仅协助脚蹬给主油缸增压。典型的增压刹车油缸如图 4 – 85 所示。当踩下脚蹬时,脚蹬传动机构驱动油缸活塞杆向右移动,从而关闭补偿口,驱动活塞向右移动,对刹车作动筒增压。当脚蹬位移较大时,脚蹬传动机构驱动滑阀移动,使主液压系统压力油进入活塞左端,增加活塞向右作用力,从而增大了刹车压力。松刹车时,滑阀回位,关闭压力油口,活塞左侧通回液压油箱。

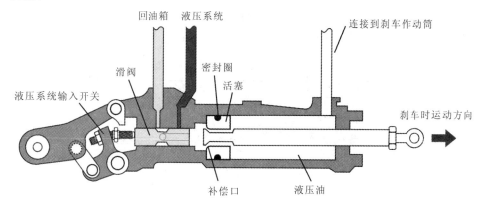

图 4 – 85　增压刹车主油缸

## 4.5.5　液压动力刹车系统

现代大中型民航客机大多采用动力刹车系统,在此系统中,飞机主液压系统作为刹车的动力源。

### 4.5.5.1　液压动力刹车系统的构造

液压动力刹车系统的主要组成部件有刹车脚蹬、停留刹车手柄、刹车计量活门(动力刹车控制阀)、防滞控制阀、自动刹车控制组件、刹车蓄压器、液压保险、往复活门、单向阀、刹车装置、防滞传感器、防滞控制器、停留刹车回油阀、液压选择阀等。不同飞机的刹车系统的组成部件会略有不同,本书介绍典型飞机刹车系统。

液压动力刹车系统的组成简图如图 4 – 86 所示。

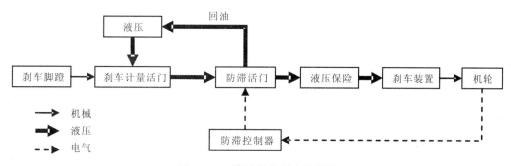

图 4 – 86　脚蹬操纵刹车流程图

#### 4.5.5.2 刹车计量活门

在液压动力刹车系统中,如果采用非电传系统来完成刹车,则该刹车系统中需要有根据脚蹬位移调整刹车压力大小的液压控制活门,该活门常被称为刹车计量活门。

刹车计量活门的作用是根据驾驶员踩刹车的输入信号,调节压力口、回油口与刹车管路的连通情况,从而输出与脚蹬信号成正比的刹车压力。图 4 - 87 所示为一典型刹车计量活门,它由壳体、输入轴、输入摇臂、输入套筒、输入柱塞、滑阀、反馈柱塞、感觉弹簧和回复弹簧组成。滑阀可以打开或关闭刹车管路的压力口或回油口。该计量活门有两个弹簧,感觉弹簧用于提供刹车感觉力;回复弹簧用于推动滑阀返回松刹车的位置。

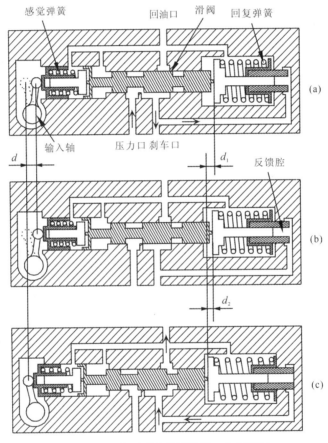

图 4 - 87  典型刹车计量活门工作原理图

未实施刹车操作时,滑阀在复位弹簧的推动下向左偏移。此时,压力油口被关闭。刹车管路与回油管路连通,处于低压未刹车状态,如图 4 - 87(c)所示。

踩下刹车脚蹬时,输入套筒右移,如图 4 - 87(a)所示。图中输入套筒右移 $d$,滑阀右移 $d_1$($d_1 < d$),其差值 $d - d_1$ 为感觉弹簧压缩量。此时压力油口接通刹车口,滑阀关闭回油口,压力油供向刹车装置,刹车装置开始实施刹车。

刹车口液压油的压力通过管路连接到反馈腔,该压力作用在反馈柱塞的右端,当刹车管路内液压油压力逐渐升高时,反馈腔液压将压缩感觉弹簧。此时,如果刹车脚蹬未松开,即计量活门中的刹车输入摇臂及套筒的位置不变,在反馈液压作用下,滑阀左移。反馈腔的压力越大,则滑阀向左移动的距离越大。当液压系统向刹车装置的供压升高到一定值 $P_b$ 时,滑阀向左移动到刚好关闭压力油口和回油口,此时压力不再升高,滑阀处于平衡状态,滑阀相对于松刹车状态右移 $d_2(d_2 < d_1)$。图 4-87(b)所示为刹车压力保持状态。

根据计量活门原理,可以发现,不管刹车输入量($d$)为大小,在刹车保持阶段,滑阀的位置都是恒定的,即回复弹簧的压缩量为恒定值 $d_2$。可见脚蹬输入量 $d$ 越大,平衡时感觉弹簧压缩量 $d-d_2$ 就越大,则刹车管路的油液压强(与反馈腔压强相等)越大。

松刹车时,输入轴上的驱动力消失,在回复弹簧、感觉弹簧作用下滑阀左移。此时,压力油口关闭,回油口打开,刹车压力消失,刹车解除,如图 4-87(c)所示。

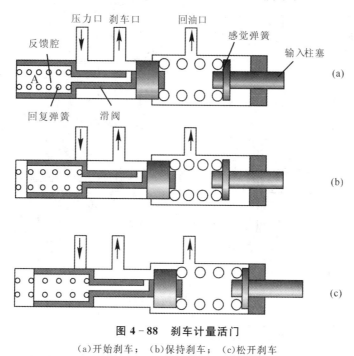

**图 4 - 88　刹车计量活门**
(a)开始刹车；　(b)保持刹车；　(c)松开刹车

图 4-88 所示为另一种形式的刹车计量活门。如图 4-88(a)所示,踩刹车时柱塞被压缩,感觉弹簧推动滑阀关闭回油口并打开压力油进口,让油液进入刹车管路。在压力进入滑阀后,油液通过一个小孔流入滑阀 A 腔。

如图 4-88(b)所示,当 A 腔压力足够大,推动滑阀的压力使感觉弹簧压缩足够的距离时,关闭压力油进口,但回油口还未打开。此时,这个阀门处于动态平衡状态。这个移动使右侧弹簧部分压缩,在刹车脚踏板上得到感觉力。

如图 4-88(c)所示,当松开刹车脚踏板时,回复弹簧推动滑阀返回,切断了压力口,并打开回油口,这样,刹车管路中的液压油经过回油口流出,刹车解除。

### 4.5.5.3　防滞刹车原理及工作模式

防滞刹车系统用于飞机地面滑跑过程中,如果刹车压力过大而引起严重打滑或机轮锁死时,防滞刹车系统降低或解除刹车压力,使机轮加速到合适的状态。同时,如前所述,机轮的滑移率处于合适的范围内时,飞机刹车减速效率最高,因此防滞刹车还可以限制刹车最大工作压力,使机轮处于最佳的滑移状态,增大飞机地面减速力,实现高效刹车。

根据工作原理不同,防滞系统分为惯性防滞系统和电子式防滞系统。

**1. 惯性防滞系统**

惯性防滞系统主要由惯性传感器和电磁活门组成,如图 4-89 所示。惯性传感器固定在刹车盘或轮轴上,电磁活门安装在刹车系统的工作管路中。

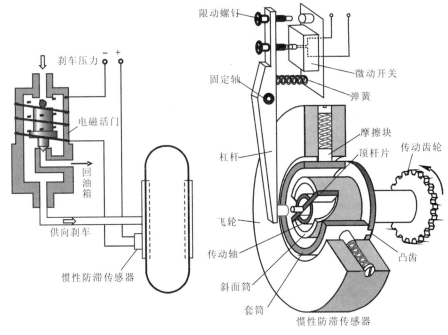

**图 4-89　典型惯性防滞刹车工作原理**

使用刹车时,从刹车系统输出的高压气体或油液进入刹车装置。当刹车压力过大而使机轮严重打滑时,机轮便具有较大的负角加速度;传感器感受到机轮的过大的负角加速度后操纵一个电门,将电磁活门中的电磁线圈接通电路。活门便在电磁吸引力作用下,打开回油管路,关闭来油管路。于是,刹车装置内高压油液的压力迅速降低。

在机轮恢复正常滚动后,被传感器接通的电磁线圈电路断开,电磁吸引力消失,电磁活门在弹簧作用下恢复原位,重新打开来油路,关闭回油管路,刹车压力重新增大。当机轮再次进入严重打滑时,传感器又操纵电磁活门来减小刹车压力。如此周而复始,便可使刹车压力围绕着临界刹车压力做有规律的波动变化,获得较高的刹车效率。

此系统的防滞工作依赖于一个惯性防滞传感器,典型惯性防滞传感器的结构如图 4-89所示。它用来感知机轮的负加速度,当负加速度过大时,它将机轮严重打滑信号传输给电磁阀。

惯性传感器内,传动轴右端的传动齿轮与轮毂上的齿轮啮合,斜面筒套在传动轴外面(不是固定连接);顶杆片插在传动轴的槽内,可以沿轴向滑动,其右端与斜面筒的两个斜面接触。当机轮向前滑跑时,传动轴在齿轮的驱动下如图中方向转动,此时顶杆片推动斜面筒上缺口的直边,带着斜面筒一起旋转;套筒依靠凸齿与斜面筒连接,随斜面筒一起转动。飞轮套在套筒外面,并通过摩擦块与套筒接触;改变各摩擦块上径向弹簧的张力可调整飞轮与套筒之间的结合紧度。这样,斜面筒旋转会带动套筒旋转,同时由于摩擦块与套筒之间的摩擦作用,飞轮也会一起旋转。反之,当机轮转速下降时,飞轮在惯性作用下继续旋转,也可以通过摩擦作用带着套筒、斜面筒旋转。

机轮旋转时,通过齿轮带动传动轴、顶杆片、斜面筒和套筒,并且通过摩擦块的摩擦作用使飞轮一起转动。

如果刹车压力超过临界刹车压力而使机轮的旋转角速度快速降低,传动轴的旋转角速度随之降低,也就是说,机轮和传动轴具有较大的负角加速度。飞轮由于惯性作用,带着套筒与斜面筒仍然有较大的角速度,因此斜面筒转动速度大于传动轴。则在一定时间内,斜面筒将超前转动一个角度,顶杆片在斜面作用下向左伸出,推动杠杆,克服弹簧张力,压下微动开关。于是,电磁阀线圈的电路接通,打开回油路,减小刹车压力,解除严重打滑状态。当顶杆片伸出到极限位置(由杠杆上的限动螺钉限制)时,由于斜面筒不能再超前传动轴转动,而斜面筒与套筒固定,因此,飞轮将相对于套筒产生滑动,摩擦块与套筒间的摩擦力将顶杆片保持在伸出位置,刹车压力接触将持续一定时间,以便机轮加速摆脱严重打滑状态。

由于摩擦块的摩擦作用,飞轮的转速在不断减小。而随着刹车压力的解除,机轮的转速却在地面摩擦力的作用下迅速增大。因此,传动轴的旋转角速度很快又大于飞轮的转动角速度。于是顶杆片在弹簧作用下缩回,微动开关断开,刹车压力重新恢复到初始状态。当刹车压力上升到机轮减速度过大时,惯性防滞刹车系统又重复上述过程。

**2. 电子式防滞刹车系统**

惯性传感器式防滞系统在机轮具有一定的负角加速度后,才能输出控制信号,且执行机构为普通的两位三通电磁阀,控制精度较低,其控制方式类似人工"点刹"。现代民航飞机多采用控制精度高的电子式防滞系统。

图 4-90 所示为电子式防滞系统组成原理图。轮速传感器感受机轮滚动速度,送到防滞控制器;防滞控制器根据轮速、飞机滑行速度计算机轮的滑移率,如果高于预定滑移率,则发出控制信号到防滞活门;防滞活门根据控制信号,适当降低向刹车装置的油液压力,使机轮的滑移率等于理想滑移率,从而达到最高的刹车效率。

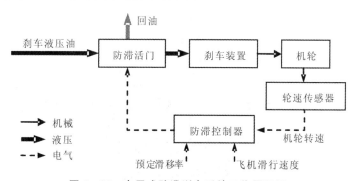

图 4-90　电子式防滞刹车系统工作原理图

电子式防滞系统由三个主要部件组成:轮速传感器、防滞控制器和防滞活门。

轮速传感器(轮速发电机)是测量轮速的敏感元件,它是一个很小的发电机,装在机轮轴上,如图 4-91 所示。发电机的转子由主轴通过与轮毂相连的机轮传动套来带动,机轮转动时,发电机发出电信号,其频率表示轮速的大小。部分轮速传感器还集成有信号转换功能,可将频率信号转化为直流电压信号后,传递到防滞控制器。

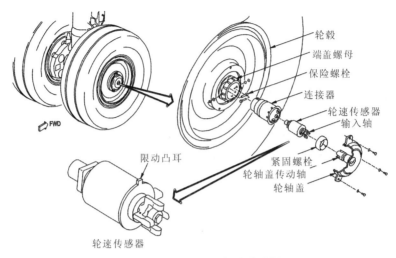

**图 4-91　B737NG 轮速传感器**

　　防滞控制器接收来自轮速传感器的轮速信号、飞机滑行速度信号,并依此计算出机轮的滑移率。并与预设的滑移率比较,根据偏差情况发出合适的控制信号到防滞活门。

　　防滞活门是典型的电液伺服阀,原理如图 4-92 所示,其功用是根据防滞控制信号控制供向刹车装置的油液压力,该活门通常采用两级控制。

　　一级活门采用电流控制喷嘴挡板在两个喷嘴之间移动,其中一个喷嘴与压力油口(该处压力为刹车计量活门调节后的压力)连接,而另外一个喷嘴与回油口连接。当计算机向防滞活门传递防滞命令时,通过调节不同的驱动电流使第一级活门的喷嘴挡板移动,可以调节出适当的控制腔压强。二级活门通过滑阀将刹车压力保持在与第一级活门控制压力相等的状态。

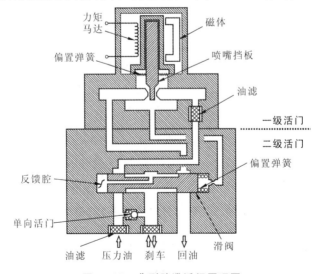

**图 4-92　典型防滞活门原理图**

当没有电流供向防滞活门时,喷嘴挡板向回油喷嘴方向移动。在此位置,控制腔压力与刹车计量活门调节出的刹车压力相同。当全电流供向防滞活门时,喷嘴挡板向压力油口移动。在此位置,控制腔压力与回油口压力一致。当供给中间值的输入电流时,喷嘴挡板在两个喷嘴之间进行调整,并将控制腔 的压力调整到合适状态。

二级活门根据一级活门调节出的控制腔压力及弹簧力与反馈腔中刹车压力的差值来驱动滑阀移动,从而调整出合适的刹车压力供向刹车作动筒。

当没有防滞信号进入防滞活门时,控制腔压力与反馈腔压力相等,此时滑阀被偏置弹簧保持在左边极限位置,刹车口与压力油口完全连通,回油口完全关闭,防滞系统不工作。

当防滞信号进入防滞活门时,控制腔压力被一级活门调节为比压力油口的压力低,此时刹车压力作用的反馈腔压力比控制腔压力大,则滑阀向右移动,压缩偏转弹簧,直到平衡。此时,滑阀将逐渐关闭压力油口并打开回油口,使刹车压力与一级活门调节出的压力相同。实现了降低刹车压力,解除机轮卡滞现象。

### 3. 电子式防滞系统的功能

飞机由下滑到在跑道上停稳的过程中,电子式防滞系统起着不同的作用,包括接地保护功能、锁轮保护功能、正常防滞功能、人工刹车功能。该系统工作过程如图 4-93 所示。

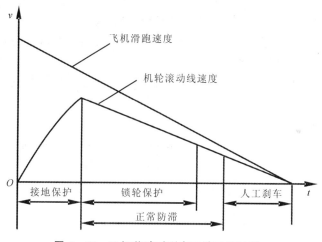

图 4-93　飞机着陆时刹车系统工作过程

（1）接地保护功能

当飞机下滑即将接地时,轮胎是静止的,若此时驾驶员踩下刹车,将使机轮无法加速滚动而造成机轮锁死,容易发生爆胎等不安全事故。接地保护电路的功能是在飞机即将着陆时解除刹车压力,即使在着陆前已踏下刹车脚蹬也不能刹车,从而可防止刹车接地。当主起落架空-地感应机构感受飞机在地面且飞机轮速超过一定值时,接地保护才会退出工作。

对于每个主起落架采用双机轮的情况,当飞机在空中主起落架减震支柱处伸张状态时,防滞控制器发出电信号到防滞控制阀,完全释放刹车压力,以实现接地保护。

对于小车式起落架,由于飞机接地时后机轮先接地,因此接地保护主要是针对后机轮的。在这种系统中,通常在后机轮轮速低于地速 92.6 km/h 时,防滞系统释放后机轮的刹车压力,从而防止刹车接地。

（2）锁轮保护功能

当飞机通过局部积冰（水）的跑道时，由于个别机轮轮胎与地面的摩擦力不够就容易发生卡滞现象。如果正常防滞控制不能解除某个机轮的完全打滑状态，就需要锁轮保护电路发出超控信号，释压时间比解除正常机轮锁死的时间长，这是为了给这个机轮一个加速时间。

该功能通常将飞机机轮分组，锁轮保护电路监控同一组机轮的轮速，在该组机轮中低速机轮轮速为高速机轮轮速的 30%～40%时，防滞系统会释放低速机轮的刹车压力。锁轮保护在轮速低于某一值后脱离工作。

（3）正常防滞功能

飞机在滑跑刹车时，由正常防滞系统控制刹车状态；当飞机的轮速低于某一定值时，正常防滞电路脱开，刹车压力由驾驶员刹车调压器决定。

正常防滞控制是在机轮转速降低但还没有停转的时候进入工作的。当机轮减速到刚好开始打滑但还没有达到完全滑动的程度时，防滞控制阀就使供向机轮刹车的液压压力减小一些。这可使机轮转动稍快一点并使其停止打滑。滑动越严重，刹车压力降低得也就越多。正常情况下，对每个机轮的控制是互相独立的。当轮速低于某一值时正常防滞控制电路脱离工作。

（4）人工刹车功能

飞机减速的最终目的是机轮停转，飞机停止滑动，而防滞刹车的最终目的是防止机轮锁死。这两个最终目标是相互矛盾的，因此要想实现飞机停止，则需要关闭正常防滞功能，由驾驶员进行人工刹车并最后停止机轮转动。现代运输机防滞控制器内部逻辑会在飞机速度低于一定数值时，自动关闭防滞刹车系统。

另外，飞机在刹车过程中，驾驶员可利用控制电门关闭防滞刹车系统，完全靠人工完成刹车控制。

（5）收轮刹车抑制

收轮刹车是为了使机轮停转，因此，在收起落架时，飞机会自动完成收轮刹车（其原理后文介绍），对应防滞系统也会完全退出工作，以保证机轮顺利停转。

## 4.5.6　刹车工作方式

液压动力刹车系统中，主液压系统需要向刹车装置供给液压。为了防止某液压系统失效的特殊情况，现代飞机都采用多套液压系统供压多套管路平行向刹车装置传输液压油的方式提高刹车系统的可靠度。通常飞机刹车系统具有三套液压源：正常液压源、备用液压源、刹车蓄压器。另外，刹车系统通常有两套相互独立的刹车液压管路：正常刹车液压管路、备用刹车液压管路。

图 4-94 所示为 B737NG 的液压动力刹车系统配置图。可以看出，在 B737NG 飞机中，A,B 液压系统及蓄压器都可以向刹车装置供压。正常情况下，刹车装置采用 B 液压系统经过正常刹车管路供给液压油；在 B 液压系统失效后，A 液压系统通过备用刹车选择活门自动接通备用刹车管路，并通过蓄压器隔离活门关断蓄压器，将 A 液压系统液压油供向刹车装置；在 A 液压系统也失效后，蓄压器隔离活门会打开，蓄压器液压通过正常刹车管路向刹车装置供油。

图 4-94 中液压的流动方向如下：

正常刹车:B 液压系统→正常刹车计量活门→自动刹车往复活门→正常防滞活门→刹车装置;

备用刹车:A 液压系统→备用刹车选择活门→备用刹车计量活门→备用防滞→刹车装置;

蓄压器刹车:蓄压器→正常刹车计量活门→自动刹车往复活门→正常防滞活门→刹车装置。

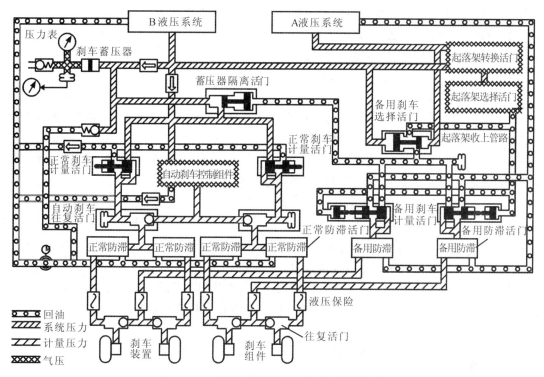

**图 4 - 94　典型飞机液压动力刹车系统原理图**

现代飞机刹车系统有多种工作方式,主要包括人工刹车、自动刹车、收轮刹车、停留刹车。

### 4.5.6.1　人工刹车

人工刹车指机组成员通过脚蹬完成刹车操纵。当机组成员踩下脚蹬时,脚蹬通过一系列的传动机构连接到液压管路上的刹车计量活门。从而控制计量活门调节出对应的刹车压力供向后面的刹车装置,完成刹车。根据液压系统的情况,刹车系统有三种工作状态,即正常刹车、备用刹车和蓄压器刹车。下面以图 4 - 94 所示 B737NG 飞机刹车系统说明人工刹车的工作过程。当飞行员踩下刹车脚蹬时,刹车信号通过连杆等机械连接传递到正常刹车计量活门和备用刹车计量活门。

如果 B 液压系统正常,则备用刹车选择活门断开 A 液压系统供向备用刹车管路的液压,同时 B 液压源通过正常刹车计量活门、正常防滞活门、往复活门等进入刹车装置。

如果 B 液压系统压力低,而 A 液压系统正常,则备用选择活门打开备用刹车管路,A 液压源进入备用刹车计量活门。同时,A 液压源作用蓄压器隔离活门,关闭蓄压器液压。A 系统液压油依次经过备用刹车计量活门、备用防滞活门、往复活门后进入刹车装置。

如果 A,B 液压系统压力偏低,则在蓄压器压力作用下,蓄压器隔离活门将蓄压器液压供向正常刹车管路。管路中的单向活门防止蓄压器液压油反流回 B 液压系统。蓄压器液压油经正常刹车计量活门、正常防滞活门、往复活门等进入刹车装置。

可见,人工刹车系统只需要飞行员操作刹车脚蹬即可。正常刹车、备用刹车和蓄压器刹车的转换,不需要人为选择,它们通常利用液压管路中的活门(如图 4 - 94 中所示的"备用刹车选择活门""蓄压器隔离活门""往复活门"等)根据液压系统的工作状态自动切换。

液压油进入刹车装置之前,刹车压力还要经过防滞刹车调节。如果人工操纵量过大,防滞刹车将降低刹车压力,防止轮胎发生严重打滑现象。

### 4.5.6.2　自动刹车

由于人的反应需要一定时间,自动刹车的启动通常比人工刹车要快,因此可以降低飞机滑跑距离。另外,自动刹车的刹车压力持续稳定,刹车效率更高,在飞机高速滑跑时可以有效降低刹车和机轮的磨损,从而提高刹车装置的使用寿命。采用自动刹车,还能在着陆过程中有效减少机组在着陆阶段的工作负荷。因此现代运输机都装备有自动刹车系统。

自动刹车系统通过自动刹车调压器调节刹车压力。自动刹车调节器与正常刹车计量活门并联,通过自动刹车往复活门接入正常刹车管路。在自动刹车控制面板上,驾驶员可选择不同的自动刹车压力,一般按减速效果分为若干级。如图 4 - 95(a)所示为 B737NG 的自动刹车选择面板。该飞机的自动刹车压力分为四级:1,2,3 挡和最大(MAX)挡。在飞机中断起飞刹车时,可选择"RTO 挡"进行大力刹车。表 4 - 3 给出了该型飞机不同自动刹车等级时的飞机减速率。图 4 - 95(b)所示为 A320 的自动刹车选择面板,该飞机自动刹车分为低、中、高三级,采用按钮来设置不同的自动刹车减速率。

通过自动刹车控制面板设置了特定减速率后,飞机将自动检测飞机相关系统的工作情况,如果正常,自动刹车进入预位状态,否则自动刹车不能正常工作,不同的飞机都采用特定的指示灯来显示预位不成功的情况,提醒机组采取处理措施。如果自动刹车预位成功,则条件满足时,该系统将自动刹车。

自动刹车调压器也称为自动刹车压力控制组件。它根据自动刹车控制面板的输入信号及飞机状态,自动调节供向正常刹车管路中压力,实现减速控制。自动刹车系统工作过程与人工刹车类似,相当于用该组件代替人工操纵的刹车计量活门。

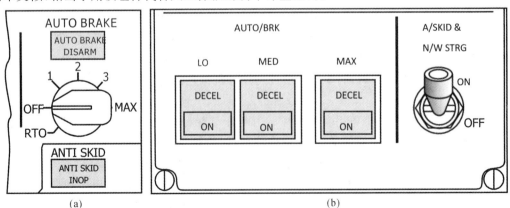

**图 4 - 95　B737NG 飞机自动刹车选择面板与 A320 飞机刹车控制面板**

表 4 - 3　　B737NG 飞机自动刹车参数表

| 自动刹车选择开关位置 | 减速率/(ft·s⁻²) | 刹车压力/psi |
|---|---|---|
| 1 | 4 | 1 285 |
| 2 | 5 | 1 500 |
| 3 | 7.2 | 2 000 |
| MAX/RTO | 14(>80 kn)<br>12(<80 kn) | 3 000 |

### 4.5.6.3　收轮刹车

收轮刹车是飞机在收上起落架时使机轮停止转动而执行的刹车操作。收轮刹车没有单独的刹车操纵机构,当起落架收放控制手柄扳到收上位时,起落架液压收上管路的液压通往备用刹车计量活门,一方面可以向备用刹车系统提供液压油,另一方面该液压会推动备用刹车计量活门中的滑阀偏移,如图 4 - 94 所示。这样,备用刹车计量活门就向刹车装置供给特定压力的液压油,机轮完成刹车。

现代飞机的前轮通常没有刹车装置,因此,前起落架的收轮刹车系统必须借助其他措施来完成。在前起落架轮舱内常安装有刹车板或刹车带,在机轮收进轮舱后,机轮胎面与刹车板(刹车带)挤压形成摩擦力使机轮停转。现代飞机典型的前轮收轮刹车工作原理如图 4 - 96 所示。

收轮刹车可以防止机轮转动形成陀螺力矩造成操纵困难,并且防止机轮在轮舱内转动。

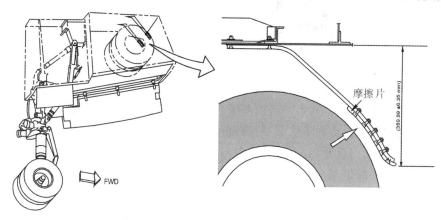

图 4 - 96　B747 前起落架收轮刹车

### 4.5.6.4　停留刹车

停留刹车用于飞机在地面停放时,防止意外滑动。停留刹车的完成需要操纵飞机上专门的停留刹车操纵机构来完成,具体操作上也有一定的差异。

部分飞机采用停留刹车锁定机构将刹车脚蹬及传动机构固定在刹车位的方式来完成停留刹车操作。如图 4 - 97 所示,B737 飞机的停留刹车机构包含锁定卡爪、卡爪止动销、恢复弹簧等。当踩下刹车脚蹬,向上拉起停留刹车手柄时,锁定卡爪克服弹簧力并旋转到锁定位置。此时松开刹车脚蹬,刹车脚蹬恢复时带动卡爪止动销向上运动。卡爪止动销被卡爪挡住后,刹车机构不能继续松开,飞机处于保持刹车状态。在液压系统关闭后,停留刹车的液压源来自于刹车蓄压器。需要注意的是,在采用机械操纵的系统中,需要在实施停留刹车时关闭防滞活门的回油管路,防止由于防滞活门内漏而使蓄压器的压力油漏回液压油箱,缩短停留刹车的工作时间。该关断活门由停留刹车控制手柄直接控制。

需要解除停留刹车时,只需踩下刹车脚蹬,锁定卡爪在弹簧的作用下回到其平衡位置,此时松开刹车脚蹬,锁定卡爪不能再阻挡刹车机构回位,刹车解除。

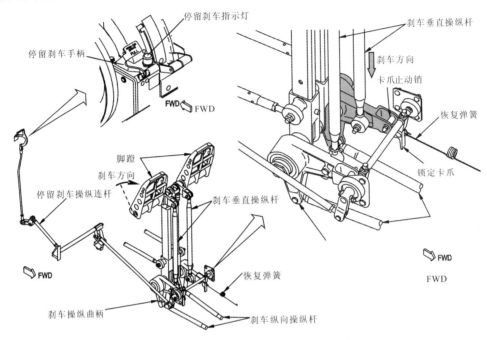

图 4 - 97    B737 停留刹车机构及停留刹车指示

采用电传操纵系统的飞机中,由于采用电信号控制刹车系统的工作,因此停留刹车不采用将刹车脚蹬锁定的方式来保持刹车状态,而是通过设置一个开关用于操纵停留刹车控制活门,当设置停留刹车时,该活门打开,液压油进入刹车作动筒,完成刹车。采用这种方式的飞机在设置停留刹车时不需要踩下刹车脚蹬。A320 飞机的停留刹车手柄如图 4 - 98 所示。

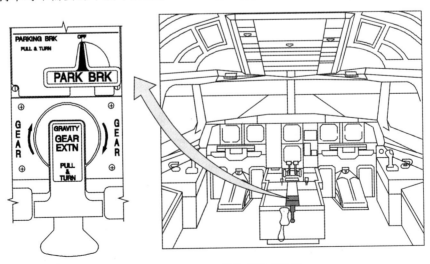

图 4 - 98    A320 飞机停留刹车手柄

## 4.5.7　刹车过热探测及冷却措施

飞机地面刹车时,刹车片之间剧烈摩擦,产生大量的热。如果飞机刹车操纵不合适,或者由于飞机着陆速度过大,就可能会使刹车装置超温。另外,刹车装置温度过高,可能造成刹车强度降低,甚至在刹车时产生熔焊而损坏刹车装置。如果起飞时刹车装置温度过高,会导致在中断起飞过程中刹车效率降低。现代运输机的刹车装置内,常安装有刹车温度探测器,来监控刹车温度,当发生刹车超温时,向机组成员提出警告。在刹车发生过热后,通常需要拆卸、分解刹车装置,并根据手册要求检测组件确保无损伤及强度降低现象,并更换所有密封。

图 4-99 所示为 B737 飞机刹车温度监控系统,采用热电偶探测刹车温度,当出现过热时,刹车过热指示灯会亮。同时在系统显示组件上还会显示刹车的机轮温度。

部分飞机装有刹车散热风扇,当出现刹车温度过高时,可以打开刹车冷却风扇降温。

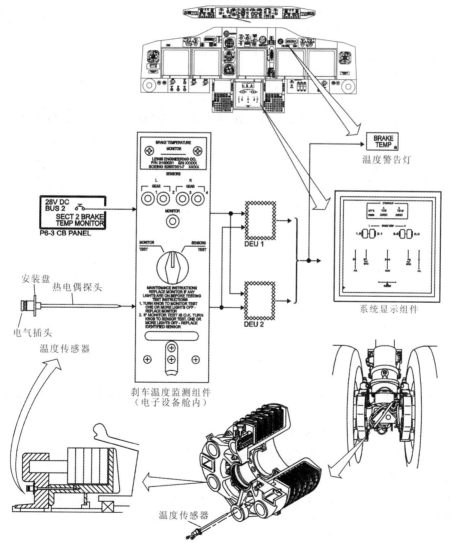

**图 4-99　B737 刹车温度监测系统原理**

# 4.6 起落架航线维护

在飞机航线维护中,起落架的维护工作主要包括起落架下锁销的安装、减震支柱勤务检查、轮胎勤务检查和起落架刹车组件的拆卸安装等。

## 4.6.1 减震支柱勤务检查

减震支柱勤务检查的目的是通过检查减震支柱的油气量,确保减震支柱的减震性能符合适航要求。

### 4.6.1.1 减震支柱油气量对减震性能的影响

**1. 油量正常、气压小于规定数据**

气压不足的减震支柱工作特性曲线如图 4-100 所示。气压不足时($P'_0 < P_0$),气体工作特性曲线较气压正常时低而且平坦,因此减震器的整体工作特性曲线也较低。从图中可以看出减震支柱完全被压缩时,吸收的能量比灌充正常时小,而轮胎完全被压缩时吸收的能量并未增加。因此,在压缩行程的末期,减震支柱的压缩速度没有降低到零,会产生刚性撞击。

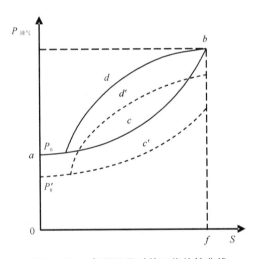
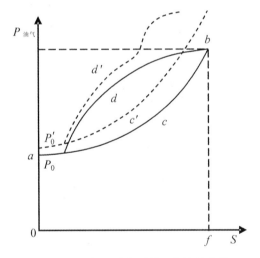

图 4-100 气压不足时的工作特性曲线    图 4-101 气压过大时的工作特性曲线

**2. 油量正常、气压高于规定数据**

气压过大时($P'_0 > P_0$),气体工作特性曲线较气压正常时高而且陡,因此减震器的工作特性曲线也较陡,如图 4-101 所示。减震器吸收同样的撞击动能时,压缩量较气压正常时小,而载荷较大。这样,即使在正常着陆和滑行时,撞击载荷也较大,飞机各部分结构就容易因疲劳而提前损坏。

**3. 气压正常、油量小于规定数据**

如图 4－102 中虚线 $P'_气$ 所示，油量不足时，气体初始体积变大，气体工作特性曲线较油量正常时平坦。此时减震器的工作特性与油量正常、气压不足时的情况相似，在压缩行程末期会产生刚性撞击。

如果油量过少，油平面比隔板低得较多，则减震器工作时，油液产生热耗作用较低，因而飞机会产生较强烈的颠簸跳动。如果飞机着陆的撞击动能较大（接地速度或接地角过大），减震器的压缩量较大，内筒还可能与隔板撞击，使减震器的载荷在行程末期突然增大，如图 4－102 中虚线 $P'_2$ 所示。

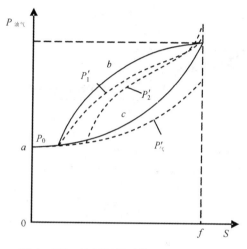

图 4－102　油量不足时的工作特性曲线

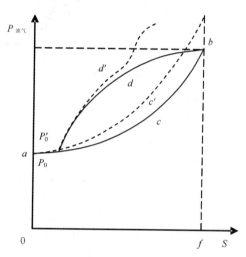

图 4－103　油量过大时的工作特性曲线

**4. 气压正常、油量高于规定数据**

油量过多时，气体初始体积变小，减震支柱在压缩过程中，体积迅速减小，则气体工作压力增加较快，特性曲线较油量正常时陡，如图 4－103 中虚线所示。此时减震器的工作特性与气压过大的情况相似，其后果也相同。

**4.6.1.2　减震支柱油气量的检查**

下面以 B737NG 起落架为例，来讨论航线维护中如何检查减震支柱的油气量。检查的基本方法是，第一次测量减震支柱伸长量和气体压力值。如果测量数据落入勤务曲线内（见图 4－104），则减震支柱的油液和气体量均正确，不需要灌充。如果测量数据没有落在勤务曲线上，首先假定支柱的油液量正确，则通过充气或放气（大多数情况是充气，少数情况是放气），使压力和支柱伸长量的交点落在勤务曲线内。在飞机质量明显发生变化的情况下（如加注燃油后。两次质量差别越大，测量越准确），第二次测量气体压力和支柱的伸长量，如果第二次测量的数据落入勤务曲线内，则说明先前油液量正确的假设是正确的，通过充气或放气程序后，减震支柱的油液和气体量已回复正确，不需要进一步的维护。但是如果第二次测量的数据没有落入勤务曲线内，则说明先前的假设是错误的，支柱在使用过程中已出现漏油，需要进行完整的充油和充气程序。

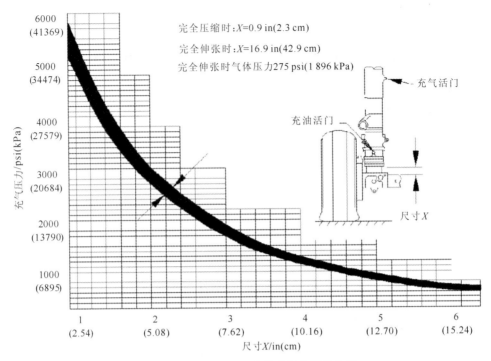

图 4-104　B737NG 主起落架的勤务曲线

减震支柱油气量检查的主要步骤如下：

1）准备好压力表、充气工具、氮气等器材。

2）做好准备工作：插入起落架下锁销。

3）第一次检查减震支柱液压油面。

- 取下充气活门盖，用压力表测量减震支柱的充气压力；
- 测量减震支柱伸长量尺寸 $X$；
- 将测得的伸长量和气压与标准图表进行比较；
- 如果所测数据不在图表的勤务曲线上，进行如下步骤；

　　如果所测数据在勤务曲线之上，将减震支柱放气，直至所测数据落在勤务曲线上为止；如果所测数据在勤务曲线之下，用充气工具将氮气充入支柱，直至所测数据落在勤务曲线上为止。

4）第二次检查减震支柱液压油面。

- 测量减震支柱气压和伸长量；
- 将测得的伸长量和气压与标准图标进行比较；
- 如果所测数据落在勤务曲线上则液压油面正确，不需要再进行灌充；
- 如果所测数据不在勤务曲线上则需重新对起落架减震支柱进行充油和充气。

### 4.6.1.3　减震支柱的灌充

**1. 减震支柱的充填液**

减震支柱的充填液以石油基液压油为主，然后再加入了一定比例的润滑油。LUBRIZOL

1395 和 METHYL OLEATE(甲基油酸)是两种常用的重型润滑油。

（1）BMS3 - 32，1 型充填液

它是 MIL - H - 6083 液压油加上 1.5％体积的 LUBRIZOL 1935，再加上 1％体积的 METHYL OLEATE 混合液。

（2）BMS3 - 32，2 型充填液

它是 MIL - H - 5606 液压油加上 1.5％体积的 LUBRIZOL 1935，再加上 1％体积的 METHYL OLEATE 混合液。

上述两种充填液完全是配置好的，可直接使用。由于在 MIL - H - 6083 液压油中，加有抗腐蚀抑制剂，所以第一次灌充新的减震支柱或减震支柱大修后，应选择 BMS3 - 32，1 型充填液。

**2. 减震支柱的灌充**

为保证减震支柱的工作性能，减震油支柱灌充量有严格的规定。以 B737NG 飞机为例，减震器油量充灌的正常标准是，当减震支柱完全压缩时，油液与减震支柱上端的充气口平齐即可。减震器气压充灌必须依照图 4 - 104 所示的勤务曲线图确定。勤务曲线图一般在飞机维护手册中给出，也可在飞机轮舱的侧板上找到该图。

减震支柱的灌充包括充气和充油，可以在飞机顶起或未顶起时进行灌充。如果油量正确，则可以直接充气。如果要充油，则必须先放掉气体，然后在充油完成后再进行充气。B737NG 充油的主要程序如下：

1）拆下充气活门盖，缓慢释放气体压力；

2）气压完全释放后，拆下充气活门；

3）在充气口接上透明软管，软管的自由端放入干净的并装有清洁减震支柱油液的油桶中；

4）将充油管接在减震器下部的充油口上，启动油泵（或用手摇泵）将油液充灌到减震支柱内；

5）观察充气口所接软管内油液流动状况，当发现油液中完全没有气泡时，停止充油；

6）关闭充油阀，卸下充油软管，在充油嘴上安装防尘帽；

7）卸下充气软管，安装充气活门；

8）按照充气曲线给减震支柱充气到规定的压力，用压力表测量充灌压力，然后用直尺测量镜面高度；

9）根据需要，充气（或放气）使镜面高度值处于充气曲线的勤务带内。

## 4.6.2　轮胎勤务

在航线维护中，轮胎勤务主要包括三个方面工作：轮胎压力检查、轮胎充气和轮胎表面质量检查。

### 4.6.2.1　轮胎压力不正确的危害

轮胎充气压力对轮胎性能的正确发挥，对飞机减震性能和飞机结构的受力起着至关重要的作用，因此维护时要确保轮胎压力在正确的范围内。

### 1. 压力不足时的危害

1）刹车时产生错线（轮胎相对于轮毂滑动），如图4-105所示。对于有内胎轮胎错线超过标识宽度时，应拆下机轮，进行重新装配。装配前应检查内胎气门嘴情况，确保没有损坏。对于无内胎轮胎，错线危害较小，应检查胎缘状态，并充气至正常承载压力。在轮胎重新装配后，应用合适的溶剂除去旧标识，并设置新标识。

图4-105　轮胎的错线标示

2）充气压力低会导致飞机减震性能下降。轮胎压力降低，着陆时轮胎能吸收的撞击动能减少，加剧了减震支柱的负担，造成着陆冲击力增大，危害与重着陆类似。

3）轮胎压力过低，轮胎会折曲在轮缘上，损坏轮胎的下侧壁、胎缘和轮缘，如图4-106所示。同时会造成胎体帘线受力过大而断裂，导致机轮爆胎。

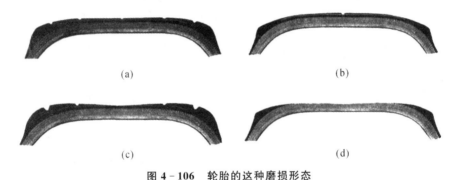

图4-106　轮胎的这种磨损形态

(a)正常磨损形态；　(b)压力不足磨损形态；　(c)压力过大磨损形态；　(d)超量磨损形态

4）充气严重不足可引起帘线层过量弯曲，产生过大的热量和应变，造成帘线松弛和疲劳，最终导致爆胎现象发生。

5）压力过低还能造成轮胎胎面的边缘或边缘附近过快或不均匀的磨损。

### 2. 压力过大时的危害

1）滑行时过量震动；

2）如图4-106所示，会造成轮胎的不均匀磨损，胎冠磨损严重，而胎肩磨损量较小；

3）轮胎抗冲击能力下降，易受割伤、划伤和遇到撞击而发生爆胎。

#### 4.6.2.2　轮胎压力检查

1）准备好轮胎压力表。压力表的量程应是被测轮胎压力的两倍左右，即轮胎压力指示应在压力表的中央，以确保测量的度数精度；

2）在测量压力之前确认轮胎已冷却。冷却的含义为轮胎处于大气温度环境下，或距离上

一次着陆超过 2 h 以上,且轮胎不能暴露在阳光直射之下;

3)打开充气活门盖;

4)用气压表测量轮胎压力;

5)如图 4 - 107 所示,根据最大滑行重力找出轮胎的最小和最大使用压力,最大滑行重力是指实际最大滑行重力而不是理论最大滑行重力;

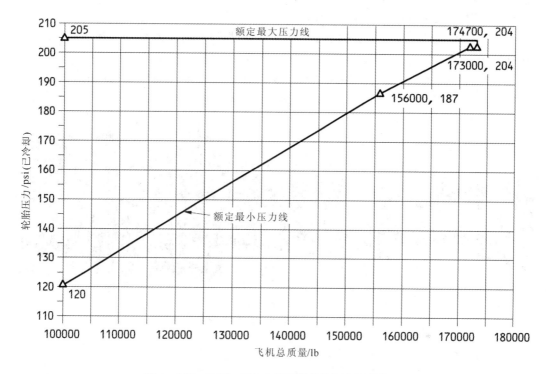

**图 4 - 107　B737 - 800 主起落架轮胎压力限制值**

注:1 lb＝0.453 923 kg

6)将测量出的压力数值与图表数值进行比较;

7)对于压力低于正确压力值的轮胎进行以下步骤;

如果测量值低于正确值 5% 以内,将轮胎充气到正确压力。如果测量值低于正确值 5%～10%,将轮胎充气到正确压力,24 h 后再检查其压力,如果压力仍低于正确值 5%,更换该轮胎并送修,检查漏气原因;

如果测量值低于正确值 10%～20%,则更换整个轮子组件并送修;

如果测量值低于正确值 20%,则更换该轮子组件并送修,同时如果该轮子压力下降后在承受飞机重力情况下滚动过,则位于同轴另一端的轮子组件也需要更换;

8)盖上充气活门盖。

### 4.6.2.3　轮胎充气

1)准备好干燥的压力氮气;

2)打开充气活门盖,将压力源连接到气门上;

3)调节气源车上的调节器至所需压力;

4)缓慢充气至所需压力;

5)断开气源,检查气门有无泄露,然后重新盖上气门盖。

### 4.6.2.4　轮胎表面质量检查

每次飞行前都应该对飞机轮胎进行仔细的目视检查,如果可能要转动机轮能以确保检查整个轮胎表面。通常按以下步骤检查轮胎:

1)检查轮胎是否有漏气、刮伤、非正常磨损、区域切口和局部磨平,如果轮胎存在以下状态则停止使用:

· 在胎槽、胎面或侧壁上有深入到帘线层的切口或风雨侵蚀形成的小缝,如图 4 - 108 所示;

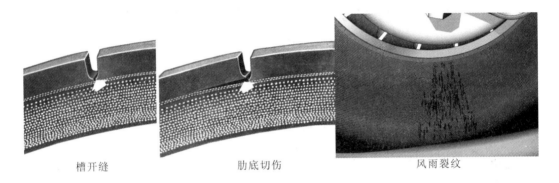

槽开缝　　　　　　　肋底切伤　　　　　　　风雨裂纹

**图 4 - 108　肋底切伤和风雨裂纹**

· 胎面、侧壁区域起泡、局部凸起或其他线层分离的迹象,如图 4 - 109 所示;

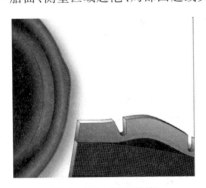 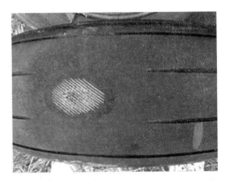

**图 4 - 109　胎面分离**　　　　　　　　**图 4 - 110　局部磨平**

· 暴露出加强层/防割层的局部磨平,如图 4 - 110 所示;

· 可导致轮胎故障的其他损坏。

2)检查轮胎磨损情况。目前通常采用的轮胎磨损更换标准是,轮胎见线或胎面沟槽磨平,该轮胎必须更换。如果轮胎见第一层帘线后还继续使用,可能导致该轮胎不能继续翻修使用。

# 4.7　起落架定检修理

　　起落架在经过一段时间的飞行后,可能发生磨损、松动、腐蚀等现象,因此经过一段时间的飞行后,就必须进行相关的检查和修理,并对起落架进行检查和测试,发现和排除存在的故障和缺陷,使起落架恢复到原有的可靠性,来完成下一个飞行周期的任务。

　　起落架定检修理主要包括三个方面的内容:起落架修理、机轮修理、刹车装置的更换与修理。起落架修理又包括减震支柱修理、转弯机构修理和收放装置修理三个方面。下面以减震支柱修理为例介绍起落架修理。

　　减震支柱修理包括 7 个步骤:拆卸组件、分解组件、清洗、检查、修理、组装和功能测试。拆卸组件是指将起落架整体从机体上将拆卸下来,一般在进入修理厂之前完成,这里不做详细讨论。

## 4.7.1　分解前的准备

　　1)将减震支柱垂直放置,从充气活门上取下活门盖,松开螺母 1～2 圈。在全部气压释放后,拆卸下活门组件;放气的时候一定要缓慢,避免对人员和零件造成伤害;

　　2)去除所有的保险丝、保险开口销和保险零件;

　　3)排除减震支柱内的液压油;

　　4)将部件放在操作台或支架上准备拆卸。

## 4.7.2　分解组件

　　分解前,操作者必须详细了解起落架内部结构,在操作过程中,对拆下的每一个零件都要做好标识,对于报废的封严圈等零件要做好收集工作。

**1. 拆除外部零、部件**

　　在分解前要了解起落架的排障、修理的情况,并测量各活动部件的间隙,检查结构是否出现变形等现象。

　　1)拆下减震支柱上的防扭臂,拆除所有的螺栓、销钉和垫圈;

　　2)拆下转弯计量活门、转弯作动筒及转弯板;

　　3)拆除转弯衬套;

　　4)拆下减震支柱外筒上铭牌等附件。

**2. 从外筒中拆除内筒**

**3. 从内筒取出外部部件**

**4. 从内筒取出内部部件**

### 4.7.3 零、部件的清洗

1)参考标准翻修工艺对分解的全部零、部件进行清洗,用软鬃刷和规定的清洗溶剂擦洗所有的金属零件,并用干净的压缩空气进行干燥处理;

2)用软布蘸着规定的溶液对所有能再次使用的橡胶或其他非金属零件擦洗以去除灰尘;

3)由于起落架大部分的附件采用高强度合金钢,其表面多有铬层、铬钛层或其他有机漆层,应采用化学方式如褪漆剂浸泡或机械方式如塑料喷丸的方法褪漆;

4)清洗后要记录好所有零件的件号和序号。

### 4.7.4 零、部件的损伤情况检查

由于零、部件不同位置以及不同材料的损坏特点不同,因而不同部位检查重点不同。下面以螺纹的检查为例来进行讨论。

1)检查在外筒底部的轴盖密封螺母螺纹处的腐蚀。在除去这些缺陷后之后,如果螺纹表面最少有 50% 的螺纹保留下来,并且缺陷在整个螺纹上不集中在任何一个 1/4 段内,螺纹就可以保留;

2)检查上、下定中凸轮的曲线轮廓,在配合表面上有无划痕或擦伤;

3)检查内筒轴螺纹有无伤痕、毛刺、缺陷和磨损,测量螺纹的中径和大径,并与规定值比较(确保使用正确的工具测量螺纹尺寸)。

### 4.7.5 损伤修理

根据零、部件的损伤情况,决定采用配衬套、镀铬等工艺进行修理或报废处理。以销钉的修理为例进行讨论,销钉用于连接各结构件,其表面经常出现腐蚀或磨损。其修理步骤为:

1)在修理容限内,用切削加工的方法去除缺陷;

2)按要求喷丸处理;

3)给销钉镀铬;

4)通过磨削恢复设计尺寸和表面粗糙度;

5)进行恢复涂层或镀层并抛光。

### 4.7.6 组装和功能测试

**1. 准备工作**

1)装配前首先要测量零、部件的关键尺寸是否合适;

2)用底漆擦拭铬层,这样可以填充铬层表面裂纹,提高抗腐蚀的能力;

3)按照翻修手册给零件和衬套内孔涂底漆,按过盈配合的方法安装衬套;

4)安装所有 O 形密封圈之前,须把它们浸在规定的油液中一段时间再进行湿安装。

**2.功能测试**

(1)泄漏测试

1)完全伸张减震支柱；

2)根据起落架的形式,缓慢给减震支柱灌充规定压力的气体；

3)静置 6 h,观察是否有油液的泄漏和气压的降低；

4)缓慢松开充气活门,释放内部的气压,再拧紧充气活门；

5)记录测试结果。

(2)凸轮反冲测试

1)完全伸张减震支柱；

2)缓慢给减震支柱充气 100～500 psi；

3)检查由于定中凸轮的挤压作用而引起内筒的转动,最大允许转动的角度为 2°。

## 4.7.7　减震支柱的储存与包装

1)在全伸张的减震支柱内加入至少 6 品脱(3.41 L)的油液,并将减震支柱压缩,不要给减震支柱充气；

2)用防潮纸和胶带将减震支柱包起来；

3)挂上带有测试数据的标签及所灌油液的注意事项；

4)保持起落架竖直状态。

# 思　考　题

1. 起落架的配置形式有哪些？

2. 支柱套筒式和摇臂式起落架有哪些特点？

3. 起落架阻力撑杆、侧撑杆、防扭臂的作用是什么？

4. 轮毂的构造形式有哪些？

5. 说明航空轮胎的构造。

6. 什么是油气式缓冲器？其中油和气的作用是什么？

7. 分析现代飞机油气式缓冲支柱的缓冲原理。

8. 分析起落架收放系统的组成和工作情况,以及如何实现顺序控制。

9. 起落架收放位置锁主要有哪几种类型？

10. 防止地面误收起落架的措施有哪些？

11. 起落架的位置信号主要有哪几种类型？

12. 如何操纵前轮转弯？

13. 分析机械液压式前轮转弯系统的组成和工作情况。

14. 现代飞机前轮转弯系统的作用有哪些？

15. 主起落架转弯系统的作用是什么？

16. 刹车减速的原理是什么？

17. 分析动力刹车计量活门的作用和工作情况。

18. 分析多圆盘式刹车装置的组成和工作情况。

19. 分析刹车间隙调节器的作用和工作原理。

20. 刹车平衡连杆的功用是什么?

21. 什么是自动刹车?它是如何工作的?

22. 什么是停留刹车?停留刹车时间过短的主要原因是什么?

23. 什么是空中刹车?前起落架和主起落架空中刹车方式有何不同?

24. 什么是防滞刹车?分析电子式防滞刹车系统的组成和工作情况。

25. 电子式防滞刹车系统的功能有哪些?

26. 分析缓冲支柱的灌充程序。

27. 油气灌充不正确对缓冲器缓冲性能有哪些影响?

# 第5章 气源系统

## 5.1 概　　述

现代飞机气源系统可为起落架和襟翼收放、机轮刹车、舱门密封、翼面除冰等系统提供压缩空气,为座舱空调和增压系统提供引气,为某些飞机仪表的运转提供真空抽吸动力,也可作为飞机液压系统的备用能源提供应急传动能量。

气源系统的优点:作为工作介质的空气容易获得且用之不竭;系统组成简单且质量轻;不存在着火的危险;通过对系统精心设计和正确使用,爆炸的危险可降至最低;合理安装气滤可有效减少介质污染。但也存在一些缺点,如传动速度快,机件容易损坏;气体黏度小,易泄漏,对系统密封要求高;气体膨胀做功时温度降低,空气中的水分可能凝结成冰导致管路堵塞等。

根据气源压力的不同,现代飞机气源系统可分为高压、中压和低压气源。三种气源的获得方式及系统组成和应用情况各不相同。

## 5.2　高压气源系统

使用高压气源系统的通常是中小型通用飞机,主要用于驱动机轮刹车、液压泵、起动机、喷水泵、舱门开关及密封带充气、应急放下起落架或操纵其他应急设备。高压气源系统常采用金属气瓶储存压缩气体,利用气体膨胀做功传动其他部件工作。常用的压缩空气也称为"冷气",有的气源系统采用压缩氮气。

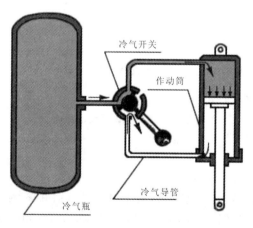

**图 5 - 1　气压传动的基本工作原理**

一个简单的冷气传动系统如图 5 - 1 所示。将压缩后的空气储存于冷气瓶中,经过导管、开关等与作动筒连接。打开冷气开关时,冷气瓶中的压缩空气进入作动筒内活塞上端的工作腔,下腔空气则直接排出,活塞在上下腔压差作用下向下运动,从而传动部件。冷气不断膨胀,推动活塞做功,将自身内能转换为机械能。冷气做功能力大小取决于冷气瓶的容积和冷气压力两个因素。对于特定飞机而言,冷气瓶容积是确定的,因此冷气压力的高低就决定了系统做功能力。高压气瓶的工作压力通常为 1 000～3 000 psi。

## 5.2.1 高压气源系统的组成

为满足某些工作系统的连续供气需求,只采用有限容积的高压气瓶是不够的。因此,为提高气源系统的做功能力,在有的飞机上还安装了冷气泵,可在飞行中给冷气瓶充气,图 5-2 所示就是这样的一个气源系统。高压气源系统组成部、附件主要包括冷气泵、冷气瓶、气滤、分油分水器、释压活门、单向活门、节流器、往复活门和控制活门等。从系统组成上看,与液压传动系统不同,高压气源系统不使用蓄压器和手摇泵等部件。

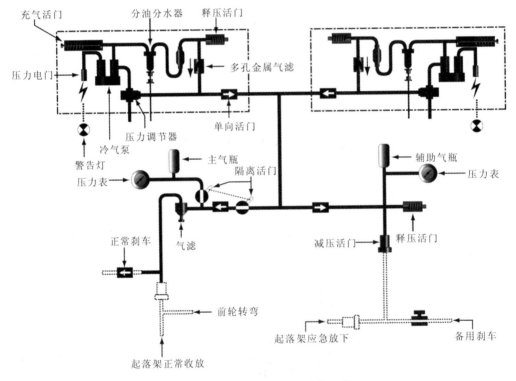

图 5-2　高压气源系统的组成

### 5.2.1.1 冷气泵

有些飞机高压气源系统安装有冷气泵,用于将空气压缩并储存于冷气瓶中。要得到高压冷气,需要进行分级增压。根据系统所需压力大小不同,冷气泵可分为二级泵和三级泵。

图 5-3 所示为一种典型的活塞式二级冷气泵工作原理图。冷气泵可由电动机或发动机驱动。随着驱动轴的转动,曲轴同时带动两个缸筒内的活塞向左或右做往复直线运动。如图

5-3 所示,当活塞向右运动时,缸筒 1 的工作腔容积增大,其入口单向活门打开,通过气滤吸入外界空气;而此时缸筒 2 的工作腔容积减小,将缸筒 1 送来的空气进行二级压缩,其入口单向活门关闭,出口单向活门打开,向冷气瓶输送经过二级压缩的高压空气。当活塞向左运动时,缸筒 1 的工作腔容积减小,其入口单向活门关闭,对吸入的空气进行初级压缩;同时缸筒 2 的工作腔容积增大,其入口单向活门打开,出口单向活门关闭,接收来自缸筒 1 的初级压缩空气。只要驱动轴连续运转,该冷气泵就呈脉动状态连续向冷气瓶提供经二级压缩的高压空气。

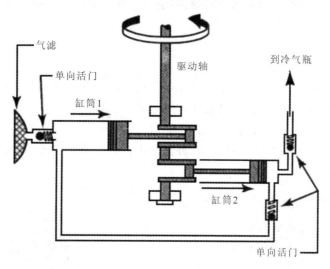

图 5-3　二级冷气泵工作原理图

### 5.2.1.2　冷气瓶

冷气瓶(见图 5-4)用于储存高压空气,待工作系统需要时供气。冷气瓶有两个活门,一个是充气活门,可把地面压缩气源连接到该活门上,向冷气瓶充气;另一个是控制活门,作为冷气瓶关断活门,将高压空气保持在瓶内,直到操纵系统工作时打开。

图 5-4　冷气瓶

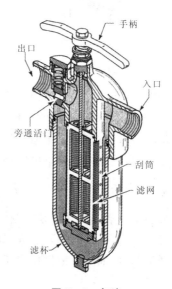

图 5-5　气滤

### 5.2.1.3 气滤

气滤用来滤除空气中的尘埃杂质,其滤芯有纸质和金属滤网两种,它们的结构和工作原理与液压油滤很类似。图5-5所示是一种采用金属滤网的气滤。外界空气从进口进入滤杯,通过滤芯向内流动时被过滤,然后从出口流出。当滤芯堵塞时,旁通活门打开,保证空气连续流动。可以转动气滤顶部的手柄,带动滤芯旋转,刮筒将滤芯上的污染物刮掉,落在滤杯底部,以便维护人员排放。

### 5.2.1.4 分油分水器

分油分水器安装在冷气泵出口,用来将压缩空气中的水分和滑油蒸汽分离出来,防止其进入冷气瓶和系统。图5-6所示是一种最简单的分油分水器。空气进入时,因膨胀和器壁散热作用,温度迅速降低,加之空气在容器内的流动方向和速度发生急剧变化,促使水汽和滑油蒸汽很快凝结在器壁上和冷气中的杂质周围,并逐渐沉积在容器的底部。每次飞行后,应及时打开放沉淀开关放出沉淀物。

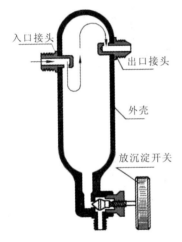

图5-6 分油分水器

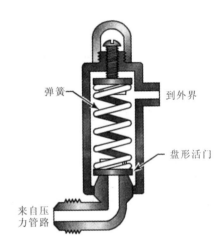

图5-7 释压活门

### 5.2.1.5 释压活门

气源系统压力过高可能损坏导管,挤压出密封装置。因此,在系统中安装释压活门以防止超压。如图5-7所示,当管路压力正常时,弹簧将盘形活门压在活门座上,气体不会流出压力管路。当管路压力超过规定时,作用在盘形活门上的气压克服弹簧力,将活门顶开,使压力管路与外界相通,多余的气体就被排出机外。直到管路压力降低到正常值,释压活门才会关闭。

### 5.2.1.6 单向活门

气源系统中单向活门的功用是控制气体单向流动,不允许反向流动。气源系统常采用瓣状单向活门,活门瓣由一个弱弹簧加载,如图5-8所示。气体从左侧进入活门时,很容易克服弹簧力而打开活门,但如果气体欲反向流动时,活门将在气压和弹簧力作用下立刻关闭,阻断气体的倒流。

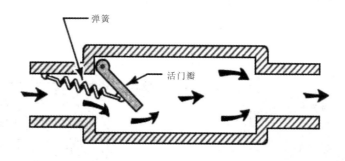

图 5-8　单向活门

### 5.2.1.7　节流器

气源系统中的节流器是一种控制活门,用于控制传动装置的传动速度。图 5-9 所示是一种大进口小出口的节流器,基于小孔节流作用减小气体流量,降低传动装置的传动速度。

图 5-10 所示是一种可变节流器。该节流器有一个可调锥状活门,可通过旋转其顶部螺纹来调节底部圆锥与活门座的间隙,以控制节流通道的流通面积,从而调节气体流量和传动速度。

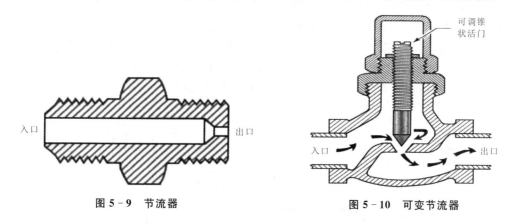

图 5-9　节流器　　　　　　　　　图 5-10　可变节流器

### 5.2.1.8　往复活门

气源系统中的往复活门用于转换气体来源。例如,在正常冷气源与应急冷气源导管之间安装往复活门,可以在正常冷气源失效后,自动将应急冷气源接入系统,保证传动装置仍然能够工作,如图 5-11 所示。在有的飞机上,气源系统作为液压系统的备用能源,在两系统间设置往复活门可保证液压失效时自动转换为气源供压。

### 5.2.1.9　控制活门

气源系统中的控制活门用来控制冷气是否流向传动装置。图 5-12 所示为一个冷气刹车控制活门,在当前活门"关断"状态下,左边的提升活门由弹簧保持在关闭位置,冷气不能流入刹车装置;而右边的提升活门被控制手柄右凸台压下,刹车管路与外界大气相通,刹车处于解除状态。刹车时,将控制手柄压入,活门被置于"打开"状态,此时手柄左凸台将左边的提升活门向下压开,同时右凸台离开右提升活门,右提升活门在其弹簧作用下向上移动,关闭外界大气通道,冷气通过预钻通道从进气口流向刹车装置去刹车。

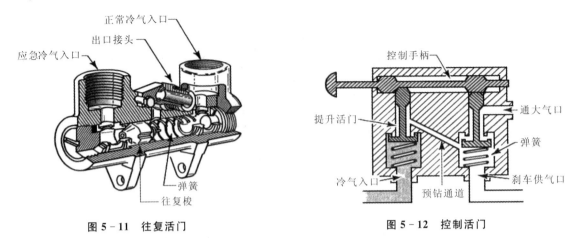

图 5-11  往复活门                图 5-12  控制活门

## 5.2.2  应急系统

高压气源系统在有的飞机上用于应急放起落架或应急刹车。图 5-13 所示为某机型氮气应急放起落架系统。前、主起落架舱各有一个氮气瓶,构成三个独立的高压气源。当正常液压放起落架失效时,飞行员按压应急放起落架按钮,经逻辑控制电路打开相应氮气瓶出口爆炸活门。高压氮气首先驱动起落架收上锁应急开锁作动筒开锁,然后经往复活门流入起落架收放作动筒的放下端(图 5-13 中右端),为应急放起落架提供足够动力。

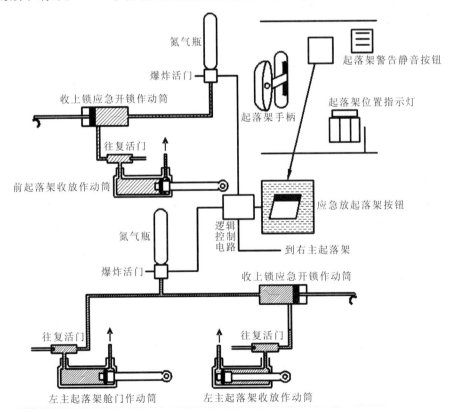

图 5-13  氮气应急放起落架系统

### 5.2.3　系统工作显示

高压气源系统的主要工作信息是气体压力,因此在冷气瓶出口处装有冷气瓶压力表,便于维护人员检查。在驾驶舱中也设有冷气压力表(见图 5 - 14),与冷气瓶出口压力表的显示相同。有些利用冷气刹车的飞机,在驾驶舱中还设有刹车压力表(见图 5 - 15),便于飞行员判断刹车是否正常。

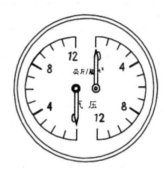

图 5 - 14　冷气压力表　　　　　　　图 5 - 15　刹车压力表

# 5.3　中压气源系统

与高压气源系统不同,中压气源系统广泛应用于现代大中型运输机,系统工作压力通常为 50～150 psi。中压气源系统供气可用于飞机座舱空调和增压、发动机防冰、机翼除/防冰、液压油箱增压、发动机起动等。在某些飞机上,气源系统还可为水箱增压和液压系统的空气驱动泵(ADP)提供能源。

### 5.3.1　中压气源系统的引气来源

中压气源系统的引气来源主要包括主发动机、辅助动力装置(APU)和地面气源,如图 5 - 16所示。现代民航运输机通常采用燃气涡轮风扇发动机,它是气源系统最主要的引气来源,在其稳定工作期间,从压气机处可获得高温高压的引气,引气经温度和压力调节后可供使用。由于主发动机功率状态在实际飞行中是变化的,为保证引气稳定,发动机引气控制非常重要。而 APU 作为一台小型燃气涡轮发动机,其主要作用就是给飞机提供辅助能源,包括电能和气源。在地面工作期间,APU 可在主发动机起动前给飞机提供电能和座舱空调所需的引气,也可用于起动主发动机。而在空中飞行过程中,APU 工作可减小由于发动机引气对发动机推力和燃油消耗的影响,但其使用高度受到一定限制。

除上述典型的引气来源外,有些飞机(如 B707 和空中国王 90)还采用了单独的座舱空气压缩机为空调和增压系统提供引气,由发动机转子通过附件齿轮箱驱动或利用发动机压气机引气驱动。在早期飞机发动机封严性能不够完善的情况下,采用单独的座舱空气压缩机可减小发动机工作状态对气源供气的影响,而且引气较洁净。另外,新型的 B787 飞机也采用了单独的电动座舱空气压缩机(CAC)代替传统的气源系统向空调组件供气,通过采取控制电机转速等措施控制组件空气流量。

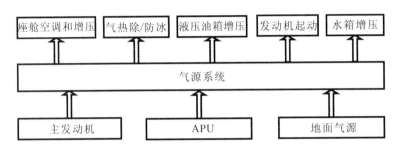

**图 5－16　现代民航运输机的主要气源**

## 5.3.2　引气控制

图 5－17 所示是一个典型的双发运输机气源系统,主发动机、APU 和地面气源引气都汇入气源总管,再分配到各用气系统,如发动机起动机和座舱空调系统。气源总管被隔离活门分为了左、右两部分,分别供气给不同的用气系统。如图 5－18 所示,隔离活门受驾驶舱气源系统控制面板上的隔离电门控制,可在需要时打开或关闭,以连通或断开两侧气源管道。以空调供气为例,正常情况下,当隔离活门关闭时,左、右发动机分别向左、右空调组件提供引气;而当隔离活门打开时,可使两台发动机为任一空调组件提供引气。由于 APU 供气到左侧气源管道,而地面气源供气到右侧气源管道,所以 APU 供气可直接用于起动左发动机,地面气源可直接用于起动右发动机。只有在隔离活门打开的情况下,APU 供气才可用于起动右发动机,地面气源才可用于起动左发动机,或进行主发动机的交叉起动。

发动机是现代运输机气源系统最主要的引气来源。图 5－17 所示气源系统中的发动机引气系统采用了双级引气方式,根据发动机功率以及用气需求变化情况,系统从高压压气机的中间级或高压级引气。在用气需求较低和发动机高功率状态下,系统从中间级引气。在用气需求较高或发动机低功率状态下,系统通过气动的高压级活门从高压级引气。双级引气方式在一定程度上减小了引气的压力和温度波动,既保证了气源系统在不同状态下都有足够的引气功率输出,也降低了引气对发动机推力和燃油消耗的影响。中间级引气出口单向活门用于防止高压级引气工作时出现倒流。

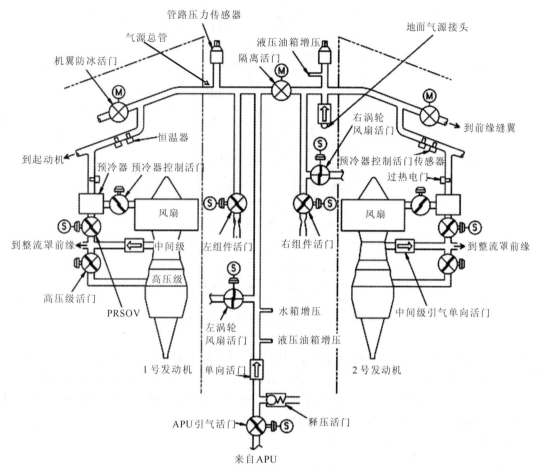

**图 5 - 17　典型的双发运输机气源系统**

　　压力调节和关断活门(PRSOV)也称为引气活门,即引气通断控制的开关,是气源系统中最重要的控制活门之一。PRSOV 是一个电控气动活门,用于保证在发动机功率及引气压力变化时,活门下游引气压力基本稳定,同时具有防止引气倒流和限制引气温度的作用。如图5-18所示,飞行员通过驾驶舱气源系统控制面板上的引气电门可人工控制该活门通断。在引气超温、超压时 PRSOV 将自动关断,同时气源系统控制面板上琥珀色的"引气跳开"灯亮,引气故障消除后按压引气跳开重置电门可重新打开 PRSOV 并使"引气跳开"灯熄灭。另外,拔出发动机灭火手柄时,PRSOV 也将关断。

　　PRSOV 的工作原理如图 5-19 所示。在当前状态下,PRSOV 调节器中的电磁活门处于关闭状态,PRSOV 活门作动器 A 腔通外界环境大气,活门在弹簧力作用下保持关闭。如果 PRSOV 调节器中的电磁活门受控打开,来自于 PRSOV 上游和基准压力调节器的控制气压进入活门作动器的 A 腔,克服弹簧力驱动 PRSOV 打开。PRSOV 下游压力通过一个传感管路反馈到活门作动器的 B 腔,如果下游压力超过预定值,反馈压力使活门作动器驱动活门关小,从而减小下游压力。如果下游压力低于预定值,反馈压力使活门作动器驱动活门开大,从而增大下游压力。

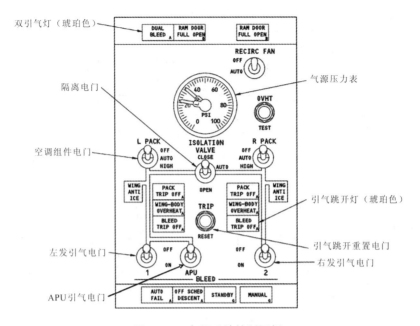

**图 5-18　气源系统控制面板**

　　PRSOV 和预冷器下游的恒温器用于帮助 PRSOV 限制引气温度,它是通过减小热引气流量的方法来限温的。如图 5-19 所示,如果预冷器的制冷效果不理想,当恒温器处的引气温度达到预定值时,由于探头内油液的热胀作用,恒温器中的球阀开始打开,逐渐减小 PRSOV 作动器 A 腔压力,PRSOV 也逐渐关小,引气流量随之降低,热引气在下游预冷器中可以得到更充分的冷却,从而达到限制引气温度的效果。

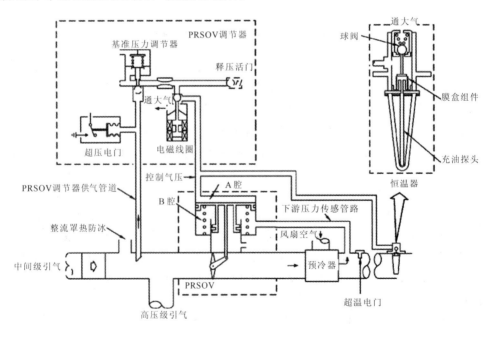

**图 5-19　压力调节和关断活门(PRSOV)**

与发动机引气类似,APU 引气活门也是一个电控气动活门,受 APU 引气电门控制。通常不允许主发动机和 APU 同时向一侧气源总管供气,因此在气源系统控制面板上设置了琥珀色的"双引气"警告灯(见图 5 - 18),灯亮表示某主发动机引气对 APU 引气活门形成了反压,此时应限制发动机功率或将 APU 引气活门关断。

预冷器系统利用发动机的风扇空气作为冷源流体对热引气进行换热制冷,防止高温导致引气管道的相邻部件受损。图 5 - 20 所示是一种典型的预冷器系统,由预冷器、预冷器控制活门及其传感器等部件组成。预冷器位于 PRSOV 的下游,为一叉流式空气-空气热交换器,来自于发动机风扇的冷路空气与来自于 PRSOV 的热引气在此换热,以降低引气温度。预冷器控制活门根据预冷器下游引气温度自动调节开度和风扇空气流量,改变换热量,从而使下游引气温度得到控制。预冷器控制活门由活门作动器、伺服器及其各自的基准压力调节器所组成。基准压力调节器的作用是获得稳定的活门控制压力,其中活门作动器基准压力调节器供压给 A 腔,而伺服器基准压力调节器供压给 B 腔。预冷器控制活门传感器安装在预冷器下游的发动机引气管路上,当此处的引气温度高于设定值时,传感器中的球阀开始逐渐打开,B 腔压力逐渐减小,伺服器驱动杠杆远离喷嘴,从而导致 A 腔压力下降,作动器驱动预冷器活门逐渐开大,直到完全打开,使得预冷器冷路空气流量达到最大,获得最大的换热制冷效果。

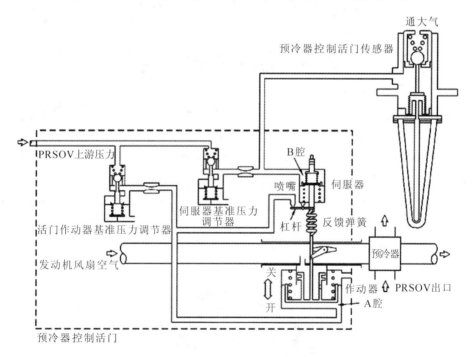

**图 5 - 20　典型的预冷器系统**

## 5.3.3　系统工作显示

如图 5 - 18 所示,在传统的气源系统控制面板上,除"双引气"灯和"引气跳开"灯之外,气源系统工作状态显示还包括非常重要的气源压力表,它的两个指针分别指示了左、右侧气源管道压力。气源压力过低可能导致用气系统工作不正常。

在新型民航运输机上,气源系统的工作状态显示在驾驶舱电子飞行仪表系统(EFIS)的显示屏上,例如波音系列飞机的 EICAS 显示和空客系列飞机的 ECAM 显示。显示屏位于驾驶舱中央仪表板,方便机长和副驾驶查看。图 5 - 21 所示是一个典型的双发运输机气源系统工作状态显示,该页面形象地表示出了相关控制活门的位置以及气源管道压力等系统工作状态信息。

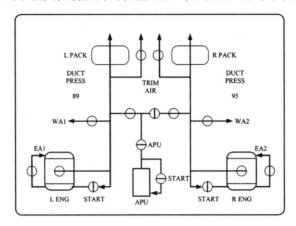

图 5 - 21  典型的气源系统工作状态屏幕显示

# 5.4  低压气源系统

低压气源系统的工作压力为 1~10 psi,其作用主要是为飞机姿态仪以及方位陀螺指示器等仪表的运转提供真空气源,也可为某些飞机翼面气动除冰提供动力。燃气涡轮发动机飞机主要由发动机引气的引射作用形成真空压力,活塞发动机飞机则主要利用发动机或电动机驱动的叶片泵提供真空压力。如图 5 - 22 所示,叶片泵由壳体、泵轴和两个叶片组成。在泵壳体内部,泵轴被偏心安装,两个叶片可以在泵轴的滑槽中沿径向自由滑动。当泵轴转动时,进口一侧两叶片之间的工作腔容积增大,而出口一侧两叶片之间的工作腔容积减小。工作腔容积的变化使泵从进口边抽吸空气,从出口边挤出空气实现供压。

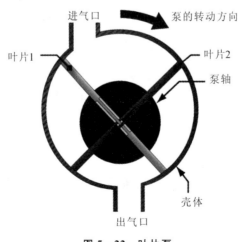

图 5 - 22  叶片泵

# 5.5　气源系统的维护

气源系统的维护工作主要包括日常勤务,故障定位及排除,部、附件拆装和操作测试。

应按制造商的要求定期通过目视检查窗或油尺检查冷气泵滑油油量,油量不足时应加入规定牌号的滑油至要求水平。加注滑油后,应及时盖好加油口盖,并打好保险。

对冷气系统应定期清洁,从系统附件和导管中清除污染物、积水或油污。清洁系统时,应首先对系统增压,然后从各附件处拆下导管。这样大流速的冷气会将系统中的外来物吹除出去。如果从系统中排出的异物过多,特别是滑油,则应拆下相应导管和附件,进行清洗或更换。

系统清理完毕并重新连接好系统后,应将气瓶排放,以放出冷气瓶中可能存在的水分和杂质。

气瓶重新灌充后,还应对系统进行全面的操作测试及漏气检查。

# 思　考　题

1.现代飞机气源系统的分类及功用是什么?

2.高压气源系统的气瓶压力通常是多少?

3.高压气源系统的主要组成部件有哪些? 各有什么作用?

4.中压气源系统的工作压力通常是多少? 主要引气来源有哪些?

5.发动机双级引气方式的工作特点是什么?

6.发动机引气系统中的压力调节和关断活门(PRSOV)的作用及工作原理是什么?"引气跳开"的原因及影响是什么?

7.低压气源系统的工作压力通常是多少? 真空压力如何获得?

8.气源系统的主要维护工作有哪些?

# 第6章　座舱环境控制系统

## 6.1　概　　述

### 6.1.1　座舱环境控制系统的作用

现代民航运输机的巡航高度通常可达 10 000～12 000 m。在这样的高度飞行,燃气涡轮发动机的燃油消耗率低,经济性好,同时遭遇紊流及其他恶劣天气情况的概率较低。但高空低气压、缺氧、低温环境使人体难以承受。因此飞机必须采用座舱环境控制系统,以保证在不同的飞行状态和外界条件下,飞机座舱、设备舱及货舱都具有良好的环境参数,包括座舱空气温度、湿度、清洁度、压力及其变化率等,确保飞行乘员安全舒适的工作和生活条件、机载设备的正常运行及货物安全。对民航运输机来说,良好的座舱环境还可以提高飞机的客座率。

### 6.1.2　大气物理特性及其对人体生理的影响

#### 6.1.2.1　地球大气

包围着地球的整个空气圈称为地球大气,由干洁空气、水汽和大气杂质组成。干洁空气是构成大气的最主要部分,其中氮气约占 78%,氧气占 21%,另外 1% 包括二氧化碳、臭氧、氩气和氖气等。大气中的水汽含量按地理分布不均匀,平均占整个大气体积的 0.1%～5%,并随着高度的增加而逐渐减少。大气杂质是指悬浮于大气中的固体微粒或水汽凝结物,包括烟粒、盐粒、尘粒、水滴和冰粒等,通常也随着高度增加而减少。

地球大气具有相当大的厚度。从垂直方向看,不同高度上的空气性质是不同的,但在水平方向上空气的性质却相对一致,表现出具有一定的层状结构。根据气层气温的垂直分布特点,大气可分为对流层、平流层、中间层、暖层和散逸层,现代飞机主要在对流层内飞行。对流层是地球大气层的最底层,因该层空气具有强烈的对流运动而得名。对流层集中了约 75% 的大气质量和 90% 以上的水汽,云、雾、风、雷、降水、冰雹等天气现象基本都出现在这一层。平均而言,在低纬度地区(南北纬 30° 之间),对流层通常处于从地球表面到 17～18 km 高度范围内,在中纬度地区(纬度 30°～60°),该高度为 10～12 km,而在高纬度地区(纬度 60° 以上),该高度为 8～9 km。

在对流层中,大气温度随高度升高而降低,大约每增加 1 km 高度,大气温度下降 6.5℃,在对流层顶部,大气温度保持在 −56.5℃ 左右。由于地球引力的作用,地球大气的分布很不均匀,越远离地球表面,大气压力越小,如图 6-1 所示。

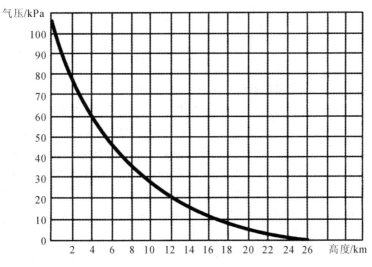

图 6 - 1　大气压力随高度变化的规律

由于实际大气状态是随季节、时间、地理位置和高度的不同而变化的,为便于比较飞机性能和设计仪表,国际民航组织(ICAO)以北半球中纬度地区大气物理特性的平均值为依据制定了国际标准大气(ISA)规定。中国国家标准总局于 1980 年发布了《中华人民共和国国家标准大气(30 km 以下部分)》(GB1920—1980),基于该标准制定的国家标准大气的气温、气压和相对密度随高度的变化情况见表 6 - 1。

表 6 - 1　国家标准大气简表

| 高度/m | 温度/℃ | 气压/kPa | 相对密度/(%) |
|---|---|---|---|
| 0 | 15.00 | 101.325 | 100 |
| 1 000 | 8.50 | 89.876 | 90.75 |
| 2 000 | 2.00 | 79.501 | 82.17 |
| 3 000 | -4.49 | 70.121 | 74.23 |
| 4 000 | -10.98 | 61.660 | 66.89 |
| 5 000 | -17.47 | 54.048 | 60.12 |
| 6 000 | -23.96 | 47.217 | 53.89 |
| 7 000 | -30.45 | 41.105 | 48.17 |
| 8 000 | -36.93 | 35.651 | 42.92 |
| 9 000 | -43.42 | 30.800 | 38.13 |
| 10 000 | -49.90 | 26.499 | 33.76 |
| 11 000 | -56.38 | 22.699 | 29.78 |
| 12 000 | -56.50 | 19.399 | 25.46 |
| 13 000 | -56.50 | 16.579 | 21.76 |
| 14 000 | -56.50 | 14.170 | 18.60 |
| 15 000 | -56.50 | 12.111 | 15.90 |

### 6.1.2.2 大气压力及其变化率对人体生理的影响

大气压力随高度增加而降低,对人体的影响主要是高空缺氧和低气压物理性影响,另外,压力变化速率过大也会对人生理造成严重危害。

高空缺氧是由于在高空低气压环境下,大气中氧气分压降低导致人体组织得不到正常氧气供应或不能充分利用氧气来进行代谢活动所致。高度越高,人体缺氧反应越剧烈,其症状包括头昏、头痛、反应迟钝、视力减退、心跳加速、嘴唇和指甲发紫等,长时间缺氧可导致昏迷甚至死亡。根据生理试验,在海拔 2 000 m 以下,人体对于氧气分压的降低能够补偿,为无感觉区;海拔 2 000~4 000 m 范围内,人体有轻度缺氧反应,长时间停留会感觉头痛和疲劳;4 000~6 000 m 高度范围内,人体有中度缺氧反应,包括嗜睡、头痛、嘴唇和指甲发紫、视力和判断力减弱、气促和心跳加快以及情绪变化;6 000 m 以上为严重缺氧高度,人会产生惊厥、丧失意识直至死亡;如果在 7 000 m 以上,人在 5 min 内便会失去知觉。

低气压物理性影响包括高空胃肠胀气、高空减压病和体液沸腾三个方面。随着高空大气压力逐渐降低,人体胃肠道内气体膨胀,来不及排出而导致腹胀、腹痛;组织体液中溶解的氮气析出形成气泡,堵塞血管或压迫局部组织,引起关节痛、皮肤瘙痒或刺痛、咳嗽、胸痛等;当高度达到 19 000 m 时,出现人体体液沸腾,皮下组织气肿、心脏扩张受损而致死亡。

飞机急速上升或下降以及爆炸减压时,大气压力变化速率很大,对人体也会产生比较严重的危害,主要是减压综合征和肺损伤,引起人体肺部、胸腔和耳腔等器官的疼痛,其中中耳炎发病率最高。爆炸减压是指在飞机高空增压飞行过程中,因机体结构破损等原因导致座舱快速释压。爆炸减压会严重危及人员和飞机安全,其危害程度取决于减压时间长短和座舱内、外压差的大小。

### 6.1.2.3 大气温度和湿度对人体生理的影响

大气温度变化对人体生理也会造成影响。人体自身具有一定的体温调节能力,但如果外界温度过高或过低,人就会产生一些不适反应。环境温度过高时,人体内会蓄积太多热量,导致体温升高,心率加快,机体耗氧量增加,消化功能及中枢神经系统功能失调。环境温度过低时,人体散热量太多,导致体温下降,出现寒战、手脚僵硬等现象,工作效率降低,严重时甚至发生冻伤。

湿度是表示大气干燥程度的物理量。湿度过大的情况下,在高温时主要表现为阻碍人体汗液蒸发,人体感觉"闷热";在低温时表现为人体与环境空气的传热量加大,人体感觉"湿冷"。航空医学试验证明,低湿度环境在短时间内对人体生理的影响不明显。

## 6.1.3 座舱环境控制参数

### 6.1.3.1 座舱高度

现代民航飞机通常采用座舱高度来表示座舱空气压力的大小。座舱高度是指座舱内空气绝对压力所对应的标准气压高度。座舱高度越高表示座舱压力越小。为避免乘员出现低压缺氧症状,飞机座舱高度不能太高。在不提供氧气的情况下,能保证飞行员正常身体机能的最大安全座舱高度是 15 000 ft。但对民航旅客机而言,由于其所搭载旅客的年龄和身体素质各异,为保证所有乘员的安全,适航条例一般要求民航旅客机在最大巡航高度范围内进行增压飞行时,座舱高度不得超过 8 000 ft,以此作为舒适座舱高度上限。8 000 ft 是飞行员的飞行技能和判断能力未受到严重影响的最大高度,并且空气中的氧分压对于旅客而言也是足够的。在一些现代民航飞机上,当座舱高度由于增压系统故障或座舱失密等原因上升达到 10 000 ft 时,驾驶舱中会发出座舱高度警告,提醒飞行员及时执行相关非正常程序。

### 6.1.3.2　座舱高度变化率

座舱高度变化率是指座舱高度的变化速率,它反映了座舱空气压力变化的快慢程度,其大小受飞机座舱压力制度和飞机升降率影响。飞机在上升和下降过程中可能引起座舱高度发生变化,如果变化过快会使中耳产生不舒适感(胀耳或压耳),严重时中耳会发生气压性损伤。因此,飞机飞行高度迅速变化时,座舱高度变化率却不能太大。现代民航运输机通常要求在正常增压方式下,座舱高度上升率不得超过 500 ft/min,下降率不得超过 350 ft/min。

### 6.1.3.3　座舱余压

座舱余压是指飞机气密座舱内外空气压力之差,即座舱增压载荷。由于现代民航客机飞行高度高,而座舱高度又受到限制,所以飞机在增压飞行过程中将承受较大余压。飞机增压飞行中保持较大余压也可保证在座舱失密时,飞行员有足够时间操纵飞机下降到安全高度。但余压过大可能导致机体结构受损。飞机飞行中的实际余压与飞行高度有关,通常为正值,但在某些特殊情况下也可能出现负余压。由于飞机机体采用薄壁结构,其承受负余压的能力远远低于承受正余压的能力。飞机所能承受的最大余压值取决于增压座舱的结构强度,采用燃气涡轮风扇发动机的现代大中型民航运输机的最大余压通常为 7～9 psi,采用涡轮螺旋桨发动机的中小型民航飞机的最大余压通常为 5～7 psi。

### 6.1.3.4　座舱温度和湿度

现代飞机的飞行高度和地理位置变化范围很大,外界环境温度变化也很大。为保证乘员的乘坐舒适性,座舱温度需要进行调节。根据航空医学知识,人体感觉最舒适的座舱温度为 20～22℃。因此,现代飞机座舱空调温度范围一般在 17～24℃。同时要求座舱内温度场均匀,各方向上座舱温度差一般不超过 3℃,座舱地板和舱壁温度应与座舱空气温度基本一致,舱壁温度应高于露点,以防止水汽凝结。民航旅客机由于乘员较多,座舱空气湿度因乘员呼吸和汗液蒸发而偏大,因此向座舱的供气应进行除水处理。

### 6.1.3.5　座舱空气新鲜度

在相对封闭的飞机座舱中,为保证乘员的乘坐舒适性,在正常情况下每人每分钟需要 0.7～0.9 kg 的新鲜空气。现代飞机通过不间断的通风换气来满足座舱空气新鲜度要求,每小时的换气次数不少于 25～30 次。现代民航旅客机可利用座舱空气再循环系统使一部分座舱空气得以循环使用,以减小对气源引气的需要,从而降低对发动机功率和燃油的消耗。

## 6.1.4 气密座舱

现代民航客机主要在对流层到平流层底部飞行。在高空低压、缺氧、低温环境下,为保证飞行乘员的生命安全和乘坐舒适性,现代飞机采用了气密座舱结构和座舱环境控制系统,由座舱环境控制系统在飞机增压飞行过程中,向气密座舱供气并按需调节,以满足座舱温度和压力控制等要求。

为保证座舱环境控制系统的正常工作,在高空飞行的飞机必须采用气密座舱并满足气密性要求。与宇宙飞行器采用的再生式气密座舱不同,现代民航运输机普遍采用了半密封结构的通风式气密座舱,如图6-2所示。其基本工作原理是,从飞机气源系统获得引气,经预冷器、引气活门、组件活门和温度控制活门等进行引气压力、流量和温度调节后,形成空调空气并供入气密座舱,以实现座舱温度调节和增压;利用排气活门控制座舱向外界的排气量,实现座舱压力调节,形成适宜的座舱气压环境;通过不断的供气和排气控制,实现座舱的通风换气、电子电气设备冷却和货舱加温。

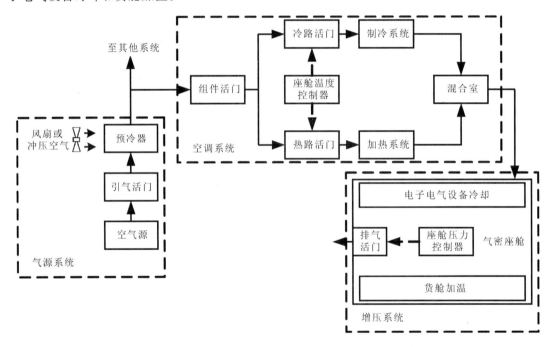

图6-2 风式气密座舱

座舱气密性指气密座舱的漏气程度。座舱漏气量过大将导致环境控制系统失效。如果飞机在使用中发生结构损伤,如疲劳裂纹和外来物撞击受损等情况,机体结构强度降低可能造成舱壁破损而发生爆炸减压。增压座舱结构尽管采取了一些密封措施,但在座舱内、外存在压差的情况下并不能完全防止座舱漏气,因此"气密"是相对的。为保证座舱气密性,座舱空调供气管道应具有防倒流功能,避免供气失效时座舱空气泄露。在使用中也应保持飞机机体结构完整性,严格限制机体结构缝隙的漏气量。另外,对座舱气密性应定期检查,特别是大修后应进行地面增压试验和飞行增压试验。

# 6.2　座舱空调系统

飞机座舱空调系统的基本作用是对座舱温度进行调节,以满足飞机乘员的生理需求,改善其工作和生活条件。绝大多数现代民航运输机以气源系统引气作为空调能源,通过控制座舱空调供气的流量、温度和湿度,最后将空调空气分配到座舱的各个出气口。座舱空调系统主要由空调引气流量控制装置、制冷系统、温度控制系统、湿度控制系统和空调空气分配系统等几个部分组成。

## 6.2.1　空调引气流量控制

空调系统是绝大多数现代民用运输机气源系统最主要的用户,它采用流量控制活门(或称空调组件活门,简称组件活门)控制通往空调组件的引气流量,同时实现空调组件的通断控制。

图 6-3 所示为一典型的流量控制活门。在图示状态下,电磁阀关闭,蝶形活门作动器薄膜上腔通外界大气,作动器下腔的弹簧驱动活门保持关闭状态,此时流量控制活门切断供往空调组件的引气,起到了关断空调组件的作用。

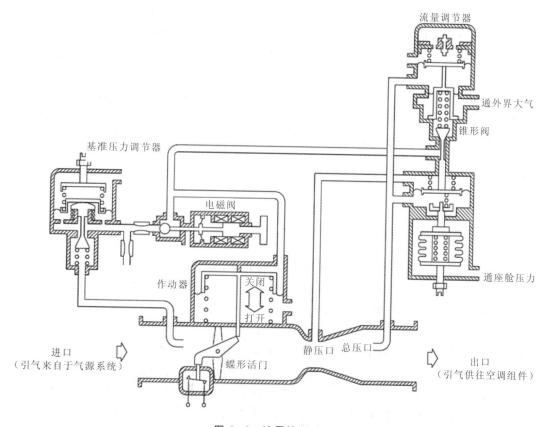

**图 6-3　流量控制活门**

当电磁阀打开时,蝶形活门上游空气压力经基准压力调节器和电磁阀进入作动器薄膜上腔,气压克服弹簧力驱动蝶形活门打开。活门下游有一个文氏管,其喉部静压 $p_0$ 和出口总压 $p^*$ 分别输入锥形阀作动器的上腔和下腔,锥形阀控制了流量活门作动器上腔与外界的沟通状态。

根据伯努利方程

$$p^* = p_0 + \frac{1}{2}\rho v^2$$

式中,$p^*$ 为出口总压;$p_0$ 为喉部静压;$\rho$ 为空气密度;$v$ 为喉部气流速度。

可以得出

$$p^* - p_0 = \frac{1}{2}\rho v^2$$

由于流速与流量成正比,所以出口总压与喉部静压之差 $p^* - p_0$ 可作为控制信号去控制流过文氏管的气体流量。现代民航飞机空调空气流量控制大多采用该办法。在本例中,随着蝶形活门逐渐打开,空气流量逐渐增大,文氏管总静压差逐渐增大,锥形阀作动器驱动其逐渐打开,导致蝶形活门作动器上腔压力降低,蝶形活门关小,直到流量达到预定值。通过对流量控制活门开度的动态调节,使活门出口流量保持稳定。

## 6.2.2 制冷系统

由于飞机飞行高度及外界环境温度变化范围较大,飞机空调系统必须能够对进入座舱的空气进行温度控制。现代飞机通常采用加温的环境空气作为空调系统气源,有的飞机使用专门的加温器,有的飞机直接利用来自于涡轮发动机压气机等气源的热引气。如图 6-2 所示,热引气在空调系统中按照一定比例分为热路和冷路空气,最后再混合形成空调空气供入座舱。由于飞机高速飞行中对机体的气动加热、太阳辐射热、飞机电子电气设备产热等原因,现代飞机空调系统主要面临制冷的问题,即如何对气源系统引气进行制冷和温度调节,以实现座舱温度控制。

现代飞机空调组件的主要作用是冷却热引气,根据冷却原理不同可分为蒸发循环制冷和空气循环制冷两种方法。

### 6.2.2.1 蒸发循环制冷系统

蒸发循环制冷系统的制冷原理与家用空调、冰箱类似,它是一个闭环系统,通过制冷剂的循环流动和相变吸热制冷,使空调引气在进入座舱前降低温度。其工作原理如图 6-4 所示,在密闭容器内装有液态制冷剂,经热膨胀阀之后,低压液态制冷剂进入蒸发器,在蒸发器中吸收供向座舱的热空气的热量,转变为低压低温的气态制冷剂,然后再进入压缩机,以提高气态制冷剂的压力,从而提高制冷剂的相变温度,使得高温高压的气态制冷剂在下游的冷凝器中通过与外界冲压空气对流换热,更容易由气态变回液态,并最终回到容器中。系统以此方式循环工作,循环动力由电动机或发动机引气驱动的压缩机提供。通过制冷剂的循环流动和相变过程,使蒸发器的热源流体(即供向座舱的热空气)得以冷却。

为使蒸发器达到最佳工作状态,该系统中使用了热膨胀阀,通过控制流入蒸发器的制冷剂的流量来调节蒸发器的制冷效率,使液态制冷剂在蒸发器出口刚好完全变成气态。一种常见的内平衡式热膨胀阀如图 6-5 所示,它是一个由感温包内制冷剂压力与预定弹簧(热力弹簧)力来控制的可变节流阀,利用感温包感受蒸发器出口处制冷剂的温度变化情况,使感温包内制冷剂压力因热胀冷缩而相应变化,该压力通过膜片作用在节流阀阀芯上部,与阀芯下部的热力弹簧力比较,改变节流阀开度,从而控制流入蒸发器的制冷剂流量。

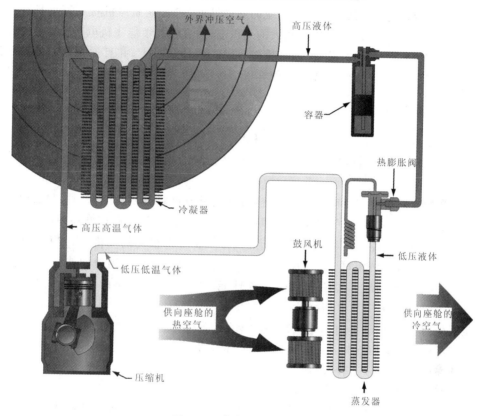

图 6-4　蒸发循环制冷系统

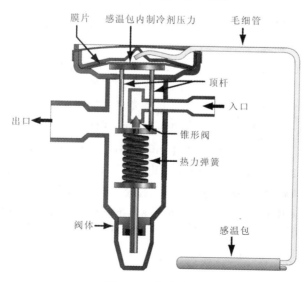

图 6-5　热膨胀阀

制冷剂作为蒸发循环制冷系统的工作介质,要求是沸点比较低的液体,并且当其由液态蒸发为气态时要能够吸收比较多的热量。不管在飞机上,还是在家用空调和冰箱的蒸发循环制冷系统中,最常使用的制冷剂是氟利昂。氟利昂是一种无色无味、比空气密度大的液体,由于其蒸发温度低,溅到人体皮肤或眼睛上会造成伤害,因此在系统维护时应注意自身防护,穿戴护目镜、手套、防护服等,在开放通风处进行操作。

蒸发循环制冷系统比空气循环制冷系统的制冷性能好,在地面停机状态下也具有良好的制冷能力,应用在某些对制冷功率要求较大的飞机上,而且在高性能飞机电子设备舱冷却方面也具有较好的应用前景。但由于其调温范围较小,质量、体积较大,并且通常使用的氟利昂制冷剂会破坏大气臭氧层,该系统在现代民航客机上较少采用。

### 6.2.2.2 空气循环制冷系统

空气循环制冷系统的基本工作原理是先利用热交换器对热引气进行初步冷却,再让热引气流过涡轮膨胀做功,传动同轴的风扇或压气机,从而进一步降低引气温度和压力,最终获得需要的冷空气。

空气循环制冷系统比蒸发循环制冷系统质量轻、调节控制方便、可靠性高、检查维护工作量小,座舱空调、增压和通风换气可由一个系统来完成,系统集成度高,因此在现代飞机上得到广泛应用。但它不适合用于热载荷很大从而对制冷功率要求很高的飞机,一方面因为大直径的空调引气管道安装比较困难,另一方面是因为大量引气会导致发动机性能受到严重影响。另外,空气循环制冷系统在调温精度、系统工作性能、地面停机状态下的制冷能力等方面不如蒸发循环制冷系统。

根据涡轮冷却器的类型不同,空气循环制冷系统可分为三种类型:简单式(涡轮风扇式)空气循环制冷系统、升压式(涡轮压气机式)空气循环制冷系统和三轮式(涡轮压气机风扇式)空气循环制冷系统。

(1) 简单式(涡轮风扇式)空气循环制冷系统

利用外界冲压空气作为冷源流体对高温引气进行换热制冷是比较容易实现的办法。但只采用热交换器进行制冷的方法有其局限性,因为冲压空气温度会随着飞机空速的增加而增加,并且空气密度将随飞行高度增加而减小,从而导致热交换器的换热制冷效率下降。为提高系统的制冷性能,除热交换器之外,简单式空气循环制冷系统中还使用了冷却涡轮,如图6-6所示。高温高压引气首先流过热交换器,通过与外界冲压冷空气对流换热进行初步冷却,然后再流过冷却涡轮,通过气体膨胀做功驱动涡轮,自身内能下降而得到进一步降温。另外,当飞机在地面或低速飞行时,冲压空气流量比较小,制冷效果可能变差。因此,在冲压空气通道中还设置一个由冷却涡轮驱动的风扇来抽吸外界空气,增大通风量,以保证热交换器的换热性能。

涡轮风扇式涡轮冷却器以风扇作为消耗涡轮功率的负载,一方面可改善热交换器的换热效果,即使飞机在地面或低速飞行时也能保证其制冷能力,另一方面可避免因冷却涡轮负载太小而导致涡轮超转,影响涡轮寿命和制冷效果。但随飞机飞行高度增加,外界空气密度逐渐减小,风扇负载也在减小,因此简单式空气循环制冷系统的使用高度受到一定限制。

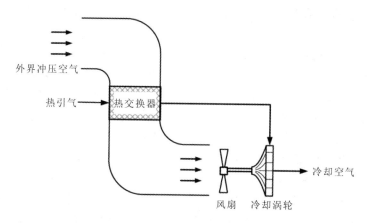

图 6-6　简单式空气循环制冷系统

（2）升压式（涡轮压气机式）空气循环制冷系统

如图 6-7 所示，升压式空气循环制冷系统主要由两级热交换器以及压气机和涡轮组成的涡轮冷却器组成。来自于气源系统的热引气首先流过一级热交换器（或称主热交换器），通过与外界冲压冷空气对流换热进行初步冷却，然后流入由涡轮驱动的压气机。压气机对引气做功后，提高了引气压力和温度。然后，高温高压的引气流过二级热交换器（或称次级热交换器），通过与外界冲压冷空气对流换热再次进行冷却。二级热交换器出口的高压引气继续流向涡轮，在涡轮中膨胀降温，最终获得冷却空气。

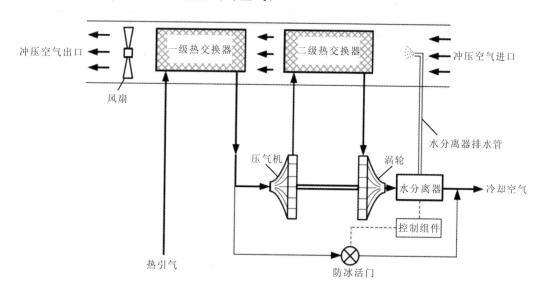

图 6-7　升压式空气循环制冷系统（低压除水）

涡轮压气机式涡轮冷却器以压气机作为消耗涡轮功率的负载，一方面可在引气压力比较低的情况下（如高空飞行时）由压气机提高涡轮进口压力和涡轮膨胀比，保证冷却涡轮仍然具有良好的制冷能力，另一方面可使得涡轮运转平稳，有效避免涡轮超转，保证涡轮寿命。与简单式空气循环制冷系统相比，升压式空气循环制冷系统在相同制冷能力下的引气压力和引气量可以较小,对发动机的功率和燃油消耗要少一些,经济性更好。该系统在早期英美制飞机,尤其在客机上应用广泛。

另外,为避免飞机在地面停机状态下或起飞着陆阶段低速运动时,流过两个热交换器的外界冲压冷空气流量不足,导致系统制冷能力不够,因此,在两个热交换器的冲压冷空气通道中安装风扇,由电动机或空气涡轮驱动,当飞机在地面或飞行速度较低时工作,抽吸外界空气,保持冲压空气通道内有足够的空气流量,从而保证热交换器的换热效果。

(3) 三轮式(涡轮压气机风扇式)空气循环制冷系统

三轮式空气循环制冷系统的工作原理如图6-8所示,热引气首先经过一级热交换器初步冷却,然后经涡轮驱动的压气机增压升温,再由二级热交换器换热冷却,然后通过回热器、冷凝器和水分离器到达涡轮,经涡轮膨胀降温,最终获得冷却空气。两个热交换器都是利用外界冲压冷空气作为冷源流体进行对流换热,以降低引气温度。为保证冲压空气流量和热交换器的制冷效果,在冲压空气通道中设置了一个由涡轮驱动的风扇。

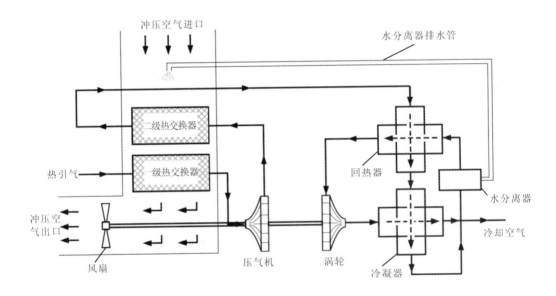

图6-8  三轮式空气循环制冷系统(高压除水)

由此可见,三轮式空气循环制冷系统的主要特点:风扇和压气机都由涡轮驱动,三者安装在同一根轴上。它是前两种系统的自然发展,既具有升压式空气循环制冷系统引气压力小、引气流量小以及发动机功率和燃油消耗低的优点,也具有简单式空气循环制冷系统地面制冷能力高的优点。与升压式空气循环制冷系统不同,它不需要驱动风扇的额外动力,减轻了系统质量。与简单式空气循环制冷系统相比,由于涡轮需要同时驱动压气机和风扇,涡轮的功率消耗更为合理,对于提高系统制冷能力和避免涡轮超转更为有利。三轮式空气循环制冷系统在现代民航运输机上得到了广泛应用。

在三轮式空气循环制冷系统基础上,为进一步提高制冷能力,个别飞机(如B777)还采用了四轮式空气循环制冷系统,设置了两级冷却涡轮。

### 6.2.2.3　空气循环制冷系统附件

（1）热交换器

现代飞机空气循环制冷系统中热交换器的功能是利用外界冲压冷空气与来自于气源系统的热引气进行对流换热，以降低引气温度。因此也称为散热器或冷却器。

根据热交换器中热源流体和冷源流体的流动方向不同，热交换器可分为顺流式、逆流式和叉流式三种基本类型。顺流式是指热源流体与冷源流体的流动方向相同，即朝同一方向平行流动，通过传热面进行热量交换；逆流式是指两种流体平行反向流动；叉流式是指两种流体的流动方向相互垂直。相比较而言，顺流式热交换器的冷却效果最差，逆流式热交换器的冷却效果最好，叉流式的冷却效果介于前两者之间。

飞机空调系统常采用间壁式热交换器，其结构如图 6-9 所示。外界冲压冷空气和热引气隔着间壁分别流动，互不接触，热量通过间壁从热引气传递给冲压冷空气，从而使热引气得以降温。为保证冲压空气流量足够，在维护时应注意清除通道中的积尘和污物。

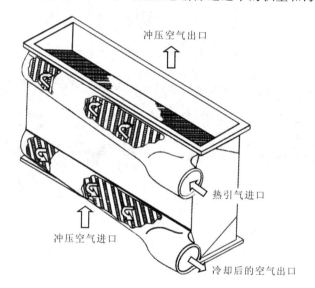

**图 6-9　热交换器**

（2）涡轮冷却器

随着飞机飞行速度和高度的增加，热交换器的换热效果逐渐变差。为保证系统具有足够的制冷能力，现代飞机空气循环制冷系统中都采用了高效率的涡轮冷却器，也称为空气循环机（ACM）。涡轮冷却器的制冷原理是在高压引气高速流过涡轮时，气体膨胀做功使涡轮旋转，导致引气压力和温度都降低。为提高系统制冷能力并防止涡轮超转，由涡轮驱动压气机和/或风扇转动，该负载的大小在一定程度上决定了涡轮的制冷功率和效率。因此根据涡轮驱动的负载不同，涡轮冷却器可分为涡轮风扇式、涡轮压气机式和涡轮压气机风扇式三种类型。涡轮风扇式涡轮冷却器以风扇作为吸收涡轮功率的负载，应用在简单式空气循环制冷系统当中，如图 6-6 所示；涡轮压气机式涡轮冷却器以压气机作为吸收涡轮功率的负载，应用在升压式空气循环制冷系统当中，如图 6-7 所示；涡轮压气机风扇式涡轮冷却器以压气机和风扇作为涡轮的负载，应用在三轮式空气循环制冷系统当中，如图 6-8 所示。

　　图 6 - 10 所示为涡轮压气机式涡轮冷却器，也称为升压式涡轮，它包括一个单轴的转动组件。在转动轴的左端安装有压气机，右端安装涡轮。从一级热交换器来的引气先进入离心式压气机，压气机对气流增压，提高了气流压力和温度，然后气流经二级热交换器进入涡轮，在涡轮中膨胀做功使涡轮旋转，气体内能因其绝热膨胀而降低，引气温度得以下降。压气机作为涡轮的负载消耗其能量，由涡轮直接驱动。

　　涡轮冷却器是空气循环制冷系统中的核心部件，其工作转速很高，是可靠性最薄弱的环节。影响涡轮冷却器工作可靠性及寿命的主要因素是轴承。在早期飞机上，涡轮冷却器常采用滚动轴承实现其高速旋转，如图 6 - 10 所示。在日常维护中应注意按要求加注滑油，保证轴承获得良好的冷却和润滑。在现代飞机上更多地采用了空气轴承，借助气动力使转轴悬浮于空气中高速旋转，因而轴承转动摩擦力和磨损大大减小，提高了涡轮冷却器的转速和寿命。同时还因为空气轴承不需要润滑，从而减轻了转动组件的质量，减少了维护工作量。

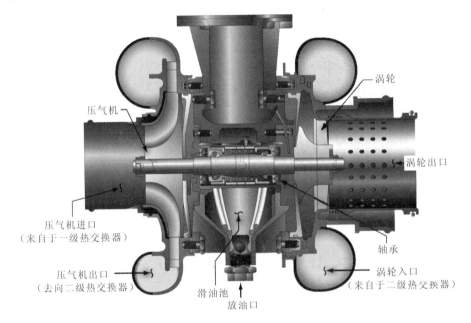

**图 6 - 10　涡轮压气机式涡轮冷却器**

## 6.2.3　座舱温度控制

### 6.2.3.1　座舱温度控制原理

　　如前所述，通过改变空调系统中冷、热路空气流量比例以调节流入座舱的供气温度是飞机座舱温度控制的基本方法。如图 6 - 2 所示，气源系统引气经组件活门（即流量控制活门）调节后，输出一定流量的空气到空调系统，然后分为两路：一路通过制冷系统降温获得冷空气，称为"冷路"；另一路通过加热系统升温获得热空气，称为"热路"。由于现代运输机气源系统的引气温度一般都比较高，所以"热路"中通常不需设置加热系统就可获得热空气。冷路空气和热路空气在混合室里混合成为空调空气并最终供入座舱。通过改变温度控制活门（冷路活门和热路活门)的开度就可以控制冷、热路空气流量比例,从而调节供气温度。因此,座舱温度控制的关键是对温度控制活门的开度调节。

如图 6-11 所示,座舱温度控制有两种方式:自动方式和人工方式。自动方式为座舱温度控制的正常方式,在该方式下,温度控制活门的开度由座舱温度控制器根据供气温度预感器、极限温度传感器、座舱温度传感器感受的温度以及座舱温度选择旋钮输入的预置温度进行调节。自动方式失效后,飞行员可选择人工方式。人工方式为座舱温度控制的备用方式,在该方式下,温度控制活门开度直接由温度选择旋钮控制。在两种温度控制方式下,驾驶舱的温度控制活门位置指示器都实时指示该活门的实际开度。

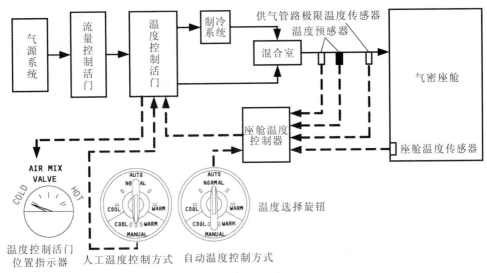

图 6-11　座舱温度控制原理

### 6.2.3.2　座舱温度控制系统的组成

(1) 温度传感器

现代飞机座舱温度控制系统中的供气温度预感器、极限温度传感器、座舱温度传感器(见图 6-11)通常采用负温度系数热敏电阻作为感温元件,温度越高,其电阻越小。

供气温度预感器安装在空调供气管道上,用于感受供气温度变化速率。座舱温度控制器可根据该信号预感供气温度变化对座舱温度的干扰,从而提前做出反应,减小座舱温度调节过程的超调量。

供气管路极限温度传感器用于感受座舱供气管路的极限温度。座舱温度控制器根据该信号做出反应,防止因温差过大而引起供气温度过高或过低的现象。

座舱温度传感器安装在飞机座舱内对温控精度要求较高的地方,用于感受座舱实际温度。座舱温度控制器以该信号和飞行员通过座舱温度选择旋钮输入的预置温度信号作为基本输入信号,对温度控制活门的开度及冷、热路空气流量比例进行调节。

(2) 温度控制器

现代飞机通常采用电子式座舱温度控制器,根据供气温度预感器、极限温度传感器、座舱温度传感器感受的温度以及座舱温度选择旋钮输入的预置温度,利用温度电桥、预感电桥和极限温度控制电桥向温度控制活门发出控制指令,调节其开度和空调供气温度。

如图 6-12 所示,温度电桥以座舱温度传感器电阻作为电桥的一个桥臂,座舱温度选择旋钮控制的温度选择器电阻作为另一个桥臂,另外两个桥臂均采用固定电阻。电桥的电源电压为 $V_0$,输出电压为 $V_E$。当座舱实际温度与旋钮选择温度相等时,电桥平衡,输出电压 $V_E = 0$;当座舱温度或选择温度发生变化时,电桥失去平衡,输出电压 $V_E \neq 0$,其大小与座舱温度和选择温度的差值成正比。将电桥输出电压信号进行放大和处理后,用于控制温度控制活门的开度,从而调节空调系统中的冷、热路空气流量比例和空调供气温度,以实现座舱温度控制。

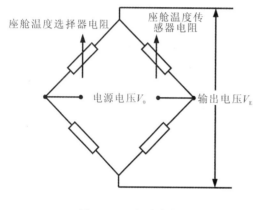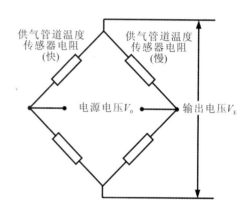

图 6-12    温度电桥        图 6-13    预感电桥

与温度电桥不同,预感电桥采用了两个供气管道温度传感器电阻代替座舱温度传感器电阻和温度选择器电阻,如图 6-13 所示。其中一个传感器就是电阻本身,称之为快件;另一个传感器是把与快件电阻相同的电阻绕在铜质金属芯上(或将电阻置于热阻套内),由于金属芯的热惯性会导致其电阻值的变化落后于快件,所以称之为慢件。当供气温度稳定时,管道温度传感器快件、慢件电阻相等,电桥平衡,输出电压 $V_E = 0$;当供气温度变化时,快件、慢件电阻值不一致,电桥失去平衡,输出电压 $V_E \neq 0$,其大小反映空调供气温度变化速率。温度控制器根据该信号对座舱温度变化趋势提前做出反应,及时进行超前校正,以改善座舱温度控制过程的快速性并减小温度波动。

极限温度控制电桥感受座舱供气管路空气温度并将其与预定最高极限温度进行比较,当由于空调制冷系统故障等原因导致空调供气温度达到预定极限温度时,该电桥输出控制信号使温度控制活门工作到全冷位置,即冷路空气流量达到最大,以防止供气温度过高。

(3) 温度控制活门

温度控制活门用于控制空调系统冷、热路空气流量比例,从而实现空调供气温度和座舱温度的调节。温度控制活门通常分为双活门和单活门两种形式。

双活门式温度控制活门也称为空气混合活门,包括冷路活门和热路活门,如图 6-2 所示。在自动或人工方式下调节温度时,两活门由伺服电机同时驱动,但开关方向相反,即一个活门开大时,另一个活门关小,冷、热路空气流量相应变化。

单活门式温度控制活门只安装在热路管道上,而冷路上没有控制活门,因此单活门式温度控制活门也称为热空气旁通活门,如图 6-14 所示。一定流量的空气进入冷、热路管道时,冷、热路空气流量按管道阻力分配。因此,只控制热空气旁通活门开度就可以同时调节冷、热路空气流量,实现冷、热空气混合比例控制。

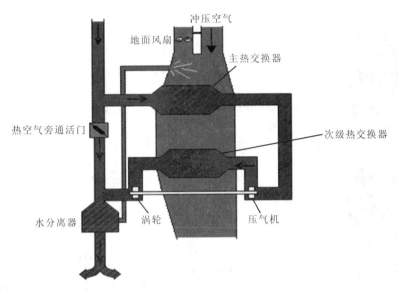

**图 6 - 14　单活门式温度控制活门**

### 6.2.3.3　座舱温度控制系统的工作

图 6 - 15 所示为一典型的采用双活门式温度控制活门的飞机座舱空调系统。驾驶舱空调系统控制面板上的空调组件电门控制空调组件活门打开,一定流量的气源系统引气进入空调组件。一部分气体经空气混合活门的热门直接流到混合室,另一部分气体经空气混合活门的冷门和升压式空气循环制冷系统冷却后流到混合室。冷路空气和热路空气在混合室内混合形成空调空气供向混合总管并最终供入座舱。空气混合活门是座舱温度控制的关键部件,它是一个由电机驱动的双联蝶形活门,其冷门和热门的开关方向相反,当热门完全打开时,冷门完全关闭。在活门轴上安装有一个感受活门位置的电位器,将活门位置信号提供给驾驶舱空调面板上的空气混合活门位置指示器。

在图 6 - 15 所示自动温度控制方式下(温度选择旋钮的上半扇形控制区域),自动温度控制器根据调温旋钮选择的温度和座舱实际温度以及空调供气温度等信号,利用座舱温度电桥和预感电桥,控制双活门式温度控制活门(包括冷路活门和热路活门)的开度,调节冷路和热路空气流量以及冷空气和热空气在混合室内的混合比例,从而使座舱温度等于选择温度。如果在温度控制过程中发生故障,座舱空调供气温度达到了预定极限温度,极限温度控制电桥将控制空气混合活门的冷门完全打开,热门完全关闭,以避免供气超温,保证安全。当自动温度控制方式失效时,驾驶员可把温度选择旋钮扳至下半扇形区域,选择人工方式控制座舱温度。在人工温度控制方式下,调温旋钮直接控制空气混合活门开度,驾驶员应注意根据座舱温度变化和空气混合活门位置指示器的指示,实时调节温度选择旋钮,以满足座舱空调需要。

另外,为保证飞机在地面或起飞着陆阶段空气循环制冷系统的制冷效率,图 6 - 15 所示的空调系统采用了涡轮风扇抽吸外界空气。当飞机在地面或襟翼放出时,冲压空气门完全打开,以提供最大的冲压空气流量,改善飞机低速时两个热交换器的换热效果。如果因系统故障导致空气循环机的压气机出口或涡轮进口温度过高,该系统的空调组件活门将自动关闭(即空调组件自动跳开,驾驶舱空调系统控制面板上琥珀色的"组件跳开"灯会亮),从而关断空调引气,以保证安全,同时空气混合活门也将工作到全冷位。

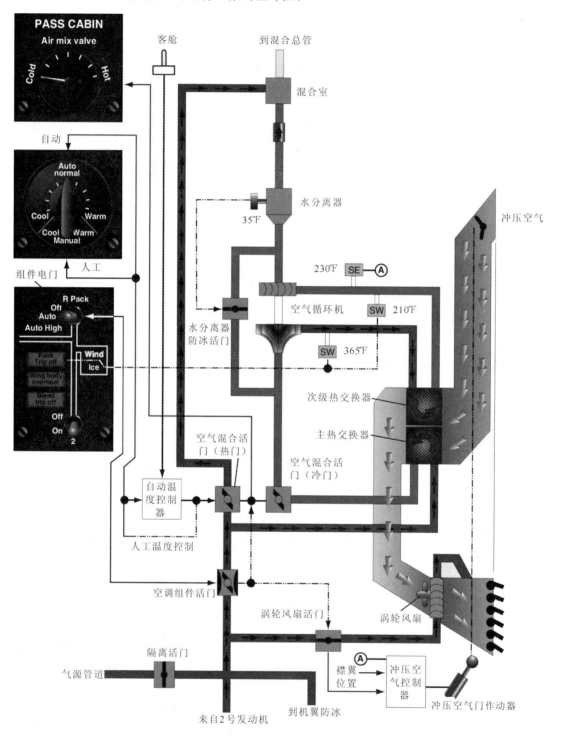

**图 6-15　典型飞机座舱空调系统**

## 6.2.4　座舱湿度控制

飞机在地面或低空飞行时,外界大气湿度比较大。气源及空调系统引气湿度过大将导致座舱内出现水雾甚至水滴从空调出风口流出的现象。这将给乘客和机组人员带来不舒适感,加剧机体结构腐蚀,也会由于隔热毯被水浸湿而导致飞机质量增加,甚至可能因电气线路短路引发设备故障。因此,为保证乘坐舒适性和机载电子电气设备正常工作,现代飞机座舱环境控制系统需要对座舱空气进行湿度控制。

在低空湿热大气环境下,飞机座舱湿度控制的方法是利用安装在空调系统中的水分离器分离、收集和除去空气中的过量水分,以降低空调供气的含水量,保证供气中不含有游离水分,从而向座舱提供相对干燥的空调空气。根据水分离器的安装位置不同,除水系统可分为低压除水和高压除水两种类型,水分离器安装在空气循环机冷却涡轮下游低压段的称为低压除水(见图 6-7),水分离器安装在涡轮上游高压段的称为高压除水(见图 6-8)。

### 6.2.4.1　低压除水

冷却涡轮是空气循环制冷系统中重要的制冷部件。空调引气流过冷却涡轮后膨胀做功,其自身内能下降,引气压力和温度都会降低,因此在冷却涡轮出口低压段设置水分离器可有效去除空气中的水分。低压除水主要用于中小型飞机空调系统,如图 6-14 所示。

图 6-16 所示为一典型的低压水分离器,主要由进出口壳体、凝结袋及其支架、收集室和旁通活门组成,安装在冷却涡轮出口管路上。涡轮出口冷空气进入水分离器后,首先经过一个扩压管路而减速并进一步降温。当其温度低于露点时,空气中多余的水蒸气会凝结成小水滴。纤维织物凝结袋使雾化空气中的小水滴凝结成大水滴,并利用凝结袋圆锥形金属支架上的开口对气流的旋流导向作用使原本轴向流动的空气旋转流动起来。然后利用离心力在收集室把凝结的水滴甩离中心通道而与空气分离,从而在出口获得干燥的冷空气。在一些老式飞机的空调系统中,水分离器分离出来的水可直接排出机外。在现代运输机上,这些水可在飞机高空低湿度环境下飞行时被用于增加空调供气湿度,或被输送到空调系统热交换器的冲压空气通道入口处喷出,以改善热交换器的制冷效果。

当凝结袋由于结冰或杂质堵塞时,旁通活门在上下游压差作用下打开,未经除水处理的空气通过旁通活门直接流出水分离器,而不通过凝结袋。同时,凝结袋状态指示器活塞也会在上游压力作用下驱动活塞轴上的圆盘向指示器的红色窗口运动。当圆盘进入红色范围时,就意味着凝结袋需要更换。在维护中,当空气混合活门处于全冷位置时,观察凝结袋状态指示器,如果圆盘进入了红色范围,则需要更换凝结袋。

由于低压水分离器位于冷却涡轮的出口,温度较低,并且凝结袋的气流通道面积较小,所以水分离器容易出现结冰情况。水分离器结冰后,冷气流动阻力增加,冷路空气流量减小,并且冷却涡轮出口压力增加,导致制冷系统的工作性能受到影响。因此,低压水分离器需要采取防冰措施。

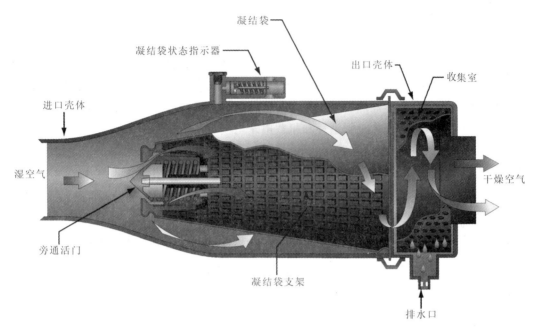

图 6-16　低压水分离器

　　低压水分离器通常采用的防冰方法有两种:温度控制型和压差型。温度控制型防冰方法的原理如图 6-17 所示,安装在水分离器上的温度传感器向防冰控制器提供温度信号,当水分离器将要结冰时,由防冰控制器控制防冰活门打开,来自涡轮冷却器上游的热空气通过防冰活门直接流到水分离器,使水分离器温度升高,从而达到防冰的目的。压差型防冰方法的原理如图 6-18 所示,防冰活门根据水分离器的进、出口压差感受其结冰情况,当水分离器凝结袋结冰导致其进、出口压差达到预定值时,防冰活门打开,旁通涡轮冷却器,热空气通过防冰活门直接流到水分离器,使冰融化。冰融化后,水分离器进、出口压差减小,防冰活门自动关闭。

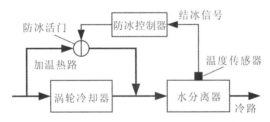

图 6-17　低压水分离器的防冰措施(温度控制型)

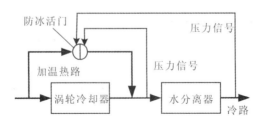

图 6-18　低压水分离器的防冰措施(压差型)

### 6.2.4.2 高压除水

对于低压除水系统而言,为避免冷却涡轮出口导管和附件结冰而影响制冷系统的工作,通过采取一定的防冰措施,使涡轮出口温度不至于太低,但这往往限制了空气循环制冷系统的制冷能力。如果采用图 6-19 所示高压除水系统,利用安装在冷却涡轮上游高压段的水分离器,使空气在进入冷却涡轮之前就先进行除水处理,让干燥空气流过涡轮,那就可有效避免涡轮出口结冰情况,同时涡轮出口温度还可以进一步降低,空调系统的制冷能力也可以进一步增强。

如图 6-19 所示,热引气流经一级热交换器、压气机和二级热交换器之后,进入回热器的热端,被来自于水分离器出口的冷空气冷却降温,此处往往会出现少量水分凝结。然后,引气流入冷凝器的热端,被来自于冷却涡轮出口的冷空气进一步冷却降温。由于冷凝器传热表面的温度低于空气的露点温度,所以空气中的水蒸气在此处大量析出并凝结为大水滴。通过高压水分离器后,空气中析出的绝大部分水分都能被分离出来,部分没有分离的水分在流过回热器时再蒸发。流出回热器的干燥空气进入冷却涡轮,在涡轮内膨胀做功,空气温度进一步降低。流出涡轮的冷空气继续流过冷凝器,一方面作为冷凝器的冷源流体,另一方面可把涡轮出口凝结出的少量水分或冰融化并蒸发,最终在冷凝器出口获得低温干燥的冷却空气。

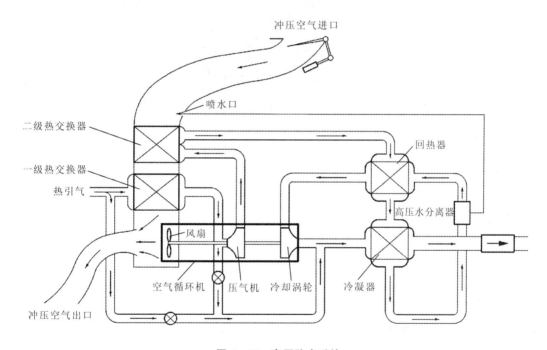

**图 6-19 高压除水系统**

如图 6-20 所示,高压水分离器主要由旋流器、带有许多小孔的内壳体和外壳体组成。旋流器是一个由多个扭转叶片组成的固定导流装置。当湿空气流入高压水分离器时,旋流器使气流在内壳体中旋转,在离心力作用下,空气中析出的水滴被甩到内壳体壁上,并通过小孔进入内、外壳体之间的收集室内,然后通过排水管流到冲压空气进口管道的喷水口。

与低压除水相比,高压除水的优点:①除水效率高。在相同温度下,压力越高的空气中凝结出来的水分越多,高压除水系统中冷凝器析出的水滴很容易被高压水分离器除去,除水效率一般可达 95％～98％。②防冰效果好。由于空气中绝大多数的水分已经在进入涡轮前就被除去,涡轮出口结冰情况可有效避免,所以,高压除水系统不需要采取额外的防冰措施。③制冷能力强。因为涡轮出口不容易出现结冰情况,涡轮出口温度可进一步降低,空调系统的制冷能力可进一步增强,在满足相同制冷功率要求的前提下,空调引气量可大大减少,这有利于节省发动机功率。同时,由于高压水分离安装在冷却涡轮上游,涡轮出口空气流阻小,反压低,这有利于改善冷却涡轮的制冷效果。另外,高压水分离器结构简单,没有运动部件,并且没有低压水分离器所具有的凝结袋,系统维修工作量也相对比较少。所以,高压除水广泛应用于现代大中型客机空调系统。

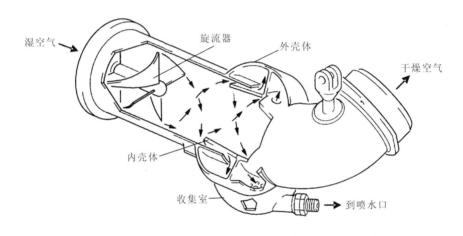

图 6-20　高压水分离器

## 6.2.5　座舱空气分配系统

### 6.2.5.1　空调空气分配

座舱空气分配系统的作用是将调节好的空调空气通过合理排布的分配管道及供气口输送到座舱内,在座舱内形成合适的气流分布和循环流动状态,给飞机乘员提供一个温度、湿度适宜、空气新鲜的座舱环境,避免座舱内出现较大温差、气流噪声和穿堂风。

一个典型的双发运输机空调空气分配系统如图 6-21 所示。该飞机空调系统包括两个空调组件,即左组件和右组件。在正常情况下,驾驶舱空调供气仅来自于左组件,左组件输出的剩余空调空气与右组件的供气在混合总管里混合后再供入客舱,驾驶舱和客舱可根据需要选择不同的空气温度。如果左组件失效,驾驶舱也可使用右组件提供的空调空气。

典型的客舱空气分配系统如图 6-22 所示,来自空调组件的空调空气经主分配管道、侧壁竖管和舱顶分配管道由舱顶供气口和侧壁扩压供气口流入客舱,通过靠近地板的排气格栅排出,以减少乘客之间的交叉空气污染。为保证客舱内部各处温度基本均匀,也了使得每位乘客都拥有适宜的空气流动和良好的通风环境,客舱空气分配系统沿机身长度方向均布了多个供气管道和供气口。

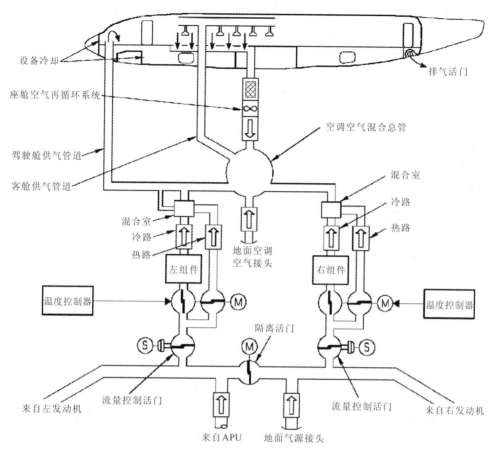

设备冷却

座舱空气再循环系统

驾驶舱供气管道

客舱供气管道

空调空气混合总管

排气活门

混合室

冷路

热路

混合室

冷路

热路

左组件

右组件

地面空调空气接头

温度控制器

温度控制器

隔离活门

来自左发动机

流量控制活门

来自右发动机

流量控制活门

来自APU　地面气源接头

**图 6 – 21　空调空气分配系统**

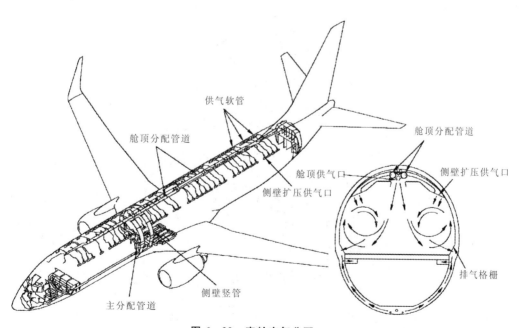

供气软管

舱顶分配管道

舱顶分配管道

舱顶供气口

侧壁扩压供气口

侧壁扩压供气口

排气格栅

侧壁竖管

主分配管道

**图 6 – 22　客舱空气分配**

典型的驾驶舱空气分配系统如图 6-23 所示,由左组件提供的空调空气经驾驶舱舱顶、侧壁、座椅下部供气口、驾驶员脚部加温供气口以及个人通风供气口等流入座舱,风挡供气口流出的空调空气还可对风挡玻璃起到加温防冰、除雾的作用。

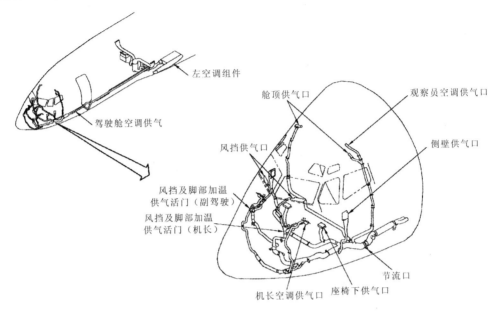

图 6-23　驾驶舱空气分配

如图 6-24 所示,厨房和厕所的通风排气管道位于舱顶部位,以防止大量水分进入而造成管路腐蚀。舱内空气通过排气消音器和软管从机身蒙皮表面的排气口流出,以去除厨房、卫生间的异味。

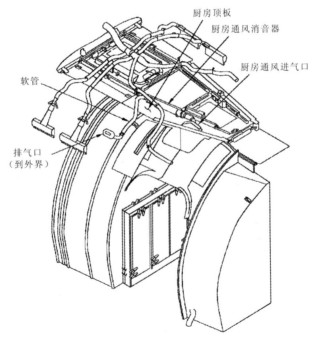

图 6-24　厨房通风排气

### 6.2.5.2　座舱空气再循环系统

为保证座舱空调和增压系统工作正常,现代运输机空调供气量需求很高。为减小气源系统引气量以及发动机的推力损耗和燃油消耗,在满足座舱空气新鲜度要求的前提下,现代运输机普遍采用了座舱空气再循环系统。该系统利用再循环风扇抽吸一部分座舱空气,经过滤、杀菌后重新送入空调供气管道,与从空调组件来的新鲜空气混合后再次供入座舱,以实现对座舱空气的再循环利用。再循环通风量一般可达座舱空调供气总量的50%。

如图 6-21 和图 6-25 所示,在再循环电风扇的抽吸作用下,座舱空气通过靠近地板的排气格栅、收集管流过气滤(高效空气过滤器 HEPA)和单向活门(瓣状活门),经空调空气混合总管和座舱空气分配管道再次流入客舱。厕所和厨房的空气通过专门的管道直接排到外界大气当中。

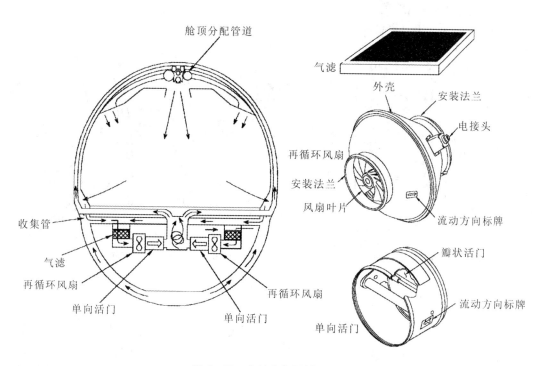

图 6-25　座舱空气再循环系统

### 6.2.5.3　座舱局部加温

对于座舱内某些距离空调供气口较远的区域,例如客舱门和应急出口位置附近,其温度可能会偏低,因此需要对这些区域进行局部辅助加温,以改善飞机座舱内部各处的温度均匀性。常见的辅助加温设备是电加温器,分为空气管道式加温和电热毯式加温两种形式。

空气管道式加温器是在一空调供气管道内安装有电阻元件,如图 6-26 所示。电阻元件通电时发热,对流过管道的空气加温,热空气最终被送到加温区域,如图 6-27 所示的舱门区域。

如图 6-28 所示,电热毯式加温器安装在应急出口舱门壁板内部。它是在两层铝合金板中间夹蜂窝结构,而电阻丝绕在靠近内壁的绝缘芯轴上,蜂窝夹层板的两侧都覆盖有绝缘层。电阻丝通电时发热,对壁板及附近区域进行加温。

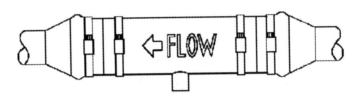

图 6-26　空气管道式加温器

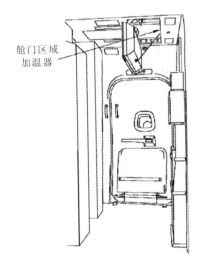

图 6-27　舱门加温区域

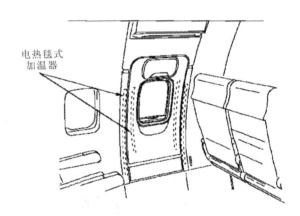

图 6-28　应急出口加温区域

#### 6.2.5.4　分区供气及区域温度控制

某些大中型运输机的机身较长,为使座舱空气温度均匀,采用了分区供气的方式,即把飞机整个座舱分为多个区域(或舱段),例如驾驶舱、前客舱和后客舱,从空调空气混合总管分出相应数量的供气管道向各区域分别供气,如图 6-29 所示。在分区供气基础上,驾驶员也可根据需要进行各区域温度的独立控制。区域温度控制系统的基本工作原理是根据驾驶员设定的各区域预选温度情况,以最低预选温度作为基准去控制空调组件的工作,使空调组件出口供气温度满足最低预选温度区域的温度控制需要,而其他更高预选温度的区域则通过调节相应区域的调整空气活门开度,将从气源系统来的热空气直接引入相应区域供气管道,以提高该区域供气温度,从而实现独立控制不同区域温度的需要。

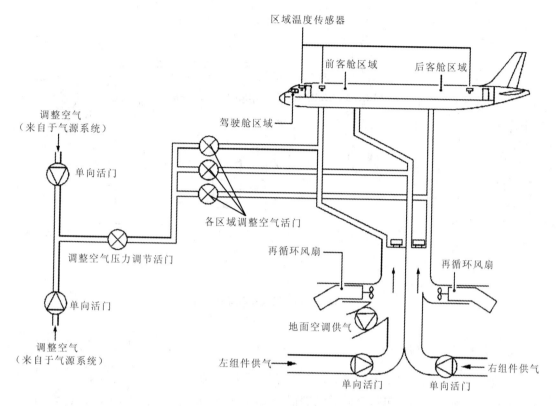

**图 6 - 29　分区供气及区域温度控制**

## 6.2.6　设备冷却及货舱加温系统

### 6.2.6.1　设备冷却系统

设备冷却系统用于对飞机驾驶舱和电子电气设备舱内的电子电气设备进行冷却,以保证其正常工作。现代运输机通常采用座舱空气作为设备冷却介质。如图 6 - 30 所示,在供气风扇和排气风扇的抽吸作用下,经气滤过滤的座舱空气通过管道分别流经驾驶舱各仪表板、FMC 控制显示组件、断路器板以及电子电气设备舱内的设备架,带走热量,然后直接排出机外或用于货舱加温。

供气风扇和排气风扇为设备冷却通风提供动力,它们都采用了双风扇设计,一个为主风扇,另一个为备用风扇。这些单级轴流式风扇均安装有一体式单向活门,防止风扇不工作时空气倒流。空气管道中的低流量传感器为自加热的热敏电阻。在主风扇正常工作并有足够气流流过传感器时,热敏电阻的电阻值保持在一定范围内。但如果流过传感器的空气流量不足,热敏电阻温度升高,电阻值减小,在驾驶舱中就会发出低流量警告信号,此时驾驶员可通过风扇电门选择备用风扇工作,如图 6 - 31 所示。

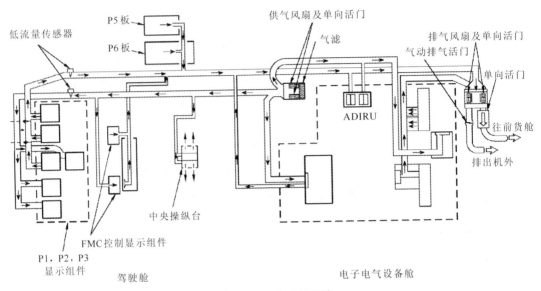

图 6-30 设备冷却系统

## 6.2.6.2 货舱加温系统

货舱加温系统用于保持飞机货舱温度高于冰点温度,防止冻坏货物。货舱加温方式包括座舱排气加温、设备冷却系统排气加温、气源系统引气加温以及货舱内部空气循环加温。

以 B737 飞机货舱加温系统为例。如图 6-32 所示,客舱空气经客舱侧壁靠近地板的排气格栅进入后货舱侧壁夹层,对货舱进行加温,然后经排气活门排出机外。而前货舱主要依靠设备冷却系统排气进行加温。在飞机增压飞行过程中,来自于设备冷却系统的空气被引导至前货舱地板下部,然后沿货舱侧壁上升,从而对前货舱进行加温。

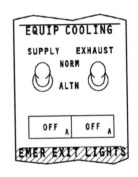

图 6-31 设备冷却风扇电门及
低流量警告灯

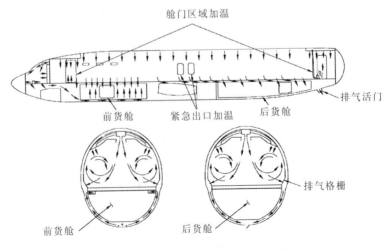

图 6-32 B737 飞机货舱加温系统

图 6-33 所示为 A320 飞机后货舱通风、加温系统图,它采用了气源系统引气加温方式。货舱通风控制器控制进口隔离活门、出口隔离活门以及排气风扇的工作,当货舱探测到存在烟雾时,进、出口隔离活门关断,排气风扇也停止工作。后货舱加温控制器根据进气温度传感器、货舱温度传感器以及温度选择旋钮提供的信号,控制调整空气活门开度,调节来自于飞机气源系统的热空气流量。调整空气活门出口热空气与座舱空气混合,获得所需供气温度后,经进口隔离活门通往货舱,以实现对货舱加温。货舱温度选择旋钮可设定货舱温度在 5~26℃ 范围内。

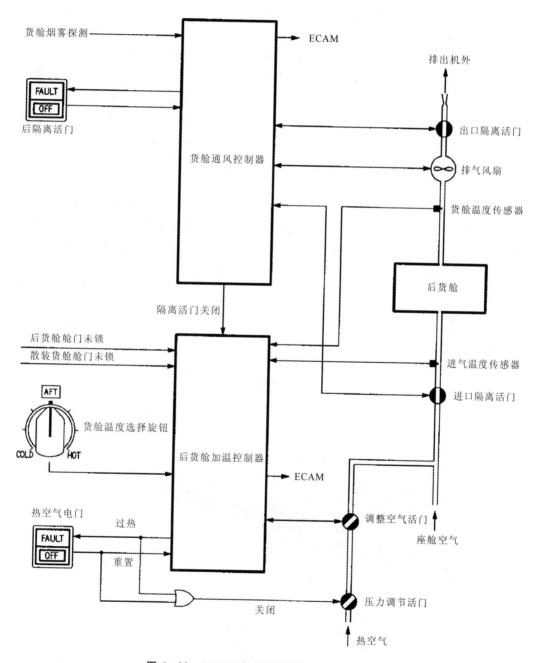

**图 6-33　A320 飞机后货舱通风、加温系统**

# 6.3 非气密座舱通风加温系统

## 6.3.1 座舱通风和加温的基本原理

因飞行高度较低,大多数活塞式发动机飞机采用了非气密座舱,通过控制通风流量和提高供气温度的方法对座舱温度进行一定程度的调节。

在高温天气条件下飞行时,为使飞机乘员感到凉爽,需要加大座舱通风量。最简单的座舱通风方法是在飞机侧窗上设置可调通风口,根据需要人为调节通风流量。但多数小型飞机设计了专门的座舱通风系统,可将外界冲压空气引入座舱,以加速舱内空气流动速度,带走热量和潮湿空气,最后从机身底部的座舱排气口或机体结构缝隙排出机外。在低温天气条件下飞行时,用于座舱加温的冲压空气在进入座舱前,要先经过发动机废气加温器或燃烧加温器加热。通过调节冷、热冲压空气流量及混合比例可控制座舱空气温度。

图 6-34 所示为一单发轻型飞机的座舱通风加温系统。用于座舱加温的冲压空气从飞机头部进气口引入,经发动机废气加温器加热后送入座舱,从飞机乘员的脚部加温空气供气口流出,对脚部进行加温,并利用空气对流特点,提高座舱内空气温度。该热空气也可直接用于风挡玻璃除雾。座舱通风进气口位于机翼和垂直安定面前缘。为改善飞机在地面时的座舱通风效果,机身后部通风管道里设有鼓风机。有些飞机的通风进气口还可能设置在机头左右两侧。这些冲压空气进气口安装有可调节气门,利用驾驶舱内相应手柄可调节其开度,以控制通风加温空气的通断及流量,进而控制座舱温度。

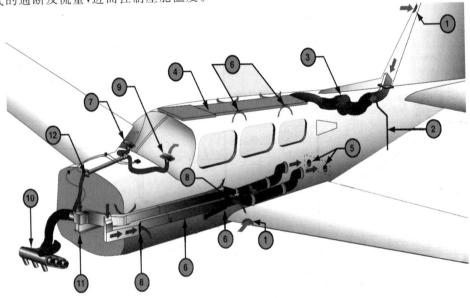

**图 6-34 非气密座舱通风加温系统**

1—座舱通风进气口; 2—排水管; 3—鼓风机; 4—通风管道; 5—座舱排气口; 6—座舱通风供气口;
7—右风挡除雾供气口; 8—加温空气供气口; 9—左风挡除雾供气口; 10—发动机废气加温器;
11—空气盒及温控活门; 12—风挡除雾控制活门

## 6.3.2　空气加温装置

座舱加温系统的关键部件是空气加温装置,包括发动机废气加温器、燃烧加温器、电加温器以及涡轮增压加温装置等。

### 6.3.2.1　发动机废气加温器

大多数的单发轻型飞机都采用发动机废气加温器对座舱进行加温。如图 6-35 所示,外界空气从飞机机头冲压空气进气口流入一个金属套管,与套管内安装的发动机排气管道进行热量交换。该套管同时还可起到发动机排气消音作用,因此发动机废气加温器有时也被称为"冲压空气/排气消音套管热交换器"。被发动机排气加温的冲压空气经加温器活门控制,将全部或部分热空气导入座舱或排出机外。在发动机着火时,飞行员应选择"加温关断"功能将所有热空气排出机外,以防止烟雾进入座舱。这种加温方式的优点是利用了发动机的废热对座舱进行加温,而不额外消耗飞机电能或发动机功率。

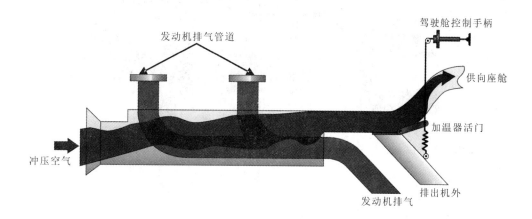

**图 6-35　发动机废气加温器**

发动机废气加温器中流动的冲压空气与发动机排气必须是完全隔离的,因为如果发动机排气管道出现即使是非常细小的裂纹也会导致一氧化碳泄漏并进入飞机座舱,使飞机乘员中毒。所以应在飞机维护过程中定期检查以确保发动机排气管道没有破裂。通常采取的检查方法是先对排气管道加压,然后用肥皂液涂抹管道外表面,观察是否产生气泡,从而判断是否存在管道破裂。有些飞机要求把排气管道拆下并沉入水中进行检查判断。出于安全的考虑,使用废气加温器的飞机座舱内都安装了一氧化碳探测器。

### 6.3.2.2　燃烧加温器

有些轻型飞机采用了专门的燃烧加温器用于加热冲压空气。该装置通常可在16 000 ft高度范围内工作,也可用于起飞前飞机座舱加温。图 6-36 所示为一典型的燃烧加温器,包括两个同心套装的由不锈钢制成的钢筒,内部直径较小的钢筒为燃烧室,外部套装的直径较大的钢筒为加温套管。外界空气从位于飞机外部的燃烧用空气进气口进入燃烧室。从飞机燃油箱抽出的燃油经过流量调节和控制,并具有一定压力,通过喷油嘴成雾状喷射到燃烧室的电嘴附近,并与空气充分混合。点火器电嘴产生火花将燃油点燃,形成稳定燃烧的火焰,从而对燃烧室筒壁加热。燃烧后的废气通过排气管排出机外,防止一氧化碳污染座舱空气。需要被加热的空气则通过另一个冲压空气进气口进入加温套管,在流过燃烧室外壁周围时被加热,再由热空气分配管道送至座舱。出于安全考虑,燃烧用空气和加温用空气必须是完全隔离的。在燃烧用空气进气管和加温用空气进气管中还装设有地面抽风机,分别用于飞机在地面静止状态时向燃烧室和加温套管送入新鲜空气,保证地面条件下燃烧加温器能够正常工作。

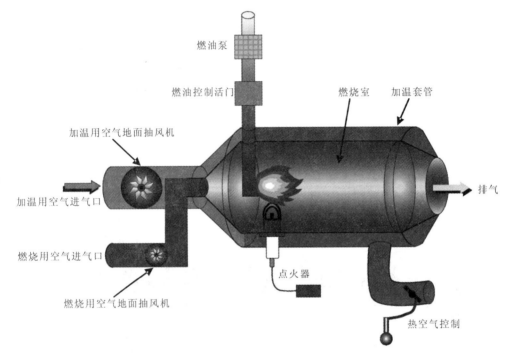

图 6 - 36  燃烧加温器

燃烧加温器系统工作原理如图 6 - 37 所示,它根据座舱热量需求间隔循环工作。由热循环电门设定或由飞行员人工设定加热空气的温度。当加温器出口处的"过热和循环热电门"感受到加热空气温度达到预设温度时,将发出信号使供油管路上的电磁活门关断燃油,燃烧室停止燃烧;当加温器出口温度低于预设温度时,燃油路被接通,燃烧室重新工作。如此周期性循环,以保持座舱温度。另外,电磁活门还受空气压差电门的控制。如果没有足够的加温用空气进入加温套管带走燃烧室热量,则会导致燃烧室过热而烧坏,甚至引起失火。连接于加热用空气导管上的"空气压差电门"感受到这种情况时,将向电磁活门发出信号,关断燃油,使燃烧室停止工作,以保证飞机安全。

燃烧加温器系统工作将以一定流率消耗燃油,同时存在飞机乘员一氧化碳中毒及座舱着火的潜在危险。为保证燃烧加温器工作安全可靠,必须遵循飞机制造商和燃烧加温器制造商的规定定期对其进行检查和大修。定期清洗或更换燃油滤,清洁点火电嘴并调整电嘴间隙。如果出现燃烧室筒壁裂纹或系统中出现漏油现象,则必须检查、排除故障。

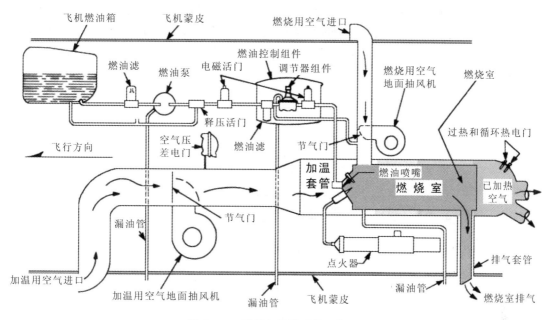

**图 6 - 37　燃烧加温器系统工作原理**

# 6.4　座舱增压控制系统

## 6.4.1　座舱增压控制原理

　　飞机座舱增压控制系统的基本任务是保证在预定飞行高度范围内,座舱内部气压及其变化速率满足乘员较舒适生存的需求,并保证飞机结构安全。因此,座舱增压控制系统需要对座舱高度、座舱高度变化率及余压这三个座舱环境控制参数进行调节。

　　在高空低压、缺氧、低温环境下,为保证飞行乘员的生命安全和乘坐舒适性,现代民航客机采用了增压气密座舱,由座舱空调系统不断把经过调节的具有一定温度和压力的空调空气供入座舱,对座舱进行温度调节后,经排气活门排出机外,如图 6-38 所示。从原理上来说,当座舱气密性良好时,通过控制供气流量和排气流量就可以控制座舱压力及其变化规律。因为座舱温度控制的基本方法通常是改变供气温度,而供气流量相对稳定,为了使座舱增压控制和温度控制相对独立,现代飞机普遍采用通过控制排气活门改变排气流量的方法来实现座舱增压控制:当控制排气流量小于进气流量时,座舱压力上升;当控制排气流量大于进气流量时,座舱压力下降;当控制排气流量等于进气流量时,座舱压力保持不变。

　　排气活门是座舱增压控制的主要执行机构,座舱排气流量的大小取决于该活门的开度和座舱内、外的压差。因此,为控制座舱压力,座舱增压控制系统应根据座舱余压的大小相应调节排气活门开度。在飞行过程中,座舱内部空气绝对压力大小取决于排气活门的开启程度,座舱压力变化率取决于排气活门的开关速率。在近地阶段,飞机座舱内、外压差较小,排气活门开度较大。在巡航阶段,座舱内、外压差较大,排气活门开度较小。为了限制座舱高度变化率,可控制排气活门的开关速率:飞机爬升时如果座舱高度上升过快,可加速关小排气活门,抑制座舱压力下降速率;飞机下降时如果座舱高度下降过快,可加速开大排气活门,抑制座舱压力上升速率。

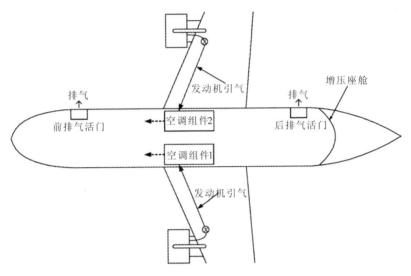

**图 6 - 38   座舱增压控制原理**

根据适航条例规定,在增压系统正常运行条件下,当旅客机以最大飞行高度飞行时,增压座舱及行李舱的气压高度不得超过 2 438 m(8 000 ft)。当飞机需要在 7 620 m(25 000 ft)以上高度飞行时,必须保证在增压系统发生任何可能失效情况后座舱高度不超过 4 572 m(15 000 ft)。除排气活门外,旅客机座舱增压系统必须至少装备一个自动或人工座舱压力控制器、两个安全活门(或正压释压活门)、两个负压释压活门及显示座舱高度、余压和座舱高度变化率的仪表和座舱高度警告装置等。

## 6.4.2   座舱压力制度

座舱压力制度是指气密座舱内空气压力(即座舱高度)和余压随飞机飞行高度变化的规律,也称为座舱调压规律,它表示了座舱增压系统处于平衡状态时的静态调节特性。现代飞机常用的座舱压力制度有 3 种:三段式座舱压力制度,两段式座舱压力制度,直线式(或近似直线式)座舱压力制度。

### 6.4.2.1   三段式座舱压力制度

三段式座舱压力制度如图 6 - 39 所示。以飞机起飞爬升过程为例,在飞机爬升到一定高度之前,座舱与外界自由通风,座舱内、外压力相等,这个阶段被称为自由通风段。然后,座舱从这个高度开始增压,随飞机飞行高度增加,由座舱增压系统保持座舱空气压力(即座舱高度)不变,直到余压达一定值,这个阶段被称为等压控制段。随后,增压座舱进入等余压控制段,即随着飞机爬升,座舱余压保持不变。飞机下降、进近和着陆过程中座舱增压系统的工作也相应分为这三个阶段。

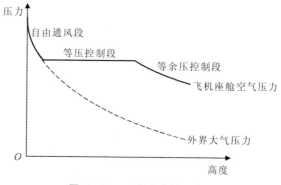

**图 6-39 三段式座舱压力制度**

三段式座舱压力制度适用于发动机剩余功率较小的小型飞机,增压控制的自由通风段有利于保证飞机起飞滑跑及初始爬升过程中有足够发动机推力。但在飞机起飞和着陆过程中座舱压力随飞机高度变化较快,旅客有不舒适感,因此飞机的爬升率和下降率应受到限制。

### 6.4.2.2 两段式座舱压力制度

两段式座舱压力制度如图 6-40 所示,飞机从起飞就开始增压。在等压控制段,随飞机飞行高度增加,座舱空气压力(即座舱高度)保持不变,直到余压达一定值。随后,增压座舱进入等余压控制段。相对于三段式座舱压力制度,两段式座舱压力制度避免了低空外界大气压力随高度变化较快所导致的不舒适感。

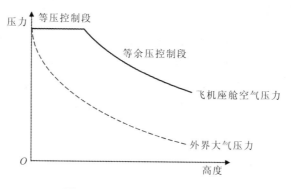

**图 6-40 两段式座舱压力制度**

### 6.4.2.3 直线式座舱压力制度

直线式(或近似直线式)座舱压力制度如图 6-41 所示。飞机在起飞、着陆的地面滑跑阶段座舱进行预增压,防止座舱压力波动,提高乘坐舒适性。在飞机爬升和下降阶段,座舱压力和余压随飞机升降按一定比例均匀变化。在飞机正常巡航阶段则保持座舱高度不变。现代民航运输机通常采用这种座舱压力制度。

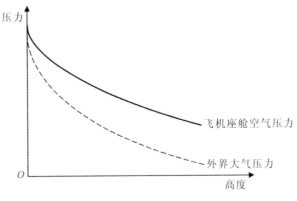

图 6 - 41　直线式座舱压力制度

## 6.4.3　座舱增压控制方式

如图 6 - 2 所示,座舱压力控制器(控制部分)和排气活门(执行机构)是飞机座舱增压控制系统最基本的组成部分。座舱压力控制器根据驾驶员操作和座舱内、外气压等信号,按照一定的增压控制模式和程序,在各飞行阶段输出相应指令,控制排气活门开度和排气量,从而实现座舱增压参数的控制。根据座舱压力控制器工作原理及排气活门驱动动力不同,现代飞机座舱增压控制方式可分为气动式和电子电动式两大类。

### 6.4.3.1　气动式座舱增压控制

如图 6 - 42 所示,气动式座舱增压控制系统由气动式压力控制器和气动式排气活门这两个基本部分组成。气动式压力控制器内有三个膜盒:膜盒 A 为一真空膜盒,是座舱空气绝对压力控制器;膜盒 B 为一开口膜盒,与飞机静压口相通,是飞机座舱余压控制器;膜盒 C 为一带可调节流孔的膜盒,是座舱空气压力变化率控制器。除此之外,压力控制器还包括余压控制活门、绝对压力控制活门以及驱动阀芯所需的弹簧和膜片等。控制器上有与座舱空气相通的定径节流孔,也有与外界大气相通的管路。改变余压控制活门和绝对压力控制活门的开度可调节控制器 K 腔(即控制腔)的气压。驾驶舱增压系统控制面板上有三个调压控制旋钮:初始增压调节旋钮用于设定座舱等压控制段的初始压力,余压调节旋钮用于设定座舱等余压控制段的余压,压力变化率调节旋钮用于限制座舱高度变化率。气动式排气活门受座舱压力控制器控制,由控制膜片、负释压膜片、弹簧和可动阀芯组成。控制膜片上部控制腔与座舱压力控制器 K 腔相通,下腔与座舱空气相通,因此排气活门的打开和关闭取决于活门控制腔压力和座舱空气压力的差值。

气动式座舱增压控制方式广泛应用于三段式座舱压力调节。在飞机起飞前,驾驶员利用初始增压调节旋钮设定起始增压高度,利用余压调节旋钮设定等余压控制过程中的余压,利用压力变化率调节旋钮设定最大座舱高度变化率,由此确定了本次飞行的座舱压力制度的具体参数。此时,余压控制活门关闭,绝对压力控制活门有一定开度。空调系统未供气时,排气活门控制腔压力基本等于座舱压力,活门在弹簧力作用下关闭。

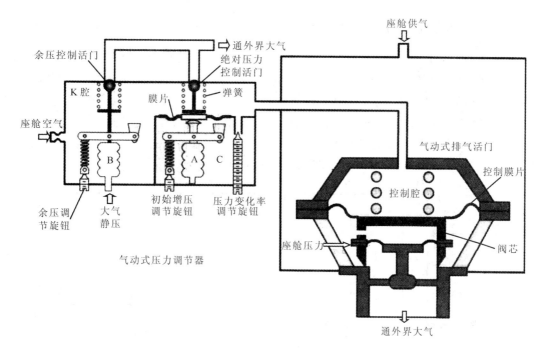

**图 6‑42　气动式座舱增压控制系统原理图**

　　空调系统开始供气后,在飞机未达预设起始增压高度之前,膜盒 A 在其外部气压作用下收缩,使绝对压力控制活门打开,座舱压力控制器内部与外界大气相通。座舱空气经定径节流孔流过控制器时,由于节流孔的节流作用,K 腔压力低于座舱压力,导致排气活门打开,座舱处于自由通风状态。此时,由于空气流动存在阻力,实际座舱压力稍高于外界大气压力。在自由通风段,由于可变节流孔的作用,膜盒 C 的内部压力变化滞后于外部压力变化,内、外压差取决于 K 腔压力变化速率。在飞机爬升过程中,如果爬升率过高,座舱压力下降过快,膜盒 C 内部压力下降慢于外部压力下降,膜盒 C 膨胀就会导致绝对压力控制活门关小,K 腔压力增加,排气活门关小,从而限制座舱压力下降速率,起到限制座舱高度变化率的作用。

　　随着飞行高度的增加,座舱压力控制器内压力逐渐降低,膜盒 A 逐渐膨胀,绝对压力控制活门逐渐关小。到达预先设定的起始增压高度时,绝对压力控制活门接近关闭,此时 K 腔压力与起始增压高度压力相同。由于空调组件在不断向座舱供气,所以绝对压力控制活门在一定时间内会保持一个小的开度起到节流作用,此开度随飞行高度增加逐渐减小,节流作用逐渐加大,以保持座舱压力稳定,即保持座舱高度不变。在此等压控制段,座舱余压随飞机飞行高度逐渐增加,座舱压力控制器 K 腔与外界气压差也逐渐加大。

　　随飞行高度进一步增加,当座舱余压达到预先设定值时,开口膜盒 B 收缩使得余压控制活门打开,K 腔压力下降,绝对压力控制活门完全关闭。在此后的爬升过程中,由余压控制活门控制 K 腔压力,保持排气活门控制腔压力与外界大气压力的差值不变,使座舱余压保持恒定,直到飞机爬升到巡航高度。在等余压控制段,由于绝对压力控制活门已经完全关闭,座舱压力变化率限制已经失效,所以飞机爬升率不能太大,以避免乘员出现不舒适感。

### 6.4.3.2 电子电动式座舱增压控制

如图 6-43 所示,电子电动式座舱增压控制系统包括电子式压力控制器和电动式排气活门这两个基本组成部分。电子式压力控制器为系统控制部件,由增压程序发生器、座舱高度变化率限制器和余压限制器组成。增压程序发生器用于在各飞行阶段根据飞机状态和驾驶员操纵按程序输出电控信号,座舱高度变化率限制器用于限制座舱压力的变化速率,余压限制器用于限制座舱内、外压差。排气活门为系统执行部件,由交流或直流电动机驱动,受压力控制器输出的电信号控制,如图 6-44 所示。现代飞机通常有 1～2 个排气活门。

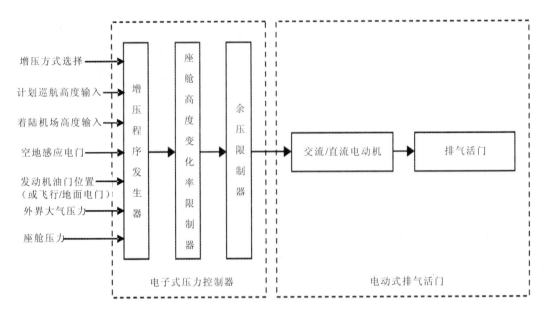

**图 6-43 电子电动式座舱增压控制系统原理图(自动方式)**

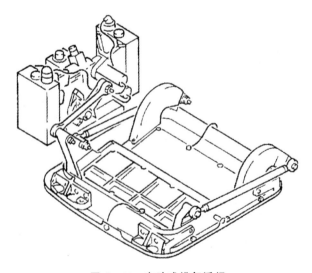

**图 6-44 电动式排气活门**

以 B737 飞机为例,该机型座舱增压控制有三种工作方式:自动方式、备用方式和人工方式,由驾驶舱增压系统控制面板上的增压方式选择旋钮进行控制,如图 6-45 所示。其中,自动方式是增压系统的正常工作方式。在自动方式下,电子式压力控制器根据驾驶员在起飞前输入的计划巡航高度、着陆机场高度以及大气数据惯性基准组件(ADIRU)提供的外界大气压力(飞行高度)、座舱空气压力(座舱高度)等参数,在空地感应电门以及发动机油门手柄或飞行/地面电门的控制下,在各个飞行阶段按增压程序自动输出相应电控指令,控制电动机工作,驱动排气活门,从而控制座舱高度、座舱高度变化率和余压。自动方式失效后,座舱增压控制将自动转换(也可人为转换)为备用方式。如果备用方式也失效,驾驶员还可选择人工方式,通过人工方式操作面板上的排气活门人工控制电门(三位弹性电门)直接控制排气活门驱动电机的工作及排气活门开度,从而控制座舱增压。在人工方式操作时,驾驶员需密切注意监控驾驶舱内的座舱高度表、座舱高度变化率表、余压表以及排气活门位置指示器的显示(见图6-46),根据需要适时调节排气活门开度。在各种工作方式下,排气活门位置指示器都能给驾驶员提供排气活门的开度大小指示。

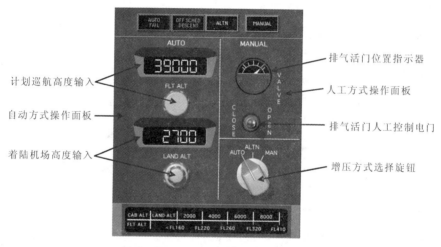

**图 6-45　B737 飞机增压系统控制面板**

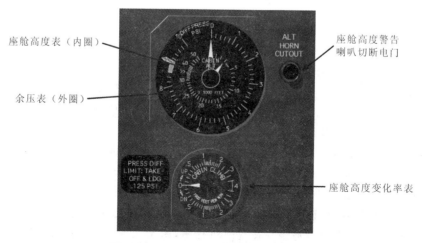

**图 6-46　B737 飞机增压控制参数显示**

　　现代民航运输机的直线式座舱压力制度通常采用电子电动式座舱增压控制系统来实现。在自动方式下,整个飞行过程中的座舱增压情况如图 6-47 简要所示,自动增压工作过程如下所述。

　　飞机起飞前,起落架上的空地感应电门处于"地面"状态。当驾驶员操纵的发动机油门手柄处于低功率状态或飞行/地面电门处于"地面"位时,电子式座舱压力控制器输出一个使座舱高度高于机场高度的控制指令,使排气活门完全打开,飞机座舱处于自由通风状态,座舱不增压。当驾驶员把发动机油门手柄前推至高功率状态或将飞行/地面电门置于"飞行"位时,压力控制器输出一个使座舱高度低于机场高度大约 189 ft 的指令,使排气活门部分关闭,从而在座舱内外建立大约 0.1 psi 的余压,这就是座舱预增压。在飞机地面滑跑阶段(包括起飞和着陆过程)保持一定的座舱增压可防止在飞机姿态突然改变时引起座舱压力波动,提高乘坐舒适性。

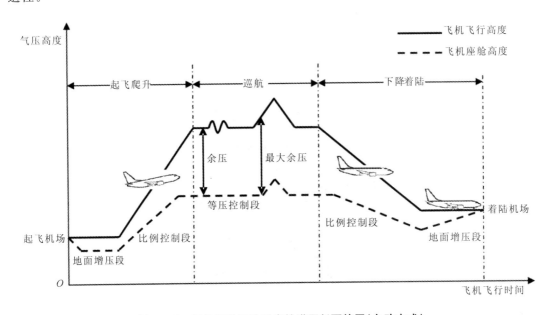

**图 6-47　现代民航运输机座舱增压剖面简图(自动方式)**

　　飞机起飞离地后,起落架上的空地感应电门转换为"空中"状态,压力控制器进入爬升程序,目标座舱高度由驾驶员在起飞前输入的计划巡航高度所确定。在飞机爬升过程中,压力控制器按增压程序在各飞行高度上输出相应座舱高度控制指令,控制电动排气活门工作,使座舱高度随飞机爬升按一定比例均匀提高,这就是座舱高度的比例控制。如果飞机爬升率过大,座舱高度变化率限制器将起主要控制作用,关小排气活门,以避免座舱压力下降过快导致乘坐的不舒适感。现代民航旅客机座舱高度上升率通常不超过 500 ft/min。

　　在飞机爬升到计划巡航高度之前,当外界大气压力比巡航高度标准气压高 0.25 psi 时,座舱增压提前转换到等压控制阶段,随后飞机继续爬升到计划巡航高度。设置提前转换的目的是防止飞机在巡航过程中因气流干扰引起飞行高度波动(不超过 0.25 psi 气压差所对应的大约 450 m 高度差)而导致座舱增压控制系统工作阶段的频繁切换,从而在等压控制阶段使座舱压力更稳定,以提高乘坐舒适性。在巡航过程中,由于飞机飞行高度和座舱高度都保持不变,余压也保持相对稳定。但如果驾驶员大幅提高飞机巡航高度,导致余压相应增大超过限制值时,压力控制器的余压限制器将起主要控制作用,开大排气活门,以避免余压过大对飞机和乘员可能造成的危害。此时飞机进入一种等余压控制方式,即座舱高度将跟随飞机飞行高度上升而增加。

　　飞机开始下降后,当飞机下降到外界大气压力比计划巡航高度标准气压高 0.25 psi 时,座舱压力控制器进入下降程序,增压控制转换到下降过程中的比例控制阶段,目标座舱高度比驾驶员在起飞前输入的着陆机场高度低约 300 ft。在飞机下降过程中,压力控制器按增压程序在各飞行高度上输出相应座舱高度控制指令,控制电动排气活门工作,使座舱高度随飞机下降按一定比例均匀降低。如果飞机下降率过大,座舱高度变化率限制器将起主要控制作用,开大排气活门,以避免座舱压力上升过快导致乘坐的不舒适感。现代民航旅客机座舱高度下降率通常不超过 350 ft/min。

　　飞机着陆接地后,起落架上的空地感应电门转换为"地面"状态,座舱增压控制进入地面增压阶段,压力控制器和排气活门工作使座舱高度低于着陆机场高度大约 189 ft,即在座舱内外建立大约 0.1 psi 的余压。如果驾驶员将发动机油门手柄收至低功率状态或将飞行/地面电门置于"地面"位,则压力控制器将输出使座舱高度高于机场高度的控制指令,控制排气活门完全打开,座舱内外自由通风,此时可打开舱门。

## 6.4.4　座舱应急增压控制

　　正常增压控制失效可能导致座舱高度过高或座舱内外压差过大。另外,当飞机急速下降时,由于座舱高度下降率受到限制,还可能出现座舱外部大气压力大于座舱内部压力的情况,即负余压。座舱高度过高将导致飞机乘员出现一定程度的低压缺氧反应,严重时甚至危及乘员生命安全。而如果座舱内外压差过大则会对飞机结构安全造成影响,在负余压情况下尤为如此,因为飞机座舱结构采用了薄壁结构,它能承受较大拉应力而几乎不能承受压应力。座舱应急增压控制就是为了尽量避免出现上述情况而设计的,包括正压释压活门、负压释压活门和座舱高度警告系统。

### 6.4.4.1　正压释压活门

　　正压释压活门也称为安全活门,在座舱余压超过限制值时打开,以释放过高座舱压力,保证机体结构安全。以 B737 飞机为例,座舱正常的最大余压值为 8.45 psi,当余压达到 8.95 psi 时,正压释压活门打开释压。

　　如图 6-48 所示,气动气控式正压释压活门的阀体和阀芯通过弹性薄膜相连,阀芯位置由控制腔、座舱和外界环境气压决定。控制腔通过节流孔与增压座舱相通,这使得控制腔气压变化率稍慢于座舱气压变化率。阀芯上部弹簧力和控制腔气压向下驱动活门关闭,而阀芯下部作用的座舱气压和外界气压产生向上驱动活门打开的推力。阀体上的开口膜盒感受座舱内外压差。在余压正常情况下,开口膜盒控制锥形阀关闭,隔离控制腔与外界环境大气,控制腔气压较高,正压释压活门关闭。当由于某种原因导致座舱余压过大时,膜盒将被压缩而导致锥形阀打开,使得控制腔与外界大气相通,控制腔气压会因此而降低,导致阀芯上抬,座舱空气由此向外排出,从而限制了座舱的余压值。

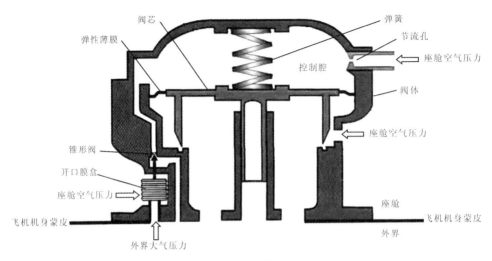

图 6-48　正压释压活门

### 6.4.4.2　负压释压活门

负压释压活门的作用是在座舱外部压力稍大于座舱内部压力时打开,让外部环境空气能够直接流入座舱内部,以平衡压差,防止出现较大的负压,保证机体结构安全。以 B737 飞机为例,当负余压达到 −1 psi 时,负压释压活门打开。

如图 6-49 所示,气动气控式负压释压活门通常采用带铰链的活门板形式。它安装在机身增压结构的内侧,利用弹簧来关闭该活门。正常情况下,活门板在弹簧力和座舱压力作用下关闭。当座舱外部气压超过座舱内部气压一定值时,气压差将导致活门板向机身内侧打开,外界空气流入座舱而平衡压差。

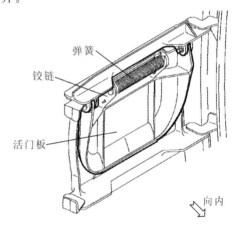

图 6-49　负压释压活门

正压释压活门和负压释压活门作为座舱增压系统的安全措施,其工作独立于正常的增压控制系统。有些飞机分别采用独立工作的两种活门,如图 6-50 所示。而有些飞机的正压释压活门和负压释压活门合为一体,即一个安全活门兼具正压释压功能和负压释压功能,如图6-51所示。

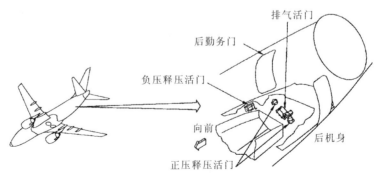

　图 6-50　B737 飞机座舱增压系统的正压释压活门和负压释压活门

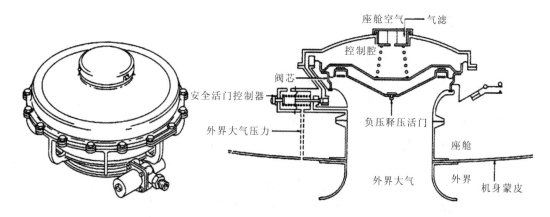

**图 6 - 51 A320 飞机座舱增压系统的安全活门**

### 6.4.4.3 座舱高度警告系统

现代民航旅客机在最大巡航高度范围内进行正常增压飞行时,座舱高度不超过 8 000 ft,以保证乘坐舒适性。但当增压系统故障或座舱失密等情况发生时,座舱高度可能过高从而危及乘员生命安全。因此,现代民航旅客机普遍设置座舱高度警告系统,当飞机座舱高度上升超过一定值(一般为 10 000 ft)时在驾驶舱中发出音响警告,提醒飞行员及时执行相关非正常程序,如图 6 - 52 所示。

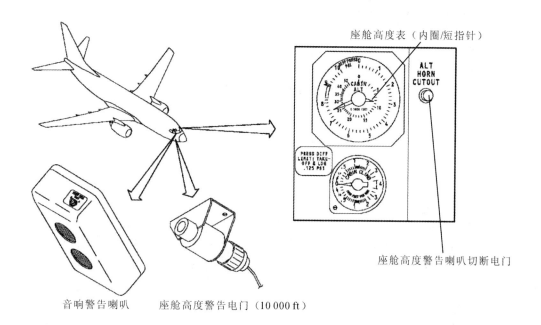

**图 6 - 52 B737 飞机座舱高度警告**

### 6.4.5 座舱增压控制系统的维护

座舱增压控制系统的日常维护工作主要包括对系统中各组成元件、管道和接头的目视检查,确认其是否存在腐蚀、锈蚀和机械损伤;定期对活门、轴承等系统元件的活动部位进行清洁和润滑,确保其运动的平顺性;按维护手册规定的期限对控制器、排气活门和活门位置指示进行功能测试;检查管道接头、电气接头、传动装置的安全性,检查系统是否存在泄漏。

为保证座舱环境控制系统的正常工作,现代飞机对增压座舱的气密性要求很高。飞机座舱气密性是通过测定座舱空气的泄漏率来确定的,分为动压试验方法和静压试验方法。座舱气密性应定期检查,在更换、调整了系统中影响增压的元件之后也要进行检查。

座舱动压试验又称为座舱泄漏试验,其目的是判断座舱气密性是否达到飞机维护手册规定的要求。座舱动压试验通常采用 APU 作为增压试验气源,也可选择发动机引气或地面气源。动压试验的基本原理是首先利用增压气源对气密座舱增压到规定的试验压力,然后关断向座舱的空调供气和排气,随后记录座舱压力和余压因座舱空气泄漏而逐渐下降到特定值所经历的时间,并与飞机维护手册中规定的时间相比较,如果试验记录时间长于手册规定时间,则说明座舱气密性满足要求,但如果试验记录时间短于手册规定时间,则说明座舱空气泄漏率过大,此时就需要对座舱进行静压试验从而查找泄漏源。

座舱静压试验的方法是先对座舱增压到规定值并保持,然后观察飞机蒙皮外部是否存在裂纹、变形和凸起,铆钉是否有变形松动等情况。较严重的泄漏点可听到明显的气流声,疑似的小泄漏点可采用涂试漏溶液的方法观察气泡并确定漏气位置。试验结束后,应关断增压供气,以适当的压力变化率使座舱安全减压,然后根据飞机维护手册的要求对漏气部位进行相应修理。

# 6.5 氧 气 系 统

地球上的大气(以体积计算)是由 21% 的氧气、78% 的氮气以及 1% 的其他气体组成的。在这些气体中,氧气是维持人类生命所需的重要成分。当飞机高度增加时,由于空气稀薄及空气压力下降,维持生命需要的氧气量也相应下降。

现代大型民用飞机大多采用增压座舱,正常飞行时飞机座舱高度一般不超过 2 438 m(8 000 ft),因而不需要额外供氧。但是,在飞行中由于某些原因导致座舱失压,飞机应当快速下降到安全高度。在这一过程中,必须有一套氧气系统来确保机组、乘务员和旅客的生命安全。飞机上手提式氧气设备可用于飞行中的紧急医疗救助、灭火和其他紧急情况。在座舱没有增压的某些小型飞机上不安装氧气系统,只在适当的位置装有若干个手提式氧气设备,以供机组和乘客使用。

现代大型民用飞机上的氧气系统通常由三个部分组成:机组氧气系统、旅客氧气系统和便携氧气设备(见图 6 - 53)。机组氧气系统独立于旅客氧气系统。机组氧气系统大多采用高压氧气瓶系统供氧,而大多数飞机(B737,B757,B777)的旅客氧气系统采用化学氧气发生器供氧,少数飞机(如 B747 - 400)的旅客氧气系统采用高压氧气瓶供氧。

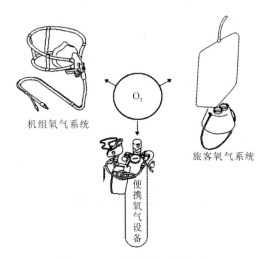

机组氧气系统

O₂

旅客氧气系统

便携氧气设备

**图 6 - 53　飞机氧气系统组成**

## 6.5.1　机组氧气系统

现代民航客机机组氧气系统的主要组成有高压氧气瓶组件、压力调节器、压力表、稀释供氧调节器和面罩等。

在需要时,机组氧气系统通过高压氧气瓶向机组提供低压氧气,除给驾驶员外,还配置了若干个观察员氧气面罩,如图 6 - 54 所示。高压氧气瓶组件主要由以下部分组成:氧气瓶、压力传感器、关断活门、释压保险装置、氧气瓶压力表等。氧气瓶压力表不仅可以指示氧气瓶内压力,也可表明氧气瓶内氧气的量,与氧气瓶关断活门的位置无关。氧气瓶关断活门用于打开或关闭氧气瓶供氧,它在正常情况下是打开的,但是当要拆开氧气系统进行维护时,首先要将关断活门关闭。

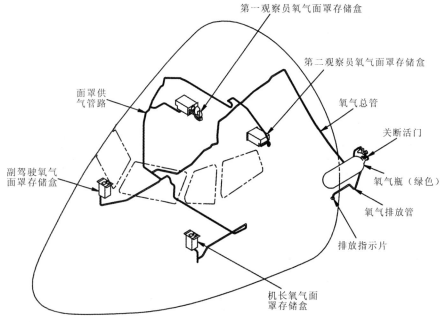

第一观察员氧气面罩存储盒

第二观察员氧气面罩存储盒

面罩供气管路

氧气总管

关断活门

副驾驶氧气面罩存储盒

氧气瓶（绿色）

氧气排放管

排放指示片

机长氧气面罩存储盒

**图 6 - 54　机组氧气面罩分布**

如图 6-55 所示,减压调节器用于将 1 850 psi 的高压氧气减压到 70 psi,然后再输送到氧气面罩。压力传感器将感受的压力信号输送到驾驶舱氧气压力表。氧气瓶上有释压保险片,当氧气瓶内超压时,释压保险片破裂,氧气瓶内的氧气通过释压保险片流出到排放管路,该管路一直通往安装在飞机蒙皮上的绿色排放指示片(或吹除片),如果检查发现此绿色指示片破裂,则说明氧气瓶已发生超压释压的现象,如图 6-56 所示,而此时飞机是不能放行的。

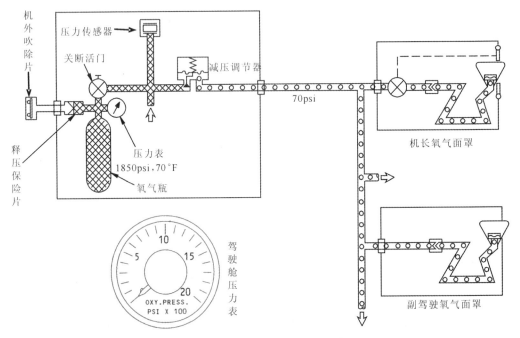

**图 6-55　B737NG 机组氧气系统**

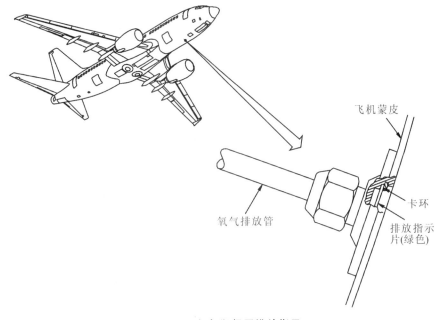

**图 6-56　氧气瓶超压排放指示**

（1）氧气瓶

氧气瓶分为高压氧气瓶和低压氧气瓶。现代民航客机大多采用高压氧气瓶,高压氧气瓶内氧气压力最大为 2 000 psi,但通常在 70℉时充压到 1 800～1 850 psi。高压氧气瓶是热处理合金瓶体在外表面包金属丝制成的,以抗破损。图 6-57 所示为 B737NG 飞机高压氧气瓶系统,其中热补偿器的作用是防止氧气在高速流动时出现高温。高压氧气瓶都是绿色的,并印有 2.54 cm大小的"航空人员呼吸用氧"（AVIATORS' BREATHING OXYGEN）字样,以供识别。低压氧气瓶有两种,一种是不锈钢的,另一种是热处理低合金钢的。这两种低压氧气瓶的尺寸不同,气瓶外表都漆为淡黄色。低压氧气瓶最大充氧压力为 450 psi,但通常充到400～425 psi。当压力下降到 50 psi 时,通常就认为氧气瓶内没有氧气了。因为当氧气瓶内没有压力时,空气就能进入氧气瓶,而大部分空气含有水蒸气,一方面在高空飞行时,氧气瓶内的水会结冰,从而堵塞氧气管道,导致在紧急情况下不能使用氧气系统;另一方面,水分进入氧气瓶也会使其内部生锈。因此,航空人员呼吸用氧都经过特殊的除水处理,纯度达到 99.5％以上,几乎不含水分。

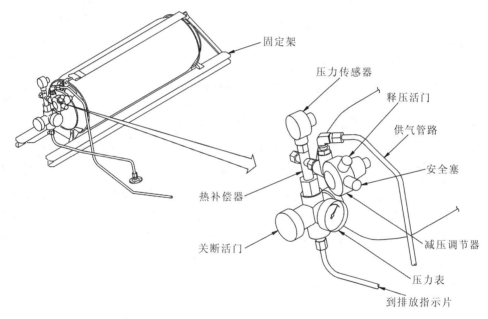

**图 6-57　B747NG 飞机高压氧气瓶**

（2）氧气面罩和调节器

现代飞机的机组氧气面罩和调节器在不使用时,它们被存储在存储盒内,如图 6-58 所示。其主要组成部件为供氧控制手柄、应急控制旋钮、复位/测试手柄、固定软管充气手柄、氧气流动指示器、口鼻面罩、调节器、护目镜通气活门等。氧气面罩本身带有麦克风,以便于在吸氧时能够通话。

机组氧气面罩组件的主要功能有稀释供氧（需求供氧）、"100％"供氧（需求供氧）、应急供氧（连续供氧）、面罩固定软管通气和供氧测试。氧气系统流动指示器用于指示氧气是否流到氧气面罩。当氧气面罩从储存盒内取出时,需要按下固定软管充气手柄,此时面罩固定充气软管开始充气,这样方便使用人员用一只手就可以将氧气面罩戴到头上。将固定软管套在头上戴好氧气面罩后,松开充气手柄,软管会放气收缩,可使氧气面罩很好地固定在头上,此时氧气面罩就可以向使用者供氧了。

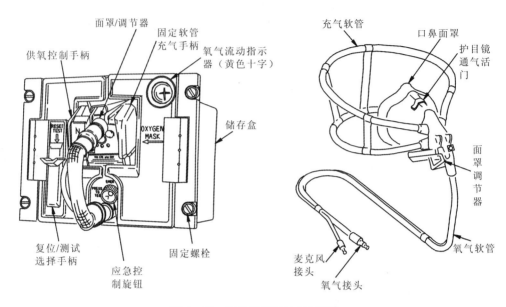

**图 6-58  机组氧气系统氧气面罩**

机组氧气面罩可以有三种供氧方式:稀释供氧、"100%"供氧和应急供氧(连续供氧)。

如果将供氧手柄扳到"N"(正常)位置时,座舱空气与氧气瓶中的氧气混合后供到氧气面罩。氧气与空气的混合比例与飞机的座舱高度成正比,即座舱高度越高,氧气所占的比例越大;反之则越小。如果将供氧手柄扳到"100%"供氧位置,则氧气不与座舱氧气混合,直接供纯氧到氧气面罩。稀释供氧和"100%"供氧都属于"需求供氧"方式,即只有在使用者吸气的时候供氧,而呼气时则停止供氧。如果转动应急旋钮到"应急"位置,氧气将连续供到氧气面罩,不管使用者是否在吸气。

(3)稀释-需求供氧调节器的工作原理

如图 6-59 所示,稀释-需求供氧调节器的基本组成是减压活门、供氧活门、稀释控制关闭机构、膜盒、薄膜、应急控制旋钮和计量活门等。右薄膜根据减压活门出口的压力(B 腔压力)调节减压活门的开度。当 B 腔压力升高超过预定值时,右薄膜向右鼓胀,驱动减压活门关小,从而防止 B 腔压力的进一步升高。当 B 腔压力减小时,右薄膜复位,开大减压活门,使 B 腔压力保持在预定值。供氧活门由左薄膜驱动,A 腔通往氧气面罩。当使用者吸气时,A 腔压力下降,薄膜驱动供氧活门右移,氧气依次通过 B 腔、供氧活门,A 腔流向氧气面罩。当使用者呼气时,A 腔压力增大,供氧活门左移关闭,停止供氧。

当供氧手柄扳到"N"(正常)位置时,稀释控制关闭机构打开,座舱空气通过空气进口单向活门和空气计量口,与氧气混合后供往氧气面罩。真空膜盒用于根据座舱高度调节氧气和空气计量口的开度,以调节氧气与空气之间的混合比例。当座舱高度较低时,真空膜盒作动将氧气计量口关小,同时空气计量口开大,氧气空气混合比例较小,即氧气所占供气比例较小;随着座舱高度的升高,氧气计量口的开度逐渐增大,同时空气计量口的开度逐渐减小,氧气所占供气比例增大。当供氧手柄扳到"100%"供氧位置时,稀释控制关闭机构作动,使空气计量口完全关闭,同时氧气计量口完全打开,实现供纯氧。当转动应急控制旋钮到"应急"位置时,氧气通过应急计量控制活门,从中央通道流到氧气面罩。此时氧气绕过供氧活门,连续向氧气面罩供氧。

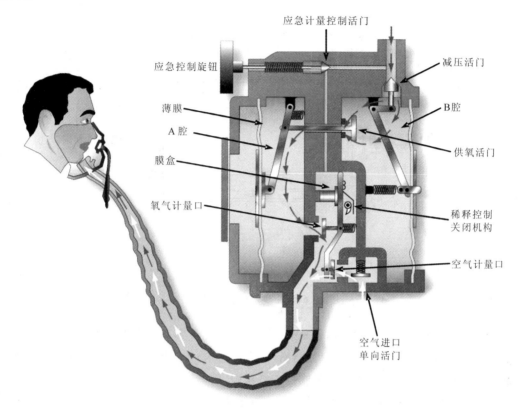

**图 6-59　稀释—需求供氧调节器**

## 6.5.2　旅客氧气系统

旅客氧气系统用于在座舱失密后,向乘客及乘务人员应急供氧。它有两种供气形式,一种是高压氧气瓶供氧,另一种是化学氧气发生器供氧。

(1)高压氧气瓶供氧

高压氧气瓶供氧的旅客氧气系统与机组氧气系统相似,但对于旅客氧气系统,因为部分客舱所在的机身段处于发动机爆裂危险区之内,如果发动机压气机或涡轮等高转速部件由于机械故障爆裂飞出,并击穿增压座舱的蒙皮,导致增压座舱失密时,飞出的部件也可能将分布于客舱内部的低压供氧管路击穿,因此在发动机爆裂危险区之内,通常将供氧总管分为天花板上方和地板下方两根分开且独立控制的供氧管道,以提高氧气分配系统的可靠性。

（2）化学氧气发生器

旅客氧气系统大多采用化学氧气发生器供氧。如图 6 - 60 所示，化学氧气发生器由金属瓶体、击发机构、发生器芯子、气滤和释压活门等组成。在发生器的一端是由包括释放绳索、释放销、撞针和发火帽组成的击发机构，发生器的另一端是出口、释压活门和气滤。

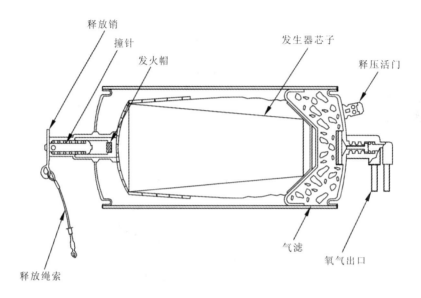

图 6 - 60　化学氧气发生器

化学氧气发生器产生氧气的机理是氯酸盐产氧剂在加热到一定温度的条件下，分解成氯化物和氧气。以氯酸盐为主体，以可燃性材料（如金属粉末）作为燃料，并添加少量的催化剂和除氯剂，经机械混合加压成型，然后在特制的产氧器中，用电或明火引燃后，就产生了氧气。由于这种燃烧现象能沿柱体轴向等面积逐层燃烧，与蜡烛的燃烧相似，故也叫作"氧烛"。现代民用航空器上使用的化学氧气发生器以氯酸钠为产氧剂，以铁粉为燃料，这种发生器在低温情况下（400°F 以下）是惰性的，即使在严重撞击下也不会发生化学反应。但是在高温情况下将会发生化学反应，氯酸钠和铁粉会生成氯化钠和氧化亚铁，并释放出氧气。反应过程的化学方程式为

$$NaClO_3 + Fe \longrightarrow NaCl + FeO + O_2 \uparrow$$

如图 6 - 61 所示，在旅客氧气面罩放下后，乘员向下拉其中任意一个氧气面罩并用双手将其套在头上时，通过释放绳索作动释放销，在弹簧作用下，撞针撞到发火帽，产生瞬间高温。发生器内的化学成分在高温的催化下开始发生化学反应，释放出氧气。氧气流出发生器出口，经过过滤后流入供气管道，到达储氧袋，储氧袋用于在使用者没有吸气时储存氧气。当使用者吸气时，吸气活门打开，氧气供到面罩。当储氧袋中没有氧气时，氧气面罩通气活门打开，允许环境空气流入。使用者呼气时，吸气活门和通气活门都关闭，呼气活门打开，让使用过的空气排出。

化学氧气发生器一经开始工作就连续供氧，不能中断，直到所有化学成分消耗完。一般可供氧 12 min。另外，当系统工作时切勿用手触摸发生器瓶体，以免发生烫伤。

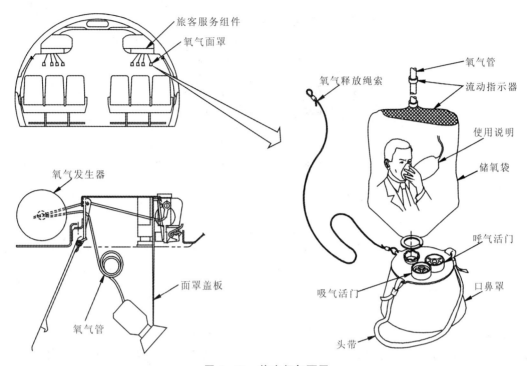

**图 6 - 61　旅客氧气面罩**

(3)旅客氧气系统的工作方式

旅客氧气系统氧气面罩放下的方式通常有三种,下面以 B737NG 机型为例介绍其工作方式。如图 6 - 62 所示,第一,当座舱高度达到 14 000 ft 且驾驶舱后顶板上的旅客氧气系统开关在 NORMAL 位时,氧气面罩储藏盒的盖板自动打开,氧气面罩自动放下。第二,由驾驶员打开保护盖,将旅客氧气系统开关扳到 ON 位时,旅客氧气面罩放下。第三,座舱的旅客可以利用尖锐物品(如发夹、别针)刺入图 6 - 63 中所示测试/重置插孔以打开氧气面罩储藏盒的盖板,使面罩掉下。不管用什么方式放下氧气面罩,旅客氧气接通灯亮,驾驶舱遮光板上的主警戒灯、顶板信号牌灯亮。

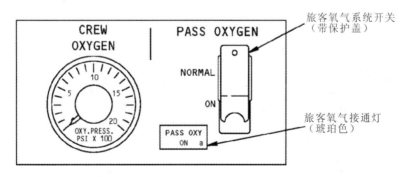

**图 6 - 62　B737NG 旅客氧气系统控制与指示**

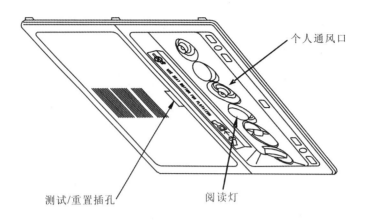

个人通风口

测试/重置插孔　　　　阅读灯

**图 6 - 63　B737NG 行李架下的 PSU 面板**

## 6.5.3　手提氧气设备

手提式氧气瓶用于飞行时在飞机座舱内提供游动医疗救助。每一个氧气瓶都是一个独立的氧气系统。手提氧气瓶多是高压氧气瓶,在 70℉时其充气压力达到 1 800 psi。如图 6 - 64 所示,氧气瓶上有压力表,显示氧气瓶内的压力,该读数表示了氧气瓶内剩余的氧气量。关断活门用于控制高压氧气供到头部连接组件。氧气瓶头部连接组件内有压力调节器,可以调节供往氧气面罩氧气的压力和流量。安全塞用于当氧气瓶内超压时,迅速释放氧气瓶内的压力。安全释压活门位于压力调节器的低压端,防止调节器下游超压。氧气瓶关断活门逆时针方向转动打开时,氧气被供往两个定流口,此时,只有插入氧气面罩接头才会有氧气流到氧气面罩。

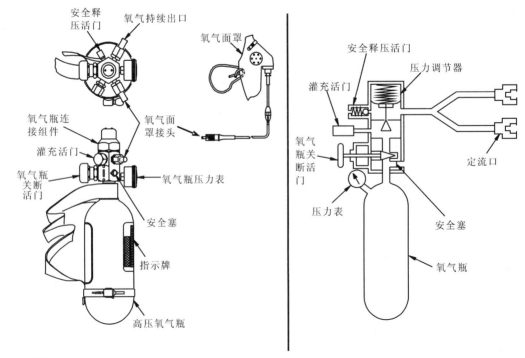

安全释压活门　　氧气持续出口

氧气面罩

安全释压活门

压力调节器

灌充活门

氧气瓶连接组件

灌充活门

氧气瓶关断活门

氧气面罩接头

氧气瓶关断活门

定流口

氧气瓶压力表

压力表

安全塞

安全塞

指示牌

氧气瓶

高压氧气瓶

**图 6 - 64　手提式氧气瓶结构图**

### 6.5.4　保护呼吸设备

保护呼吸设备提供一个防烟头套和一个气源。如图 6 - 65 所示,它主要用于灭火时保护使用者,防止烟雾或者毒气对其产生伤害。保护呼吸设备由防火材料制成,使用者戴着眼镜也能很方便地套在头上。它有一块透明板,为使用者提供了良好的视野。口鼻罩用于提供氧气,氧气来源于化学氧气发生器或气态压缩氧气瓶。

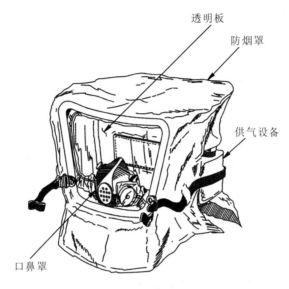

透明板

防烟罩

供气设备

口鼻罩

**图 6 - 65　保护呼吸设备**

### 6.5.5　氧气系统的维护

对氧气系统进行维护和勤务应由经培训后熟悉氧气系统地面维护的人员进行,并严格遵照相关机型现行有效的飞机维护手册(AMM)或相关厂家现行有效的部件维护手册(CMM)里的所有警告、注意事项和操作步骤工作。任何背离相关工作规定和要求的侥幸心理都可能导致飞机和设备损坏、人员伤亡和财产损失等灾难性后果。本章介绍的维护注意事项仅仅是概括性的,在实际维护工作中,应以相关机型 AMM 和 CMM 的具体内容为准。

最常见的化学式氧气系统和气体式氧气系统在维护工作方面也存在着十分明显的差异。在对化学式氧气系统进行维护时,要注意以下几方面:

1)在维护之前给相关的氧气发生器装上安全销,防止在维护的过程中,氧气发生器误触发。

2)在维护之后不要忘记把安全销从每个氧气发生器上拆下来,否则当旅客在紧急情况下需要使用氧气时,氧气发生器不能触发。

3)万一氧气发生器被误触发而引爆了,不要用手接触氧气发生器,以免烫伤。

4)注意检查化学氧气发生器启用指示器的颜色,如果指示器颜色已经变成黑色的了,就要立即更换。

气体式氧气系统大多数是高压系统,因此在维护和勤务过程中,须特别小心谨慎。氧气应远离电源、火源、易燃材料、易爆材料和碳水化合物等可能导致爆炸或燃烧的危险源。当氧气与诸如润滑油和润滑脂等碳水化合物接触时氧气会快速将它们氧化,生成对碰撞特别敏感的易爆氧化物。因此,在对气体式氧气系统进行维护和勤务的过程中,绝对禁止使用沾有油类物品的工具、设备、衣服、鞋帽、毛巾和手套等。在对气体式氧气系统进行灌充时应注意以下几点:

1)注意灌充氧气的种类及规格。飞机上使用的瓶装氧气是一种几乎不含水分、至少为99.5%纯度的特殊氧气。其他种类的氧气,如医院用或焊接用的也可能是纯氧,但它们通常含有较多水分,在高空使用时,可能因水分结冰而导致氧气系统管路的阻塞。因此,在灌充氧气前,要确认氧气瓶外面漆层是否为深绿色,并标有"航空呼吸用氧"字样。

2)灌充高压氧气时,要确认氧气瓶型号所对应的灌充活门,按规定压力和程序进行灌充。气态氧气容易引起易爆物品猛烈燃烧甚至爆炸,所以必须正确操作。当周围有火焰、电弧或任何火源时,不应打开氧气活门或氧气瓶,也不能在机库内灌充氧气。

3)灌充后应进行氧气瓶压力/温度检查。在系统灌充之后,要按规定时间对气瓶进行压力和温度检查并记录,对照给出的压力/温度曲线判断压力是否正常。如果读数相对压力/温度曲线偏低,说明存在泄漏,要进行泄漏检查;在每次进行附件、管路更换等工作后,必须对系统进行压力/温度和泄漏检查。

# 思　考　题

1. 现代运输机座舱环境控制系统的作用是什么?

2. 大气压力及其变化率对人体生理有何影响?

3. 座舱环境控制参数有哪些?

4. 座舱高度与飞机飞行高度有何区别?

5. 座舱高度变化率过大的危害是什么?民航运输机正常增压方式下最大的座舱高度变化率是多少?

6. 什么是座舱余压?为什么座舱余压不能过大或过小?现代大中型民航运输机的最大余压通常是多少?

7. 现代飞机座舱空调温度范围通常是多少?

8. 通风式气密座舱的工作原理是什么?

9. 如何保证增压座舱的气密性?

10. 现代运输机座舱空调系统的基本组成部分有哪些?

11. 空调组件活门的作用是什么?空调组件引气流量控制的原理是什么?

12. 蒸发循环制冷系统的组成及制冷原理是什么?制冷性能如何?

13. 蒸发循环制冷系统中热膨胀阀的作用是什么?

14. 空气循环制冷系统与蒸发循环制冷系统在性能特点上有何不同?

15. 根据涡轮冷却器的类型不同,空气循环制冷系统可分为哪几种?

16. 简单式空气循环制冷系统的组成及工作原理是什么?有何使用限制?

17. 升压式空气循环制冷系统的组成及工作原理是什么?与简单式空气循环制冷系统相

比有何优点？

18.三轮式空气循环制冷系统的组成及工作原理是什么？与升压式空气循环制冷系相比有何优点？

19.空气循环制冷系统中热交换器有哪些基本类型？冷却效果最好的是哪一种？

20.空气循环机（ACM）有哪些类型？其负载分别是什么？

21.现代飞机座舱温度控制的基本原理是什么？

22.座舱温度控制系统中的供气温度预感器、极限温度传感器、座舱温度传感器的作用分别是什么？

23.座舱温度控制器中的温度电桥、预感电桥和极限温度控制电桥分别起什么作用？

24.双活门式温度控制活门的"冷门"和"热门"开关方向有何特点？单活门式温度控制活门安装在冷路还是热路管道上？

25."组件跳开"的原因及影响是什么？

26.空调系统中的低压除水和高压除水的原理分别是什么？两种除水方式有何区别？

27.低压水分离器通常采用的防冰方法有哪些？各自原理是什么？

28.高压除水系统中冷凝器和回热器各有什么作用？

29.与低压除水相比,高压除水的优点有哪些？

30.座舱空气分配系统的作用是什么？客舱、驾驶舱、厨房和厕所的供气口通常位于何处？

31.座舱空气再循环系统的作用是什么？再循环通风量一般可达多大比例？

32.某些大中型运输机座舱采用分区供气的原因是什么？区域温度控制的基本原理是什么？

33.现代运输机设备冷却和货舱加温的基本原理是什么？

34.非气密座舱温度调节的基本方法是什么？与气密座舱温度调节有什么不同？空气加温装置有哪些？

35.发动机废气加温器和燃烧加温器的工作原理是什么？

36.座舱增压控制的基本原理是什么？

37.排气活门的开启程度和开关速率对座舱增压控制有何影响？

38.适航条例对座舱增压控制有何要求？

39.什么是座舱压力制度？现代飞机常用的座舱压力制度有哪些类型？现代民航运输机通常采用哪种座舱压力制度？

40.气动式和电子电动式座舱增压控制方式的工作过程及各自特点如何？

41.座舱应急增压控制包括什么内容？各有什么作用？

42.座舱增压控制系统的日常维护工作主要有哪些？

43.飞机座舱气密性检查所采用的动压试验方法和静压试验方法的目的和基本原理分别是什么？

44.飞机上氧气系统的类型都有哪些？

45.机组氧气系统供氧方式及特点是什么？

46.旅客氧气系统的类型有哪些？

47.化学氧气发生器的工作原理是什么？

48.氧气系统维护时的注意事项有哪些？

# 第7章 燃 油 系 统

一架飞机完整的燃油系统包括两大部分:飞机燃油系统和发动机燃油系统。从飞机燃油箱出发到燃油关断活门,这部分为飞机燃油系统。从燃油关断活门到发动机燃烧室,这部分为发动机燃油系统。发动机燃油系统在发动机相关书籍中介绍,本书只介绍飞机燃油系统,因此没有特别说明,本章的燃油系统都指飞机燃油系统。

# 7.1 概　　述

飞机燃油存储于机翼和机身内的燃油箱内,现代民航客机的燃油箱通常包括机身中央油箱和机翼主燃油箱,燃油箱内有燃油增压泵为供油及燃油传输提供动力。燃油箱内的燃油可以供到供油总管,通过打开的燃油关断活门,供向发动机燃油系统。在发动机燃油系统内,有发动机驱动的燃油泵。来自于飞机燃油系统的燃油,输送到发动机驱动燃油泵的进口,并经过燃油滤过滤,进入燃油控制器,燃油计量阀可以调节燃油流量,最终将燃油输送到发动机燃烧室内的燃油喷嘴。

## 7.1.1 燃油系统功用

飞机燃油系统有以下主要功用:①存储燃油,飞机油箱中存储着飞机完成飞行任务所需的全部燃油,包括紧急复飞和着陆后的备用燃油;②可靠供油,飞机燃油系统可在各种规定的飞行状态和工作条件下保证安全可靠地将燃油供向发动机和APU;③调节重心,通过燃油系统,可调整飞机横向和纵向重心位置。横向重心调整可保持飞机平衡,减小机翼结构受力;纵向重心调整可减小飞机平尾配平角度,减小配平阻力,降低燃油消耗;④冷却介质,燃油可作为冷却介质,冷却滑油、液压油和其他附件。

## 7.1.2 燃油系统特点

现代运输机燃油系统具有以下几个方面的特点:

1)载油量大——采用涡轮风扇发动机作为动力装置的现代运输机燃油消耗率很大,整个航程中要消耗大量的燃油,为解决载油和空间的矛盾,飞机多采用结构油箱,即将外机翼及中央翼内部空间进行密封和防腐处理,用于装载燃油。

2)供油安全——在正常情况下采用独立供油,以交输活门为分界线,左边管路供左发动机,右边管路供右发动机。当两边主油箱燃油量不平衡达到一定值时,可以采用交输供油系统,即任何一个油箱向任何一台发动机供油,而且每个油箱至少有两台增压泵,以保证供油安全。当两台油泵都失效时,依靠发动机燃油泵的抽吸作用仍可保证燃油供给。在确保供油安全的同时还可以在火警情况下通过燃油关断活门切断供油。

3) 维护方便——飞机燃油泵设有快卸机构,维护人员不用放油,也不用进入油箱即可拆装油泵,提高了燃油系统的维护性能。

4) 避免死油——在燃油箱内采用了引射泵,它借助于燃油增压泵提供的引射流,可将死区(一般位于油箱较低处)的含水油液引射到增压泵的进口,减小水在油箱底部的沉积(水比油重),尽可能降低油箱的微生物腐蚀。

5) 形象化的燃油控制面板——现代飞机上采用了形象化的燃油控制面板,面板上的连接关系和实际的管路连接关系相同,可反映系统的相互关联及油路的走向,直观且控制方便。

6) 采用压力加油——现代飞机可以通过飞机上的压力加油台,向任何一个燃油箱进行加油,压力加油台一般在飞机右侧大翼前缘。压力加油大大提高了工作效率。

7) 采用通气油箱——通气油箱系统保证飞机在各种飞行姿态下的通气,包括中央油箱左右通气孔,主油箱前后通气孔。防止油箱内外产生过大的压力差而损坏油箱结构。

8) 应急放油系统——在有些飞机上,比如 B747 飞机上,采用了应急放油系统,以便在紧急情况下释放燃油,使飞机质量迅速减到其最大允许着陆质量范围内,保证飞机安全着陆。

## 7.1.3　航空燃油

### 1. 航空汽油

在航空活塞发动机上使用航空汽油。航空汽油几乎完全由碳氢化合物组成,其中含有某些杂质(如硫)和溶解水。水是不可避免的,因为大气中汽油容易受到潮气的影响。少量的硫是加工过程中残留下来的。

爆震是指活塞发动机工作时,在混合气体进入燃烧室后,活塞在压缩行程时便将空气和燃油蒸汽压缩成高压混合气,火花塞将高压混合气点燃后,其燃烧所产生的压力则转换成发动机运转的动力。简单地说就是混合气还处在压缩过程中,火花塞还没有跳火时,高压混合气就达到了自燃温度,并开始猛烈燃烧的不正常燃烧现象。高压缩比设定,比较容易引起爆震,因此需要使用高辛烷值的燃油避免爆震。正是因为发动机的燃烧十分复杂,所以需要有相当精确的设计与控制,稍有一点控制失误或是失常,便会造成不正常燃烧,而“爆震”就是一种不正常燃烧。简单地说,爆震是不正常燃烧所导致的燃烧室内压力失常。燃烧速度的骤燃猛增导致汽缸头温度升高,可能导致汽缸头和活塞的结构损坏。

航空汽油的抗爆性是指燃油本身所具有的抵抗、阻止爆震发生的性能,称为燃油的抗爆性。为提高航空汽油的抗爆性,需要加入抗爆剂。常采用的抗爆剂是铅水,含有四乙铅和溴化物(或氯化物)。加入铅水的汽油燃烧时四乙铅与氧化合为氧化铅,能阻止混合气中过氧化物的大量生成,故能提高燃料的抗爆性。但生成的氧化铅呈固体状态,会沉积在气门或电嘴上,使气门关闭不严或电嘴不跳火。

### 2. 航空煤油

在航空燃气涡轮发动机上使用航空煤油。航空煤油密度适宜,热值高,燃烧性能好,能迅速、稳定、连续、完全燃烧,且燃烧区域小,积炭量很少,不易结焦;低温流动性好,能满足寒冷低温地区和高空飞行对油品流动性的要求;热安定性和抗氧化安定性好;洁净度高,对机械腐蚀小。我国现在使用的有 JET A 与 JET B,国外有 JP-4,JP-5,JP-8 等。JP-4 与 JET B 相当,JP-5 与 JET A 相当。因为航空煤油没有染色,故它没有明显的标志。它们的颜色取决于储存时间和原油来源,其颜色从无色到琥珀色(浅黄色)之间。

航空煤油的黏度较高,因此其对污染更敏感。由于航空煤油特点是黏度大,使水或其他污染物更容易悬于燃油中,不会沉入油箱沉淀槽里。油液中含水会导致当温度下降时油中水结冰造成油滤堵塞,影响发动机的供油。水中含有的微生物以油中碳水化合物为食,会产生油渣,并腐蚀油箱。

为了防止油液中的水结冰,在油箱中设有温度传感器来监控油液的温度。燃油温度表可根据传感器感受的油液温度指示油箱中油温。燃油的加温可采用热交换器,热交换器形式有发动机压气机引气(即气—油式热交换器),也可采用燃油—滑油热交换器或燃油—液压油热交换器。

航空燃油中根据需要也加有多种添加剂,以改善燃油的某些使用性能。其主要包括①四乙基铅,以提高燃油的闪点;②抗氧化剂,用来防止起胶,通常为碱性酚;③防静电剂,以消减静电并防止发生火花;④腐蚀抑制剂;⑤燃料系统结冰抑制剂(FSII),例如二乙烯甘油单甲基醚,一般在使用前才混合。

# 7.2 燃油系统部/附件

## 7.2.1 燃油箱

飞机的燃油都存储在燃油箱里面,飞机油箱根据结构不同分为软油箱、硬油箱、副油箱和结构油箱。

**1. 软油箱**

软油箱是用耐油橡皮、胶层和专用布等胶合而成的,一般应用在老式飞机和某些单翼飞机的中央油箱上。目前软油箱在大型民航运输机上很少采用,如图 7-1 所示。软油箱优点是较好地利用了空间,同时安全性较高,缺点是增加了飞机质量。

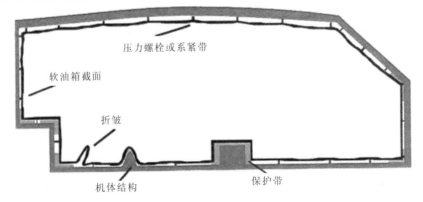

**图 7-1 某型飞机机身内软油箱结构**

### 2. 硬油箱

由防腐能力较强的铝锰合金制成箱体,箱内有防止油液波动的带孔隔板,隔板可以提高油箱强度和刚度。目前硬油箱通常作为大型飞机的中央辅助油箱,如图7-2所示。硬油箱优点是抗漏性好。缺点是不能充分利用空间,同时增加了质量。

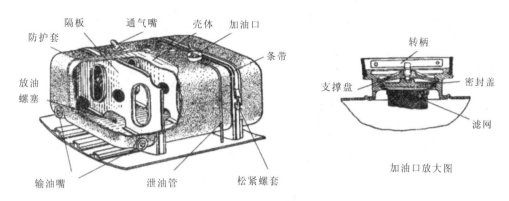

图 7-2 由壳体和带孔隔板组成的硬油箱

### 3. 副油箱

副油箱通常由铝合金制成。为了减小阻力,都做成流线型外形,有的在后部还装有安定面,以防止安装时与机体相撞。副油箱通常采用一个吊环螺杆悬挂在机体的特制挂钩上,并由支柱撑住。有的支柱同时又是通增压空气和输油的导管,如图7-3所示。

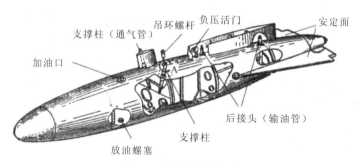

图 7-3 副油箱的构造

### 4. 结构油箱

民航飞机的油箱大多采用结构油箱,即油箱本身是飞机结构的一部分,利用机身、机翼或尾翼的结构元件直接构成的油箱。结构油箱又被称为整体型油箱。整体型油箱是飞机结构的一部分,因此在接缝、结构紧固件和接近口盖等处应妥善密封。结构油箱的特点是可充分利用机体内的容积,增大储油量,并减少飞机的质量。

一架民航飞机上会布置多个结构油箱,即机身中央油箱、机翼主油箱,在主油箱外侧设有通气油箱。有些飞机还配有机尾配平油箱和中央辅助油箱,如图7-4所示。

1)机身中央油箱:中央油箱位于中央翼盒内,油箱内的隔板可防止飞机在机动飞行时燃油发生晃动。飞行中,为减少机翼根部所受的弯矩,中央油箱的油液首先使用。当油箱中油液耗空时,油箱内充满燃油蒸汽。当燃油蒸汽浓度在着火(爆炸)浓度范围内时,遇到高温或火花

（静电或通过油箱的电缆故障）会导致油箱起火爆炸。为消除油箱起火爆炸的危险，设计中央油箱时必须考虑加装惰性气体抑爆系统或设置无油干舱。

　　某些飞机采用了另类解决办法：取消独立的中央油箱，沿飞机纵剖线将中央油箱分开，分别与左、右主油箱相同，构成双油箱布局。此种设计虽然省略了中央油箱惰性气体抑爆系统，但飞行中机翼受力情况不如三油箱布局。

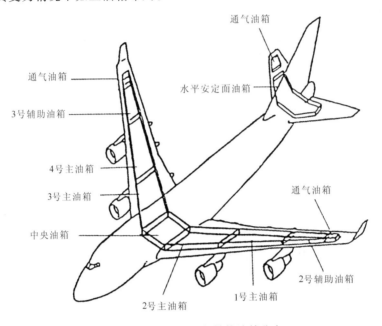

图 7 - 4　B747 飞机结构油箱分布

　　2）机翼主油箱：机翼上的结构油箱称为主油箱，一般将左侧主油箱称为 1 号主油箱，右侧主油箱称为 2 号主油箱。主油箱上表面一般都有重力加油口，下表面装有数个油尺。主油箱内的翼肋可防止油液发生晃动，翼肋底部有单向活门，使油液由翼尖流向翼根，当飞机机动飞行时，阻止油箱内的油液从翼根向翼尖方向流动，它允许油箱从翼尖向翼根方向流动，以保证油泵的正常供油，如图 7 - 5 所示。

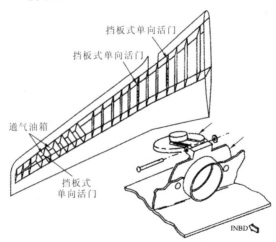

图 7 - 5　主油箱内的挡板式单向活门

为了减小翼吊发动机对主油箱的影响,某些飞机在其主油箱的发动机上方的高温区域设置了干舱。干舱内不存储燃油,因此干舱内不会存在燃油蒸汽,从而达到了防火的目的。图 7－6所示为 B777 飞机的油箱干舱系统。为了防火,B777 设置了三个干舱,即中央油箱干舱、左大翼干舱、右大翼干舱。

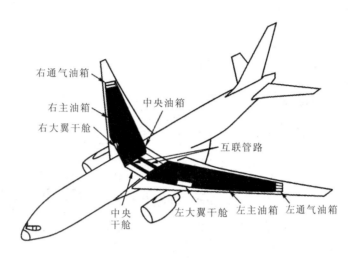

图 7－6　B777 油箱干舱示意图

3)通气油箱:通气油箱位于主油箱外侧、靠近翼尖的区域。通气油箱内不装燃油,仅用于油箱的通气。

4)配平油箱:某些大型飞机有配平油箱。配平油箱装在飞机尾部,一般安装在水平安定面内。在飞行中,燃油管理系统可根据需要将燃油送入(或排出)配平油箱,调整飞机重心的位置,减小飞机平尾配平角度,降低配平阻力,达到提高飞机燃油经济性的目的。

5)中央辅助油箱:中央辅助油箱作为飞机正常油箱系统的补充,用于提高飞机的航程。中央辅助油箱外形和标准货运集装箱类似,安装在飞机的前、后货舱内,通过专用的供油管路和通气管路与飞机燃油系统相连。在飞机内配置辅助中央油箱时,应注意对飞机重心的影响。

**5.油箱通气系统**

(1)通气系统的作用

向发动机供油时,油箱油面会下降。若油箱密闭,油箱内压力就会比油箱外压力低,从而形成负压。这种负压的危害,首先会导致供油泵吸油困难,造成供油中断,其次因为外部气压比内部气压大,从而造成油箱挤压,最终导致损坏结构油箱。

油箱通气系统为油箱内通气,可以防止以上故障的出现。油箱通气系统具有三个方面的作用:第一,平衡油箱内、外气体压力,确保加油、抽油和供油的正常进行;第二,避免油箱内、外产生过大的压差造成油箱结构损坏;第三,通过增加油箱内压力的增压作用确保供油泵在高空的吸油能力,提高供油可靠性。油箱通气系统必须满足以下要求:要防止燃油蒸汽从通气口溢出而引起火灾,同时防止飞机姿态改变时燃油从通气口洒出。

(2)燃油通气系统的组成

飞机燃油系统通气系统如图 7－7 所示。系统主要由通气油箱、通气管两大部分组成。为了确保通气系统的安全和正常工作,通气油箱和通气管上还有以下关键元件:火焰抑制器、安全释压活门、单向活门、浮子活门等。正常通气时,外界空气从冲压通气口进入通气油箱,然后分别进入通气桁条,再从主油箱和中央油箱的出气口流出。当油箱内油面降到一定程度时,浮子阀也可以打开通气,如图7-7所示。在中央油箱内的通气管还装有通气漏油单向阀,将通气油箱内的燃油引回油箱。

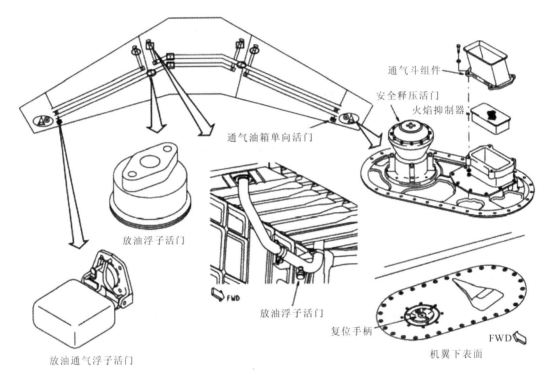

图 7-7　B737NG 飞机燃油通气系统图

为防止外部的火焰或过多的热量进入油箱内部,通气油箱进气口内装有火焰抑制器,如图7-7所示。火焰抑制器为致密的金属网状结构,容易因堵塞而造成通气系统失效。因此在通气油箱底部还需设置安全释压活门,防止油箱内正压或负压过大而损坏机翼结构。通常释压活门是关闭的,此时与机翼底部平齐。当正压或负压过大时,释压活门打开,并保持在打开位,为通气油箱提供额外通气。系统维护后,应拔出复位手柄,将释压活门关闭。

通气油箱一般沿翼展向分成两室,外室通大气,内室(靠近主油箱)通气并储存经通气管溢出的燃油,内外室之间只有单向阀连通,使内室中的燃油不会流到外室。同时,内室有管道与中央油箱通气管相通,使内室中的燃油能靠重力流回中央油箱。

通气管在油箱内一般有两个通气口。在主油箱内是一个通气口在前,一个通气口在后,在中央油箱内是一个通气口在左,一个通气口在右。有的飞机在主油箱内是也是一个通气口在前,一个通气口在后。这样做的目的就是要保证飞机在爬升、巡航、下降等各个飞行阶段都能通气,同时保证飞机在各种姿态飞行的时候也能通气,如图7-8所示。

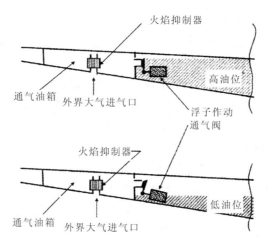

**图 7 - 8　浮子作动通气阀原理图**

## 7.2.2　增压泵

现代飞机燃油系统的增压泵大多采用电动离心泵。离心泵的主要作用是通过离心力的作用,将机械能转换为液压能,用来克服输油管路中的压力损失和机动飞行中燃油的惯性力,并增大发动机燃油泵的进口压力,保证飞机燃油系统可靠地向发动机供油,此外还可以用来 进行油箱之间的燃油传输。离心泵的特点是供油流量大、供压压力低、质量轻,而且当泵失效停转时允许油液自由流过离心泵。离心泵一般用于大流量小油压的系统。飞机飞行过程要消耗大量燃油,要求燃油系统的供油量很大,因而适于采用离心泵。增压泵要由内部封严圈进行密封,如果封严圈损坏,就可能影响增压泵的工作性能。封严圈的损坏可以通过滴油管滴出过多的油液来判别。如果外部滴油管滴出的油量超过规定值,则说明封严圈损坏。

（1）离心泵原理及性能特点

离心泵体主要由叶轮、导流筒和带输出管的蜗壳组成,如图 7-9 所示。叶轮是泵的最主要部分。离心泵就是通过叶轮将外部的机械能传递给液体,变成了液体的压力能和动能的。

油泵启动后,电动机带动叶轮高速旋转,从导流筒流入的燃油受叶片的推动也随着旋转。燃油在旋转中受到了离心力的作用,被甩进了蜗壳,最后经输出管排出。离心泵就是靠所产生的离心力使燃油增压并流动的。叶轮中心处产生的真空度将油液吸入油泵。油泵使燃油压力增加的同时,也不可避免地会引起燃油能量的损耗。例如,叶轮与导流筒之间有间隙存在,出口压力又大于进口压力,在进、出口压力差的作用下,就会有少量燃油从叶轮边缘经此间隙返回入口,造成了泄漏损失。

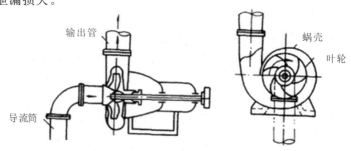

**图 7 - 9　离心泵工作原理**

（2）燃油增压泵的结构特点

燃油增压泵不同于地面应用的普通电动离心泵——燃油增压泵对增压性能、防火安全性有更高的要求。

油泵进口处有分离油气的扇轮：飞机在高空飞行时，油箱内压力降低，油泵叶轮中心处的压力会更低，不但会导致油液中溶解的气体析出，也会造成燃油蒸发加剧，大量蒸汽析出。油泵进油口存在气泡，会降低油泵的供油能力。因此燃油增压泵的主叶轮前会设置一个扇轮，与主叶轮同轴转动，用于分离油泵入口处燃油中的气泡，改善油泵工作状态。

油泵装有滴油管：油泵的主叶轮与泵的驱动部分（电动马达）之间是密封的，以防燃油或燃油蒸汽渗入马达引起火灾。为确保密封效果，一般采用双层封严圈，并在两层封严圈中间设置通向机外的滴油管。如果燃油漏过第一层封严圈，将由滴油管排到机外。一旦发现滴油管漏出的燃油超过标准，可判断封严圈已经损坏，必须及时更换。

（3）燃油增压泵的安装

燃油增压泵安装在燃油箱底部，周围的隔板（翼肋和隔框）为油泵提供一个稳定的吸油空间。隔板底部开有向油泵一侧开启的单向活门，确保油液只能向油泵流，防止飞机姿态变化时油泵抽空。燃油泵马达可从油箱外单独拆下（见图 7 - 10），且油泵的吸油管和排油管均设有单向活门。维护人员既不用进入油箱，也不用放油，就能完成燃油泵主要部件电动马达的拆换，提高了燃油系统的维护性能。

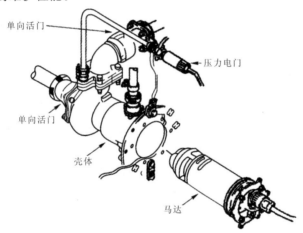

图 7 - 10  主油箱燃油增压泵的安装

## 7.2.3  引射泵

引射泵安装在燃油箱中比较低的地方，将燃油箱中的比较低的地方的燃油吸出来，避免形成死区燃油。因为燃油如果长时间不用，会析出水分。水分过多的燃油送到发动机会导致发动机停车。所以一般的飞机都要配备引射泵，通常情况下，每个主油箱配一个引射泵，中央油箱配两个引射泵。

引射泵外形如图 7 - 11(a)所示。引射泵优点是可靠性高、外廓尺寸小、质量轻、寿命长、无活动部件、在油箱中不需引入导线等。吸油管可以放在油箱中任何地方，方便布置，但一般放在油箱中地势比较低的地方。

引射泵利用增压油泵的高压燃油作为引射动力,其工作原理如图 7-11(b)所示。压力油管将增压泵增压的燃油引入引射泵的喷嘴,经收缩喷嘴以较高的速度射出,燃油的速度增加,其压力相应降低,在喷射流的周围形成了低压区,吸油管口的燃油在压差的推动下,流入引射腔,跟随射流流向出口混合管。

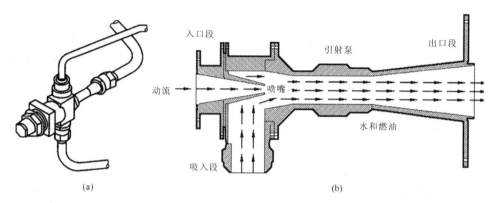

图 7-11 引射泵

(a)引射泵外形; (b)引射泵工作原理

## 7.2.4 单向活门

燃油系统中的单向活门一般为蝶形或舌形活门。单向活门安装在燃油增压泵的出口,防止油泵关断时供油系统燃油经油泵反向流回油箱并可控制正常供油的供油顺序。

以 B737NG 飞机中央油箱增压泵出口单向活门为例,该增压泵从中央油箱给发动机供油总管供油。中央油箱增压泵壳体包括下列部件:①放油单向活门,也是供油单向活门;②拆卸单向活门;③放气单向活门。放油单向活门是一个片状单向活门。放油单向活门防止燃油从发动机供油总管通过泵流出。拆卸单向活门是一个提升活门。当拆卸马达时,拆卸单向活门关闭,这可在中央油箱不放油情况下拆卸马达。放气单向活门可防止燃油通过泵,从油箱反向流动,如图 7-12 所示。

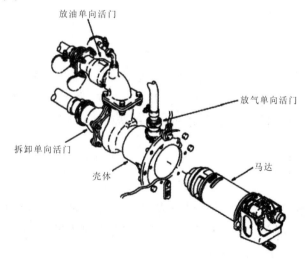

图 7-12 中央油箱增压泵单向活门

## 7.2.5  供油关断活门

燃油系统中的供油关断活门的作用是关断或改变燃油的流动方向。目前飞机燃油系统供油关断活门多采用电动或手动的关断活门。关断活门包括驱动机构和阀门两大部分。阀门形式主要有提升式的闸阀、旋转式的锥阀和柱阀(也叫旋塞阀)、旋转式的蝶阀(也叫旋板阀)等。图 7-13 所示为典型燃油系统供油关断活门,电动机安装在油箱外部,通过一根驱动轴驱动活门体内的蝶形活门转动,此种设计增强了活门的防火安全性和维护方便性。燃油关断活门安装在通往发动机的油路上,控制供向发动机的燃油流动。当发动机发生火警时,提起灭火手柄,可将燃油关断活门关闭,切断供向发动机的燃油。

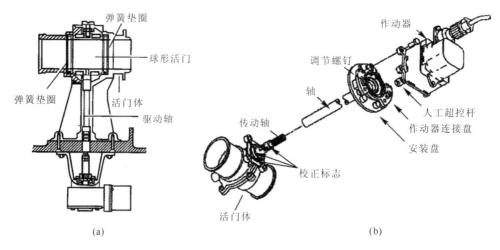

**图 7-13 燃油系统控制活门(供油关断活门和交输活门)**

(a)控制活门剖面图；　(b)控制活门安装示意图

## 7.2.6  交输活门

交输活门安装在供油管路的中央,正常供油(独立供油)时关闭,将供油系统分成独立的左右两部分。左边管路供左发动机,右边管路供右发动机。当进行交输供油时打开。其工作原理和内部结构与供油关断活门类似,只是安装位置不一样,燃油交输活门在右机翼后梁上,可通过右轮舱接近。有些资料把供油关断活门和交输活门统称为控制活门,如图 7-13 所示。

## 7.2.7  燃油油滤

燃油油滤的主要作用是过滤燃油杂质,有粗油滤和细油滤。粗油滤仅能防止那些较大的微粒进入燃油系统,在燃油进入发动机燃油喷嘴之前多用细油滤。油滤的主要元件是滤芯,滤芯由金属骨架支撑的滤网构成。滤网有金属滤网与纸质滤网,网眼的大小决定了滤芯的过滤度,即通过的最大微粒大小。燃油的通路多是从滤芯外面进入滤芯内部,然后流出的。这样油的压力使滤芯紧紧贴在滤芯的骨架上,使滤芯不易受损,如图 7 - 14 所示。

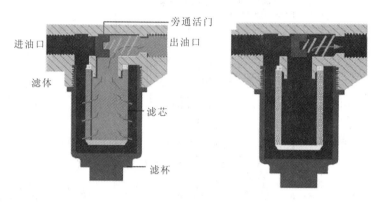

**图 7 - 14　燃油油滤**

燃油滤堵塞会导致发动机供油量下降,严重时会导致发动机空中停车。为了提高供油可靠度,燃油滤设置了旁通活门,当油滤进口、出口压差达到旁通活门开启压力时,旁通活门便打开,油液绕过滤芯,直接供向发动机。同时,驾驶舱燃油控制面板上的油滤旁通指示灯会点亮。

## 7.2.8　部、附件布局

目前航空公司使用的各种机型的飞机中,B737NG 飞机为其典型代表,其燃油系统涉及的部、附件及其布局如图 7 - 15 所示。

驾驶舱面板为形象化的燃油控制面板,面板上泵和管路的布局与实际的泵和管路的布局是一样的,根据面板就可知道实际的管路连接关系。1 是指左主油箱两个泵控制电门;2 是指右主油箱两个泵的控制电门;CTR 是指中央油箱两个泵控制电门。主油箱两个泵是一前一后布局的,中央油箱是一左一右布局的,这样布局的目的是保证飞机在各种姿态下都能够安全可靠地向发动机供油。每个泵的出口都有压力电门,监测泵的出口压力值。如果压力低于门限值,则相应的泵出口低压灯亮。

交输活门位于供油管路正中,驾驶舱的交输电门控制交输活门打开或者关闭,转到水平位打开交输活门,转到竖直位关闭交输活门。交输活门打开或者关闭的过程中,交输活门指示灯呈明亮的蓝色;交输活门打开到位,交输活门指示灯呈暗亮的蓝色;交输活门关闭到位,交输活门指示灯熄灭。

在左主油箱中设置温度传感器监测整个燃油系统的温度。当燃油系统温度接近冰点时,增加飞行速度,或者降低飞行高度,以防止燃油系统结冰造成管路堵塞。

发动机燃油关断活门和翼梁关断活门在正常供油时打开,当提起发动机灭火手柄或起动手柄达到关断位时关闭,关闭时相应的指示灯显示明亮或暗亮的蓝色。

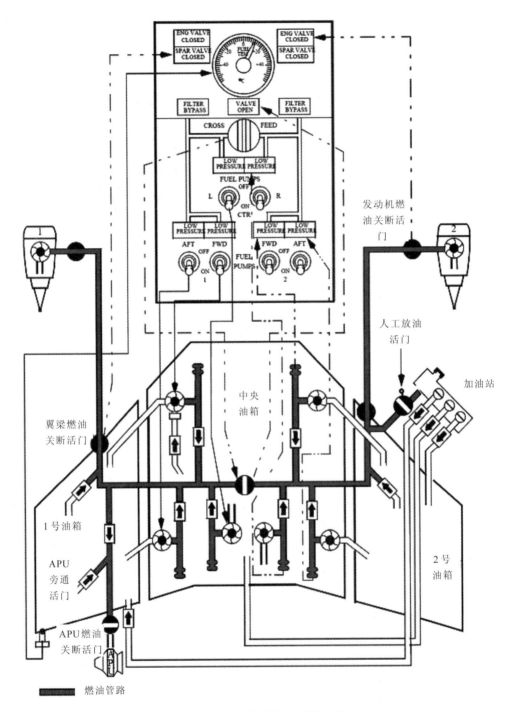

图 7 - 15　B737NG 飞机燃油系统

# 7.3 加油/抽油系统

在民航中,飞机的加油方法有两种:重力加油和压力加油。小型飞机一般采用重力加油,大型运输机一般采用压力加油。现代飞机抽油系统的主要作用是抽油以及油箱之间传输燃油。抽油是指飞机停在地面上长时间不用时,把燃油箱中的燃油全部抽出来。油箱之间传输是指将燃油从一个油箱转到另外的燃油箱,比如先用重力加油方式对 B737 的两个主油箱加油,主油箱加满后再把主油箱的燃油传输到中央油箱。

## 7.3.1 重力加油

(1)重力加油的应用

小型飞机一般采用重力加油,如图 7-16 所示,操作员站在地面上就可以进行,操作也相对简单易行。

重力加油时,打开重力加油口盖板。不同飞机的加油口结构都不相同,但作用一样。加油口周围设有密封腔,制成可收集和放出溢出燃油的漏斗形。为了防止异物掉进油箱,加油口有滤网保护。口盖盖好后因有密封,阻止了燃油从加油口外溢。加油时,应将加油枪与机翼表面的放静电搭铁线搭接。加油完成后,应将加油口盖密封盖好。

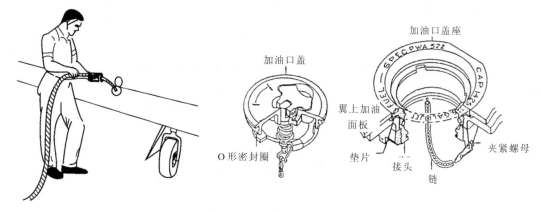

**图 7-16 小型飞机重力加油和加油口盖**

大型飞机一般优先采用压力加油,重力加油仅在机场没有专用加油车时,作为辅助加油手段。大型飞机的重力加油口一般位于主油箱顶部,如图 7-17 所示。大型飞机采用重力加油只能直接加到主油箱,因为中央油箱没有重力加油口。当需要时再通过燃油转输系统输送到中央油箱。

(2)重力加油的缺点

1)加油速度慢。重力加油从开始准备和结束收场的时间很长,如加油车开动、搬梯子和加油管、打开和关闭加油口盖、加油枪的接地和定位、加油车油泵的启动和流量调节、供油量的监测等,这些工作都是在速度很慢的状况下进行的。

2)容易导致机翼表面损伤。因为重力加油口总是配置在机翼的上表面,加油人员在上面走动和搬动加油管等,不可避免地会引起表面油漆层的损坏。

3)存在一定的危险。在冬天机翼表面结冰的情况下,加油人员在上面操作极易发生危险。更值得注意的是,加油时难免会冒出燃油和油蒸气,一遇到火星就有发生火灾的危险;同时敞口式加油也容易导致燃油污染。

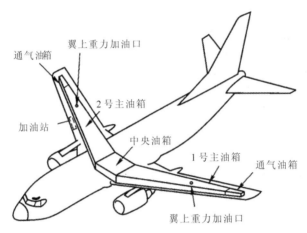

图 7-17   大型飞机重力加油口

## 7.3.2   压力加油

(1)压力加油应用

压力加油也叫集中加油。将加油车上的加油软管,连接在飞机加油站的加油接头上,通过人工或自动控制等方法,在加油车油泵压力的驱动下通过预先铺设的管道往各油箱加油。它包括了地面加油车在内,形成了一个完整的压力加油系统,这种加油方式的特点是抗污染性好,安全性高。

(2)压力加油系统组成

双发飞机压力加油如图 7-18 和图 7-19 所示。系统由右大翼前缘的加油站、加油电磁活门、通往各个油箱的加油管和油箱内的满油浮子电门构成。加油管连接在加油总管上,分别通往 1 号油箱、中央油箱和 2 号油箱。为了同时加油时使流往左、右机翼油箱的流量达到均衡,2 号油箱加油管加装了节流器,以限制流往 2 号油箱的流量。

所有油箱都可以从右机翼的加油站加油。加油站包括下列部件:加油面板、加油总管、加油接头和加油关断活门,可在加油站自动或手动控制加油关断活门。通过加油电源控制继电器,加油站获得 28 V 直流热电瓶汇流条电源。当打开加油站盖板时,继电器通电。继电器电源来自下列电源之一:电瓶汇流条;直流汇流条 1;汇流条电源控制组件(BPCU)内部整流变压器。可用加油指示测试电门给加油电源控制继电器提供备用接地。

可用下列任一电源给飞机加油:电源系统汇流条上的外部电源;外接电源连接到飞机上,但没供给电源系统汇流条;APU 发电机;电瓶电源(电瓶电门必须在 ON 位);当将控制电门置于 OPEN(打开)位时,加油关断活门的电磁线圈接通。如果燃油压力适合,活门打开。当油箱加满时,浮子电门自动断开加油关断活门的电源。当将控制电门置于 CLOSE(关闭)位置时,也可以人工关断活门断电。没有电源,活门关闭。在每个加油关断活门上,也有人工超控柱塞,柱塞和燃油压力可在电磁线圈失效时打开活门。

三个活门位置灯指示燃油关断活门有电。灯不指示活门打开,这些灯是按压测试灯,三个加油指示器指示每个油箱中的油量。

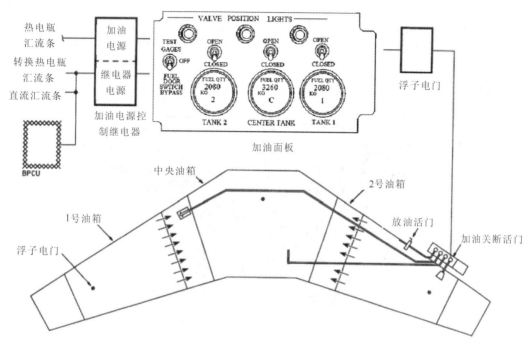

图 7 - 18 压力加油系统组成

压力加油站提供了压力加油的控制和指示,包括压力加油接头、加油总管和压力加油控制面板等功能元件,如图 7 - 19 所示。加油总管连接压力加油接头和通往油箱的加油管,起到加油分配中心的作用。浮子电门感受油箱内油面位置,当油面到达加油预定值时,电磁阀线圈断电,自动关闭加油活门,防止燃油过满溢出。

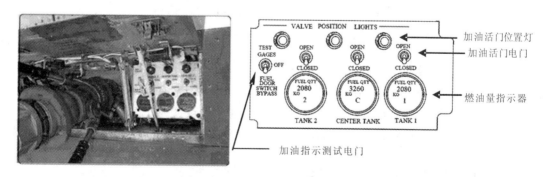

图 7 - 19 压力加油面板

飞机燃油系统勤务部分还包括①加油操作的注意事项和限制;②对飞机进行加油操作的

准备工作；③压力加油程序；④当加油量指示器闪亮时，进行加油操作；⑤当油量指示系统不运行时，进行加油操作；⑥对没有电动打开的加油阀进行压力加油操作；⑦燃油系统排水；⑧抽油后排放油槽中的燃油。

### 7.3.3　地面抽油/转输

飞机的抽油/转输系统一般是飞机在地面时进行的。第一，为了维护燃油箱或油箱内的附件，将燃油箱内剩余燃油排放到地面油车上；第二，为了保持飞机的横向平衡，将一个油箱中的燃油转输到另一个油箱中。抽油时，可采用燃油系统本身的增压泵作为动力，即压力放油，也可采用油罐车内油泵进行抽吸，即抽吸放油，简称抽油，如图 7 - 20 所示。

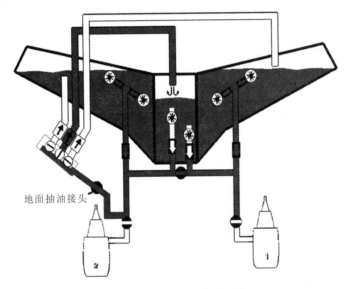

图 7 - 20　抽油系统原理图

抽油操作时，将抽油管接在地面抽油接头上，打开抽油活门，启动燃油箱的增压泵。此时，交输活门打开保证左、右主油箱油量平衡，发动机供油关断活门关闭，加油活门电门全部关闭。所有抽出的燃油经过地面抽油接头进入抽油管从而进入油罐车油箱。

转输操作时，例如将左、右主油箱的燃油转输到中央油箱。打开左、右主油箱燃油增压泵，关闭中央油箱燃油增压泵，打开交输活门保证左、右主油箱油量平衡，发动机供油关断活门关闭，所有抽出的燃油流经压力加油站，根据需要打开相应的加油活门电门。如本例中打开中央油箱加油活门电门，如图 7 - 20 所示。

当进行地面抽油/转输操作时，不但要注意防火，还要注意飞机重心变化问题，尤其是大后掠角的飞机，一般应先抽两翼主油箱的油液，再抽中央油箱的油液，防止抽油过程中飞机后倾。

### 7.3.4　加油/抽油注意事项

飞机的加油和抽油操作是相对危险的工作，为了确保安全，在加油/抽油时应注意以下事项。

（1）防火

在整个加油/抽油过程中，都要防止火灾的发生。

1）严禁烟火，车辆远离，场地应开阔通风。为了防止加油/抽油过程中燃油蒸汽溢出发生火灾，加油/抽油操作应在开阔通风的场地进行，同时场地附近应有消防设备。为了确保发生意外（发生火警）时，油罐车能够迅速撤离，消防车能够快速抵达现场，飞机周围必须有足够的安全距离。

2）三接地防静电。三接地是指加油车、飞机和大地通过静电导线连接形成等电位体，加快燃油中静电电荷的传递。飞机加油时产生静电失火和爆炸事故，在世界各航空公司几乎每年都有发生，造成生命财产的重大损失。随着大型飞机加油量的增加和加油速度的提高以及加油操作的不当，使飞机在加油过程中产生的静电灾害的危险性有所增加。

燃油相对固体表面运动时产生静电，由于吸附电解等原因，在喷雾、冲刷等过程中也产生静电。摩擦产生的静电达到一定量时，才可能造成静电事故。燃油是介电系数较大的物质，它既能通过摩擦产生静电，又能蓄电。在带有电荷的燃油进入飞机油箱后，如果电位差达到 20 kV 时就会发生放电现象，并产生火花。

在消除飞机静电的方法中，最有效的方法是接地法。静电接地是指在飞机加油时，将加油车通过金属导线分别与飞机导静电接地桩和地面接地跨接起来（见图 7 - 21），使加油车、飞机和大地形成等电位体，加快燃油中静电电荷的传递。接地可以使飞机和加油车电位相筹，避免因静电电位差造成外部放电引起灾害。加油压力不要超过规定值（一般为 55 psi），严格按照操作程序进行加油。

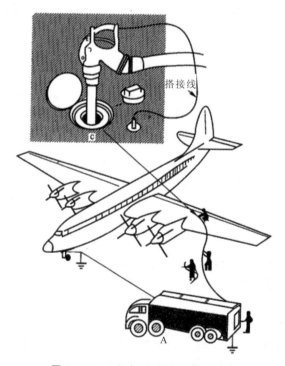

**图 7 - 21　飞机加油接地（重力加油）**

3）雷达关闭，高频通信关闭，不能检查电器设备。在飞机加油的过程中，必须把飞机的所有电器设备关闭。

(2)防污染

加油一段时间后放沉淀或取样化验。在加油过程中尽量不和空气接触,防止外界杂质进入燃油系统从而造成污染。

(3)燃油牌号、单位、油量正确

加油时特别应注意燃油牌号、油量单位、加油顺序等。航线运营中曾因搞错了燃油的牌号,或弄错了油量单位(如把磅当成了千克,或者把升当成了加仑)等,造成多次空难和严重事故隐患。

(4)加油后盖好加油口盖

如果是重力加油结束后,切记盖好并拧紧加油口盖。如果是压力加油结束后,切记盖好加油面板。

(5)及时处理溢出燃油

在加油和抽油过程中,对溢出的燃油要及时处理。一般少量溢出时,可撒上细沙,然后仔细清扫。如燃油大量溢出应及时通知消防部门,喷洒泡沫灭火剂,然后用水冲洗场地。

# 7.4 供 油 系 统

民用飞机燃油系统的供油方式一般有单发供油系统、双发供油系统和多发供油系统。单发供油系统又分为重力供油和动力供油。双发供油系统一般为动力供油。双发动力供油又分为独立供油(正常供油)、交输供油和抽吸供油。

## 7.4.1 单发供油

单发供油系统又分为重力供油和动力供油。

(1)重力供油

单发飞机重力供油适用于油箱比发动机位置高的小型单发飞机,如油箱装在机翼内的上单翼飞机。油箱顶部的加油通气口将大气引入油箱,确保供油通畅。燃油选择活门安装在供油管路上,燃油过滤器安装在供油系统的最底处,用于过滤油液中的杂质并收集燃油中的部分水分。当打开燃油系统选择活门时,燃油便会在自身重力作用下流经油滤向发动机供油。多油箱飞机采用重力供油时,应在各油箱之间加装燃油平衡管,以保证各油箱的油量平衡,如图7-22所示。油箱燃油经过燃油选择活门,经过油滤,再经过汽化器到发动机气缸,这就是典型的单发飞机重力供油系统。

(2)动力供油

单发飞机重力供油最大的优点是构造简单,但其供油可靠性较低,尤其是飞机飞行速度变化和机动飞行时。因此很多飞机安装一个或者两个发动机驱动的燃油泵,以提高飞机供油可靠性,这样就变成了动力供油的燃油系统,如图7-23所示。

在图7-23中,左右油箱的燃油经过燃油选择活门流经燃油滤,经过电动泵和发动机驱动泵后再进入下游,提高了供油可靠性。

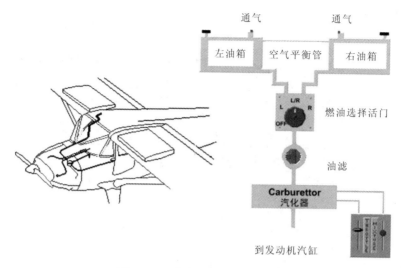

图 7-22 单发飞机重力供油系统

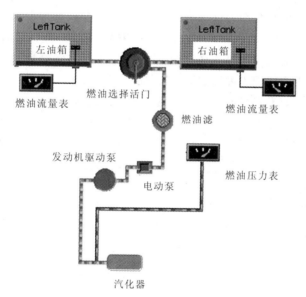

图 7-23 单发飞机动力供油系统

## 7.4.2 双发供油

双发飞机一般为动力供油,其原理如图 7-24 所示。动力供油系统采用电动离心泵作为供油动力源,将燃油增压后供向发动机和辅助动力装置(APU)。为了保证供油的可靠性,每个油箱中安装两台燃油增压泵。中央油箱燃油增压泵一左一右,主油箱燃油增压泵一前一后。这样布局的目的就是要保证飞机在各种姿态下飞行都能安全可靠地向发动机和 APU 供油。同时还要控制好飞机的重心,保证飞机的平衡。

双发飞机向发动机供油的时候,动力供油按供油方式分可分为正常供油(也叫独立供油)、交输供油和抽吸供油。

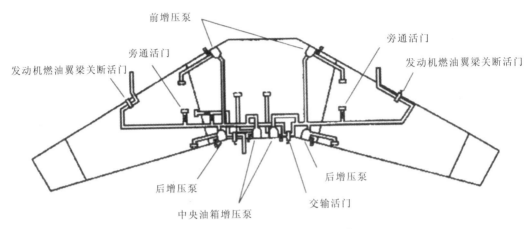

图 7 - 24　双发飞机燃油供给系统

（1）正常供油（独立供油）

正常供油采用电动离心泵作为供油动力，将燃油从油箱中抽出并增压，向发动机和 APU 提供一定压力和流量的燃油。在正常供油方式下交输活门关闭，并以交输活门作为分界线，交输活门左边的供油管路向左发动机供油，交输活门右边的供油管路向右发动机供油。同时通过采用各种方法保证先消耗中央油箱的油，再消耗主油箱的油。

1）供油顺序。对于双发飞机而言，供油顺序是先消耗中央油箱内的油液，然后再消耗主油箱内的油液。因为中央油箱靠近飞机重心，对飞机重心变化影响不大，同时充分利用主油箱内油液对机翼的卸载作用，减轻飞行中机翼结构的弯曲载荷（即减小机翼根部所受的弯矩）。

2）供油顺序控制方法。要保证先消耗中央油箱内的油液，然后再消耗主油箱内的油液。可以有三种实现方法：油泵出口单向活门开启压力不同：采用此种方法时中央油箱和主油箱内燃油增压泵完全相同，而油泵出口的单向活门开启压力不同。中央油箱增压泵出口单向活门开启压力低于左、右主油箱增压泵的开启压力，如图 7 - 25 所示。当所有增压泵同时启动时，中央油箱增压泵出口单向活门先打开，由中央油箱先向发动机供油。当中央油箱内的油液快用完时，中央油箱增压泵出口压力降低，则左、右主油箱油泵出口压力顶开其出口的单向活门，向发动机供油。

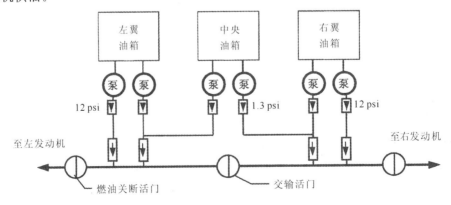

图 7 - 25　供油顺序控制原理

不同工作压力的燃油泵：当泵出口单向活门开启压力相同时，调节油箱增压泵的工作压力，也可实现先用中央油箱油液再用两翼主油箱油液的供油顺序。为了使中央油箱先供油，中央油箱采用工作压力大的增压泵，左、右翼油箱采用工作压力小的增压泵。当所有油泵同时启动时，由于中央油箱增压泵的工作压力大，所以其出口单向活门将首先被打开，向发动机供油。当中央油箱的燃油消耗殆尽时，其油泵出口压力迅速降低，左、右大翼油箱增压泵向发动机供油，实现了供油顺序的控制。

程序控制：有些飞机上采用供油程序控制，使各油箱的供油按预定的程序供油。由浮子感受各油箱油量的变化，通过浮子控制的程序电门操纵各油箱燃油增压泵的启动和停止，达到控制供油顺序的目的。浮子开关根据油平面的高度的变化，控制电路的接通和断开。浮子的位置随油平面高度的变化而改变，作动开关。

（2）交输供油

在飞行中，若左、右机翼主油箱出现燃油量消耗不均衡的情况，会导致飞机横向失去平衡，此时可通过交输供油系统纠正。交输活门位于左、右侧供油管路之间，平时处于关闭状态。当飞机主油箱出现不平衡现象，并且不平衡量达到手册规定的门限值时，飞行机组应按下面的要点进行交输供油。第一步，打开交输活门；第二步，关闭油量较少的油箱内的燃油增压泵。此时，由燃油较多的油箱内的燃油增压泵向两台发动机供油。观察油箱油量指示，当两侧油箱油量恢复均衡时，停止交输供油，恢复正常供油。恢复供油的步骤：第一步，启动关闭的油泵；第二步，在油泵的低压指示消失后，将交输活门关闭，恢复正常供油。

如果在飞行过程出现一个发动机停车，即单发飞行时，也要启用交输供油系统。此时交输活门打开，两个主油箱同时向一个发动机供油。

（3）抽吸供油

在飞行过程中，如果主燃油箱里面两个燃油泵都出现故障，只能靠发动机燃油系统中的由发动机高压转子驱动的燃油泵提供动力供油，这样的供油方式叫作抽吸供油。在抽吸供油方式下，在主燃油箱里面主要通过旁通单向活门将油送到发动机。

出现抽吸供油时需要注意几点：①因为中央油箱通常不设旁通活门，其所剩燃油不可用，只能从主油箱抽吸供油；②飞机在高空容易出现功率下降、不稳定或熄火；③飞机在高空出现抽吸供油，应减小功率，下降高度，找就近机场着陆；④作好飞行记录，回到地面由维护人员来维修。

双发飞机向 APU 供油的时候，任何向左发供油的管路都可以向 APU 供油。不管在正常飞行过程中还是在地面维护的时候，如果交输活门关闭，可以通过中央油箱左泵和左主油箱燃油泵向 APU 供油。但在 APU 使用过程中要注意左、右两边的受力平衡。比如要在地面长时间使用 APU，必须用中央油箱的左泵供油，以避免左、右油箱不平衡导致飞机倾斜（见图 7-26）。

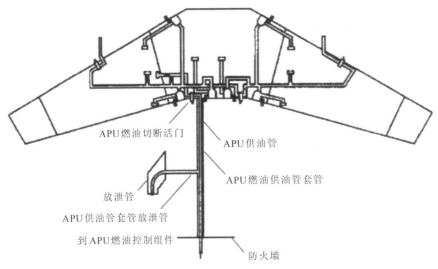

APU燃油切断活门

APU供油管

APU燃油供油管套管

放泄管

APU供油管套管放泄管

到APU燃油控制组件

防火墙

**图 7 - 26  APU 燃油供给系统**

### 7.4.3  多发供油

多发总汇流管供油系统用于三发及三发以上的飞机,是交输供油的演变型,如图 7 - 27 所示。

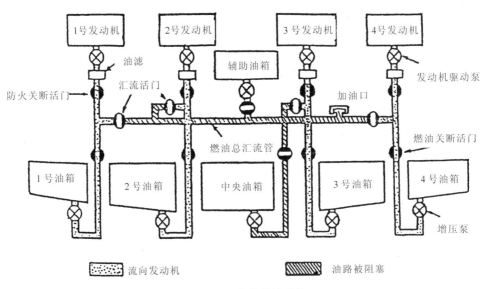

1号发动机    2号发动机    3号发动机    4号发动机

油滤

汇流活门

辅助油箱

发动机驱动泵

防火关断活门

加油口

燃油关断活门

燃油总汇流管

1号油箱    2号油箱    中央油箱    3号油箱    4号油箱

增压泵

流向发动机    油路被阻塞

**图 7 - 27  多发供油系统**

多发总汇流管供油系统的特点:①燃油可从各主油箱分别供给对应的发动机,也可将各主油箱的燃油经过汇流活门先送至汇流总管,再从总汇流管分配给各发动机。辅助油箱的燃油则必须经总汇流管才能供给发动机。②总汇流管系统可以在某发动机失效时,将其对应油箱的燃油经汇流管供给其余工作发动机;③而当一个主油箱损坏时,其对应的发动机又可直接从汇流管得到燃油而无须交输供油。

# 7.5　应急放油

通常情况下,飞机的最大起飞质量大于飞机的最大着陆质量。根据 ICAO(国际民航组织)和 FAR(美国联邦航空局)25 部的适航规章要求,当运输机或通用飞机的最大起飞质量大于最大着陆质量的 105％时,必须设置空中放油系统,比如 B747 等比较大型的运输机。放油系统分为重力放油系统和动力放油系统。

当飞机以较大的起飞质量,比如超过最大着陆质量起飞时,若起飞不久即遇到需要紧急着陆的情况,驾驶员可通过应急放油系统将燃油迅速放出,从而将飞机自身质量降低到最大着陆质量以内,避免在紧急着陆时对起落架和机身结构造成严重损坏。另外,紧急放油系统可使飞机以较少的燃油量着陆,减少飞机着陆后起火爆炸的危险。

## 7.5.1　重力放油

如图 7-28 所示为 B707 飞机空中放油系统。重力放油系统空中放油时,电机带动放油槽从翼根后缘伸出,利用燃油重力直接放油,由放油活门控制放油管路的通断。这种系统不能用于发动机后置的飞机。

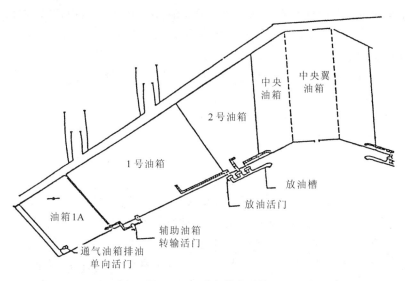

**图 7-28　重力放油系统**

## 7.5.2　动力放油

如图 7-29 所示为 B747 空中动力放油系统,B747 飞机共有 7 个燃油箱,其中中央油箱 1 个,主油箱 4 个(编号自左向右为 1,2,3,4),备用油箱 2 个。

在驾驶舱中,应急控制开关包括剩余燃油选择开关、燃油应急控制选择开关、应急放油阀开关,如图 7 - 30 所示。

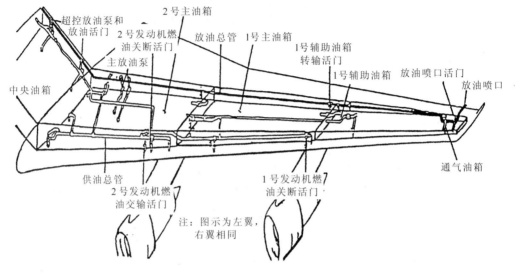

超控放油泵和
放油活门
2 号发动机燃
油关断活门
主放油泵
中央油箱
2 号主油箱
放油总管　1 号主油箱
1 号辅助油箱
转输活门
1 号辅助油箱　放油喷口活门
放油喷口
通气油箱
供油总管
2 号发动机燃
油交输活门
1 号发动机燃
油关断活门
注:图示为左翼,
右翼相同

**图 7 - 29　动力放油系统**

准备应急放油时,首先操纵应急放油转换活门的选择电门,然后通过剩余油量选择电门选择每个油箱的剩余燃油量。当打开任何一个应急放油活门控制电门时,应急放油系统即开始工作。其后系统就可以自动控制转换活门及应急放油泵的工作。超控应急放油泵在正常情况下可作为增压泵工作,在应急放油过程中,该油泵可以通过打开的转换活门,输送各油箱内的燃油到应急放油总管,通过翼尖的应急放油喷口喷出,如图 7 - 29 所示。

当油箱内的油量达到先前设定的剩余油量时,应急放油系统自动停止工作。在应急放油过程中的任何时刻,都可以人工关断应急放油系统。

## 7.5.3　放油注意事项

空中放油虽然不是一种紧急情况,但在程序上需要认真对待,注意密切配合。与处理其他非正常程序一样,首先应确保有人以主要精力操纵飞机,然后由实施程序的飞行员喊出检查项目,把手放在适当的开关上或者指向适当的开关,经过另外一名飞行员证实为正确后再行动。除了最紧急的情况外,空中放油还应注意的问题:

1)遵从空中交通管制部门的指挥,到指定空域、规定高度上放油,以保证地面人员和财产的安全。一般在 1 830 m 高度上放油,放出的燃油在达到地面前就已完全汽化掉了。

2)排放出的燃油不能接触飞机。重力放油时,电机带动放油槽从翼根后缘伸出,利用燃油重力放油;动力放油时,应急放油口设置在机翼外侧,放出的燃油避开飞机机身和尾翼。

3)驾驶员在放油操作过程中任何阶段都能终止放油操作。因此在驾驶舱内应设置放油电门,供驾驶员控制放油活门的开启和关闭;留够余油,一般达到最大着陆质量为宜。

4)放油系统工作时不能有起火的危险,因此应急放油管口必须设置防火网。

5)在放油过程中应保持飞机的横向稳定,即必须设置两个分开的独立放油分系统。

6）必须有保持最少油量的自动关断活门，保证飞机有足够的燃油着陆。

7）放油期间飞机应处于净形状态，即增升装置和起落架应处于收回状态。

8）空中放油时间一般情况下小于 15 min。

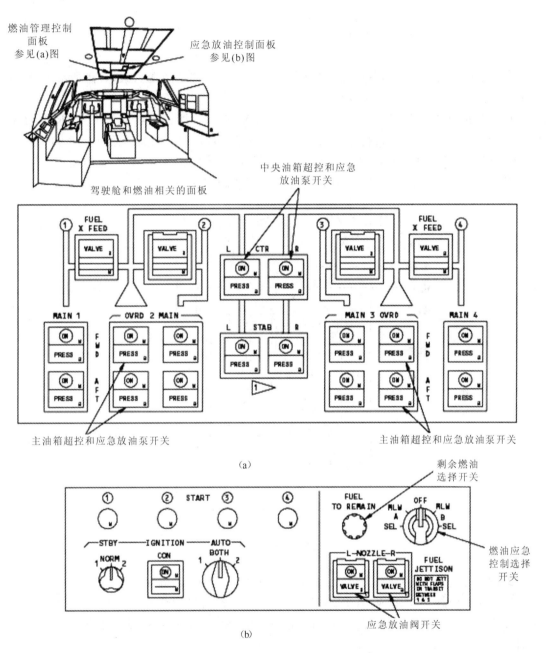

图 7－30  **B747 飞机应急放油控制**

(a)燃油管理控制面板；  (b)应急放油控制面板

# 7.6 燃油系统控制和指示

## 7.6.1 燃油控制面板

在目前航空公司使用的各种机型飞机中,B737NG 飞机为其典型代表,其燃油系统驾驶舱内的燃油控制面板如图 7-31 所示。

1)发动机燃油关断活门(ENG VALVE CLOSED)和翼梁关断活门(SPAR VALVE CLOSED)指示灯:灯灭表示相应的发动机燃油关断活门或翼梁燃油关断活门打开,灯明亮(蓝色)表示相应的发动机或翼梁燃油关断活门在打开或关闭过程中,或活门位置与发动机起动手柄或发动机火警电门不一致;灯暗亮表示相关的发动机或翼梁燃油活门关闭。

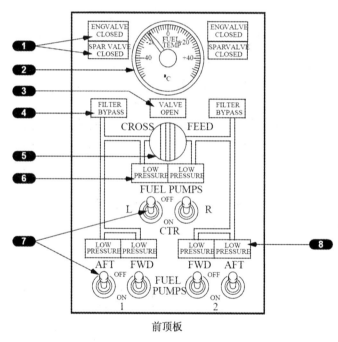

图 7-31 B737 燃油控制面板

2)燃油温度指示(FUEL TEMP)器:指示 1 号油箱中的燃油温度。

3)交输活门打开(VALVE OPEN)灯:灯灭表示交输活门关闭,灯明亮(蓝色)时表示交输活门在打开或关闭的过程中,或活门位置和 CROSSFEED 选择器不一致;灯暗亮表示交输活门打开。

4)过滤器旁通(FILTER BYPASS)灯:灯灭表示燃油过滤器工作正常,灯亮(琥珀色)表示由于过滤器污染,燃油过滤器即将旁通。

5)CROSSFEED 选择器控制燃油交输活门,如关闭将隔离 1 发和 2 发的供油管路,打开可接通 1 发和 2 发的供油管路。

6)中央油箱泵低压(FUEL PUMP LOW PRESSURE)灯：燃油泵输出压力低并且 FUEL PUMP 电门接通时，灯亮(琥珀色)。燃油泵输出压力正常，或 FUEL PUMP 电门关断时，灯灭。

7)燃油泵控制电门：置于 ON 位燃油泵工作，置于 OFF 位燃油泵不工作。

8)主油箱 FUEL PUMP LOW PRESSURE 灯：燃油泵输出压力低，或 FUEL PUMP 电门关断时灯亮(琥珀色)，燃油泵输出压力正常时灯灭。

## 7.6.2　油量指示系统

飞机燃油油量指示系统提供每个油箱的燃油量指示，也可为其他系统提供燃油量信息。燃油量指示系统的关键元件是燃油传感器，根据燃油传感器的不同，油量指示系统分为机械式/浮子式指示系统、电子式指示系统和油尺指示。

**1. 机械/浮子式**

机械/浮子式燃油量指示系统由油箱中的浮子式传感器和驾驶舱内的油量表组成。当燃油液面改变时，传感器的浮子随油面移动，感受油面高度的变化，从而把油量变化转换成位移信号，再将位移信号转换成电信号通过导线送到油量表，油量表便显示出油箱内燃油量。由于浮子感受油面的变化，因此显示的油量为容积油量。机械/浮子式油量指示系统会因浮子连杆的摩擦、卡滞、运动部件间的间隙和温度波动等原因造成指示不准确，精度较低。

**2. 电子/电容式**

电子/电容式指示系统利用电容式传感器把油面高度的变化转换成电容量的变化。其主要组成部件有电容式探头、桥式电路、放大器和指示器。

油量传感器实际上是一个由同心圆筒形极板组成的圆柱形电容器(见图 7 - 32)，该电容器的电介质是燃油和燃油之上的空气。当油箱内燃油增加时，油面增高，电容值增大；燃油减少时，油面降低，电容值相应减小。电容器式传感器两极板间的介质不同会导致电容器的电容改变。油面高低和油液密度大小均会导致极板间电介质的变化，即电容式传感器既可以感受燃油容积，又可以测量燃油的密度。因此，电子式油量指示系统直接测量油箱内燃油的质量容量，常采用千克(kg)作为计量单位。电子式油量指示系统的精度比较高，第一，电子式油量指示系统的传感器没有活动部件，消除了机械摩擦等影响；第二，采用多个传感器进行多点探测，消除了飞机姿态变化对燃油信号的影响，可得到油箱内油面的精确信号；第三，系统中可加装温度补偿器，弥补温度波动对油量指示的影响。

如图 7 - 32 所示为 B737 飞机燃油量指示系统组成图。燃油量指示系统(FUEL QUANTITY INDICATING SYSTEM,FQIS)计算每个油箱中的燃油质量。每个油箱中的燃油质量显示在通用显示系统 CDS 上。燃油量处理器组件计算总的燃油质量，并将其供给 FMCS。

**3. 油尺**

地面维护人员根据油尺确定飞机每一个油箱内的燃油量。油尺构造简单，使用方便，主要有磁性浮子式油尺、滴油管式油尺和光线式油尺。其中磁性浮子式油尺和滴油管式油尺在飞机上得到了广泛应用。

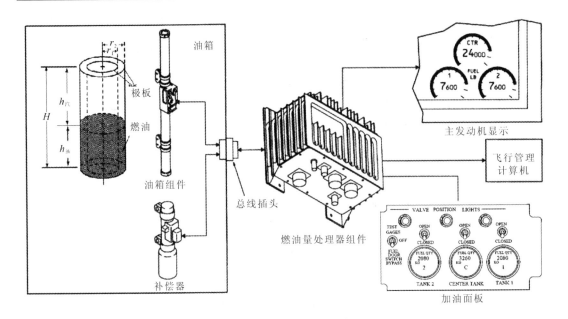

图 7 - 32　B737 燃油指示系统组成示意图

(1)磁性浮子式油尺

磁性浮子的构造如图 7-33 所示。浮子内和油尺的端头都带有磁铁。浮子可随油平面高度变化而上下运动,从而探测油面的高度。油尺可从油箱下部拉出。测量时用工具将油尺解锁,并将其从油箱内拉出。当油尺的端头靠近浮子时,可明显感觉到有磁吸力的作用,此时观察油尺的伸出刻度即可得知油量。

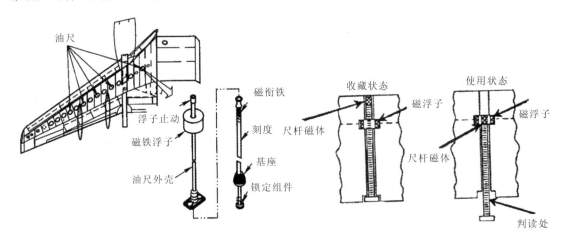

图 7 - 33　磁性浮子式油尺

(2)滴油管式油尺

滴油管式油尺构造如图 7-34 所示。当空心滴油管顶端落到燃油平面时,燃油就会进入滴油管顶部开口,即可从量棒上读出油箱内油量。滴油管式油尺又称为漏油尺。

(3)光线式油尺

光线式油尺是一根长的玻璃棒,外面用一个带刻度的管子保护,管顶带一个反射镜。当顶端浸入油液时,在玻璃棒的下端可见到一个亮点。当反射光减小到最小可见点,读出棒上表示油量的刻度值。

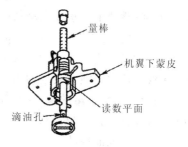

**图 7 - 34 滴油管式油尺**

### 7.6.3 压力指示系统

在驾驶舱燃油控制面板设有燃油增压泵的低压指示灯,其作用是当燃油增压泵输出压力低于特定值时,向机组发出警告,如图 7 - 15 和图 7 - 35 所示。

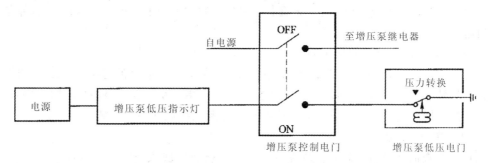

**图 7 - 35 燃油压力指示系统**

增压泵出口管路的低压电门感受油泵出口压力。当燃油压力高于调定值时,低压电门将低压指示灯电路断开。若油泵出现故障或油箱内油液快用光时,油泵输出压力降低,低压电门会在压力低于调定值时接通电路,点亮增压泵低压指示灯。此时驾驶员应将增压泵控制电门关闭,如果是中央油箱低压指示灯则自动熄灭,此时中央油箱油用完改为主油箱供油属于正常情况;如果是主油箱低压指示灯则不会熄灭,此时表明整个飞机没有油了,需要机组人员高度重视。

### 7.6.4 温度指示系统

燃油温度指示系统采用电阻式温度传感器,通常放置在左主燃油箱,感受油箱内油液温度,并将其显示在燃油控制面板的燃油温度表上,如图 7 - 15 所示,用以监视燃油的温度。当燃油温度接近冰点时,为防止燃油系统结冰,考虑增加飞行速度或者下降飞行高度。

# 7.7 燃油系统维护

## 7.7.1 油箱腐蚀

（1）微生物污染和油箱腐蚀

当油箱内条件适宜时,各类细菌会在油液内大量滋生。燃油中的碳氢化合物等物质,提供物质基础;燃油中的水提供合适的环境,各类细菌一般生活在燃油和水的交界处;微生物在燃油内的滋生会造成燃油品质下降,在燃油中形成暗色泥状沉淀物。该沉淀物,第一,堵塞油泵吸油口和油滤,造成供油系统故障;第二,堵塞油量传感器燃油口,造成油量指示系统故障;第三,导致油箱的腐蚀。微生物腐蚀是结构油箱腐蚀的主要形式。为了消除微生物污染对燃油系统的影响和对油箱的腐蚀,必须破坏细菌的滋生环境,控制其滋生速度。目前唯一能做的工作就是控制燃油中的水分。

(2)水进入油箱的途径

水进入油箱的途径有要以下两条。第一,燃油本身溶解的水分析出。所有燃油都会溶解水分。随着空气温度和湿度的增加,水在燃油中的溶解度会相应增大。第二,大气中的水分在油箱内壁上冷凝成水滴,流入油箱。油箱中的剩余燃油越少和不飞行时间越长,燃油系统中的水分也越多。

(3)水分对燃油系统的其他影响

燃油中的水分对燃油系统的影响:第一,为细菌滋生创造适宜的环境;第二,增加静电危害;第三,导致燃油指示系统故障,游离的水会造成燃油指示系统偏差(油量读数偏高),因为水的介电常数不同于燃油的介电常数;第四,游离水引起飞机燃油系统结冰。

(4)油样检查/分析法

当目视检查油样时,任何颜色、气味的异常均是燃油出现微生物污染的征兆,尤其是油样中出现浑浊、悬浮物、沉淀物和强烈的硫黄气味时。为了得到准确的结果,也可将油样送到检验室进行专业分析,测定每毫升油样中的菌落数,确定污染等级。每次进入油箱进行维护都是检查油箱内是否出现微生物腐蚀的机会。检查时应仔细检查容易出现污染的油箱底部区域,若发现存在固形物,无论是何颜色,均意味着油箱已发生微生物污染。

## 7.7.2 油箱渗漏处理

油箱在飞机飞行中要承受各种载荷,包括惯性载荷、振动载荷、气动载荷等。在受载的情况下:材料会变形和相对蠕动;紧固件会因变形而松动;密封材料会因相对蠕动而剥离,也会因老化变质而失效。以上原因均会导致燃油渗漏,因此渗漏是燃油箱的基本故障。

**1.渗漏检查和渗漏等级**

渗漏分为四级:微渗、渗漏、严重渗漏和流淌渗漏。渗漏分级是按在 15 min 内渗漏燃油沾湿的表面区域的大小作为分级标准的。当发现油箱出现渗漏时,先用清洁棉布完全擦干渗漏区域,用压缩空气吹干那些难于擦到的渗漏区域,再用掺有红色染料的滑石粉撒在渗漏处,在燃油润湿滑石粉后,它会变成红色,使润湿区域更易于看见。在 15 min 后按沾湿区大小定级标准确定渗漏等级,如图 7-36 所示。

第一级,微渗:$D \leqslant 40$ mm。一般不需处理,但要注意时常检查其渗漏是否有扩大。

第二级,渗漏:$40$ mm $< D < 100$ mm。临时处理方法与第一级同,但下次飞机停场时必须处理。

第三级,严重渗漏:$100$ mm $\leqslant D \leqslant 150$ mm。严重渗漏必须马上处理(或作临时性修理),临时处理后,应能达到一级或二级渗漏标准。

第四级,流淌渗漏:$D > 150$ mm。油液成滴或连续流淌。流淌渗漏须马上修理,修理后不能有渗漏。

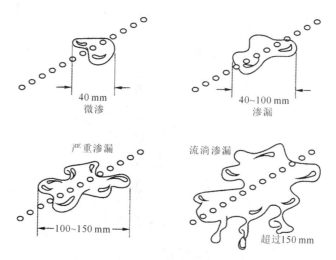

**图 7 - 36 渗漏分级标准尺寸**

对各级渗漏处理具体要求,还应根据渗漏点所处的位置而定。如在不通风和容易集聚燃油蒸汽的部位,则在飞行前应作临时修理,各型飞机都有明确规定,根据表 7 - 1 进行处理。

**表 7 - 1 渗漏处理分类表**

| 渗漏位置 | 微 漏 | 渗 漏 | 严重渗漏 | 连续滴漏 |
|---|---|---|---|---|
| 外露的、空气流通的、漏油后不会流向火源的区域。如没有整流罩的上、下机翼表面 | ① | ① | ② | ③ |
| 没有完全封闭、流通状况不好的区域。如在后缘襟翼处的后梁、前缘襟翼或缝翼处的前梁及轮舱区域 | ① | ②最多 2 个渗漏区域 | ③ | ③ |
| 封闭不通风的区域。如有整流罩的机翼下表面、空调舱、翼/身整流罩、有整流罩的前、后梁和内封补偿平衡板 | ② | ③ | ③ | ③ |
| 增压泵的外部空间 | ① | ②最多 1 个渗漏区域 | ③ | ③ |
| 机翼中央油箱的增压区域 | ④ | ④ | ④ | ④ |

说明:①不需要修理但要时常检查渗漏是否扩大。

②不必马上进行修理,但要定时检查渗漏是否扩大,必须在下次定检时修理。

③必须立即修理,要使渗漏满足①、②类处理的标准。

④必须立即修理,修理后不允许再有渗漏。

**2. 渗漏源查找**

在找到燃油渗漏的外漏点后,还必须要找到内部的渗漏源。第一,渗漏通常都是沿紧固件与其孔之间的缝隙或沿零件间的间隙而渗出的。第二,机翼存在上反角,在飞行过程中存在向上弯曲的变形。因此,外部渗漏区域可能与内部渗漏源不在一地点。渗漏的检查一般采用目视检查,在检查中辅以颜色、荧光、气泡等使之更加明显并且准确。

(1)气压/发泡剂检查法(推荐采用的检查方法)

气压发泡检查法检查时,在油箱渗漏区域对应的油箱内部涂上发泡剂(肥皂水),一个人使用 0～345 kPa 的气源,该气源接一个喷嘴,向渗漏区域喷射;另一个人在油箱内寻找起泡区域,从而找到渗漏源,这种检查方法需要两个人配合,如图7-37所示。对刚加工好的油箱或刚修理好的油箱,多采用往油箱内加压缩空气,在油箱外部涂满发泡剂的从内往外进行检查的办法,寻找气泡区域可以找出渗漏点。

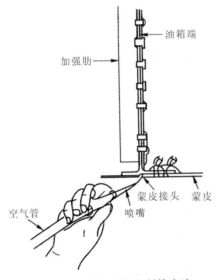

油箱端

加强肋

蒙皮接头 蒙皮

空气管 喷嘴

**图7-37 气压/发泡剂检查法**

(2)压力罩法

压力罩法是在油渍及其周围罩上一个小的压力罩盒,通以压力空气,在油箱内相应的部位涂上发泡剂,压缩空气沿着缝隙漏进,在渗漏源吹出泡泡。

(3)空心螺栓法

此方法用于检查复杂结构渗漏区域,在渗漏点处拆下一个完好的螺栓,换上有裂槽的螺栓及特种接头,在箱内的螺栓头周围涂上发泡剂,往空心螺栓通压缩空气,就可检查连接结构的渗漏源。

(4)染色剂法

染色剂法是使用掺有染色剂的油代替发泡剂,将染色剂涂在油箱渗漏区域,然后将油箱抽真空。等一定时间,进入油箱检查内漏点。若在染色剂内掺入荧光剂,更便于在光线微弱的油箱内检查渗漏点。

**3.渗漏的排除**

(1)安全措施

燃油箱内充满了燃油蒸汽,容易引发火灾,这对人身安全是危险的。因而在进入油箱前要做好安全防护工作。

油箱内充满了燃油蒸汽,所以在进入油箱前必须对油箱进行二氧化碳惰化处理,惰化处理后,应通风;也可以对油箱强迫通风24 h以上。进入人员要穿戴带有防毒面具的防护衣。

为了避免在油箱内出现火花,进入油箱的维护人员不许穿鞋底有金属的硬底鞋,不能穿容易起静电的衣服;不能佩戴带有电池的助听器,不能带火柴或微型警告器、呼叫机;要用安全手电筒;不能带进电机、电钻等工具,应将不用的工具放在防静电盒内,避免金属碰撞和电火花产生。另外,工作中的无线电设备和雷达设备要远离飞机油箱。为了确保进入油箱维护人员的人身安全,应向油箱内输送新鲜空气,并设置专门的安全观察员。

(2)渗漏的排除

渗漏的排除方法也视渗漏等级和部位而定。

缝内密封:对于渗漏范围不大的缝内密封,可增加涂覆缝外密封胶,或者同时在外表面的渗漏点附近进行清洗后涂上一层密封胶,然后贴上一层很薄的密封布,这就和补自行车内胎的贴补方法一样;如果缝内密封渗漏范围较大,就得将已密封的结构分离,重新清洗,重新涂胶,重新紧固。密封剂的清除、切割工具如图 7-38 所示。

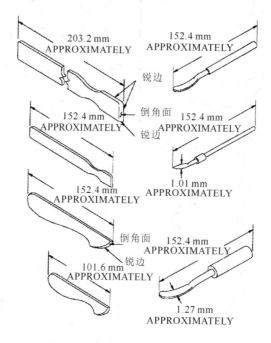

**图 7-38 密封剂清除、切割工具**

缝外密封:对渗漏不大的缝外密封,就加涂密封胶,加大密封胶的涂覆面积;对渗漏范围大的地方,就得将原有密封层刮掉,清洗干净,重新涂上密封胶。

紧固件密封:对紧固件有不严重的渗漏,可使用专用的压胶工具从结构外侧钉孔周围间隙注射进密封剂;也可在采用缝外密封同时,向缝隙加注密封胶以增加其密封性能。

在渗漏的排除过程中,如果维护人员要进入燃油箱,要穿戴有防毒面具的衣服,要使用安全手电筒,如图 7-39 所示。油箱内充满了燃油蒸汽,在进入油箱前必须强迫通风至少 24 h以上。

## 7.7.3 管路系统维护

燃油系统故障主要是油管及附件的渗漏。油管的故障不外乎两种,接头漏油和油管破裂。漏油分为内漏和外漏。

如果是内漏,系统内漏的检查应在燃油泵运转状态下进行,检查方法如下:关断发动机供油关断活门,拆下管路中的滤杯,放光管路中的油液;启动燃油增压泵,看是否有油液流入滤杯。当活门内漏严重时,应更换发动机供油关断活门。

如果是外漏,原因多是紧固件松了或是密封件老化、断裂和离位。当然也有机械原因,如壳体有砂眼或裂纹等。外漏从外观目视即可发现。系统严重外漏时,应更换损坏的部件和封严圈。

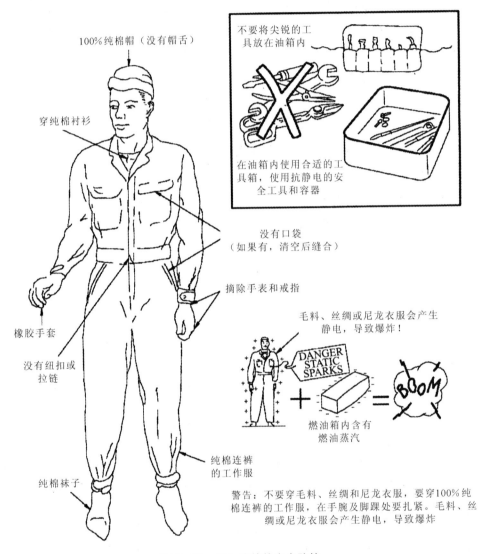

100%纯棉帽（没有帽舌）

穿纯棉衬衫

不要将尖锐的工具放在油箱内

在油箱内使用合适的工具箱,使用抗静电的安全工具和容器

没有口袋
（如果有，清空后缝合）

摘除手表和戒指

橡胶手套

没有纽扣或拉链

毛料、丝绸或尼龙衣服会产生静电，导致爆炸！

DANGER
STATIC
SPARKS

BOOM

燃油箱内含有燃油蒸汽

纯棉连裤的工作服

纯棉袜子

警告:不要穿毛料、丝绸和尼龙衣服，要穿100%纯棉连裤的工作服，在手腕及脚踝处要扎紧。毛料、丝绸或尼龙衣服会产生静电，导致爆炸

图 7 - 39　进入油箱的安全防护

# 思　考　题

1.飞机燃油系统的功用有哪些?

2.飞机燃油系统由哪几部分组成?

3.飞机燃油系统中引射泵的作用是什么?

4.简述双发飞机燃油系统的燃油箱布局形式。

5.燃油箱通气系统的作用是什么？如何保证在各种飞行姿态下的通气？

6.简述飞机加油和放油注意事项。

7.控制燃油供油顺序有哪些形式？

8.简述双发飞机供油系统的工作情况。

9.简述电容式油量传感器的组成和工作原理。

10.简述燃油渗漏主要分为几级？分级的标准是什么？

# 第8章 防冰/除冰和排雨系统

## 8.1 防冰/除冰概述

在有结冰条件的环境中飞行时,飞机各迎风部位或曲率半径比较小的部位如风挡、机翼和尾翼前缘、螺旋桨、发动机进气道前缘、各种传感器探头等处极易结冰。飞机结冰导致飞机气动性能恶化,风挡视线不清,发动机功率降低,仪表指示错误,进而对飞行安全构成严重威胁。因此,现代飞机装备有防/除冰系统。飞机防冰是指飞机飞过有结冰的条件或可能结冰的区域,但是还没有结冰,这时打开防冰系统以防止飞机结冰。飞机除冰是指飞机飞过有结冰的条件或可能结冰的区域,飞机已经结冰,并且结冰探测系统已经产生结冰信号,这时打开飞机除冰系统以除冰。

### 8.1.1 防冰/除冰的功用

现代运输机巡航高度在 5 000～10 000 m,大气温度都在 0℃以下,通用机也常在负温度层中飞行。当飞机的迎风部位或曲率半径比较小的部位遇上冰晶云时则产生干结冰,遇上水蒸气则产生凝华结冰,遇上过冷水则产生滴状结冰,冻雨将导致严重的滴状结冰。结冰对飞机性能及效率的影响是多方面的,飞机常见的结冰部位如图 8-1 所示。

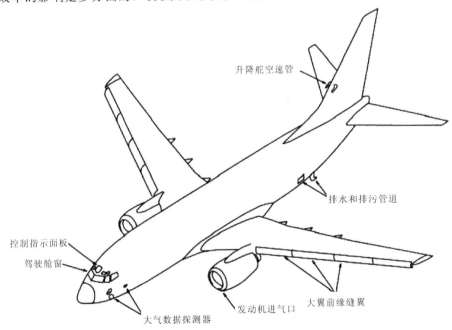

**图 8-1 B737 防冰排雨典型部位**

在现有的防护措施中,气动除冰(机械除冰)消耗热空气很少,即消耗发动机功率比较小,但是会改变机翼尾翼的翼型,因此只能用于小飞机,所以这种方法适合于除冰。其他方法如气热防冰、电热防冰、化学液防冰既可用于防冰,也可以用于除冰。

飞机常见的结冰部位、主要危害和防护措施见表 8-1。

表 8-1  飞机常见结冰部位、主要危害与防护措施

| 结冰部位 | 主要危害 | 防护措施 |
|---|---|---|
| 机翼前缘 | 破坏机翼剖面形状,增加阻力,降低升力 | 气热防冰、气动除冰(机械除冰) |
| 发动机进气道 | 影响进气量,损害发动机 | 气热防冰 |
| 螺旋桨桨叶和桨毂 | 破坏桨叶平衡,导致抖振,危害机身结构;破坏桨叶剖面形状 | 电热防冰、化学液防冰 |
| 安定面前缘 | 破坏机翼剖面形状,增加阻力,降低升力 | 气热防冰、气动除冰(机械除冰) |
| 风挡玻璃 | 降低风挡玻璃抵抗冲击破坏的强度,降低透明度,影响机组视线 | 电热防冰、气热防冰或化学液防冰 |
| 探头 | 造成探头堵塞及探测数据失真 | 电热防冰 |
| 水系统管道 | 造成管道堵塞和爆裂 | 电热防冰 |

## 8.1.2 飞机结冰的机理

(1)结冰的原理

大气中经常存在着温度在 0℃ 以下仍未冻结的过冷水滴(云滴、雨滴),这种过冷水滴多出现在 0～-20℃ 的云和降水中。实践表明,当气温低于 0℃,相对湿度大于 100% 时,过冷水滴就形成了。当温度低于 -40℃ 时,过冷水滴就会立即冻结,但是在温度高于 -40℃ 时,水滴就会在较长的时间内保持液体存在,具体时间取决于水滴的大小和纯度。小的过冷水滴比大的过冷水滴存在的时间长,出现的温度也更低。过冷水滴的一个非常重要的特征就是不稳定,稍受震动,即冻结成冰。当飞机在含有过冷水滴的云中飞行时,如果机体表面温度低于 0℃,过冷水滴就会在机体表面某些部位冻结并聚集成冰。

(2)结冰的过程

过冷水滴冻结成冰的过程,分为两个阶段:第一个阶段,每一个过冷水滴碰到机翼时就开始冻结,形成冰针网,周围充满了水,释放出的潜热使过冷水滴没有冻结的部分温度升高,沿着翼面流动,流动的液态部分通过蒸发与传导而冻结。这个过程进行的速率在很大程度上取决于过冷水滴原来的温度,如果过冷水滴的温度较高(接近 0℃),先冻结的部分放出的潜热可使未冻结部分升温到 0℃ 或以上,这样过冷水滴的冻结速率较慢,冻结得也比较牢固。第二个阶段,如果过冷水滴较小,温度很低(接近 -20℃),冻结速率就很快,往往在飞机上直接冻结,此时潜热仍然会释放出来,但它使过冷水滴在凝结之前变暖的能力大大下降。

从上面的讨论可知,飞机产生结冰的基本条件是,气温低于 0℃,飞机表面的温度低于 0℃ 和有温度低于 0℃ 的水滴存在。

(3)导致飞机结冰的因素

导致飞机结冰的因素有四个。第一,云中过冷水含量和水滴的大小;过冷水含量越大,结冰也越严重。第二,飞行速度;在低速飞行(空速低于 600 km/h)时,飞行速度越大,单位时间内碰到机体上的过冷水滴也越多,结冰也越严重,同时,由于飞机飞行速度的影响,加速了飞机机体表面气体的流动,导致机体表面气体压力降低,压力降低的同时也会导致机体表面的温度降低。所以,在大气温度处于 10℃左右,并伴有可见水汽的情况下,都有可能结冰,因此此时要打开防冰系统。在高速飞行时,由于飞机动力增加而使飞机表面温度上升,往往不容易结冰。第三,机体结冰部位的曲率半径;机体曲率半径小的地方,与过冷水滴相碰的机会多,故结冰也强。第四,是否是迎风部位;迎风部位和气流正面接触,加大了与云中过冷水接触的概率,故结冰的可能性增加。

## 8.1.3　飞机结冰的形式

当飞机在一定高度内飞行时,飞机的迎风部位和曲率半径比较小的部位等外露部位便足够冷,成为凝结核。如果此时空气中有过冷水、水和水汽存在,则当它们撞击到飞机部件时,就可以立即冻结为冰或凝华为冰晶。通过冻结由过冷水或水撞击在飞机表面形成冰层的结冰形式称为滴状结冰。通过凝华由水汽直接附着在飞机表面形成冰晶的结冰形式称为凝华结冰。通过冰晶体沉积到飞机表面上而使飞机结冰的形式称为干结冰。

飞机上常见的结冰形式是滴状结冰。按照冰层表面的外形,飞机结冰可以分为毛冰、明冰、角状冰、雾凇、霜等。

1)毛冰:毛冰的特征是表面粗糙不平,但冻结的比较坚固,色泽像白瓷一样。形成的温度为 $-5 \sim -15$℃的云中。因为这时的云是大小过冷水滴同时存在,所以形成的结冰兼有大水滴冻结的特征和小水滴冻结的特征。

2)明冰:明冰是光滑透明、结构坚实的冰。明冰通常是在温度为 $0 \sim -10$℃的过冷雨中或由大水滴组成的云中形成的。在这样的云雨区,由于温度较高、水滴较大、冻结较慢,每个过冷水滴碰上机体后并不全在相碰处冻结,而是部分冻结,部分顺气流蔓延到较后的位置上冻结,在机体上形成了透明光滑的冰层就是明冰。

3)角状冰:这些结冰形式中,角状冰危害最大,因为它不但严重破坏了飞机的气动外形,而且与翼型表面结合牢固,难以脱落(见图 8-2)。

**图 8-2　机翼角状冰**

4)雾凇：与地面上所见的雾凇一样，是由许多粒状冰晶组成的，不透明，表面也比较粗糙。这种冰多形成于温度为 -20℃ 左右的云中。因为这样的云中过冷水滴通常都很小，相应的过冷水滴的数量也较少。碰到飞机上很快冻结，几乎保持原来的形状，因此形成的冰层看起来就像"砂纸"一样粗糙。

5)霜：霜是在晴空中飞行时出现的一种结冰，它是飞机从寒冷的高空迅速下降到温暖潮湿但无云的气层时形成的，或从较冷的机场起飞，穿过明显的逆温层时形成的。它不是由过冷水滴冻结而成，而是当未饱和空气与温度低于 0℃ 的飞机接触时，如果机身温度低于露点，由水汽在寒冷的机体表面直接凝华而成的，其形状与地面物体上形成的霜近似。

## 8.1.4　飞机结冰对飞行性能的影响

在飞行过程中，如果有结冰气象条件同时没有采取防冰措施，飞机的所有迎风面和曲率半径比较小的部位都有可能结冰。飞机结冰后对飞机的飞行有非常大的影响。

**1. 机翼及尾翼结冰的影响**

(1)机翼和尾翼结冰的条件

机翼和尾翼是飞机产生升力的主要附件。结冰时，冰层主要聚集在翼面前缘部分。对于民航中大型飞机，大翼前缘分为前缘襟翼和前缘缝翼，前缘襟翼因为曲率半径比较大，不容易结冰；前缘缝翼因为曲率半径小，很容易结冰，因此一般在前缘缝翼设置防冰除冰系统。对于有些中小型飞机整个机翼和尾翼都是迎风部位和曲率半径比较小的部位，故都需要设置防冰除冰系统。

(2)机翼和尾翼结冰的影响

第一，翼型阻力增加，升阻比降低。

飞机的升力系数是随迎角的增大而增大的，当然阻力系数也会增加，对于一个气动性能良好的翼型剖面，应该是升力系数比阻力系数增加得快一些，通常用升阻比($K$)来衡量空气动力性能的优劣。显然，$K$ 值应越大越好。但是，机翼结冰后，阻力增加得多，引起升阻比降低，使机翼空气动力品质变坏。

第二，临界迎角减小。

当机翼为流线型时，流过机翼的气流将是一层一层的，这时的升力系数随迎角的增加而线性增长；当迎角增大到临界迎角时，如果再继续增加，则升力系数急剧下降，这个升力系数为最大值时的迎角称为临界迎角。在翼面结冰后，气流的流线型分层遭到破坏，会使临界迎角下降，而且超过临界迎角后，升力系数急剧下降。因此，结冰不但使失速提前，而且使失速更剧烈。

第三，飞机的操纵性能恶化。

机翼和尾翼结冰后，临界迎角下降，使飞机在低速飞行时特别是在着陆时有失速的危险。因为飞机在着陆时，水平尾翼通常处于负迎角状态，对飞机起着配平作用。当水平安定面前缘结冰时，由于临界迎角下降，使得尾翼的较小负迎角时就产生了气流分离，因而引起飞机的低头，为了纠正这种非操纵性的飞机低头，驾驶员不得不增大襟翼偏转角，这就失去了飞行速度，飞行速度过低则容易进入失速状态。机翼和尾翼严重结冰，还会引起飞机的机械振动，操纵机构的缝隙结冰可能引起卡阻现象，这些都会影响飞行操纵和危及飞行安全。

**2. 发动机进气部件结冰的影响**

（1）发动机进气道结冰的条件

飞机在结冰气象条件下飞行时，涡轮喷气发动机的进气道前缘、发动机压气机前缘整流罩、第一级压气机前的导流叶片都有可能结冰。发动机进气道前缘通常具有与机翼类似的流线外形，故其结冰情况与机翼有相同点。不同点在于：第一，结冰区域比机翼的大；第二，由于气流在进气道内加速，使温度下降，因此如果存在可见水汽，在环境温度为10℃的正温条件下也可能结冰。

（2）发动机进气道结冰的影响

第一，发动机进气道结冰，破坏了它的气动外形，使进气速度分布不均匀，气流发生局部分离，这会引起发动机压气机叶片的振动。如进气道内的冰层脱落，会随气流进入发动机的压气机，造成压气机的机械损伤。

第二，发动机进气道、整流罩、支柱、进气导向叶片、第一级压气机叶片等，有可能同时结冰。转子叶片上的冰层会因离心力的作用而脱落，从而引气转子不平衡，使发动机剧烈振动，严重的会导致发动机转子轴承的破坏，造成发动机的损坏或熄火。

第三，发动机进气道和叶片的结冰，减小了进气道面积，同时也减小了压气机每相邻叶片空气流通面积，使进入发动机的空气流量减小，因而发动机功率下降。为了保障发动机的转速和推力，这时必须加大燃油流量，这样除增大燃油消耗外，还会使涡轮前燃气温度升高，若超过允许值则会烧坏涡轮叶片，导致发动机停车。

**3. 螺旋桨结冰的影响**

螺旋桨为高速旋转部件，在结冰条件下飞行时，螺旋桨桨叶、整流罩均可能发生结冰。因为螺旋桨桨叶的形状实际上是扭曲了的机翼，因此结冰情况与机翼相似，有时甚至比机翼还严重，在桨叶的整个长度上都可能结冰，桨尖的冰在离心力作用下比较容易脱落。弦向从桨叶前缘开始，结冰范围可达25%左右。螺旋桨结冰后破坏了它的气动外形，增加了翼型阻力，因而降低了螺旋桨的效率。螺旋桨结冰，由于其不对称性，还会引起振动，当冰层脱落时，可能危及飞机和发动机部件，甚至有击穿蒙皮和气密舱的危险。因此螺旋桨结冰也严重地影响着飞机的安全飞行（见图8-3）。

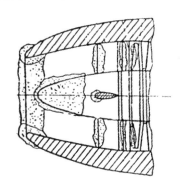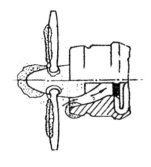

**图8-3 发动机螺旋桨结冰的影响**

**4. 风挡玻璃及测温和测压探头结冰的影响**

飞机在结冰条件下飞行或当飞行高度突然下降时,驾驶舱正面风挡可能结冰或出现雾气,这时会降低玻璃的透明度,使目测飞行变得十分困难,对飞机的起飞和着陆产生不利的影响。

飞机上装有空速管和多种测温、测压探头,它们也可能结冰。当测压口结冰使进气孔面积变小时,会使入口动压减小,使空速指示失真;测温探头结冰时,由于冰的蒸发,会使温度值下降,由此引起的误差可达 10% 以上。在现代大型飞机上,这些速度、压力和温度信号要送到有关的计算机。由于结冰引起输入参数的误差或错误,将会使仪表显示失真,因而隐含着种种不安全因素。

# 8.2 结冰探测系统

结冰探测器有多种形式,一般可分为直观式和自动式结冰信号器两大类。

直观式结冰信号器主要指结冰探棒和探冰灯,由机组人工观测,有冰的情况下由机组人工接通除冰防冰系统。

自动结冰信号器可感受结冰并向飞行员发出结冰信号,按其工作原理有压差式、热敏电阻式、射线式、导电式与旋转筒式等。当达到结冰灵敏度时,可向驾驶人员发出结冰信号,由驾驶人员人工接通防冰除冰系统,或者结冰信号向相应控制计算机发出指令,自动接通防冰系统进行除冰。灵敏度指的是当结冰信号器发出结冰信号时所需的最小冰层厚度。

## 8.2.1 直观式结冰探测器

直观式结冰信号器主要指结冰探棒和探冰灯,如图 8-4 所示。结冰探棒一般安装在飞行员容易看到的迎风部位。比如机头前方、风挡玻璃框架附近容易观察到的地方。结冰探棒是最简单、最可靠的结冰探测器。探棒为很小的薄翼型,在轻微结冰状态下就会出现结冰,可以直接观察判断。在发现结冰后,驾驶人员用人工方法直接接通除冰系统进行除冰。探棒底座有聚光灯,夜间由电门接通直照探棒以便观察;探棒内装有电加热器除冰,以保证再次结冰时的判断。

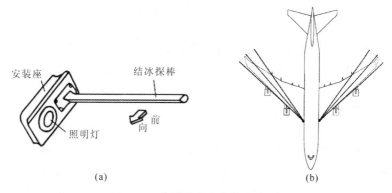

(a)                                              (b)

**图 8-4  典型的直观式结冰信号器**

(a)结冰探棒;  (b)大翼探冰灯

除此之外,还有便于机组在飞行中检查机翼和发动机结冰情况的探冰灯,如图 8 - 4(b)所示。探冰灯的控制和安装位置请参考灯光系统。

## 8.2.2　电子式结冰探测器

目前先进的结冰探测器为电子式,民航客机结冰探测器多采用此种形式。电子式结冰探测器的探头安装在前机身外蒙皮一个仔细确定的部位。一种典型的探头型结冰探测器探头(敏感元件)是一个直径为 $\frac{1}{4}$ in,1 in 长的圆筒。探测器支架使探头伸到飞机附面层 外的自由流中(见图 8 - 5)。小尺寸的探头敏感元件接触到过冷水滴时,具有比机翼和发动机进气道前缘更易于结冰的特性,因而探头上冰层的增长比机翼和发动机进气道前缘更早且快 得多。因此,探头元件就会更早提供结冰信号。

结冰探测器的主要工作元件包括探头、支架、探头和支架加热器、振荡及反馈线圈、微处理电子设备、电气接口。探测器工作时其探头以 40 kHz 的频率轴向振动。当遇有结冰条件时冰聚积过程中附加质量使振动频率减小。当频率下降到预调值,相当于 0.02 in 厚的冰层时,探头和支架内的加热器通电加热而融化聚积的层冰。这就形成了一个探测循环。探头除冰后又再次冷却,向基准频率返回并自由增大,继而再感受另一个结冰循环。探测器电子设备记录这些结冰/除冰循环,并以此来提供结冰告警信号或用以接通防/除冰系统。

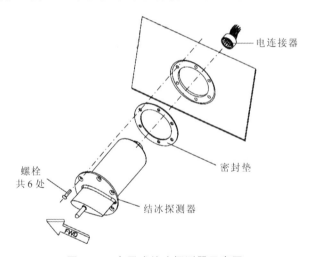

电连接器

密封垫

螺栓
共 6 处

结冰探测器

FWD

**图 8 - 5　电子式结冰探测器示意图**

电子式结冰探测器在现代大中型民航机上得到了广泛应用,在波音系列的 B747,B777 和空中客车系列的 A320,A330 等飞机上,都见到了这种类型探测器的选装。

## 8.2.3　导电式结冰探测器

导电式结冰信号器(见图 8 - 6)由受感器与随动器两部分组成。工作原理是利用外界气流中的圆柱受感器凝结的冰层导电性。无结冰时,受感器内、外套筒之间空气绝缘电路不通;当外界空气中有大量过冷水滴时,过冷水滴便凝结在受感器上,使受感器内筒与外套筒之间为冰层(冰为电的良导体)所连接,内、外套筒电路接通,使随动器中的继电器动作,将 27 V 电压加到受感器加热电阻及信号灯上,信号灯亮表示处于结冰状态。加热电阻使受感器加热,受感器上的冰融化,电路断开使继电器断电,受感器停止加热;而信号灯则由于延时电路的作用,仍接通 1 min 左右才断开熄灭;受感器又开始冷却,当其表面温度降到 0℃,在受感器两套筒之间的表面上重新产生冰层时,又引起上述过程的重复,使信号灯在持续结冰过程中断续地发出信号。

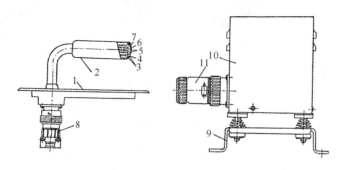

**图 8 - 6　导电式结冰信号器**

1—法兰盘；　2—壳体；　3—绝缘体；　4—外套筒；　5—内套筒；　6—热能电阻；
7—绝缘衬套；　8—插销接头；　9—插座；　10—电子组件；　11—插销接头

结冰信号器显示的是间接结冰信号,有时因信号电路故障而失效,或发出不准确信号,其可信度比直接目视观察的结冰探棒差一些,因此有的飞机两类信号装置都采用。由于飞机实际结冰的分布很不规律,上述两类只是探测探头的局部结冰情况,因此当其显示结冰时应综合气象条件和结冰征候而判断。有的飞机则主要根据风挡及凸块部位的冰霜来判定。目前出现一种气流扰动探测器,气流扰动探头可以探测其前方的气流特性,采集有关数据而综合判断显示。

# 8.3　防冰/除冰方法

飞机上的主要防冰区域有机翼、尾翼、发动机进气道、螺旋桨、风挡玻璃和测温、测压探头。根据这些部位的不同和防冰所需能量的大小,对不同区域有不同的防冰方法。

根据防冰所采用能量形式的不同,可分成机械除冰系统、液体防冰系统、热空气防冰系统和电热防冰系统。

## 8.3.1　机械除冰系统

机械除冰方法,就是利用气动力使冰破碎,然后借助高速气流将冰吹掉,因此也叫气动除冰法。这种方法对发动机功率消耗不大,但会改变机翼外形,故要控制好飞机姿态,这种方法适合于中小型飞机防冰除冰。

典型的机械除冰装置如图 8-7 所示,是在机翼的防冰表面设置许多可膨胀的胶管,当表面结冰时,胶管充气膨胀而使冰破碎,然后由气流将冰吹走。除冰后,膨胀管收缩,以保持正常

的气动力外形。有沿机翼展向放置的,也可沿机翼弦向放置。除冰气源可来自发动机驱动的
空气泵或从燃气涡轮发动机压气机引气。

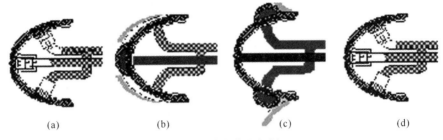

(a)　　　　　　　(b)　　　　　　　(c)　　　　　　　(d)

**图 8-7　膨胀管充气循环**

图 8-7(a),除冰系统未工作,膨胀管维持气动外形,允许结冰;图 8-7(b),除冰系统工
作,中央膨胀管首先充气,使冰破裂;图 8-7(c),中央膨胀管排气后,两侧膨胀管充气,抬起冰
块,由气流吹除冰块;图 8-7(d),冰除完了以后,所有膨胀管排气,恢复机翼气动外形。

## 8.3.2　液体防冰系统

液体防冰的基本原理是借助某种液体减小冰与飞机表面附着力或降低水在飞机防冰表面
的冻结温度,如图 8-8 所示。

液体防冰系统可以连续地或周期地向防冰表面喷射工作液体。要求工作液体具有凝结温
度低,与水混合性能好,与防冰表面附着力强,对防冰表面没有化学腐蚀作用,无毒,以及 防火
性能好等特点。目前使用的防冰液有甲醇、乙醇、乙烯乙二醇等。从性能上看,甲醇的冰点最
低,乙醇次之,乙烯乙二醇最高,但从着火危险来说,乙烯乙二醇化学稳定性好,最安全,价格也
便宜,因此美国制造的飞机多用乙烯乙二醇作为防冰液,而苏联制造的飞机则多用乙醇或乙醇
与其他液体的混合液作为防冰液。

液体防冰系统在风挡玻璃防冰及活塞式发动机的螺旋桨等部件的防冰上得到了应用,其
主要问题是要配备足够的防冰液,并选取适当的方法将防冰液喷射到防冰表面上。

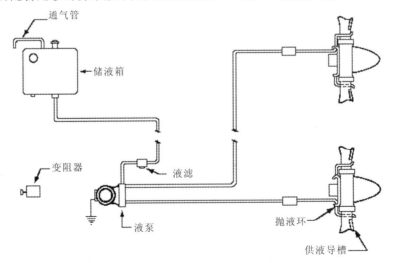

**图 8-8　螺旋桨液体防冰系统**

### 8.3.3 气热防冰系统

气热防冰是利用发动机引气系统引出大量的热空气,热空气送到发动机进气口或者大翼前缘通过喷气孔往前喷,利用加热的原理使冰融化靠气流吹走。由于这种方法消耗大量发动机引气,从而消耗发动机功率,所以这种方法用于大型飞机防冰除冰。

根据热空气的来源不同分为发动机压气机引气和发动机排气热交换器引气两种。

（1）发动机压气机引气

现代民航客机多采用发动机压气机的引气直接用于机翼或水平安定面前缘、发动机整流罩的热防冰,如图 8 - 9 所示。

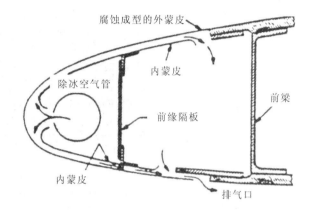

**图 8 - 9 气热防冰系统原理图**

（2）发动机排气热交换器

热交换器的热气流是发动机的废燃气,冷气流来自外界大气。大气流经热交换器被加热后送入防冰系统作为加温热空气,如图 8 - 10 所示。

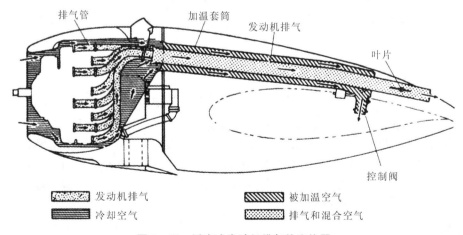

**图 8 - 10 活塞式发动机排气热交换器**

### 8.3.4 电热防冰系统

电热防冰是通过向加温元件通电而产生热量进行加温的。电热防冰主要用于小部件、小面积的防冰。现代飞机上的总压管、静压口、迎角探测器、总温探头、水管、驾驶舱风挡多 采用电热防冰。许多飞机的驾驶舱风挡利用电加温系统来防止风挡玻璃结冰,以免影响飞行员视线。目前有两种在风挡玻璃中嵌装电加温元件的方法,一是将很细的电阻丝嵌入风挡玻璃内,二是将透明导电薄膜嵌压在外层玻璃的内侧(见图 8-11)。电流通过电阻丝或导电薄膜时发热,加热风挡玻璃。

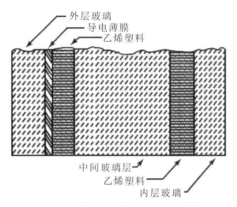

**图 8-11  风挡玻璃防冰防雾示意图**

# 8.4  防冰/除冰系统

飞机的防冰和除冰系统主要用来在飞行中给飞机的机翼(前缘缝翼)、尾翼、发动机进气道(前缘整流罩)、螺旋桨、驾驶舱风挡玻璃、大气数据探头、供水管及排水管等部件进行防冰和除冰。

### 8.4.1 机翼防冰

现代大型飞机的大翼前缘是利用发动机引气进行防冰或除冰的,气热防冰的主要优点是可靠,不会改变飞机机翼的翼型,但其主要缺点是消耗和浪费的能量过多,会导致发动机耗油量增大。因此气热防冰一般用于大型飞机,比如 B737 等。机械防冰主要用除冰袋把冰挤破碎,然后靠气流吹走。这种方法对发动机功率消耗小,但会改变飞机翼型,因此要控制好飞机的姿态,这种方法适合于中小型飞机。

(1)气热防冰

热空气适用于大面积部件的防冰,因而现代飞机机翼前缘大多采用热空气防冰。机翼防冰大多采用发动机压气机引气热防冰。除非进行地面测试,大多数飞机的机翼热防冰系统在地面不能工作,当飞机在地面时,空-地感应开关会切断机翼防冰系统的工作。这是因为飞机在地面停机时没有冲压空气,进行热防冰有可能使系统超温而损坏飞机结构。也有些飞机 的机翼防冰系统能在地面工作,此种形式的防冰系统可由空-地感应开关控制其加温的功率。当飞机在空中时,采用正常的加温功率,飞机在地面时即转换到低加温功率,以防止过热。飞机在起飞爬升过程应关闭机翼防冰系统,以减少防冰系统的引气,保证飞机的起飞推力。因此在起飞爬升过程中,机翼防冰系统将停止工作。即使在地面已打开机翼防冰系统,飞机上的自动控制系统也会在起飞爬升过程中自动关断。

图 8-12 为 B737NG 飞机机翼热防冰系统示意图。用气源系统的热空气加热机翼的三个前缘缝翼。机翼防冰电门在前顶板上。机翼热防冰系统有空中和地面工作方式,由空/地电门识别飞机处于空中还是地面。

在地面,一般使用地面除冰的方法,可以节省能源。如果要使用大翼防冰/除冰系统,在驾驶舱顶板上打开大翼防冰电门,如果这时满足两个条件:条件一,发动机油门杆处于慢车位;条件二,大翼防冰系统温度传感器反馈低温,就可以打开大翼防冰活门,使发动机引气进入大翼前缘进行热空气防冰。这两个条件只要有一个不满足,即使驾驶舱防冰电门打开,也不会把大翼防冰活门打开。例如,当飞机起飞往前推油门时,即使驾驶舱电门在打开位,通过逻辑电路也会把大翼防冰活门关闭,保证发动机推力。等飞机离地产生空信号的时候,驾驶舱大翼防冰电门自动断开打到关断位。

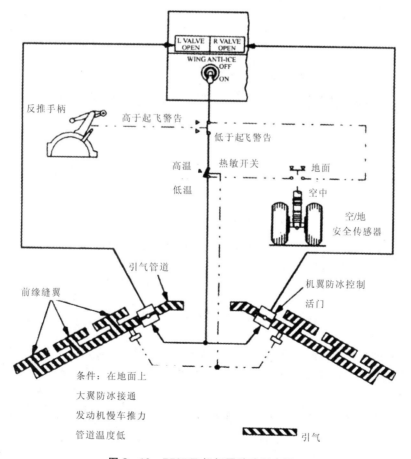

**图 8-12 B737 飞机机翼防冰示意图**

在空中巡航的时候,大翼防冰系统只受驾驶舱大翼防冰电门的控制,和发动机油门杆位置无关。此时如果起用大翼防冰系统,会消耗发动机功率,要保证发动机推力可适当加油门。

(2)机械防冰(气动除冰)

典型的机械除冰系统原理图如图8-13所示。它利用压缩空气使橡胶部件周期性膨胀和收缩,从而使冰层破裂,因此这种系统也称为气动除冰系统。气动除冰系统主要由气动除冰套、单向活门、调压释放活门、水分离器、引射流量控制活门、压力开关、电加热毯、除冰定时器等组成。

当发动机工作,而气动除冰系统不工作时,引射流量控制活门中的电磁活门断电,引射活门打开,利用引射原理对所有除冰套抽真空,使除冰套紧贴在翼型面和发动机进气道的内表面上,保持气动外形,减少其飞行阻力。

在结冰信号器发出结冰信号后,驾驶员通过观察结冰探测器和机翼前缘的结冰情况,确定机翼、尾翼前缘和发动机进气道已结上冰。此时驾驶员打开除冰控制开关,由除冰定时器控制系统进行工作。

气动除冰系统工作时,引射流量控制活门中的电磁线圈按翼面除冰定时器设定的顺序通电,电磁活门接通,关闭引射流量控制活门中的引射活门,使进入引射流量控制活门的空气流入前缘上的除冰套,使除冰套里管子在空气压力作用下膨胀鼓起,破除结在除冰套上的冰层,破碎的冰块被气流吹掉,达到除冰的目的。

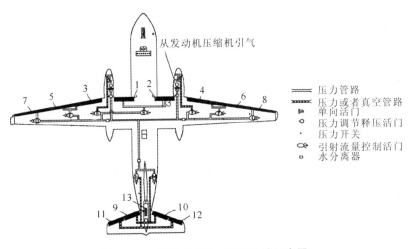

**图8-13 新舟600机械除冰系统示意图**

1—左中央翼前缘除冰套; 2—右中央翼前缘除冰套; 3—左中外翼前缘内侧除冰套; 4—右中外翼前缘内侧除冰套; 5—左中外翼前缘外侧除冰套; 6—右中外翼前缘外侧除冰套; 7—左外翼前缘除冰套; 8—右外翼前缘除冰套; 9—左水平尾翼前缘内侧除冰套; 10—右水平尾翼前缘内侧除冰套; 11—左水平尾翼前缘外侧除冰套; 12—右水平尾翼前缘外侧除冰套; 13—垂直尾翼前缘除冰套

机、尾翼除冰和进气道除冰系统各设置一个除冰定时器,正常情况下分别由除冰控制板上的机、尾翼除冰开关和进气道除冰开关进行控制,互不干扰。机、尾翼除冰分为轻微结冰和严重结冰两种状态,分别以3 min一个循环和1 min一个循环进行工作,每组除冰套均工作一次,时间为6 s;进气道除冰以1 min一个循环进行工作,每组除冰套工作一次,时间为6 s。当每组除冰套工作时,相对应的指示灯亮,用于监控除冰套是否工作正常。

### 8.4.2　发动机进气道防冰

发动机进气道防冰/除冰系统的原理：当热防冰阀打开时，热空气引到发动机前缘整流罩内的喷气环，喷气环上有喷气孔，热空气可从喷气孔内喷射出来，加温发动机前缘整流罩，然后通过下部的排气口排出。

图 8-14 为 B737NG 飞机的发动机防冰/除冰系统示意图。其操作是通过单独控制发动机防冰电门实现的。发动机防冰系统在地面和飞行中均可工作。每个整流罩防冰活门都是电控的，并且是气压作动的。将发动机防冰电门置于"打开"位时，可使发动机引气气流流经整流罩防冰活门，为整流罩前缘防冰。

在驾驶舱前顶板发动机防冰电门上方有个"COWL VAVLE OPEN（整流罩活门打开）"指示灯。①整流罩防冰活门处于打开或者关闭的过程中，该灯处于明亮状态；②整流罩防冰活门处于打开状态，该灯处于暗亮状态；③整流罩防冰活门处于关闭状态时，该灯熄灭。

在整流罩防冰活门打开进行防冰/除冰的过程中，管道压力/温度传感器监测管道压力/温度，达到或者超过门限值时，产生信号到驾驶舱使琥珀色 COWL ANTI-ICE（整流罩防冰）灯亮。此时，关闭发动机防冰电门。

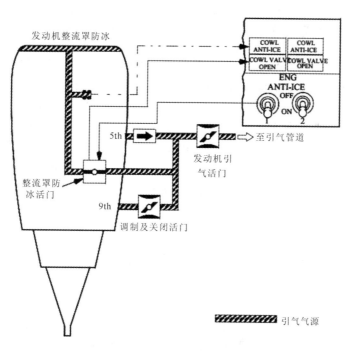

图 8-14　B737 发动机进气道防冰示意图

### 8.4.3　螺旋桨防冰

螺旋桨防冰除冰有两种方法，第一种方法是采用电热能除冰，第二种方法是采用防冰液防冰。
(1)电热防冰

螺旋桨多数采用电热能除冰系统。该系统由隔框和滑环、碳刷滑块组件、双模式除冰计时器、滑油低压传感器、除冰加温器、接触器等组成。滑环把来自碳刷滑块的稳定电流传输到螺旋桨桨叶前缘的电阻加热器。图 8-15 为新舟 600 飞机螺旋桨电热除冰原理图。

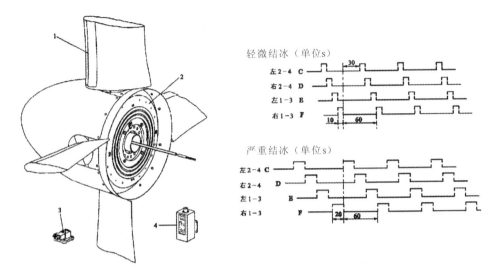

**图 8-15 新舟 600 螺旋桨电热除冰示意图**

1—桨叶除冰器； 2—隔框和滑环； 3—碳刷滑块； 4—除冰定时器

螺旋桨除冰定时器有两个，互为备份，在一个定时器有故障后，操作定时器选择开关，可转换为另一个定时器工作。当选择开关置于下面"LOW（轻微结冰）"位置时，除冰定时器控制每组桨叶电阻加热器，接通 10 s 加热除冰，断开 60 s 周期循环进行，加热时相应指示灯亮，以指示工作正常。当选择开关置于下面"HIGH（严重结冰）"位置时，除冰定时器控制每组桨叶电阻加热器，接通 20 s 加热除冰，断开 60 s 周期循环进行，加热时相应指示灯亮，以指示工作正常。当温度高于 $-10℃$（14℉）时，必须选用"LOW（轻微结冰）"状态。当温度低于 $-10℃$（14℉）时，必须选用"HIGH（严重结冰）"状态。轻微结冰转为严重结冰有 30 s 间隔，严重结冰转为轻微结冰无间隔。

每一副螺旋桨上有 4 个桨叶，每两个对称的桨叶加热器为一组，两副螺旋桨共四组桨叶轮流加热。螺旋桨除冰系统需要电源为 115 V，400 Hz，由碳刷滑块将除冰电流从飞机电气系统传输到螺旋桨滑环和桨叶除冰加热器上。

（2）化学防冰液防冰

向飞机的某些表面或部件喷洒异丙基乙醇、甲基乙醇，或乙烯乙二醇和乙醇的混合液，可以降低这些部位水的冰点，同时使喷洒后的表面光滑，冰不容易在这些表面聚集。液体防冰通常用于汽化器、螺旋桨和风挡的防冰。防冰液储存在飞机上的储液箱中。

图 8-8 表示螺旋桨桨叶前缘液体防冰系统。该系统由防冰液储液箱、液滤、液泵、变阻器、抛液环和供液导槽组成。需要防冰时，通过带有变阻器的开关控制液泵电机的转速，从而控制供液量。每具螺旋桨设有抛液环，利用离心力将防冰液送到桨叶喷液嘴喷出。由于离心力的作用，喷出的防冰液沿导槽向桨叶叶尖流动，在相对气流的吹动下布满整个桨叶前缘，达到防冰的目的。防冰液储液箱的容积限制了该系统的工作。某些飞机的风挡也使用液体防冰

系统,其组成和工作原理类似。飞行前应检查储液箱内防冰液量是否符合规定,系统是否有渗漏现象,以及系统工作是否正常。

### 8.4.4　风挡玻璃的防冰

在驾驶舱风挡玻璃的防冰防雾方面,利用电子计算机自动控制电热能的方式具有更加方便、实用、准确和可靠等优点。因此,现代民用飞机绝大多数采用电热能防冰防雾。

风挡电热防冰可能产生的问题包括玻璃脱层、变色和放静电等。产生这些问题的主要原因是风挡过热。为此,有些飞机上风挡玻璃内埋设温度传感器。风挡加温过程中,如果其温度超过了预设的正常工作温度,传感器将超温信号传递给控制电路,使加温元件断电,并通过超温信号灯提醒飞行员注意。另外,风挡加温通常设有高能量和低能量两个选择。在地面检查风挡加温系统工作时,应使用低能量加温,用手掌感觉到热度后及时关断,以防止风挡过热。在风挡玻璃外表面涂有氧化锡防静电层,可将风挡静电与飞机结构搭接,防止静电跳火。

典型的驾驶舱风挡玻璃防冰防雾原理如图 8-16 所示,该图为 B737NG 飞机风挡防冰防雾原理图。从图中可以看出:它主要由控制电门和指示灯、风挡加温控制组件以及风挡玻璃三大部分组成。在三者中,风挡加温控制组件是核心。风挡玻璃上有加温元件和两个完全一样的温度传感器,一个为主用,另一个为备用。在主用传感器失效后,人工转接至备用,以延长玻璃的使用寿命。1,2 号风挡外部的导电涂层允许用电加温防止结冰和除雾。4,5 号风挡内部的导电涂层允许用电加温来除雾。3 号风挡未采用电加温。

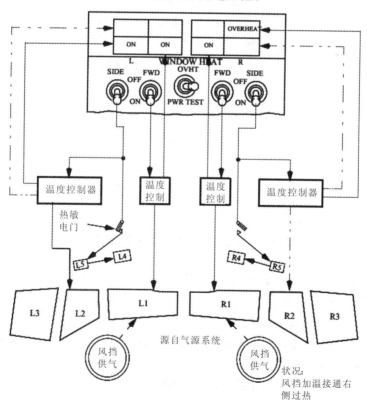

**图 8-16　B737NG 风挡玻璃防冰/除冰示意图**

驾驶舱风挡加温操作:"FWD WINDOW HEAT"(前风挡加温)电门对 1 号风挡控制加温。"SIDE WINDOW HEAT"(侧风挡加温)电门对 2,3,4 和 5 号风挡控制加温。

温度控制器维持 1,2 号风挡的校正温度,以保持万一在飞鸟撞击的时候,确保风挡的最大强度。如果测得过热的情况,则 1,2 号风挡的电源会自动断开。热敏电门位于 5 号风挡关闭和开启的位置处,以保持 4,5 号风挡的校正温度。

风挡玻璃内表面的防雾除雾也可以采用电加温的方法。同时还有一个方法即风挡下方的空调进气口喷出热空气,可以给风挡内表面加温,对风挡可起到防雾和除雾的功效。现代民用飞机的空调系统里普遍安装有除水效果显著的高压和低压水分离器,因此座舱里的水汽饱和度很低,从而大大降低了风挡玻璃内表面起雾的可能。

## 8.4.5　大气数据探头防冰

大气数据探测器一般分布在机头区域,如图 8 - 17 所示,探测器内部安装有加温器,以防止结冰对探测数据的影响。波音系列的飞机上通常静压口没有加温器,而空客系列的飞机上,静压口大多设置有加温器。探头大多采用电加温形式,大多数民航客机的大气数据探头加温都是自动控制的。有的探测器不能在地面进行加温,有的可根据空地感应开关进行功率转换,即在地面时可进行小功率加温,在空中可进行全功率加温。

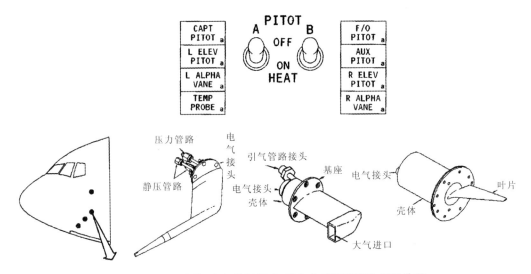

图 8 - 17　空速管、大气总温探头、迎角传感器安装位置及外形

1)空速管和静压口:空速管又称为皮托管或总压管,空速管和静压口分别用于探测大气的总压和静压,总压和静压信号输送到飞机大气数据基准系统以计算空速和气压等飞机参数。在空速管和静压口内有电阻式电加温器,防止探头结冰。大多数民航客机上的空速管和静压口防冰都是自动控制的,防冰控制系统根据空/地传感器的信号进行控制。空速管加温有地面和空中两种工作方式:①在地面,至少有一台发动机运转,且发动机转速超过一定值时,将以地面方式工作,此时加温器以低加温功率工作;②飞机空速超过 50 kn 或在空中,防冰系统自动转入空中方式,加温器以全功率工作。有些飞机的静压口未设置加温元件。

2)迎角探测器(AOA):迎角探测器用于探测飞机的迎角,其叶片可以随飞机的迎角变化在气流的作用下偏转以获得飞机迎角的信号。在迎角探测器内有电阻式电加温器,防止探头结冰而影响大气数据的探测精度。大多数民航客机迎角探测器防冰都是自动控制的。

3)大气总温探测器(TAT):大气总温探测器用于探测飞机所在高度的大气总温。大气总温探测器内有电阻式电加温器,防止探头结冰而影响大气数据的探测精度。大多数民航客机上的大气总温探头防冰都是自动控制的。防冰控制系统根据空/地传感器的信号进行控制,大气总温探测器在地面不工作,只有在飞机离地后才会自动通电加温。

大气数据探测器加温主要有三种控制模式:全自动、自动+手动和全手动。大多数民航客机的大气数据探测器防冰系统的工作是自动控制的,有些飞机上没有相对应的人工控制,即采用全自动控制模式。

## 8.4.6 供水和污水系统的防冰

供水和污水系统可能结冰的部位有三个,饮用水系统设施和供给部件;污水系统排泄部件;真空排污系统排泄和勤务部件。如果这些地方结冰,可能造成:①结冰膨胀损坏;②管路堵塞阻碍正常的系统工作;③管路堵塞阻碍正常的勤务工作;④前泄露口结冰会损坏破裂飞机结构。

供水和污水系统的防冰用电加热。比如勤务板接头;排泄口;带集成加热器的管等使用集成的电加热器加温。集成的电加热器比如带状物加热器、加热毯等。

(1)饮用水系统设施和供给部件

饮用水防冰系统防止饮用水接头和饮用水供应管结冰。

1)饮用水接头:软管内置一个加热部件。软管加热部件用 115 V 交流电。一个继电器控制到软管的电能。在正常飞行过程中,自动加热。

2)饮用水供应管:一些饮用水供应管内置加热部件。水管用 115 V 交流电。水管内的温度调节电门控制水管的加热。在正常飞行过程中,自动加热。

(2)污水系统排泄部件

污水系统排泄部件防止脏水排泄管和泄露口结冰(见图 8 - 18)。

1)脏水排泄管:用带状加热器加热排水管。带状加热器使用 115 V 交流电。继电器控制到带状加热器的电能。在正常飞行过程中,自动加热。一个管内的温度调节电门控制加热泄露口内管。

2)泄露口:泄露口包括集成的电气加热部件。在正常飞行过程中,自动加热。在空中,用 115 V 交流电;在地面,用 28 V 直流电。在地面,泄露口用较小的电压以防伤人,也能延长泄露口的寿命。

(3)真空排污系统排泄和勤务部件

真空排污防冰系统防止排污和勤务管塞子结冰。系统在真空排污箱球型活门;真空排污箱清洗管用电阻型加热器:

1)排污箱球型活门:一个加热毯加热排污箱球型活门。加热毯用 115 V 交流电。在正常飞行过程中,自动加热。

2)排污箱清洗管:清洗管带状加热器加热排污箱清洗管。管加热器用 28 V 直流电。在正常飞行过程中,自动加热。

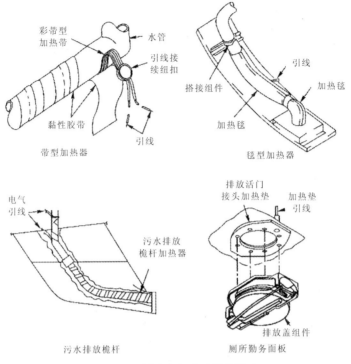

彩带型加热带
水管
引线接续组扣
搭接组件
引线
加热毯
加热毯
黏性胶带
引线
带型加热器
毯型加热器

电气引线
污水排放椹杆加热器
排放活门
接头加热垫
加热垫
引线
排放盖组件
污水排放椹杆
厕所勤务面板

**图 8 - 18 供水和污水系统的防冰**

# 8.5 飞机的地面除/防冰

## 8.5.1 地面除/防冰液

(1)地面除/防冰液种类

目前,世界上大部分国家所使用的除/防冰液主要分为四种类型:Ⅰ型、Ⅱ型、Ⅲ型和Ⅳ型。这四种除/防冰液分别适用于不同的机型与不同的条件,其中Ⅰ型、Ⅱ型和Ⅳ型主要用于大型飞机,Ⅲ型用于小型飞机。

Ⅰ型除冰液是用作除冰液的未经稠化的液体,为液态牛顿流体,冰点较低,既可用来除去冻结污染物,除冰能力较强,也能提供一定的防冰保护。但其防冰时间较短。使用时须加热后喷洒,并按照制造商的使用说明用水进行稀释,一般为橙色。而Ⅱ,Ⅲ和Ⅳ型防冰液是稠化后的液体,含有增稠剂。为非牛顿流体,黏度较高,与Ⅰ型除冰液相比,Ⅱ,Ⅲ和Ⅳ型防冰液的防冰保护时间大大延长,使用时可以不经加热直接喷洒。Ⅱ,Ⅲ和Ⅳ型防冰液,主要用于防止污染物的形成或聚积。其中Ⅱ型为水白色或浅草黄色,Ⅲ型为亮黄色,Ⅳ型为绿色。

以下液体可用于防冰:①加热的Ⅰ型防冰液;②加热的水与Ⅰ型防冰液的混合液;③Ⅱ型防冰液或Ⅱ型防冰液与水的混合液;④Ⅳ型防冰液或Ⅳ型防冰液与水的混合液。用于防冰的液体通常使用前不必加热,但Ⅰ型液用于防冰目的时必须先加热。

以下液体可用于除冰:①热水;②加热的Ⅰ型除冰液或加热的水与Ⅰ型除冰液的混合液;

③加热的Ⅱ型除冰液或加热的水与Ⅱ型除冰液的混合液;④ 加热的Ⅳ型除冰液或加热的水与Ⅳ型除冰液的混合液。用于除冰的液体通常在加热后使用,这样除冰的效率更高。

（2）除/防冰液的使用方法

常见的除/防冰方法有两种,分别是一步除/防冰法和两步除/防冰法,在使用时根据天气条件、可用的除/防冰液、达到的保持时间来确定所要使用的除/防冰方法。

一步除/防冰法:用加热后的除冰液除去飞机表面的冰,同时保持在飞机表面上的液体将提供有限的防冰能力。应当根据需要的保持时间、外界大气温度和气象条件,正确地选择除冰液。

两步除/防冰法:第一步、使用热除冰液完成除冰工作,应当根据外界大气温度正确选择除冰液。第二步:使用防冰液完成防冰工作,应当根据防冰液的保持时间、外界大气温度和气象条件正确选择防冰液。在第一步操作过程中喷洒的除冰液结冰之前应当完成第二步的防冰工作(一般应在 3 min 以内)。为满足这一要求,必要时可分区域进行除/防冰操作。在完成第二步防冰操作后,如果在随后的检查中发现飞机重要部位又发生结冰,必须重复完成第一步的除冰和第二步的防冰操作。

除/防冰液的使用存在着温度限制,如表 8-2 所示。

表 8-2　各型防冰液混合物使用的准则

| | 外界空气温度（OAT） | 二步程序 | | 一步程序 除冰/防冰 |
| --- | --- | --- | --- | --- |
| | | 第一步:除冰 | 第二步:防冰 | |
| Ⅰ 型液体混合物使用的准则 | 27 ℉（－3℃）或更高 | 水或液体和水混合物在管口的最小温度为 140 ℉（60℃） | 液体和水的混合物在管口的最小温度最多为 140 ℉（60℃），180℉（82℃） | 液体和水的混合物在管口的最小温度最多为 140 ℉（60℃），180℉（82℃），最大凝固点小于 OAT18 ℉（10℃）（将 18 ℉减去 OAT 以得到最大凝固点） |
| | 小于 27 ℉（－3℃） | 加热防冰液混合物的凝固点最大必须为 5 ℉（3℃）超过 OAT | | |
| Ⅱ，Ⅲ 和 Ⅳ 型液体混合物使用的准则 | 27 ℉（－3℃）或更高 | 热水或Ⅰ型,Ⅱ型,Ⅲ型或Ⅳ型和水的热混合物 | 50/50 类型Ⅱ/Ⅳ 或 100/0 类型Ⅲ | 50/50 加热Ⅱ/Ⅳ型 或 100/0 加热Ⅲ型 |
| | 低于 27 ℉（－3℃）到 7 ℉（－14℃） | 带有最高 5 ℉（3℃）凝固点的Ⅰ型,Ⅱ型,Ⅲ型,或Ⅳ型的热混合物超过 OAT | 75/25 类型Ⅱ/Ⅳ 或 100/0 类型Ⅲ | 75/25 加热Ⅱ/Ⅳ型 或 100/0 加热Ⅲ型 |
| | 低于 7 ℉（－14℃）到 －13 ℉（－25℃） | 带有最高 5 ℉（3℃）凝固点的Ⅰ型,Ⅱ型,Ⅲ型,或Ⅳ型的热混合物超过 OAT | 100/0 Ⅱ/Ⅲ 或 Ⅳ型 | 100/0 加热Ⅱ/Ⅲ 或Ⅳ型 |
| | 低于 －13 ℉（－25℃） | ①如果液体凝固点低于 OAT 最大 13℉（7℃）且符合空气动力接受标准,则可在不低于 13℉（－25℃）下使用Ⅱ/Ⅳ型液体。②如果液体凝固点低于 OAT 最大 13℉（7℃）且符合空气动力接受标准,则可在不低于 13℉（－25℃）下使用Ⅲ/Ⅳ型液体。③当不能使用Ⅱ、Ⅲ或Ⅳ型液体时,应考虑使用Ⅰ型。 | | |

（3）除/防冰的保持时间

除冰/防冰液仅在一定时间内能起到保护作用,这段时间就是防冰液在被保护的飞机表面防止霜或冰的形成,以及雪或冰的积累的预计时间,被称为保持时间,而保持时间依据除冰/防冰液性质的化学特性而不同。采用一步除/防冰法时,保持时间从除/防冰操作的开始时刻计算;采用二步除/防冰法时,保持时间从第二步操作开始时刻计算。在已实施除冰/防冰的飞机表面开始形成/堆积冰冻沉积物时,保持时间将失效。保持时间根据所使用的防冰液类型和天气情况综合判定。

## 8.5.2　除/防冰设备与工具

在进行除/防冰工作的时候,还会使用到一些专用的设备与工具。常见的有除冰车、加热棚等大型设备;刷子、扫帚、拖把等小型工具;还有秒表、冰点测试仪等测量工具。在这些设备工具的辅助下,除/防冰作业才得以完成。同时为了保护进行作业的机务人员的安全与健康,还配备有机务人员的个人保护设备等。

（1）除冰车

国内外现有的飞机除冰车按其行走方式可分为自行式除冰车、车载前挂式除冰车和拖挂式除冰车三种。其中自行式除冰车应用得最为普遍,目前民航中使用的一般都是自行式除冰车,车载前挂式和拖挂式除冰车一般只针对小型飞机或对飞机的低矮位置进行除冰。按工作原理又分为两类车型:一类是循环加热式飞机除冰车,即通过车载燃油锅炉循环加热除冰液,再由喷射系统喷射除冰,如图 8-19 所示。另一类是即热式飞机除冰车,将离心泵泵出的除冰液在喷射过程中即时加热,由喷枪射出。其中又以即热式飞机除冰车应用得最为普遍。

图 8-19　防/除冰操作车

（2）红外加热设备

由于除冰液会对环境造成危害,所以出现了一种新的除冰方式——红外线加热方式。其红外线加热器分为固定的和可移动的两种。固定的红外线加热器主要是棚式加热器。飞机棚两头是开放的,飞机上的冰雪将在红外线加热系统的作用下融化而被除去。而可移动的红外线加热器,是将该装置安装在除冰车的支臂上,这样可以调节红外线加热面板到飞机表面的距离,以便对机翼、尾翼和机身各部分进行除冰。

（3）小型除冰工具

除了那些大型的除冰设施外,在除冰工作还会用到一些小型的工具,比如扫帚:可以用扫帚清除飞机上部分甚至全部的积聚物,以减少除冰液的使用。拖把:对于轻度结霜,机务人员可以使用装有热的或是温的 I 型除冰液的喷壶和拖把来清除污染物,这也可以减少除冰液的使用。

### 8.5.3　除/防冰程序与规范

机务人员在进行除/防冰工作时必须按照一定的程序进行,按照程序所规定的步骤依次进行每一项检查、每一项操作,严禁不按照程序进行施工,或是跳过某些程序草草了事。

（1）积冰情况确认

因为根据不同的积冰情况机务工作人员会采用不同的除/防冰手段,所以在进行除/防冰工作前要进行积冰情况的确认。具体分为以下几种:雨凇(超冷却的降水碰到温度等于或低于0℃的物体表面时所形成玻璃状的透明或无光泽的表面粗糙的冰覆盖层)、混合凇(当不同粒径的过冷却水滴随气流浮动,在碰撞物体瞬间,部分呈干增长,部分呈湿增长。冰体呈半透明状,密度中等,常在物体的迎风面冻结,有一定的黏附力。)、雾凇(雾凇非冰非雪,而是由于雾中无数0℃以下而尚未结冰的雾滴随风在树枝等物体上不断积聚冻粘的结果,表现为白色不透明的粒状结构沉积物。)、积雪、白霜,这其中雨凇的密度最大,达到了 $0.85 \ g/cm^3$ ,是雾凇的三倍,它黏附力强,难以清除,对飞机起降危害程度最大。

（2）除/防冰机组准备

飞行机组决定并执行除冰和防冰工作,应做如下工作:

1）通知有关单位和个人:将决定和将要执行的除冰和防冰工作通知到除/防冰部门,放行签派部门、交通管制部门,将有关信息传递给除/防冰负责人、地面维护人员和其他有关人员,并与地面机务人员进行除/防冰操作协作准备。

2）驾驶舱准备:(如在除/防冰工作后立即起动,完成驾驶舱准备和飞行前准备程序)

①停留刹车刹住。②关闭所有风挡玻璃窗户、飞机登机门和紧急出口,以免污染厨房地板和机内装饰;如果客舱门上有冰或雪,必须等到除掉之后再关门(可用少量的加热的除冰液),防止污染客舱。③APU 或地面电源能提供可用电源,APU 引气活门关闭。④空调组件两 组应关闭。⑤关闭飞机的机翼、尾翼、起落架等需除/防冰区域的外部照明灯。⑥发动机已关车或仅在空转。⑦不要在液压泵接通的情况下,使用驾驶员来回移动方向舵、副翼、水平升降舵系统的配平。应将升降舵配平调整到机头下俯的位置并保持 2 度。⑧襟翼保持在收上位,如结冰情况严重,如襟翼操纵间隙有冰,襟翼可听地面人员指令放下到着陆位置。无论襟翼收上或放下,襟翼在位后不要移动襟翼手柄的位置。⑨液压电动泵电门应关断。⑩与地面人员联系。⑪执行地面除/防冰检查单。注意:在进行除冰和防冰工作之前,应尽可能确认上述各项工作已准备完毕,防止准备工作不充分影响除冰和防冰工作的实施。如需要,应尽可能使用地

面空调加温装置给飞机加热。

（3）除/防冰操作

在既需要防冰又需要除冰时,可实施一步除冰或两步除冰。选择一步或两步除冰取决于天气条件,使用的除冰防冰液体及希望达到的保持时间。

## 8.5.4 地面除冰注意事项

在地面除冰过程中,要注意以下几点。

1)不要给下列区域喷洒防冰液:包括发动机、APU 进气道和尾喷口在内的所有进气口和排气口,以及外流活门出口。

2)对于由雪和雨雪进入发动机进气道而造成的发动机风扇叶片和压气机结冰,必须采用热空气吹过发动机并使其旋转部分自由转动的办法除冰。

3)由于除冰液会导致腐蚀,在除冰之前,必须给刹车组件套上保护套。

4)从喷枪喷口喷出的高压除冰液进入某些设备、附件和密封件后,会导致腐蚀、飞行过程中结冰、润滑脂流失或电气线路异常等情况。因此,喷枪出口的高压除冰液不应对准下列设备和附件:齿轮箱的封严、不动的轴承、旋转作动器和万向连接点等设备;导线束、邻近传感器和电气接头等电气附件。

5)不要利用发动机排气进行机身除冰除雪。如果机身上的积雪过厚,应使用软毛扫帚先扫除大部分的积雪。

# 8.6 风挡排雨系统

针对大型运输机,在大风大雨气象条件下飞行时,常用的给风挡玻璃排雨的方法有三个:第一,风挡刮水器给风挡玻璃排雨;第二,风挡玻璃上的永久性厌水涂层;第三,在大雨气象条件下使用的一次性排雨液。这三种方法不是每个飞机全都配备,是根据需要选择其中的两种进行配置的。

针对小型通用飞机,均用透明的聚丙烯塑料做风挡玻璃,这种材料很容易被擦伤,因此很少安装风挡刮水器。在这种飞机上常采用给风挡打蜡的方法来达到排雨的目的。因为风挡打蜡后,雨水落在上面会形成大的水滴,而不会覆盖整个风挡,螺旋桨的旋转滑流和迎面气流会将水滴吹走,保持风挡的干燥。

## 8.6.1 排雨液

下大雨时,风挡玻璃表面上便形成了厚度不均的水膜,水膜阻碍了驾驶员的视线。排雨液排雨的机理是,增大了水的表面张力,消除了玻璃上的水膜,使水保持珠状(就像玻璃表面上的水银珠),加速水珠在刮水刷和气流的共同作用下从玻璃上滑走,从而使水珠不附着在玻璃表面上,改善了玻璃的透明度,提高了能见度。

排雨液系统是通过驾驶舱内的两个控制按钮来控制风挡排雨液的使用的。排雨液本身不具有喷出的压力,必须加上引气的压力。同时,一次只给一个风挡喷排雨剂,如果两个风挡同时喷,有可能因为压力不够而喷不到位。不管按钮按压多长时间,每次都只喷射适量的排雨液,机组可以多次按压使用,若需再次喷射,必须松开后再次按压。按压操作按钮后,电磁活门打开(约为 0.4s),排雨液在压力的作用下均匀地喷到风挡玻璃外表面上。来自引气系统的压缩空气对排雨液喷口进行清洗,防止堵塞(见图 8-20)。

排雨液是一种特殊的化学液体,在维护时应特别注意下列几点:

1)不要在干燥的风挡上喷用排雨剂,如果要进行排雨系统试验时,必须不断地在风挡玻璃上浇水,不要让排雨液停留在风挡玻璃和机身蒙皮上。

2)排雨液在风挡玻璃和机身蒙皮上凝固之后很难除去,而且排雨液残留物对飞机蒙皮及其附件的防护层有害。因此,应尽快将粘到风挡玻璃或机身蒙皮上的排雨液清洗干净。

3)在没有接通引气的情况下进行排雨液操作测试,会导致系统堵塞,因此,测试之前应确保有引气。引气对排雨液喷口进行清洗,有防止堵塞的作用。

4)排雨液有挥发性且对皮肤有刺激作用,应尽量避免呼吸其蒸汽,若皮肤和眼睛不小心接触到排雨液,应立即用清水清洗干净。

5)目前排雨液有 I 型和 III 型两种型号,I 型有货架寿命和使用寿命限制,III 型没有寿命限制。

6)小雨大风时不能使用排雨剂。如果雨不大时,喷洒排雨剂同样会使风挡变脏,妨碍驾驶员的视线。

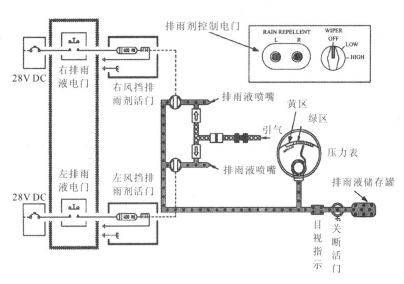

**图 8-20 典型的排雨液控制原理**

综上所述,排雨剂系统在维护过程中比较麻烦,工作量也比较大。同时排雨剂喷出还会影响环境,造成一定的环境污染。现在的民航客机上很多都取消了排雨剂系统。也有些先前使用排雨剂系统的飞机进行了相应的改装,采用永久性厌水涂层的风挡。

## 8.6.2　厌水涂层

因为风挡排雨液使用后会对环境造成污染，所以有关厂家开发出了一种化学材料，涂在风挡玻璃的外表面，形成一层不吸附雨水，并对雨水起很强的排斥作用，使雨水成珠状从玻璃上快速滚落的涂层，这一涂层称为厌水涂层。目前，厌水涂层已经广泛应用于波音系列飞机和空客系列飞机上。厌水涂层不影响风挡玻璃的强度和光学透明度，但是随着使用时间的增长，厌水涂层会逐渐磨损，磨损的速度取决于刮水器的使用、航路情况和风挡玻璃的维护保养状况，如图 8－21 所示。

厌水涂层是一层特殊的化学涂层，在维护时必须遵守相关机型现行有效的飞机维护手册，特别应注意下列几点：

1）不要将抛光剂或蜡状物涂在覆盖有厌水涂层的风挡玻璃表面上。

2）清洁风挡玻璃时，使用的工具必须是软布或非研磨性砂布，清洁剂必须是 50％异丙基酒精与 50％去离子水或蒸馏水的混合溶液。

3）风挡玻璃上的细小微粒可以用清洁溶液和塑料清洁器。如果使用了塑料清洁器，则必须极其小心，不要让扫落的微粒粘在塑料清洁器上，以免刮伤涂层和玻璃。

4）厌水涂层的寿命受刮水刷弹力的影响，如果弹力过大，涂层会过快磨损和脱落。

5）当厌水涂层磨损到一定程度时，其排水作用便不能令人满意，此时需要给风挡玻璃涂上一层新的厌水涂层。涂厌水涂层时无需拆下玻璃。

6）测试风挡刮水器之前，要先将玻璃上的外来物清除干净，再用水浇湿玻璃，确保整个测试过程玻璃都处于湿润状态。

**图 8－21　厌水涂层示意图**

## 8.6.3　风挡刮水器

飞机上的风挡刮水刷与汽车上的相似，不同的是它还必须经受高速气动载荷。现代飞机上一般有两个风挡刷，用于在起飞、进近和着陆过程中，排除机长和副驾驶风挡（左 1 号风挡和右 1 号风挡）上的雨水或雪水，防止雨雪妨碍驾驶员的视线。风挡刮水器的驱动方式有两种，电机作动风挡刷系统和液压作动风挡刷系统。

（1）电机作动风挡刷系统

电动风挡刷系统通常用直流电机驱动，转换器将电机的转动转换成风挡刷臂的往复运动。风挡刮水刷由控制开关控制，控制开关一般有三个位置或者四个位置，根据机型不同控制开关的标识和位置个数也不同,如图 8 - 22 所示。

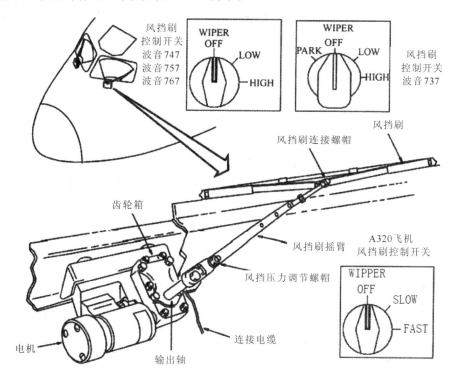

**图 8 - 22　电动风挡刷系统**

　　风挡刮水刷不能在干的风挡上使用,而且刮水刷必须保持清洁,不沾任何污物,以免划伤风挡玻璃。如果需要刮水刷工作,在运动之前须在风挡上洒干净水,以保持风挡刷的湿润。

　　风挡刮水器的驱动力来自于液压马达或电动机,现代飞机通常采用电动机作为驱动力,通过一个机械转换装置将电动机的旋转变换成刮水器的摆动。刮水器摆动速度的调整是通过改变直流串励电动机电枢电路的附加电阻值来实现的。由于厌水涂层具有良好的排水作用,加上风挡玻璃刮水刷的磨损会缩短厌水涂层的使用寿命,因此对于涂有与不涂厌水涂层的两种风挡玻璃,一般在刮水器的摆动速度和停靠位置的设计上要加以区别。

　　(2)液压作动风挡刷系统

　　如图 8 - 23 所示,液压风挡刮水刷系统由飞机主液压系统的压力驱动。速度控制阀用于启动、停止和控制风挡刷摆动的速度。速度控制阀是一个可调节流阀。如果逆时针方向旋转阀门的手柄,将使通油孔的尺寸增大,流到控制装置的油液增多,使风挡刷的摆动速度增大。

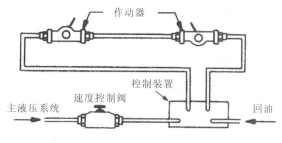

**图 8 - 23　液压风挡刮水刷系统**

控制装置把液压油引到风挡刷作动器,并使从作动器排出的油液流回到主液压系统。控制装置还交替改变流到两个风挡刷作动器液压油的方向。风挡刷作动器将液压能转变为驱动风挡刷臂往复运动的机械能。

### 8.6.4 气动排雨系统

目前在一些喷气发动机的小型高速飞机上采用了气动排雨系统,利用压气机引出的高压、高温空气吹过风挡,形成空气屏障,吹除并阻止雨滴打击风挡表面。引气需经过温度、压力控制后,进入风挡边缘的喷管,由开关控制喷出,如图 8-24 所示。这种方法由于消耗引气量比较大,换言之消耗发动机功率比较多,因此在民航中很少采用,主要用于军用机。

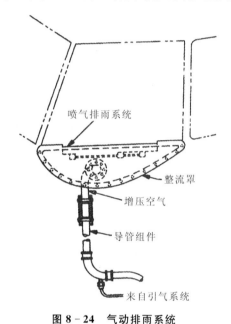

喷气排雨系统

整流罩

增压空气

导管组件

来自引气系统

**图 8-24 气动排雨系统**

# 思 考 题

1.飞机机翼和发动机结冰对飞行性能有什么样的影响?

2.现代飞机的防冰区域有哪些?

3.气热防冰系统的热空气来源主要有哪些?

4.气热防冰和气动防冰的工作原理分别是什么?

5.驾驶舱风挡防冰除雾是如何实现的?

6.简述在驾驶舱风挡上使用排雨剂的注意事项。

7.飞机上结冰探测装置有哪几种类型?

# 第9章 防火系统

## 9.1 概　　述

　　火灾对飞行安全来说是极大的威胁。在小型飞机上,由于驾驶员可以在驾驶舱很容易地观察到飞机上的大部分区域,因此火警探测和灭火相对比较容易。在现代大型飞机上,驾驶员从驾驶舱观察不到飞机上的绝大部分区域,因此不仅需要相应的火警探测系统来帮助驾驶员判断火灾危险程度,而且需要有效的灭火措施来控制火情。飞机不论大小都应配备火警探测系统和灭火系统,以保证飞机的飞行安全。飞机上常见的起火部位有发动机、辅助动力装置(APU)、货舱、起落架舱、电子设备舱、卫生间等,如图 9 - 1 所示。

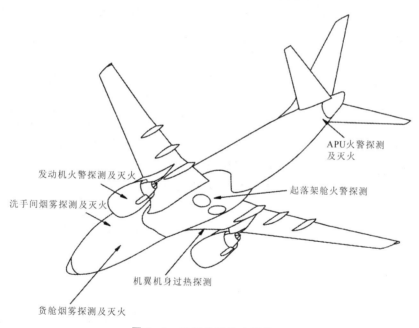

图 9 - 1　飞机常见防火部位

### 9.1.1　燃烧的三要素及灭火的基本原理

　　物质与氧气发生剧烈的化学反应,并伴随着发光、发热的现象称之为燃烧。燃烧的三个要素是燃料、热源和氧气。

　　燃料:在高温或者某一温度下与氧化合,会释放出更多的热,这种被消耗的物质称为燃料,例如木材、布料、燃油等。

热源:起始引火,热源将有关物质加热到燃点温度,在此温度下燃烧可以进行得足够快并释放更多的热量,从而不再需要热源也能持续燃烧。

氧气:通过氧化过程与另一些物质进行化合,是燃烧过程当中不可或缺的物质。因此灭火的基本工作原理就是当发生火情时,通过一些迅速有效的手段使三要素中的任何一个或者两个消失,燃烧就会终止。

## 9.1.2  火的种类及相应的灭火剂

在国际上,通常把火分成三个基本类型,即 A 类火、B 类火、C 类火,此外还有派生的 D 类火。

第一类:A 类火。它是由木材、纸张、装饰物等一般燃烧物燃烧引起的。

第二类:B 类火。它是由易燃石油产品或其他易燃液体、润滑油、溶剂、油漆等燃烧引起的。

第三类:C 类火。它是由通电的电子电气设备燃烧引起的。在这些设备中,灭火剂的非导电性是很重要的。

D 类火是由易燃金属燃烧引起的。不把 D 类火看作基本类型火,是因为它通常是由 A,B 或 C 类火引燃的。

## 9.1.3  灭火剂

灭火剂是指能够有效地破坏燃烧条件,终止燃烧的物质。按其状态特征分为液体灭火剂、固体灭火剂和气体灭火剂三大类。针对不同类型的火情,应选用相应的灭火剂来实施灭火,如表 9-1 所示。常用的灭火剂主要有水、卤代烃、惰性冷却气体和干粉。

表 9-1  灭火剂的适用类型

| 火的类型 | 适用的灭火剂 | 禁用的灭火剂 |
|---|---|---|
| A 类 | 水、卤代烃、惰性冷却气体、干粉 | |
| B 类 | 卤代烃、惰性冷却气体、干粉 | 水 |
| C 类 | 卤代烃、惰性冷却气体 | 水 |
| D 类 | 干粉 | 水、二氧化碳 |

(1)水灭火剂

水是天然的灭火剂,资源丰富,易于获取和储存,其自身和在灭火过程中对生态环境没有危害作用。它不仅能迅速降低物体的温度,而且还能隔绝空气,使火焰熄灭。在水喷到可燃物上后,一部分水汽化成水蒸气,降低燃烧区内的含氧量。水或水性泡沫类灭火剂只适用于灭 A 类火。水对 B 类火不仅无效,还会引起可燃液体的沸溢和喷溅现象,导致火灾蔓延。由于水是具有导电性的,因此对于 C 类火也不适用。

(2)卤代烃(氟利昂)灭火剂

卤代烃灭火剂是在飞机和地面上广泛使用的灭火剂。其优点是,对于 A,B 和 C 类火均适用,灭火后无残留物,毒性低。但氟利昂会破坏地球的臭氧层,国际上从 1994 年已开始在地面上禁止使用。中国也于 2005 年起禁止使用卤代烃灭火剂,但在飞机灭火系统中仍能使用。卤代烃的灭火机理是,通过抑制燃烧的化学反应过程,使燃烧中断,达到灭火目的。卤代烃和卤代烃同燃料燃烧后所生成的物质,都具有阻止热量传递的作用,这称为“化学冷却”或“能量传递中断”。这种阻隔相当于将未燃烧部分燃料与燃烧处隔离,使灭火更为迅速有效。卤代烃(HALON)灭火剂比较适用于 B 和 C 类火,其蒸汽能与火焰产生化学反应,从而达到灭火目的。在飞机上主要使用两种类型的卤代烃灭火剂,HALON 1301 和 HALON 1211。HALON 1301 化学名称是溴氟甲烷($CBrF_3$),简称 BTM,灭火效果极好,在常温下无毒,无腐蚀作用,但成本较高,沸点大约是 $-60℃$,以加压液态形式储存在强度较大的灭火瓶内,多用于固定式灭火瓶。HALON 1211 的化学式是 $CBrCLF_2$(简称 BCF),灭火效果很好,在常温下有轻微毒性,灭火后无残留物,沸点大约是 $-4℃$,以加压液态形式储存在灭火瓶内,用于手提式灭火瓶。

(3)惰性冷却气体灭火剂

二氧化碳($CO_2$)和氮气($N_2$)是两种很有效的惰性冷却气体灭火剂,是 BCF 理想的替代品。常温下 $CO_2$ 为气态,经加压($700\sim1\ 000$ psi)以液态形式储存在灭火瓶内。喷射时 $CO_2$ 液化气吸热变为气态,释放出的 $CO_2$ 在转化为气态时体积膨胀约 500 倍,同时吸收大量的热量,使喷口内温度急剧下降,当降至 $-78.5℃$ 时,一部分二氧化碳就凝结成雪片状固体。当它喷射到燃烧物上时,使燃烧物温度降低,隔绝空气并降低空气中含氧量,使火熄灭。$CO_2$ 的密度约为空气的 1.5 倍,可在燃烧物表面形成覆盖,以隔离氧气。由于二氧化碳不导电,不含水分,灭火后很快散逸,不留痕迹,不污损仪器设备,不污染灭火区,所以它特别适用于扑灭 C 类火,也适用于 B 类和 A 类火。二氧化碳灭火剂不能用于 D 类火。当使用 $CO_2$ 灭火剂灭火时,必须注意:在封闭的空间里,过多地吸入 $CO_2$ 可能引起人员窒息和死亡;因为 $CO_2$ 灭火剂的释放温度大约为 $-70℃$,因此不能把灭火剂对准人员喷射以防发生冻伤;使用 $CO_2$ 灭火剂必须配有一个非金属的喷管,因为灭火瓶内释放出的 $CO_2$ 在通过金属管时会产生静电,会重新点燃起火;同时如果与带电体接触,金属导电也会危及使用人员的安全。

氮气($N_2$)通过冲淡氧气和隔离氧气而灭火。由于 $N_2$ 提供的温度更低,并且 $N_2$ 提供的冲淡氧气的容积几乎等于 $CO_2$ 的两倍,因此 $N_2$ 作为灭火剂更有效。$N_2$ 必须以液态储存,需要特殊的存储和管路设备,设备的特殊性和质量使得只有大型飞机才有可能使用 $N_2$ 灭火。

(4)干粉灭火剂

干粉灭火采用干燥的化学粉末(如碳酸氢钠)灭火剂进行灭火。干粉灭火剂储存于干粉灭火器中,灭火时依靠加压气体(二氧化碳或氮气)将干粉从喷嘴喷出,形成一股雾状粉流,射向燃烧区。当干粉灭火剂与火焰接触时,发生一系列的物理化学反应,将之扑灭。从理论上讲,它适用于灭 A,B,C,D 各类火,特别适用于主起落架刹车片起火。干粉灭火剂能避免可燃金属氧化和由此所导致的火焰。用干粉灭火剂灭火后,吸附在金属上的干粉可能有腐蚀作用,应注意清除。在实际使用中,干粉灭火剂主要用于飞机机库和工厂中,在飞机上只限于货舱使用,不能用于驾驶舱和客舱灭火。残留物不仅会沉积在透明体和仪表表面,严重影响能见度,而且很难清除。干粉灭火剂是非导电体,会使电子电气设备的触点和开关工作不正常,因此也不用于电气设备的灭火。

### 9.1.4　固定式灭火瓶

飞机上的灭火瓶分为固定式灭火瓶和手提式灭火瓶。飞机上如发动机、APU 等部位安装有固定灭火系统,所有固定灭火系统几乎有相同的操作方式和主要部件。固定灭火系统的主要部件有瓶体、带释放爆管的排放口、压力表、灌充口、压力开关、灭火系统控制和监测电路,如图 9-2 所示。

固定灭火瓶采用球形不锈钢容器,瓶内装有用氮气加压的液态灭火剂 Halon 1301 (BTM)。在 20℃时充压压力是 600~800 psi,用于保证提供足够的压力以完全释放灭火剂。灭火瓶的大小和质量由使用区域的空间来决定,用于货舱的灭火瓶大约是 20 kg 或更大,用于发动机上的灭火瓶大概为 10 kg,用于 APU 上的大约为 5 kg。灭火瓶排放口组件内有排放口、传爆管、滤网、易碎片等。当灭火瓶没有释放灭火剂时,易碎片阻止灭火剂的流出。灭火瓶排放组件爆炸帽内部有 300~400 mg 炸药(C 类爆炸物),当作动灭火手柄(开关)时,28 V 直流电经灭火手柄开关的触点引爆灭火瓶爆炸帽,爆炸帽产生微型爆炸炸开易碎片,灭火剂通过破裂的易碎片释放出来,从喷口喷出。在排出组件内有一个滤网挡住破裂的易碎片,以防灭火剂通道被堵住。

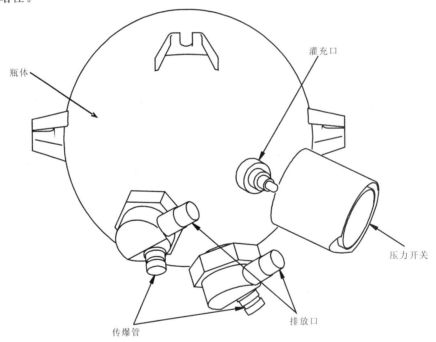

**图 9-2　固定式灭火瓶**

当灭火瓶附近有热源时,灭火瓶内的压力会随温度的升高而增大,为了防止灭火瓶因为超压而爆炸,所有灭火瓶都配备有超压释放装置。当灭火瓶的喷嘴与热源位于同一舱室,如货舱或某些飞机的发动机处,灭火瓶内压力一旦达到 1 600~2 100 psi 时,易碎片破裂,灭火剂通过喷嘴释放到货舱或发动机。有些飞机上的灭火瓶设有专门的压力开关,当温度超过安全值时压力开关内的一个热保险熔化,灭火剂直接通过压力开关的排放口排出。例如,B737 飞机的发动机灭火瓶安装于主起落架舱,当灭火瓶温度升高到 130℃时,灭火剂从压力开关的排放口直接排放到主起落架舱。也有些灭火瓶压力开关的排放口通过排放管路连接到一个红色指示盘盖住的释放孔,如果红色指示盘消失则表示灭火瓶已经发生了热释放。

为使爆炸帽电路安全可靠,应使用与电瓶相连的热汇流条供电。这意味着在按下灭火按钮或拉起灭火手柄后,再按下灭火瓶释放按钮或旋转灭火手柄,灭火瓶将释放。只有断开爆炸帽线路跳开关,才能防止这种情况的发生。许多灭火瓶释放爆管有两个爆炸帽,且每个爆炸帽有独立的点火电路和跳开关。为了防止由于爆炸帽的电路断路而导致灭火瓶不能正常工作,维护时必须断开两个可能安装在不同配电板上的跳开关。但两个点火电路都有可能出故障,所以所有的灭火系统都有爆炸帽测试电路,可以及时发现爆炸帽或点火电路是否失效。

# 9.2　火警探测系统

对于火警探测系统来说应当尽可能满足以下要求:

1)飞机在任何状态下,不应当发出错误的火警。

2)能够快速、准确地显示着火的位置。

3)准确地显示火的熄灭和重燃情况。

4)能够持续地显示飞机上的火情。

5)驾驶舱能够对探测系统进行测试。

6)探测器在油、水、振动、极限温度或拆装中不易发生损坏。

7)探测器质量轻,并且容易拆装。

8)探测器直接由飞机电气系统控制。

9)当没有火情出现时,以最低电量运行。

10)探测系统在驾驶舱应当有灯光警告、音响警告及火警位置指示装置。

火警探测系统通常由火警探测器、火警监控器和火警信号装置这三个部分组成。火警监控器是一个用于监控火警探测器参数变化并输出火警信号的装置。早期飞机的监控组件是简单的继电器装置,后期的飞机监控组件采用晶体管式或插件板式装置。现代飞机越来越多地采用微处理器监控,以鉴别和判断存在火警或探测系统故障的情况,进一步提高探测系统的准确性和可靠性。火警监控组件位于电子设备舱。火警信号装置的作用是将监控组件的输出信号转换为目视和音响警告信息,包括火警铃、火警灯、火警控制面板、ECAM 或 EICAS 上的文字警告信息,这些警告信息指明具体的火警部位,以便驾驶人员采取有效的灭火程序。

## 9.2.1　单点式火警探测器

单点式火警探测器只能用于探测某一个点或者小范围的火警或过热情况。要想探测一个较大的区域,需要更多数量的探测器。因而使用点式探测器时,常使用多个探测器。现代飞机上经常采用的单点式火警探测器是热敏电门式火警探测器和热电偶式火警探测器。

（1）热敏电门式火警探测器

热敏电门式火警探测器是由两个金属片作动的开关,当温度达到某一固定值时,两个金属片由于热胀冷缩效应产生变形,使作动开关闭合,接通警告电路。早期飞机采用裸露的双金属片,由于容易受到尘土污染,其可靠性较低;现在多采用壳体封装反应快速的热敏电门,如图9-3所示。热敏电门式火警探测器由飞机电源系统供电的警告灯和控制这些警告灯工作的一个或多个热敏电门组成。热敏电门并联连接后与警告灯串联。当其中一个热敏电门周围温度升高到警戒值时,该热敏电门闭合,警告灯电路通电,警告灯亮,警铃响,从而指示出火警或者过热状态。该探测系统的优点是结构简单,可靠性高。

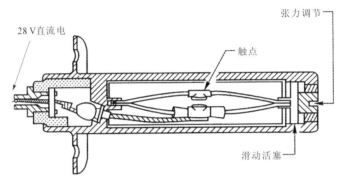

图 9-3　双金属片热敏开关

(2)热电偶式火警信号系统

热电偶式火警信号系统的工作是利用传感器(热电偶)将周围介质温度的变化转变为相应大小的电动势,从而输出控制信号使警告系统工作。

热电偶是由两种不同的金属,如铬镍合金和铜镍合金(康铜)接合而成的。这两种金属连接起来的一端暴露在可能出现火情的地方,因为此端可感受周围的热量,故称为热端。还有一个基准端置于仅感受周围环境温度区域,称为冷端。如图9-4所示,着火时热端的温度迅速上升,而冷端温度基本不变,则在热端和冷端之间产生了热电势,该电势使敏感继电器闭合,从而接通警告电路。热电偶能感受周围由于火焰引起的温度变化速率而输出相应的热电势。在缓慢的升温速率下,这种传感器输出的热电势很小,甚至没有输出,从而能区分火焰或呈超温现象的准火警状态。假如热电偶冷、热端接点受热速率相同,例如在发动机短舱里,发动机的工作使温度正常、逐渐地升高,热电偶两端接点的加热速度相同,就不会产生热电势,因而没有警告信号发生。为了测试热电偶火警探测器是否正常,接通测试电门使加热器对冷端加热,这时热电偶原来的冷端变成了热端,而原来的热端变成了冷端,同样会使警告电路连通,表明探测系统工作正常。热电偶式火警探测系统通常用于活塞式发动机的火警探测。

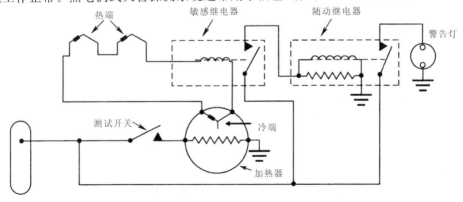

图 9-4　热电偶火警探测电路

## 9.2.2　连续型火警探测器

为了能够在较大的防火区有效地探测火警,并且避免使用大量的单点式探测器,现代飞机通常使用连续型火警探测器。相对于单点式探测器,连续型探测器能够更好地形成完整的探测系统,例如发动机火警、起落架舱火警等探测,把连续型火警探测器采用特殊连接件连成一体,形成闭合回路,因此通常也称为感温环线。按感温环线的构成和工作原理,可分为电阻型火警探测器、电容型火警探测器和气体型火警探测器三种。

（1）电阻型火警探测器

在铬镍耐腐蚀合金管中装有在共晶盐浸过的陶瓷内芯,内芯中嵌有一条(称为芬沃尔环线)或两条(称为基德环线)金属导线。在基德导线内两根导线中的一根与接地的管壁相连,如图 9-5 所示。

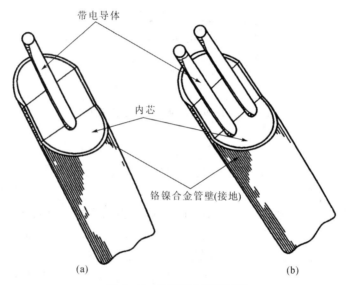

**图 9-5　电阻型火警探测器**

（a）芬沃尔（FENWAL）型；　（b）基德（KIDDE）型

在正常温度条件下,基德和芬沃尔两种系统里的陶瓷或共晶盐内芯材料电阻很大。在失火或过热的情况下,当温度升高到某一特定温度时,内芯的电阻显著下降,并且在信号导线和地线之间有电流流动,从而触发火警系统开始工作,如图 9-6 所示。

基德敏感元件接到一个继电器控制装置上。这个装置经常地测量整个敏感闭环的总电阻,因此该系统既可以感受平均温度,又可感受局部温度。而芬沃尔敏感元件的任何部位达到警告温度时,都将发出警告信号。正常情况下,可通过闭合测试开关,人为地使电路连通触发火警,从而确定探测系统工作正常。电阻型火警探测器结构简单,检测范围大,但是这种探测元件的结构受损时容易产生假信号。

（2）电容型火警探测器

电容型火警探测器是由若干段感温元件连接而成的。每个感温元件的外管为不锈钢,内部安装一根中心电极,外管与中心电极间的电介质为温度敏感的填充材料,构成圆筒形电容器。电容型火警探测器通以半波交流电,电介质可充电并储存电能,其存储的电量随周围温度的升高而增加,当达到警戒温度时,电容值也增大到某一值,电容开始放电并驱动火警装置。电容型火警探测器的优点是当筒形电容的某一处发生短路时,不会产生假信号。

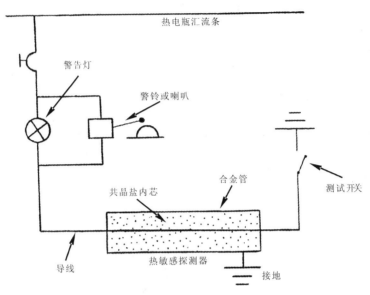

**图 9 - 6　电阻型火警探测器工作原理**

(3)气体式火警探测器

气体式火警探测器主要由感应管和响应器两部分组成。感应管是一个不锈钢的壳体,内部包有感温装置。每个探测器包括一个感应装置,它装在一个不锈钢壳体内,并连接到不锈钢敏感元件(响应器)上。两部分密封焊接为一个整体,敏感元件由一个电气接头和两个压力敏感开关组成。每个压力敏感开关由一个金属膜片作动,它是敏感元件内唯一活动的部件,是报警电路系统中的电接触部分。细小的感应管内充满了氦气。中间的内芯物质是充有氢气的材料,并且具有吸收和释放氢气的特性。当外界温度上升,感应管内气体受热压力增大,当增大到预定值时,气体压力便推动膜片,报警开关闭合,接通报警电路。

如图 9 - 7 所示为一种典型气体式火警探测器,在其响应器内有两个压力作动开关:火警开关和监控开关。火警开关为常开开关,在正常情况下,此开关是断开的。当内部压力升高到一定值时,火警开关闭合,接通火警电路。监控开关是常闭开关,在响应器内压力正常的情况下此开关是闭合的。当响应器内压力低过某一值时,此开关闭合,输出传感器故障信号。

气体式探测器有两种感应功能。它能感应一般性"平均"过热,也能感应局部性火焰或热气引起的"局部"过热。

1)平均过热。感应管和响应器是固定容积的器具,当探测器周围温度普遍上升,感应管内部氦气的压力将与绝对温度成正比,在达到预定的平均过热温度时,将推动感应膜片,闭合火警开关。

2)局部过热。当探测器感应管的某一小部分受到局部高温时,感应管内充满氢气的内芯材料就放出大量的氢气,而使感应管内部压力上升,在它达到预定的温度时,同样将推动感应膜片,闭合火警开关。

平均与局部过热是可复位的。在感应管冷却后,平均气压降低,氢气将返回内芯材料,感应管内部压力降低,使感应膜片恢复到正常位置,从而切断报警系统的电路。

在连续环路火警探测系统中,产生假火警信号的原因通常是元件上有压痕、元件变形、油或水进入敏感部分。

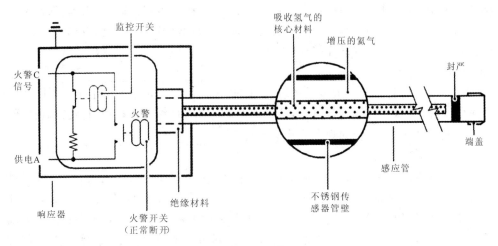

图 9 - 7　气体式火警探测器

(4)火警探测器在民航客机上的应用

表 9 - 2 所示为几种火警探测器在部分民航客机上使用的情况。

表 9 - 2　几种民航客机上使用的火警探测器

| 机　型 | 发动机火警 | APU 火警 | 轮舱火警 | 引气管道泄漏 |
| --- | --- | --- | --- | --- |
| B737 | FENWAL | KIDDE | FENWAL | FENWAL |
| B747 | KIDDE | FENWAL | FENWAL | 双金属热开关 |
| B757 | 气体式 | 气体式 | FENWAL | FENWAL |
| B767 | FENWAL | FENWAL | FENWAL | FENWAL |
| B777 | KIDDE | KIDDE | FENWAL | FENWAL |

## 9.2.3　烟雾探测系统

飞机的货舱、电子设备舱及卫生间等处都安装有烟雾探测系统。烟雾探测系统用来监测货舱、卫生间等处是否有着火征兆的烟雾存在,不同部位所配备的烟雾探测器也不同。根据不同的探测原理,常见的烟雾探测器类型有一氧化碳探测器、光电式烟雾探测器、离子型烟雾探测器和目测烟雾探测器等。

(1)一氧化碳探测器

一氧化碳探测器用来探测空气中的一氧化碳浓度,常用于驾驶舱和客舱的火警探测。在通常情况下,空气中不含有一氧化碳,只有在着火或者有烟雾时,因为材料不完全燃烧而产生一氧化碳。一氧化碳的测试主要有两种方法。

1)黄色硅胶指示管:一种可以更换的指示管,管内装有黄色硅胶,当空气中含有一氧化碳时,管内黄色硅胶变为绿色;绿色的深浅与空气中一氧化碳的浓度成正比。

2）棕黄色纽扣状指示盘：正常时为棕黄色，遇到一氧化碳后变为深灰色再变为黑色，其变化颜色的时间与一氧化碳的浓度有关。

（2）离子型烟雾探测器

离子型烟雾探测器一般用于厕所的烟雾探测，它安装在每个厕所的天花板上。离子型烟雾探测器采用少量的放射性材料，在两极加上电压后使探测器内部的空气电离，这样就会有一定的电流流过探测器。当有烟雾的空气通过探测器时，烟雾的微小粒子附着在离子上，使离子浓度降低，通过探测器的电流下降，当电流下降到预定警告值时，发出警报。

（3）目测烟雾探测器

早期的飞机上安装有一个烟雾观察筒，观察非增压货舱是否有烟雾存在。利用文氏管效应将货舱空气导入观察筒，在飞行时，如果需要观察是否有烟雾存在，只需将观察灯打开，光线遇到烟雾的散射会使灯亮，否则观察筒看不到光亮。

（4）光电式烟雾探测器

光电式烟雾探测器广泛用于货舱和电子设备舱，它是利用烟雾对光的反射原理制成的。如图9-8所示，当开关在关闭位时，光源点亮，通过凸透镜产生平行光，当没有烟雾的外界气体流过腔室时，光线照不到光感应室。如果气体中含有烟雾，烟雾中的粒子会将部分光线反射到光感应室，光感应室产生微弱电流信号，该信号经过放大器放大后生成火警。当电门在测试位时，电路使测试灯点亮，光线直接照进感应室，从而能够检测到系统是否能够正常工作。

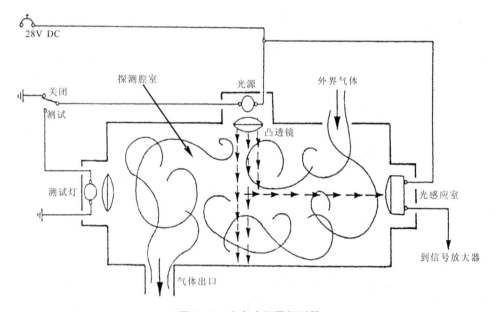

图9-8　光电式烟雾探测器

# 9.3　飞机灭火系统

飞机的灭火系统主要用来对飞机上出现的火情实施灭火。当火警探测系统发出火警时，灭火系统可以人工或者自动进行灭火。飞机上火警探测区域和能够实施灭火区域略有不同。

飞机的火警探测区域主要有发动机（及 APU）区域、发动机（及 APU）引气管道、起落架舱、货舱、卫生间等。可以进行灭火的区域主要包括飞机发动机、APU、货舱及卫生间。另外在座舱内还有手提灭火器，可以对座舱内的火源进行灭火。

### 9.3.1 发动机灭火系统

发动机安装有固定式灭火系统，采用自动报警、人工灭火方式。发动机灭火系统包括灭火瓶、喷射导管和灭火控制组件。不同型号飞机发动机的火警探测区域略有不同，一般在发动机上安装有火警探测器的区域有风扇机匣与整流罩之间的环形区域、压气机机匣区域、燃烧室和涡轮机匣区域（核心区域）、发动机附件齿轮箱区域和发动机吊架区域。为了防止虚假火警信号产生，发动机火警探测器大多采用双环路连续型火警探测器。

（1）发动机警告信息

发动机的警告信号包含过热警告和火警。不同型号飞机发动机的警告信号略有不同。下面以 B737NG 为例介绍发动机的警告信号。当发动机出现过热或起火的情况时，驾驶舱遮光板和防火面板上会有相应的警告信号，如图 9-9 和图 9-10 所示。当发动机过热时，主警戒灯亮、发动机过热灯亮、警戒信号牌上的过热/探测灯亮。当发动机起火时，火警灯亮、火警铃响、主警戒灯亮、发动机过热灯亮、发动机灭火手柄灯亮、警戒信号牌上的过热/探测灯亮。

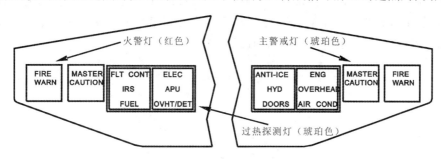

**图 9-9 B737NG 遮光板上的火警信号**

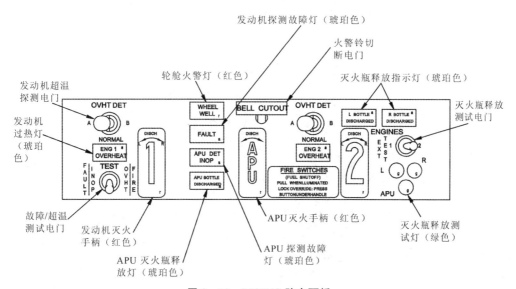

**图 9-10 B737NG 防火面板**

（2）发动机灭火系统配置

双发动机配置方案是指为两台发动机配置相应的灭火瓶。B737NG 配置了两个灭火瓶，每一个灭火瓶都可以向这两台发动机中的任何一台喷洒灭火剂。灭火瓶内装有 HALON1301 灭火剂并使用高压氮气增压，但是当灭火瓶内的压力由于某种原因过高时，压力开关会打开，以释放灭火瓶内的压力。在排放组件内有一个爆炸帽，来自灭火电路的电流可以触发爆炸帽产生微型爆炸，从而使灭火剂从排放口喷出，当由于泄漏或灭火瓶释放使灭火瓶内压力降低时，相应灭火瓶上的压力开关会发出信号到驾驶舱，使该灭火瓶琥珀色的释放指示灯亮。图 9－11 所示为 B737NG 飞机上的发动机灭火系统，共有两个灭火瓶，每个灭火瓶上有两个排放组件，分别连接到两台发动机的排放管路。当对 1 号发动机进行灭火时，可先启动 1 号灭火瓶，由 1 号灭火瓶向 1 号发动机喷射灭火剂。如果 1 号灭火瓶喷射完毕后，1 号发动机的火情仍然没有得到控制，则可启动 2 号灭火瓶，由 2 号灭火瓶继续向 1 号发动机喷射灭火剂。这种配置方案是双喷射交叉灭火方案，波音系列的客机通常采用此种灭火方案。

双发动机配置方案的灭火系统中，发动机的灭火瓶一般位于前、后货舱或主起落架舱。B747 飞机安装有四台发动机，其灭火瓶安装于每一侧机翼前缘的内侧整流罩内，共有 4 个灭火瓶，每一侧机翼内安装有两个。每一侧机翼的这两个灭火瓶，可以向这一侧机翼上的两台发动机提供灭火剂。

在单发动机配置方案的灭火系统中，每一台发动机都有专供本发动机使用的灭火瓶。一般每台发动机配置有两个灭火瓶，安装于发动机吊架内，这两个灭火瓶只能向这一台发动机提供灭火剂。空客系列的民航客机大多采用此种灭火方案。

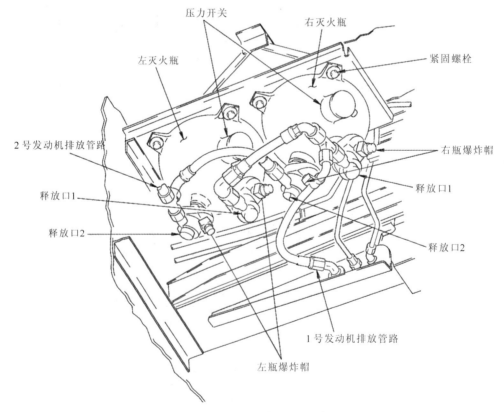

图 9－11　B737NG 发动机灭火系统装置

（3）发动机灭火操纵

当出现火警或发动机起火时，灭火是通过操纵发动机灭火手柄（开关）实现的。发动机灭火手柄一般位于后操纵台面板，也有些飞机是通过位于顶板上的灭火开关来实现的。发动机灭火手柄（开关）主要有 4 个作用：发动机火警指示、使发动机停车、隔离发动机与飞机相关系统、控制发动机灭火（释放灭火瓶）。

现代飞机上采用两种形式的灭火控制开关：组合式和分开式。组合式灭火开关通常是由一个可以提升和旋转的手柄控制的，提升手柄可以为发动机灭火做好准备，提起灭火手柄时并没有喷射灭火剂，旋转手柄时才可释放灭火剂，向左旋转或向右旋转可选择两个不同的灭火瓶释放灭火剂，如图 9 - 10 所示。分开式发动机灭火控制开关由准备开关和灭火瓶释放开关分别控制，如图 9 - 12 所示为 A320 发动机灭火开关。

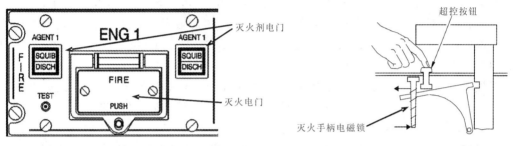

图 9 - 12　A320 飞机 1 号发动机灭火开关　　　　图 9 - 13　B737NG 灭火控制手柄

图 9 - 13 所示为组合式灭火控制手柄（开关），发动机灭火手柄都有电磁锁，可将手柄锁定在放下位置，以防出现误操作。当发动机发生火警时，发动机灭火手柄灯（红色）亮，手柄电磁线圈通电使电磁锁开锁。如果电磁锁故障未开锁，可手动按下超控按钮打开电磁锁机构。组合式灭火手柄进行发动机灭火操作的程序有两步，分别是提起灭火手柄和转动灭火手柄。在提起灭火手柄后，系统自动为发动机灭火做好以下几点准备：切断供往发动机的燃油、切断供往发动机驱动泵的液压油、切断发动机引气、断开反推装置、断开发电机、灭火电路准备就绪。提起灭火手柄只是为发动机灭火做好准备，此时并没有释放灭火瓶。向左转动灭火手柄并保持在止动位置，28 V 直流电经手柄开关的触点引爆 1 号灭火瓶爆炸帽，爆炸帽炸开易碎片，使灭火剂喷射到发动机灭火区域，灭火面板上的琥珀色灭火瓶释放灯亮，如图 9 - 10 所示。通常一个灭火瓶的释放可以熄灭一台发动机的火焰。如果在 30～60 s 后火警灯仍未熄灭，可向右转动灭火手柄，释放 2 号灭火瓶继续进行灭火。

对于分开式灭火开关如图 9 - 12 所示，当发动机出现火情时，带保护盖的灭火电门变红色，打开保护盖，按下灭火电门，灭火电门弹出，系统自动执行以下操作：语音火警止响、燃油活门关闭、液压活门关闭、引气活门关闭、发电机脱开、爆炸帽预位。在灭火电门弹出后，左右两个白色"SQUIB"（爆炸帽）灯亮，此时按压"SQUIB"电门，该灭火瓶开始释放灭火剂，当灭火瓶没有压力时，对应的琥珀色 DISCH（释放）灯亮。

## 9.3.2　APU 灭火系统

APU 的灭火系统与发动机灭火系统工作方式基本类似，APU 一般只配置一个灭火瓶。

除了在驾驶舱内有相应的灭火手柄(电门)外,APU还配置有地面控制面板,可以在地面进行APU停车及灭火操作,同时也有红色火警灯和警告喇叭。

(1)APU火警探测

APU火警探测系统监控APU的高温状态。APU火警探测器一般位于APU舱、排气管及防火墙前部等区域。探测器通常分布于一些关键部件的附近区域,如燃油管路、滑油管路、APU发电机、点火激励器和APU涡轮机匣等。当APU出现火情时,火警信号包含以下部分:火警灯亮(红色)、APU灭火开关灯(红色)亮,如果是在地面,则APU地面控制面板红色火警灯亮、音响警告,在EICAS或ECAM系统上显示火警信息。

(2)APU灭火操作

对于很多民航客机(如B747,B757,B777,B787,A320,A330,A380飞机),APU灭火系统都有自动工作方式。飞机在地面出现APU火警时,APU可自动停车,如果没有手动操作,在3～10 s后自动喷射灭火剂;飞机在空中出现APU火警时,APU可自动停车,但不能自动喷射灭火剂,只能手动操纵APU灭火开关进行灭火。B787飞机则在空中或地面时都会对APU进行自动灭火。

跟发动机灭火一样,APU灭火开关也有两种形式:组合式和分开式。组合式灭火开关是由一个可以提升和旋转的手柄控制的。在提起APU灭火手柄后,系统将为灭火做好如下准备:APU燃油关断活门关闭、APU引气活门关闭、APU停车、APU发电机脱开。提起灭火手柄时并没有喷射灭火剂,而旋转手柄时才会释放灭火剂。在灭火剂释放后,灭火面板上的琥珀色灭火瓶释放灯亮。B737NG的驾驶舱APU灭火手柄为组合式开关(见图9-10)。手柄也有电磁锁,可将其锁定在放下位置,以防止误操作。当APU发生火警时,APU灭火手柄灯(红色)亮,手柄电磁线圈通电,电磁锁开锁。

如图9-14所示,分开式灭火开关由灭火准备开关和灭火瓶释放开关组成,灭火开关上有一个保护盖,防止误操作。当APU出现火警时,按下APU灭火开关(打开关护盖后),将会为APU灭火做好准备(如前所述),灭火瓶释放开关准备好后,此时白色"SQUIB"(爆炸帽)灯亮。进行灭火时,按下"SQUIB"开关,释放灭火剂。灭火剂释放后,灭火瓶释放开关上的琥珀色"DISCH"(释放)灯亮。

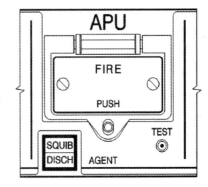

图9-14 A320的APU灭火开关

APU地面控制面板用于APU的地面停车和灭火。不同飞机的APU地面控制板的位置不同,大多数飞机(如B747,B757,B777,B787)地面控制面板安装于前起落架上,方便机务人员及时进行操作。B737NG的APU地面控制面板安装于主起落架舱内。APU地面控制面板上有APU火警警告喇叭(有些飞机安装于前起落架舱内)、APU火警灯、APU停车手柄(开关)、灭火瓶释放开关等。如果APU起火,而APU又没有自动停车,可操纵地面控制面板上的APU停车手柄(开关),使APU停车,APU灭火瓶准备好,灭火瓶预位灯亮;此时可以通过灭火瓶释放开关来释放灭火瓶,向APU喷射灭火剂(见图9-15)。

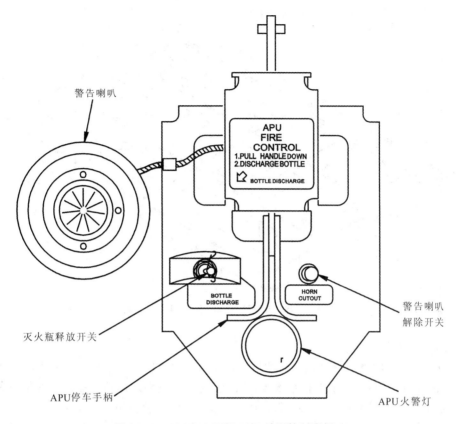

**图 9 - 15　B737NG 飞机 APU 地面控制面板**

### 9.3.3　货舱灭火系统

飞机安装有针对货舱灭火的固定式灭火瓶,灭火剂通过货舱顶部的喷嘴释放。按压货舱灭火电门将使货舱通风系统停止工作,从而将货舱隔离,这样可以阻止更多氧气进入货舱助燃,同时防止燃烧产生的烟雾进入飞机其他区域。

(1)货舱烟雾探测

货舱烟雾探测系统用于监控货舱内的烟雾情况,并给出相应的警告。图 9 - 16 所示为 B737NG 飞机货舱烟雾探测器。在货舱顶部会设置多个探测点,探测器风扇可将货舱内的空气吸入,经过水分离器和加温器输送到烟雾探测器。水分离器位于风扇的进口管路,压力很低,可使空气中的水分凝结而将其除去。加温器用于提高空气温度,防止管道结冰。

(2)货舱火警信号

当货舱出现烟雾时,控制组件将会发出警告,其主要警告信号有红色火警灯或红色主警告灯亮,红色货舱灭火开关火警灯亮、音响警告,在有 EICAS 的飞机上显示货舱火警信息等。

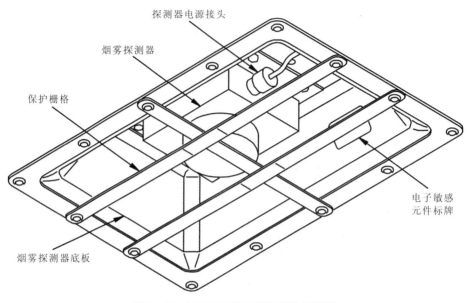

**图 9 - 16　B737NG 飞机货舱烟雾探测器**

（3）货舱灭火

以 B737NG 为例，当货舱出现火警时，货舱火警灯（红色）亮，如图 9 - 17 所示。按下对应的货舱火警预位电门，电门上的白色预位灯亮，说明灭火瓶释放电路准备好。在按下预位电门后，将发生下列情况：货舱加温阀关闭、再循环风扇关闭、警铃停响。打开释放开关保护盖，按下灭火剂释放电门，电流通到爆炸帽使其产生微型爆炸，膜片破裂，高压氮气使灭火剂排出。

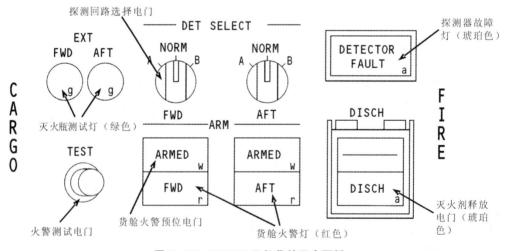

**图 9 - 17　B737NG 飞机货舱灭火面板**

火警测试电门用于测试前后货舱探测环路电路以及抑制系统是否工作正常。如果灭火瓶爆炸帽测试正常，绿色的灭火剂测试灯亮。当有一个或两个货舱探测器失效时，琥珀色探测器故障灯亮。

### 9.3.4　轮舱灭火系统

起落架舱火警探测系统主要用于探测刹车后过热的机轮收进轮舱而可能出现的火警。火警探测器一般安装在飞机主起落架舱的顶部。如图 9-18 所示,对于 B737NG 飞机而言,轮舱火警警告主要包括红色火警灯亮、红色轮舱火警灯亮(见图 9-10)、音响警告,在 EICAS 或 ECAM 系统上显示轮舱火警信息。

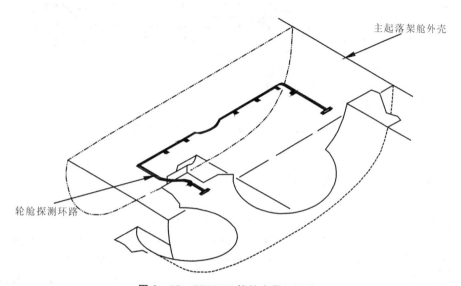

**图 9-18　B737NG 轮舱火警探测器**

由于飞机主起落架舱内一般都没有设置专供起落架舱灭火的灭火瓶,因而不能进行轮舱灭火。如果在空中发生轮舱火警,可采取的措施就是放下起落架,让外部空气将火吹灭,并准备在最近的合适机场降落。如果为了保证飞行性能而必须要收起起落架,则要等轮舱火警消失后一段时间(如 20 min),以确保轮舱火已完全熄灭,然后收起落架。在放起落架时要注意起落架放出的极限飞行速度。

### 9.3.5　引气管道泄漏过热探测

飞机气源系统引气管道泄漏有可能使飞机结构造成损伤。引气管道泄漏过热探测系统监控引气管道和发动机气热防冰管路的泄漏情况,如图 9-19 所示。

风扇机匣过热探测器监控围绕发动机风扇机匣区域的温度,可探测发动机防冰管道泄漏引起的过热。发动机吊架过热探测器用于监控发动机吊架以及邻近机翼前缘内侧区域的温度。机翼管道泄漏探测器用于监控机翼前缘和空调引气管道的泄漏情况。机身引气管道泄漏探测器位于机身引气管道的附近,从主轮舱一直向后延伸至 APU 的防火墙。这些探测器均可探测相应区域内引气泄漏导致的过热情况。

当某一探测区域发生过热时,在驾驶舱通常有如下警告:主警戒灯亮、音响警告、在 EICAS 或 ECAM 上指示发生泄漏的区域、翼/身过热警告灯亮等。在探测器探测到相关区域过热并发出警告信号后,应采取措施隔离发生泄漏区域的管路,并切断相关区域的引气。在有些飞机上可以自动隔离或关断发生泄漏区域的引气管道。

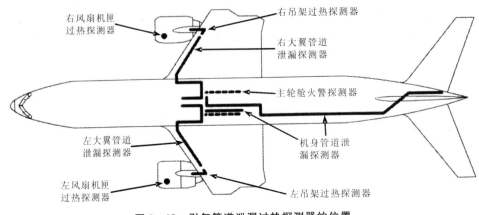

**图9-19　引气管道泄漏过热探测器的位置**

## 9.3.6　卫生间灭火系统

卫生间灭火分为手动和自动两种。针对废纸箱的灭火系统一般是自动工作的,其灭火瓶位于废纸箱上部,如图9-20所示。灭火剂的释放由一个热熔塞控制。当温度超过77℃时,热熔塞熔化,灭火瓶自动释放进行灭火。温度指示片用于指示过热情况。指示片是白色的,当达到某一温度时,指示片上的圆环中心会变成黑色。检查卫生间温度指示片即可判断是否出现过高温,从而判断灭火瓶是否释放。如果发生过释放,则必须把灭火瓶拆下来做重新检查,重新填充灭火剂。如果出现的火警不在废纸箱处,则卫生间顶板上的烟雾探测器可以报警,此时需要乘务人员用手提式灭火瓶进行灭火。

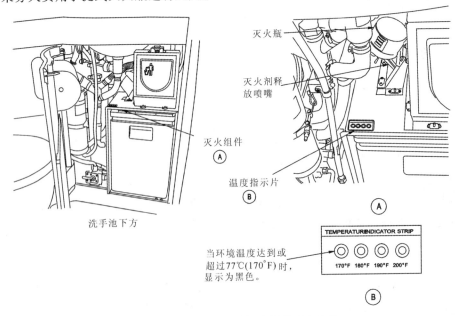

**图9-20　B737NG卫生间废纸箱灭火系统**

### 9.3.7　客舱灭火系统

现代飞机驾驶舱、客舱及厨房一般都配备有红色的手提灭火瓶,用于扑灭座舱内的火焰。现代飞机上有两种常用的手提式灭火瓶:卤代烃灭火瓶和水灭火瓶。卤代烃灭火瓶内装有 HALON 1211 灭火剂,主要用于扑灭 B 类和 C 类火。水灭火瓶用于扑灭非电类火焰,水灭火瓶内装有添加了防冰添加剂的水。

如图 9-21 所示,释放水灭火瓶的方法:转动手柄,按下释放扳机来释放灭火剂;释放 HALON 灭火瓶的方法:首先拉下手柄锁拉环,紧握手柄,按下释放扳机来释放灭火剂。

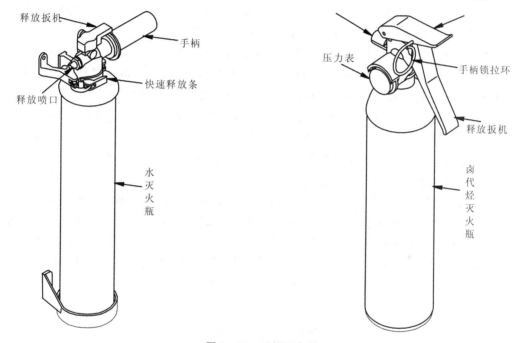

**图 9-21　手提灭火瓶**

# 9.4　灭火系统的维护

灭火系统的主要维护工作:灭火瓶的检查和灌充、爆炸帽和排放活门的拆卸与安装、喷射管路渗漏和电气导线连续性测试等。更详细、具体的检查要求和方法,可查询相关制造厂商的维护手册或说明书。

定期检查灭火瓶的压力,以确定灭火瓶的压力是否在制造厂所规定的最小极限压力和最大极限压力之间。所有灭火瓶上都有压力电门,当灭火瓶压力减小到正常压力的 50% 以下时,驾驶舱控制板上的灭火瓶低压灯亮。每次飞行前,应查看驾驶舱内防火控制板上的琥珀色灭火瓶释放灯是否亮。有些灭火瓶上有压力计,在检查灭火瓶内压力时必须考虑到灭火瓶内的压力是随温度变化的,应根据维护手册上的温度压力图表来确定灭火瓶内的压力是否正常。

通过按压灭火瓶上的压力电门或使用一个六角扳手旋转灭火瓶上的压力电门,可使驾驶舱火警控制面板的灭火瓶释放灯亮,检查灭火瓶压力检测指示电路是否正常。

在 C 检时需要检查灭火瓶的质量,称重时应拆下灭火瓶上的释放活门,如称得的灭火器质量与标签上相同,则说明灭火瓶没有泄漏,如不同则说明灭火瓶已经释放(热释放或灭火释放)或泄漏,需要填充灭火剂。周围环境温度变化时,灭火瓶的压力也会变化,但要符合相应的压力-温度曲线图。如果压力不在曲线极限值内,就要更换这个灭火瓶。

灭火瓶内的易碎片非常薄,大的振动和撞击都可能使其破裂,导致灭火剂的不正常释放,因此在拆卸释放活门和搬动灭火瓶时必须非常小心。灭火瓶释放爆管内的爆炸帽都有使用寿命,应当严格按照使用寿命时限要求及时更换到期的爆炸帽。灭火瓶体上的日期为释放爆管的安装日期,释放爆管安装在灭火瓶上后的使用期限大约是 6 年,在释放爆管上的日期是释放爆管的制造日期,释放爆管的最大储存期和使用期限大约是 10 年。

静电产生的火花可能使释放爆管内的爆炸帽意外爆炸,会使维护人员受到伤害,只有取得处理 C 类爆炸物执照的人才能处理释放爆管。当把释放活门从瓶上拆下或把灭火瓶从飞机上移开之前必须拆除释放爆管。拆除释放爆管的正确方法是在驾驶舱断开爆炸帽的跳开关,拧下电源插头,戴上合适的静电防护帽或将爆炸帽的电极用金属丝短接,用手慢慢拆下,最后要使用合格的容器储存和运输释放爆管。更换爆炸帽和释放活门必须小心,要严格按维护手册程序进行。不论何种原因拆下爆炸帽后,不能错装,否则可能会造成触点接触不良。

爆炸帽电路连续性检查在防火控制板上进行,这也是每次飞行前规定的必检项目。爆炸帽测试可以与火警测试使用同一个测试按钮,也可以使用一个独立的爆炸帽测试板。在这两种情况下,按住测试按钮,若测试灯亮说明测试合格,测试灯不亮说明爆炸帽线路断路。为防止爆炸帽被误引爆,测试电流是非常弱的,爆炸帽测试灯也是由测试电流点亮的,因此在更换测试灯灯泡时必须非常小心,一定要采用同型号灯泡,不同的灯泡有可能引爆爆炸帽。

灭火后,必须按要求尽快清洁,以防止灭火剂对飞机零部件的腐蚀。

# 思　考　题

1. 燃烧的三个要素是什么?
2. 火分成哪几种基本类型?
3. 火警探测系统的基本组成部件有哪些?
4. 点式火警探测器有哪几种类型?
5. 常用的连续火警探测器有哪些?
6. 分析气体式火警探测器的工作原理。
7. 分析光电式烟雾探测器的探测原理。
8. 飞机上主要有哪些火警探测区域?
9. 发动机火警信号有哪些?
10. 说明货舱烟雾探测系统的组成和基本工作情况。
11. 说明起落架舱火警探测的功用和主要警告信号。
12. 说明卫生间烟雾探测系统的功能。

13. 如何进行发动机灭火？

14. 发动机的 APU 灭火手柄锁的作用是什么？

15. 提起灭火手柄后，为灭火做了哪些准备？

16. APU 灭火系统的特点是什么？

17. 说明卫生间灭火的工作情况。

18. 现代飞机上手提灭火瓶主要有哪几种类型？

# 第10章  机舱设备/设施和水系统

## 10.1  机舱设备/设施

为保证机组人员和乘客的安全、舒适和方便,机舱须在有限的空间配有必要设备/设施,如设计合理的座椅、储物柜、操作便捷的厨卫设备、必不可少的应急设备等。依据其功能来分,机舱设备/设施可分为正常和应急两种。

### 10.1.1  正常设备/设施

正常设备/设施主要分布在驾驶舱、客舱和货舱内。

#### 10.1.1.1  驾驶舱设备/设施

驾驶舱设备主要包括驾驶员座椅、观察员座椅及一些杂项设备,为驾驶员和观察员正常操纵飞机和执行任务提供方便。

飞机座椅的设计集航空医学、美学、材料学、力学等学科知识和其他高新技术为一体,是一项非常具有挑战性的工作。目前飞机驾驶舱主要配置三个座椅,尽管飞机多采用双人制机组(机长和副驾驶员),为留有一定余地,通常还设置了观察员座椅。部分飞机还保留了随机机械师座椅。机长和副驾驶座椅在驾驶舱内对称布置,尽管操作相同,但不能互换。如图10-1所示,座椅有底座结构和上部组件两部分。底座结构的导轨锁定机构可调整座椅位置,而上部组件的各种调节机构,可进行扶手高度调节和座椅靠背调节。座椅安放在四条向外偏转的导轨上,手动或电动控制器可控制

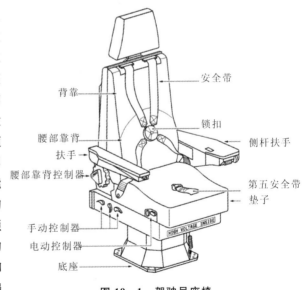

**图10-1  驾驶员座椅**

座椅的升降、前后运动,并锁定椅背;腰部靠背控制器可对座椅俯仰方向上进行调节。驾驶员座椅上配有高强度五点式安全带,其作用是让系着安全带的人能顶得住飞行、迫降着陆或水上迫降过程中的过载。

根据客户选择,观察员座椅分为第一观察员座椅和第二观察员座椅,通常设置在驾驶员座

椅后面,位于驾驶舱门前过道侧边。观察员座椅主要包括坐垫、椅背和安全带等部件。如图 10-2(a)所示为 A320 第一观察员座椅,该座椅可折叠,可横向滑动,但纵向滑动不能调节。而布置在驾驶舱左后隔板上的第二观察员座椅可折叠,在其他方向上不能进行移动调整(见图 10-2(b))。此外,在有"空中巨无霸"之称的 A380 上还可选装第五机组座位。

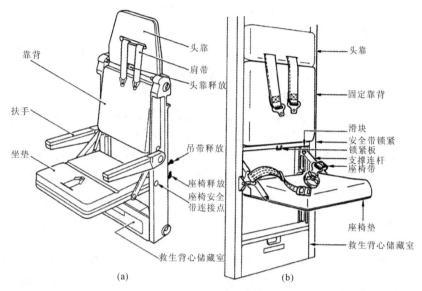

图 10-2　观察员座椅(a)和第二观察员座椅(b)

每个机组人员位置上均有全套空勤设备,包括氧气调节器、面罩、无线电耳机、救生背心等。为了安全的需要,驾驶舱内还备有逃离索、消防斧(迫降斧)、防火手套、医疗包和防烟面罩等杂项设备,如图 10-3 所示。其中消防斧一般用夹子或带子固定在舱内,当飞机迫降时因舱门变形而不易打开时,驾驶员利用它击破较弱的飞机结构、面板或舱门,达到逃生的目的。

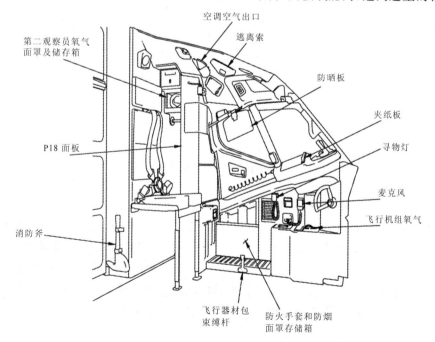

图 10-3　驾驶舱内杂项设备

### 10.1.1.2　客舱设备/设施

客舱位于驾驶舱后部与飞机后部的密封隔框之间,主要分为旅客座位区和功能区。旅客座位区包括公务舱和经济舱旅客座椅、客舱乘务员座椅、衬里和装饰盖、储物箱、乘客服务组件;功能区包括旅客服务组件(PSUs)、厨房、洗手间及辅助设备。

(1)旅客和乘务员座椅

按照座椅间距和舒适程度的不同,旅客座椅分为头等舱座椅、公务舱座椅和经济舱座椅。座椅的基本结构相似,但头等舱和公务舱座椅比经济舱座椅具有更好的舒适性。旅客座椅可将两个或三个座椅组装在一起,并允许四个、五个或六个座椅并排布置。

旅客座椅安装在座椅滑轨上,包括扶手组件、背靠组件、小桌板组件、椅身组件、安全带组件、背靠倾斜调节组件、海绵垫、纺织品外罩、杂物袋等(见图10-4)。为便于旅客进出,标准座椅中间的扶手设计成可抬起的活动扶手。而第一排乘客座椅由于前面没有小桌板,小桌板设计隐藏在扶手中,此扶手是固定的。在扶手上通常有耳机插孔,旅客可通过插孔旁边的面板进行频道和音量的调节,收听相应的节目。有些飞机靠近应急门旁的座椅一侧扶手直接安装在应急门上,在紧急情况下,可与拆下的应急门一起抛扔出去,防止阻碍应急通道。按压扶手上的椅背控制按钮并在椅背上施力,可改变椅背的倾斜角度。

维护人员可根据不同的客舱布局前后移动座椅。当需要为客舱布局调整座椅时,必须同时移动PSU(旅客服务组件),保证其与座椅位置相一致。椅垫可作为漂浮设备使用,座椅下面的空间通常用来存放救生背心。

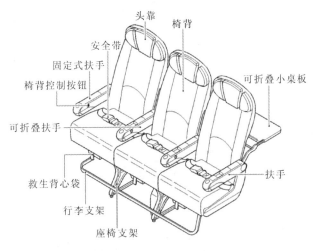

**图10-4　旅客座椅**

可折叠的乘务员座椅安置在服务区的隔板或过道上,分为单人座椅、双人座椅(见图10-5)。乘务员座椅与第一观察员座椅结构类似,包括头靠、椅背、椅面、听筒、安全带等。当乘务员不使用时,乘务员座椅应具有自动收复功能,即自动将全部安全带收好,以防损坏或在紧急情况下阻挡出路。乘务员座位上安装一套组合式安全带/肩带及头垫,肩带的松紧度可调节,用于防止或减少因失重的冲击而导致伤亡的可能性。在非受力状态下,肩带可自动收回。通常情况下,在乘务员座椅下方还应配备一个装有应急用品的小箱。

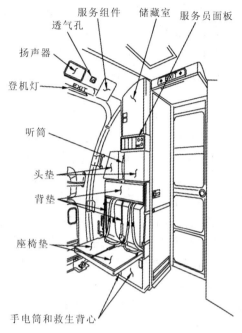

服务组件　　储藏室　　服务员面板

透气孔

扬声器

登机灯

听筒

头垫

背垫

座椅垫

手电筒和救生背心

**图 10-5　典型前乘务员座椅及服务组件**

（2）厨房设备

厨房设备为乘客和机组人员保存/准备食物和饮料，并储存废弃物。根据是否有水，厨房有干厨房和湿厨房两种类型。干厨房不连接到飞机的通风或饮用水系统，主要用来储存食物饮料和存放推车。湿厨房需连接到饮用水系统、污水系统、通风系统和电源系统。根据使用特性，厨房又可分为储藏厨房和准备厨房，储藏厨房只用于保存食物、饮料和多余的材料，还包括食物手推车、废物、食物和饮料容器。准备厨房用于准备食物和饮料，主要有废弃物压实工具、烘箱及其控制器组件、咖啡机、饮料机、烤面包机、横滚加温器、热水杯、热水壶、热水器、冰箱、葡萄酒冷却器等（见图 10-6）。大多数情况下利用冲压冷空气冷却手推车中的餐食，特殊情况下采用氟利昂系统。飞机上厨房的数量和安装位置因飞机的选型而不同，B737-800 飞机上有前、后两个厨房，而 A330-200 飞机上则有 6 个厨房。

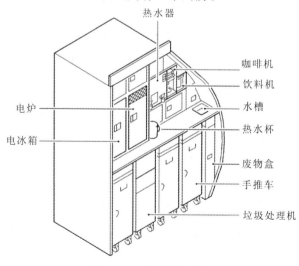

热水器

咖啡机

饮料机

水槽

热水杯

废物盒

手推车

垃圾处理机

电炉

电冰箱

**图 10-6　厨房设备举例**

厨房用电是飞机提供的 115 V,400 Hz 的交流电,在驾驶舱内打开厨房电源开关,厨房总电源接通。在飞行中如一个或多个发动机失效,厨房电源自动关闭。厨房顶部通过一个具有快卸接头的连杆连接到飞机结构上,厨房底部通过地板接头连接到飞机结构上。在厨房安装区域内的地板覆盖物铺有乙烯树脂地垫,在乙烯树脂地垫下,有一层液体隔层以防止地板结构腐蚀。

(3)洗手间设备

洗手间通常安装在客舱前部和后部,为乘客和机组人员提供便利。一些大型飞机,客舱中部也设有洗手间。洗手间与电力系统、空调系统、水/废水系统等相连。洗手间内有洗手盆、抽水马桶、脸盆柜、镜子和所有必要的梳妆用品,还有污物处置设备及其通风设备(见图 10 - 7)。洗手间照明设备是由一个安装在镜子上方的日光灯提供的,由洗手间门(闩)开关控制,当关上或插上门栓时日光灯亮。抽水马桶可采用重复环流冲水法,也可采用真空抽水法,目前大多数飞机上均采用真空抽水马桶。洗手盆和真空抽水马桶的水来自飞机水系统。服务组件提供洗手间通风,空气经洗手间内的头顶排气孔排出,以消除洗手间内的异味。厕所地板是防水玻璃纤维结构,且在地板上融合一层防滑聚乙烯树脂地垫,以防止结构腐蚀和人员滑到。门上指示"VACANT"表示厕所内无人,可直接转动把手开门。在紧急情况下,可从外面打开锁住的厕所门。

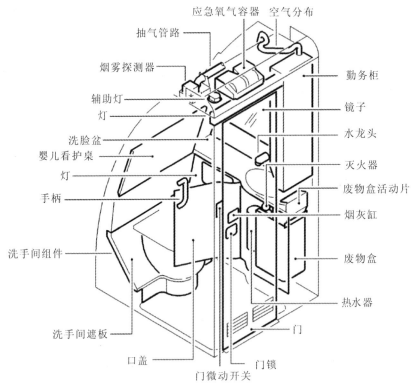

图 10 - 7  洗手间设备

### 10.1.1.3　货舱设备/设施

（1）货舱

位于飞机客舱地板下部的货舱用来装运旅客行李、货物，分为前、后货舱和散装货舱。在飞机的后部，分隔网将其分隔为后货舱和散装货舱（见图 10－8）。货舱为窒息式增压舱，货舱一旦起火，将因氧耗尽而自行熄灭。货网位于每个货舱舱门附近，用于防止货物挡住货舱门。大型飞机为了装卸方便，货舱内有导轨等装载移动设备。

货舱由顶板、侧板、地板、释压板、压条等组成。前货舱顶板和侧板都为三层防火复合材料，地板也为三层结构但表面进行了防滑处理。前、后货舱都有排水口，经滤网、漏斗、弯管将雨水及货舱内其他液体排出机外。

（2）集装箱

集装箱有多种型号，如 LD－1，LD－2，LD－3，LD－4，LD－5，LD－6，LD－7，LD－8 等。有些集装箱如 LD－4，LD－5 等是长方形集装箱，它们可以获得最大化的货运堆放效益。大多数集装箱有特殊的外形尺寸，与机身轮廓相符合，因此可以获得最大的有效货运容积。对于现代民用宽体飞机，大多数下部装载式集装箱可以通用，这样便于将一种机型上所装的货物转换到另一种飞机上去。

（3）货盘

当货舱内装有集装托板（即货盘）的系留设备时，货舱内可装载货盘。这些设备可使货物在导轨上快速装卸，它们能装载货盘和集装箱或两者混合装载。

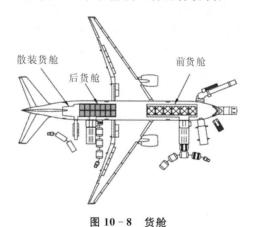

**图 10－8　货舱**

### 10.1.1.4　登机梯

有些飞机备有前登机梯，以方便乘客上、下飞机（见图 10－9）。登机梯门位于前登机门下面机身蒙皮上，登机梯收上时藏在电子设备舱的上部。它通过登机梯门的开口放出，从前登机门到地面形成一个梯子。登机梯可从机内、机外使用机上蓄电池电源或 115 V 交流电源收放。

登机梯系统主要由登机梯门、登机梯和控制电路组成。登机梯门包括门、门锁销系统和门电动机构。登机梯由一套导轨装置组成，导轨上跨有梯架和带有扶手的梯子组合件，梯架和梯子组合件都由电动机构驱动。控制电路由各种终点电门和继电器组成，它们控制登机梯门电动机构和登机梯电动机构的驱动程序。操纵可选择"正常"或"备用"方式。

正常情况下用两个直流电机开登机梯门,一个直流电机关闭登机梯门。一个交流电机和一个直流电机放登机梯,直到它开始展开伸直,然后直流电机反转,对登机梯起刹车作用。收登机梯只用交流电机。登机梯的放(或收)和机梯门开(或关)时间大约为 30 s。

登机梯门打开

图 10 - 9　登机梯

当电源失效时,可转入"备用"方式,蓄电池电源向一个直流电机供电,操作登机梯。登机梯门的开或关用一个直流电机,登机梯的收或放也用一个直流电机。此时,放或收登机梯包括登机梯门的操作,所需时间大约为 60 s。

只有当"正常"和"备用"方式都失效,而登机梯必须收放时,或某些地面服务工作需要开展,可采用人工方式操作。此时,采用手摇曲柄开(或关)登机梯门,收放登机梯是在脱开驱动机构以后靠人力推进或拉出来实现的。

## 10.1.2　应急设备/设施

应急设备和设施用于飞机在发生紧急情况时供乘务员救助乘客以及乘客自救,包括陆上应急救生设备和水上应急救生设备。应急设备和设施分布在整架飞机上,通常接近出口。

### 10.1.2.1　陆上应急救生设备

飞机陆上应急救生设备包括逃离滑梯、救生绳、急救药箱、手提氧气瓶和扩音喇叭等。

(1)逃离滑梯

逃离滑梯帮助机上乘员在紧急情况下撤离飞机,民用旅客运输机都要设置逃离滑梯。逃离滑梯存储在飞机登机门和勤务门内侧存储箱内的滑梯包中,翼上应急出口滑梯(滑道)储存在机身外侧存放箱内。在应急着陆情况下,逃离滑梯快速充气并放下,使乘客迅速脱离飞机(见图 10 - 10)。根据规定,所有乘客应在 90 s 内从飞机上撤离。

典型滑梯由收藏箱、充气装置、充气滑梯、分离装置、预位及解除装置等组成。逃离滑梯由涂有氯丁烯橡胶的尼龙纤维制成,采用双气室构造。滑梯表面是一个高强度,覆盖有氨基甲酸乙酯涂层的尼龙纤维,并有一层铝涂层提供热辐射防护。

　　滑梯充气筒盛有 3 000 psi 的二氧化碳和氮气混合物,提供高压空气在 6 s 内使逃离滑梯充气。充气阀和释压活门安装在充气筒上,释压活门在 4 500 psi 时打开,避免充气筒压力过高。充气筒上安有易熔塞,在 78.9℃时熔化打开保护充气筒。引射器装在滑梯上,通过充气筒高速气流的引射作用将外界空气大量吸入滑梯,迅速为滑梯充气。照明系统是逃离滑梯末端的一串白炽灯泡,由电瓶供电,在滑梯充气过程中自动激活点亮,可为在夜间撤离时提供地面照明。

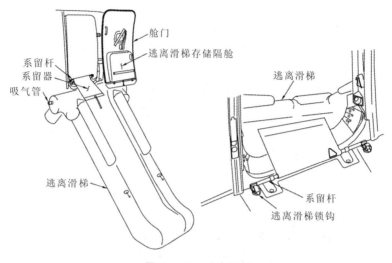

图 10 - 10　逃离滑梯

　　逃离滑梯可人工预位或解除预位。当逃离滑梯预位时,将系留杆从门上的存储挂钩中取出,并将它安装到地板挂钩上,从而使系留杆被固定在逃离滑梯地板锁钩内(见图 10 - 11)。滑梯预位后,滑梯警告旗将跨过登机门观察窗,警告飞机外面的人员登机门处于预位。在滑梯预位后,如果将舱门打开,滑梯将自动展开。

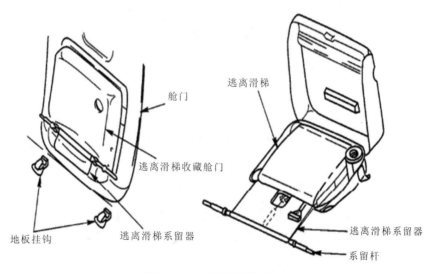

图 10 - 11　逃离滑梯的使用

当飞机紧急着陆时,可像平常一样打开舱门,但在完全打开前不要停顿。当打开舱门时,系留锁组件使滑梯包从滑梯护盖中跌落。随着滑梯包的落下,逃离滑梯将启动滑梯充气。如果逃离滑梯不能自动充气,快速拉动充气手柄,人工给其充气。逃离滑梯有可快速松开拆下的束缚杆和易断连接处的系留索,如果从飞机上拆下逃离滑梯,抬起护盖挡板并拉动系留索,松开手柄。逃离滑梯将通过系留索与飞机保持连接,直到系留索被松开、剪断或易断连接处在外力下断开,从而使逃离滑梯容易与飞机分离。在海上/水上迫降时,逃离滑梯还可作为漂浮设备。

舱门正常情况下,在开门之前应确保滑梯处于取消预位。逃离滑梯应定期检查充气压力,同时还应检查活门工作情况及滑梯表面有无切口、撕裂、刺破等现象。

(2)逃离索

B737 驾驶舱 2 号窗门后配置有逃离索,其一端被固定在飞机结构上,另一端被卷起存储在一个储存袋内。2 号窗户一般能沿侧壁向后滑动(其他窗户是固定的),是空勤组的应急窗口。逃离索部件有接头、芯线、连接、把手和护套,其中芯线是一条额定拉力为 6 672.3 N (1 500 lbf)的凯芙拉绳索,波浪形的凯芙拉护套将绳索全包覆。

(3)急救药箱和氧气瓶

急救药箱和便携氧气瓶在正常飞行时供抢救急诊病人使用及在紧急情况下抢救乘客。

(4)扩音喇叭和手电筒

扩音喇叭用于在紧急情况时指挥旅客撤离危险区(见图 10－12)。

手持电筒安装在客舱内不同位置,以便机组人员使用。机上应急期间,如果有灯损坏,手持电筒可为机组提供照明(见图 10－12)。

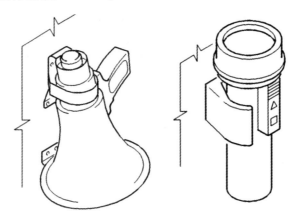

图 10－12　扩音喇叭和手电筒

### 10.1.2.2　海上应急救生设备

海上救生设备包括海上救生船组件、救生背心组件和应急救生电台(又称为紧急定位发射机)等,还有可作个人漂浮用的机内各座椅的椅垫。

(1)救生船

根据适航法规要求,民用运输机在水上飞行时要携带救生船,用于水上迫降时将旅客撤离。救生船储存于舱顶救生船箱内,可人工展开并自动充气,是落水人员在海上生存待救的主要漂浮设备。

现代民用旅客运输机在每个乘客登机门上设置了紧急离机滑梯/救生船。如果飞机在水上迫降,断开与飞机相连的紧急离机滑梯可作为救生船使用,称为滑梯/救生船(如 B737 的滑梯)。

救生船包括四个分系统:可充气的船体、充气组件、救生包、涂有聚氨醋涂层的尼龙储存包组成,充气展开的救生船如图 10 - 13 所示。

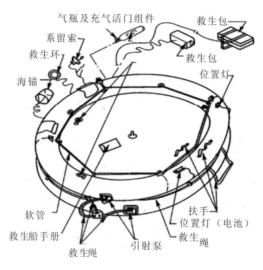

**图 10 - 13　救生船**

救生船船体由两个互相独立的充气囊构成,夹在上、下两个气囊间的是非充气的织物船甲板。为了使目标明显且便于寻找,船体采用两层橙黄色涂胶绢绸制成。救生船的充气系统由气瓶、充气活门、充气软管和引射泵构成。在船体上有充气/排气阀,可用于补气或将救生船放气收起;船上备有补气筒用于气囊内气体不足时补气;水袋装于船底,把手用于上船和遭遇风浪时把扶;海锚用于减小风浪对船的影响;水勺用于舀出船内积水;划桨用于划水;螺旋胶塞用于应急堵塞船体破洞。为了防止淋雨或阻隔飞溅的浪花,还可以在船体上装上遮篷,如图10 - 14所示。

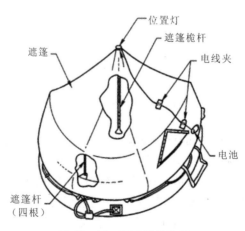

**图 10 - 14　带遮篷救生船**

为便于在紧急情况下使用救生船,对其在飞机上的布置有如下要求:①安放位置应在最靠近应急出口的地方,并且一旦打开应急出口,救生船就能迅速下水;②打开的应急口盖在救生船下水或旅客撤离过程中不应引起阻塞;③系留索机构应设置在最邻近救生船下水的飞机结构上,每个连接点都应保证可连接两个放置在该出口的救生船,连接机构的强度不小于1 334 N;④应考虑能把包装好的救生船移到另一个下水位置。

救生船必须足以容纳机上全体人员,并应配有下列设备:①保持浮力的装置;②海锚;③救生绳索和把一个救生船连到另一个救生船的设备;④桨或其他推进设备;⑤能让乘客避风雨的设备;⑥防水手电筒;⑦海上遇险呼救信号发射装置;⑧每4个人(或按4人比例)携带100 g葡萄糖糖块;⑨急救设备。

救生船应作定期检查。检查项目包括,检查气瓶/活门组件及气瓶压力;检查管子有无切口、撕裂等损坏;检查接头;检查辅助设备;检查救生包。此外还要对船进行打压试验,检查有无泄漏。

(2)救生背心

客舱内在每个座椅垫下面的存放袋内都装有救生背心(见图10-15),背心中有两个液氮充气瓶以自动充气。在气瓶充气失灵的情况下,背心还设有单向活门吹气管,可用嘴进行人工充气。在救生背心上有固定的灯光装置,用以确保使用救生背心时该灯组件处于醒目位置。灯泡和电池用有塑料套管的导线连接起来,由于水进入电池时电池才能工作,故电池应安置在水线以下。液氮急速释放时,在气化过程中会从周围空气中吸收大量热量,这时液氮瓶可能会结一层霜。

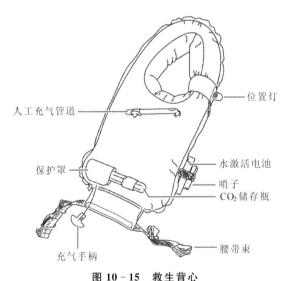

人工充气管道

位置灯

保护罩

水激活电池

哨子

$CO_2$储存瓶

充气手柄

腰带束

图10-15 救生背心

救生背心及充气瓶也需做定期的检测维护。救生背心应定期检查,检查项目有,①必须检查印刷或用标签贴在救生背心上的全部使用说明是否清晰;②必须检查救生背心的外包装有无裂缝、撕裂、孔洞、接缝开胶或变质情况;③必须检查带子、松紧带和绳索是否褪色、老化,检查其连接的可靠性;④必须检查金属和塑料零部件的清洁度、有无损伤或变质;检查它们的安全性和可靠性;⑤必须检查电池有无损坏或变质的征兆,有无发生化学反应的迹象,这个迹象通过电池外壳是否鼓起或出现白色粉末状附着物可以看出来;⑥必须仔细检查二氧化碳气瓶有无刻痕、划伤或腐蚀之类的损伤迹象,这些损伤将会使气瓶强度降低并导致气瓶不能使用,此外还必须检查气瓶的螺纹有无损坏;⑦通过称重检查二氧化碳气瓶充气是否正确;⑧保证所有二氧化碳气瓶都在使用期内,且当它们的寿命已到期时必须送回制造厂家进行检查和试验,在气瓶的底座上贴一个说明出厂日期或气瓶生产有效期的标牌,每次检查时,必须检查这个标牌。

(3)紧急定位发射机

紧急定位发射机是一个长筒状的装置,平时放在左边最后一排座椅上方的头顶储物箱中,帮助营救人员查找降落在机场以外的飞机或幸存者的具体位置。发射机向卫星、其他飞机和交通管制设施发送无线电信号。救援人员通过来自这些来源的信息寻找飞机。

紧急定位发射机是一个小型、可漂浮的自动组件。紧急定位器发射机有下列部件:发射机、电池、天线、一条长达 60 m 的绳索,如图 10-16 所示。

发射机电池是一个氯化银/镁原电池,在未激活状态下,电解质干燥,电池是惰性的;当电解质被水浸湿时,电池被激活。为便于存储,发射机天线可转动并沿发射机长度方向折叠,一条水溶性固定带将天线保持在收起位。紧急定位发射机有一个绳索组件和一个束缚钢索。绳索组件是 18.288 m 长的编织尼龙绳并连接到一条弹性不锈钢束缚钢索上,束缚钢索连接并环绕在电池壳上。

装置上沾有水溶性胶带,遇水后开始工作,工作频率为 121.5 MHz 和 243.0 MHz,紧急定位发射机由绳索拖在救生船后。海水进入电池后将电池激活,发射机自动开始工作,在民用和军用国际 VHF 航空遇难频率同时发射求救信号,为民用和军用搜索飞机提供导引信号。

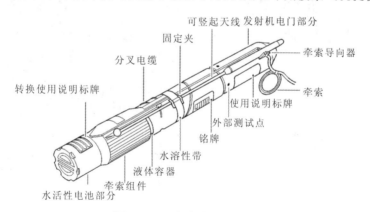

图 10-16　紧急定位发射机

# 10.2　水　系　统

水系统的主要作用是为机上卫生间及厨房提供饮用水,并处理来自厨房、卫生间等地方的废水,以满足乘客在飞机上生活的需要,同时排去舱门槛区域的雨水。民用运输机水系统包括饮用水系统和污水系统。饮用水系统利用水箱增压为厨房及卫生间提供净水,污水系统处理来自卫生间、厨房和舱门槛的污水。

最初的民用飞机水系统没有先进性和舒适性可言,仅仅为机上乘客的基本生活保障,满足机上的最低用水需求。早期的民用飞机水系统供水方式采用传统的重力供水,与居家用水的原理相同,重力供水是将水箱放置在飞机供水点区域的顶部,利用水箱与供水点间的水位差,凭借水的重力向厨房和盥洗室的用水设备供水。中国第一架自主研制的大型客机运 10 就是采用重力供水方式。传统的民用飞机水系统马桶采用自循环式抽水马桶,马桶内部有一套重复冲洗的独立装置,排泄物经马桶冲洗后进入污水箱,经过过滤和化学处理后,再作为下一次冲洗用水,冲洗系统由一个整体电动泵和冲洗循环计时器操纵。这种自循环式马桶仍在新舟 60(MA60)飞机上使用。几十年来,水系统也有了长足的进步,现在的水系统已不再是重力供水和自循环式马桶,而是真空式马桶、机电综合控制以及引气增压供水等。

## 10.2.1　饮用水系统

饮用水系统通过一个水箱储存一定量的饮用水,并通过分配管路输送到厨房水龙头、卫生间水龙头、卫生间马桶区域供水,供乘务员和旅客使用。饮用水系统由水箱、水量指示系统、水箱增压系统、水勤务面板和分配管路及排放系统组成,典型饮用水系统如图 10-17 所示。

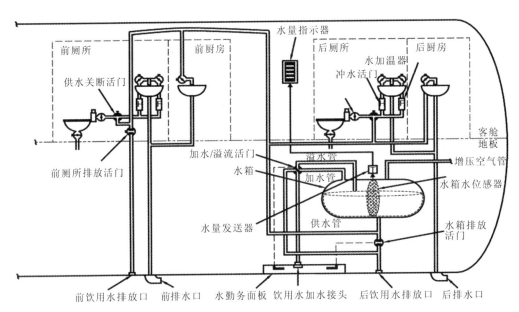

图 10-17　典型飞机饮用水系统组成

**1. 水箱及水量指示系统**

水箱位于客舱地板的下面,可储水 200 L 左右,向厨房水龙头、卫生间水龙头和卫生间马桶三个区域供水。水箱由玻璃纤维增强复合材料制成,可承受一定的水压,如 A320 飞机水箱承受 25~28 psi 水压,并有隔热层保护,防止结冰。水箱上部有加水管、溢水管和增压空气管,水箱下部设有供水管(见图 10-18)。

对水箱的加水/放水都是通过饮用水勤务面板来实现的。加水时,打开加水/溢流活门,并将加水软管接在饮用水加水接头上,水从加水管进入水箱。当水箱内水位达到溢水管高度时,水就从溢水管溢出,因此水箱的最大储水量由溢水管的高度决定。增压空气管为水箱提供的增压压力,使水通过供水管道输送到厨房和厕所等位置。

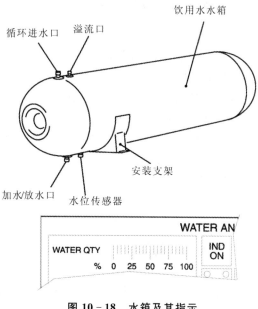

图 10 - 18　水箱及其指示

另外,水箱内有电容式水位传感器,一般为焊接在水箱内衬里和水箱本体结构之间的铜网,将水位的变化变成电信号,发送并显示在乘务员面板上的水量指示器。

**2. 水箱增压系统**

水箱增压系统部件通常位于后货舱隔间,其压力来自气源系统或者空气压缩机。飞机飞行时,增压系统的压力来自飞机的气源系统(即发动机压气机引气或 APU 引气)。引气经气滤、压力调节器和单向活门获得适当的气压供向水箱,管路上的释压活门用于限制系统最高压力,如图 10 - 19 所示。

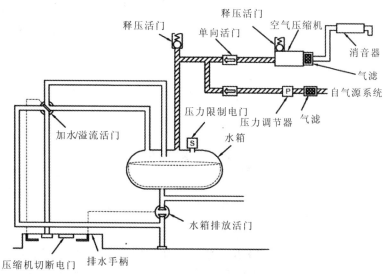

图 10 - 19　水箱增压系统

飞机在地面气源系统未启动或气源系统压力较低时,水箱上的压力限制电门控制空气压缩机启动,通过消音器吸气,为水箱提供增压压力。压缩机上的释压活门限制压缩机工作的最高压力。当飞机在地面打开水勤务面板时,空气压缩机切断电门,压缩机停止工作。

**3. 水分配系统**

水分配系统为厨房供应冷水,为厕所洗手盆供应冷、热水。饮用水从水箱经供水管引入厕所的供水关断活门,被该活门分成两路输送到洗手盆:一路是冷水管路,直接引到水龙头;另一路是经过水加温器后的热水管路。当按压水龙头上的控制按钮时,阀门会打开,调和的温水从水龙头流出,每次按压可维持一段时间(4~10 s)的流动。

洗手盆有一条排水管和一条溢水管,两条管路在洗手盆下面汇合,将使用后的废水经废水排放竖管排出机外。为防止废水排放口结冰,排放管内设有电加温元件。当维护厕所时,应将供水关断活门关闭,防止维护过程中漏水。

**4. 饮用水系统维护**

为防止水箱内滋生细菌,须定期排干,更换新鲜的饮用水。B737-800规定饮用水系统必须在3天内至少放水一次,其他机型具体期限参考飞机维护手册或航空公司的具体规定。水箱和后供水管道内的水可通过应用水勤务面板操作(见图10-20),前供水管道内的水由前厕所的一个排放口排放。在向水箱添加消毒剂之前或者在结冰天气停靠飞机之前,饮用水系统内的水必须完全排空。

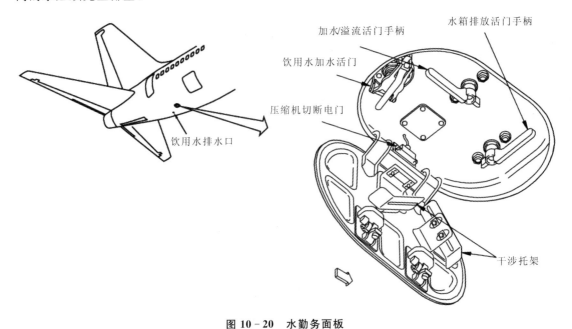

图 10-20 水勤务面板

## 10.2.2 污水系统

污水主要有三个来源:一是厨房和厕所洗手盆用过的废水;二是舱门门槛处收集的雨水;三是厕所冲刷马桶后的污水。因此飞机上将污水处理系统分为废水排放系统、舱门门槛排水系统和马桶污水系统。

**1. 废水排放系统**

该系统通过厕所和厨房内的废水排放口或机身下部的废水排放竖管将废水排到机外(见图 10‑21)。前厕所和前厨房的废水通过机身中部的排放竖管排到机外;后厕所和后厨房的废水通过机身后部的排放竖管排到机外。为防止排放口结冰,在排放口内部装有电热防冰元件。

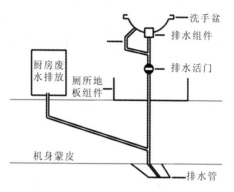

图 10‑21　废水排放示意图

**2. 舱门门槛排水系统**

在登机门和厨房勤务门的门槛内侧,地板上设有雨水收集沟,收集沟两端的排水孔与废水排放管道相连,而排水管道经过一个储水囊后连接到机外的排水口,将舱门收集的雨水排放出去。雨水排放通常在地面进行,通过储水囊内装有弹簧加载的挡板活门来实现。当飞机不处于增压状态时,挡板活门打开;当飞机处于增压状态时,挡板活门关闭。因此,飞机在空中飞行时,收集的雨水储存在储水囊内,在飞机着陆后,挡板活门打开,雨水经排放口排出机外。

**3. 马桶污水系统**

每个厕所都应配置一套马桶污水系统,用来存储冲刷马桶的污水。在地面勤务时,可用污水车将污水抽走,并冲洗污水箱。当前,民用运输机马桶污水系统主要为循环污水系统和真空污水系统两种类型。

(1)循环污水系统

循环污水系统是利用存储在污水箱内的污水冲洗马桶。每次使用马桶后,按压水电门,冲水定时器接通马桶冲洗泵,冲洗泵将污水箱内的液体经过滤增压后喷射到马桶内进行冲洗工作。冲洗后,所有污物进入污水箱储存起来。飞机到地面后,打开污水排放活门,使用污水车抽走污水箱内的污物。通过冲洗接口向污水箱内喷射冲洗水流,对箱壁和冲洗泵滤网进行冲洗,冲洗水流经排放活门抽出机外。冲洗后,应向污水箱内添加除臭液、染色剂、消毒剂的混合液。

MA60 飞机采用了典型的循环污水系统,其污物排放系统是由循环式抽水马桶、泄放活门壳体和泄放口盖组成的。抽水马桶是一种电动冲洗马桶,接在飞机 115 V 交流电源上。马桶内部有一套重复冲洗的独立装置,冲洗系统由一个整体电动泵和冲洗循环计时器操纵。马桶由马桶盆、计时器组件、马达‑泵‑过滤器组件、排污开关组件、检查开关、水箱和顶盖组件组成

（见图10-22）。水箱和顶盖由玻璃钢制成；马桶盆由抛光不锈钢制成，安装在水箱的上部；马达-泵-过滤器组件安装在水箱上部；过滤器组件浸没在冲洗液体中，通过一个弹簧和一根钢索把排污开关组件密封在马桶内，以避免储存的污物泄露；计时器安装在水箱上部，用来控制马达-泵-过滤器组件工作。泄放活门壳体是用不锈钢焊接而成的，它通过一个凸缘用螺钉固定在飞机结构上，壳体上端连接马桶短管，下端有一接管嘴，用于同地面清洁车相连。接管嘴上有一个泄放口盖组件，泄放口盖主要由底盘、把手、泄放盖等组成，这些零件均用不锈钢材料制成的。泄放口盖组件用三个螺栓固定到泄放活门壳体的接管嘴上，采用摇臂式方式打开。

当飞机停机后准备排放污物时，首先打开泄放控制板口盖（在飞机32～33框之间机身右下侧壁上），拉下泄放口盖的把手，打开泄放口盖，将机场专用清洁车的泄放软管接到泄放活门壳体的接管嘴上，然后拉排放手柄及钢索，此时，马桶内的污物直接排到清洁车内。污物排放完后，必须进行清洗：向马桶内加9 L（2.38 US gal）水及适量清洗剂，按压冲洗按钮，先后冲洗三次，然后再用清水冲洗两次。

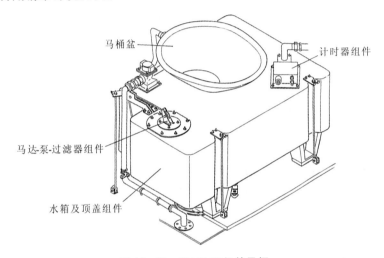

**图 10-22　MA60 飞机的马桶**

（2）真空污水系统

相比循环污水系统，真空污水系统具有更加卫生、省水的特点，在现代飞机厕所中广泛采用。冲洗马桶的水不再使用污水箱内的污水，而是饮用水系统的洁净水，从而大大改善了马桶冲洗的卫生条件。

图10-23为真空污水系统原理图。清洗活门是一个带有内部过滤器的电磁控制提动活门，为马桶冲水接通水源。当饮用水系统未增压时，清洗活门打开并自动排空。防虹吸活门防止抽水马桶内的水倒流入饮用水系统。冲水活门是一个电动可逆转动的蝶形活门，用于排放抽水马桶产生的污水，该活门一打开，污物从抽水马桶进入污水管道并进入污水箱。

按压冲水电门（PUSH），冲水控制器（FCU）获得冲水信号，FCU在逻辑控制组件（LCM）控制下启动冲洗循环（此时其他厕所的冲洗循环将被抑制大约15 s），启动一定时间后（0.7 s），FCU打开清洗活门，少量水进入抽水马桶后，FCU关闭清洗活门。接着FCU打开冲水活门，在座舱压力或真空抽气机形成的真空作用下马桶内污物被吸入污水箱，然后FCU关闭冲水活门，完成一次冲水。真空抽气机在持续一段时间后将停止工作，同时FCU准备下一冲水循环。

当冲洗开关按下时,真空泵就开始供电,真空泵是否工作由高度开关控制。高度开关利用高度值感应元件感应飞机所处高度的大气压力与客舱压力之间的压差,并将压差信息反馈给系统控制器,由系统控制器根据压差信息来闭合高度开关,从而控制真空发生器工作。在高空(4 877 m)或自高空降落到 3 600 m 以上时,高度开关关闭,真空发生器不工作,客舱与外界之间的压力差足以将废物从马桶抽到废物储存箱内。当飞机爬升高度在低于 4 880 m 或自高空降落到 3 600 m 以下时,高度开关打开,真空发生器工作产生压差。如不采用高度开关,也可直接由航电系统获取飞机高度或压差信息,根据高度或压差信息来控制真空发生器工作。

如冲水活门在接到打开或关闭命令一段时间内没有打开或关闭,则认定冲水活门已经卡滞,此时正常的冲水循环后将是一个干冲水循环。在干冲水循环中,只有冲水活门打开或关闭,即干冲水循环中不使用清洗水。卡滞消除后,冲水循环返回正常状态。必须在每次勤务中清洗污水箱,否则有害的污物将堆积在点水位传感器上,"水箱已满"的错误信号将会产生,导致厕所马桶停止工作。为防止有害污物积聚在真空污水管内,必须定期用碎冰冲洗马桶,大的冰块可能损坏污水箱内的水位传感器。

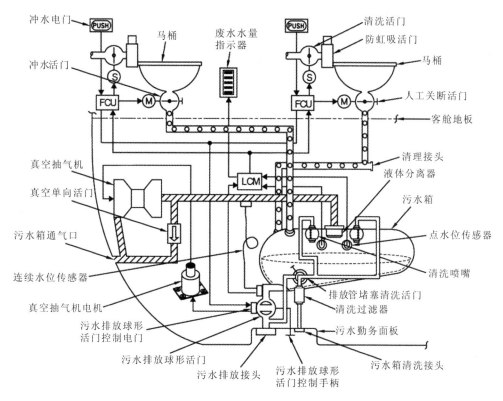

**图 10-23　真空污水处理系统**

# 思 考 题

1.简述驾驶员座椅的功用、特点及其与观察员座椅的异同。

2.驾驶舱内杂项设备有哪些？消防斧有何功用？

3.简述旅客座椅的类型及其设计特点。

4.简述厨房的类型及其冷却方法。

5.货舱的设备包括哪些？

6.简述登机梯和逃离滑梯的组成及其使用。

7.海上应急设备主要包括哪些？救生背心的定期检查项目有哪些？

8.简述饮用水系统的功用、组成及其维护。

9.简述飞机上污水的来源及其处理方式。

10.简述真空污水系统的工作原理。

# 参 考 文 献

[1] 任仁良,张铁纯. 涡轮发动机飞机结构与系统(ME－TA)[M]. 北京:兵器工业出版社,2006.

[2] 郑连兴,任仁良. 涡轮发动机飞机结构与系统(AV)[M]. 北京:兵器工业出版社,2006.

[3] 宋静波. 飞机构造基础[M]. 北京:航空工业出版社,2011.

[4] 段维祥,郝劲松. 飞机系统[M]. 成都:西南交通大学出版社,2002.

[5] 郝劲松. 活塞发动机飞机结构与系统(ME－PA)[M]. 北京:兵器工业出版社,2007.

[6] 裴燮钢,韩凤华. 飞机防冰系统[M]. 南京:航空专业教材编审组,1985.

[7] 罗伊·兰顿,等. 飞机燃油系统[M]. 上海:上海交通大学出版社,2010.

[8] 曹建华,白冰如. 飞机构造[M]. 北京:国防工业出版社,2012.

[9] 陈闵叶,么娆. 飞机系统[M]. 北京:国防工业出版社,2014.

[10] 黄仪方,朱志愚. 航空气象[M]. 成都:西南交通大学出版社,2011.

[11] 王秀春,顾莹,李程. 航空气象[M]. 北京:清华大学出版社,2014.

[12] 钟长生,阎成鸿. 航空器系统与动力装置[M]. 成都:西南交通大学出版社,2010.

[13] 徐超群,等. 民用航空器部件修理项目培训教材航空器起落架修理(LGR)[M],2009.

[14] 董经敏. 飞机结构与强度[M]. 西安:中国人民解放军空军工程学院,1981.

[15] 王志瑾,姚卫星. 飞机结构设计[M]. 北京:国防工业出版社,2004.

[16] 牛春匀,小全. 实用飞机结构工程设计[M]. 北京:航空工业出版社,2008.

[17] 陶梅贞. 现代飞机结构综合设计[M]. 西安:西北工业大学出版社,2003.

[18] 飞机强度规范编写办公室. 军用飞机强度规范(第2册). 飞机载荷使用说明[S],1984.

[19] 飞机设计手册总编委会. 飞机设计手册(第10分册). 结构设计[S]. 北京:航空工业出版社,2000.

[20] 李艳军. 飞机液压传动与控制[M]. 北京:科学出版社,2009.

[21] 王海涛. 飞机液压元件与系统[M]. 北京:国防工业出版社,2012.

[22] 左健民. 液压与气压传动[M]. 北京:机械工业出版社,2013.

[23] 王积伟,章宏甲,黄谊. 液压传动[M]. 北京:机械工业出版社,2007.

[24] 高金源,焦宗夏,张平. 飞机电传操纵系统与主动控制技术[M]. 北京:北京航空航天大学出版社,2005.

[25] Aviation Maintenance Technical Handbook-Airframe[M]. U. S. Department of Transportation Federal Aviation Administration,2012.

[26] Ian Moir and Allan Seabridge. Aircraft Systems: Mechanical, Electrical, and Avionics Subsystems Integration[M]. John Wiley & Sons, Ltd, 2008.

[27] Michelin Aircraft Tire Care & Service Manual[M]. Michelin Aircraft Tire Corp, 2011.

[28] Aircraft General Knowledge: Aircraft Systems[M]. Oxford Aviation Academy Limited, 2009.

[29] Airframes and Systems[M]. Jeppesen Sanderson Inc. , 2004.

[30] B737 – 300/400/500 Aircraft Maintenance Manual[M]. Boeing Company，2006.

[31] B737 – 600/700/800/900 Aircraft Maintenance Manual[M]. Boeing Company，2003.

[32] B737 – 700/800 System Schematic Manual[M]. Boeing Company，2006.

[33] B737 Flight Crew Operations Manual[M]. Boeing Company，2006.

[34] B747 – 400 Aircraft Maintenance Manual[M]. Boeing Company，2000.

[35] B757 Aircraft Maintenance Manual[M]. Boeing Company，2015.

[36] B767 Aircraft Maintenance Manual[M]. Boeing Company，2010.

[37] B777 Aircraft Maintenance Manual[M]. Boeing Company，2012.

[38] A319/A320/A321 Aircraft Maintenance Manual[M]. Airbus S. A. S. ，1995.

[39] A319/A320/A321 Flight Crew Operating Manual[M]. Airbus Company，2004.

[40] A319/A320/A321 Technical Training Manual[M]. Airbus Industrie，2000.

[41] Model 172 Maintenance Manual[M]. Cessna Aircraft Company，2012.

[42] Airplane Maintenance Manual for the Cirrus Design SR20[M]. Cirrus Design Incorporated，1999.

[43] Instruction for Use of Pacific Cable Tensiometer Type T60[M]. Opti Manufacturing Corporation.

[44] MA60/MA600 Aircraft Maintenance Manual[M]. Xi'an Aircraft Industry（Group）Company LTD，2005.